大学物理学习指导

（第3版）

宋小龙 白丽华 庄良 葛永华
钟平卫 许士跃 赵苏串 编著

清华大学出版社
北京

内容简介

本书根据教育部高等学校物理学与天文学教学指导委员会、物理基础课程教学指导分委员会2010年编制的《理工科类大学物理课程教学基本要求》，按照目前本课程教学的实际情况，在编者长期教学所积累的教学经验的基础上编写而成。本书曾作为学生学习大学物理课程的参考资料，收到良好的效果。

全书共19章，每章由基本要求、基本概念和基本规律、解题指导、复习思考题、自我检查题和习题等六部分组成，结合学生进行自我测试的需要，还在第7章、第13章、第19章后配备阶段模拟试卷，书后附自我检查题和习题的参考答案。解题指导中精选配备并分析讨论了相当数量典型的、富有启发性的例题，力求帮助读者解决学习中解题难的问题，提高其分析问题、解决问题的能力。

本书可以作为本科院校各专业学生学习大学物理课程的配套补充，也可供大专院校、成人高校师生使用，对自学大学物理的读者也是一本良好的参考书。

图书在版编目(CIP)数据

大学物理学习指导/宋小龙等编著. —3版. —北京：清华大学出版社，2019.10（2024.12重印）
ISBN 978-7-302-51664-4

Ⅰ. ①大…　Ⅱ. ①宋…　Ⅲ. ①物理学—高等学校—教学参考资料　Ⅳ. ①O4

中国版本图书馆CIP数据核字(2018)第251012号

责任编辑：佟丽霞　鲁永芳
封面设计：何凤霞
责任校对：赵丽敏
责任印制：曹婉颖

出版发行：清华大学出版社
网　　址：https://www.tup.com.cn，https://www.wqxuetang.com
地　　址：北京清华大学学研大厦A座　　**邮　　编**：100084
社 总 机：010-83470000　　**邮　　购**：010-62786544
投稿与读者服务：010-62776969，c-service@tup.tsinghua.edu.cn
质量反馈：010-62772015，zhiliang@tup.tsinghua.edu.cn
印 装 者：三河市铭诚印务有限公司
经　　销：全国新华书店
开　　本：185mm×260mm　　**印　　张**：24.5　　**字　　数**：591千字
版　　次：2014年10月第1版　2019年10月第3版　　**印　　次**：2024年12月第11次印刷
定　　价：69.80元

产品编号：081684-02

前言

大学物理是工科院校的一门重要基础课,如何使学生学好这门课程是物理教师的一个重要课题,因此我们在多年前就着手编写《大学物理学习指导》。本书在此基础上加以充实和提高,并根据教育部高等学校物理学与天文学教学指导委员会、物理基础课程教学指导分委员会2010年编制的《理工科类大学物理课程教学基本要求》,结合目前大学物理教学实际情况编写而成。旨在通过对学生学习大学物理的指导,明确要求,牢固掌握课程内容,提高学生分析问题、解决问题以及自学的能力。

本书的每章由基本要求、基本概念和基本规律、解题指导、复习思考题、自我检查题和习题等六部分组成,并按教学内容配以模拟试卷供参考。

本书的特点:①每章中按教育部的教学要求加以具体化,提出了明确的基本要求,对基本概念与基本理论的阐述简明扼要;②解题指导中阐明了正确运用基本定律解题的方法及解题步骤,并配备了相当数量的典型例题;③密切结合当前理工科院校学生的实际学习状况,有较强的针对性。本书在出版前经多次使用,效果良好,深受学生欢迎,对提高大学物理课程的教学质量有积极作用。

参加第1版编写的有宋小龙、庄良、葛永华、章永义、杨炎福、陈淮由、丁年俊、余德浩、黄焕坤、梁子康、陈庆康、施耀铭、钟平卫、许士跃、赵苏串、陈爱明等。参加第3版修订的有宋小龙、白丽华、庄良、葛永华、钟平卫、许士跃、赵苏串等。

由于编者水平有限,书中不妥和错误之处在所难免,欢迎读者和同行专家给予批评指正。

在本书的编写过程中,我们参考、借鉴了同行们编写的相关教材及辅助教材,在此一并表示衷心感谢!我们也衷心感谢清华大学出版社在本书的修订过程中给予的大力支持!

编　者

2019年8月

目录

第1章 质点运动学

基本要求

1. 掌握描述质点运动的基本物理量——位置矢量、位移、速度和加速度等概念及其主要性质(矢量性、瞬时性和相对性)。

2. 理解运动方程和轨道方程的意义,能应用直线运动方程和运动叠加原理求解简单的质点运动学问题。

(1) 已知质点运动方程,求质点的位移、速度和加速度等物理量;

(2) 已知速度或加速度及初始条件,求质点的运动方程;

(3) 熟练掌握匀变速直线运动和抛体运动的规律。

3. 掌握圆周运动中角速度、角加速度、切向加速度和法向加速度等概念。

4. 理解运动的相对性。

基本概念和基本规律

1. 质点

在所研究的问题中,物体的大小和形状可忽略不计时,我们把它看作只具有质量而无大小、形状的理想物体,称为质点。质点是物理学中物体的理想模型。

2. 位置矢量(或矢径)$\boldsymbol{r}$

在直角坐标系中点 P 的位置矢量(图 1.2.1)表示为

$$\boldsymbol{r} = x\boldsymbol{i} + y\boldsymbol{j} + z\boldsymbol{k}$$

位置矢量的大小为

$$r = |\boldsymbol{r}| = \sqrt{x^2 + y^2 + z^2}$$

位置矢量的方向用方向余弦表示为

$$\cos\alpha = \frac{x}{r},\quad \cos\beta = \frac{y}{r},\quad \cos\gamma = \frac{z}{r}$$

在二维运动中(图 1.2.2)

$$\boldsymbol{r} = x\boldsymbol{i} + y\boldsymbol{j}$$

$$r = |\boldsymbol{r}| = \sqrt{x^2 + y^2}$$

$$\theta = \arctan\frac{y}{x}$$

式中 θ 是 $\boldsymbol{r}$ 与 x 轴正向间夹角。

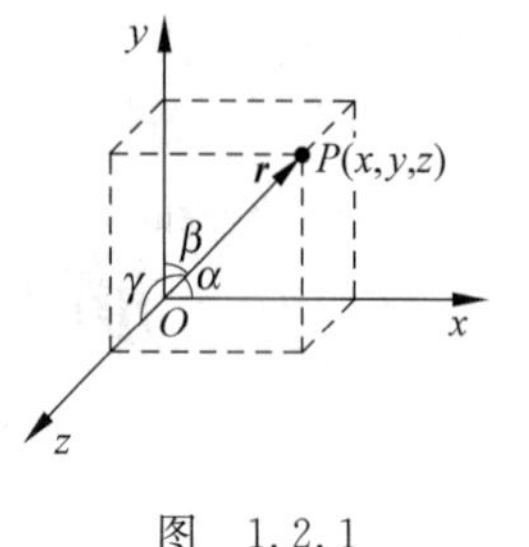

图 1.2.1

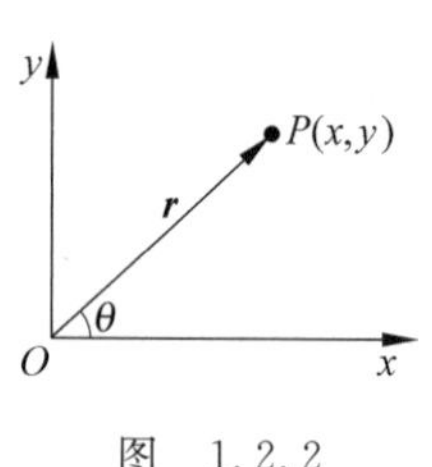

图 1.2.2

3. 位移

位移是描述质点在 $t \sim t+\Delta t$ 时间内位置矢量变化的物理量(图 1.2.3)。质点在 Δt 内由 P_1 到 P_2 的位移等于同一时间内位置矢量的增量 $\Delta\boldsymbol{r}$:

$$\Delta\boldsymbol{r}=\boldsymbol{r}_2-\boldsymbol{r}_1=(x_2-x_1)\boldsymbol{i}+(y_2-y_1)\boldsymbol{j}+(z_2-z_1)\boldsymbol{k}$$

位移的大小为

$$|\Delta\boldsymbol{r}|=\sqrt{(x_2-x_1)^2+(y_2-y_1)^2+(z_2-z_1)^2}=\sqrt{(\Delta x)^2+(\Delta y)^2+(\Delta z)^2}$$

位移的方向为

$$\cos\alpha=\frac{\Delta x}{|\Delta\boldsymbol{r}|},\quad \cos\beta=\frac{\Delta y}{|\Delta\boldsymbol{r}|},\quad \cos\gamma=\frac{\Delta z}{|\Delta\boldsymbol{r}|}$$

图 1.2.3

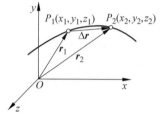

注意:①位移 $\Delta\boldsymbol{r}$ 与位置矢量 $\boldsymbol{r}$ 的物理意义不同,$\boldsymbol{r}$ 与时刻 t 对应,$\Delta\boldsymbol{r}$ 与 Δt 对应;②$|\Delta\boldsymbol{r}|\neq\Delta r=r_2-r_1$,$\Delta r=\sqrt{x_2^2+y_2^2+z_2^2}-\sqrt{x_1^2+y_1^2+z_1^2}$;③位移与参考系的选择有关,具有相对性;④直线运动中的位移 $\Delta x=x_2-x_1$,Δx 的正负表示位移的方向沿 x 轴的正向或负向。

4. 速度

速度是描述质点的位置随时间变化快慢和方向的物理量。

(1) 平均速度

$$\bar{\boldsymbol{v}}=\frac{\Delta\boldsymbol{r}}{\Delta t}=\frac{\Delta x}{\Delta t}\boldsymbol{i}+\frac{\Delta y}{\Delta t}\boldsymbol{j}+\frac{\Delta z}{\Delta t}\boldsymbol{k}=\bar{v}_x\boldsymbol{i}+\bar{v}_y\boldsymbol{j}+\bar{v}_z\boldsymbol{k}$$

$\bar{\boldsymbol{v}}$称为质点在 $t\sim t+\Delta t$ 这段时间内的平均速度。

(2) 瞬时速度

$$\boldsymbol{v}=\frac{\mathrm{d}\boldsymbol{r}}{\mathrm{d}t}=\frac{\mathrm{d}x}{\mathrm{d}t}\boldsymbol{i}+\frac{\mathrm{d}y}{\mathrm{d}t}\boldsymbol{j}+\frac{\mathrm{d}z}{\mathrm{d}t}\boldsymbol{k}=v_x\boldsymbol{i}+v_y\boldsymbol{j}+v_z\boldsymbol{k}$$

$\boldsymbol{v}$ 称为质点在时刻 t 的瞬时速度,简称速度。

注意:①$v=|\boldsymbol{v}|=\sqrt{v_x^2+v_y^2+v_z^2}=\sqrt{\left(\frac{\mathrm{d}x}{\mathrm{d}t}\right)^2+\left(\frac{\mathrm{d}y}{\mathrm{d}t}\right)^2+\left(\frac{\mathrm{d}z}{\mathrm{d}t}\right)^2}\neq\frac{\mathrm{d}r}{\mathrm{d}t}$;②直线运动中 $v=\frac{\mathrm{d}x}{\mathrm{d}t}$,$v$ 的正负表示速度的方向沿 x 轴正向或负向。

(3) 平均速率

$$\bar{v}=\frac{\Delta s}{\Delta t}$$

式中,Δs 是质点在 $t\sim t+\Delta t$ 时间内走过的路程,$\bar{v}$ 称为质点在 $t\sim t+\Delta t$ 时间内的平均速率。

(4) 瞬时速率

$$v=\frac{\mathrm{d}s}{\mathrm{d}t}$$

v 称为质点在 t 时刻的瞬时速率,简称速率。同一瞬间的瞬时速率与瞬时速度的大小是相同的。

5. 加速度

加速度是描述质点运动速度变化的物理量。

(1) 平均加速度

$$\bar{\boldsymbol{a}}=\frac{\Delta \boldsymbol{v}}{\Delta t}=\frac{\Delta v_x}{\Delta t}\boldsymbol{i}+\frac{\Delta v_y}{\Delta t}\boldsymbol{j}+\frac{\Delta v_z}{\Delta t}\boldsymbol{k}$$

$\bar{\boldsymbol{a}}$ 称为质点在 $t\sim t+\Delta t$ 这段时间内的平均加速度。

(2) 瞬时加速度

$$\boldsymbol{a}=\frac{\mathrm{d}\boldsymbol{v}}{\mathrm{d}t}=\frac{\mathrm{d}v_x}{\mathrm{d}t}\boldsymbol{i}+\frac{\mathrm{d}v_y}{\mathrm{d}t}\boldsymbol{j}+\frac{\mathrm{d}v_z}{\mathrm{d}t}\boldsymbol{k}=\frac{\mathrm{d}^2 x}{\mathrm{d}t^2}\boldsymbol{i}+\frac{\mathrm{d}^2 y}{\mathrm{d}t^2}\boldsymbol{j}+\frac{\mathrm{d}^2 z}{\mathrm{d}t^2}\boldsymbol{k}=a_x\boldsymbol{i}+a_y\boldsymbol{j}+a_z\boldsymbol{k}$$

$\boldsymbol{a}$ 称为质点在 t 时刻的瞬时加速度,简称加速度。

(3) 质点作平面曲线运动时的加速度,亦可用自然坐标系中的法向加速度和切向加速度表示:

法向加速度 $a_{\mathrm{n}}=\dfrac{v^2}{\rho}$,方向指向该处的曲率中心,式中 v 为质点所在处的速率,ρ 为质点所在处的曲率半径。

切向加速度 $a_{\mathrm{t}}=\dfrac{\mathrm{d}v}{\mathrm{d}t}$,正、负表示切向加速度的方向与该处速度方向"同"或"反"。

总加速度

$$\boldsymbol{a}=\boldsymbol{a}_{\mathrm{n}}+\boldsymbol{a}_{\mathrm{t}}$$

注意:①$\boldsymbol{a}$ 的方向是速度变化的方向,即 $\Delta\boldsymbol{v}$ 的极限方向,一般不代表质点的运动方向。②区分 $\boldsymbol{v}$ 和 $\boldsymbol{a}$ 的概念:$\boldsymbol{v}=\boldsymbol{0}$,$|\boldsymbol{a}|$ 不一定为零;$|\boldsymbol{v}|$ 大,$|\boldsymbol{a}|$ 不一定大。③曲线运动中 $a_{\mathrm{n}}\neq 0$;直线运动中 $a_{\mathrm{n}}=0$,$a_{\mathrm{t}}=\dfrac{\mathrm{d}v}{\mathrm{d}t}$;直线运动 a 的正、负表示加速度的方向沿选定轴的正向或负向。

6. 圆周运动的角量描述

设质点作圆周运动,t 时刻质点在 A 点,$t+\Delta t$ 时刻质点运动到 B 点,如图 1.2.4 所示。则质点的运动亦可用下述角量描述。

θ 为半径 OA 与 x 轴间夹角,θ_A、θ_B 分别是质点在 A、B 两点的角位置,则

$$\Delta\theta=\theta_B-\theta_A$$

$\Delta\theta$ 称为质点在 $t\sim t+\Delta t$ 内对 O 点的角位移。令

$$\omega=\lim_{\Delta t\to 0}\frac{\Delta\theta}{\Delta t}=\frac{\mathrm{d}\theta}{\mathrm{d}t}$$

ω 称为质点在 t 时刻对 O 点的瞬时角速度(简称角速度)。令

$$\alpha=\lim_{\Delta t\to 0}\frac{\Delta\omega}{\Delta t}=\frac{\mathrm{d}\omega}{\mathrm{d}t}=\frac{\mathrm{d}^2\theta}{\mathrm{d}t^2}$$

α 称为质点在 t 时刻对 O 点的瞬时角加速度(简称角加速度)。

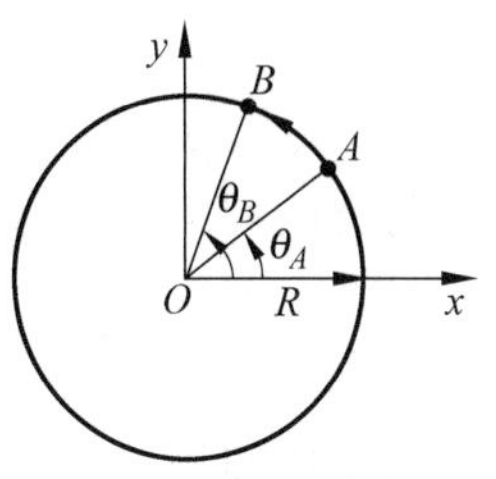

图 1.2.4

角量与线量间的关系：

$$v = R\omega$$

$$a_n = \frac{v^2}{R}, \quad a_t = \frac{dv}{dt} = R\alpha$$

7. 运动方程 $\boldsymbol{r}(t)$

质点的位置矢量 $\boldsymbol{r}(t)$(或角位置 θ)随时间的变化规律称为质点的运动方程,可表示为

$$\boldsymbol{r}(t) = x(t)\boldsymbol{i} + y(t)\boldsymbol{j} + z(t)\boldsymbol{k}$$

或

$$\theta = \theta(t)$$

质点的运动方程在直角坐标系中亦可用分量式表示为

$$\begin{cases} x = x(t) \\ y = y(t) \\ z = z(t) \end{cases}$$

运动方程反映了质点的空间位置随时间的变化过程。从运动方程的分量式中消去 t,得到 x、y、z 间的关系式,称为质点的轨道方程。

8. 运动叠加原理

一个运动可看成由几个各自独立进行的运动叠加而成,称为运动叠加原理或运动独立性原理。例如,抛体运动可看成水平方向的匀速直线运动和竖直方向的匀变速直线运动的叠加。

9. 几种简单的运动规律

(1) 直线运动的规律(假设运动发生在 x 轴上)

匀速直线运动方程：

$$x = x_0 + vt$$

匀变速直线运动方程：

$$x = x_0 + v_0 t + \frac{1}{2}at^2$$

变速直线运动方程：

$$x = x_0 + \int_0^t v\,dt$$

$$v = v_0 + \int_0^t a\,dt$$

式中,x_0、v_0 分别是 $t=0$ 时质点的初始位置和初始速度。

(2) 圆周运动的角量描述规律

匀速圆周运动：

$$\theta = \theta_0 + \omega t$$

$$a_n = R\omega^2, \quad a_t = 0$$

匀变速圆周运动：

$$\theta = \theta_0 + \omega_0 t + \frac{1}{2}\alpha t^2$$

$$a_n = R\omega^2, \quad a_t = \frac{dv}{dt} = R\alpha$$

式中，θ_0、ω_0 分别是 $t=0$ 时质点的初始角位置和初始角速度。

(3) 抛体运动规律

抛体运动(图 1.2.5)方程为

$$x = v_0\cos\theta_0 t$$

$$y = h + v_0\sin\theta_0 t - \frac{1}{2}gt^2$$

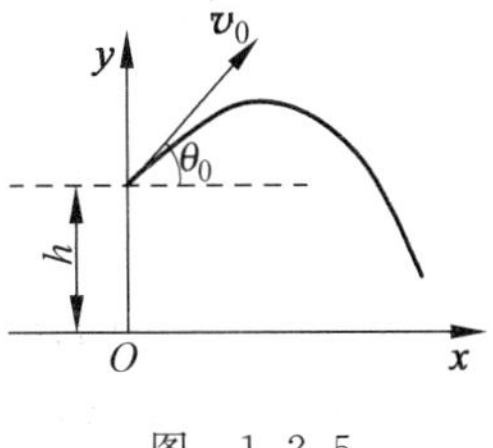

图 1.2.5

讨论：$\theta_0=0$ 时为平抛运动；$\theta_0=\frac{\pi}{2}$时为竖直上抛运动；$\theta_0=-\frac{\pi}{2}$且 $v_0=0$ 时，则为自由落体运动。

10. 运动的相对性

由于位置矢量、速度和加速度的大小和方向都与参考系的选择有关，具有相对性，因此同一质点的运动对不同参考系的描述是不同的。

设坐标系 $Ox'y'z'$ 相对于坐标系 $Oxyz$ 的平动速度为 $\boldsymbol{u}$，质点在 $Ox'y'z$ 中的速度为 $\boldsymbol{v}'$，在 $Oxyz$ 中的速度为 $\boldsymbol{v}$，则它们的速度关系为

$$\boldsymbol{v}=\boldsymbol{v}'+\boldsymbol{u}$$

或表示为

$$\boldsymbol{v}_{A对C} = \boldsymbol{v}_{A对B} + \boldsymbol{v}_{B对C}$$

上式称为速度变换原理或速度合成定理。

加速度

$$\boldsymbol{a}_{A对C}=\boldsymbol{a}_{A对B}+\boldsymbol{a}_{B对C}$$

上式称为加速度交换原理或加速度合成定理。

解题指导

本章的重点是深刻理解位置矢量、位移、速度和加速度等概念，注意其矢量性与相对性。本章习题一般分为两大类：第一类是已知质点的运动方程，利用微分法求各物理量(速度和加速度等)；第二类是已知速度或加速度及初始条件，利用积分法求运动方程。第二类问题和学会用速度合成定理处理运动的矢量性和相对性问题是本章的难点。

在直线运动中，位移、速度和加速度的方向均在一直线上，建立坐标后，这些矢量可作为标量来处理。位移 Δx、速度 v 和加速度 a 的正负，表示其方向与选定坐标轴的正向一致或相反。

应特别注意的是，中学阶段定量研究的是匀变速直线运动，加速度是常量。但大学物理中讨论的是具有普遍意义的运动，加速度不一定是常量，必须用高等数学中的微积分解题。由中学的“常量”到大学的“变量”，这是学习的一个飞跃。

质点运动学问题的一般解题步骤如下：

(1) 审清题意，确定研究对象，分析研究对象的运动情况；

(2) 选择适当的参考系，建立坐标系；

(3) 根据所求物理量的定义，列式并求解，或根据运动的特点和题设条件，列方程求解；

(4) 必要时进行分析讨论。

【例题 1.1】 有一物体作直线运动,其运动方程为 $x=6t^2-2t^3$,式中 x 的单位为 m,t 的单位为 s。求:

(1) 速度和加速度的表达式;

(2) $t=0$、1、2、3、4s 时物体的位置 x、速度 v 和加速度 a;

(3) 第 2s 内的平均速度;

(4) 最初 4s 内物体的位移、路程、平均速度和平均速率;

(5) 讨论物体的运动情况。

【解】 (1) 物体的运动方程

$$x = 6t^2 - 2t^3$$

速度

$$v = \frac{\mathrm{d}x}{\mathrm{d}t} = (12t - 6t^2)\ \mathrm{m/s}$$

加速度

$$a = \frac{\mathrm{d}v}{\mathrm{d}t} = (12 - 12t)\ \mathrm{m/s^2}$$

(2) 将 t 的各值代入上述三式,可得各时刻的 x、v 和 a,见表 1.3.1。

表 1.3.1

t/s	0	1	2	3	4
x/m	0	4	8	0	−32
v/(m/s)	0	6	0	−18	−48
a/(m/s^2)	12	0	−12	−24	−36

(3) 第 2s 内的平均速度

$$\bar{v}_{1-2} = \frac{x_2 - x_1}{t_2 - t_1} = \frac{8-4}{2-1}\ \mathrm{m/s} = 4\mathrm{m/s}$$

但不能用下式来计算:

$$\bar{v}_{1-2} = \frac{v_1 + v_2}{2}$$

为什么不行?请读者自己思考。

(4) 位移

$$\Delta x = x_4 - x_0 = (-32 - 0)\ \mathrm{m} = -32\mathrm{m}$$

式中负号表示位移的方向沿 x 轴负向。

路程 Δs 是否等于位移 Δx?通常 $\Delta s \neq \Delta x$,只有在直线运动中速度不改变方向的那段时间内,路程才与位移的大小相等。今由 $\frac{\mathrm{d}x}{\mathrm{d}t}=12t-6t^2=0$ 得 $t=2$s 时速度开始改变方向,所以路程为

$$\Delta s = \Delta s_1 + \Delta s_2 = |x_2 - x_0| + |x_4 - x_2| = |8-0| + |-32-8|\ \mathrm{m} = 48\mathrm{m}$$

平均速度为

$$\bar{v}_{0-4} = \frac{x_4 - x_0}{t_4 - t_0} = \frac{-32}{4}\mathrm{m/s} = -8\mathrm{m/s}$$

式中负号表示平均速度的方向沿 x 轴负向。

平均速率为

$$\bar{v}_{0-4}=\frac{\Delta s}{\Delta t}=\frac{48}{4}\text{m/s}=12\text{m/s}$$

(5) 由 $v=12t-6t^2$，可见 $t<2\text{s}, v>0$；$t=2\text{s}, v=0$；$t>2\text{s}, v<0$。而由 $a=12-12t$ 得 $t<1\text{s}, a>0$；$t=1\text{s}, a=0$；$t>1\text{s}, a<0$。因此：

t 在 0～1s 内，$v>0, a>0$，物体作加速运动；

t 在 1～2s 内，$v>0, a<0$，物体作减速运动；

$t>2\text{s}, v<0, a<0$，物体沿 x 轴负向作加速运动。

应注意：$a>0$，并不表示物体作加速运动；$a<0$，也不一定是减速运动。如何判断物体作加速还是减速运动呢？这应从 a 和 v 的方向是否一致来判断。a 与 v 同号(即同方向)，则为加速运动；a 与 v 异号(即反方向)，则为减速运动。

【例题 1.2】 已知质点的运动方程为

$$x=3t,\quad y=t^2+t$$

式中 x、y 以 m 计，t 以 s 计。试求：

(1) $t=1\text{s}$ 和 2s 时质点的位置矢量，并计算这 1s 内质点的位移和平均速度；

(2) 2s 末质点的速度和加速度；

(3) 质点的轨道方程。

【解】 (1) 质点的位置矢量为

$$\boldsymbol{r}=3t\boldsymbol{i}+(t^2+t)\boldsymbol{j}$$

$t=1\text{s}$ 时，$\boldsymbol{r}_1=3\boldsymbol{i}+(1+1)\boldsymbol{j}\text{m}=3\boldsymbol{i}+2\boldsymbol{j}\text{m}$；

$t=2\text{s}$ 时，$\boldsymbol{r}_2=6\boldsymbol{i}+6\boldsymbol{j}\text{m}$。

根据位移的定义，这 1s 内的位移为

$$\Delta\boldsymbol{r}=\boldsymbol{r}_2-\boldsymbol{r}_1=(6-3)\boldsymbol{i}+(6-2)\boldsymbol{j}\text{m}=3\boldsymbol{i}+4\boldsymbol{j}\text{m}$$

或用位移的大小和方向表示为

$$|\Delta\boldsymbol{r}|=\sqrt{(\Delta x)^2+(\Delta y)^2}=\sqrt{(6-3)^2+(6-2)^2}\text{m}=5\text{m}$$

$$\theta=\arctan\frac{\Delta y}{\Delta x}=\arctan\frac{6-2}{6-3}=53°$$

式中，θ 是位移与 x 轴正向间夹角。

根据平均速度的定义，这 1s 内的平均速度为

$$\bar{\boldsymbol{v}}=\frac{\Delta\boldsymbol{r}}{\Delta t}=\frac{3\boldsymbol{i}+4\boldsymbol{j}}{2-1}\text{m/s}=3\boldsymbol{i}+4\boldsymbol{j}\text{m/s}$$

(2) 根据速度的定义，可得速度的两个分量 v_x 和 v_y：

$$v_x=\frac{\mathrm{d}x}{\mathrm{d}t}=3\text{m/s}$$

$$v_y=\frac{\mathrm{d}y}{\mathrm{d}t}=(2t+1)\big|_{t=2}=(2\times2+1)\text{m/s}=5\text{m/s}$$

所以质点在 2s 末的速度为

$$\boldsymbol{v}_2=(3\boldsymbol{i}+5\boldsymbol{j})\text{m/s}$$

或用 $\boldsymbol{v}_2$ 的大小和 $\boldsymbol{v}_2$ 与 x 轴正向间夹角来表示为

$$v_2=\sqrt{v_x^2+v_y^2}=\sqrt{3^2+5^2}\text{m/s}=5.83\text{m/s}$$

$$\theta = \arctan \frac{v_y}{v_x} = \arctan \frac{5}{3} = 59°$$

式中,θ 是速度 $\boldsymbol{v}_2$ 与 x 轴正向间夹角。

根据加速度的定义,它的两个分量 a_x、a_y 分别为

$$a_x = \frac{\mathrm{d}v_x}{\mathrm{d}t} = 0$$

$$a_y = \frac{\mathrm{d}v_y}{\mathrm{d}t} = 2\mathrm{m/s^2}$$

所以

$$\boldsymbol{a} = a_x\boldsymbol{i} + a_y\boldsymbol{j} = 2\boldsymbol{j}\,\mathrm{m/s^2}$$

即加速度的大小为 $a=2\mathrm{m/s^2}$,方向沿 y 轴正向。由于加速度不随时间变化,所以本题中质点作匀加速运动。

(3) 从质点的运动方程中消去 t,即得轨道方程

$$y = \left(\frac{x}{3}\right)^2 + \frac{x}{3}$$

即

$$x^2 + 3x - 9y = 0$$

【例题 1.3】 一质点沿 x 轴运动。已知加速度 $a=4t$(SI),$t=0$ 时,初速度 $v_0=0$,初始位置 $x_0=10\mathrm{m}$。试求质点的运动方程。

【解】 根据加速度的定义 $a=\frac{\mathrm{d}v}{\mathrm{d}t}$,得

$$a\mathrm{d}t = 4t\mathrm{d}t = \mathrm{d}v$$

对上式两边积分,得速度 v 随时间 t 的变化规律

$$\int_0^t 4t\mathrm{d}t = \int_0^v \mathrm{d}v$$

积分后代入上下限得

$$v = 2t^2$$

又根据速度的定义 $v=\frac{\mathrm{d}x}{\mathrm{d}t}$得

$$\mathrm{d}x = v\mathrm{d}t = 2t^2\mathrm{d}t$$

对上式两边积分后得质点的运动方程

$$\int_{x_0}^x \mathrm{d}x = \int_0^t 2t^2\mathrm{d}t$$

$$x = x_0 + \frac{2}{3}t^3$$

将 $x_0=10\mathrm{m}$ 代入上式得

$$x = 10 + \frac{2}{3}t^2\ \mathrm{m}$$

本题属已知加速度及初始条件(即 $t=0$ 时的 x_0、v_0)求运动方程的问题,主要根据加速度和速度的定义,通过积分解决。需注意初始条件的运用和定积分的计算方法。

【例题 1.4】 一物体沿 x 轴运动,开始时物体位于坐标原点,初速度 $v_0=3\mathrm{m/s}$。若加

速度 $a=4x$(SI),求:

(1) 物体经过 $x=2\text{m}$ 时的速度;

(2) 物体的运动方程。

【解】 (1) 本题中加速度随 x 而变化,所以物体作变速直线运动。根据加速度和速度的定义 $v=\dfrac{\mathrm{d}x}{\mathrm{d}t}$,$a=\dfrac{\mathrm{d}v}{\mathrm{d}t}$,得

$$v\mathrm{d}t=\mathrm{d}x$$

$$a\,\mathrm{d}t=\mathrm{d}v=a\,\frac{\mathrm{d}x}{v}$$

所以

$$v\mathrm{d}v=a\mathrm{d}x=4x\mathrm{d}x$$

两边积分:

$$\int_{v_0}^{v}v\mathrm{d}v=\int_{x_0}^{x}4x\mathrm{d}x$$

$$v^2-v_0^2=4(x^2-x_0^2)$$

将 $x_0=0$,$v_0=3\text{m/s}$ 及 $x=2\text{m}$ 代入上式得

$$v=\sqrt{v_0^2+4x^2}=\sqrt{3^2+4\times2^2}\,\text{m/s}=5\text{m/s}$$

(2) 再根据速度的定义得

$$\mathrm{d}x=v\mathrm{d}t=\sqrt{v_0^2+4x^2}\,\mathrm{d}t$$

所以

$$\int_0^x\frac{\mathrm{d}x}{\sqrt{v_0^2+4x^2}}=\int_0^t\mathrm{d}t$$

由积分公式 $\displaystyle\int\frac{\mathrm{d}x}{\sqrt{a^2+x^2}}=\ln(x+\sqrt{a^2+x^2})$,将上式积分,则有

$$\frac{1}{2}\ln(2x+\sqrt{v_0^2+4x^2})\,\Big|_0^x=t$$

$$\frac{2x+\sqrt{v_0^2+4x^2}}{v_0}=\mathrm{e}^{2t}$$

化简后得运动方程

$$x=\frac{v_0}{4}(\mathrm{e}^{2t}-\mathrm{e}^{-2t})=\frac{3}{4}(\mathrm{e}^{2t}-\mathrm{e}^{-2t})\text{m}$$

需注意:通常解题时应先用文字式运算,求得结果的文字表达式后,再代入数据进行计算,得出最后的结果。

【例题 1.5】 如图 1.3.1 所示,在离水面高度 h 的岸边,有人用绳子拉船靠岸。船位于离岸的水平距离 s 处。当人以 v_0 的匀速率收绳时,试求船的速度和加速度。

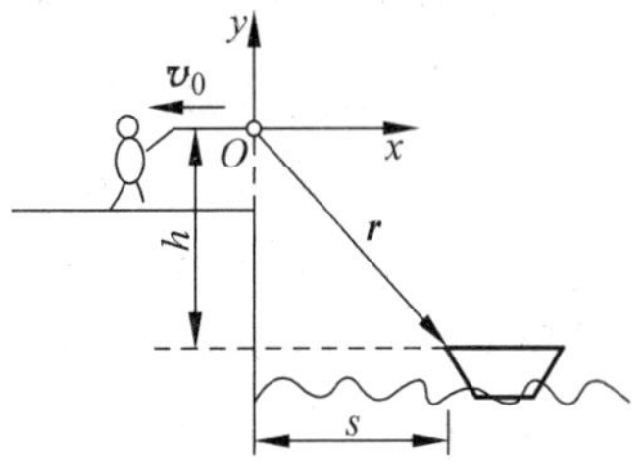

图 1.3.1

【解】 本题要求 $\boldsymbol{v}$ 和 $\boldsymbol{a}$,但船的运动方程未知,因此须先根据已知条件,建立坐标后写出船的运动方程,然后根据定义求 $\boldsymbol{v}$ 和 $\boldsymbol{a}$。

以人的收绳点为坐标原点,建立如图 1.3.1 所示的坐

标系,则船的位置矢量即运动方程为

$$\boldsymbol{r} = x\boldsymbol{i} - h\boldsymbol{j}$$

式中 h 是常量,x 随时间而变。根据速度和加速度的定义得

$$\boldsymbol{v} = \frac{\mathrm{d}\boldsymbol{r}}{\mathrm{d}t} = \frac{\mathrm{d}x}{\mathrm{d}t}\boldsymbol{i}$$

$$\boldsymbol{a} = \frac{\mathrm{d}^2\boldsymbol{r}}{\mathrm{d}t^2} = \frac{\mathrm{d}^2 x}{\mathrm{d}t^2}\boldsymbol{i}$$

根据题意,人的收绳速率为

$$v_0 = -\frac{\mathrm{d}r}{\mathrm{d}t} = -\frac{\mathrm{d}}{\mathrm{d}t}\sqrt{x^2+h^2} = -\frac{x}{\sqrt{x^2+h^2}}\frac{\mathrm{d}x}{\mathrm{d}t}$$

这里因 $r=|\boldsymbol{r}|$ 随时间减小,所以 $\frac{\mathrm{d}r}{\mathrm{d}t}<0$,而 $v_0>0$。由上式得

$$v_x = \frac{\mathrm{d}x}{\mathrm{d}t} = -\frac{v_0\sqrt{x^2+h^2}}{x}$$

所以船的速度为

$$\boldsymbol{v} = -\frac{v_0\sqrt{x^2+h^2}}{x}\boldsymbol{i}$$

而

$$a_x = \frac{\mathrm{d}v_x}{\mathrm{d}t} = \frac{\mathrm{d}}{\mathrm{d}t}\left(-\frac{v_0\sqrt{x^2+h^2}}{x}\right) = \frac{\mathrm{d}}{\mathrm{d}x}\left(-\frac{v_0\sqrt{x^2+h^2}}{x}\right)\frac{\mathrm{d}x}{\mathrm{d}t} = -\frac{h^2v_0^2}{x^3}$$

所以船的加速度为

$$\boldsymbol{a} = -\frac{h^2v_0^2}{x^3}\boldsymbol{i}$$

当船在 $x=s$ 处,速度和加速度分别为

$$\boldsymbol{v} = -\frac{v_0\sqrt{s^2+h^2}}{s}\boldsymbol{i}$$

$$\boldsymbol{a} = -\frac{h^2v_0^2}{s^3}\boldsymbol{i}$$

讨论:(1) $\boldsymbol{v}$ 和 $\boldsymbol{a}$ 的方向均沿 x 轴负向,所以船向岸边作加速运动;

(2) 由 $\boldsymbol{a}$ 的表达式,h 和 v_0 不变,s 随时间减小,$|\boldsymbol{a}|$ 随时间增大,所以船作变加速运动;

(3) 船的速率 $v>v_0$(人的收绳速率),这是严格按速度的定义求得的,直观上,显然 v 不等于 v_0。

【例题 1.6】 一石子从倾角为 $\alpha=30°$ 的斜面上的 O 点抛出。已知初速度 $v_0=9.8\mathrm{m/s}$,$\boldsymbol{v}_0$ 与水平面的夹角 $\theta=30°$,如图 1.3.2 所示。若忽略空气阻力,试求:

(1) 石子落到斜面上的 B 点离 O 点的距离 l;

(2) 石子所到达的最大高度;

(3) $t=1.5\mathrm{s}$ 时石子的速度、切向加速度和法向加速度。

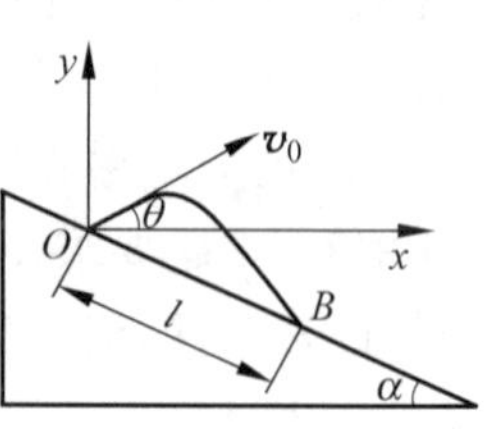

图 1.3.2

【解】 (1) 石子的运动可看作水平方向的匀速直线运动和竖直方向的加速度为 $\boldsymbol{g}$ 的匀变速直线运动的叠加。今以 O 点为原点,建立坐标如图,则石子的加速度分量为

$$a_x = \frac{\mathrm{d}v_x}{\mathrm{d}t} = 0, \quad a_y = \frac{\mathrm{d}v_y}{\mathrm{d}t} = -g$$

而石子运动的初始条件为

$$\begin{cases} x_0 = 0 \\ y_0 = 0 \end{cases}, \quad \begin{cases} v_{0x} = v_0\cos\theta \\ v_{0y} = v_0\sin\theta \end{cases}$$

因此石子的运动方程为

$$x = v_0\cos\theta t \tag{1}$$

$$y = v_0\sin\theta t - \frac{1}{2}gt^2 \tag{2}$$

将 B 点坐标 $x_B = l\cos\alpha, y_B = -l\sin\alpha$ 代入式(1)、式(2)得

$$l\cos\alpha = v_0\cos\theta t \tag{3}$$

$$-l\sin\alpha = v_0\sin\theta t - \frac{1}{2}gt^2 \tag{4}$$

由式(3)、式(4)得 $l = v_0\dfrac{\cos\theta}{\cos\alpha}t, t = \left(v_0\sin\theta + v_0\cos\theta\dfrac{\sin\alpha}{\cos\alpha}\right)\dfrac{\alpha}{g}$。

$$t = \frac{2v_0}{g}\left(\sin\theta + \cos\theta\frac{\sin\alpha}{\cos\alpha}\right) = \frac{2\times 9.8}{9.8}\left(\frac{1}{2} + \frac{1}{2}\right)\mathrm{s} = 2\mathrm{s}$$

$$l = v_0\frac{\cos\theta}{\cos\alpha}t = v_0 t = 9.8\times 2\mathrm{m} = 19.6\mathrm{m}$$

(2) 求石子的最大高度,用高等数学中求极值的方法。令$\dfrac{\mathrm{d}y}{\mathrm{d}t}=0$,即

$$\frac{\mathrm{d}y}{\mathrm{d}t} = v_0\sin\theta - gt = 0$$

所以

$$t = \frac{v_0\sin\theta}{g} = \frac{9.8\sin 30^\circ}{9.8}\mathrm{s} = 0.5\mathrm{s}$$

将 t 值代入式(2)得

$$y_{\max} = \left(9.8\sin 30^\circ\times 0.5 - \frac{1}{2}g\times 0.5^2\right)\mathrm{m} = 1.23\mathrm{m}$$

(3) 设 $t=1.5\mathrm{s}$ 时石子在图 1.3.3 中 C 点处,速度的大小为

$$\begin{aligned} v &= \sqrt{v_x^2 + v_y^2} = \sqrt{(v_0\cos\theta)^2 + (v_0\sin\theta - gt)^2} \\ &= \sqrt{(9.8\cos 30^\circ)^2 + (9.8\sin 30^\circ - 9.8\times 1.5)^2}\ \mathrm{m/s} \\ &= 13\mathrm{m/s} \end{aligned}$$

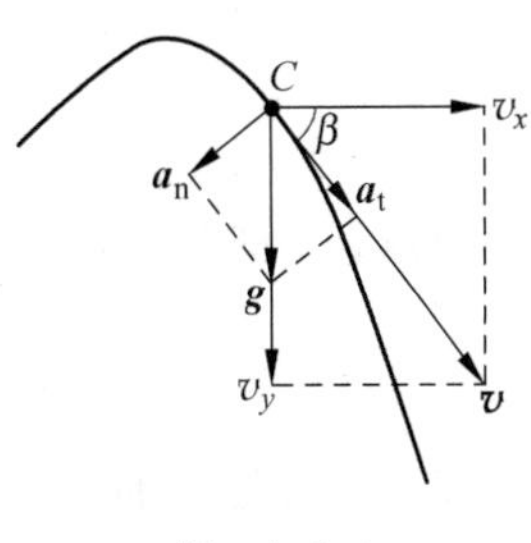

图 1.3.3

$\boldsymbol{v}$ 与 x 轴正向间夹角为

$$\beta = \arctan\frac{v_y}{v_x} = \arctan\frac{9.8\sin 30^\circ - 9.8\times 1.5}{9.8\cos 30^\circ} = -49.1^\circ$$

由图 1.3.3 可知

$$a_t = g\cos(90^\circ - 49.1^\circ) = 7.4\mathrm{m/s^2}$$

$$a_n = g\sin(90^\circ - 49.1^\circ) = 6.4\mathrm{m/s^2}$$

讨论:(1) 若以 O 为原点,取 x 轴沿斜面向下,y 轴垂直斜面向上,则

$$\begin{cases} v_{Ox} = v_0\cos(\theta+\alpha) \\ v_{Oy} = v_0\sin(\theta+\alpha) \end{cases},\quad \begin{cases} a_x = g\sin\alpha \\ a_y = -g\cos\alpha \end{cases}$$

得石子的运动方程为

$$x = v_0\cos(\theta+\alpha)t + \frac{1}{2}g\sin\alpha t^2$$

$$y = v_0\sin(\theta+\alpha)t - \frac{1}{2}g\cos\alpha t^2$$

以 B 点的坐标 $x=l,y=0$ 代入,可求得同样的结果,$l=19.6\text{m}$。但是求石子的最大高度时,就不是简单地求 y 的最大值了,而是相当繁复。从此例中应深刻领会物体的运动方程形式与坐标系有关,应尽量建立适当的坐标系,以使解题方便。

(2) 抛体运动中,加速度 $\boldsymbol{g}$ 是恒量,它是匀加速运动。如果知道了某点 $\boldsymbol{v}$ 的方向,求 $\boldsymbol{g}$ 在 $\boldsymbol{v}$ 的垂直方向上的分量,就可方便地得到 a_n;同样,求 $\boldsymbol{g}$ 在 $\boldsymbol{v}$ 方向上的分量即得 a_t。若按切向加速度的定义,则

$$a_t = \frac{dv}{dt} = \frac{d}{dt}\sqrt{v_x^2+v_y^2} = \frac{d}{dt}\sqrt{(v_0\cos\theta)^2+(v_0\sin\theta-gt)^2}$$

$$= -\frac{g(v_0\sin\theta-gt)}{v} = 7.4\text{m/s}^2$$

结果相同,但前者方便。

【例题 1.7】 一质点沿半径为 R 的圆周按规律 $s=v_0t-\frac{1}{2}bt^2$ 运动,式中 v_0、b 均为常数。求:

(1) t 时刻质点的总加速度;

(2) t 为何值时,总加速度在数值上等于 b?

【解】 (1) 根据速率的定义

$$v = \frac{ds}{dt} = v_0 - bt$$

则质点的切向加速度和法向加速度分别为

$$a_t = \frac{dv}{dt} = -b$$

$$a_n = \frac{v^2}{R} = \frac{(v_0-bt)^2}{R}$$

质点在 t 时刻的总加速度的大小为

$$a = \sqrt{a_t^2+a_n^2} = \sqrt{(-b)^2+\left[\frac{(v_0-bt)^2}{R}\right]^2} = \frac{1}{R}\sqrt{R^2b^2+(v_0-bt)^4}$$

加速度 $\boldsymbol{a}$ 与速度 $\boldsymbol{v}$ 间夹角

$$\theta = \arctan\frac{a_n}{a_t} = \arctan\left[-\frac{(v_0-bt)^2}{bR}\right],\quad \frac{\pi}{2}<\theta<\pi$$

(2) 按题意

$$a = \frac{1}{R}\sqrt{R^2b^2+(v_0-bt)^4} = b$$

得

$$t = \frac{v_0}{b}$$

【例题 1.8】 以加速度 a 匀加速上升的升降机，当速度为 v_0 时，升降机天花板上有一螺帽松落。设升降机内高度为 h，求螺帽落到升降机底板上所需的时间。

【解】 本题中升降机与螺帽间有相对运动，可以根据题意建立坐标后分别求出升降机与螺帽的运动方程，然后根据螺帽落到底板上的条件解方程。亦可根据加速度合成定理，求出螺帽相对于升降机的加速度，建立相对于升降机的运动方程，然后求解。

解法一：以螺帽松落时升降机底面所处空间位置为坐标原点，向上为 y 轴正向，如图 1.3.4 所示。则升降机底面的运动方程为

$$y_1 = v_0 t + \frac{1}{2}at^2 \tag{1}$$

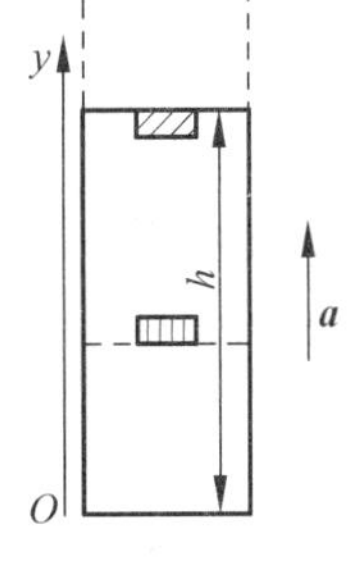

图 1.3.4

螺帽相对地面作初速度为 v_0 的竖直上抛运动，其运动方程为

$$y_2 = h + v_0 t - \frac{1}{2}gt^2 \tag{2}$$

当螺帽落到升降机底面时的条件为

$$y_1 = y_2$$

根据此条件得

$$v_0 t + \frac{1}{2}at^2 = h + v_0 t - \frac{1}{2}gt^2$$

所以

$$t = \sqrt{\frac{2h}{g+a}}$$

解法二：以升降机为参考系，以升降机内底面为坐标原点，向上为 y 轴正向。则螺帽相对升降机的初速度 $v_{帽对机} = 0$，加速度为

$$\boldsymbol{a}_{帽对机} = \boldsymbol{a}_{帽对地} + \boldsymbol{a}_{地对机}$$

由于

$$\boldsymbol{a}_{帽对地} = -\boldsymbol{g}, \quad \boldsymbol{a}_{地对机} = -\boldsymbol{a}_{机对地}$$

所以

$$\boldsymbol{a}_{帽对机} = -\boldsymbol{g} - \boldsymbol{a}$$

螺帽相对升降机的运动方程为

$$y = h - \frac{1}{2}(g+a)t^2$$

以螺帽落到底面的条件 $y=0$ 代入上式得

$$t = \sqrt{\frac{2h}{g+a}}$$

复习思考题

1. 位移和位置矢量有什么区别？位移和路程又有什么区别？什么情况下位移和路程的量值相等？

2. 平均速度和瞬时速度有何区别和联系？速度和速率有什么区别和联系？

3. 回答下列问题，并举例说明。

(1) 物体的运动能否具有恒定的速率而仍有变化的速度？能否具有恒定的速度但仍有变化的速率？

(2) 速度为零的时刻，加速度是否一定为零？加速度为零的时刻，速度是否一定为零？

4. $\Delta\boldsymbol{r}$ 与 Δr 有什么区别？$\Delta\boldsymbol{v}$ 与 Δv 有什么区别？

5. $\frac{\mathrm{d}\boldsymbol{r}}{\mathrm{d}t}$与$\frac{\mathrm{d}r}{\mathrm{d}t}$的意义有什么不同？$\frac{\mathrm{d}\boldsymbol{v}}{\mathrm{d}t}$与$\frac{\mathrm{d}v}{\mathrm{d}t}$各表示什么意义？$\left|\frac{\mathrm{d}\boldsymbol{v}}{\mathrm{d}t}\right|=0$ 代表什么运动？$\frac{\mathrm{d}v}{\mathrm{d}t}=0$ 代表什么运动？

6. 甲说："物体运动的加速度越大，物体的速度也越大。"乙说："物体的加速度越大，物体的速度不一定越大。"丙说："物体的加速度值很大，而它的速度值可以不变。"你认为上述各种说法对不对？举例说明之。

7. 直线运动中运动方程 $x=x_0+v_0t+\frac{1}{2}at^2$ 与位移 $x-x_0=v_0t+\frac{1}{2}at^2$ 有何区别？两式中的时间 t 的含义有什么不同？

8. 质点作直线运动中，加速度是负值，是否说明质点作减速运动？该如何判断质点的运动是加速还是减速？

9. 当物体的加速度恒定不变时，它的运动方向可否改变？

10. 切向加速度和法向加速度的大小和方向怎么表示？它们各自的作用是什么？某时刻切向加速度 $\boldsymbol{a}_\mathrm{t}$ 为负的含义是什么？它是否说明该时刻质点的运动是减速的？该如何判断质点作曲线运动时加速还是减速？

11. 一质点作抛体运动，忽略空气阻力，则$\frac{\mathrm{d}v}{\mathrm{d}t}$和$\frac{\mathrm{d}\boldsymbol{v}}{\mathrm{d}t}$的量值是否变化？是不是匀变速运动？匀速圆周运动中 $a_\mathrm{n}=$常数，为何不是匀变速运动？

12. 已知质点的运动方程 $x=x(t)$，$y=y(t)$，能否先求 $r=\sqrt{x^2+y^2}$，再由 $v=\frac{\mathrm{d}r}{\mathrm{d}t}$和 $a=\frac{\mathrm{d}v}{\mathrm{d}t}=\frac{\mathrm{d}^2r}{\mathrm{d}t^2}$求速度和加速度的大小？若不能，错在哪里？该怎样计算？

13. 某人骑车以速度 v 向东行驶，这天正吹南风，风速大小也为 v，试问该人感到风从何方吹来？如何计算骑车人感到的风速大小？

14. 一物体作匀速圆周运动，有人说："物体的速度是不变的。"也有人说："物体的加速度值不变，故它是一种匀加速运动。"你认为上述说法对不对？

自我检查题

1. 如图 1.5.1 所示，湖中有一小船，有人用绳绕过岸上一定高度处的定滑轮拉湖中的船向岸边运动。设该人以匀速率 v_0 收绳，绳不伸长、湖水静止，则小船的运动是(　　)。

(A) 匀加速运动　　(B) 匀减速运动

(C) 变加速运动　　(D) 变减速运动

(E) 匀速直线运动

2. 一物体自高度为 H 的 a 点沿不同长度的光滑斜面下滑，如图 1.5.2 所示。斜面倾角为多大时物体滑到末端的速率最大？（　　）

(A) 30°　　(B) 45°　　(C) 60°　　(D) 90°

(E) 各种倾角的速率都一样

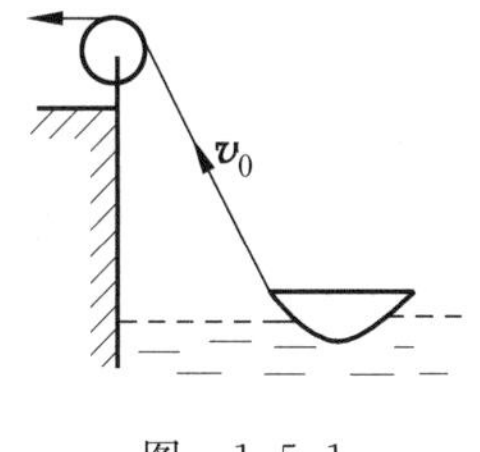

图 1.5.1

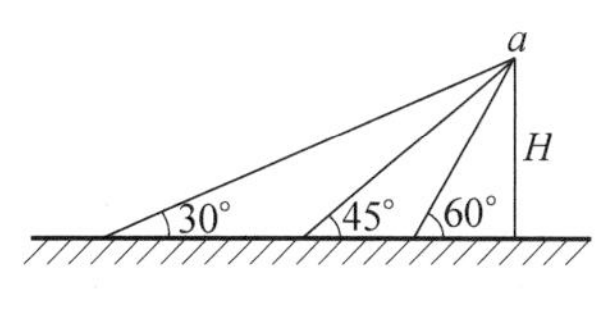

图 1.5.2

3. 一质点在 $t=0$ 时刻由原点出发作抛体运动，现以水平地面为 x 轴，垂直地面向上为 y 轴正向，其速度为 $\boldsymbol{v}=v_x\boldsymbol{i}+v_y\boldsymbol{j}$，回到 x 轴的时刻为 t，则下式中正确的为（　　）。

(A) $\left|\int_0^t \boldsymbol{v}\mathrm{d}t\right| = \int_0^t v_x\mathrm{d}t$　　(B) $\left|\int_0^t \boldsymbol{v}\mathrm{d}t\right| = \int_0^t v_y\mathrm{d}t$

(C) $\int_0^t |\boldsymbol{v}|\mathrm{d}t = \int_0^t v_x\mathrm{d}t$　　(D) $\int_0^t |\boldsymbol{v}|\mathrm{d}t = \int_0^t v_y\mathrm{d}t$

4. 质点作曲线运动，$\boldsymbol{r}$ 表示位置矢量，$\boldsymbol{v}$ 表示速度，$\boldsymbol{a}$ 表示加速度，s 表示路程，a_t 表示切向加速度，下列表达式中：（　　）。

(1) $\mathrm{d}v/\mathrm{d}t=a$　(2) $\mathrm{d}r/\mathrm{d}t=v$　(3) $\mathrm{d}s/\mathrm{d}t=v$　(4) $|\mathrm{d}\boldsymbol{v}/\mathrm{d}t|=a_t$

(A) 只有(1)、(4)是对的　　(B) 只有(2)、(4)是对的

(C) 只有(2)是对的　　(D) 只有(3)是对的

5. 某物体的运动规律为 $\mathrm{d}v/\mathrm{d}t=-kv^2t$，式中 k 为大于零的常量。当 $t=0$ 时，初速度为 v_0，则速度 v 与时间 t 的函数关系是（　　）。

(A) $v=\frac{1}{2}kt^2+v_0$　　(B) $v=-\frac{1}{2}kt^2+v_0$

(C) $\frac{1}{v}=\frac{kt^2}{2}+\frac{1}{v_0}$　　(D) $\frac{1}{v}=-\frac{kt^2}{2}+\frac{1}{v_0}$

6. 一个质点沿直线运动，其速度为 $v=v_0\mathrm{e}^{-kt}$（式中 k、v_0 为常量）。当 $t=0$ 时，质点位于坐标原点，则此质点的运动方程为（　　）。

(A) $x=\frac{v_0}{k}\mathrm{e}^{-kt}$　　(B) $x=-\frac{v_0}{k}\mathrm{e}^{-kt}$

(C) $x=\frac{v_0}{k}(1-\mathrm{e}^{-kt})$　　(D) $x=-\frac{v_0}{k}(1-\mathrm{e}^{-kt})$

7. 在相对地面静止的坐标系内，A、B 二船都以 2m/s 速率匀速行驶，A 船沿 x 轴正向，B 船沿 y 轴正向。今在 A 船上设置与静止坐标系方向相同的坐标系（x、y 方向单位矢量用 $\boldsymbol{i}$、$\boldsymbol{j}$ 表示），那么在 A 船上的坐标系中，B 船的速度（以 m/s 为单位）为（　　）。

(A) $2\boldsymbol{i}+2\boldsymbol{j}$　　(B) $-2\boldsymbol{i}+2\boldsymbol{j}$　　(C) $-2\boldsymbol{i}-2\boldsymbol{j}$　　(D) $2\boldsymbol{i}-2\boldsymbol{j}$

8. 一条河在某一段直线岸边同侧有 A、B 两个码头，相距 1km。甲、乙两人需要从码头 A 到码头 B，再立即由 B 返回。甲划船前去，船相对河水的速度为 4km/h；而乙沿岸步行，

步行速度也为4km/h。如河水流速为2km/h,方向从A到B,则(　　)。

(A) 甲比乙晚10min回到A　　(B) 甲和乙同时回到A

(C) 甲比乙早10min回到A　　(D) 甲比乙早2min回到A

9. 下雨时,一人坐在车内观察车外雨点的运动。设雨点相对地面以匀速率u垂直落下,车以匀速v水平向前,则雨点的轨迹为________。设车以匀加速度a水平向前时,则雨点的轨迹为________。

10. 已知质点的运动方程为$x=2+6t-t^2$,x以米计,t以秒计。当它刚开始朝x轴负向运动时的位置为$x=$________m;从$t=0$运动到该位置的这段时间内的位移$\Delta x=$________m。

11. (1) 如图1.5.3(a)所示,一物体自静止开始从固定的光滑斜面顶点滑下,斜面长为l,倾角为θ,则物体的运动方程为$\begin{cases}x=________\\y=________\end{cases}$。

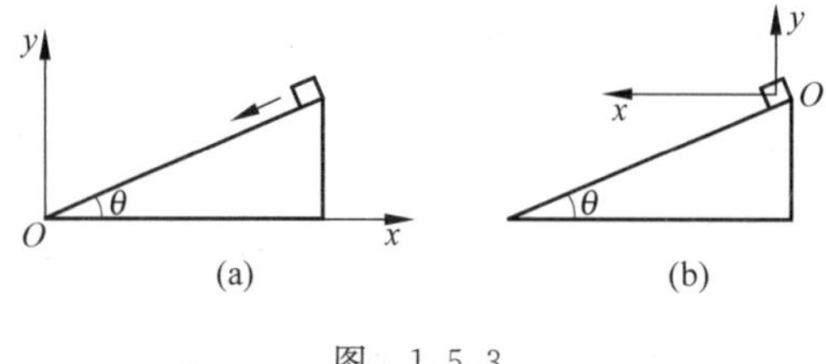

图 1.5.3

(2) 若建立如图1.5.3(b)所示的坐标系,则图1.5.4中哪一个正确表示了物体速度的x分量与时间的关系?(　　)。

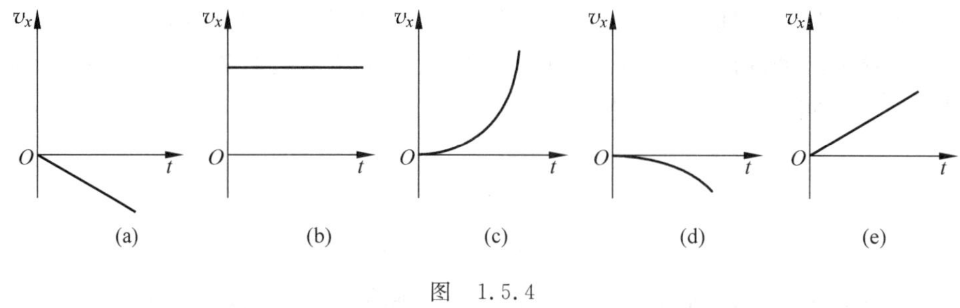

图 1.5.4

12. 一升降机以加速度a下降($a<g$),当速度为v_0时天花板上掉下一螺帽。设升降机高度为h,在升降机外柱子上建立如图1.5.5所示的坐标系,则升降机底面的运动方程为$y_1=$________,螺帽的运动方程为$y_2=$________。

13. 一质点作匀速圆周运动,角速度为ω,圆半径为R,如图1.5.6所示。已知t时刻质点在A点,$t+\Delta t$时刻质点运动到B点,按图中坐标,则

(1) 该Δt时间内 $\Delta \boldsymbol{r}=$________,$|\Delta \boldsymbol{r}|=$________,$\Delta r=$________。

$\Delta \boldsymbol{v}=$________,$|\Delta \boldsymbol{v}|=$________,$\Delta v=$________。

(2) 任意时刻 $\dfrac{\mathrm{d}\boldsymbol{r}}{\mathrm{d}t}=$________,$\left|\dfrac{\mathrm{d}\boldsymbol{r}}{\mathrm{d}t}\right|=$________,$\dfrac{\mathrm{d}r}{\mathrm{d}t}=$________。

$\dfrac{\mathrm{d}\boldsymbol{v}}{\mathrm{d}t}=$________,$\left|\dfrac{\mathrm{d}\boldsymbol{v}}{\mathrm{d}t}\right|=$________,$\dfrac{\mathrm{d}v}{\mathrm{d}t}=$________。

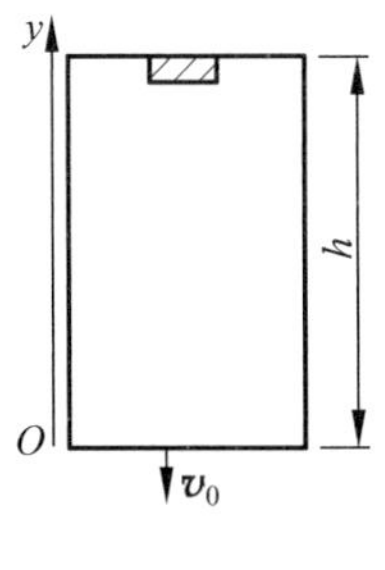

图　1.5.5

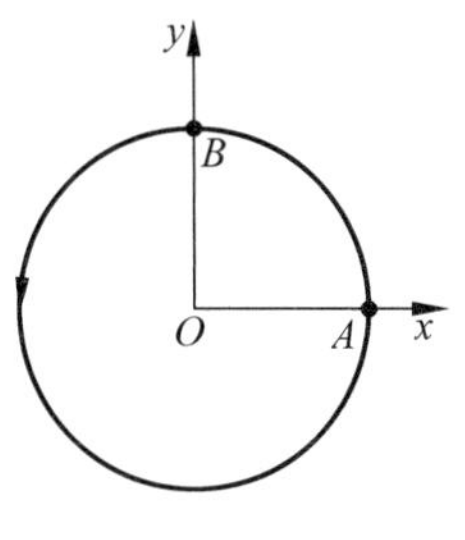

图　1.5.6

14. 路灯距地面高度为 h，身高为 l 的人以速度 v_0 在路上背离路灯匀速直线行走（图 1.5.7），则人头顶影子的移动速度 $v=$________。

15. 一辆汽车沿笔直的公路行驶，速度随时间的变化关系如图 1.5.8 所示。判断各线段表示什么运动：

0～2s 是________运动；

2～3s 是________运动；

3～4s 是________运动；

4～6s 是________运动；

6s 内汽车的位移为________ m，路程为________ m。

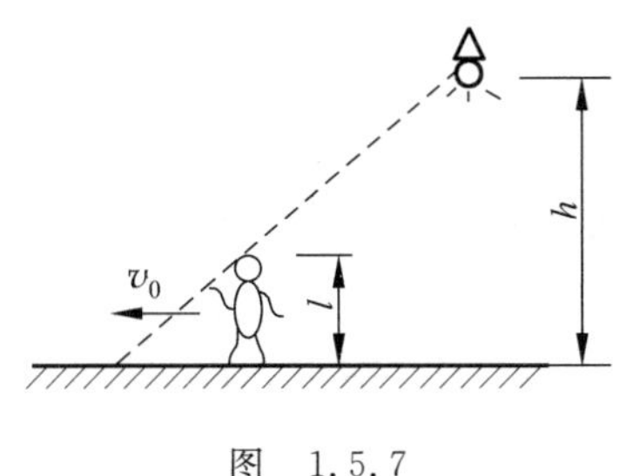
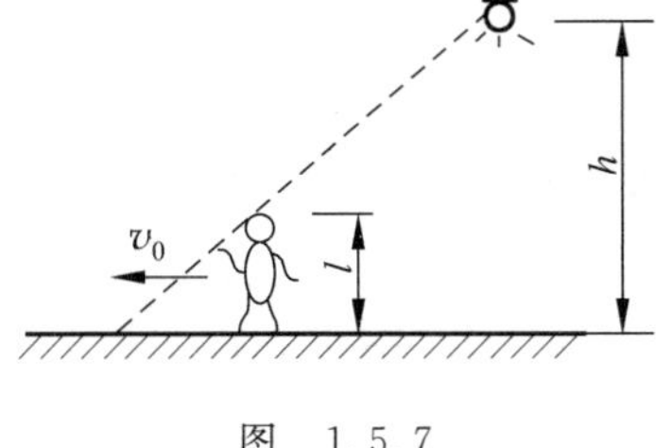

图　1.5.7

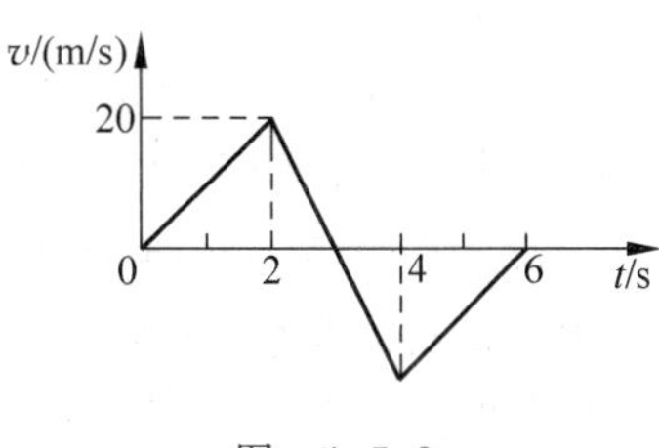

图　1.5.8

16. 如图 1.5.9 所示为 5 个质点分别作直线运动时的 v-t 图线。设开始时位置 x_0 均为零，则：

（1）$t=2$s 时，离坐标原点最远的质点是图________；

（2）作匀加速运动的质点是图________；

（3）前 2s 内位移最小的质点是图________。

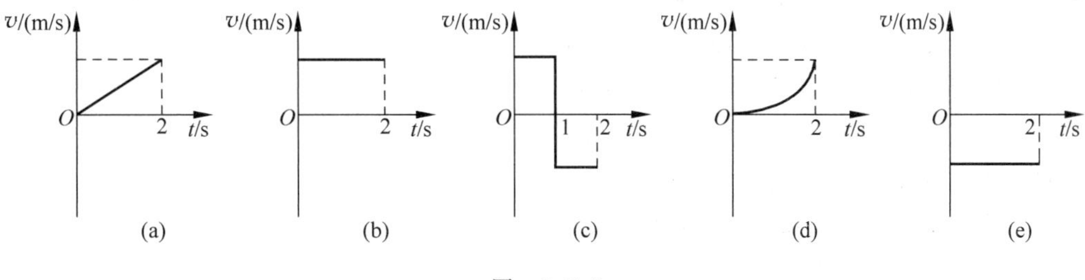

图　1.5.9

17. 一物体作斜抛运动。设水平方向为 x 轴，t_1 代表从抛出到落地的时间，说明下面两个积分的物理意义：

(1) $\int_0^{t_1} v_x \mathrm{d}t$ 是________________；

(2) $\int_0^{t_1} v \mathrm{d}t$ 是________________。

18. 一质点作抛体运动，

(1) 用 t 代表落地时刻，试说明下面各积分式的意义：

$$\int_0^t v_x \mathrm{d}t,\quad \int_0^t v_y \mathrm{d}t,\quad \int_0^t v \mathrm{d}t$$

(2) 用 A 和 B 分别代表抛出点和落地点位置，试说明下面各积分式的意义：

$$\int_A^B \mathrm{d}\boldsymbol{r},\quad \int_A^B |\mathrm{d}\boldsymbol{r}|,\quad \int_A^B \mathrm{d}r$$

19. 一物体从某一确定高度以 v_0 的速度水平抛出，已知它落地时的速度为 v_1，那么它运动的时间为________。

20. 一质点以 60°仰角作斜上抛运动，忽略空气阻力。若质点运动轨道最高点处的曲率半径为 10m，则抛出时初速度的大小为 $v_0=$________。(重力加速度 g 按 $10\mathrm{m/s^2}$ 计)

21. 试说明质点作何种运动时，将出现下述各种情况($v\neq0$)。

(1) $a_t=0, a_n\neq0$：________________。

(2) $a_t\neq0, a_n=0$：________________。

(a_t、a_n 分别表示切向加速度和法向加速度)

22. 有一水平飞行的飞机，速度为 v_0，在飞机上以水平速度 v 向前发射一颗炮弹，略去空气阻力并设发炮过程不影响飞机的速度。则：

(1) 以地球为参考系，炮弹的轨迹方程为________________；

(2) 以飞机为参考系，炮弹的轨迹方程为________________。

习题

1. 一质点沿 x 轴的运动方程为 $x=5t^2-2t^3$，式中 x 以 m 计，t 以 s 计。求：

(1) 质点的速度和加速度随时间的变化规律；

(2) 质点到达 x 最大值所需的时间；

(3) 最初 2s 内质点的位移和路程；

(4) 2s 末质点的速度和加速度。

2. 已知质点的运动方程为 $x=2t, y=19-2t^2$，式中 t 以 s 计，x、y 以 m 计。试求：

(1) 质点的轨迹方程；

(2) 质点在 1～2s 内的平均速度(大小、方向)；

(3) 质点在 $t=1$s 末和 $t=2$s 末的瞬时速度；

(4) 质点在任意时刻的瞬时加速度；

(5) 在什么时刻，质点的位置矢量和速度垂直？

3. 一质点沿 x 轴运动，运动方程为 $x=8t-2t^2$(SI)，求：在 $t=1$s 到 $t=3$s 的时间内，质

点的位移和路程。

4. 一质点沿 x 轴作直线运动，它的运动学方程为 $x=3+5t+6t^2-t^3$(SI)。试求：

(1) 质点在 $t=0$ 时刻的速度 v_0；

(2) 加速度为零时，该质点的速度 v。

5. 如图 1.6.1 所示，当雷达天线以角速度 ω 连续转动时，可借助天线发出电磁波追踪一艘正竖直向上飞行的火箭。已知火箭发射平台 P 与雷达 R 相距为 l，求天线仰角为 θ 时，火箭的飞行速度。

6. 距河岸(看成直线)500m 处有一艘静止的船，船上的探照灯以转速 $n=1\text{r/min}$ 转动。当光束与岸边成 60°(图 1.6.2)时，求光束沿岸边移动的速度大小。

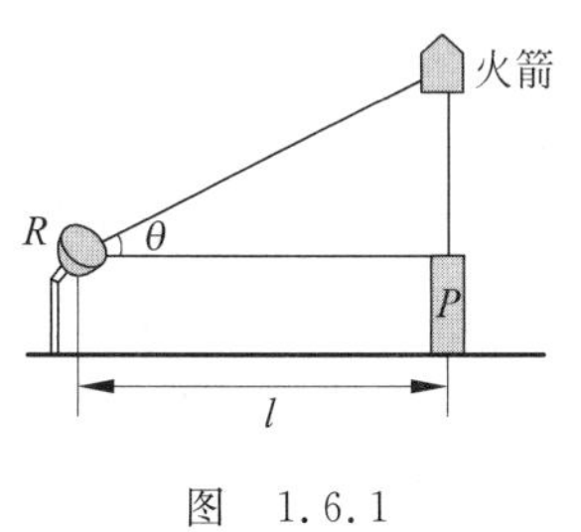

图　1.6.1

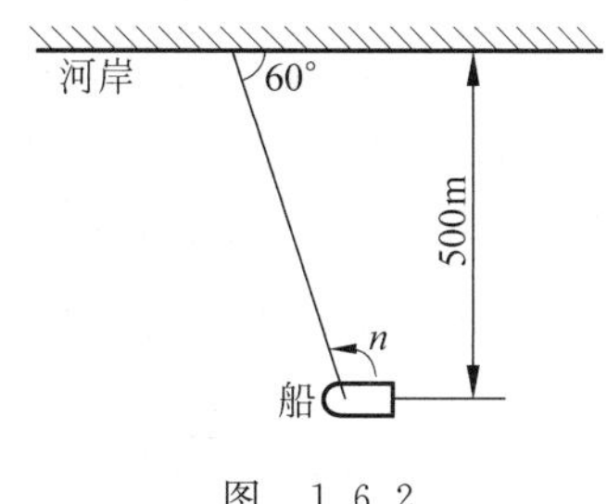

图　1.6.2

7. 某质点的运动规律为 $\dfrac{\mathrm{d}v}{\mathrm{d}t}=-kvt$，式中 k 为常数。当 $t=0$ 时，质点的初速度为 v_0。试问：质点的速度与时间的关系。

8. 一质点沿 x 轴运动的加速度随时间的变化关系为 $a=-A\omega^2\cos(\omega t)$，其中 A、ω 均为正常量。设 $t=0$ 时，质点的速率为 v_0，位置坐标为 A，求该质点的运动学方程。

9. 一质点沿 x 轴运动，其加速度 a 与位置坐标 x 的关系为 $a=2+6x^2$(SI)；如果质点在原点处的速度为零，试求其在任意位置处的速度。

10. 一艘正在沿直线行驶的快艇，在发动机关闭后，其加速度方向与速度方向相反，大小与速度平方成正比，即 $\dfrac{\mathrm{d}v}{\mathrm{d}t}=-kv^2$，式中 k 为常数。试证明快艇在关闭发动机后又行驶 x 距离时的速度为 $v=v_0\mathrm{e}^{-kx}$，其中 v_0 是发动机关闭时的速度。

11. 一质点，其加速度为 $\boldsymbol{a}=4t\boldsymbol{i}$(SI)，式中 t 为时间。$t=0$ 时该质点以 $\boldsymbol{v}=2\boldsymbol{j}$(SI)的速度通过坐标原点，试求该质点在任意时刻的位置矢量。

12. 一质点在 xOy 平面上运动，其加速度为 $\boldsymbol{a}=2\boldsymbol{i}-6t^2\boldsymbol{j}$(SI)，$t=0$ 时，以 $\boldsymbol{v}_0=3\boldsymbol{i}+4\boldsymbol{j}$(SI)的速度通过原点，试求质点在任意时刻的速度和位置矢量。

13. 一质点悬挂在弹簧上作竖直振动，其加速度为 $a=-ky$，式中 k 为常数，y 是以平衡位置为原点所测得的坐标，假定振动质点在坐标 y_0 处的速度为 v_0，试求：速度 v 与坐标 y 的函数关系式。

14. 一飞轮的角速度在 5s 内由 900r/min 均匀地减至 800r/min，则飞轮的角加速度 α 为多大？5s 内转过的圈数 N 为多少？

15. 一质点从静止开始沿半径为 $R=3\text{m}$ 的圆周运动。已知切向加速度 $a_t=3\text{m/s}^2$，求：$t=1\text{s}$ 时质点的速度大小和加速度大小。

16. 在一个转动的齿轮上，一个齿尖 P 沿半径为 R 的圆周运动，其路程 s 随时间的变化规律为 $s=v_0t+\frac{1}{2}bt^2$，其中 v_0 和 b 都是正的常量。求：

(1) t 时刻齿尖 P 的速度大小和加速度大小；

(2) 从 $t=0$ 开始到切向加速度与法向加速度大小相等时所经历的时间。

17. 一质点在半径为 R 的圆周上运动，其速率与时间的关系为 $v=Ct^2$（式中 C 为常数），试求：$t=0$ 到 t 时刻质点走过的路程；t 时刻质点的切向加速度；t 时刻质点的法向加速度。

18. 由楼窗口以水平初速度 $\boldsymbol{v}_0$ 射出一发子弹，取枪口为坐标原点，沿 $\boldsymbol{v}_0$ 方向为 x 轴正向，竖直向下为 y 轴正向，并取发射时 $t=0$，试求：

(1) 子弹在任一时刻 t 的位置坐标及轨迹方程；

(2) 子弹在 t 时刻的速度、切向加速度和法向加速度。

19. 在离地面 20m 高处，与水平方向成 30°斜向上抛出一物体，最后落到地面上 b 处，b 点离抛出点的水平距离为 $60\sqrt{3}$ m，如图 1.6.3 所示。求：

(1) 物体的初速度 v_0；

(2) 抛出后第 3s 末物体的速度、切向加速度和法向加速度。

20. 一物体作如图 1.6.4 所示的斜抛运动，求在轨道 A 点的轨道曲率半径 ρ。

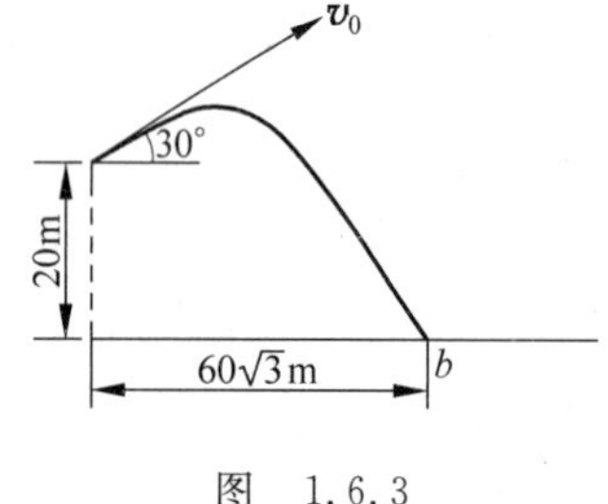

图 1.6.3

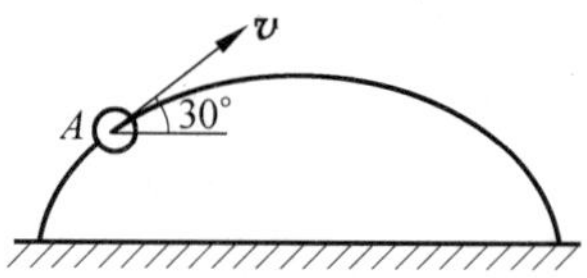

图 1.6.4

21. 一轮子转动时的角位移 $\theta=at+bt^2$，式中 a、b 为正常数，θ 单位为 rad，t 单位为 s。

(1) 求 $t=2$s 时的角位移、角速度和角加速度；

(2) 设轮子的直径为 0.2m，求 $t=2$s 时轮子边缘的线速度和线加速度。

22. 已知质点位矢随时间变化的函数形式为 $\boldsymbol{r}=t^2\boldsymbol{i}+2t\boldsymbol{j}$，式中 r 的单位为 m，t 的单位为 s。求：

(1) 任一时刻的速度和加速度；

(2) 任一时刻的切向加速度和法向加速度。

23. 在一条宽为 100m 的河中，河水以 $v_1=1.5$m/s 的速率自西向东流动。一船相对河水以 $v_2=2.5$m/s 的速率从南岸驶向北岸。欲使船走过的路程最短，船身应与河水速度间夹角为多大？到达彼岸所需的时间为多少？

24. 一人以 2.0km/h 的速率自东向西行走时，看见雨点垂直下落。当他的速率增至 4.0km/h 时，看见雨点与人前进的方向呈 $\alpha=45°$下落，求雨点对地的速度。

第2章 牛顿运动定律

基本要求

1. 掌握质量和力的概念，以及力学中常见的三种力——万有引力、弹性力和摩擦力的特点。

2. 掌握牛顿运动定律及其适用条件。

3. 能熟练运用隔离体法分析物体受力，正确列出运动方程，求解简单的质点动力学问题。

基本概念和基本规律

1. 牛顿第一定律

任何物体都保持静止或匀速直线运动状态，直到其他物体的作用迫使它改变这种状态为止。

该定律引进了两个重要概念：惯性——物体所具有的保持自己原有运动状态的特性；力——物体间的相互作用。力是改变物体运动状态的原因。力会改变物体的速度，即使物体获得加速度。

应注意：不受力作用的物体是没有的，但只要合外力为零，物体就保持运动状态不变。

2. 牛顿第二定律

物体受到外力作用时，它所获得的加速度的大小与合外力的大小成正比，与物体的质量成反比，加速度的方向与合外力的方向相同。该定律的数学表达式为

$$\boldsymbol{F} = \sum \boldsymbol{f} = m\boldsymbol{a}$$

直角坐标系中牛顿第二定律的分量式为

$$F_x = \sum f_x = ma_x = m\frac{\mathrm{d}^2 x}{\mathrm{d}t^2}$$

$$F_y = \sum f_y = ma_y = m\frac{\mathrm{d}^2 y}{\mathrm{d}t^2}$$

$$F_z = \sum f_z = ma_z = m\frac{\mathrm{d}^2 z}{\mathrm{d}t^2}$$

自然坐标系中的分量式为

$$F_n = \sum f_n = ma_n = m\frac{v^2}{R}$$

$$F_t = \sum f_t = ma_t = m\frac{dv}{dt}$$

式中$\sum f_n$和$\sum f_t$分别为法向合力和切向合力，a_n和a_t分别为法向加速度和切向加速度。

应明确：

(1) $\sum \boldsymbol{f} = m\boldsymbol{a}$是力的瞬时作用规律，理解它的瞬时性、同时性和同向性；

(2) 该定律定量地量度了物体平动惯性的大小，质量是物体惯性大小的量度；

(3) 该定律概括了力的独立作用原理或称力的叠加原理；

(4) 该定律只适用于质点在惯性系中的运动，且质点的速度远小于光速。

3. 牛顿第三定律

当物体A以力$\boldsymbol{F}_1$作用在物体B上时，物体B必同时以力$\boldsymbol{F}_2$作用在A上，$\boldsymbol{F}_1$和$\boldsymbol{F}_2$在同一直线上，大小相等而方向相反。该定律的数学表达式为

$$\boldsymbol{F}_1 = -\boldsymbol{F}_2$$

该定律指出物体间作用力具有同时相互作用的本质，作用力和反作用力一定属同一性质的力，且作用于两个不同物体上。

牛顿第三定律与参考系无关。

4. 力的概念

(1) 力的含义：力是物体间的相互作用。

(2) 力的效果：物体受力作用时将改变其运动状态，即获得加速度或发生形变。

(3) 力的三要素：大小、方向和作用点。

(4) 力的分类：按力的性质分为万有引力、电磁力、强相互作用和弱相互作用力；按研究对象的内部和外部，物体间相互作用分为内力和外力。

5. 惯性系和非惯性系

(1) 惯性参考系(简称惯性系)——牛顿运动定律成立的参考系。物体相对于惯性系所受合外力为零时保持静止或作匀速直线运动。

相对于惯性系作匀速直线运动的参考系都是惯性系。

(2) 非惯性参考系——牛顿运动定律不成立的参考系，即相对于惯性系作变速运动的参考系。

6. 非惯性系中的力学定律　惯性力

非惯性系中的力学定律的数学表达式为

$$\sum \boldsymbol{F}_{外} + \boldsymbol{F}_{惯} = m\boldsymbol{a}_{物对非}$$

式中，$\sum \boldsymbol{F}_{外}$是研究对象所受其他物体的合外力；$\boldsymbol{a}_{物对非}$是研究对象相对于非惯性系的加速度；$\boldsymbol{F}_{惯}$是研究对象在非惯性系中所受的一种假想的力，称惯性力。

相对于惯性系作加速度为$\boldsymbol{a}$的直线运动的参考系中的惯性力$\boldsymbol{F}_{惯} = -m\boldsymbol{a}$。

相对于惯性系作匀速圆周运动的参考系中的惯性力——惯性离心力$\boldsymbol{F}_{惯} = -m\boldsymbol{a}_n$，$\boldsymbol{a}_n$是研究对象在惯性系中所获得的法向加速度。

解题指导

牛顿第二定律是本章的重点，能正确运用隔离体法分析物体的受力是应用牛顿运动定律解决力学问题的关键。运用牛顿第二定律的微分形式解决物体受变力作用的问题，以及采用非惯性系研究力学问题是本章的难点。

1. 物体的受力分析

熟练掌握运用隔离法正确分析物体受力是解决动力学问题的基础。

画物体受力图的步骤：

(1) 隔离出研究对象，并画出已知力；

(2) 画重力；

(3) 考察并画出研究对象与周围物体相接触处的弹性力和摩擦力。

应注意：每画出一力必须能找出该力的施力物体。

2. 牛顿运动定律的应用

应用牛顿运动定律解题时，必须先正确画出研究对象的受力图，并画出加速度的方向，然后根据牛顿第二定律列出运动方程。

牛顿运动定律主要用于解决两类问题。

(1) 已知运动求力，即已知物体的运动现象或规律(运动方程 $\boldsymbol{r}=\boldsymbol{r}(t)$)，求作用于物体的外力。一般可求得 $\boldsymbol{a}$ 后再求力。

(2) 已知力求运动，即求物体的加速度、速度和运动方程，这可用积分法求得。如果是变力，可以是时间的函数，也可以是位置的函数或速度的函数。

若 $\sum \boldsymbol{F} = \boldsymbol{0}$，则物体保持静止或作匀速直线运动。

若 $\sum \boldsymbol{F} \neq \boldsymbol{0}$，如果 $\sum \boldsymbol{F}$ 与初速度 $\boldsymbol{v}_0$ 共线，则物体作变速直线运动；如果 $\sum \boldsymbol{F}$ 与 $\boldsymbol{v}_0$ 成 θ 角，则物体作曲线运动。

应用牛顿运动定律解题的步骤：

(1) 审清题意，选取对象；

(2) 分析受力，画受力图；

(3) 建立坐标，列出方程；

(4) 求解方程，分析讨论。

若问题中有几个物体互相联系，必要时根据题设条件、几何关系或相对加速度关系列出辅助方程。一般先列出牛顿第二定律的分量表达式，先文字运算，最后代值进行数据运算。

【例题 2.1】 桌面上有一质量 $M=8\text{kg}$ 的板，板上放一质量 $m=2\text{kg}$ 的物体，如图 2.3.1 所示。板与桌面及物体间的静摩擦系数均为 $\mu'=0.3$，滑动摩擦系数均为 $\mu=0.2$。

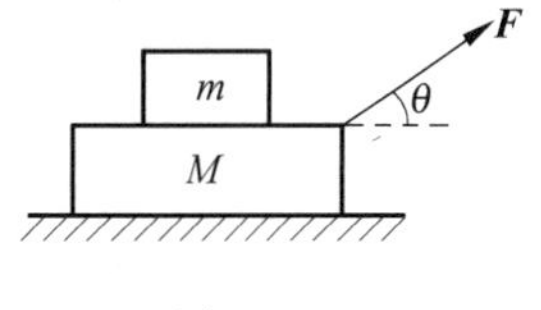

图 2.3.1

(1) 设用一与水平方向成 $\theta=37°$ 的恒力 $\boldsymbol{F}$ 拉板，使两者一起在水平方向上以加速度 $a=0.5\text{m/s}^2$ 运动，$\boldsymbol{F}$ 应多大？物体与板间摩擦力多大？

(2) $\boldsymbol{F}$ 至少多大($\theta=37°$不变)时,物体与板间才产生相对滑动?

【解】 (1) 本题属于已知运动求力的问题。首先以物体与板为研究对象,分别画出受力图,如图 2.3.2 所示。

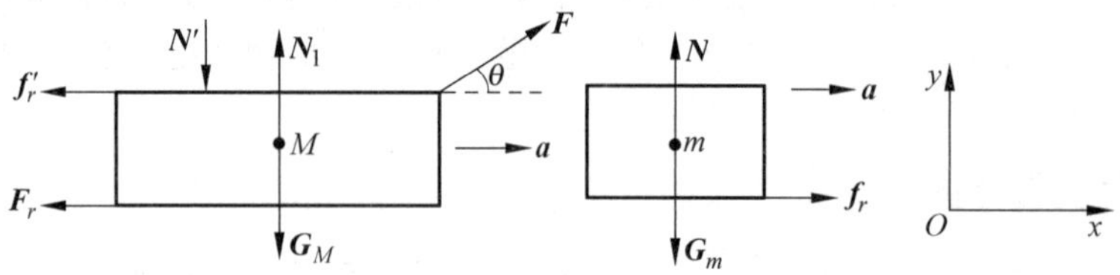

图 2.3.2

建立直角坐标 xOy(图 2.3.2),根据牛顿第二定律列方程。

$$\text{对物体:}\begin{cases} f_r = ma & (1) \\ N - mg = 0 & (2) \end{cases}$$

$$\text{对木板:}\begin{cases} F\cos\theta - f'_r - F_r = Ma & (3) \\ F\sin\theta + N_1 - N' - Mg = 0 & (4) \end{cases}$$

又

$$F_r = \mu N_1,\quad N = N',\quad f_r = f'_r \tag{5}$$

解上述方程组得

$$F = \frac{(m+M)(\mu g + a)}{\cos\theta + \mu\sin\theta} = \frac{(2+8)(0.2\times 9.8 + 0.5)}{\cos37° + 0.2\sin37°}\text{N}$$
$$= 26.7\text{N}$$

由式(1)得

$$f_r = ma = 2\times 0.5\text{N} = 1\text{N}$$

应注意:

$$f_r \neq \mu' N = \mu' mg$$

(2) 当 F 值增大时,a 也增大,因而 f_r 也增大。当 f_r 增至最大静摩擦力 $f_{\max}=\mu' N$ 时,物体与木板间将产生相对滑动。设此时加速度为 a'。若再增大 F 值,木板的加速度将继续增大,但物体的加速度最大只能为 a'。因此式(1)应写成

$$f_{\max} = ma' \tag{6}$$

而

$$f_{\max} = \mu' N \tag{7}$$

联立式(2)、式(6)和式(7),解得

$$a' = \mu' g$$

当 $a>a'$ 时,物体与木板间发生相对运动。可见当它们刚发生相对运动时所施的力就是题中所要求的力,而刚发生相对运动的条件为

$$a = a' \tag{8}$$

从而可解得

$$F = \frac{(m+M)(\mu' + \mu)}{\cos\theta + \mu\sin\theta}g = \frac{(2+8)(0.3+0.2)}{\cos37° + 0.2\sin37°}\times 9.8\text{N} = 54.3\text{N}$$

可见，根据题意，列出辅助方程(7)、(8)，是解出该题的关键。我们必须具备根据题设条件把文字叙述转换成数学关系式的"翻译"能力。

应注意：解此题时常见的错误认为只要 $F\cos\theta > f_r + F_r$ 就可将板抽出，实际这只是产生加速度使物体与木板一起运动的条件。

【例题 2.2】 如图 2.3.3 所示，物体的质量 $m_1 = 1\text{kg}, m_2 = 2\text{kg}, m_3 = 7\text{kg}$, m_3 在水平力 $\boldsymbol{F}$ 作用下在水平桌面上运动。若滑轮的质量可忽略不计，连接 m_1 与 m_2 的轻绳不可伸长，且所有接触面均光滑，则当 m_1 与 m_2 相对于滑轮无运动时，$\boldsymbol{F}$ 应多大？

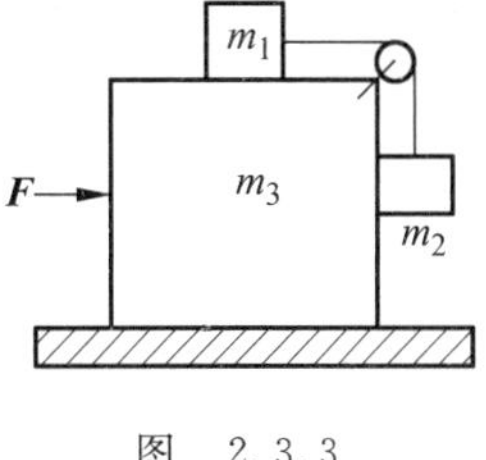

图　2.3.3

【解】 分别以 m_1、m_2 和 m_3 为研究对象，画出受力图(图 2.3.4)。分析物体受力时，应注意到 m_2 与 m_3 间必有一对水平的作用力与反作用力，还需考虑绳子通过滑轮对 m_3 有作用力。因不考虑滑轮质量，故

$$T_1 = T_2$$

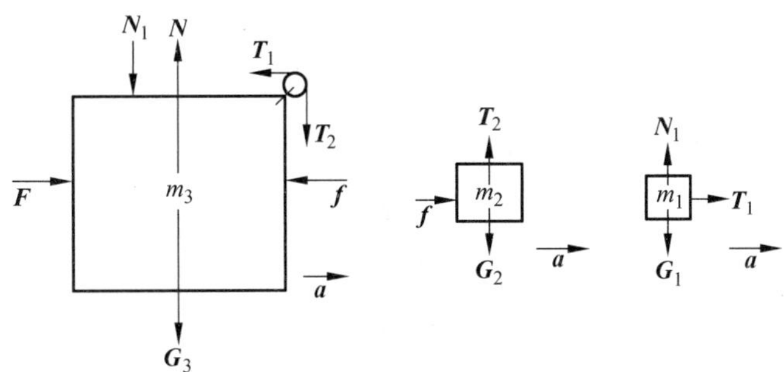

图　2.3.4

根据题意，设 m_1、m_2、m_3 以加速度 a 一起运动，分别列出牛顿运动方程。

$$\text{对 } m_1: \begin{cases} T_1 = m_1 a \\ N_1 - m_1 g = 0 \end{cases}$$

$$\text{对 } m_2: \begin{cases} f = m_2 a \\ T_2 - m_2 g = 0 \end{cases}$$

$$\text{对 } m_3: \begin{cases} F - f - T_1 = m_3 a \\ N - N_1 - m_3 g - T_2 = 0 \end{cases}$$

解上述联立方程，得

$$a = \frac{m_2}{m_1} g = 19.6\text{m/s}^2$$

$$F = \frac{(m_1 + m_2 + m_3) m_2}{m_1} g = \frac{(1 + 2 + 7) \times 2}{1} \times 9.8\text{N} = 196\text{N}$$

通常在解此题时易疏忽考虑 m_2 与 m_3 间有水平作用力 $\boldsymbol{f}$。

【例题 2.3】 如图 2.3.5 所示，一质量为 m 的物体，可沿倾角为 θ 的斜面下滑。为阻止物体下滑，必须有力 $\boldsymbol{F}$ 作用于物体。设物体与斜面间的静摩擦系数为 μ，试问需加的最小力

为多大？$\boldsymbol{F}$ 与斜面成多大角度？

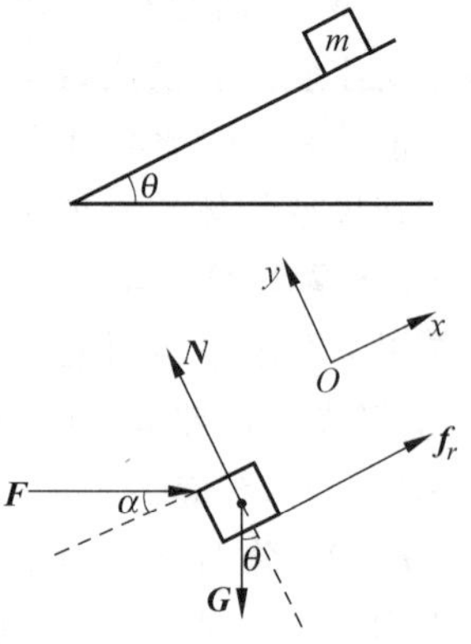

【解】 取物体 m 为研究对象，并画出受力图。设需加力 $\boldsymbol{F}$ 与斜面间夹角为 α，则 m 除受重力 $\boldsymbol{G}$ 和斜面的正压力 $\boldsymbol{N}$ 外，还有摩擦力 $\boldsymbol{f}_r$，但 $\boldsymbol{f}_r$ 的方向沿斜面向上还是向下？若 $\boldsymbol{F}$ 小，则 m 有下滑趋势，$\boldsymbol{f}_r$ 方向沿斜面向上；若 $\boldsymbol{F}$ 大，则 m 有向上运动趋势，$\boldsymbol{f}_r$ 方向沿斜面向下。据题意需求最小力，故 $\boldsymbol{f}_r$ 的方向应沿斜面向上，且为最大静摩擦力。

图 2.3.5

建立如图 2.3.5 所示坐标后，列出牛顿运动方程

$$\begin{cases} F\cos\alpha + f_r - mg\sin\theta = 0 & (1) \\ N - F\sin\alpha - mg\cos\theta = 0 & (2) \end{cases}$$

且

$$f_r = \mu N \tag{3}$$

联立上述三式解得

$$F = \frac{mg(\sin\theta - \mu\cos\theta)}{\cos\alpha + \mu\sin\alpha} \tag{4}$$

应用高等数学中求极值的方法，令 $\frac{\mathrm{d}F}{\mathrm{d}\alpha}=0$，即

$$\frac{\mathrm{d}F}{\mathrm{d}\alpha} = \frac{-mg(\sin\theta - \mu\cos\theta)(-\sin\alpha + \mu\cos\alpha)}{(\cos\alpha + \mu\sin\alpha)^2} = 0$$

得

$$\tan\alpha = \mu$$

所以

$$\sin\alpha = \frac{\mu}{\sqrt{1+\mu^2}}, \quad \cos\alpha = \frac{1}{\sqrt{1+\mu^2}}$$

将此结果代入式(4)，得

$$F = \frac{mg(\sin\theta - \mu\cos\theta)}{\sqrt{1+\mu^2}}$$

讨论：(1) $\sin\theta-\mu\cos\theta$ 会为负值吗？因不加 F 物体会下滑，故 $mg\sin\theta > f_r = \mu mg\cos\theta$，即 $\sin\theta-\mu\cos\theta>0$，故 $F>0$。

(2) 解此题时易错误地把摩擦力写成 $f_r=\mu mg\cos\theta$。另外有的人认为 $\boldsymbol{F}$ 沿斜面向上时为最小。但此时 $\alpha=0$，由式(4)得

$$F = mg(\sin\theta - \mu\cos\theta)$$

显然不是最小值，这是因为当 $\boldsymbol{F}$ 与斜面成 α 角时，增大了 N，从而增大了摩擦力。

【例题 2.4】 质量为 m 的质点，在力 $F=At$ 作用下沿 x 轴作直线运动，式中 A 为常数。当 $t=0$ 时质点位于 x_0 处，速度为 v_0，方向沿 x 轴正向，求质点的运动方程。

【解】 本题属已知力求运动方程的问题。根据牛顿运动定律 $\sum \boldsymbol{F} = m\boldsymbol{a}$，得

$$At = m\frac{\mathrm{d}v}{\mathrm{d}t}$$

分离变量后积分，得

$$\int_0^t At\,\mathrm{d}t = \int_{v_0}^{v} m\,\mathrm{d}v$$

故

$$v = v_0 + \frac{A}{2m}t^2$$

根据速度的定义 $v=\frac{\mathrm{d}x}{\mathrm{d}t}$，得

$$\frac{\mathrm{d}x}{\mathrm{d}t} = v_0 + \frac{A}{2m}t^2$$

则有

$$\int_{x_0}^{x} \mathrm{d}x = \int_0^t \left(v_0 + \frac{A}{2m}t^2\right)\mathrm{d}t$$

所以质点的运动方程为

$$x = x_0 + v_0 t + \frac{A}{6m}t^3$$

可见质点作变速直线运动。

【例题 2.5】 一细绳穿过光滑的固定细管。绳的两端分别系着质量为 m 和 M 的小球。当小球 m 绕管的几何轴线作匀速圆周运动时，m 到管口的绳长为 l。求小球的速度 v。

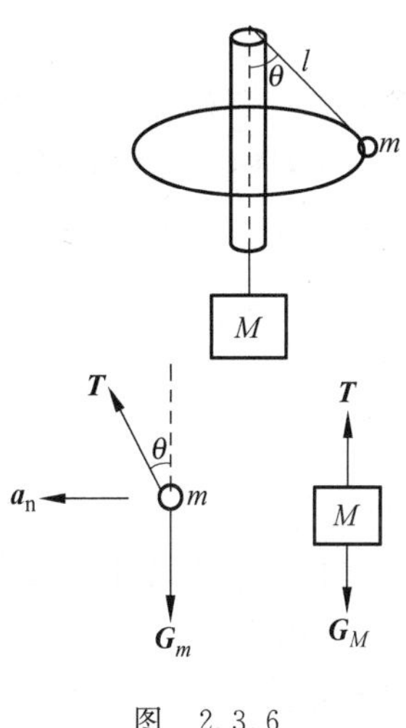

图　2.3.6

【解】 取 m 和 M 为研究对象，分别画出受力图，如图 2.3.6 所示，并列出牛顿运动方程。

对 m，有

$$\begin{cases} T\cos\theta - mg = 0 \\ T\sin\theta = ma_n \end{cases}$$

对 M，有

$$T - Mg = 0$$

而

$$a_n = \frac{v^2}{l\sin\theta}$$

解上述方程组，得

$$v = \sqrt{\frac{Mgl}{m} - \left(1 - \frac{m^2}{M^2}\right)}$$

【例题 2.6】 如图 2.3.7 所示，一升降机内有一光滑斜面，斜面固定于底板，倾角为 α。设升降机以匀加速度 $\boldsymbol{a}_1$ 上升，物体 m 沿斜面下滑。求物体相对于斜面的加速度和相对于地面的加速度。

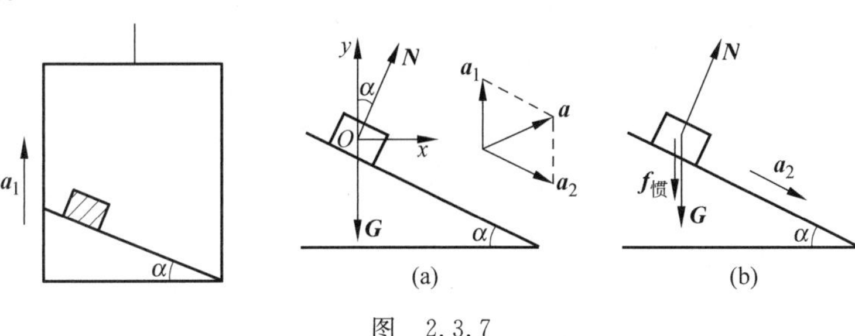

图　2.3.7

【解】 本题包含有相对运动问题。取物体 m 为研究对象，m 受重力 $\boldsymbol{G}$ 和斜面对它的正压力 $\boldsymbol{N}$，画出受力图如图2.3.7(a)所示。设 m 相对于斜面的加速度为 $\boldsymbol{a}_2$，则 m 相对于地面的加速度为

$$\boldsymbol{a}=\boldsymbol{a}_1+\boldsymbol{a}_2$$

建立坐标如图2.3.7(a)所示，列出牛顿运动方程及其分量式：

$$\boldsymbol{N}+\boldsymbol{G}=m\boldsymbol{a}$$

$$\begin{cases}N\sin\alpha=ma_2\cos\alpha\\ N\cos\alpha-mg=m(a_1-a_2\sin\alpha)\end{cases}$$

解得

$$a_2=(g+a_1)\sin\alpha,\quad N=m(g+a_1)\cos\alpha$$

所以 m 相对于地面的加速度分量为

$$a_x=a_2\cos\alpha=(g+a_1)\sin\alpha\cos\alpha$$

$$a_y=a_1-a_2\sin\alpha=a_1\cos^2\alpha-g\sin^2\alpha$$

讨论：(1) 若 $a_1=0$(即电梯静止或匀速上升、匀速下降)或 $a_1=-g$，则结果如何？请读者自己考虑。

(2) 本题亦可应用非惯性系中的力学定律求解。以升降机(非惯性系)为参考系研究物体 m 的运动，坐标建立在升降机内斜面上。物体的受力图如图2.3.7(b)所示，除 $\boldsymbol{G}$ 和 $\boldsymbol{N}$ 外，还应加惯性力 $\boldsymbol{F}_{\text{惯}}=-m\boldsymbol{a}_1$。根据 $\sum\boldsymbol{F}+\boldsymbol{F}_{\text{惯}}=m\boldsymbol{a}_{\text{物对非}}$，得

$$\boldsymbol{N}+\boldsymbol{G}+\boldsymbol{F}_{\text{惯}}=m\boldsymbol{a}_2$$

分量式为

$$\begin{cases}N\sin\alpha=ma_2\cos\alpha\\ N\cos\alpha-mg-ma_1=-ma_2\sin\alpha\end{cases}$$

由此可解得与上述相同的结果。

【例题2.7】 一质量为 m 的质点，以初速 v_0 竖直上抛。设空气阻力正比于速度，求质点的运动方程与速度随时间的变化规律。

【解】 本题亦属已知力求运动的问题。质点运动时受重力和空气阻力。设空气阻力为 $f_r=kv$，k 为正值常数。今以抛出点为原点建立坐标，y 轴竖直向上。则 $t=0$ 时，$y_0=0$，$v=v_0$。

根据牛顿运动定律方程的微分形式得

$$-mg-kv=m\frac{\mathrm{d}v}{\mathrm{d}t}$$

分离变量后积分，得

$$\int_{v_0}^{v}\frac{m\mathrm{d}v}{kv+mg}=-\int_0^t\mathrm{d}t$$

所以

$$v=\left(v_0+\frac{mg}{k}\right)\mathrm{e}^{-\frac{k}{m}t}-\frac{mg}{k}\tag{1}$$

再按速度的定义 $v=\dfrac{\mathrm{d}y}{\mathrm{d}t}$，得

$$\int_0^y \mathrm{d}y = \int_0^t v\mathrm{d}t$$

将式(1)代入上式并积分，得

$$y = \int_0^t \left[\left(v_0 + \frac{mg}{k}\right)\mathrm{e}^{-\frac{k}{m}t} - \frac{mg}{k}\right]\mathrm{d}t = \frac{m}{k}\left(v_0 + \frac{mg}{k}\right)(1 - \mathrm{e}^{-\frac{k}{m}t}) - \frac{mg}{k}t \tag{2}$$

讨论：(1) 若 k 趋近于零，由式(1)得 $v=v_0$，显然不合理。但若将 $\mathrm{e}^{-\frac{k}{m}t}$ 展开成级数

$$\mathrm{e}^{-\frac{k}{m}t} = 1 - \frac{k}{m}t + \frac{\left(-\frac{k}{m}t\right)^2}{2!} + \frac{\left(-\frac{k}{m}t\right)^3}{3!} + \cdots$$

取前两项代入式(1)，则有

$$v \approx \left(v_0 + \frac{mg}{k}\right)\left(1 - \frac{k}{m}t\right) - \frac{mg}{k} = v_0 - gt$$

此结论与无阻力时的竖直上抛运动公式相符。

(2) 当 k 趋近于零时，同样取 $\mathrm{e}^{-\frac{k}{m}t} = 1 - \frac{k}{m}t$ 代入运动方程式(2)中得 $y = v_0 t$，变成匀速上升，这也不合理。但若取 $\mathrm{e}^{-\frac{k}{m}t}$ 展开式中的前三项

$$\mathrm{e}^{-\frac{k}{m}t} = 1 - \frac{k}{m}t + \frac{k^2}{2m^2}t^2 \quad \text{（二级近似）}$$

则

$$y \approx \frac{m}{k}\left(v_0 + \frac{mg}{k}\right)\left(\frac{k}{m}t - \frac{k^2}{2m^2}t^2\right) - \frac{mg}{k}t = v_0 t - \frac{1}{2}gt^2$$

亦与实际相符。

复习思考题

1. 牛顿第一定律中的静止和匀速直线运动，是不是对任何参考系都适用？

2. 试说明牛顿运动定律的适用范围。

3. 当物体受到几个力的作用时，是否一定产生加速度？在惯性参考系中，质点受到的合力为零，该质点是否一定处于静止？

4. 运用牛顿运动定律求解质点力学问题时，一般应按怎样的步骤进行？为什么要采用隔离法？

5. 质量和重量有何区别？

6. 产生弹性力和摩擦力的条件是什么？

7. 判断下述说法是否正确：

(1) 物体受力后才能运动；

(2) 物体的运动方向必定与受力方向一致；

(3) 物体所受摩擦力的方向总是与物体的运动方向相反；

(4) 摩擦力的大小总是等于摩擦系数与正压力的乘积。

8. 什么叫惯性参考系？地球是不是惯性系？

9. 什么叫非惯性系？为什么要引进非惯性系中的力学定律？

10. 什么是惯性力？其大小和方向如何确定？惯性力的实质是什么？惯性力是否属于物体间的相互作用？

11. 质量相等的两个物体，分别放在天平的两个盘上而保持平衡。若将天平放在升降机中，当升降机匀速向上或向下，或升降机向上或向下作加速运动时，天平是否保持平衡？

12. 绳的一端系着一个小球，以手握其一端使其作圆周运动。(1)当每秒的转数相同时，长的绳子容易断还是短的绳子容易断？为什么？(2)当小球运动的线速度相同时，长的绳子容易断还是短的绳子容易断？为什么？

13. 有一单摆，试画出摆球到达最低点和最高点时所受的力。在这两个位置上，绳子张力是否等于摆球重力或重力在绳子方向上的分力？

14. 一个人蹲在磅秤上，在他站起来的过程中，磅秤的读数先是大于他的体重，后来又小于他的体重，最后等于他的体重。这是为什么？

15. 站在电梯内的观察者看到质量不同的两物体跨过一无摩擦的滑轮，处于平衡状态，由此他断定电梯作加速运动，其加速度大小为多少？方向如何？

16. 一物体被绳子系着在铅直平面内作圆周运动。有人说当物体达最高点时受三个力：重力、绳子拉力和向心力。对不对？又有人说，此时物体除了受到上述三力外，由于物体不下落，必然还受到一个方向向上的离心力，以使四力平衡。对不对？你认为结论如何？

自我检查题

1. 如图2.5.1所示，拉力 $\boldsymbol{F}$ 与水平方向成 θ 角，质量为 m 的物体在水平地板上作匀速运动，物体与地板间摩擦系数为 μ，则水平方向的摩擦力的大小为(　　)。

(A) $F\cos\theta$　　(B) $F\sin\theta$

(C) μmg　　(D) $\mu(mg+F\sin\theta)$

(E) $\mu F\cos\theta$

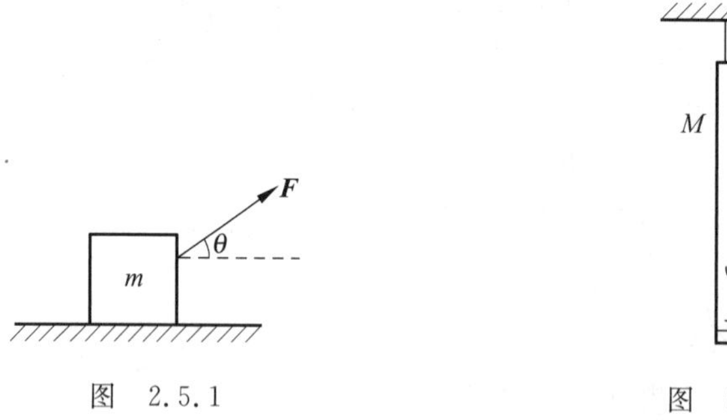

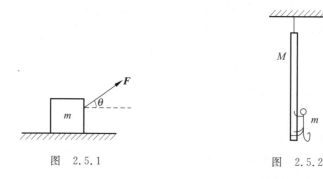

图 2.5.1　　图 2.5.2

2. 如图2.5.2所示，一只质量为 m 的小猴，原来抓在用绳吊在天花板上的一根竖直杆子上，杆子质量为 M。今悬线突然断裂，猴子沿竖直杆向上爬，欲保持它离地高度不变，则此时杆子下降的加速度为(　　)。

(A) g　　(B) $\frac{m}{M}g$　　(C) $\frac{M+m}{M}g$　　(D) $\frac{M-m}{M}g$

(E) $\frac{M+m}{M-m}g$

3. 如图 2.5.3 所示，假设物体沿着竖直面上圆弧形轨道下滑，轨道是固定光滑的，在从 A 至 C 的下滑过程中，下面说法中(　　)是正确的。

(A) 它的加速度大小不变，方向永远指向圆心

(B) 它的速率均匀增加

(C) 它的合外力大小变化，方向永远指向圆心

(D) 它的合外力大小不变

(E) 轨道支持力的大小不断增加

4. 如图 2.5.4 所示，竖立的圆筒形转笼，半径为 R，绕中心轴 OO' 转动，物块 A 紧靠在圆筒的内壁上，物块与圆筒间的摩擦系数为 μ，要使物块 A 不下落，圆筒转动的角速度 ω 至少应为(　　)。

(A) $\sqrt{\frac{\mu g}{R}}$　　(B) $\sqrt{\mu g}$　　(C) $\sqrt{\frac{g}{\mu R}}$　　(D) $\sqrt{\frac{g}{R}}$

5. 如图 2.5.5 所示系统置于以 $a=\frac{1}{2}g$ 的加速度上升的升降机内，A、B 两物体质量相同，均为 m。A 所在的桌面是水平的，绳子和定滑轮质量均不计，若忽略滑轮轴上和桌面上的摩擦并不计空气阻力，则绳中张力为(　　)。

(A) mg　　(B) $\frac{1}{2}mg$　　(C) $2mg$　　(D) $\frac{3}{4}mg$

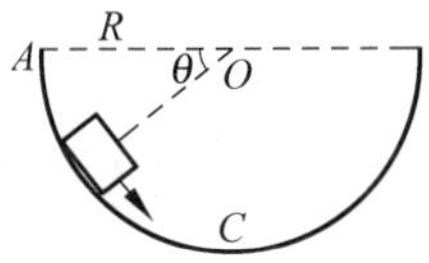

图　2.5.3

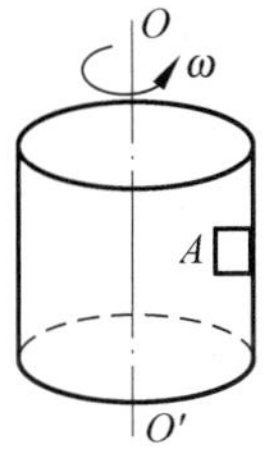

图　2.5.4

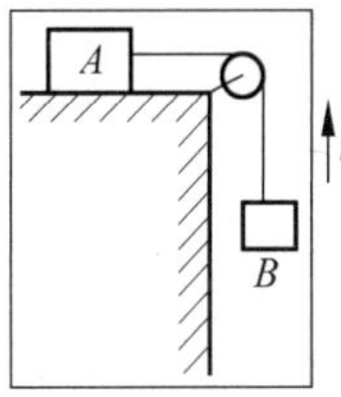

图　2.5.5

6. 在以加速度 a 向上运动的电梯内，挂着一根劲度系数为 k、不计质量的弹簧。弹簧下面挂着一质量为 M 的物体，物体相对于电梯的速度为零。当电梯的加速度突然变为零后，电梯内的观测者看到物体的最大速度为(　　)。

(A) $a\sqrt{\frac{M}{k}}$　　(B) $a\sqrt{\frac{k}{M}}$

(C) $2a\sqrt{\frac{M}{k}}$　　(D) $\frac{1}{2}a\sqrt{\frac{M}{k}}$

7. 根据下列条件画出图 2.5.6 中所示各物体的受力图：

图(a)中物体在不光滑的桌面上向右作减速运动；

图(b)中物体与桌面一起作匀速转动；

图(c)中单摆在摆动；

图(d)中物体 A 和物体 B 向上作减速运动；

图(e)中物体 A 和物体 B 一起沿不光滑斜面向上作加速运动；

图(f)中物体 A 和物体 B 一起沿不光滑斜面向上作匀速运动。

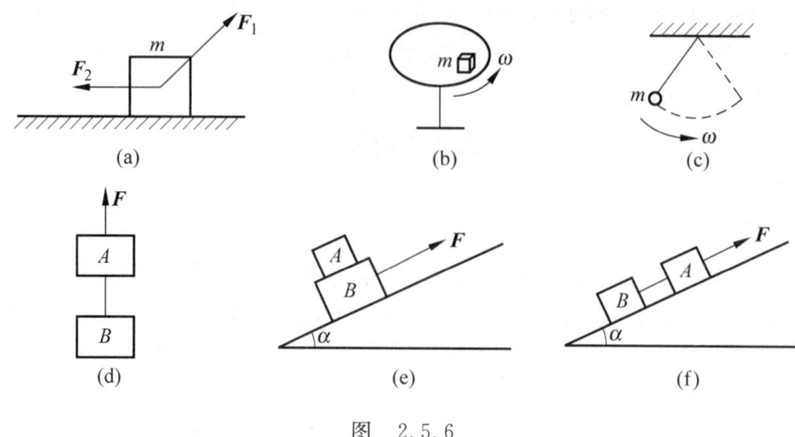

图 2.5.6

8. 在图2.5.7所示情况下,质量为 m 的物体对接触面的正压力为 N,则
图(a)中 $N=$________;
图(b)中 $N=$________。

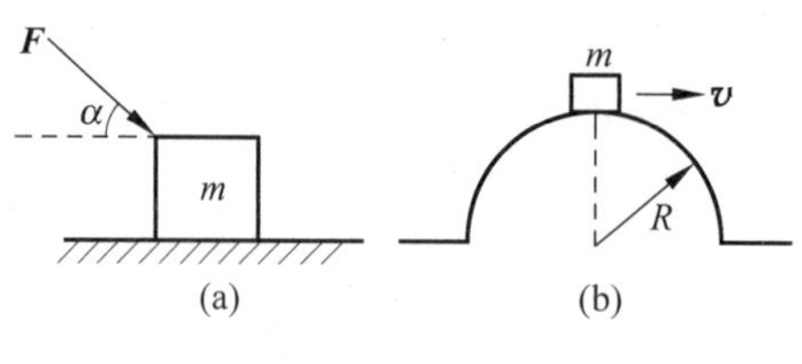

图 2.5.7

9. 图2.5.8中一条粗细均匀的绳索,质量为4kg,连接质量为7kg和5kg的两个物块,并受到200N向上力 F 的作用,则

(1) 这一系统的加速度 $a=$________;

(2) 绳索上端的张力 $T_1=$________;

(3) 绳索中点的张力 $T_2=$________;

(4) 绳索下端的张力 $T_3=$________。

F
7kg
5kg

图 2.5.8

10. 质量 $m=1\text{kg}$ 的质点,受到一与速率成正比的阻力 $f=-0.2v$ 作用,问:需多长时间才能使质点的速率减少到原来的一半?

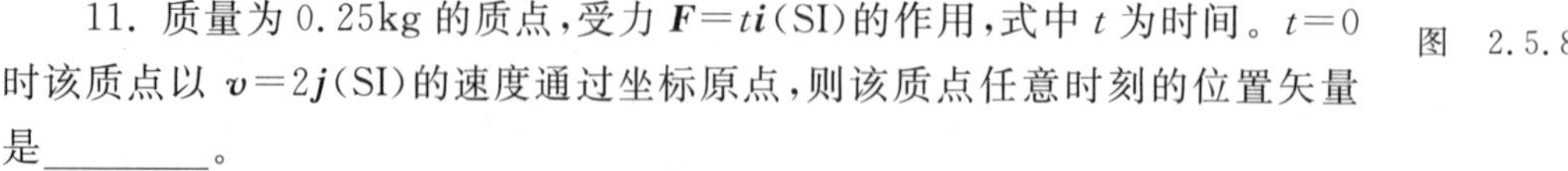

11. 质量为0.25kg的质点,受力 $\boldsymbol{F}=t\boldsymbol{i}$(SI)的作用,式中 t 为时间。$t=0$ 时该质点以 $\boldsymbol{v}=2\boldsymbol{j}$(SI)的速度通过坐标原点,则该质点任意时刻的位置矢量是________。

12. 质量为 m 的质点,沿 x 轴运动,$v=A\cos\omega t$,其中 A、ω 均为常数。求任何时刻 t 作用在该质点上的力,即 $F(t)=$________,$F(x)=$________。(设 $t=0$ 时,质点在坐标原点)

13. 一根细绳跨过一光滑的定滑轮,一端挂一质量为 M 的物体,另一端被人用双手拉着,人的质量 $m=\frac{1}{2}M$。若人相对于绳以加速度 a_0 向上爬,则人相对于地面的加速度(以竖直向上为正)是________。

14. 假如地球半径缩短 1%，而它的质量保持不变，则地球表面的重力加速度数值 g 增大的百分比是________。

15. 质量相等的两物体 A 和 B 分别固定在弹簧的两端，其中 A 在上，B 在下，竖直放在光滑水平面 C 上，弹簧的质量与物体 A、B 的质量相比可以忽略不计。若把支持面 C 迅速移走，则在移开的一瞬间，A 的加速度大小 a_A=________，B 的加速度大小 a_B=________。

16. 图 2.5.9 所示的装置中，略去一切摩擦力以及滑轮和绳的质量，且绳不可伸长，则质量为 m_1 的物体 A 的加速度 a_1=________。

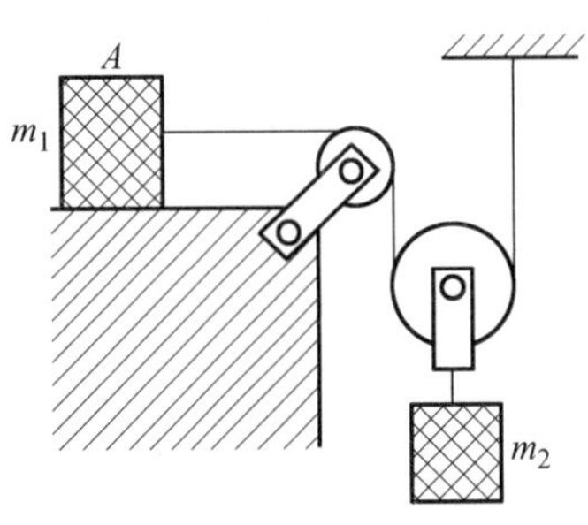

图　2.5.9

习题

1. 一物体质量 m=2kg，在合外力 $\boldsymbol{F}=(3+2t)\boldsymbol{i}$ (SI)的作用下，从静止开始运动。式中 $\boldsymbol{i}$ 为方向一定的单位矢量，求：当 t=1s 时物体的速度？

2. 一个质量为 m 的质点，受到简谐力 $F=F\cos\omega t$ 的作用，式中 F_0、ω 均为恒量。已知 t=0 时，质点位于原点且静止不动，求该质点的运动方程。

3. 竖直向上抛一质量为 m 的小球，初速度 v_0。若空气阻力的大小与速度成正比，比例系数为 km(k 为大于零的常数)，求：小球在上升过程中 $v(t)$ 以及 $v(y)$(以抛出点为 y 轴原点，向上为正)和小球能向上达到的最大高度 H。

4. 跳伞运动员在张伞前的垂直下落阶段，由于受到随速度增加而增加的空气阻力，其速度不会像自由落体那样增大，当空气阻力增大到与重力相等时，跳伞员就达到其下落的最大速度，称为终极速度。一般在跳离飞机大约 10s，下落 300～400m 时，就会达到此速度(约 50m/s)。设质量为 m 的跳伞员由静止开始下落，受到空气的阻力为 $F=-kv^2$(k 为常量)。试求：

(1) 跳伞员的终极速度大小；

(2) 跳伞员在任一时刻的下落速度(设向下为正方向)。

5. 一质量为 m 的质点在 x 轴上运动，质点只受到指向原点的引力作用，引力的大小与质点到原点的距离 x 的平方成反比，即 $f=-k/x^2$，式中 k 为比例系数。设质点在 $x=A$ 时的速度为零，求质点在 $x=A/4$ 处的速度大小。

6. 质量为 m 的子弹以速度 v_0 水平射入竖直的沙土墙中，设子弹所受阻力与速度方向反向，大小与速度值成正比，比例系数为 k，忽略子弹的重力，求：

(1) 子弹射入沙土后，速度随时间 t 变化的函数式；

(2) 子弹进入沙土的最大深度。

7. 如图 2.6.1 所示,电梯以加速度 a 向上运动,电梯中有一滑轮,质量分别为 m_1 及 m_2 的两重物用轻绳跨接在滑轮的两边,$m_1>m_2$。求两物体相对于电梯的加速度 a_r。

8. 如图 2.6.2 所示,梯内水平桌上放一 20kg 的物体 A,用轻绳经过一个质量可忽略的滑轮后挂一个 5kg 的物体 B,A 与桌面间摩擦系数等于 0.2。求下列各情况下物体 A 的加速度和绳中的张力:

(1) 电梯静止不动;

(2) 电梯以 10m/s 匀速向上运动;

(3) 电梯以加速度 $a=g$ 向下运动(g 取 10m/s^2)。

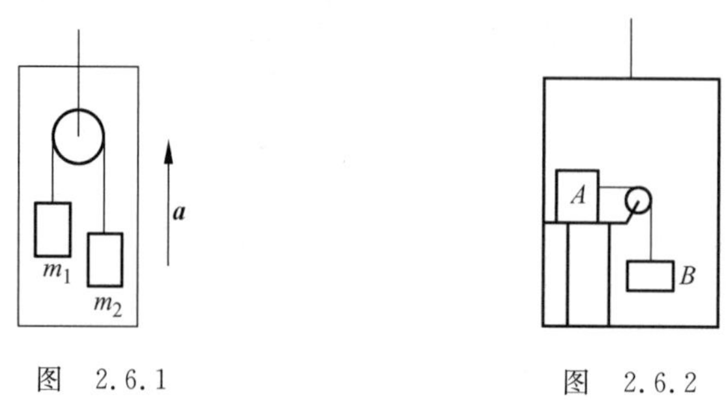

图 2.6.1　　图 2.6.2

9. 如图 2.6.3 所示,一条轻绳跨过摩擦可被忽略的轻滑轮,在绳的一端挂一质量为 m_1 的物体,在另一侧有一质量为 m_2 的环,问当环相对于绳以恒定的加速度 a_2 沿绳向下滑动时,物体和环相对地面的加速度各为多大?环与绳间的摩擦力为多少?

10. 如图 2.6.4 所示,质量为 m 的钢球 A 沿中心在 O 点、半径为 R 的光滑半圆形槽下滑。当 A 滑到图示位置时,其速率为 v,钢球中心与 O 的连线$\overline{OA}$和竖直方向成 θ 角,求此时钢球对槽的压力和钢球的切向加速度。

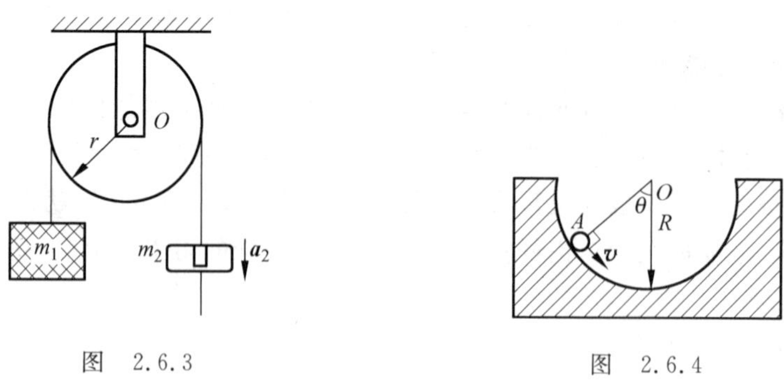

图 2.6.3　　图 2.6.4

11. 如图 2.6.5 所示的装置,物体的质量分别为 m_1、m_2 和 M,滑轮和绳的质量忽略不计,M 处于光滑的水平面上,所有接触面均光滑。当 m_2 下落时,

(1) 试分别画出三个物体的受力图;

(2) 设 m_1 相对地面的加速度为 a_{m_1},求 M 的加速度 a_M。

12. 如图 2.6.6 所示,一根长为 l 的细棒(质量可忽略不计)可绕端点 O 在铅直面内作匀速转动,棒的另一端附一小球,质量为 m。

(1) 试问在顶点 A 处，速率多大时棒对小球的作用力为零？

(2) 设 $m=0.5\mathrm{kg}$，$l=0.5\mathrm{m}$，小球的速率 $v=40\mathrm{m/s}$，求 A、B、C 三点处棒对小球的作用力。

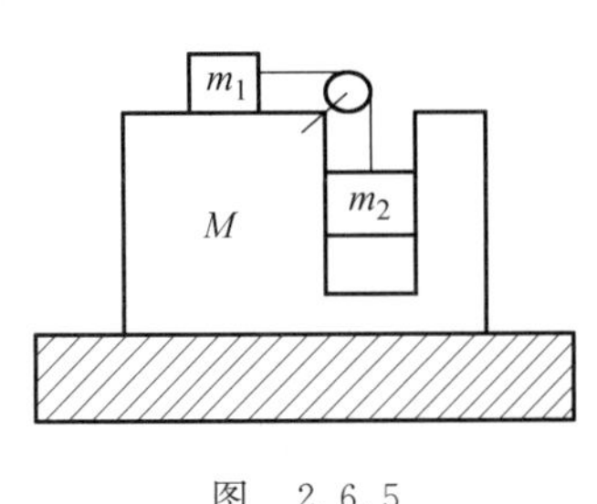

图　2.6.5

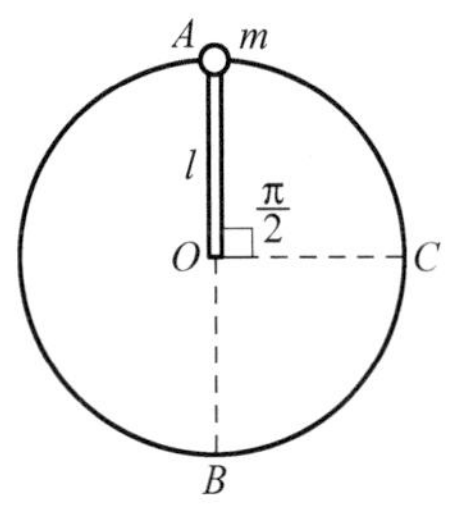

图　2.6.6

13. 如图 2.6.7 所示，在光滑水平面上设置一竖直的圆筒，半径为 R，一小球紧靠圆筒内壁运动，摩擦系数为 μ，在 $t=0$ 时，球的速率为 v_0，求任一时刻球的速率和运动路程。

14. 质量分别为 m_1 和 m_2 的两滑块 A 和 B 通过一轻弹簧水平连接后置于水平桌面上，滑块与桌面间的摩擦系数均为 μ，系统在水平拉力 F 作用下匀速运动，如图 2.6.8 所示。求突然撤去拉力的瞬间，二者的加速度 a_A 和 a_B 分别为多少？

图　2.6.7

图　2.6.8

15. 已知一电车质量为 3.0t，所受阻力与其重量之比为 0.02。设以机器开动的瞬时开始计时，在 30s 内牵引力 F 随时间变化的规律是 $F=29.4t(\mathrm{N})$。求电车在该 30s 内速度变化的规律。

16. 质量为 m 的气球，在空气中从静止开始下落，空气阻力与速度的一次方成正比，即 $f_r=-\alpha v$（α 为常数），求证气球的运动方程为

$$x=\frac{mg}{\alpha}\left[t+\frac{m}{\alpha}\left(\mathrm{e}^{-\frac{\alpha}{m}t}-1\right)\right]$$

第3章 功和能

基本要求

1. 掌握功、动能、势能等概念以及保守力做功的特点，能计算变力的功和势能。

2. 掌握质点的动能定理、系统的功能原理和机械能守恒定律，并能熟练地应用它们分析动力学问题。

基本概念和基本规律

1. 功

(1) 恒力的功　作用于质点的恒力 $\boldsymbol{F}$ 和位移 $\boldsymbol{s}$ 的标积，称力 $\boldsymbol{F}$ 对物体所做的功。表示为

$$A = Fs\cos\theta \quad 或 \quad A = \boldsymbol{F}\cdot\boldsymbol{s}$$

式中，θ 是力 $\boldsymbol{F}$ 的方向与位移 $\boldsymbol{s}$ 方向间的夹角。

(2) 变力的功　将全路程分成许多微小位移元 $\mathrm{d}\boldsymbol{s}$，则 $\boldsymbol{F}$ 在该微小位移中，可看作一恒量，所以力 $\boldsymbol{F}$ 在位移元 $\mathrm{d}\boldsymbol{s}$ 上的元功

$$\mathrm{d}A = F\cos\theta\mathrm{d}s \quad 或 \quad \mathrm{d}A = \boldsymbol{F}\cdot\mathrm{d}\boldsymbol{s}$$

物体从 a 到 b 的全路程中变力 $\boldsymbol{F}$ 所做的功为

$$A = \int_a^b F\cos\theta\mathrm{d}s \quad 或 \quad A = \int_a^b \boldsymbol{F}\cdot\mathrm{d}\boldsymbol{s}$$

在直角坐标系中，$\boldsymbol{F}=F_x\boldsymbol{i}+F_y\boldsymbol{j}+F_z\boldsymbol{k}$，位移元为

$$\mathrm{d}\boldsymbol{s} = \mathrm{d}\boldsymbol{r} = \mathrm{d}x\boldsymbol{i} + \mathrm{d}y\boldsymbol{j} + \mathrm{d}z\boldsymbol{k}$$

所以

$$\mathrm{d}A = \boldsymbol{F}\cdot\mathrm{d}\boldsymbol{s} = F_x\mathrm{d}x + F_y\mathrm{d}y + F_z\mathrm{d}z$$

$$A = \int \boldsymbol{F}\cdot\mathrm{d}\boldsymbol{s} = \int_a^b (F_x\mathrm{d}x + F_y\mathrm{d}y + F_z\mathrm{d}z)$$

(3) 保守力的功　保守力对物体所做的功只与始末位置有关，而与路径无关。或保守力沿任一闭合路径所做的功为零：

$$A = \oint_L F_{保}\cos\theta\mathrm{d}s = 0$$

注意：对一个系统，内力的矢量和为零。但一般情况下，成对内力的功的总和并不为零。例如炮弹爆炸时，爆炸中内力的功使炮弹系统的动能增加。

2. 功率

(1) 力在 $t \sim t+\Delta t$ 内的平均功率为

$$P = \frac{\Delta A}{\Delta t}$$

(2) 瞬时功率

$$P = \frac{\mathrm{d}A}{\mathrm{d}t} \quad \text{或} \quad P = Fv\cos\theta = \boldsymbol{F} \cdot \boldsymbol{v}$$

3. 保守力和非保守力

有一类力对物体所做的功只与物体的始末位置有关，而与路径无关，或这类力沿任一闭合回路一周所做的功为零，具有这种性质的力称为保守力。

另一类力对物体所做的功与路径有关，或这类力沿任一闭合回路一周所做的功不等于零，具有这种性质的力称为非保守力。

4. 动能

物体由于运动而具有的能量，称为物体的动能。表示为

$$E_{\mathrm{k}} = \frac{1}{2}mv^2$$

5. 势能

当物体之间存在保守力时，物体系具有一种由物体系的相对位置所决定的能量，称为物体系的势能。保守力所做的功等于始末位置的势能增量的负值：

$$\int_a^b \boldsymbol{F}_{保} \cdot \mathrm{d}\boldsymbol{s} = E_{\mathrm{p}a} - E_{\mathrm{p}b} = -\Delta E_{\mathrm{p}}$$

重力势能

$$E_{\mathrm{p}} = mgh$$

规定 $h=0$ 处为重力势能零点。

弹性势能

$$E_{\mathrm{p}} = \frac{1}{2}kx^2$$

式中，x 为弹簧的伸长量或压缩量。规定 $x=0$，即弹簧原长时为弹性势能零点。

引力势能

$$E_{\mathrm{p}} = -G\frac{mM}{r}$$

规定无穷远处为引力势能零点。

对势能应明确：①势能是属于物体系的。②势能是相对量，是对所选定的势能零点而言的。而势能零点的选择是任意的，零点选择的不同，势能的表达式就不同，但势能差具有绝对意义(和势能的零点选择无关)。

6. 质点的动能定理

合外力对物体(视作质点)所做的功等于物体动能的增量，即

$$A_{外} = \frac{1}{2}mv_2^2 - \frac{1}{2}mv_1^2$$

7. 系统的功能原理

一个系统所受的力可分为外力、保守内力和非保守内力。保守内力的功等于系统势能增量的负值。因此对一个物体系统,从状态1变到状态2的过程中,外力和非保守内力所做功的代数和等于系统的机械能的增量,此即系统的功能原理。其数学表达式为

$$A_{外} + A_{非保内} = E_2 - E_1$$

式中,$E_1 = E_{k1} + E_{p1}$,$E_2 = E_{k2} + E_{p2}$分别为系统在初态和末态的机械能。

8. 系统的机械能守恒定律

若一个系统内只有保守内力做功,其他内力和外力所做的总功为零,即 $A_{外} + A_{非保内} = 0$,则该系统的机械能保持不变,称为系统的机械能守恒定律。其数学表达式为

$$E_{k2} + E_{p2} = E_{k1} + E_{p1} = 恒量$$

系统的机械能守恒的条件是

$$A_{外} + A_{非保内} = 0$$

解题指导

本章的重点是功和能的概念,应搞清它们的区别和联系。能量是物体状态的单值函数,而功是物体状态变化中能量变化的一种量度,它们的数值与参考系的选择有关。由于功和能均为标量,动能定理、功能原理和机械能守恒定律的数学表达式亦均为标量式,且这些基本原理或定律都反映出某一过程中,物体或物体系所受力做的功与始末状态的能量变化的关系,不涉及过程中每一瞬时的运动状态。因而用功能关系来解决质点动力学问题,要比用牛顿运动定律解题方便。

1. 功的计算

一般可根据功的定义,或动能定理和功能原理来计算。功的定义式为

$$A = \int \boldsymbol{F} \cdot \mathrm{d}\boldsymbol{s} = \int_a^b F\cos\theta \mathrm{d}s$$

这是功的普遍式。不论对恒力还是变力,对直线运动还是曲线运动均适用。式中 $\boldsymbol{F}$ 是物体在位移元 $\mathrm{d}\boldsymbol{s}$ 处所受的力。

必须注意:①计算功时,必须明确是哪个力对物体做功,这个力在哪一过程中做功。②计算功时的位移,必须明确是哪个位移。若研究对象是质点,则是质点的位移;若研究对象不是质点,则是受力点的位移。③功有正负,应明确其物理意义。④功是相对量,与坐标系的选择有关。

计算变力做功的步骤:

(1) 审清题意,确定研究对象;

(2) 画出研究对象在力的作用过程中任一位置时的受力图;

(3) 写出该变力随位置变化的函数关系;

(4) 在做功过程中任一位置处取一位移元 $\mathrm{d}s$,写出元功表达式 $\mathrm{d}A = F\cos\alpha \mathrm{d}s$;

(5) 根据功的定义式列式,并正确确定积分上下限后计算。

2. 应用动能定理解题时，研究对象为质点

首先用隔离体法对研究的对象进行受力分析，然后按功的定义求各外力所做功的代数和，即合外力的功，则合外力的功等于该物体的动能增量。

必须注意：①物体所受的外力包括重力、弹簧的弹性力和万有引力等。合外力做功的总效果仅为动能的增量，切忌再加上势能。②动能定理中各物理量均需对同一质点、同一惯性系而言。对不同惯性系，力的功和质点的动能都不相同，但质点的动能定理在不同的参考系中仍成立。

应用动能定理解题的步骤：

(1) 审清题意，明确过程，确定对象；

(2) 分析研究对象在外力做功过程中任一位置时的受力，画出受力图；

(3) 确定物体在外力做功过程中始末位置的速度大小；

(4) 按动能定理列方程，并求解。

3. 应用功能原理时，研究的对象为物体系，简称系统

首先应确定把哪几个有保守力作用的物体作为系统，然后进行受力分析，并区分外力和内力，保守内力和非保守内力，则 $A_{外}+A_{非保内}$ 等于系统的机械能增量。

必须注意：内力和外力是对确定的系统而言的。若系统中不包括地球，则重力是外力，要计算重力做的功，该系统的机械能中就不应包括重力势能。

计算势能时必须规定势能零点。势能零点的选取以处理问题简便为原则，但弹性势能式 $E_p=\frac{1}{2}kx^2$ 中的 x 是相对于弹簧自然长度时的形变量，即规定弹簧自然长度为势能零点。

应用功能原理解题的步骤：

(1) 审清题意，明确过程，确定研究对象(系统)；

(2) 分析系统的受力情况，画出外力和非保守内力；

(3) 规定势能零点的位置，并确定系统始末状态的动能和势能；

(4) 按功能原理列方程，求解。

4. 应用机械能守恒定律时，研究对象一定是物体系，且所选取的物体系必须把有保守力相互作用的物体都包括在内。应用该定律解题时还须注意它的适用条件，是否满足 $A_{外}+A_{非保内}=0$。该条件包括三种情况：①在系统的状态变化过程中，没有外力和非保守内力作用；②虽有外力和非保守内力作用，但都不做功；③外力和非保守内力均做功，但在任一位移元中，它们所做功之和始终为零。另外根据此条件，机械能是否守恒与所选取的系统有关。

应用机械能守恒定律解题的步骤与功能原理的解题步骤基本相同。

【例题 3.1】 设一质点在力 $\boldsymbol{F}=2x\boldsymbol{i}+3y^2\boldsymbol{j}$(N)的作用下，由坐标原点运动到 $x=2$m，$y=1$m 处。设质点沿如图 3.3.1 所示的三种路径到达终位置：(1)沿直线路径 Oc；(2)沿路径 Oac；(3)沿路径 Obc。计算力 $\boldsymbol{F}$ 在各种路径上所做的功。

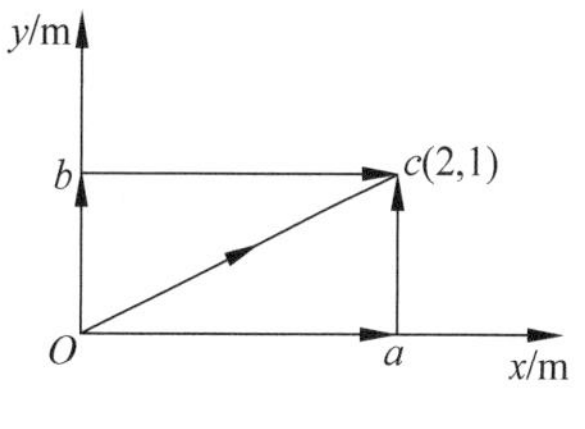

图　3.3.1

【解】 以质点为研究对象,题中质点所受的力是变力,故该题是变力做功问题。根据功的定义 $A_{ab}=\int_a^b \boldsymbol{F}\cdot \mathrm{d}\boldsymbol{s}$,在平面曲线运动中,位移元 $\mathrm{d}\boldsymbol{s}$ 可用 $\mathrm{d}\boldsymbol{r}=\mathrm{d}x\boldsymbol{i}+\mathrm{d}y\boldsymbol{j}$ 表示,所以

$$A=\int_a^b \boldsymbol{F}\cdot \mathrm{d}\boldsymbol{r}=\int_a^b (F_x\boldsymbol{i}+F_y\boldsymbol{j})\cdot(\mathrm{d}x\boldsymbol{i}+\mathrm{d}y\boldsymbol{j})=\int_{x_a}^{x_b}F_x\mathrm{d}x+\int_{y_a}^{y_b}F_y\mathrm{d}y$$

(1) 沿 Oc 直线路径

$$A_{Oc}=\int_0^2 2x\mathrm{d}x+\int_0^1 3y^2\mathrm{d}y=x^2\big|_0^2+y^3\big|_0^1=5\mathrm{J}$$

(2) 沿 Oa 路径,$y=0$,$\mathrm{d}y=0$,则

$$A_{Oa}=\int_0^2 2x\mathrm{d}x=x^2\big|_0^2=4\mathrm{J}$$

沿 ac 路径,$x=2\mathrm{m}$,$\mathrm{d}x=0$,则

$$A_{ac}=\int_0^1 3y^2\mathrm{d}y=y^3\big|_0^1=1\mathrm{J}$$

所以

$$A_{Oac}=A_{Oa}+A_{ac}=5\mathrm{J}$$

(3) 沿 Ob 路径,$x=0$,$\mathrm{d}x=0$,则

$$A_{Ob}=\int_0^1 3y^2\mathrm{d}y=y^3\big|_0^1=1\mathrm{J}$$

沿 bc 路径,$y=1\mathrm{m}$,$\mathrm{d}y=0$,则

$$A_{bc}=\int_0^2 2x\mathrm{d}x=x^2\big|_0^2=4\mathrm{J}$$

所以

$$A_{Obc}=A_{Ob}+A_{bc}=5\mathrm{J}$$

上述计算结果表明,力 $\boldsymbol{F}$ 沿三种路径所做的功数值相同,我们就此得出 $\boldsymbol{F}$ 为保守力,请读者自己思考原因。

【例题 3.2】 如图 3.3.2 所示,木块的质量为 m,以初速 v_0 从 A 点沿斜面下滑,它与斜面间的摩擦系数为 μ。到达 B 点后压缩弹簧,压缩 x_0 距离到 C 点后又被弹出。求:

(1) 弹簧的劲度系数;

(2) 木块最后弹出多远,即 $\overline{CD}$ 等于多大?

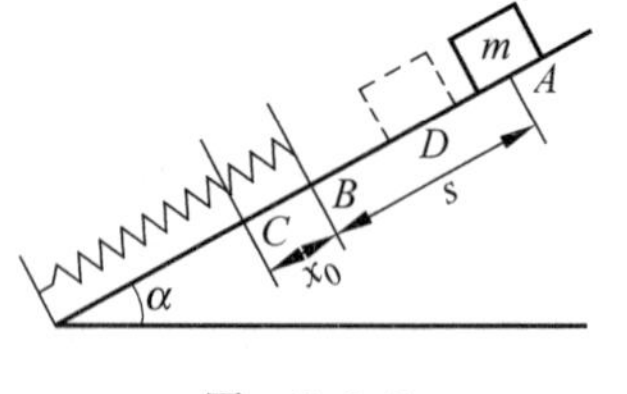

图 3.3.2

【解】 分析:以木块、弹簧和地球组成的系统为研究对象,木块在运动过程中受重力 $\boldsymbol{G}$、摩擦力 $\boldsymbol{f}_r$ 和斜面的支持力 $\boldsymbol{N}$,BC 过程中又受弹簧的弹性力 $\boldsymbol{f}$,但重力和弹簧的弹性力均属系统的保守内力,$\boldsymbol{f}_r$ 与 $\boldsymbol{N}$ 为外力,且 $\boldsymbol{N}$ 不做功。

设弹簧原长时(B 点)为弹性势能零点,C 点为重力势能零点。

(1) 木块下滑过程,即 $A\to C$ 过程,末态 C 点的速度为零。按功能原理,得

$$-f_r(s+x_0)=\frac{1}{2}kx_0^2-\left[mg(s+x_0)\sin\alpha+\frac{1}{2}mv_0^2\right]$$

而

$$f_r=\mu mg\cos\alpha$$

解得弹簧的劲度系数

$$k=\frac{m}{x_0^2}[v_0^2+2g(s+x_0)(\sin\alpha-\mu\cos\alpha)]$$

(2) 木块被弹回过程,即 $C\rightarrow D$ 过程,初末态的速度均为零。按功能原理,得

$$-f_r\overline{CD}=mg\sin\alpha\,\overline{CD}-\frac{1}{2}kx_0^2$$

所以

$$\overline{CD}=\frac{kx_0^2}{2(mg\sin\alpha+f_r)}=\frac{kx_0^2}{2mg(\sin\alpha+\mu\cos\alpha)}$$

【例题 3.3】 一质量为 m 的质点在 xOy 平面上运动,运动方程为 $x=a\cos\omega t$,$y=b\sin\omega t$,式中 a、b、ω 均为正值常数。求:

(1) 质点在 A 点 $(a,0)$ 和 B 点 $(0,b)$ 时的动能;

(2) 质点在任一时刻所受的力;

(3) 质点从 A 点运动到 B 点的过程中,该力所做的功。

【解】 (1) 由运动方程对时间求导,可得

$$v_x=\frac{\mathrm{d}x}{\mathrm{d}t}=-a\omega\sin\omega t \tag{1}$$

$$v_y=\frac{\mathrm{d}y}{\mathrm{d}t}=b\omega\cos\omega t \tag{2}$$

将 A 点的坐标 $x=a\cos\omega t=a$,$y=b\sin\omega t=0$ 代入式(1)、式(2),得

$$v_x=0,\quad v_y=b\omega$$

所以质点在 A 点的动能

$$E_{k_A}=\frac{1}{2}mv_A^2=\frac{1}{2}m(v_x^2+v_y^2)=\frac{1}{2}mb^2\omega^2$$

对 B 点,$x=a\cos\omega t=0$,$y=b\sin\omega t=b$,代入式(1)、式(2)得

$$v_x=-a\omega,\quad v_y=0$$

所以质点在 B 点的动能

$$E_{k_B}=\frac{1}{2}mv_B^2=\frac{1}{2}mv_x^2=\frac{1}{2}ma^2\omega^2$$

(2) 质点所受的力

$$\boldsymbol{F}=F_x\boldsymbol{i}+F_y\boldsymbol{j}=m\frac{\mathrm{d}v_x}{\mathrm{d}t}\boldsymbol{i}+m\frac{\mathrm{d}v_y}{\mathrm{d}t}\boldsymbol{j}=-m\omega^2(a\cos\omega t\,\boldsymbol{i}+b\sin\omega t\,\boldsymbol{j})=-m\omega^2\boldsymbol{r}$$

其中,$\boldsymbol{r}$ 为质点的位置矢量。

(3) 根据功的定义得

$$\begin{aligned}A&=\int_a^b\boldsymbol{F}\cdot\mathrm{d}\boldsymbol{r}=-m\omega^2\int_a^b\boldsymbol{r}\cdot\mathrm{d}\boldsymbol{r}=-m\omega^2\left(\frac{r}{2}\right)^2\bigg|_a^b\\&=\frac{1}{2}m\omega^2(a^2-b^2)\end{aligned}$$

或

$$\begin{aligned}A&=\int\boldsymbol{F}\cdot\mathrm{d}\boldsymbol{r}=\int F_x\mathrm{d}x+\int F_y\mathrm{d}y=\int_a^0(-m\omega^2x)\mathrm{d}x+\int_0^b(-m\omega^2y)\mathrm{d}y\\&=\frac{1}{2}m\omega^2(a^2-b^2)\end{aligned}$$

【例题 3.4】 如图 3.3.3 所示,弹簧原长 $l_0=R$,当它上面挂一个质量为 m 的重物时,弹簧长 $2R$。开始时套在环上的重物在 B 处,速度 $v_0=0$,$\overline{AB}=1.6R$。求:

(1) B 处 m 的加速度及对环的压力;

(2) C 处 m 的加速度及对环的压力。

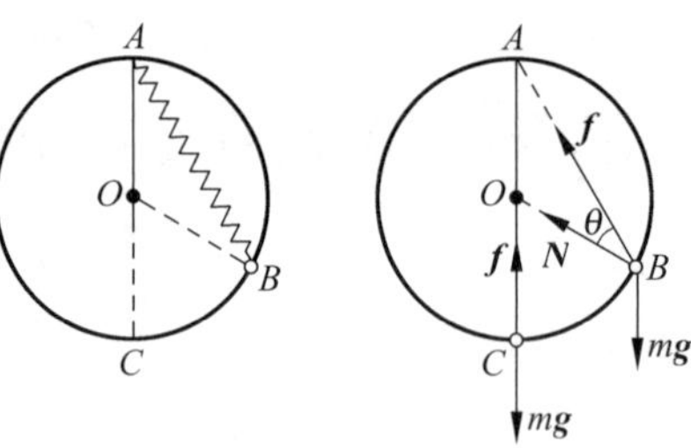

图 3.3.3

【解】 (1) 重物在 B 处受重力、弹簧的弹性力和环对它的正压力作用,故可由牛顿运动定律求重物的加速度和重物对环的压力。

由题意,弹簧下挂重物时伸长 R,故弹簧的劲度系数 k 为

$$k=\frac{mg}{R} \tag{1}$$

B 处:$\overline{AB}=1.6R$,$\cos\theta=\dfrac{0.8R}{R}=0.8$,$\sin\theta=0.6$,根据牛顿运动定律,得

$$\begin{cases}N+f\cos\theta-mg\cos2\theta=ma_{\text{n}} & (2)\\ mg\sin2\theta-f\sin\theta=ma_{\text{t}} & (3)\end{cases}$$

式中,$f=k(\overline{AB}-R)$。由式(1)、式(3)解得

$$\begin{aligned}a_{\text{t}}&=g\sin2\theta-\frac{g}{R}(\overline{AB}-R)\sin\theta\\&=2g\sin\theta\cos\theta-0.6g\sin\theta\\&=2\times9.8\times0.6\times0.8-0.6\times9.8\times0.6\text{m/s}^2\\&=5.88\text{m/s}^2\end{aligned}$$

因为 B 处 $v_0=0$,$a_{\text{n}}=0$,所以

$$a=a_{\text{t}}=5.88\text{m/s}^2$$

由式(2)得

$$N=mg\cos2\theta-f\cos\theta=0.28mg-0.48mg=-0.2mg$$

负号表示 $\boldsymbol{N}$ 的方向与图 3.3.3 中假设的方向相反,所以重物对环的压力为

$$N'=-N=0.2mg$$

(2) C 处:根据牛顿运动定律,得

$$kR+N_C-mg=\frac{mv^2}{R} \tag{4}$$

在 $B\to C$ 过程中,以重物、地球和弹簧组成的系统为研究对象,外力 $\boldsymbol{N}$ 不做功,故机械能守恒,有

$$\frac{1}{2}mv^2+\frac{1}{2}kR^2=\frac{1}{2}k(0.6R)^2+mg(2R-1.6R\cos\theta) \tag{5}$$

解式(4)、式(5)得

$$N_C=0.8mg,\quad a_{\text{n}}=\frac{v^2}{R}=0.8g$$

因为 $a_{\text{t}}=0$,所以 $a=a_{\text{n}}=0.8g$,方向指向环心。

【例题 3.5】 一根均匀链条,长为 L。开始时一部分在水平光滑圆管内,竖直光滑圆管

内的长度为 l_0，初速度 $v_0=0$，如图 3.3.4 所示。求链条刚离开桌边时的速度 v。

【解】 先分析链条的运动过程与受力。链条下滑时受重力和水平圆管的弹力 $\boldsymbol{N}$，且水平圆管上那部分链条的重力与 $\boldsymbol{N}$ 等值反向，所以整个链条在下垂部分所受重力作用下运动，且这重力随下垂长度变化而变，是变力，所以链条作变加速运动。在运动过程中，$\boldsymbol{N}$ 不做功，只有重力做功。若以链条为研究对象，应遵守牛顿运动定律 $\sum \boldsymbol{F}=m\boldsymbol{a}$ 及动能定理 $A_N+A_G=E_{k2}-E_{k1}$，且 $E_{k1}=0$；若以链条和地球为系统，则遵守功能原理和机械能守恒定律。

解法一：应用牛顿运动定律解题。

研究对象为链条。

(1) 建立坐标如图 3.3.4 所示，设某时刻链条的下垂长度为 y，单位长度质量为 ρ，则此时链条所受合外力

$$f=\rho g y$$

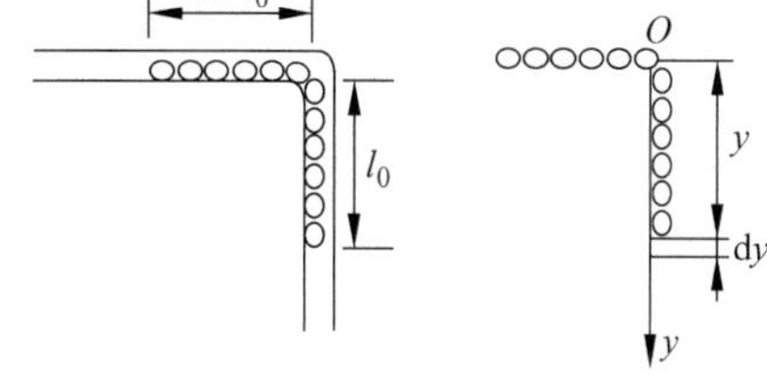

图 3.3.4

(2) 根据 $\sum \boldsymbol{F}=m\boldsymbol{a}$ 列运动方程

$$\rho g y=\rho L\frac{\mathrm{d}v}{\mathrm{d}t}$$

式中，$\rho L=m$ 是链条的总质量。

(3) 解方程，先统一变量：

$$\frac{\mathrm{d}v}{\mathrm{d}t}=\frac{\mathrm{d}v}{\mathrm{d}y}\frac{\mathrm{d}y}{\mathrm{d}t}=v\frac{\mathrm{d}v}{\mathrm{d}y}$$

代入方程得

$$gy=Lv\frac{\mathrm{d}v}{\mathrm{d}y}$$

$$\int_0^v v\mathrm{d}v=\int_{l_0}^L \frac{g}{L}y\mathrm{d}y$$

积分后得

$$v=\sqrt{\frac{g}{L}(L^2-l_0^2)}$$

解法二：应用动能定理解题。

研究对象为链条，所受作用力为重力与水平圆管的弹力 $\boldsymbol{N}$，但只有重力做功。在链条下滑过程中，重力做的功

$$A_G=\int \mathrm{d}A=\int_{l_0}^L \rho g y\mathrm{d}y=\frac{1}{2}\rho g(L^2-l_0^2)$$

式中，$\mathrm{d}A=\rho g y\mathrm{d}y$ 是链条下垂长度为 y 时下落 $\mathrm{d}y$ 重力做的功。

动能增量

$$\Delta E_k=\frac{1}{2}mv^2-0=\frac{1}{2}\rho L v^2$$

根据动能定理得

$$\frac{\rho g}{2}(L^2-l_0^2)=\frac{1}{2}\rho L v^2$$

所以

$$v=\sqrt{\frac{g}{L}(L^2-l_0^2)}$$

解法三：应用功能原理解题。

研究对象为链条与地球组成的系统。系统所受水平圆管的弹力 **N** 是外力,重力是保守内力,所以外力的功为零。

根据功能原理 $A_{外}+A_{非保内}=(E_{k2}+E_{p2})-(E_{k1}+E_{p1})$得

$$0=\frac{1}{2}mv^2+E_{p2}-E_{p1}$$

而

$$E_{p2}-E_{p1}=-A_G=-\frac{1}{2}\rho g(L^2-l_0^2)$$

所以

$$0=-\frac{\rho g}{2}(L^2-l_0^2)+\frac{1}{2}\rho Lv^2$$

即

$$v=\sqrt{\frac{g}{L}(L^2-l_0^2)}$$

解法四：应用机械能守恒定律解题。

研究对象为链条与地球组成的系统。该系统无非保守内力,虽有外力 **N**,但不做功,故满足机械能守恒条件 $A_{外}+A_{非保内}=0$。取水平圆管处重力势能为零,则

$$E_{p2}=-mg\frac{L}{2},\quad E_{p1}=-\left(\frac{m}{L}l_0\right)g\frac{l_0}{2}$$

根据机械能守恒定律得

$$\frac{1}{2}mv^2+\left(-mg\frac{L}{2}\right)=0+\left(-\frac{m}{L}l_0\right)g\frac{l_0}{2}$$

解得

$$v=\sqrt{\frac{g}{L}(L^2-l_0^2)}$$

讨论：(1) 若考虑摩擦,摩擦系数为 μ,则下垂长度 l_0 为多大时链条开始下滑?

设链条下垂部分受重力 $G_1=\frac{m}{L}l_0g$,水平圆管内链条部分受摩擦力 $f_r=\mu\frac{m}{L}(L-l_0)g$,由牛顿运动定律列式整理后得

$$\frac{m}{L}l_0g-\mu\frac{m}{L}(L-l_0)g=ma$$

当 $a\geqslant 0$ 时链条下滑,开始下滑时 $a=0$,即 $p_1=f_r$。由上式得

$$l_0=\frac{\mu}{1+\mu}L$$

(2) 考虑摩擦时,链条离开水平圆管边时速度多大? 链条在下滑过程中,弹力 **N** 不做功,重力及摩擦力均为变力。以链条和地球组成的系统为研究对象,则可用功能原理解题。

设某时刻链条下垂长度为 y,取一段位移元 dy,则摩擦力在位移元上所做元功为

$$dA=\mu\frac{m}{L}(L-y)g\cos\pi dy$$

整个过程中摩擦力做功

$$A=\int dA=\int_{l_0}^{L}\mu\frac{m}{L}(L-y)g\cos\pi dy=-\frac{\mu mg}{2L}(L-l_0)^2$$

按功能原理得

$$-\frac{\mu mg}{2L}(L-l_0)^2=\left(-mg\,\frac{L}{2}+\frac{1}{2}mv^2\right)-\left(-\frac{mgl_0^2}{2L}+0\right)$$

且 $l_0=\dfrac{\mu}{1+\mu}L$，可解得

$$v=\sqrt{\frac{gL}{1+\mu}}$$

【例题 3.6】 如图 3.3.5 所示，一细杆长 l，质量为 m，可绕端点 O 自由转动，计算杆从水平位置转到铅直位置时的角速度 ω。

【解】 由于杆不能看成质点，故将它看成由许多长度元 $\mathrm{d}y$ 组成，长度元质量为 $\mathrm{d}m=\dfrac{m}{l}\mathrm{d}y$，它从水平位置运动到铅直位置过程中，重力做功为 $\mathrm{d}A=(\mathrm{d}m)gy$，长度元在铅直位置时具有动能

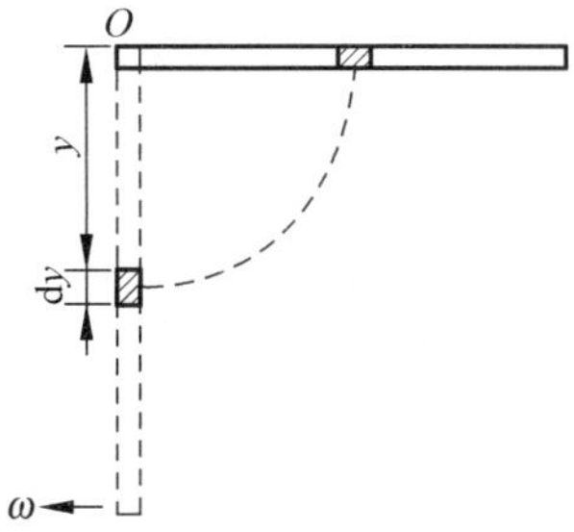

$$\mathrm{d}E_{\mathrm{k}}=\frac{1}{2}v^2\,\mathrm{d}m$$

图　3.3.5

所以整个杆从水平位置运动到铅直位置的过程中，重力做的功为

$$A=\int\mathrm{d}A=\int gy\,\mathrm{d}m=\int_0^l\frac{m}{l}gy\,\mathrm{d}y=mg\,\frac{l}{2}$$

杆在铅直位置时具有动能

$$E_{\mathrm{k}}=\int\mathrm{d}E_{\mathrm{k}}=\int\frac{1}{2}v^2\,\mathrm{d}m=\int_0^l\frac{1}{2}(y\omega)^2\,\frac{m}{l}\mathrm{d}y=\frac{1}{6}ml^2\omega^2$$

根据动能定理，重力所做的功等于杆的动能增量，得

$$mg\,\frac{l}{2}=\frac{1}{6}ml^2\omega^2$$

所以

$$\omega=\sqrt{\frac{3g}{l}}$$

从上述可见，计算重力做的功时，可将杆的质量 m 集中在杆的中点作为质点来代替杆，但为何不能以此质点计算杆的动能？请读者自己思考。

【例题 3.7】 如图 3.3.6 所示，质量为 m_1 和 m_2 的两块木板，用劲度系数为 k 的轻弹簧连接。问至少要在 m_1 上加多大压力 $\boldsymbol{F}$，才能使该力突然撤去后，m_2 板刚好被提起来？

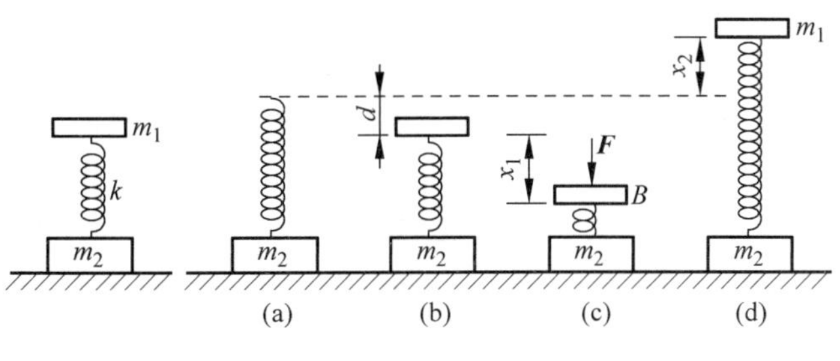

图　3.3.6

【解】 首先应明确过程，当 m_1 与弹簧相联处于平衡时(即静止)，弹簧已被压缩了 d，如图 3.3.6(b)所示。取 m_1 为研究对象，此时 m_1 受竖直向下的重力 $m_1 g$ 和竖直向上的弹力 kd，且

$$kd = m_1 g \tag{1}$$

当 m_1 上外加力 $\boldsymbol{F}$ 后，弹簧又压缩了 x_1，如图 3.3.6(c)所示，m_1 受三个力：重力、弹力和外力 $\boldsymbol{F}$，静止平衡时有

$$F + m_1 g - k(d + x_1) = 0 \tag{2}$$

撤去外力 $\boldsymbol{F}$ 后，m_1 在弹力和重力作用下向上运动。按题意，要使 m_2 刚被提起，m_1 达到最高点时，弹簧伸长了 x_2，弹力为 kx_2。若以 m_2 为研究对象，为使 m_2 被提起，必须使

$$kx_2 \geqslant m_2 g \tag{3}$$

今取 m_1 板、弹簧和地球组成的系统为研究对象，则在撤去外力到弹簧伸长 x_2 的整个过程中，该系统只受重力和弹力作用，且均为系统的保守内力，故系统的机械能守恒。规定图 3.3.6(c)中 B 处为重力势能零点，弹簧原长时为弹性势能零点，则系统初始状态时的机械能为：重力势能为零，弹性势能为 $\frac{1}{2}k(d+x_1)^2$。末状态(图 3.3.6(d))时重力势能为 $m_1 g(d+x_1+x_2)$，弹性势能为 $\frac{1}{2}kx_2^2$，动能为零。根据机械能守恒定律得

$$m_1 g(d + x_1 + x_2) + \frac{1}{2}kx_2^2 = \frac{1}{2}k(d + x_1)^2 \tag{4}$$

联立式(1)～式(4)，解得

$$F \geqslant m_1 g + m_2 g$$

复习思考题

1. 一物体从固定的粗糙斜面上滑下，试分析在滑下过程中，物体受到几个力的作用。哪些力做正功？哪些力做负功？哪些力不做功？根据功的定义式如何正确列式？

2. 因滑动摩擦力总是与物体的运动方向相反，故滑动摩擦力只能对物体做负功。这种说法对吗？如不对，为什么？

静摩擦力能做功吗？如能做功，是做正功还是负功？请举例说明。

3. 如何计算变力所做的功？

4. 一对作用力和反作用力的功，是否总是大小相等、符号相反？一对作用力和反作用力的功的总和不一定为零，试举例说明。

5. 一物体所受的合外力为零，则各外力所做功的总和是否也为零？

6. 功和能的量值与参考系的选择有关，但不一定要在惯性系中计算。而动能定理则必须也只能在同一惯性系中计算定理中涉及的功和动能，这是为什么？

7. 汽车在平直路面上以速度 v_0 匀速前进，车中的人以相对车的速度 u 向上或向前抛出一质量为 m 的小球。以车上人看，小球的动能为多少？若以地面上的人看，小球的动能又是多少？

8. 保守力做功的特点是什么？

9. 在什么条件下，才可引入系统的势能？

10. 弹性势能 $E_p=\frac{1}{2}kx^2$，引力势能 $E_p=-G\frac{mM}{r}$，它们各自规定何处为势能零点？

11. 一劲度系数为 k 的弹簧，若取弹簧伸长 x_0 时的弹性势能为零，则伸长 x 时的弹性势能为多少？

12. 动能定理与功能原理有什么差别？机械能守恒的条件是什么？

13. 动能定理和牛顿第二定律有何区别和联系？如何从牛顿第二定律推导出动能定理的数学表达式？

自我检查题

1. 一质点在几个力的同时作用下的位移为 $\Delta\boldsymbol{r}=4\boldsymbol{i}-5\boldsymbol{j}+6\boldsymbol{k}$(SI)，其中一个力为恒力 $\boldsymbol{F}=-3\boldsymbol{i}-5\boldsymbol{j}+9\boldsymbol{k}$(SI)，则这个力在该位移过程中所做的功为(　　)。

(A) 67J　　(B) 91J　　(C) 17J　　(D) −67J

2. 一质量为 $m=0.2$kg 的小球，自高出地面 $h=5$m 处以 $v_0=3$m/s 的速率斜向上抛出，落地时速率 $v=5$m/s，则空气阻力所做的功为________J。

3. 质量为 5kg 的小车正以 6m/s 的速率在水平面上作直线运动。如果要使它的速率改为 10m/s，则需对它做功________J。

4. 如图 3.5.1 所示，一物体用绳系着，使其在水平面内作匀速圆周运动，则重力是否做功？绳子的张力是否做功？向心力是否做功？

5. 在弹性限度内，如果使弹簧的伸长量变为原来的两倍，则弹性势能变为原来的________倍。

T

G

图　3.5.1

6. 两个质量不同的物块 A 和 B，分别从两个高度相等的光滑的斜面和圆弧形板的顶点滑向底部，设它们的初速度均为零，则下列哪种说法是正确的？(　　)。

(A) A 和 B 到达底部时速度相等

(B) 到达底部时，A 的速度大于 B 的速度

(C) 到达底部时，B 的速度大于 A 的速度

(D) 到达底部时，A 和 B 的速率相等

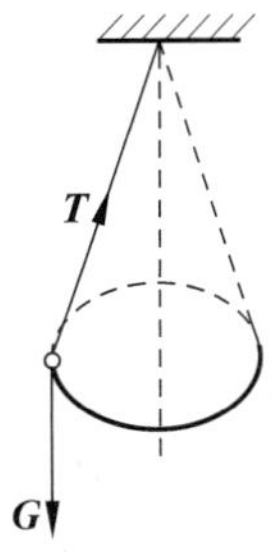

7. 一弹簧悬挂质量为 2kg 的砝码时伸长 4.9cm，欲将该弹簧拉长 9.8cm，则需对它做功________J。

8. 一质点受力 $\boldsymbol{F}=3x^2\boldsymbol{i}$(SI)作用，沿 x 轴正向运动。从 $x=0$ 到 $x=2$m 过程中，力 $\boldsymbol{F}$ 做功为(　　)。

(A) 8J　　(B) 12J　　(C) 16J　　(D) 24J

9. 一个轻质弹簧竖直悬挂着，原长为 l_0。今在其下端挂一质量为 m 的物体，并用手托住物体使其缓慢地放下，到达平衡位置而静止。在此过程中，系统的重力势能减少，弹性势能增加，则下列哪种说法是正确的？(　　)。

(A) 减少的重力势能大于增加的弹性势能

(B) 减少的重力势能等于增加的弹性势能

(C) 减少的重力势能小于增加的弹性势能

10. 今有三个系统见表 3.5.1。

表 3.5.1

系统	合外力	$A_{合外力}$	保守内力	$A_{保内}$	非保守内力	$A_{非保内}$
a	0	0	$\neq 0$	$\neq 0$	0	0
b	$\neq 0$	0	$\neq 0$	$\neq 0$	$\neq 0$	0
c	0	0	$\neq 0$	$\neq 0$	$\neq 0$	0

判断这些系统是否遵守机械能守恒定律。

11. 保守力做功的特点是________。保守力的功与势能变化的关系式为________。

12. 如图 3.5.2 所示，质量 $m=2\text{kg}$ 的物体从静止开始沿 1/4 圆弧从 A 滑到 B，在 B 处速度的大小为 $v=6\text{m/s}$，已知圆的半径 $R=4\text{m}$，则物体从 A 到 B 的过程中摩擦力对它所做的功 $W=$________。

13. A、B 二弹簧的劲度系数分别为 k_A 和 k_B，其质量均忽略不计，今将二弹簧连接起来并竖直悬挂，如图 3.5.3 所示。当系统静止时，二弹簧的弹性势能 E_{p_A} 与 E_{p_B} 之比为________。

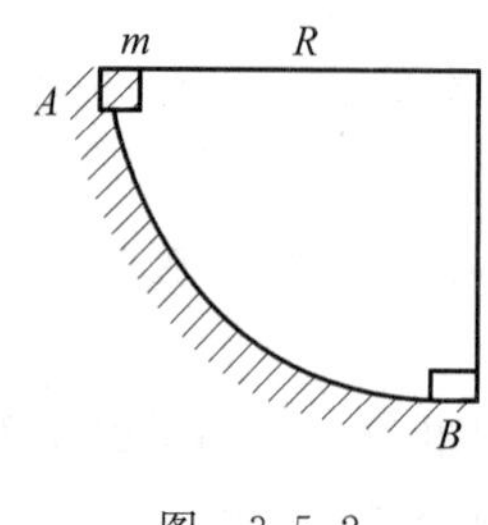

图 3.5.2

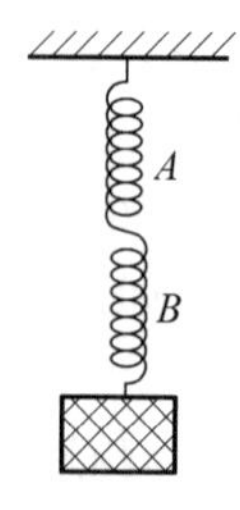

图 3.5.3

14. 有一人造地球卫星，质量为 m，在地球表面上空 2 倍于地球半径 R 的高度沿圆周轨道运行。用 m、R、引力常数 G 和地球的质量 M 表示：

(1) 卫星的动能________；

(2) 卫星和地球构成系统的引力势能________。(取它们相距无限远处为势能零点)

15. 一颗速率为 700m/s 的子弹，打穿一块固定木板后，速率降为 500m/s。如果让它继续穿过与第一块完全相同的第二块木板，则子弹的速率将降为________。

16. 一个弹簧如果下端挂质量为 0.1kg 的砝码时长度为 0.07m，挂 0.2kg 的砝码时长度为 0.09m。现将此弹簧水平放置，并把弹簧沿水平方向从 0.10m 缓缓拉长到 9.14m，则需做功________。

17. 质量为 m 的物体，从高出弹簧上端 h 处由静止自由下落到竖直放置的轻弹簧上，弹簧的劲度系数为 k，则弹簧被压缩的最大距离为________。

18. 有一劲度系数为 k 的轻弹簧，原长为 l_0，将它吊在天花板上。当它下端挂一托盘平衡时，其长度变为 l_1。然后在托盘中放一重物，弹簧长度变为 l_2，则由 l_1 伸长至 l_2 的过程中，弹性力所做的功为(　　)。

(A) $-\int_{l_1}^{l_2} kx\,dx$　　(B) $\int_{l_1}^{l_2} kx\,dx$　　(C) $-\int_{l_1-l_0}^{l_2-l_0} kx\,dx$　　(D) $\int_{l_1-l_0}^{l_2-l_0} kx\,dx$

19. 对功的概念有以下几种说法：

(1) 保守力做正功时，系统内和该保守力相对应的势能增加。

(2) 质点运动经一闭合路径，保守力对质点做的功为零。

(3) 作用力和反作用力大小相等、方向相反，所以两者所做的功的代数和必为零。

上述说法中(　　)。

(A) (1)、(2)是正确的　　(B) (2)、(3)是正确的

(C) 只有(2)是正确的　　(D) 只有(3)是正确的

20. 劲度系数为 k 的轻弹簧，一端与倾角为 α 的斜面上的固定挡板 A 相接，另一端与质量为 m 的物体 B 相连。O 点为弹簧原长时端点的位置，a 点为物体 B 的平衡位置。若将物体 B 由 a 点沿斜面向上移动到 b 点，如图 3.5.4 所示，a 点与 O 点、a 点与 b 点之间的距离分别为 x_1 和 x_2，则在此过程中，由弹簧、物体 B 和地球组成的系统势能的变化为________。

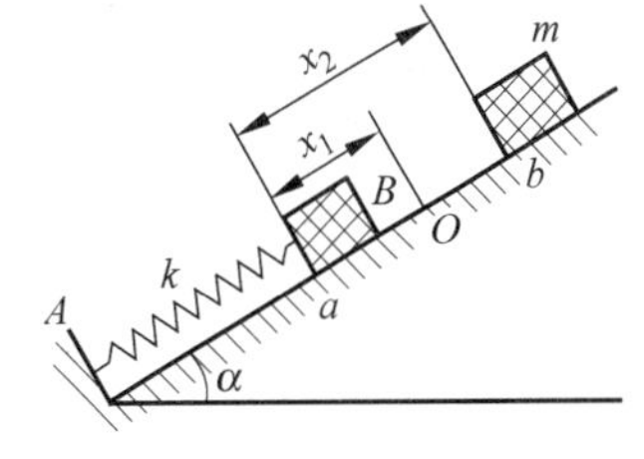

图 3.5.4

习题

1. 质量为 $m=0.5\text{kg}$ 的质点，在 xOy 平面内运动，其运动方程为 $x=5t, y=0.5t^2$ (SI)，从 $t=2\text{s}$ 到 $t=4\text{s}$ 这段时间内，合外力对该质点所做的功为多大？

2. 设物体在力 $F(x)=4x-6$(N)的作用下，沿 x 轴从 $x_1=1\text{m}$ 移到 $x_2=3\text{m}$ 处，则在此过程中，力 F 所做的功为多大？

3. 一质点在如图 3.6.1 所示的坐标平面内作圆周运动，有一力 $\boldsymbol{F}=F_0(x\boldsymbol{i}+y\boldsymbol{j})$ 作用在质点上。求该质点从坐标原点运动到 $(0,2R)$ 位置过程中，力 $\boldsymbol{F}$ 对它所做的功。

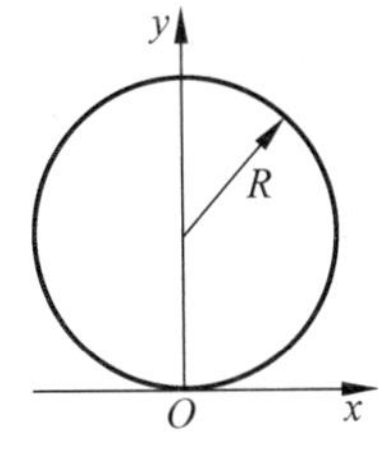

图 3.6.1

4. 已知地球质量为 M，半径为 R。一质量为 m 的火箭从地面上升到距地面高度为 $2R$ 处。试求：在此过程中地球引力对火箭做的功。

5. 一物体按规律 $x=ct^2$ (SI)在媒质中作直线运动，式中 c 为常量，t 为时间。设媒质对物体的阻力正比于速度的平方，阻力系数为 k，试求物体由 $x=0\text{m}$ 运动到 $x=1\text{m}$ 时，阻力所做的功。

6. 一非线性拉伸弹簧的弹性力的大小为 $f=k_1x+k_2x^3$，x 代表弹簧伸长量，k_1 和 k_2 为正的常量。求：将弹簧由 x_1 拉长至 x_2 时，弹簧对外界做的功。

7. 质量 $m=2\text{kg}$ 的物体沿 x 轴作直线运动，所受的合外力 $F=10+6x^2$ (SI)。如果在 $x_0=0$ 处时速度 $v_0=0$，则该物体移动到 $x=4.0\text{m}$ 处时，合外力做的功为多大？此时物体的速度为多大？

8. 质量 $m=2\text{kg}$ 的质点在力 $\boldsymbol{F}=12t\boldsymbol{i}$ (SI)的作用下，从静止出发沿 x 轴正向作直线运动，求前三秒内该力所做的功。

9. 子弹穿过厚为 l 的木块，至少具有速率 v_0。如果木块的厚度增加1倍，则子弹必须具有多大的速率才能穿过木块？设木块是固定的。

10. 一质量为 m 的质点在 xOy 平面上运动，如图 3.6.2 所示，其位置矢量为 $\boldsymbol{r}=a\cos\omega t\boldsymbol{i}+b\sin\omega t\boldsymbol{j}$ (SI)，式中 a、b、ω 是正值常数，且 $a>b$。求：

(1) 质点在 $A(a,0)$点时和 $B(0,b)$点时的动能；

(2) 质点所受的作用力 $\boldsymbol{F}$ 以及当质点从 A 点运动到 B 点的过程中 $\boldsymbol{F}$ 的分力 F_x 和分力 F_y 分别做的功。

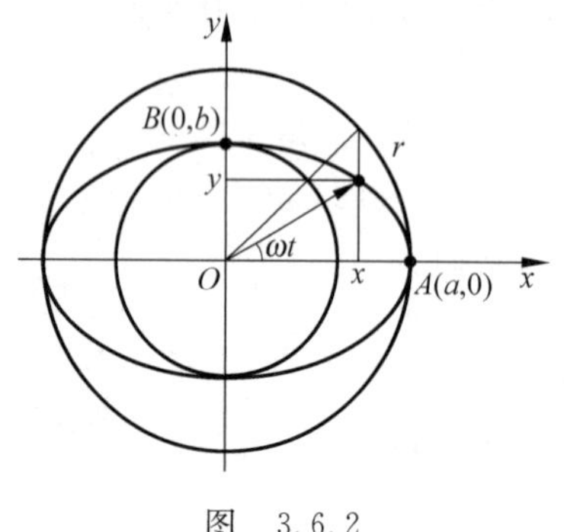

图 3.6.2

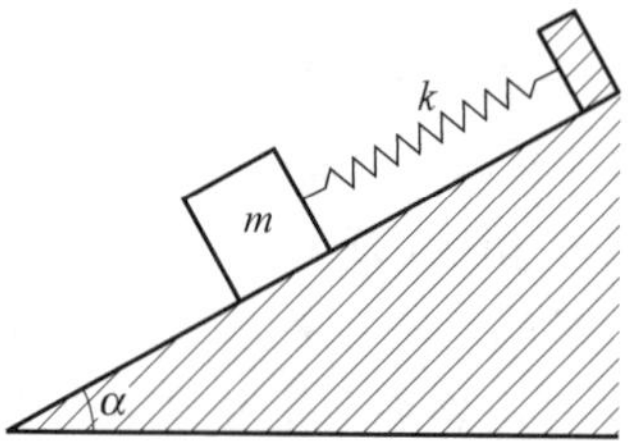

图 3.6.3

11. 如图 3.6.3 所示，在与水平面成 α 角的光滑斜面上放一质量为 m 的物体，此物体系于一劲度系数为 k 的轻弹簧的一端，弹簧的另一端固定。设物体最初静止。今使物体获得一沿斜面向下的速度，设起始动能为 E_{k0}，试证物体在弹簧伸长 x 时的速率 v 由下式得到：

$$\frac{1}{2}mv^2 = E_{k0} + mgx\sin\alpha - \frac{1}{2}kx^2 - \frac{1}{2k}(mg\sin\alpha)^2$$

12. 试就质点受变力作用而且作一般曲线运动的情况推导质点的动能定理，并说明定理的物理意义。

13. 一人从 10m 深的井中提水，起初时桶中装有 10kg 的水，桶的质量为 1kg，由于水桶漏水，每升高 1m 会漏去 0.2kg 的水。求：水桶匀速地从井中提到井口，人做的功。

14. 一个劲度系数为 k 的弹簧，若规定弹簧伸长 x_0 时为势能零点，试写出弹簧伸长量为 $x(x>x_0)$时的弹性势能以及弹簧原长时弹性势能的表达式。

15. 如图 3.6.4 所示，一质量为 m 的木块，在摩擦系数为 μ 的粗糙水平面上滑行，将一劲度系数为 k 的水平轻弹簧压缩的最大距离为 s，则木块在开始接触弹簧时的速率为多大？

16. 在半径为 R 的光滑圆球的顶点 A 上，有一质量为 M 的物体。今使该物体获得水平初速度 v_0，忽略空气阻力。

(1) 物体在何处($\varphi=?$)脱离圆球面？

(2) v_0 多大时，方能使物体在圆球顶点 A 就开始脱离球面作平抛运动？

(3) $v_0 \approx 0$ 时，物体在何处脱离球面？

17. 一质量为 20g 的子弹，以 200m/s 的速率打入一面固定的墙壁内。设子弹所受阻力与其进入深度 x 的关系如图 3.6.5 所示，求该子弹能进入墙壁的深度。

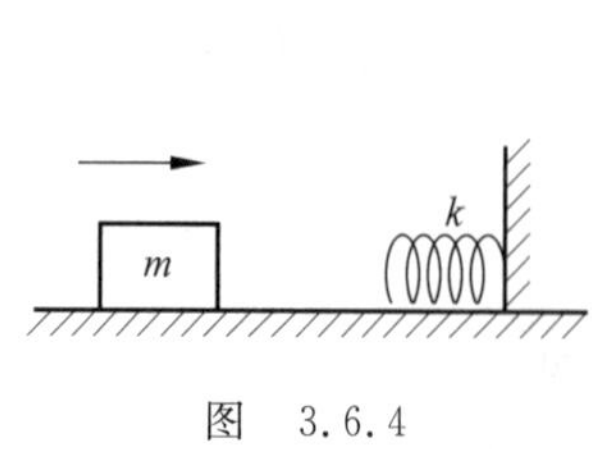

图 3.6.4

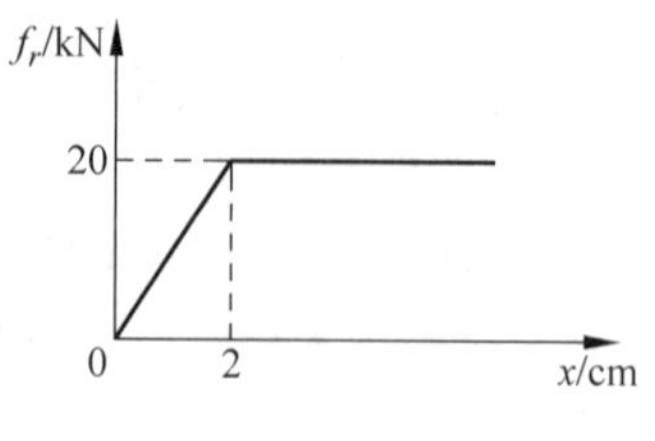

图 3.6.5

18. 一个质量为 m 的质点，仅受到力 $\boldsymbol{F}=k\boldsymbol{r}/r^3$ 的作用，式中 k 为常数，$\boldsymbol{r}$ 为从某一定点到质点的矢径。该质点在 $r=r_0$ 处被释放，由静止开始运动，则当它到达无穷远处时的速率为多大？

19. 一个质点在指向力心的平方反比力 $F=k/r^2$（k 为常数）的作用下，作半径为 r 的圆周运动，求质点运动的速度大小、质点和力心组成系统的总机械能。（力心不动、选距力心无穷远处系统势能为零）

20. 质量为 m 的质点系在一端固定的绳子上，在粗糙水平面上作半径为 R 的圆周运动。当它运动一周时，由初速 v_0 减小为 $v_0/2$。求：

(1) 摩擦力做的功；

(2) 滑动摩擦系数；

(3) 静止前质点运动了多少圈？

21. 一质量为 m 的物体，在力 $\boldsymbol{F}=at\boldsymbol{i}+bt^2\boldsymbol{j}$ 的作用下由静止开始运动，求此力在任意时刻 t 所做的功的功率。

22. 质量分别为 m 和 M 的两个粒子，最初处在静止状态，并且彼此相距无穷远。以后，由于万有引力的作用，它们彼此接近。问：当它们之间的距离为 d 时，它们的相对速度多大？

23. 已知地球对一个质量为 m 的质点的引力为 $\boldsymbol{F}=-\dfrac{Gm_em}{r^3}\boldsymbol{r}$，式中 m_e 为地球质量，设 R_e 为地球的半径，我们把它们作为一个系统。(1)若选无穷远处势能为零，计算地球表面处的势能；(2)若选地球表面处势能为零，计算无穷远处的势能，并比较两种情况下的势能差。

24. 如图 3.6.6 所示，在光滑水平面上有一弹簧，其一端固定于光滑的轴承 O 上，另一端拴一个质量为 $m=2\text{kg}$ 的小球，弹簧的质量很小，原长很短，因此都可以忽略不计。当小球沿半径为 r（单位为 m）的圆周作匀速率圆周运动时，弹簧作用于质点上的弹性力大小为 $3r$（单位为 N），此时系统的总能量为 12J。求质点的运动速率及圆周轨道半径。

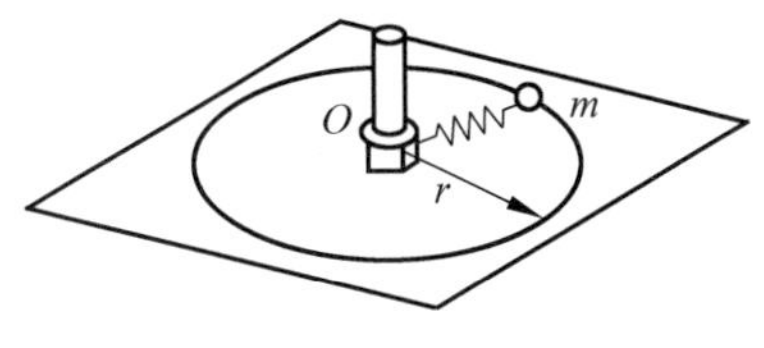

图　3.6.6

第4章 动量

基本要求

1. 正确理解动量、冲量的概念。
2. 掌握质点的动量原理和系统的动量守恒定律，并能利用它们解决简单的力学问题。
3. 掌握完全弹性碰撞和完全非弹性碰撞的规律。

基本概念和基本规律

1. 动量和冲量

（1）动量　物体的质量与速度的乘积称为物体的动量，即 $\boldsymbol{P}=m\boldsymbol{v}$。牛顿第二定律的普遍表达式为

$$\boldsymbol{F}=\frac{\mathrm{d}(m\boldsymbol{v})}{\mathrm{d}t}=\frac{\mathrm{d}\boldsymbol{P}}{\mathrm{d}t}$$

（2）冲量　力在时间上的累积作用称为该力的冲量。

恒力的冲量

$$\boldsymbol{I}=\boldsymbol{F}\Delta t$$

变力的冲量

$$\boldsymbol{I}=\int_{t_1}^{t_2}\boldsymbol{F}\mathrm{d}t$$

分量式：

$$I_x=\int_{t_1}^{t_2}F_x\mathrm{d}t$$

$$I_y=\int_{t_1}^{t_2}F_y\mathrm{d}t$$

$$I_z=\int_{t_1}^{t_2}F_z\mathrm{d}t$$

平均冲力

$$\overline{\boldsymbol{F}}=\frac{\int_{t_1}^{t_2}\boldsymbol{F}\mathrm{d}t}{t_2-t_1}=\frac{\boldsymbol{I}}{\Delta t}$$

2. 动量原理

（1）质点的动量原理　在某段时间内物体所受的合外力的冲量等于在同一时间内物体

动量的增量，即

$$\boldsymbol{I}=m\boldsymbol{v}_2-m\boldsymbol{v}_1$$

分量式：

$$I_x=mv_{2x}-mv_{1x}$$
$$I_y=mv_{2y}-mv_{1y}$$
$$I_z=mv_{2z}-mv_{1z}$$

(2) 质点系的动量原理　质点系所受合外力的总冲量等于质点系总动量的增量，即

$$\int_{t_1}^{t_2}\sum_i\boldsymbol{F}_i\mathrm{d}t=\sum_i m_i\boldsymbol{v}_i-\sum_i m_i\boldsymbol{v}_{i0}$$

3. 动量守恒定律

(1) 若系统不受力或所受外力的矢量和为零，即 $\sum\boldsymbol{F}_{外}=\boldsymbol{0}$，则系统的动量保持不变，这就是系统的动量守恒定律，用公式表示为

$$\sum_i m_i\boldsymbol{v}_i=恒矢量$$

系统动量守恒定律的分量式：

$$若\sum_i F_{ix}=0,\quad 则\sum_i m_iv_{ix}=恒量$$
$$若\sum_i F_{iy}=0,\quad 则\sum_i m_iv_{iy}=恒量$$
$$若\sum_i F_{iz}=0,\quad 则\sum_i m_iv_{iz}=恒量$$

注意：系统动量守恒定律成立的条件是 $\sum\boldsymbol{F}_{外}=\boldsymbol{0}$，而不是外力的冲量为零。

(2) 系统沿某一方向的动量守恒定律　若 $\sum\boldsymbol{F}_{外}\neq\boldsymbol{0}$，则系统的总动量不守恒，但若力在某一方向的分量之和为零，则系统在该方向上的动量守恒，有时也称为分动量守恒。

4. 碰撞

按碰撞前后的速度是否在同一直线上，可分为对心碰撞(或正碰撞)和非对心碰撞(或斜碰撞)；按碰撞前后机械能是否损失，可分为弹性碰撞和非弹性碰撞。若两物体碰后以同一速度运动，则叫完全非弹性碰撞。

(1) 弹性碰撞　碰撞系统满足机械能守恒和动量守恒。对于对心的弹性碰撞：

$$m_1\boldsymbol{v}_{10}+m_2\boldsymbol{v}_{20}=m_1\boldsymbol{v}_1+m_2\boldsymbol{v}_2 \tag{1}$$

即

$$m_1v_{10}+m_2v_{20}=m_1v_1+m_2v_2,\quad \frac{1}{2}m_1v_{10}^2+\frac{1}{2}m_2v_{20}^2=\frac{1}{2}m_1v_1^2+\frac{1}{2}m_2v_2^2 \tag{2}$$

解上述两式可得

$$v_1=\frac{(m_1-m_2)v_{10}+2m_2v_{20}}{m_1+m_2}$$

$$v_2=\frac{(m_2-m_1)v_{20}+2m_1v_{10}}{m_1+m_2}$$

请读者可就如下情况自行讨论：

(a) $m_2=m_1$ 时，v_1 和 v_2 各为何值？

(b) $m_2 \gg m_1$ 时,v_1 和 v_2 各为何值?

应注意:对于非对心碰撞,可将碰撞前的速度分解为在连线方向和在连线的垂直方向,因此,非对心碰撞可化为对心碰撞来处理。

(2) 完全非弹性碰撞　碰撞后碰撞系统具有共同的速度,只满足动量守恒定律,即

$$m_1 v_{10} + m_2 v_{20} = (m_1 + m_2) v$$

$$v = \frac{m_1 v_{10} + m_2 v_{20}}{m_1 + m_2}$$

请读者自行讨论碰撞过程中的机械能损失。

(3) 非弹性碰撞　介于上述两种碰撞之间的碰撞。碰撞过程有机械能损失,系统只满足动量守恒定律。

5. 动力学小结

质点动力学的核心是牛顿第二定律,它反映了力的瞬时作用规律。$\boldsymbol{F}=m\boldsymbol{a}$ 对时间积分得到动量原理,反映了力对时间的累积作用规律,在一定条件下转化为动量守恒定律;$\boldsymbol{F}=m\boldsymbol{a}$ 对空间积分得到动能定理,反映了力对空间的累积作用规律,引入系统势能后,在一定条件下可以转化为机械能守恒定律。

质点动力学基本定律总结一览表见表 4.2.1。

表　4.2.1

定律名称	表达式	研究对象	受力分析着重点	条件	性质和关系	计算前要求	用途
牛顿第二定律	$\sum \boldsymbol{F} = m\boldsymbol{a}$	质点	物体所受每个力的大小和方向	质量守恒惯性系	瞬时的矢量关系	建立坐标进行投影	求 $\boldsymbol{F}$、$\boldsymbol{a}$
动量原理	$\boldsymbol{I} = \int_{t_1}^{t_2} \boldsymbol{F}\mathrm{d}t = m\boldsymbol{v}_2 - m\boldsymbol{v}_1$	同上	同上	同上	$\boldsymbol{F}$ 瞬时量 $\boldsymbol{I}$ 累积量	同上	求 $\boldsymbol{I}$、$\boldsymbol{v}$
动量守恒定律	$\sum_i m_i \boldsymbol{v}_i$ 恒矢量	系统	同上	$\sum \boldsymbol{F}_{外} = \boldsymbol{0}$	始、末状态的矢量关系	同上	求 $\boldsymbol{v}$
动能定理	$A_{外} = E_k - E_{k0}$	质点	所受各力的功		始、末状态的标量关系		求 A、f、v
功能原理	$A_{外} + A_{非保内} = E_2 - E_1$	系统	除保守内力外每个力的功		同上	选定零势能位置	同上
机械能守恒定律	$E_k + E_p =$ 恒量	同上	外力是否做功,内力是否保守力	$A_{外} + A_{非保内} = 0$	同上	同上	求 E_k、E_p、v

解题指导

本章习题一般涉及力对时间的累积作用问题。如果不考虑力作用过程的细节,只考虑某段时间内力对物体作用的总效果,用动量原理解题比用牛顿定律解题更简便。

1. 动量原理的应用

(1) 应用动量原理时应注意：

① 动量原理的研究对象通常指质点，仅适用于惯性系。式中各量必须对同一物体，相对同一惯性系。当系统中各物体的速度相对不同惯性系时，必须按速度合成进行变换。

② 动量原理的表达式是矢量式，为避免矢量运算，解题时通常用分量式。应注意各分量的正、负号。

③ 关于重力忽略不计问题。一般来说，应考虑重力，当重力远小于其他外力(或远小于系统内相互作用内力)时，可忽略重力，这在解题时应根据具体问题具体分析。

④ 作用力与反作用力等值、共线、反向，这两个力的冲量也满足同样关系。

⑤ 力的冲量一般按 $\int_{t_1}^{t_2}\boldsymbol{F}\mathrm{d}t$ 计算，但若物体的始末状态已知，则用动量原理可方便求得物体所获得的冲量。

(2) 应用动量原理的解题步骤：

① 审清题意，根据问题的要求和计算方便，确定研究对象；

② 对研究对象进行受力分析，画出受力图；

③ 明确外力作用过程的物体始、末状态的速度；

④ 建立坐标，根据功量原理，列方程求解。

2. 动量守恒定律的应用

(1) 应用动量守恒定律时应注意：

① 系统的选择，分清系统的内力和外力。

② 理解动量守恒定律的条件 $\sum\boldsymbol{F}_{外}=\mathbf{0}$，但有时在极短的时间内，系统所受的外力远小于系统内相互作用的内力，而可以忽略不计，此时系统仍然满足动量守恒定律。在实际问题中，$\sum\boldsymbol{F}_{外}\neq\mathbf{0}$，但 $\sum\boldsymbol{F}_{外}$ 在某方向的分量为零，这种情况下，总动量在该方向的分量守恒。

③ 动量守恒定律只适用于惯性系，式中速度必须相对同一惯性系。

④ 应用动量守恒定律列式时，必须明确动量在哪个过程中守恒，然后选择该过程的两个状态，即

$$\left(\sum_i m_i v_i\right)_{1状态}=\left(\sum_i m_i v_i\right)_{2状态}$$

(2) 解题步骤与动量原理的解题步骤雷同。但应注意区分外力和内力以及守恒条件的分析。

3. 质点力学综合题的分析方法

在实际问题中，往往不只是一个简单的物理过程，而是由几个过程综合而成的较复杂问题。这时，应根据题意，把复杂问题分解成几个简单问题来考虑，找出已知量之间的关系，再按有关的物理概念和物理规律把几个简单部分的结果综合在一起。具体分析方法如下：

① 明确整个过程由几个物理过程组成，分析过程间的关系。

② 对每个过程进行分析，根据过程的特点应用相应的物理规律，列出方程。

③ 找出联系各过程的物理量或关系式。

④ 解联立方程。必要时对结果进行分析讨论。

【例题 4.1】 质量为 m 的小球在水平面内以速率 v_0 作匀速圆周运动,如图 4.3.1 所示。求小球从 A 点运动到 B 点的过程中所受外力的冲量。

【解】 解法一:利用冲量的定义解题。

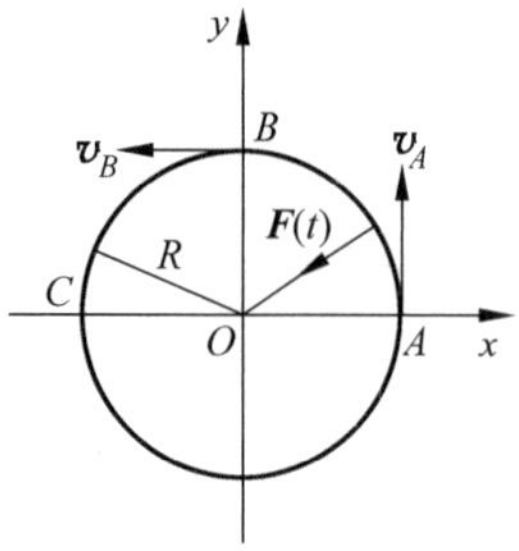

设圆半径为 R,$|\boldsymbol{v}_A|=|\boldsymbol{v}_B|=v_0$ 质点作圆周运动时所受的外力为

$$\boldsymbol{F}(t)=-\frac{mv_0^2}{R}\boldsymbol{r}_0$$

式中 $\boldsymbol{r}_0$ 为位置矢量方向上的单位矢量。

图 4.3.1

设运动周期为 T,则 t 时刻 $\boldsymbol{F}(t)$ 在 x 轴和 y 轴上的分量分别为

$$F_x(t)=-\frac{mv_0^2}{R}\cos\left(\frac{2\pi}{T}t\right)$$

$$F_y(t)=-\frac{mv_0^2}{R}\sin\left(\frac{2\pi}{T}t\right)$$

根据冲量的定义有

$$\begin{aligned}I_x&=\int F_x(t)\mathrm{d}t=\int_0^{\frac{T}{4}}\left[-\frac{mv_0^2}{R}\cos\left(\frac{2\pi}{T}\right)\mathrm{d}t\right]\\&=-\frac{T}{2\pi}\frac{mv_0^2}{R}\int_0^{\frac{T}{4}}\cos\left(\frac{2\pi}{T}t\right)\mathrm{d}\left(\frac{2\pi}{T}t\right)\\&=-\frac{T}{2\pi}\frac{mv_0^2}{R}\left[\sin\left(\frac{2\pi}{T}t\right)\right]\Bigg|_0^{\frac{T}{4}}=-mv_0\end{aligned}$$

同理有

$$I_y=\int F_y(t)\mathrm{d}t=\int_0^{\frac{T}{4}}\left[-\frac{mv_0^2}{R}\sin\left(\frac{2\pi}{T}\right)\mathrm{d}t\right]=-mv_0$$

因此

$$\boldsymbol{I}=I_x\boldsymbol{i}+I_y\boldsymbol{j}=-mv_0\boldsymbol{i}-mv_0\boldsymbol{j}$$

解法二:利用动量原理解题。

$$\begin{aligned}\boldsymbol{I}&=m\boldsymbol{v}_B-m\boldsymbol{v}_A=(mv_{Bx}-mv_{Ax})\boldsymbol{i}+(mv_{By}-mv_{Ay})\boldsymbol{j}\\&=(-mv_0-0)\boldsymbol{i}+(0-mv_0)\boldsymbol{j}=-mv_0\boldsymbol{i}-mv_0\boldsymbol{j}\end{aligned}$$

请读者按上述方法,自行计算小球从 A 点运动到 C 点过程中获得的冲量($\angle COA=\theta$)。

【例题 4.2】 手枪枪膛内的子弹在水平发射过程中受到随时间变化的爆炸力,大小为 $F=400-\frac{4}{3}\times10^5t$(N)(忽略阻力),设子弹开始时速度为零,出口速率 $v=300\text{m/s}$。求子弹的质量。

【解】 取子弹为研究对象,子弹在水平枪膛内运动时,重力和支承力抵消,子弹只受水平的爆炸推力。取水平方向为 x 轴的正向,依题意,$t=0$ 时,$v_0=0$,t 时刻子弹出口速率 v,子弹出口时 $F=0$,即

$$400-\frac{4}{3}\times10^5t=0 \tag{1}$$

根据动量原理得

$$\int_0^t F\mathrm{d}t=m\int_0^v\mathrm{d}v$$

即

$$mv = \int_0^t \left(400 - \frac{4}{3} \times 10^5 t\right) dt \tag{2}$$

联立(1)、(2)两式，解得

$$\begin{aligned} m &= \frac{1}{v}\left(400t - \frac{2}{3} \times 10^5 t^2\right) \\ &= \frac{1}{300}\left(400 \times 3 \times 10^{-3} - \frac{2}{3} \times 10^5 \times 9 \times 10^{-6}\right) \mathrm{kg} \\ &= 2 \times 10^{-3} \mathrm{kg} \end{aligned}$$

【例题 4.3】 有一质量 $m=5\mathrm{kg}$ 的物体在 0～10s 内受到如图 4.3.2 所示变力作用，由静止开始沿 x 轴正向运动。设物体的初始位置为坐标原点，求 5s 末和 10s 末时刻物体的速度。

【解】 由图 4.3.2 可知力与时间的关系为

$$F = \begin{cases} 8t, & 0 \leqslant t \leqslant 5 \\ 20, & 5 < t \leqslant 10 \end{cases}$$

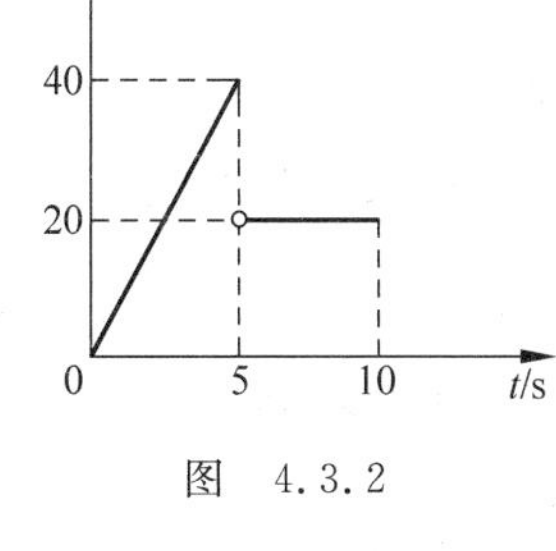

图　4.3.2

解法一：利用牛顿第二定律解题。

由牛顿第二定律，即 $a=\dfrac{F}{m}$，可得

$$a_1 = \frac{8t}{m} = \frac{8}{5}t, \quad 0 \leqslant t \leqslant 5$$

$$a_2 = \frac{20}{m} = 4, \quad 5 < t \leqslant 10$$

根据速度与加速度的关系

$$v_x - v_0 = \int_0^t a \, dt$$

得

$$v_5 = \int_0^5 a_1 dt = \int_0^5 \frac{8}{5} t dt = 20 \mathrm{m/s}$$

$$v_{10} = v_5 + \int_5^{10} a_2 dt = 20 + \int_5^{10} 4 dt = 40 \mathrm{m/s}$$

解法二：利用动量原理解题。

由动量原理，$\int_{t_1}^{t_2} F_x dt = mv_{2x} - mv_{1x}$，可得

$$v_5 = \frac{\int_0^5 F_x dt + mv_0}{m} = \frac{\int_0^5 8t dt}{5} = 20 \mathrm{m/s}$$

$$v_{10} = \frac{\int_5^{10} F_x dt + mv_5}{m} = \int_5^{10} 4 dt + v_5 = 40 \mathrm{m/s}$$

【例题 4.4】 如图 4.3.3(a)所示的皮带运料机，以 2kg/s 的运输率运送煤块，煤从 $h=8\mathrm{m}$ 的高处落到重为 100N 的平板上。求煤块堆积到 100kg 时，地面对平板的作用力。

【解】 取平板为研究对象，平板受到的作用力如图 4.3.3(b)所示。

平板重力 $\boldsymbol{G}=-100\boldsymbol{j}(\mathrm{N})$，煤块对平板的压力 $\boldsymbol{N}_1=-980\boldsymbol{j}(\mathrm{N})$，煤块的动量变化对平板的压力为 $-F\boldsymbol{j}$，地面对平板的支承力为 $N\boldsymbol{j}$，则平板处于平衡状态，$\boldsymbol{N}+\boldsymbol{G}+\boldsymbol{N}_1+\boldsymbol{F}=\boldsymbol{0}$，即

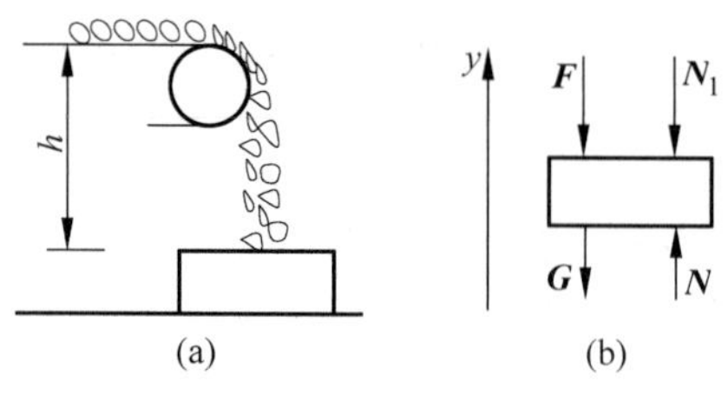

图 4.3.3

$N-G-N_1-F=0$。

取煤做研究对象，煤由 h 米处落至平板时，其速度由 $\boldsymbol{v}_1=-\sqrt{2gh}\boldsymbol{j}$ 变化到 $\boldsymbol{v}_2=\boldsymbol{0}$，煤落到平板上 $\mathrm{d}t$ 时间内的动量变化等于平板给煤的冲量。根据动量原理得

$$F'\mathrm{d}t=\left(\frac{M}{t}\mathrm{d}t\right)v_2-\left(\frac{M}{t}\mathrm{d}t\right)v_1=\frac{M}{t}\sqrt{2gh}\,\mathrm{d}t$$

可得

$$F'=\frac{M}{t}\sqrt{2gh}\Big|_{t=1}=M\sqrt{2gh}=2\times\sqrt{2\times9.8\times8}\mathrm{N}=25.04\mathrm{N}(\text{方向向上})$$

而 $\boldsymbol{F}=-\boldsymbol{F}'$，所以 $\boldsymbol{N}=\boldsymbol{G}+\boldsymbol{N}_1+\boldsymbol{F}=1105.04\boldsymbol{j}\mathrm{N}$。

【例题 4.5】 一个质量为 M 的人，手持质量为 m 的物体自地面以倾角 θ、初速 v_0 斜向上跳到最高点时，以相对人的速率 u 将物体水平向后抛出，如图 4.3.4 所示。求由于抛物，人向前的距离比原来增加多少。

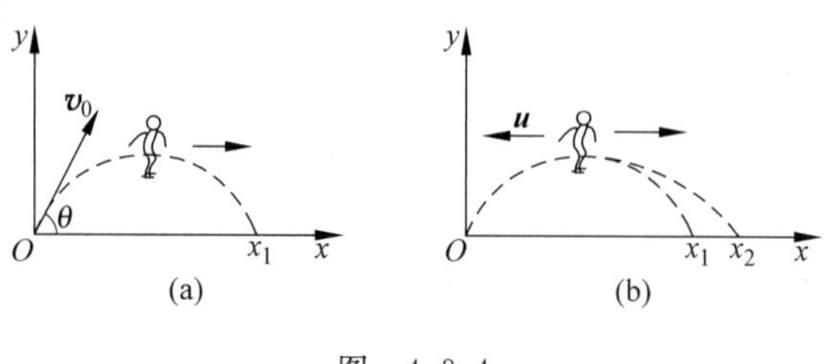

图 4.3.4

【解】 取人、物为研究系统，当人跳到最高点时，系统所受外力不为零，但水平方向不受外力作用，故在水平方向动量守恒。

人跳到最高点时，人在抛物前的速度为 $v_1=v_0\cos\theta$，抛物后的速度为 v_2，此时物相对地的速度 $v'=v_2-u$，由动量守恒定律得

$$Mv_2+m(v_2-u)=(M+m)v_1$$

即

$$v_2=v_1+\frac{mug}{M+m}$$

可见，由于抛物人的速度增量

$$\Delta v=v_2-v_1=\frac{mug}{m+M}$$

由于人从最高点落回地面的时间 $t=\dfrac{v_0\sin\theta}{g}$，因此

$$\Delta x=\Delta v\cdot t=\frac{muv_0\sin\theta}{M+m}$$

【例题 4.6】　在水平桌面上放有质量为 M 的三角形滑块，在滑块斜面上放质量为 m 的木块，如图 4.3.5(a)所示。设所有接触面光滑，斜面倾角 θ，高度 h。求木块由静止开始从斜面顶端滑到底端时，滑块和木块相对地面的速度大小各为多少。

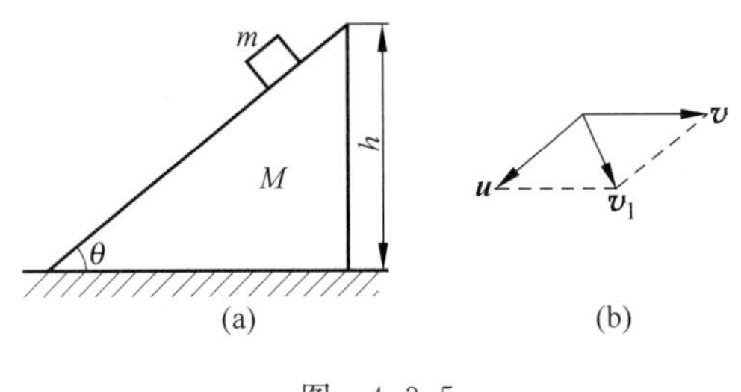

图　4.3.5

【解】　取木块 m、滑块 M 和地球为研究系统。在木块沿滑块斜面下滑过程中，桌面对滑块的支承力及木块、滑块间的相互作用力所做的功为零，故系统机械能守恒。同时，系统在水平方向不受外力作用，故水平方向动量守恒。

设木块滑到底端时，滑块有向右的速度 $\boldsymbol{v}$，木块相对斜面的速度 $\boldsymbol{u}$，木块对地面的速度 $\boldsymbol{v}_1=\boldsymbol{v}+\boldsymbol{u}$，则

$$mgh=\frac{1}{2}Mv^2+\frac{1}{2}mv_1^2 \tag{1}$$

$$Mv-m(u\cos\theta-v)=0 \tag{2}$$

$$v_1^2=u^2+v^2-2uv\cos\theta \tag{3}$$

联立式(1)～式(3)，可解得三个未知数 v、v_1 和 u。

【例题 4.7】　如图 4.3.6 所示，质量为 m 的物体自离平板高 h 处自由落下，落在平板上并不再跳起。设平板质量为 M，弹簧劲度系数为 k，求弹簧被压缩的最大距离。

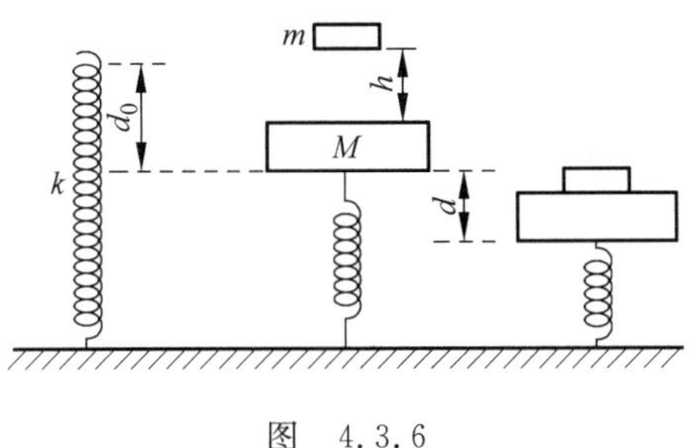

图　4.3.6

【解】　该问题包括三个物理过程：物体自由下落、物体与平板作完全非弹性碰撞以及碰撞后物体与板一起运动到速度为零。

三过程间的联系为：第一过程的末速度是第二过程物体 m 的碰撞前速度，第二过程的末速度是第三过程的初速度。

第一过程：取物体 m 和地球为系统，重力为内力，不受外力，故机械能守恒，有

$$mgh=\frac{1}{2}mv^2 \tag{1}$$

第二过程：取物体 m 和平板 M 为系统，外力是重力及弹性力。$\sum \boldsymbol{F}_{外} \ll \sum \boldsymbol{F}_{内}$，故动量守恒，有

$$mv = (M+m)V \tag{2}$$

第三过程：取物体 m、木块 M、弹簧和地球为系统，外力为地面的托力，由于无位移而不做功，故机械能守恒，有

$$\frac{1}{2}(M+m)V^2 + (M+m)gd + \frac{1}{2}kd_0^2 = \frac{1}{2}k(d+d_0)^2 \tag{3}$$

$$kd_0 = Mg \tag{4}$$

联立式(1)～式(4)，可解得

$$d = \frac{mg}{k} \pm \sqrt{\left(\frac{mg}{k}\right)^2 + \frac{2ghm^2}{k(M+m)}}$$

舍去根号前的负号。(请思考：为什么要舍去根号前的负号？)

【例题 4.8】 如图 4.3.7 所示质量为 M 的平板车可在水平面内无摩擦地运动。车上有两个质量均为 m 的人，开始时人和车均静止，然后人相对车以速度 $\boldsymbol{u}_r$ 向前跳。求下列两种情况下车的速度：

(1) 两人同时跳；

(2) 一个接一个跳。

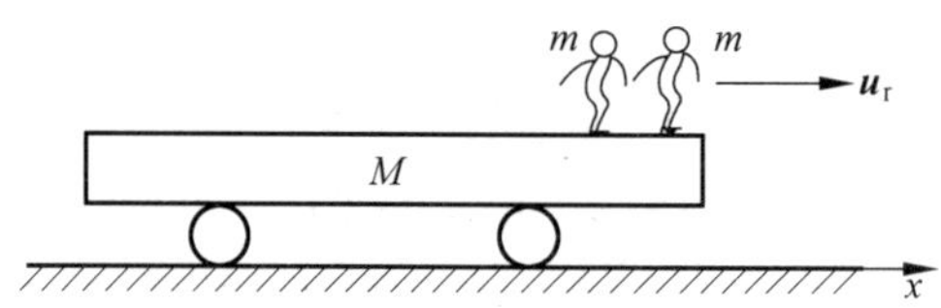

图 4.3.7

【解】 取人、车为系统，则水平方向动量守恒，以水平向前为 x 轴正向，如图 4.3.7 所示。

(1) 两人同时跳时

人跳前系统的动量

$$P_{1x} = 0$$

设人相对车以 u_r 向前跳后，车的速度为 v_1，其方向向后(即沿 x 轴负向)。由相对运动，人对地的速度 $v' = u_r - v_1$，故人跳后系统的动量

$$P_{1x} = 2m(u_r - v_1) - Mv_1$$

由动量守恒定律得

$$0 = 2m(u_r - v_1) - Mv_1$$

则

$$v_1 = \frac{2mu_r}{2m+M}$$

(2) 一个接一个跳时

设第一人跳出后，车的速度为 v_1'，其方向向后，人对地的速度 $v_1'' = u_r - v_1'$，根据动量守恒定律得

$$0 = m(u_r - v_1') - (M+m)v_1'$$

解得

$$v_1' = \frac{mu_r}{2m+M}$$

第二人跳出后，车的速度为 v_2，其方向向后，人对地的速度 $v_1' = u_r - v_2$，根据动量守恒定律得

$$-(M+m)v_1' = m(u_r - v_2) - Mv_2$$

则

$$v_2 = \frac{mu_r(2M+3m)}{(2m+M)(M+m)}$$

请读者讨论：

(1) 比较一下哪种情况车获得的速度较大。

(2) 若车上站着 n 个人，则 n 个人同时跳及一个接一个跳，车获得的速度各为多少？

复习思考题

1. 动量和冲量有何不同？有什么联系？若力的冲量为零，则物体的动量是否一定为零？

2. 动量原理、动能原理和牛顿第二定律有何联系和区别？为什么说牛顿第二定律表达式 $\boldsymbol{F}=\frac{\mathrm{d}\boldsymbol{P}}{\mathrm{d}t}$ 比 $\boldsymbol{F}=m\boldsymbol{a}$ 具有更大的普遍性？

3. 应用动量原理解力学问题具有什么优越性？应用动量原理分量式解题应注意什么？解题过程怎样？

4. 动量守恒定律的内容是什么？成立条件是什么？

5. 水平放置的炮车发射炮弹时系统的合外力不为零，这时系统的总动量不守恒，怎样求出炮车的反冲速度？

6. 在空中爆炸的炸弹，在爆炸前后动量是否守恒？为什么？

7. 如图 4.4.1 所示的冲击摆可测定子弹速度，在子弹与摆碰撞过程中，合外力不等于零，为什么可用动量守恒定律，而不用机械能守恒定律？摆在上升过程中，合力不等于零，为什么用机械能守恒定律，而不用动量守恒定律？

8. 一个物体可否具有能量而无动量？可否具有动量而无能量？试举例说明。

9. 如图 4.4.2 所示，小球在水平面内作匀速圆周运动，小球绕一周绳中张力和重力做功多少？张力和重力的冲量是多少？在此过程中 $\Delta m\boldsymbol{v}=\boldsymbol{0}$，动量是否守恒？

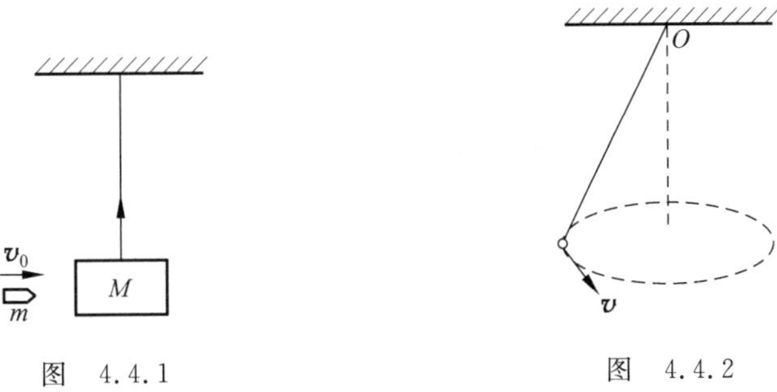

图 4.4.1　　　图 4.4.2

10. 为什么系统的内力可改变系统的总动能,而不改变系统的总动量?

自我检查题

1. 光滑水平面上有两个相同的光滑棋子。开始时 A 棋子以 $\boldsymbol{v}_0$ 沿 x 轴运动,B 棋子静止在 $x=0,y=R$ 的位置,如图 4.5.1 所示。当 A、B 棋子发生弹性碰撞后 B 棋子的运动方向是(　　)。

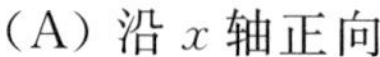

(A) 沿 x 轴正向　　(B) 与 x 轴夹角 $\theta=30°$

(C) 与 x 轴夹角 $\theta=45°$　　(D) 与 x 轴夹角 $\theta=60°$

(E) 沿 y 轴正向

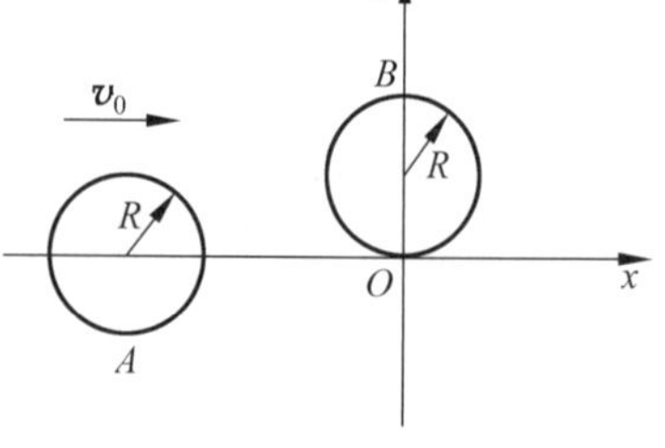

图 4.5.1

2. 一爆炸物正以 5m/s 的速率沿水平方向运动,在空中突然爆炸成 A、B 两块碎片,A 的质量比 B 大 1 倍,爆炸后瞬时,A 的速度为零。那么,爆炸后(　　)。

(A) A、B 两块碎片同时落地

(B) A 比 B 先落地

(C) B 比 A 先落地

(D) 不能判断哪个先落地

3. 一烟火总质量为 $M+2m$,从离地面高 h 处自由下落到 $\frac{1}{2}h$ 时炸开成为三块,一块质量为 M,另两块质量均为 m。两块 m 相对于 M 的速度大小相等,方向为一上一下。爆炸后 M 从 $\frac{1}{2}h$ 处落到地面的时间为 t_1,若烟火在自由下落到 $\frac{1}{2}h$ 处不爆炸,它从 $\frac{1}{2}h$ 处落到地面的时间为 t_2,则(　　)。

(A) $t_1>t_2$　　(B) $t_1<t_2$

(C) $t_1=t_2$　　(D) 无法确定 t_1 与 t_2 间的关系

4. 质量为 m 的铁锤自 h 处自由下落,打在桩上后静止,打击时间为 Δt,则铁锤受到的平均冲力大小为(　　)。

(A) mg　　(B) $mg+\frac{m\sqrt{2gh}}{\Delta t}$

(C) $mg-\frac{m\sqrt{2gh}}{\Delta t}$　　(D) $\frac{m\sqrt{2gh}}{\Delta t}-mg$

5. 质量为 m 的物体以初速 v_0 从地面上以抛射角 $\theta=30°$ 斜向上抛,若不计阻力,则物体从抛出点到落地过程中,动量的增量为(　　)。

(A) 零　　(B) 大小 mv_0,方向向上

(C) 大小 mv_0,方向向下　　(D) 大小 $2mv_0$,方向水平

6. 两球作相向运动,碰撞后两球变为静止,对于碰撞前两球在如下结论中正确的是(　　)。

(A) 两球的动能一定相等　　(B) 两球的动量大小一定相等

(C) 两球的质量一定相等　　(D) 两球的动量和动能均应相等

7. 图 4.5.2 所示一圆锥摆,质量为 m 的小球在水平面内以角速度 ω 匀速转动。在小球

转动一周的过程中：

(1) 小球动量增量的大小等于________；

(2) 小球所受重力冲量的大小等于________；

(3) 小球所受绳子拉力冲量的大小等于________。

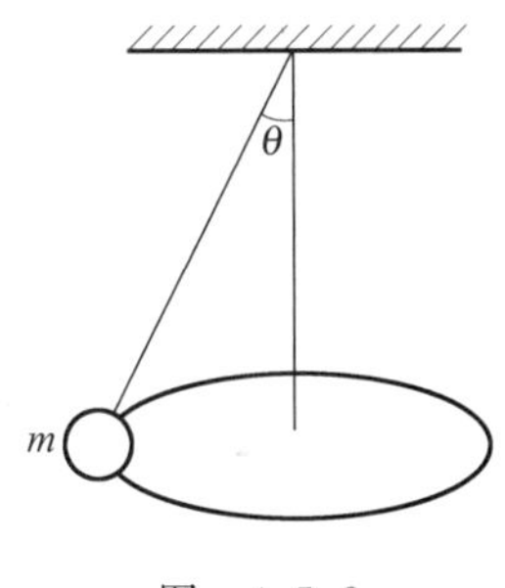

图　4.5.2

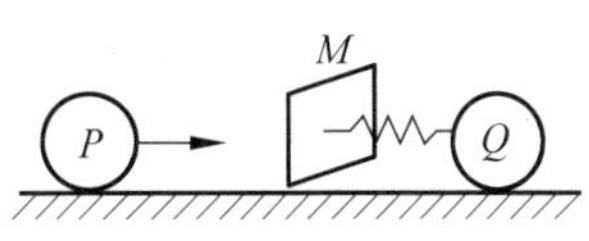

图　4.5.3

8. 如图 4.5.3 所示，在光滑平面上有一个运动物体 P，在 P 的正前方有一个连有弹簧和挡板 M 的静止物体 Q，弹簧和挡板 M 的质量均不计，P 与 Q 的质量相同。物体 P 与 Q 碰撞后 P 停止，Q 以碰撞前 P 的速度运动。在此碰撞过程中，弹簧压缩量最大的时刻是(　　)。

(A) P 的速度正好变为零时　　(B) P 与 Q 速度相等时

(C) Q 正好开始运动时　　(D) Q 正好达到原来 P 的速度时

9. 如图 4.5.4 所示，空中有一气球，下连一绳梯，它们的质量共为 M。在梯上站一质量为 m 的人，起始时气球与人均相对于地面静止。当人相对于绳梯以速度 v 向上爬时，气球的速度为(以向上为正)(　　)。

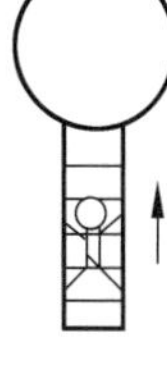

图　4.5.4

(A) 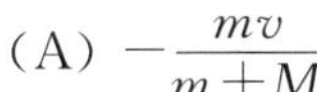 $-\dfrac{mv}{m+M}$　　(B) 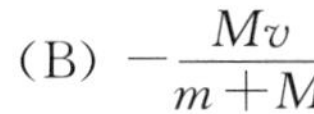 $-\dfrac{Mv}{m+M}$

(C) $-\dfrac{mv}{M}$　　(D) 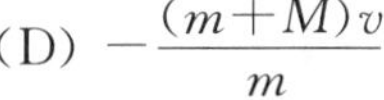 $-\dfrac{(m+M)v}{m}$

(E) $-\dfrac{(m+M)v}{M}$

10. 粒子 B 的质量是粒子 A 质量的 4 倍。开始时粒子 A 的速度为 $3\boldsymbol{i}+4\boldsymbol{j}$，粒子 B 的速度为 $2\boldsymbol{i}-7\boldsymbol{j}$，由于两者的相互作用，粒子 A 的速度变为 $7\boldsymbol{i}-4\boldsymbol{j}$，此时粒子 B 的速度等于(　　)。

(A) $\boldsymbol{i}-5\boldsymbol{j}$　　(B) $2\boldsymbol{i}-7\boldsymbol{j}$

(C) 0　　(D) $5\boldsymbol{i}-3\boldsymbol{j}$

11. 一力学系统由两个质点组成，它们之间只有引力作用。若两质点所受外力的矢量和为零，则此系统(　　)。

(A) 动量、机械能以及对同一轴的角动量都守恒

(B) 动量、机械能守恒，但角动量是否守恒不能断定

(C) 动量守恒，但机械能和角动量守恒与否不能断定

(D) 动量和角动量守恒，但机械能是否守恒不能断定

12. 有两个倾角不同、高度相同、质量一样的斜面放在光滑的水平面上，斜面是光滑的，有两个一样的小球分别从这两个斜面的顶点由静止开始下滑，则(　　)。

(A) 小球到达斜面底端时的动量相等

(B) 小球到达斜面底端时的动能相等

(C) 小球和斜面(以及地球)组成的系统,机械能不守恒

(D) 小球和斜面组成的系统水平方向上动量守恒

13. 一吊车底板上放一质量为 10kg 的物体,若吊车底板加速上升,加速度大小为 $a=3+5t$(SI),则在 0~2s 内吊车底板给物体的冲量大小 $I=$________;在 0~2s 内物体动量的增量大小 $\Delta P=$________。

14. 质量 $m=2$kg 的物体,在方向恒定的外力作用下由静止开始运动,力随时间的变化规律为 $F=8-4t$,则 $t=2$s 时质点的速度 $v=$________;$t_1=0$ 到 $t_2=2$s 内外力所做的功 $A=$________。

15. 一个力 F 作用在质量为 1.0kg 的质点上,使之沿 x 轴运动。已知在此力作用下质点的运动学方程为 $x=3t-4t^2+t^3$(SI),在 0~4s 内,力 F 的冲量大小 $I=$________,力 F 对质点所做的功 $A=$________。

16. 质量为 5kg 的物体,所受到的力与时间的关系如图 4.5.5 所示。设物体从静止开始运动,则 20s 末物体的速度 $v=$________。

17. 炮车发射时,炮身的仰角为 θ,炮车与炮弹的质量分别为 M 和 m,炮弹出口时相对炮车的速度为 v_0,若不计炮车与地面间的摩擦力,则炮车的反冲速度大小 $v=$________;若炮弹出膛时间为 Δt,则射出炮弹时,炮车对地面的平均正压力大小为________。

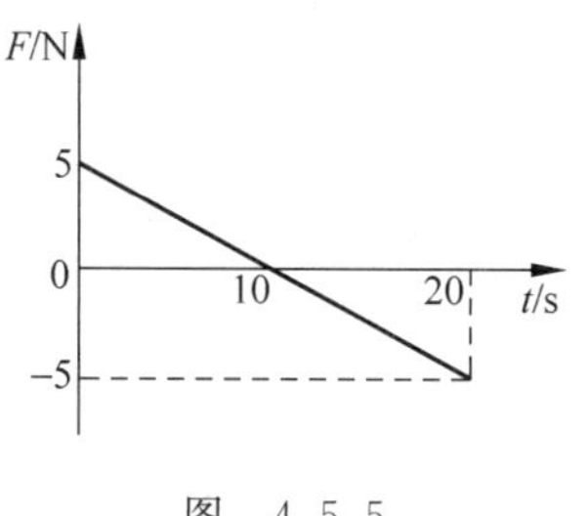

图 4.5.5

18. 在一以匀速 $\boldsymbol{v}$ 行驶、质量为 M 的(不含船上抛出的质量)船上,分别向前和向后同时水平抛出两个质量相等(均为 m)的物体,抛出时两物体相对于船的速率相同(均为 u)。试写出该过程中船与物这个系统动量守恒定律的表达式(不必化简,以地为参考系):________。

19. 三艘质量均为 M 的小船,在静止的水面上同向鱼贯而行,速率均为 v。若由中间一艘小船同时以相对于船的速率 u 向前和向后抛出质量均为 m 的物体,则当物体落到前后船中时:前面船的速率为________,中间船的速率为________,后面船的速率为________。

20. 静水中停泊着两只质量皆为 M 的小船。第一只船在左边,其上站一质量为 m 的人,该人以水平向右的速度 $\boldsymbol{v}$(对地)从第一只船上跳到其右边的第二只船上,然后又以同样的速率 v 水平向左地跳回到第一只船上。此后,

(1) 第一只船运动的速度为 $\boldsymbol{v}_1=$________;

(2) 第二只船运动的速度为 $\boldsymbol{v}_2=$________。

(水的阻力不计,所有速度都相对地面而言,以水平向右为互动正向)

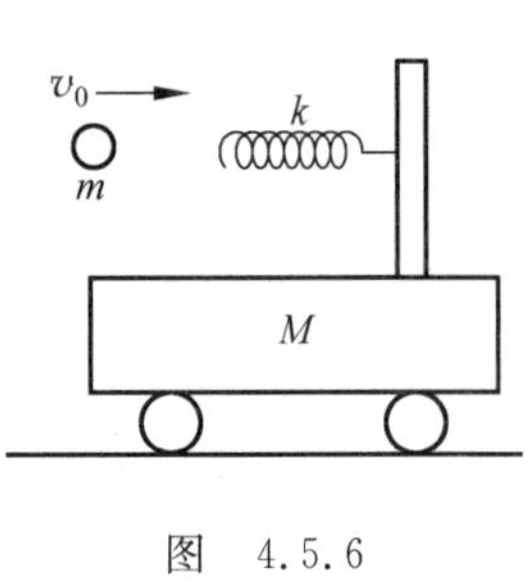

21. 装有轻弹簧的小车静止于光滑桌面上,车的质量为 M,弹簧的劲度系数为 k。今有质量为 m 的小球以水平速率 v_0 撞击弹簧,如图 4.5.6 所示。当弹簧压缩到最短时,小车的速率 $v=$________,这是应用________定律而得,此时弹簧的弹性势能 $E_p=$________;当弹簧恢复原长时,小球与弹簧分离,此时它

图 4.5.6

们的速率分别为 $v_{车}=$________，$v_{球}=$________。

22. 如图 4.5.7 所示，在光滑桌面上有质量均为 m 的木块 A、B，由劲度系数为 k 的弹簧相连。今有质量为 $\frac{1}{2}m$ 的子弹以水平速率 v_0 射入木块 A 后不再穿出，则子弹刚射入 A 后瞬间 A 的速率 $v_A=$________；当弹簧压缩至最大时 A 的速率 $v'_A=$________；B 的速率 $v'_B=$________。

23. 如图 4.5.8 所示，一颗水银垂直地掉在光滑玻璃板上，一分为三在板面上运动，若已知其夹角 $\theta_1:\theta_2:\theta_3=2:4:5$，且彼此速率相等，则它们的质量之比 $m_1:m_2:m_3=$____：____：____。

24. 质量为 m 的平板 A，用竖立的弹簧支持而处在水平位置，如图 4.5.9 所示。从平台上投掷一个质量为 m 的球 B，球的初速为 v_0，沿水平方向。球由于重力作用下落，与平板发生完全弹性碰撞，假定平板是光滑的，则球与平板碰撞后的运动方向应为(　　)。

(A) A_0 方向　　(B) A_1 方向
(C) A_2 方向　　(D) A_3 方向

25. 质量为 m 的质点以速度 v 沿一直线运动，则它对直线外垂直距离为 d 的一点的角动量大小是________。

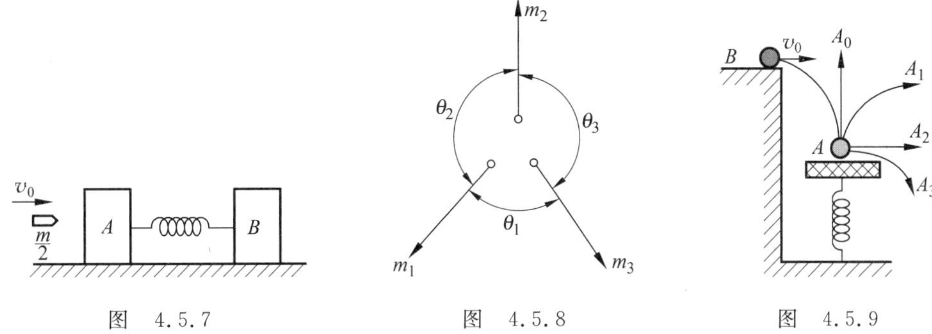

图 4.5.7　　图 4.5.8　　图 4.5.9

习题

1. 一质量为 1kg 的物体，置于水平地面上，物体与地面之间的静摩擦系数 $\mu_0=0.20$，滑动摩擦系数 $\mu=0.16$，现对物体施一水平拉力 $F=t+0.96$(SI)，求 2s 末物体的速度大小。

2. 一质量为 m 的物体原以速率 v 向正北运动，它突然受到外力的打击，变为向正西运动，速率仍为 v，问：该外力在打击物体时间内的冲量大小是多少？方向如何？

3. 一辆水平运动的装煤车，以速率 v_0 从煤斗下面通过，每单位时间内有质量为 m_0 的煤卸入煤车。如果煤车的速率保持不变，煤车与钢轨间摩擦忽略不计，试求：

(1) 牵引煤车的力的大小；

(2) 牵引煤车所需功率的大小；

(3) 牵引煤车所提供的能量中有多少转化为煤的动能？其

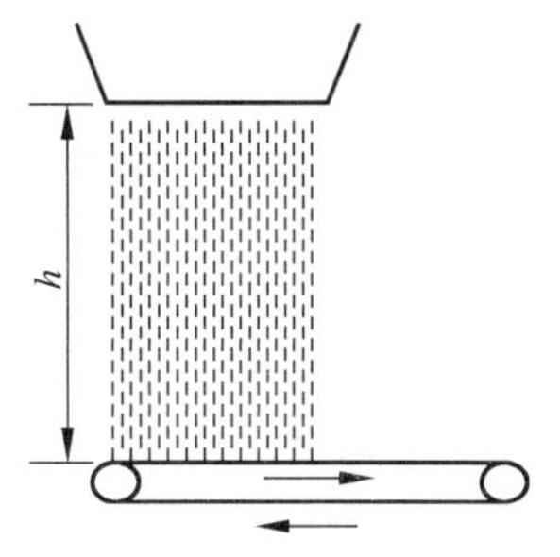

图 4.6.1

余部分用于何处?

4. 如图4.6.1所示,传送带以3m/s的速率水平向右运动,沙子从高 $h=0.8\text{m}$ 处落到传送带上,即随之一起运动。求传送带给沙子的作用力的方向。(g 取 10m/s^2)

5. 一质量为 M 的质点沿 x 轴正向运动,假设该质点通过坐标为 x 的位置时速度的大小为 kx(k 为正值常量),则此时作用于该质点上的力 $F(x)$ 和 $F(t)$ 各为多大?该质点从 $x=x_0$ 点出发运动到 $x=x_1$ 处所经历的时间 Δt 为多少?

6. 质量 m 为10kg的木箱放在地面上,在水平拉力 F 的作用下由静止开始沿直线运动,其拉力随时间的变化关系如图4.6.2所示。若已知木箱与地面间的摩擦系数 μ 为0.2,那么在 $t=4\text{s}$ 时,木箱的速度大小为多大?在 $t=7\text{s}$ 时,木箱的速度大小为多大?(g 取 10m/s^2)

7. 湖面上有一小船静止不动,船上有一打鱼人质量为60kg。如果他在船上向船头走了4.0m,但相对于湖底只移动了3.0m(水对船的阻力略去不计),则小船的质量为多大?

8. 如图4.6.3所示,一浮吊质量 $M=20\text{t}$,由岸上吊起 $m=2\text{t}$ 的重物后,再将吊杆 $\overline{AO}$ 与铅直方向的夹角 θ 由60°转到30°,设杆长 $L=\overline{OA}=8\text{m}$,水的阻力与杆重忽略不计。求浮吊在水平方向上移动的距离,并指明朝什么方向移动。

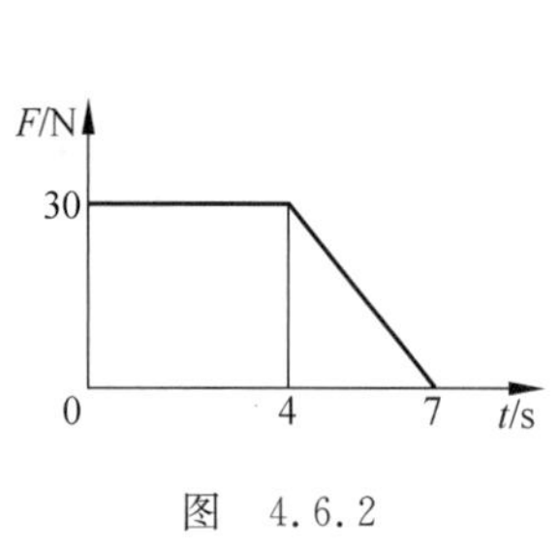

图 4.6.2

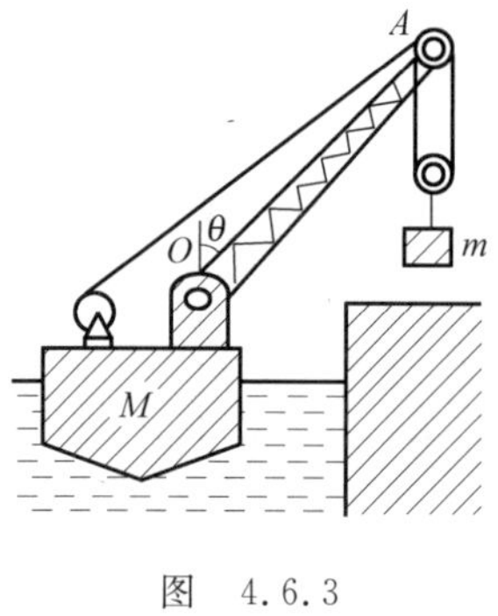

图 4.6.3

9. 如图4.6.4所示,质量为 M 的光滑曲面槽静止在光滑水平面上。质量为 m 的物体沿水平方向以速率 v_0 沿槽表面飞入,并沿曲面上升(设物体不能飞出曲面),求物体沿曲面上升的最大高度 h。

10. 一块木料质量为45kg,以8km/h的恒速向下游漂动,一只10kg的天鹅以8km/h的速率向上游飞动,它企图降落在这块木料上面。但在立足尚未稳时,它又以相对于木料2km/h的速率离开木料,向上游飞去。忽略水的摩擦,问:木料的末速度为多大?

11. 质量为 M 的木块静止在光滑水平面上。质量为 m、速率为 v 的子弹沿水平方向打入木块并陷在其中,试计算相对于地面木块对子弹所做的功 W_1 及子弹对木块所做的功 W_2。

12. 传送带A以速率 $v_0=3\text{m/s}$ 把质量 $m=20\text{kg}$ 的行李包送到坡道上端,行李包沿光滑坡道下滑后装到 $M=4.0\text{kg}$ 的小车上,如图4.6.5所示。已知小车与传送带间的高度差 $h=0.6\text{m}$,行李包与车板间的摩擦系数 $\mu=0.4$,小车与地面的摩擦忽略不计。取 $g=10\text{m/s}^2$。

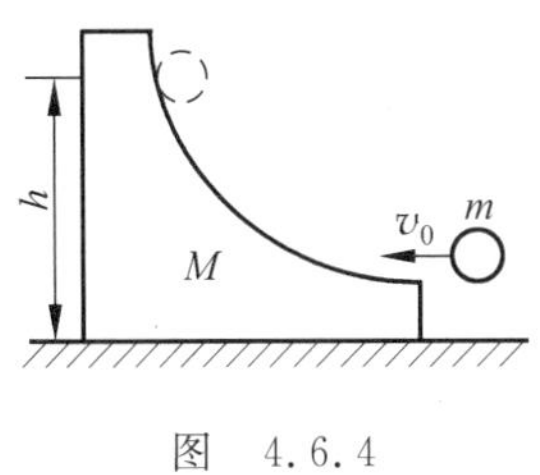

图　4.6.4

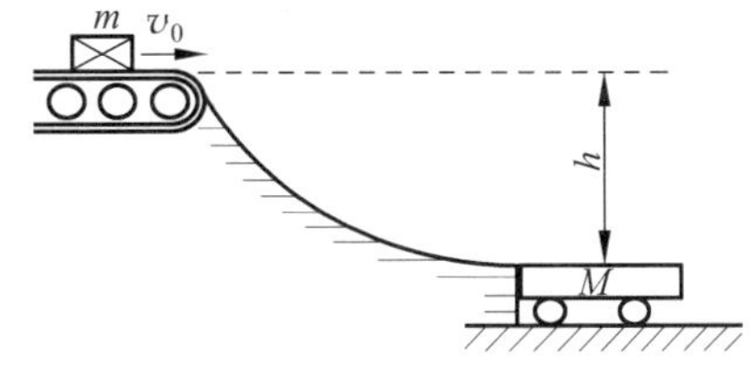

图　4.6.5

(1) 开始行李包与车相对滑动，当行李包与车保持相对静止时，求车的速率。

(2) 从行李包装上小车到它相对小车静止所需的时间为多少？

13. 质量为 1kg 的球 A 以 5m/s 的速率和另一静止的、质量也为 1kg 的球 B 在光滑水平面内作碰撞，碰撞后球 B 以 2.5m/s 的速率，沿与 A 原先运动的方向成 $60°$的方向运动，则球 A 的速度大小和方向为多少？

14. 如图 4.6.6 所示，有一门质量为 M(含炮弹)的大炮，在一斜面无摩擦地由静止开始下滑。当滑下 l 距离时，从炮内沿水平方向射出一发质量为 m 的炮弹。欲使炮车在发射炮弹后的瞬间停止滑动，炮弹的初速 v_0 应是多少？(设斜面倾角为 α)

15. 如图 4.6.7 所示，将一块质量为 M 的平板 PQ 放在劲度系数为 k 的轻弹簧上。现有一质量为 m 的小球放在光滑的桌面上，桌面与平板 PQ 的高度差为 h。现给小球一个水平初速度 v_0，使小球落到平板上与平板发生弹性碰撞。求弹簧的最大压缩量。

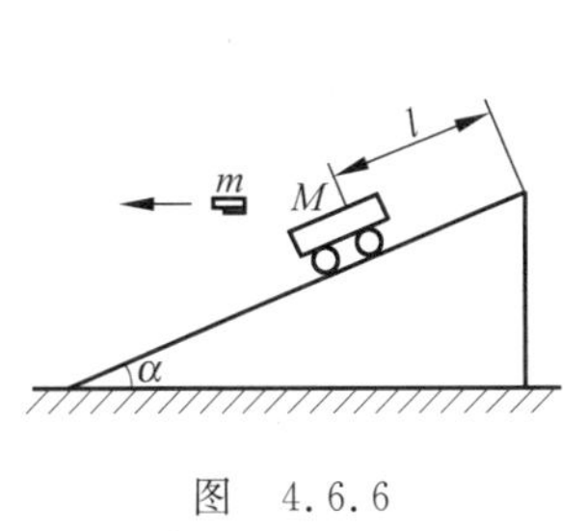

图　4.6.6

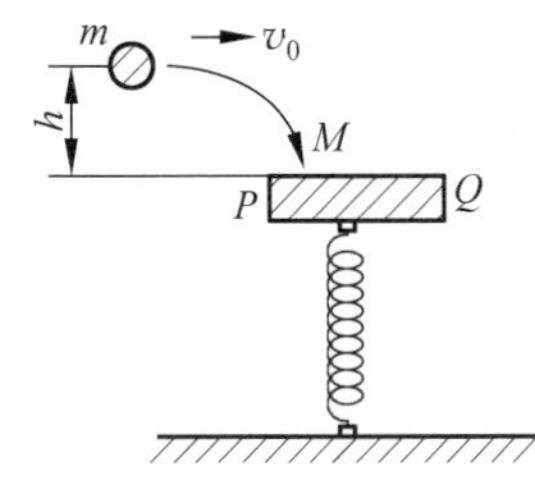

图　4.6.7

16. 有一质量为 $m=5$kg 的物体，在 0～10s 内，受到如图 4.6.8 所示的变力 F 的作用。物体由静止开始沿 x 轴正向运动，力的方向始终为 x 轴的正方向。试求在该 10s 内变力 F 所做的功。

17. 一艘质量为 M、长为 l 的小船静止地浮于水面，船的两头分别站有甲、乙两人，甲的质量为 M，乙的质量为 $m(M>m)$，现两人同时以相同的、相对于船的速率 v_0 向位于船的中点且固定在水中的木桩走去，如图 4.6.9 所示。若不计水的阻力，求：

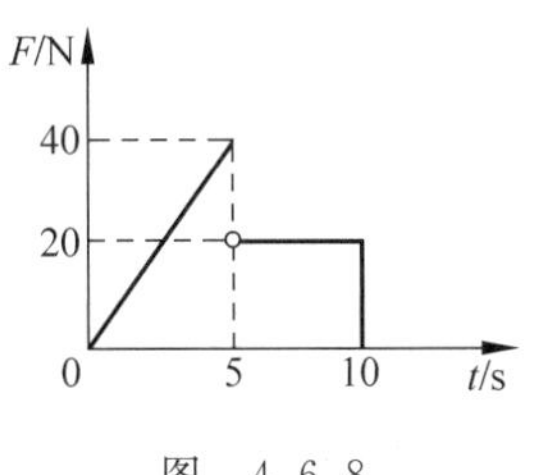

图　4.6.8

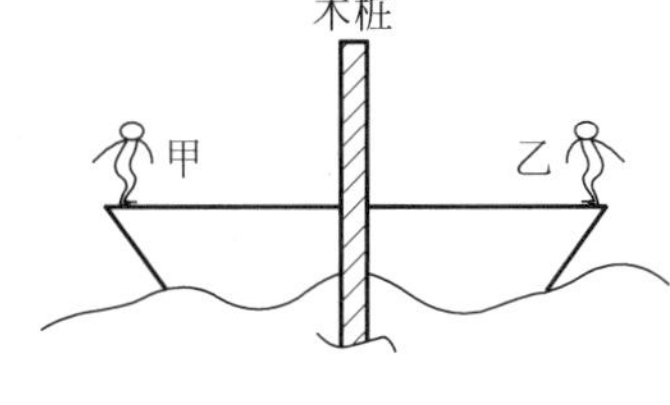

图　4.6.9

(1) 甲、乙两人相对地的速度;

(2) 甲、乙两人谁先走到木桩处;

(3) 甲、乙两人相遇处离木桩的距离。

18. 一半圆形的光滑槽,质量为 M、半径为 R,放在光滑的桌面上。一小物体,质量为 m,可在槽内滑动。起始位置如图 4.6.10 所示:半圆槽静止,小物体静止于与圆心同高的 A 处。问:

(1) 小物体滑到任意位置 C 处时,小物体对半圆槽及半圆槽对地的速度各为多少?

(2) 当小物体滑到半圆槽最低点 B 时,半圆槽相对地移动了多少距离?

19. 质量为 M、半径为 R 的 1/4 圆周的光滑弧形滑块静止在光滑桌面上,今有质量为 m 的物体由弧的上端 A 点静止滑下,如图 4.6.11 所示。试求当 m 滑到最低点 B 时,

(1) m 相对于 M 的速度 v 及 M 对地的速度 V;

(2) M 对 m 的作用力 N。

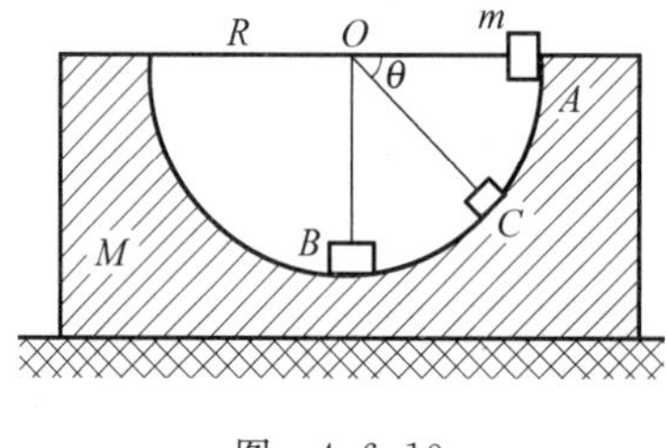

图 4.6.10

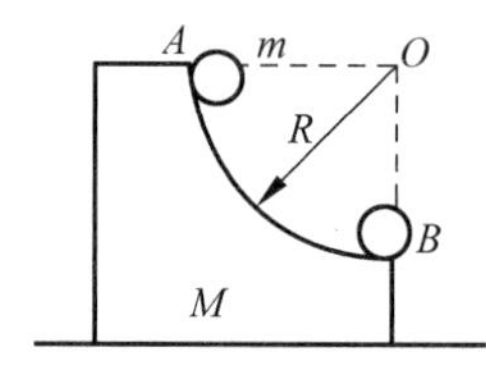

图 4.6.11

20. 火箭起飞时,从尾部喷出的气体的速度为 3000m/s,每秒喷出的气体质量为 600kg。若火箭的质量为 50t,求火箭得到的加速度大小。

21. 一根长为 l 的细绳一端固定于光滑水平面上的 O 点,另一端系一质量为 m 的小球,开始时绳子是松弛的,小球与 O 点的距离为 h。使小球以某个初速度沿该光滑水平面上一直线运动,该直线垂直于小球初始位置与 O 点的连线。当小球与 O 点的距离达到 l 时,绳子绷紧从而使小球沿一个以 O 点为圆心的圆形轨迹运动,则小球作圆周运动时的动能 E_k 与初动能 E_{k0} 的比值 E_k/E_{k0}。

22. 角动量为 L、质量为 m 的人造卫星,在半径为 r 的圆轨迹上运行,试求它的动能、势能和总能量。

第 5 章 刚体的定轴转动

基本要求

1. 掌握刚体定轴转动时运动学的基本规律及角量与线量的关系。

2. 掌握力矩、转动惯量、转动动能、力矩的功和角动量等基本概念，会用积分法计算简单几何形状物体的转动惯量。

3. 掌握转动定律、转动中的动能定理、机械能守恒定律及角动量守恒定律，并能用来解决简单的刚体动力学问题。

基本概念和基本规律

1. 刚体和描述刚体定轴转动的基本物理量

(1) 刚体：在力的作用下，大小、形状都保持不变的理想物体。

(2) 刚体的基本运动形式：平动和转动

刚体定轴转动的特点：组成刚体的各个质点在运动过程中，都绕同一固定轴作圆周运动，且在相等的时间内通过相等的角位移。

(3) 刚体定轴转动的物理量

角位置 θ　角位置随时间的变化规律 $\theta=\theta(t)$，称为刚体绕定轴转动的运动方程。

角位移　$\Delta\theta=\theta(tt\Delta t)-\theta(t)$

角速度　$\omega=\dfrac{\mathrm{d}\theta}{\mathrm{d}t}$

角加速度　$\alpha=\dfrac{\mathrm{d}\omega}{\mathrm{d}t}=\dfrac{\mathrm{d}^2\theta}{\mathrm{d}t^2}$

须明确各物理量的矢量性。对定轴转动，ω 和 α 的方向均沿轴线，可用正、负表示其方向。当 ω、α 同号时，加速转动；当 ω、α 异号时，减速转动；当 ω 不变时，匀速转动。

(4) 角量与线量的关系

线速度大小　$v=r\omega$

切向加速度大小　$a_t=r\alpha$

法向加速度大小　$a_n=r\omega^2$

式中，r 为刚体上某点到转轴的垂直距离。

(5) 匀变速转动的运动方程

$$\theta=\theta_0+\omega_0 t+\frac{1}{2}\alpha t^2$$

$$\omega = \omega_0 + \alpha t$$

$$\omega^2 = \omega_0^2 + 2\alpha(\theta - \theta_0)$$

刚体作匀变速转动的运动方程与质点作匀变速直线运动的运动方程相仿。读者对其可以加以比较,便于记忆。

2. 刚体的转动动能和势能

(1) 转动动能:组成刚体各质点的转动动能之和,即

$$E_k = \sum_i \frac{1}{2} m_i v_i^2 = \frac{1}{2}\left(\sum_i m_i r_i^2\right)\omega^2 = \frac{1}{2} J\omega^2$$

(2) 刚体的重力势能(刚体和地球构成系统的重力势能简称)

$$E_p = mgh_C$$

式中 h_C 为刚体质心到重力势能零点的距离。

3. 转动惯量——刚体的转动惯性大小的量度

(1) 定义

质点系对转轴的转动惯量 $J = \sum_i m_i r_i^2$,式中 r_i 是质量为 m_i 的质点到转轴的垂直距离。

质量连续分布的刚体对转轴的转动惯量 $J = \int r^2 \mathrm{d}m$,式中 r 是 $\mathrm{d}m$ 到转轴的垂直距离。

(2) 决定刚体的转动惯量的三个因素

① 刚体的质量;

② 质量的分布;

③ 转轴的位置。

故不指明转轴的转动惯量是无意义的。

(3) 熟记几种刚体的转动惯量

圆环(过环心垂直环面的轴) $J = mr^2$

薄圆盘(过盘心垂直盘面的轴且质量分布均匀) $J = \frac{1}{2}mr^2$

细杆(转轴与细杆垂直且质量分布均匀) $J_{中} = \frac{1}{12}ml^2$;$J_{端} = \frac{1}{3}ml^2$

4. 力矩和力矩的功

(1) 力矩 设刚体的转轴到力 $\boldsymbol{F}$($\boldsymbol{F}$ 在转动平面内)的作用点的位置矢量为 $\boldsymbol{r}$,则该力对轴的力矩定义为

$$\boldsymbol{M} = \boldsymbol{r} \times \boldsymbol{F}$$

大小:$M = rF\sin(\boldsymbol{r}, \boldsymbol{F})$

方向:$\boldsymbol{r} \times \boldsymbol{F}$ 的方向

刚体作定轴转动时,若力的作用线在转动平面内,则力矩的大小 $M = rF\sin(\boldsymbol{r}, \boldsymbol{F}) = Fd$;方向用右手螺旋法则确定,且沿着轴,可用正、负表示。合力矩等于各个分力矩的代数和。

(2) 力矩的功 $A = \int_{\theta_1}^{\theta_2} M\mathrm{d}\theta$,恒力矩的功 $A = M(\theta_2 - \theta_1)$

(3) 力矩的功率 $P = \frac{\mathrm{d}A}{\mathrm{d}t} = M\omega$

5. 角动量(或动量矩)和冲量矩

(1) 角动量(动量矩)

① 质点的角动量　$\boldsymbol{L}=\boldsymbol{r}\times m\boldsymbol{v}$

大小：$L=rmv\sin(\boldsymbol{r},m\boldsymbol{v})$

方向：$\boldsymbol{r}\times m\boldsymbol{v}$ 的方向

当质点作圆周运动时，$L=mvR=mR^2\omega$，方向与 ω 方向相同。

② 刚体绕定轴转动的角动量　刚体对某轴的转动惯量与角速度的乘积，称为刚体对该轴的角动量，即

$$L = J\omega$$

(2) 冲量矩　力矩乘以力矩的作用时间 $\mathrm{d}t$，称为该力矩的冲量矩，即 $M\mathrm{d}t$。力矩在 $t_1\to t_2$ 内的冲量矩可表示为 $\int_{t_1}^{t_2} M\mathrm{d}t$。

6. 转动定律

刚体绕定轴转动时所获得的角加速度大小与刚体所受的合外力矩成正比，与刚体的转动惯量成反比。角加速度的方向与合外力矩的方向一致，即

$$M = J\alpha$$

7. 动能定理

刚体定轴转动中，合外力矩的功等于刚体转动动能的增量，即

$$\int_{\theta_1}^{\theta_2} M\mathrm{d}\theta = \frac{1}{2}J\omega^2 - \frac{1}{2}J\omega_0^2$$

必须指出：

(1) 若系统内只有保守力做功，而保守力所做的功可用系统势能的变化来量度，从而可以得到机械能守恒定律。

(2) 若讨论的问题中既有定轴转动的物体，又有平动的物体，则式中左边功的部分应包括作用于平动物体上外力的功，动能也应包括平动物体的平均动能。

8. 角动量原理(或动量矩定理)

转动物体所受的冲量矩等于该物体在这段时间内角动量(或动量矩)的增量。即

$$M\mathrm{d}t = \mathrm{d}(J\omega) \quad 或 \quad \int_{t_1}^{t_2} M\mathrm{d}t = J_2\omega_2 - J_1\omega_1$$

必须指出：

(1) 对于受恒力矩作用的定轴转动刚体，J 保持不变，公式可写为

$$M\Delta t = J\omega_2 - J\omega_1$$

(2) 对质点而言，

$$\boldsymbol{M}\mathrm{d}t = \mathrm{d}(\boldsymbol{r}\times m\boldsymbol{u})$$

9. 角动量守恒定律(或动量矩守恒定律)

若系统受到的合外力矩为零，即 $\sum \boldsymbol{M}_{外} = \boldsymbol{0}$，则系统的角动量保持不变。即 $\sum J_i\boldsymbol{\omega}_i =$ 恒量。

必须指出：系统角动量守恒的条件是 $\sum \boldsymbol{M}_{外} = \boldsymbol{0}$，而不是 $\sum \boldsymbol{F}_{外} = \boldsymbol{0}$。

解题指导

刚体力学与质点力学既有区别又有联系。解本章习题时，常用到质点力学的有关知识，应随时与质点力学的问题进行比较，分析它们的差异。解本章习题时应注意：

(1) 表达式的矢量性。对定轴转动的刚体，力矩、角速度和角加速度的方向均沿轴线，各量的正、负即可表示方向。

(2) 力的分析仍然是解题的关键。若物体系统中既有平动物体，又有转动物体时，应对每个物体进行受力分析。对平动物体列出相应的质点力学方程，对定轴转动物体列出相应的刚体力学方程。

(3) 角量与线量的关系式 $v=r\omega$，$a=r\alpha$ 是联系平动物体与转动物体的"桥梁"，解题时应随时加以注意。

1. 转动惯量的计算

一般根据转动惯量的定义进行计算，也可以根据转动定律等基本规律求得。对简单几何形状的刚体，应学会计算其转动惯量。

对质点组的转动惯量

$$J=\sum_i m_i r_i^2$$

式中，r_i 是 m_i 到转轴的垂直距离。

对质量连续分布物体的转动惯量

$$J=\int r^2\,\mathrm{d}m$$

式中，$\mathrm{d}m$ 为质量元，r 为质量元到转轴的垂直距离。

具体计算步骤如下：

(1) 分析刚体质量分布的特点，并明确对哪个轴计算转动惯量。

(2) 根据刚体的几何形状，把研究对象视为典型的质元组合。合理分割几何元，建立质元的函数式。

① 当质量为线分布时，设质量的线密度为 λ，则 $\mathrm{d}m=\lambda\mathrm{d}l$；

② 当质量为面分布时，设质量的面密度为 σ，则 $\mathrm{d}m=\sigma\mathrm{d}s$；

③ 当质量为体分布时，设质量的体密度为 ρ，则 $\mathrm{d}m=\rho\mathrm{d}V$。

(3) 选用定义式或典型刚体对定轴的转动惯量公式，建立转动惯量的微分式 $\mathrm{d}J$。

(4) 根据几何条件，统一变量，确定积分上、下限，求出结果。

2. 转动定律的应用

转动定律在刚体定轴转动中的地位与牛顿第二定律在物体平动中的地相位当。

(1) 应用时的注意点：

① 式中 M、J、α 必须对同一转轴而言。

② 式中 M 是刚体所受的合外力矩。

③ 定轴转动中 ω、α、M 的方向均沿转轴方向，通常取 ω 的方向为转轴正向。若外力矩的方向与 ω 同向，则 α 与 ω 同向，转动加快。

(2) 解题步骤：

① 审清题意，选取研究对象；

② 分析研究对象的受力情况，画出受力分析图(对刚体不能忽视力的作用点)；

③ 选取坐标，列出相应方程；

④ 统一单位，求解方程。

3. 动能定理的应用

刚体定轴转动中的动能定理与质点动力学中的动能定理地位相当，解题步骤也相仿。若定轴转动的刚体只受保守力矩的作用，则刚体在运动过程中，保守力矩的功可用势能变化来表示，从而机械能守恒。

4. 角动量原理和角动量守恒定律的应用

这两条规律常用来解决碰撞等问题，它们的地位与质点力学中的动量原理和动量守恒定律相当。若一物体系统的相互作用力很复杂，但只要系统受到的合外力矩为零(或 $M_{外} \ll M_{内}$)，就可应用角动量守恒定律。

运用角动量守恒定律时，常选用初、末两态列式。若物体作弹性碰撞，则系统在碰撞过程中还满足机械能守恒。其解题步骤为：

(1) 审清题意，选取研究对象；

(2) 分析研究对象的受力情况，画出受力分析图；

(3) 分析研究对象的始、末状态；

(4) 依题意列方程求解。

【例题 5.1】 质量为 m、长为 l 的均匀细杆，求该杆对通过杆的中点并与杆成 θ 的转轴(图 5.3.1)的转动惯量。

【解】 在杆上取长度元 $\mathrm{d}l$，其质量 $\mathrm{d}m=\lambda\mathrm{d}l$，在微分区间$[x,x+\mathrm{d}x]$，认为质量元集中在 x 处，等效于质点。对该轴的转动惯量

$$\mathrm{d}J = x^2\mathrm{d}m = x^2\lambda\mathrm{d}l \tag{1}$$

以 x 为积分变量，有

$$\mathrm{d}l = \frac{\mathrm{d}x}{\sin\theta} \tag{2}$$

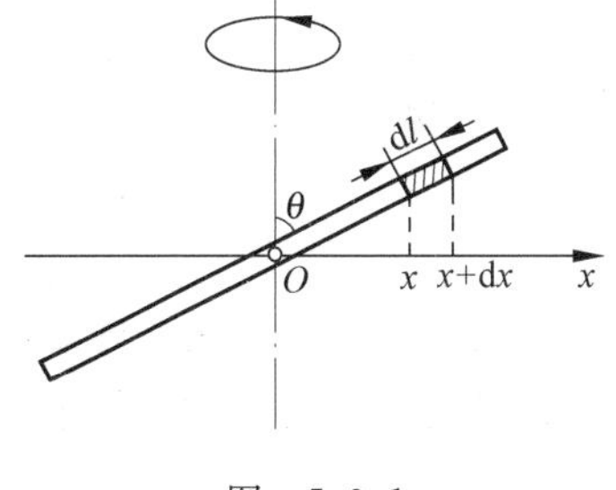

图　5.3.1

将式(2)代入式(1)，得

$$\mathrm{d}J = \frac{x^2\lambda\mathrm{d}x}{\sin\theta}$$

所以

$$J = \int\mathrm{d}J = \int_{-\frac{l}{2}\sin\theta}^{\frac{l}{2}\sin\theta}\frac{x^2\lambda\mathrm{d}x}{\sin\theta} = \frac{\lambda l^3}{12}\sin^2\theta$$

又 $m=\lambda l$，故

$$J = \frac{ml^2}{12}\sin^2\theta$$

【例题 5.2】 长为 l 的均匀细杆，可绕通过端点的水平轴在铅直平面内自由转动，如图 5.3.2 所示。先用手持杆，使它水平静止，然后放手任其转动。求杆通过铅直位置时的角

速度。

【解】 解法一：运用转动定律解题。

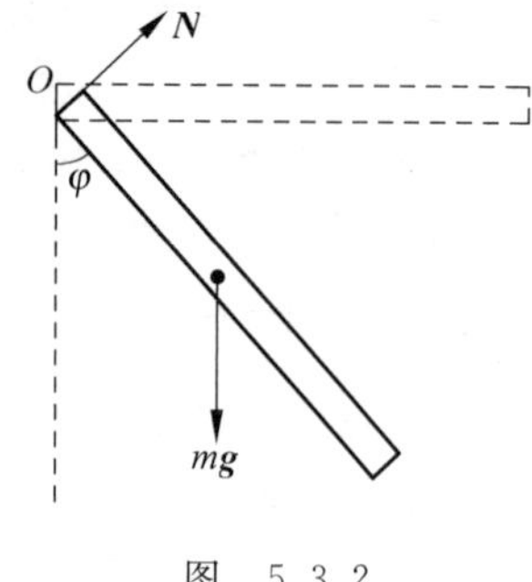

图 5.3.2

取细杆为研究对象，由于细杆质量均匀分布，所受重力 $m\boldsymbol{g}$ 可看成集中在杆的几何中心 C，显然重力矩是变量，而转轴对杆的作用力 $\boldsymbol{N}$ 对力矩无贡献，杆在转动过程中的合力矩

$$M=-mg\,\frac{l}{2}\sin\varphi(\text{设}\ \varphi\ \text{增大方向为力矩的正向})$$

由转动定律得

$$-mg\,\frac{l}{2}\sin\varphi=J\alpha$$

已知 $\alpha=\dfrac{d\omega}{dt}$，代入上式得

$$J\,\frac{d\omega}{dt}=-\frac{1}{2}mgl\sin\varphi \tag{1}$$

又

$$\frac{d\omega}{dt}=\frac{d\omega}{d\varphi}\frac{d\varphi}{dt}=\omega\,\frac{d\omega}{d\varphi} \tag{2}$$

将式(2)代入式(1)得

$$J\omega d\omega=-\frac{1}{2}mgl\sin\varphi d\varphi \tag{3}$$

因为 $t=0$ 时，$\varphi_0=\dfrac{\pi}{2}$，$\omega(0)=0$；$t=t_1$ 时，$\varphi_0=0$，$\omega(t_1)=0$。对式(3)积分得

$$\int_0^{\omega}J\omega d\omega=\int_{\frac{\pi}{2}}^{0}-\frac{1}{2}mgl\sin\varphi d\varphi$$

$$\frac{1}{2}J\omega^2=\frac{1}{2}mgl\cos\varphi\Big|_{\frac{\pi}{2}}^{0}$$

则

$$\omega=\sqrt{\frac{mgl}{J}}=\sqrt{\frac{3g}{l}}$$

解法二：运用动能原理解题。

以杆为研究对象，杆受到的力有 $\boldsymbol{N}$ 和 $m\boldsymbol{g}$，由于 $\boldsymbol{N}$ 不产生力矩，杆在转动过程中只有重力矩做功，故有

$$A=\int Md\varphi=\int_{\pi}^{0}-\frac{1}{2}mgl\sin\varphi d\varphi=\frac{1}{2}mgl$$

杆的动能增量

$$\Delta E_k=\frac{1}{2}J\omega^2-\frac{1}{2}J\omega_0^2=\frac{1}{2}J\omega^2$$

由动能原理 $A=\Delta E_k$ 得

$$\omega=\sqrt{\frac{mgl}{J}}=\sqrt{\frac{3g}{l}}$$

解法三：运用机械能守恒定律解题。

取细杆、地球为系统，$\boldsymbol{N}$ 对杆不做功，重力是保守力，故杆在转动过程中机械能守恒。

开始时：

$$E_{k0}=0,\quad E_{p0}=\frac{1}{2}mgl$$

铅直位置时：

$$E_k=\frac{1}{2}J\omega^2,\quad E_p=0$$

由机械能守恒得

$$\frac{1}{2}J\omega^2=\frac{1}{2}mgl$$

因此

$$\omega=\sqrt{\frac{mgl}{J}}=\sqrt{\frac{3g}{l}}$$

【例题 5.3】 如图 5.3.3(a)所示，细绳的一端与质量为 m_1 的物体相连，另一端与质量为 m_2 的物体相连，m_2 置于固定的光滑斜面上，细绳跨过半径为 R、转动惯量为 J 的定滑轮。设斜面倾角为 θ。求 m_1 由静止开始下落距离为 h 时的速度。

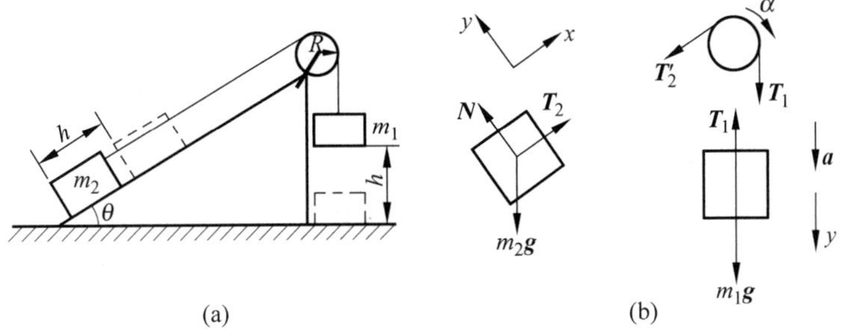

图　5.3.3

【解】 解法一：运用转动定律和牛顿第二定律解题。

以物体 m_1、m_2 和滑轮为研究对象，它们的受力图如图 5.3.3(b)所示。

对 m_1 和 m_2，根据牛顿第二定律列方程

$$m_1g-T_1=m_1a \tag{1}$$

$$T_2-m_2g\sin\theta=m_2a \tag{2}$$

$$N-m_2g\cos\theta=0 \tag{3}$$

对滑轮根据转动定律列方程

$$T_1R-T_2R=J\alpha \tag{4}$$

由角量线量关系

$$a=R\alpha \tag{5}$$

联立方程(1)～(4)解得

$$\alpha=\frac{(m_1-m_2\sin\theta)R^2g}{(m_1+m_2)R^2+J}$$

由运动学公式得物体 m_1 的速度

$$v=\sqrt{2ah}=\sqrt{\frac{2ghR^2(m_1-m_2\sin\theta)}{(m_1+m_2)R^2+J}}$$

解法二：运用机械能守恒定律解题。

取物体 m_1、m_2 和滑轮、地球为力学系统。系统在运动过程中，仅有重力做功，故机械能守恒。当物体 m_1 下降 h 时物体 m_1 和物体 m_2 的重力势能分别规定为零，则

初态：
$$E_1 = m_1 gh - m_2 gh\sin\theta$$

终态：
$$E_2 = \frac{1}{2}(m_1 + m_2)v^2 + \frac{1}{2}J\omega^2$$

由机械能守恒定律得

$$m_1 gh - m_2 gh\sin\theta = \frac{1}{2}(m_1 + m_2)v^2 + \frac{1}{2}J\omega^2 \tag{1}$$

由角量与线量关系

$$\omega = \frac{v}{R} \tag{2}$$

联立式(1)、式(2)解得

$$v = \sqrt{\frac{2ghR^2(m_1 - m_2\sin\theta)}{(m_1 + m_2)R^2 + J}}$$

此外，本题还可以利用功能原理求解，请读者自行尝试。

【例题 5.4】 如图 5.3.4(a)所示，滑轮转动惯量为 J，半径为 R，物体的质量为 m，弹簧的劲度系数为 k，斜面倾角为 θ，物体与斜面间光滑，物体由静止开始释放，释放时弹簧无伸长。求物体下滑距离 x 时的速率。

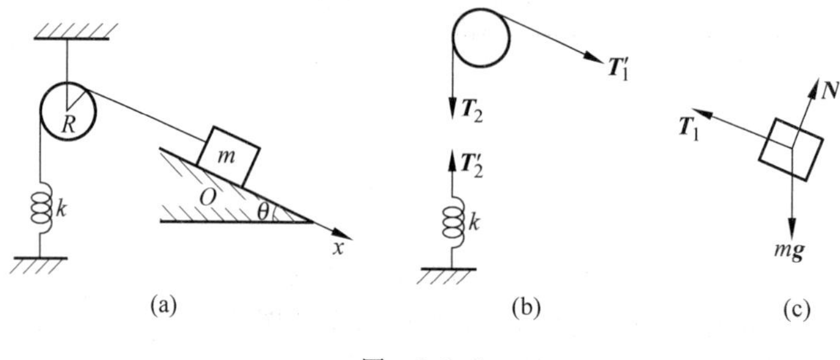

图 5.3.4

【解】 解法一：运用动能定理解题。

取物体 m、滑轮、弹簧为研究对象，受力情况如图 5.3.4(b)、(c)所示。在系统运动过程中，弹性力和重力都做功，因此有

$$A = mgx\sin\theta - \frac{1}{2}kx^2$$

系统的动能增量

$$\Delta E_k = \left(\frac{1}{2}mv^2 + \frac{1}{2}J\omega^2\right) - 0$$

由动能定理得

$$mgx\sin\theta - \frac{1}{2}kx^2 = \frac{1}{2}mv^2 + \frac{1}{2}J\omega^2 \tag{1}$$

由角量与线量关系

$$v = R\omega \tag{2}$$

联立式(1)、式(2),解得

$$v=\sqrt{\frac{(2mgx\sin\theta-kx^2)R^2}{mR^2+J}}$$

解法二:运用机械能守恒定律解题。

取物体 m、弹簧、滑轮和地球为力学系统,而弹力和重力都是保守力,故在运动过程中系统机械能守恒。取物体下滑 x 时物体的位置为重力势能零点,则

初态:

$$E_1=mgx\sin\theta$$

终态:

$$E_2=\frac{1}{2}kx^2+\frac{1}{2}mv^2+\frac{1}{2}J\omega^2$$

由机械能守恒定律得

$$mgx\sin\theta=\frac{1}{2}kx^2+\frac{1}{2}mv^2+\frac{1}{2}J\omega^2 \tag{1}$$

由角量与线量关系

$$v=R\omega \tag{2}$$

联立式(1)、式(2)可解得 v。请读者讨论物体在何处时的速度最大。

【例题 5.5】 一均匀细杆长 $l=0.4\text{m}$,质量 $m_1=1\text{kg}$,可绕水平轴自由转动,如图 5.3.5 所示。质量为 $m_2=0.01\text{kg}$ 的子弹以水平速度 $v=200\text{m/s}$ 射入杆中,射入处距 O 为 $r=0.3\text{m}$。求:

(1) 杆与子弹一起开始转动时的角速度;

(2) 杆转过的最大角度。

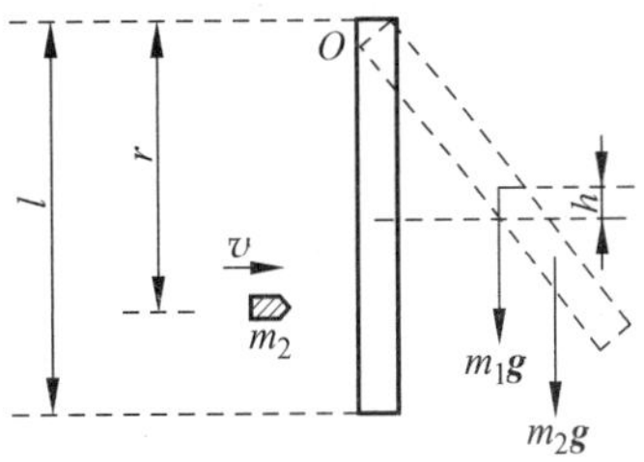

【解】 (1) 取子弹、杆为力学系统,子弹与杆碰撞过程中相互作用很复杂。但系统受到的外力中,重力和轴对杆的支承力都通过转轴,外力矩为零,故系统满足角动量守恒条件。系统始、末状态的角动量分别为

$$L_1=m_2vr,\quad L_2=(J_1+J_2)\omega$$

图 5.3.5

由角动量守恒定律得

$$m_2vr=(J_1+J_2)\omega$$

式中

$$J_1=\frac{1}{3}m_1l^2,\quad J_2=m_2r^2$$

因此

$$\omega=\frac{m_2vr}{\frac{1}{3}m_1l^2+m_2r^2}=\frac{0.01\times200\times0.3}{\frac{1}{3}\times1\times0.4^2+0.01\times0.3^2}\text{rad/s}=11.1\text{rad/s}$$

(2) 子弹射入杆后,取子弹、杆、地球为力学系统,系统在运动过程中只有重力做功,故机械能守恒,有

$$\frac{1}{2}(J_1+J_2)\omega^2=m_1g\frac{l}{2}(1-\cos\theta)+m_2gr(1-\cos\theta)$$

解得

$$\cos\theta=1-\frac{\frac{1}{2}\left(\frac{1}{3}m_1l^2+m_2r^2\right)\omega^2}{m_1g\frac{l}{2}+m_2r^2}=-0.68$$

因此

$$\theta = \arccos(-0.68) = 132.8$$

请读者思考：

(1) 子弹与杆碰撞时，动量为什么不守恒？

(2) 若子弹的速度方向与水平方向成 α 角射入杆中，则杆与子弹一起运动时杆的初角速度如何计算？

(3) 若子弹为弹性球与杆作完全弹性碰撞，则碰撞后杆的初角速度又该如何计算？

【例题 5.6】 在光滑水平面上有一劲度系数为 k 的弹簧，一端固定，另一端与质量为 m 的滑块连接，如图 5.3.6 所示。开始时弹簧处于自然状态，长度为 L_0，若滑块得到速度 v_0(方向与弹簧垂直)后，运动到与弹簧初始位置垂直时，弹簧长度为 L，求该时刻滑块的速度大小和方向。

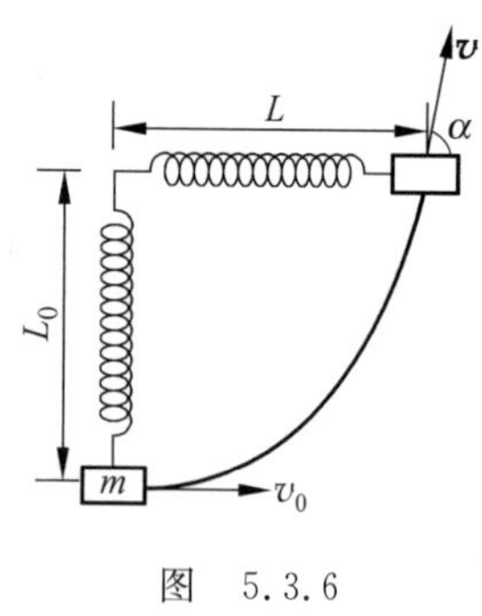

图 5.3.6

【解】 取弹簧、滑块组成的系统为研究对象，系统在运动过程中 $\sum \boldsymbol{M}_{外} = \boldsymbol{0}$，故角动量守恒；又因为在运动过程中，只有弹性内力做功，故机械能守恒。

根据角动量守恒定律得

$$mv_0L_0 = mvL\sin\alpha \tag{1}$$

根据机械能守恒定律得

$$\frac{1}{2}mv_0^2 = \frac{1}{2}mv^2 + \frac{1}{2}k(L-L_0)^2 \tag{2}$$

联立式(1)、式(2)得

$$v = \sqrt{v_0^2 - \frac{k}{m}(L-L_0)^2}$$

$$\alpha = \arcsin\frac{v_0L_0}{vL} = \arcsin\frac{v_0L_0}{L\sqrt{v_0^2 - \frac{k}{m}(L-L_0)^2}}$$

【例题 5.7】 如图 5.3.7 所示，半径为 R、质量为 M 的均质圆盘，可绕过 O 点水平轴在铅直平面内自由转动。今有质量为 m 的黏性物从 A 点自由落下后，击中盘边的 B 处。已知 A、B 两点的距离为 h，OB 与水平成 α 角。求：

(1) 物体击中盘后，圆盘刚开始转动时的角速度；

(2) 当黏性物随盘一起转到最低点时盘的角速度。

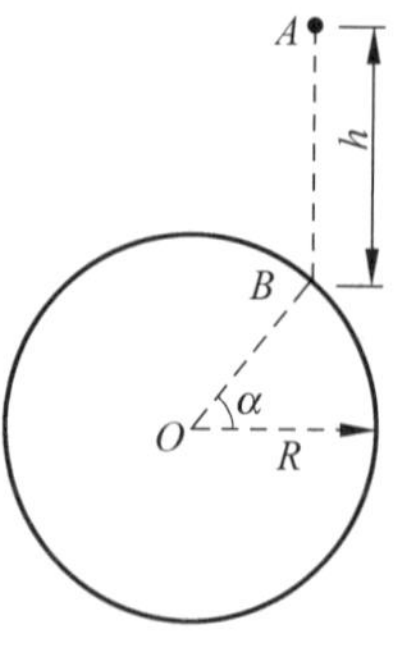

图 5.3.7

【解】 本题中共有三个过程：物体 m 自由下落、物体和盘的碰撞及物体与盘碰撞后随盘一起转动。

(1) 第一过程取物体 m、地球为力学系统，机械能守恒。根据机械能守恒定律得

$$mgh = \frac{1}{2}mv_0^2 \tag{1}$$

第二过程取物体和盘为力学系统，由于物体的重力远小于物体与盘的相互作用力，而系统受到的外力矩为零，故角动量守恒。根据角

动量守恒定律得

$$mv_0 R\cos\alpha = \left(\frac{1}{2}MR^2 + mR^2\right)\omega_0 \tag{2}$$

联立式(1)、式(2)解得

$$\omega_0 = \frac{2mv_0 R\cos\alpha}{(M+2m)R^2} = \frac{2m\sqrt{2gh}\cos\alpha}{(M+2m)R}$$

(2) 以物体、圆盘和地球为力学系统，在物体随盘一起转动过程中满足机械能守恒，由机械能守恒定律得

$$\frac{1}{2}\left(\frac{1}{2}MR^2 + mR^2\right)\omega_0^2 + mgR(1+\sin\alpha) = \frac{1}{2}\left(\frac{1}{2}MR^2 + mR^2\right)\omega_0$$

解得

$$\omega = \sqrt{\frac{4mg(1+\sin\alpha)}{(M+2m)R} + \frac{8m^2 gh\cos^2\alpha}{(M+2m)^2 R^2}}$$

【例题 5.8】 有一长为 l、质量为 m_1 的均匀细杆，静止放在水平桌面上，可绕通过其端点 O 的铅直光滑转动轴转动。桌面上有另一质量为 m_2 沿水平运动的滑块，以速率 v_0 与杆的另一端 A 垂直相碰，且被反向弹回，如图 5.3.8 所示。设滑块与杆碰撞后的速率为 u，杆与桌面间的滑动摩擦系数为 μ。求从碰撞后到杆停止运动所需的时间。

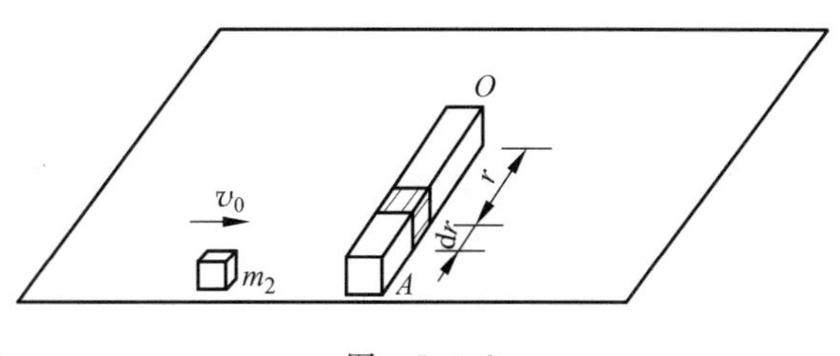

图　5.3.8

【解】 滑块与杆碰撞时，取杆、滑块为力学系统，碰撞时它们间的相互作用力远大于摩擦力，可认为系统受到的合外力矩为零，故系统对轴的角动量守恒。由角动量守恒定律得

$$m_2 v_0 l = J\omega_0 - m_2 ul \tag{1}$$

式中，ω_0 为碰后瞬时杆的角速度，

$$J = \frac{1}{3}m_1 l^2$$

杆以 ω_0 开始绕轴转动直到停止运动的过程中，取杆为研究对象，杆在转动过程中受到摩擦力矩的作用。

先计算杆受到的摩擦力矩：长度元 $\mathrm{d}r$ 受到的摩擦力为

$$\mathrm{d}f = \mu(\mathrm{d}m)g = \mu\frac{m_1}{l}g\,\mathrm{d}r$$

$\mathrm{d}f$ 对轴的摩擦力矩

$$\mathrm{d}M = -r\mathrm{d}f = -\mu\frac{m_1}{l}gr\,\mathrm{d}r$$

杆受到的总摩擦力矩

$$M=\int \mathrm{d}M=-\int_0^1 \mu \frac{m_1}{l} g r \mathrm{d}r=-\frac{1}{2}\mu g m_1 l$$

由转动定律 $M=J\alpha$ 得

$$-\frac{1}{2}\mu g m_1 l=J\frac{\mathrm{d}\omega}{\mathrm{d}t}$$

即

$$\int_0^{t_1}-\frac{1}{2}\mu g m_1 l \mathrm{d}t=\int_{\omega_0}^0 J\mathrm{d}\omega$$

$$-\frac{u g m_1 l t_1}{2}=-J\omega_0 \tag{2}$$

将式(1)代入式(2)得

$$t_1=\frac{2m_2(u+v)}{\mu g m_1}$$

复习思考题

1. 刚体模型具有什么特征？在什么条件下，实际物体可当作刚体看待？

2. 刚体的平动与定轴转动各有什么特征？

3. 试根据 ω、α 的正负，讨论定轴转动的刚体在什么情况下加速转动，什么情况下减速转动。

4. 质点和刚体的转动惯量是怎样计算的？它由哪几个因素决定？

5. 试将转动定律与牛顿第二定律作比较，它们在物理意义上、数学形式上有什么相似点？用它们解力学问题时，应注意什么？试从牛顿定律推出转动定律。

6. 一刚体在某一力矩作用下作定轴转动，当力矩增加或减小时，其角加速度和角速度怎样变化？

7. 一圆盘和圆环，半径和质量均相同，它们都可绕通过中心的垂直轴自由转动。当加上同样力矩时，哪个转动快？为什么？

8. 半径为 R 的圆盘，质量为 M，可绕通过盘心的垂直轴自由转动，盘边缘上绕有细绳，图 5.4.1(a)中用 $F=50$kg 的力拉绳，图 5.4.1(b)中用 $m=50$kg 的物体挂在绳上。问此时圆盘的角加速度哪个大？为什么？

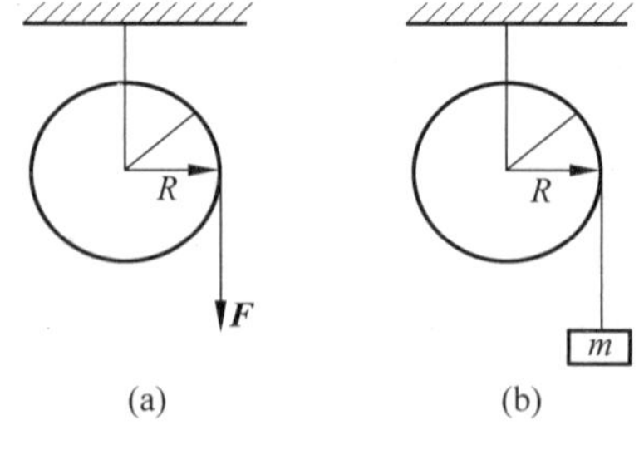

图 5.4.1

9. 如何从力矩分别对空间和时间的积累作用导出力矩的功和冲量矩？试比较转动和平动中的动能和动能定理。

10. 质点对给定点的角动量是如何定义的？$\boldsymbol{L}$、$\boldsymbol{r}$、$m\boldsymbol{v}$ 三矢量的关系如何？质点作圆周运动时的角动量如何表示？刚体定轴转动的角动量如何定义？

11. 系统角动量守恒的条件是什么？

12. 对某一系统，若角动量守恒，动量是否也一定守恒？反之，如果系统的动量守恒，角动量是否也一定守恒？

13. 如图 5.4.2 所示，圆盘可绕通过中心的垂直轴自由转动。盘原来静止，盘上站一个人，当人沿着某一圆周作匀速走动时，若以人和盘为系统，角动量是否守恒？以盘为研究对象，角动量是否守恒？为什么？

14. 力学中有哪几条守恒定律？试分析下列过程满足什么守恒定律。如图 5.4.3 所示，绳的一端系着质量为 m 的物体，物体在光滑水平面上作圆周运动，绳的另一端从桌中心的小孔往下拉。

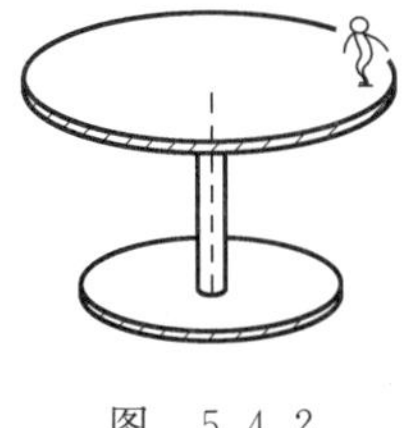

图　5.4.2

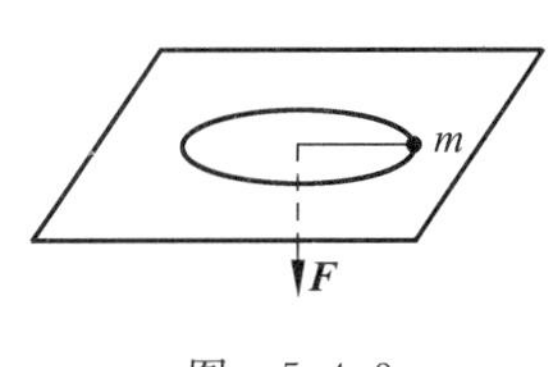

图　5.4.3

自我检查题

1. 关于刚体对轴的转动惯量，下列说法中正确的是(　　)。

(A) 只取决于刚体的质量，与质量的空间分布和轴的位置无关

(B) 取决于刚体的质量和质量的空间分布，与轴的位置无关

(C) 取决于刚体的质量、质量的空间分布和轴的位置

(D) 只取决于转轴的位置，与刚体的质量和质量的空间分布无关

2. 两个均质圆盘 A 和 B 的密度分别为 ρ_A 和 ρ_B，若 $\rho_A>\rho_B$，但两圆盘的质量与厚度相同，如两圆盘对通过盘心垂直于盘面轴的转动惯量各为 J_A 和 J_B，则(　　)。

(A) $J_A>J_B$　　(B) $J_A<J_B$

(C) $J_A=J_B$　　(D) J_A、J_B 哪个大，不能确定

3. 有两个半径相同、质量相等的细圆环 A 和 B，A 环的质量分布均匀，B 环的质量分布不均匀。它们对通过环心并与环面垂直的轴的转动惯量分别为 J_A 和 J_B，则(　　)。

(A) $J_A>J_B$　　(B) $J_A<J_B$

(C) $J_A=J_B$　　(D) J_A、J_B 哪个大，不能确定

4. 有两个力作用在一个有固定转轴的刚体上：

(1) 这两个力都平行于轴作用时，它们对轴的合力矩一定是零；

(2) 这两个力都垂直于轴作用时，它们对轴的合力矩可能是零；

(3) 当这两个力的合力为零时，它们对轴的合力矩也一定是零；

(4) 当这两个力对轴的合力矩为零时，它们的合力也一定是零。

上述说法中，(　　)。

(A) 只有(1)是正确的　　(B) (1)、(2)正确，(3)、(4)错误

(C) (1)、(2)、(3)正确，(4)错误　　(D) (1)、(2)、(3)、(4)都正确

5. 关于力矩有以下几种说法：

(1) 对某个定轴而言，内力矩不会改变刚体的角动量；

(2) 作用力和反作用力对同一轴的力矩之和必为零;

(3) 质量相等、形状和大小不同的两个刚体,在相同力矩的作用下,它们的角加速度一定相等。

上述说法中,(　　)。

(A) 只有(2)是正确的　　(B) (1)、(2)正确

(C) (2)、(3)正确　　(D) (1)、(2)、(3)都正确

6. 质量和厚度相同的木圆盘和铁圆盘,各绕通过中心的垂直轴转动。若作用于盘上的力矩相同,试比较它们的角加速度(　　)。

(A) $\alpha_{木}=\alpha_{铁}$　　(B) $\alpha_{木}<\alpha_{铁}$

(C) $\alpha_{木}>\alpha_{铁}$　　(D) $\alpha_{木}=\alpha_{铁}$,但 $\omega_{木}>\omega_{铁}$

(E) $\alpha_{木}=\alpha_{铁}$,但 $\omega_{木}<\omega_{铁}$

7. 系统角动量守恒的充分且必要的条件是(　　)。

(A) 系统不受外力矩的作用

(B) 系统所受合外力矩为零

(C) 系统所受的合外力和合外力矩均为零

(D) 系统的转动惯量和角速度均保持不变

8. 如图5.5.1所示,一个小物体位于光滑的水平桌面上与一绳的一端相连,绳的另一端穿过桌面中心的小孔 O。该物体原以角速度 ω 在半径为 R 的圆周上绕 O 点旋转,今将绳从小孔缓慢往下拉,则物体(　　)。

(A) 动能不变,动量改变

(B) 动量不变,动能改变

(C) 角动量不变,动量不变

(D) 角动量改变,动量改变

(E) 角动量不变,动能、动量都改变

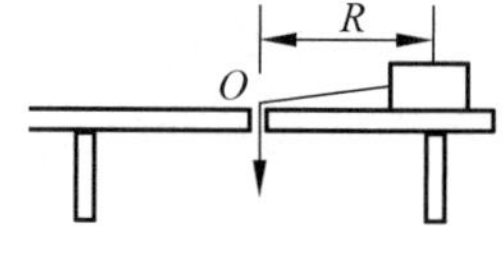

图 5.5.1

9. 有一半径为 R 的水平圆转台,可绕通过其中心的竖直固定光滑轴转动,转动惯量为 J,开始时转台以匀角速度 ω_0 转动,此时有一质量为 m 的人站在转台中心。随后人沿半径向外跑去,当人到达转台边缘时,转台的角速度为(　　)。

(A) $\dfrac{J}{J+mR^2}\omega_0$　　(B) $\dfrac{J}{(J+m)R^2}\omega_0$

(C) $\dfrac{J}{mR^2}\omega_0$　　(D) ω_0

10. 一个人站在有光滑固定转轴的转动平台上,双臂水平地举起两哑铃。在此人把两哑铃水平收缩到胸前的过程中,人、哑铃与转动平台组成系统的(　　)。

(A) 机械能守恒,角动量守恒

(B) 机械能守恒,角动量不守恒

(C) 机械能不守恒,角动量守恒

(D) 机械能不守恒,角动量也不守恒

11. 一滑冰运动员,两臂伸开时开始自转,角速度为 ω_0,转动惯量为 J_0,当将两臂缩回

后，转动惯量为$\frac{1}{3}J_0$，则其角速度变为(　　)。

(A) $\frac{1}{3}\omega_0$　　(B) $\frac{2}{3}\omega_0$　　(C) ω_0　　(D) $3\omega_0$

12. 关于物体或系统的角动量守恒条件，下列各种叙述中，哪种是正确的？(　　)。

(A) 外力为零　　(B) 外力不做功

(C) 外力矩为零　　(D) 外力的冲量为零

13. 如图 5.5.2 所示，质量为 m、长为 l 和质量为$\frac{1}{2}m$、长为$\frac{1}{2}l$ 的两根细杆，下端铰于地板并垂直立起。今让它们稍偏铅直位置由静止开始倒下，若长杆倒地时的角速度为 ω，则短杆倒地时的角速度为(　　)。

(A) $\sqrt{2}\omega$　　(B) 3ω　　(C) ω　　(D) $\frac{1}{2}\omega$

14. 如图 5.5.3 所示，光滑杆可绕通过顶端与铅直线成 θ 角的锥面运动，套在杆上的小环可在杆上无摩擦地滑动。若杆的角速度为 ω，则在小环下滑过程中，对由小环、杆、地球组成的系统，下列说法正确的是(　　)。

(A) 系统机械能守恒，对铅直转轴的角动量守恒

(B) 系统机械能守恒，对铅直转轴的角动量不守恒

(C) 系统机械能不守恒，对铅直转轴的角动量守恒

(D) 系统机械能和对铅直转轴的角动量都不守恒

15. 如图 5.5.4 所示，轻绳通过光滑的轻质定滑轮，两端分别悬质量均为 m 的物体 A 和盘子 B。今有质量为 m 的小球，距盘底 h 处自由下落与盘子碰撞。设碰撞力比各物体所受重力大得多，则碰撞瞬间，对整个运动系统，下列说法哪些成立(　　)。

(A) 动量守恒，且对 O 轴的角动量守恒

(B) 动量守恒，但对 O 轴的角动量不守恒

(C) 动量不守恒，但对 O 轴的角动量守恒

(D) 动量不守恒，且对 O 轴的角动量不守恒

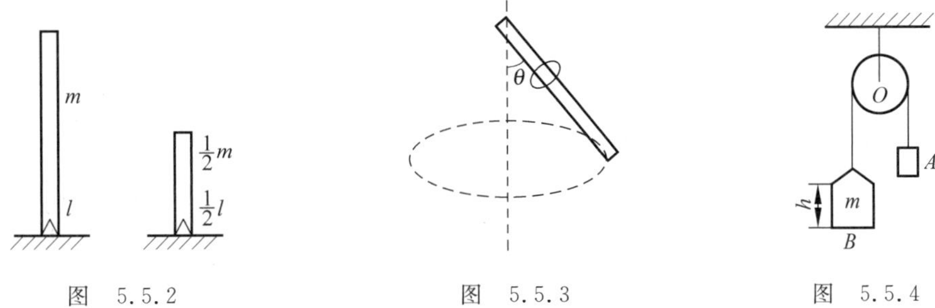

图　5.5.2　　　图　5.5.3　　　图　5.5.4

16. 有一个在水平面内匀速转动的圆盘，若沿图 5.5.5 所示的方向射入两颗质量相同、速度大小相同、方向相反的子弹(射入后子弹留在其中)，则由于子弹的射入会使盘子的角速度(　　)。

(A) 增大　　(B) 不变　　(C) 减小　　(D) 不确定

17. 如图 5.5.6 所示,一静止的均匀细棒,长为 L、质量为 M,可绕通过棒的端点且垂直于棒长的光滑固定轴 O 在水平面内转动,转动惯量为 $\frac{1}{3}ML^2$,一质量为 m、速率为 v 的子弹在水平面内沿与棒垂直的方向射入并穿入棒的自由端,设穿过棒后子弹的速率为 $\frac{1}{2}v$,则此时棒的角速度应为(　　)。

(A) $\frac{mv}{ML}$　　(B) $\frac{3mv}{2ML}$　　(C) $\frac{5mv}{3ML}$　　(D) $\frac{7mv}{4ML}$

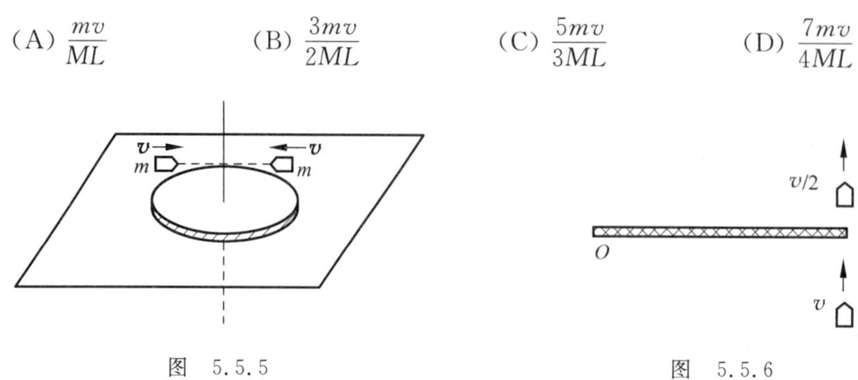

图 5.5.5　　　　图 5.5.6

18. 有一不计质量的细杆长 l,杆的中点和端点分别固定一质量为 m 的小球。杆绕 A 点沿锥面转动,如图 5.5.7 所示,则该系统对 OA 轴的转动惯量为________。

19. 如图 5.5.8 所示,滑块 A、重物 B 和滑轮 C 的质量分别为 m_A、m_B 和 m_C,滑轮的半径为 R,滑轮对轴的转动惯量为 $J=\frac{1}{2}m_CR^2$,滑块 A 与桌面间、滑轮与轴承之间均无摩擦,绳的质量可不计,绳与滑轮之间无相对滑动。滑块 A 的加速度 $a=$________。

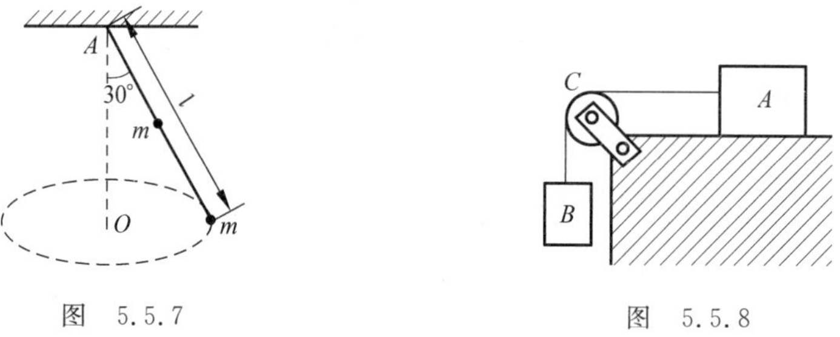

图 5.5.7　　　　图 5.5.8

20. 转动着的飞轮的转动惯量为 J,在 $t=0$ 时角速度为 ω_0。此后飞轮经历制动过程。阻力矩 M 的大小与角速度 ω 的平方成正比,比例系数为 k(k 为大于 0 的常数)。当 $\omega=\frac{1}{3}\omega_0$ 时,飞轮的角加速度 $\alpha=$________。从开始制动到 $\omega=\frac{1}{3}\omega_0$ 所经过的时间 $t=$________。

21. 图 5.5.9(a)所示是长为 l 的细绳与质量为 m 的小球组成的单摆;图 5.5.9(b)所示是长为 l、质量为 m 的匀质杆。今使单摆和细杆拉开相同的角度,由静止释放,则

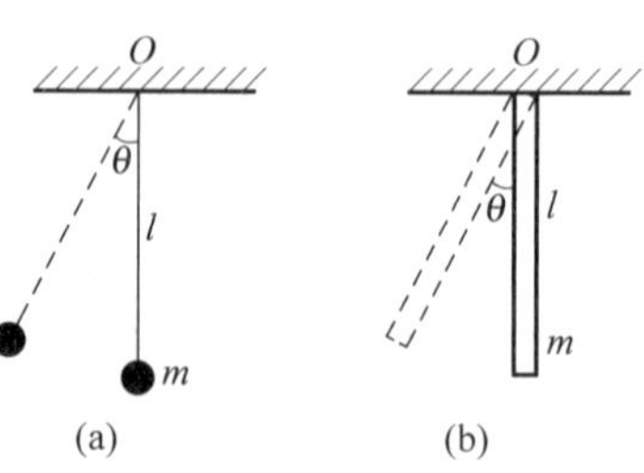

图 5.5.9

(1) 球和杆在释放瞬间的角加速度分别为________

和________；球和杆运动到铅直位置时的角速度分别是________和________。

(2) 欲使球和杆正好绕 O 点的水平轴转动一周，球和杆在最低点时的速度和角速度分别为________和________。

22. 一小球由轻绳系着，以角速度 ω 在光滑水平面上作圆周运动，如图 5.5.10 所示。若在通过圆心 O 的细绳下端用力向下拉，使球的运动半径缓慢地由 R_0 变为 $\frac{1}{2}R_0$，则该时刻小球的角速度为________；该力所做的功为________。

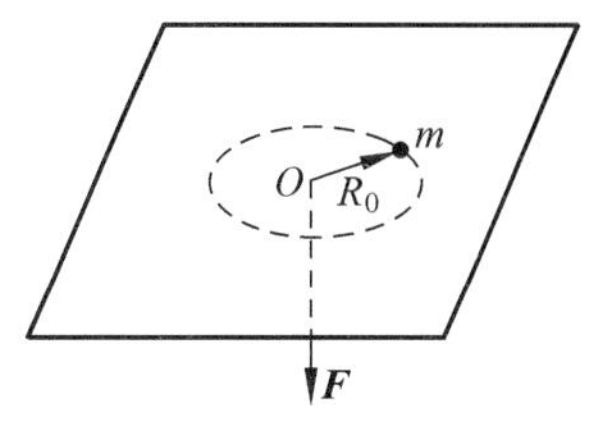

图　5.5.10

23. 哈雷彗星绕太阳的轨道是以太阳为一个焦点的椭圆。它离太阳最近的距离是 $r_1=8.75\times10^{10}$ m，此时它的速率是 $v_1=5.46\times10^4$ m/s。它离太阳最远时的速率是 $v_2=9.08\times10^2$ m/s，这时它离太阳的距离是 $r_2=$________。

24. 有人手握哑铃，两手放在胸前坐在平台的中央，此时人随平台以角速度 ω_0 在水平面内自由转动，此时人和台总转动惯量为 J_0；当人将两手水平伸直后，转动惯量变为 $2J_0$，则系统对转轴的角动量的增量为________，角速度的增量为________，转动动能的增量为________。

25. 质量为 m 的匀质杆，长为 l，可绕 O 点自由转动。当杆从铅直位置转过 θ 时，如图 5.5.11 所示，作用于杆的重力矩 $M=$________；此时杆的角加速度 $\alpha=$________；在此过程中重力做的功 $A=$________；此时杆的角速度 $\omega=$________；杆上端的线速度为________。

26. 一长 $l=0.40$m 的均匀木棒，质量 $M=1.00$kg，可绕水平光滑轴 O 在竖直平面内转动，开始时棒自然竖直静止悬垂。现有质量 $m=8$g 的子弹在竖直平面内以 30°的倾角、$v=200$m/s 的速率从 A 点射入棒中，假定 A 点与 O 点的距离为 $\frac{3}{4}l$，如图 5.5.12 所示，则棒的最大偏转角为________。

27. 如图 5.5.13 所示，水平放置的刚性细杆(不计质量)上对称地串着质量均为 m 的小环，今让杆绕通过中心的铅直轴转动，转速达 ω_0 时撤去外力，此时两环距中心 4cm，向杆的两端自由滑动，当两环滑到杆端时，系统的角速度 $\omega=$________。

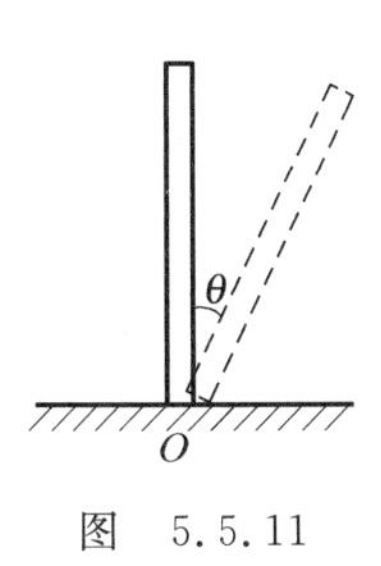

图　5.5.11

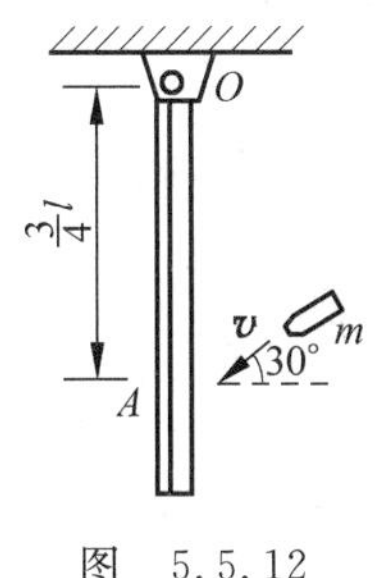

图　5.5.12

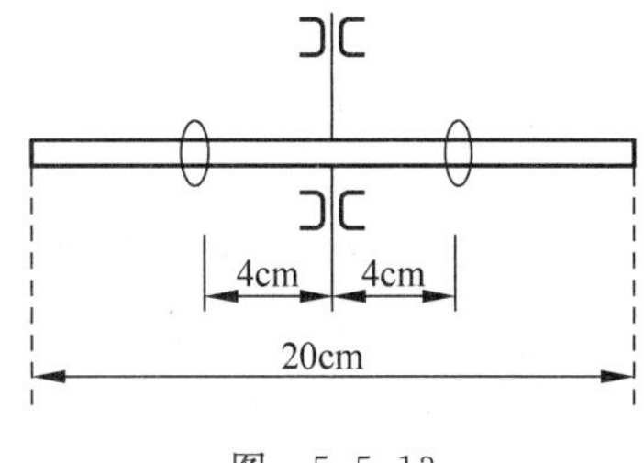

图　5.5.13

习题

1. 一长为 l、质量可以忽略的直杆，两端分别固定有质量为 $2m$ 和 m 的小球，杆可绕通过其中心 O 且与杆垂直的水平光滑固定轴在铅直平面内转动。开始杆与水平方向成某一角度 θ，处于静止状态，如图 5.6.1 所示。释放后，杆绕 O 轴转动。则当杆转到水平位置时，该

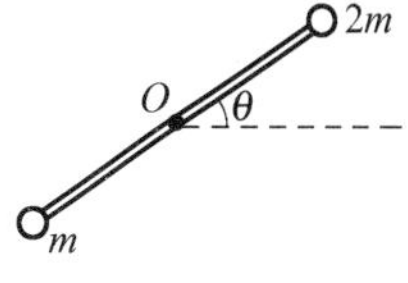

图　5.6.1

系统受到的合外力矩 M 为多大？此时该系统角加速度的大小 α 又为何值？

2. 如图5.6.2所示，一长为1m的均匀直棒可绕其一端与棒垂直的水平光滑固定轴 O 转动，抬起另一端使棒向上与水平面成60°，然后无初转速地将棒释放。已知棒对轴的转动惯量为 $\frac{1}{3}ml^2$，其中 m 和 l 分别为棒的质量和长度。求：

(1) 放手时棒的角加速度大小；

(2) 棒转到水平位置时的角加速度大小。

3. 如图5.6.3所示，质量为 $M_1=24\text{kg}$ 的圆轮，可绕水平光滑固定轴转动，一轻绳缠绕于轮上，另一端通过质量为 $M_2=5\text{kg}$ 的圆盘形定滑轮悬有 $m=10\text{kg}$ 的物体。求当重物由静止开始下降了 $h=0.5\text{m}$ 时，

(1) 物体 m 的速度；

(2) 绳中张力。

$\left(\text{设绳与定滑轮间无相对滑动，圆轮、定滑轮绕通过轮心且垂直于横截面的水平光滑轴的转动惯量分别为 } J_1=\frac{1}{2}M_1R^2 \text{ 和 } J_2=\frac{1}{2}M_2r^2\right)$

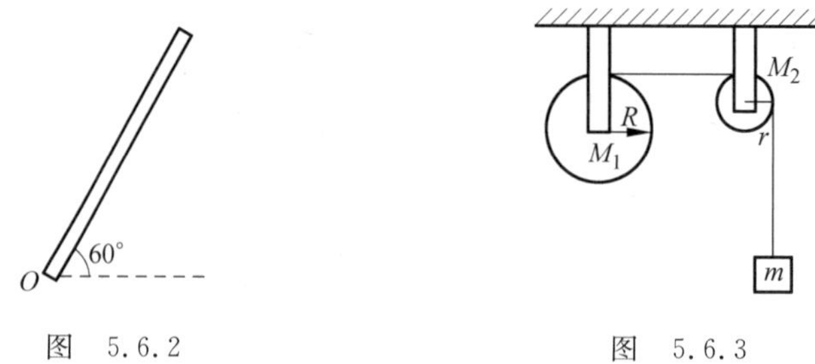

图 5.6.2　　图 5.6.3

4. 一长为 l、质量可以忽略的直杆，可绕通过其一端的水平光滑轴在竖直平面内作定轴转动，在杆的另一端固定着一质量为 m 的小球，如图5.6.4所示。现将杆由水平位置无初转速地释放，则杆刚被释放时的角加速度 α_0 为何值？杆与水平方向夹角为60°时的角加速度 α 又等于多少？

5. 两个匀质圆盘，一大一小，同轴地黏结在一起，构成一个组合轮。小圆盘的半径为 r，质量为 m；大圆盘的半径 $r'=2r$，质量为 $m'=2m$。组合轮可绕通过其中心且垂直于盘面的光滑水平固定轴 O 转动，对 O 轴的转动惯量 $J=9mr^2/2$。两圆盘边缘上分别绕有轻质细绳，细绳下端各悬挂质量为 m 的物体 A 和 B，如图5.6.5所示。这个系统从静止开始运动，绳与盘无相对滑动，绳的长度不变。已知 $r=10\text{cm}$。求：

(1) 组合轮的角加速度 α；

(2) 当物体 A 上升 $h=40\text{cm}$ 时，组合轮的角速度 ω。

图 5.6.4　　图 5.6.5

6. 一轻绳绕过一定滑轮，滑轮轴光滑，滑轮的质量为$\frac{M}{4}$，均匀分布在其边缘上，绳子的A端有一质量为M的人抓住绳端，而在绳的另一端B系一质量为$\frac{M}{2}$的重物，如图 5.6.6 所示。设人从静止开始以相对绳匀速向上爬时，绳与滑轮间无相对滑动，求B端重物上升的加速度。$\left(\text{已知滑轮对过滑轮中心且垂直于轮面的轴的转动惯量 } J=\frac{1}{4}MR^2\right)$

7. 有一半径为R的圆形平板平放在水平桌面上，平板与水平桌面的摩擦系数为μ，若平板绕通过其中心且垂直板面的固定轴以角速度ω_0开始旋转，它将在旋转几圈后停止？$\left(\text{已知圆形平板的转动惯量 } J=\frac{1}{2}mR^2\text{，其中 } m \text{ 为圆形平板的质量}\right)$

8. 如图 5.6.7 所示，一长为L、质量为m的匀质细棒平放在粗糙的水平桌面上。设细棒与桌面间的摩擦系数为μ，令细棒最初以角速度ω_0绕通过端点且垂直细棒的光滑轴O转动，则它停止转动前需经过多少时间？

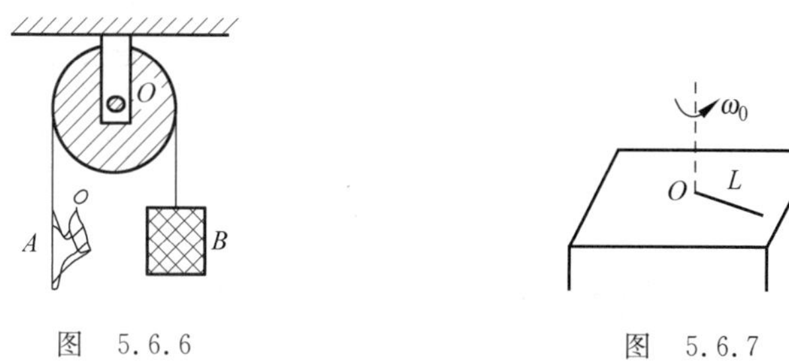

图　5.6.6　　　　图　5.6.7

9. 一轴承光滑的定滑轮，质量为$M=2.00$kg，半径为$R=0.10$m，一根不能伸长的轻绳一端固定在定滑轮上，另一端系有一质量为$m=5.00$kg 的物体，如图 5.6.8 所示。已知定滑轮的转动惯量为$J=\frac{1}{2}MR^2$，初角速度$\omega_0=10.0$rad/s，方向垂直纸面向里。求：

(1) 定滑轮的角加速度的大小和方向；

(2) 定滑轮的角速度变化到$\omega=0$时，物体上升的高度；

(3) 当物体回到原来位置时，定滑轮的角速度的大小和方向。

10. 变力$F=0.5t+0.3t^2$持续地作用在轮边缘上，滑轮半径为 10cm，转动惯量为$1.0\times10^{-3}\text{kg}\cdot\text{m}^2$，滑轮由静止开始转动，如图 5.6.9 所示。求：

(1) 经 3s 后，轮子的角速度；

(2) 在该时间内外力对系统所做的功。

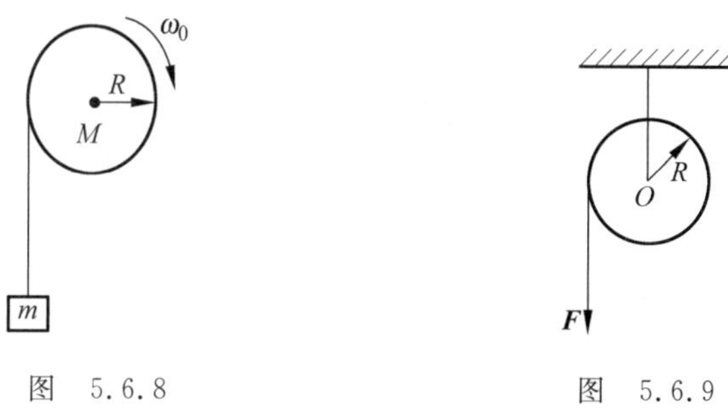

图　5.6.8　　　　图　5.6.9

11. 一根放在水平光滑桌面上的匀质棒,可绕通过其一端的竖直固定光滑轴 O 转动。棒的质量为 $m=1.5\text{kg}$,长度为 $l=1.0\text{m}$,对轴的转动惯量为 $J=\frac{1}{3}ml^2$。初始时棒静止。今有一水平运动的子弹垂直地射入棒的另一端,并留在棒中,如图 5.6.10 所示。子弹的质量为 $m'=0.02\text{kg}$,速率为 $v=400\text{m/s}$。

(1) 棒开始和子弹一起转动时角速度 ω 有多大?

(2) 若棒转动时受到大小为 $M_r=4.0\text{N}\cdot\text{m}$ 的恒定阻力矩作用,棒能转过多大的角度 θ?

12. 光滑的水平桌面上,有一长为 $2L$、质量为 m 的匀质细杆,可绕过其中点且垂直于杆的竖直光滑固定轴 O 自由转动,其转动惯量为 $\frac{1}{3}mL^2$,起初杆静止。桌面上有两个质量均为 m 的小球,各自在垂直于杆的方向上,正对着杆的一端,以相同速率 v 相向运动,如图 5.6.11 所示。当两小球同时与杆的两个端点发生完全非弹性碰撞后,就与杆粘在一起转动,则这一系统碰撞后的转动角速度应为多大?

图 5.6.10　　　　图 5.6.11

13. 在半径为 R 的具有光滑竖直固定中心轴的水平圆盘上,有一人静止站立在距转轴 $\frac{1}{2}R$ 处,人的质量是圆盘质量的 $\frac{1}{10}$。开始时盘载人对地以角速度 ω_0 匀速转动,现在此人垂直圆盘半径相对于盘以速率 v 沿与盘转动相反方向作圆周运动,如图 5.6.12 所示。已知圆盘对中心轴的转动惯量为 $\frac{1}{2}MR^2$,求:

(1) 圆盘对地的角速度;

(2) 欲使圆盘对地静止,人应沿着 $\frac{1}{2}R$ 圆周对圆盘的速度 $\boldsymbol{v}$ 的大小及方向。

14. 如图 5.6.13 所示,转台绕中心竖直轴(轴间摩擦不计)以角速度 ω_0 作匀速转动,转台对该轴的转动惯量 $J=5\times10^{-5}\text{kg}\cdot\text{m}^2$。现有砂粒以 1g/s 的速度落到转台,并粘在台面形成一半径 $r=0.1\text{m}$ 的圆,试求砂粒落到转台,使转台角速度变为 $\frac{1}{2}\omega_0$ 所花的时间。

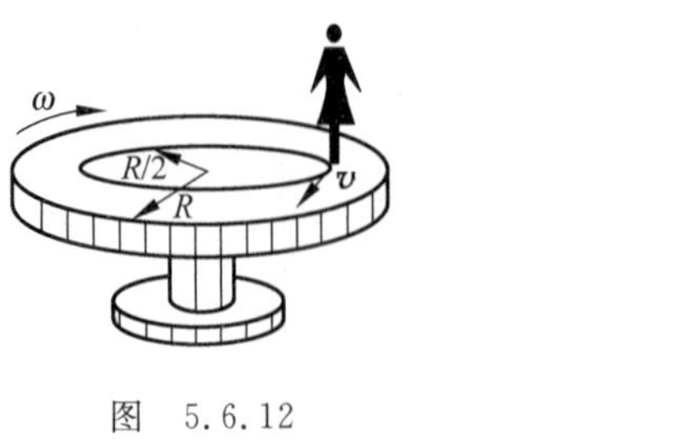

图 5.6.12

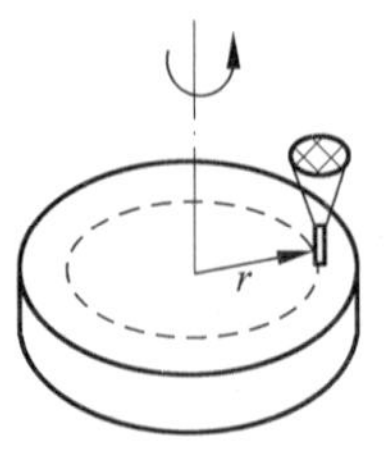

图 5.6.13

15. 质量为 $M=0.03\text{kg}$，长为 $l=0.2\text{m}$ 的均匀细棒，在一水平面内绕通过棒中心并与棒垂直的光滑固定轴自由转动。细棒上套有两个可沿棒滑动的小物体，每个质量都为 $m=0.02\text{kg}$。开始时，两小物体分别被固定在棒中心的两侧且距棒中心各为 $r=0.05\text{m}$ 处，此系统以 $n_1=15\text{r/min}$ 的转速转动。若将小物体松开，设它们在滑动过程中受到的阻力正比于它们相对棒的速度，已知棒对中心轴的转动惯量为 $Ml^2/12$。求：

(1) 当两小物体到达棒端时系统的角速度；

(2) 当两小物体飞离棒端时棒的角速度。

16. 如图 5.6.14 所示，两飞轮 A 和 B 的轴杆在同一中心线上，设两轮的转动惯量分别为 $J=10\text{kg}\cdot\text{m}^2$ 和 $J=20\text{kg}\cdot\text{m}^2$。开始时，$A$ 轮转速为 600r/min，B 轮静止。C 为摩擦啮合器，其转动惯量可忽略不计。A、B 分别与 C 的左、右两个组件相连，当 C 的左右组件啮合时，B 轮得到加速而 A 轮减速，直到两轮的转速相等为止。设轴光滑，求：

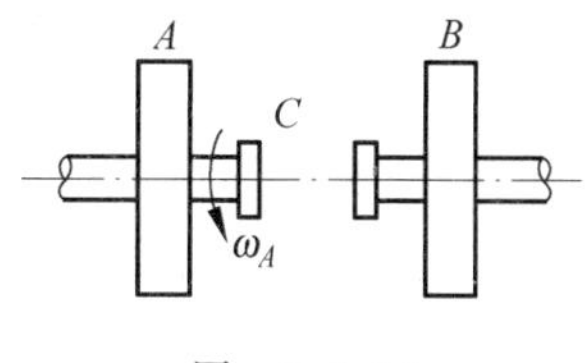

图　5.6.14

(1) 两轮啮合后的转速 n；

(2) 两轮各自所受的冲量矩。

17. 一长 $l=0.40\text{m}$ 的均匀木棒，质量 $M=1.00\text{kg}$，可绕水平光滑轴 O 在竖直平面内转动，开始时棒自然竖直静止悬垂。现有质量 $m=8\text{g}$ 的子弹以 $v_0=200\text{m/s}$ 的速率从 A 点射入棒中，假定 A 点与 O 点的距离为 $\frac{3}{4}l$，如图 5.6.15 所示。求：

(1) 棒开始运动时的角速度；

(2) 棒的最大偏转角。

18. 如图 5.6.16 所示的阿特伍德机装置中，滑轮和绳子间没有滑动且绳子不可以伸长，轴与轮间有阻力矩，求滑轮两边绳子中的张力。已知 $m_1=20\text{kg}$，$m_2=10\text{kg}$，滑轮质量 $m_3=5\text{kg}$，滑轮半径 $r=0.2\text{m}$。滑轮可视为均匀圆盘，阻力矩 $M_f=6.6\text{N}\cdot\text{m}$，已知滑轮对过其中心且与盘面垂直的轴的转动惯量为 $\frac{1}{2}m_3r^2$。

19. 质量为 m、半径为 R 的圆盘滑轮上跨一轻绳，绳的一端施以恒力 $\boldsymbol{F}$，另端系一质量为 m、边长为 l 的正方体，如图 5.6.17 所示。开始时，正方体的上端面正好与密度为 ρ 的液面重合，今在恒力 $\boldsymbol{F}$ 的拉动下上升。求：

(1) 当正方体一半露出液面时，滑轮的角速度与绳子的张力；

(2) 正方体刚离开液面时的速度。

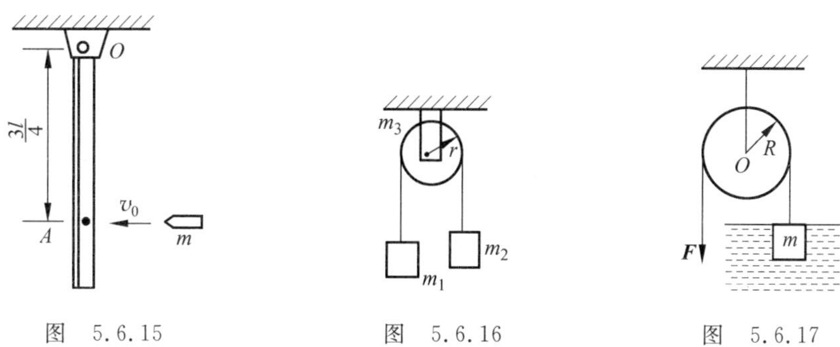

图　5.6.15　　图　5.6.16　　图　5.6.17

20. 两滑冰运动员,质量分别为 $M_A=60\text{kg}$ 和 $M_B=70\text{kg}$,它们的速率 $v_A=7\text{m/s}$,$v_B=6\text{m/s}$,在相距 1.5m 的两平行线上相向而行,当两者最接近时,便拉起手来,开始绕质心作圆周运动并保持两者间的距离为 1.5m。求该瞬时:

(1) 系统的总角动量;

(2) 系统的角速度;

(3) 两人拉手前、后的总动能,这一过程中能量是否守恒,为什么?

21. 如图 5.6.18 所示,物体的质量为 m,滑轮的转动惯量为 J,半径为 r,弹簧劲度系数为 k。设弹簧原长时物体从静止开始运动。求:

(1) 物体下落 x 时的速度;

(2) 物体下落的最大距离;

(3) 物体下落 x 时滑轮的角加速度。

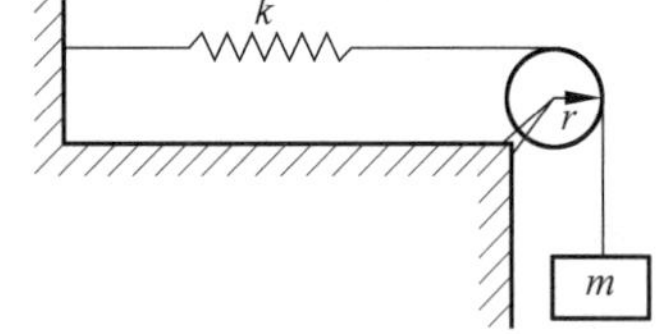

图 5.6.18

22. 如图 5.6.19 所示,一匀质杆长 L,质量 m,可绕端点 O 的水平轴在铅直面内自由转动。杆被拉到水平位置后由静止开始释放,当它落到铅直位置时与放在水平面上的一静止物体碰撞。若物体质量也为 m,它与平面的摩擦系数为 μ,碰后物体滑动的距离为 s。求杆与物体碰撞后,杆转到最高位置时,中点 A 到平面的距离。

23. 如图 5.6.20 所示,质量为 M、半径为 R 的圆盘,可绕通过圆心的水平光滑轴转动,轮上绕有足够长的轻绳,绳的一端固定在轮缘上,另一端沿水平方向与静止在粗糙平面上的物体 m_1 相连。今有质量 m_2 的黏土小球紧沿绳以速度 v_0 由左向右水平投向 m_1,然后与 m_1 一起运动。设 m_1 与平面间的摩擦系数为 μ。在碰撞瞬间相互作用力很大,作用时间很短。求碰后 m_1 移动的距离。

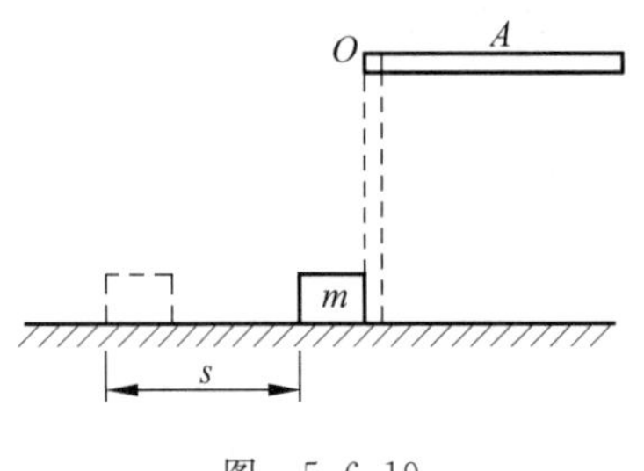

图 5.6.19

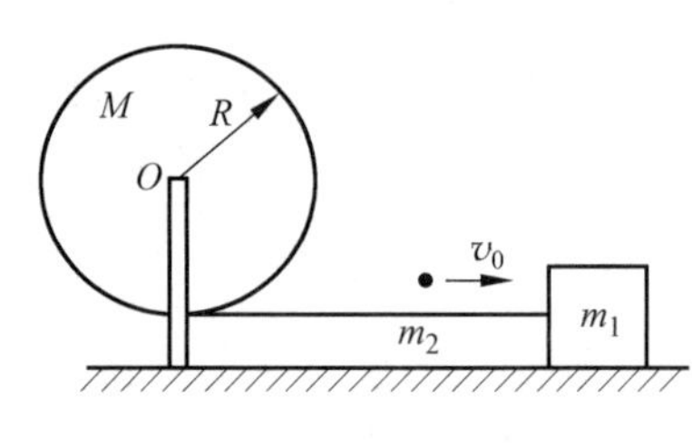

图 5.6.20

第6章 机械振动

基本要求

1. 掌握描述简谐振动的各物理量(特别是相位)的物理意义及相互关系。

2. 掌握简谐振动的运动学特征、动力学特征和能量特征。掌握描述简谐振动的三种方法(解析法、矢量旋转法和图线法),并能根据初始条件建立简谐振动的运动方程。

3. 掌握两个同方向、同频率简谐振动的合成规律。了解两个互相垂直、同频率简谐振动的合成。

4. 了解阻尼振动、受迫振动和共振。

基本概念和基本规律

1. 简谐振动

(1) 简谐振动是一种最基本的周期性振动形式,它是一种理想的运动模式,又称谐振动。任何复杂的振动都可以表示为若干个简谐振动的合成。因此,本章把简谐振动作为研究重点。

(2) 简谐振动的运动方程

从运动学的观点来看,作直线振动的质点,若选运动方向在 x 轴上,则其位移随时间的变化遵循余弦(或正弦)函数:

$$x = A\cos(\omega t + \varphi)$$

这一直线振动称为简谐振动。式中 x 表示质点在任意时刻离开平衡位置的位移(通常把质点的平衡位置取为坐标原点),x 也表示质点在任意时刻的位置坐标。式中 A、ω、φ 是描述简谐振动规律的三个重要物理量。

(3) 简谐振动的三个物理量

① 圆频率 ω

圆频率是表示物体振动快慢的物理量,它等于 2π 时间内物体完成全振动的次数。它的值由系统本身决定,与外界因素无关。因此圆频率也称为系统的固有频率。

例如弹簧振子的圆频率

$$\omega = \sqrt{\frac{k}{m}}$$

单摆的圆频率

$$\omega = \sqrt{\frac{g}{l}}$$

物体振动的快慢也可以用频率 ν 和周期 T 表示。ω、ν、T 三者间的关系为

$$\omega = 2\pi\nu = \frac{2\pi}{T}$$

所以只要已知其中一个量就可以知道其他两个量。

② 振幅 A

振幅是振动物体离开平衡位置的最大距离。振幅 A 由振动物体的初始条件(初始位置 x_0,初速 v_0)决定:

$$A = \sqrt{x_0^2 + \left(\frac{v_0}{\omega}\right)^2}$$

③ 相位($\omega t + \varphi$)

相位是简练地表征物体在任一时刻运动状态(位移 x 和速度 v)的物理量。在给定的某一时刻,物体有相应的唯一确定的位置和速度,我们就说它处于一定的相位。相位这一物理量可以更直观地反映出简谐振动周期性的特点。把相位理解为角度,显然是错误的。因为作直线谐振动的物体,无角度可言。

φ 表示 $t=0$ 的相位,称为初相位,它是反映振动物体在初始时刻的运动状态(x_0,v_0)的物理量。必须注意:$t=0$ 是表示开始计时的时刻,而不一定是物体开始运动的时刻。当振动系统确定了,初相位 φ 由初始条件来确定:

$$\varphi = \arctan\left(-\frac{v_0}{x_0\omega}\right)$$

相位差的概念是简谐振动中常常涉及的一个重要概念,通常为了比较两个同频率的简谐振动在同一时刻的不同运动状态,可以用相位差 $\Delta\varphi$ 表示,可写成

$$\Delta\varphi = (\omega t + \varphi_2) - (\omega t + \varphi_1) = \varphi_2 - \varphi_1$$

用相位差的概念也可以比较同一简谐振动在两个不同时刻的运动状态,其相位差可写成

$$\Delta\varphi = (\omega t_2 + \varphi) - (\omega t_1 + \varphi) = \omega(t_2 - t_1)$$

我们可以用"同步"($\Delta\varphi=0$)、"超前"($\Delta\varphi>0$)、"落后"($\Delta\varphi<0$)来比较不同的运动状态。

2. 简谐振动的特征

(1) 运动学特征

由简谐振动运动方程可得速度和加速度

$$v = \frac{\mathrm{d}x}{\mathrm{d}t} = -A\omega\sin(\omega t + \varphi)$$

$$= A\omega\cos\left(\omega t + \varphi + \frac{\pi}{2}\right)$$

$$a = \frac{\mathrm{d}^2 x}{\mathrm{d}t^2} = -A\omega^2\cos(\omega t + \varphi) = -\omega^2 x$$

$a=-\omega^2 x$ 表示作简谐振动的物体,其加速度与位移成正比而反向,这是简谐振动的运动学特征,也是判断物体是否作简谐振动的判据。

我们把式 $a=-\omega^2 x$ 写成微分方程的形式,即

$$\frac{\mathrm{d}^2 x}{\mathrm{d}t^2} + \omega^2 x = 0$$

这是简谐振动微分方程,显然简谐振动的运动方程 $x=A\cos(\omega t+\varphi)$是这个微分方程的解。

由此可见,可以把简谐振动的概念进一步推广。若一个物理量 Q 随时间变化的关系满足微分方程

$$\frac{\mathrm{d}^2Q}{\mathrm{d}t^2}+\omega^2Q=0$$

我们就说物理量 Q 作简谐振动(或广义简谐振动),其中 Q 可以是力学量、电学量或者其他物理量。

(2) 动力学特征

由 $a=-\omega^2x$ 与 $F=ma$,可得简谐振动的动力学特征方程

$$F=-Cx$$

这说明作简谐振动的物体所受的合外力与位移恒成正比而反向。其中比例系数 $C=m\omega^2$,可得 $\omega=\sqrt{\frac{C}{m}}$,这说明圆频率 ω 完全取决于振动系统本身的性质,与外界条件无关。

(3) 简谐振动的能量特征

简谐振动系统的机械能 E 等于动能 E_k 与势能 E_p 之和:

$$\begin{aligned}E&=E_\mathrm{k}+E_\mathrm{p}=\frac{1}{2}mv^2+\frac{1}{2}kx^2\\&=\frac{1}{2}m(\omega A)^2\sin^2(\omega t+\varphi)+\frac{1}{2}kA^2\cos^2(\omega t+\varphi)=\frac{1}{2}kA^2\end{aligned}$$

可见,简谐振动系统的动能、势能虽都是周期性变化(注意不是按谐振动规律变化),但总的机械能却是守恒的,所以系统作理想的等幅振动。

3. 描述简谐振动的方法

描述简谐振动就是要确切地表示出简谐振动的三个特征量:A、ω、φ。描述的方法有三种:解析法、旋转矢量法和图线法。

(1) 解析法

这种方法是用简谐振动方程 $x=A\cos(\omega t+\varphi)$ 描述,其中 ω 由振动系统本身的性质决定,A 和 φ 可由初始条件求得。

(2) 旋转矢量法

如图 6.2.1 所示,取振幅矢量 $\boldsymbol{A}$,其始点为坐标轴 x 的原点 O,在 $t=0$ 时该矢量 $\boldsymbol{A}$ 以恒定的角速度 ω 逆时针转动,在任意时刻 t,矢量 $\boldsymbol{A}$ 与 Ox 轴正向间夹角为 $\omega t+\varphi$,则矢量的末端在轴上的投影点的位移是

$$x=A\cos(\omega t+\varphi)$$

可见矢量 $\boldsymbol{A}$ 作匀速转动时,其端点在轴上的投影点 P 的振动是谐振动。

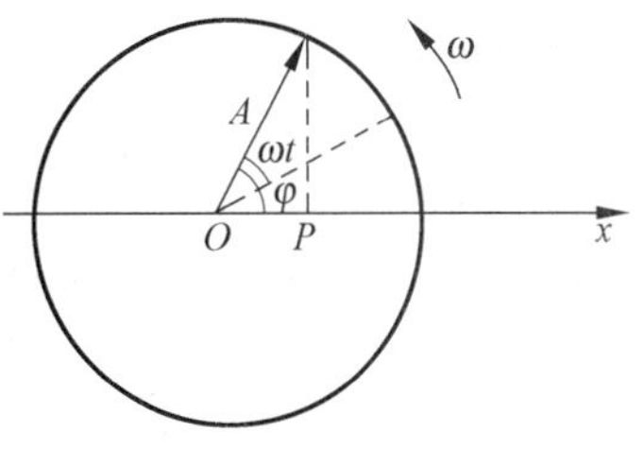

图　6.2.1

这种旋转矢量法的优点是能够直观地把 A、ω、φ 反映出来。

(3) 图线法

如图 6.2.2 所示,以横坐标表示 t,纵坐标表示 x,根据谐振动的运动方程 $x=A\cos(\omega t+\varphi)$ 画出振动曲线。同样,用纵坐标表示速度 v 和加速度 a,也可以画出速度曲线和加速度曲线(图 6.2.3、图 6.2.4)。

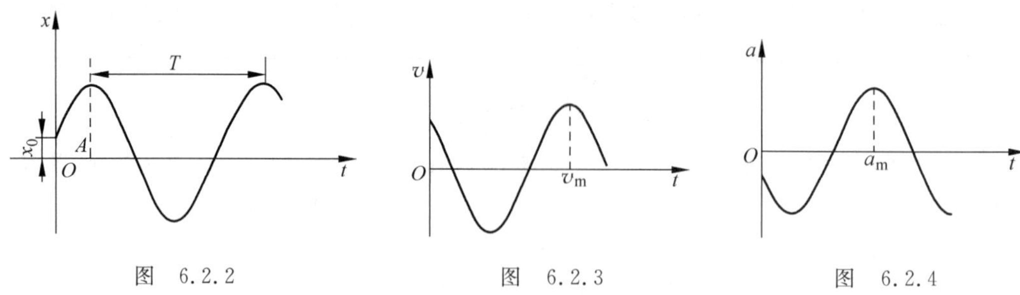

图 6.2.2　　图 6.2.3　　图 6.2.4

4. 同方向简谐振动的合成

求解一个质点同时参与两个或两个以上谐振动的合振动的过程称为谐振动的合成。其中两个同振动方向、同频率的谐振动的合成是最简单、最基本的一种,它的合成结果还是一个谐振动。

由解析运算得

$$x = x_1 + x_2 = A_1\cos(\omega t + \varphi_1) + A_2\cos(\omega t + \varphi_2) = A\cos(\omega t + \varphi)$$

式中,

$$A = \sqrt{A_1^2 + A_2^2 + 2A_1A_2\cos(\varphi_2 - \varphi_1)}$$

$$\tan\varphi = \frac{A_1\sin\varphi_1 + A_2\sin\varphi_2}{A_1\cos\varphi_1 + A_2\cos\varphi_2}$$

经常应用的两种特殊情况如下:

(1) 当 $\Delta\varphi = \varphi_2 - \varphi_1 = 2k\pi$ 时($k=0,\pm1,\pm2,\cdots$),则 $A = A_1 + A_2$,此时合振幅最大,称为振动加强,在旋转矢量表示法中,A_1、A_2 两旋转矢量同向;

(2) 当 $\Delta\varphi = \varphi_2 - \varphi_1 = (2k+1)\pi$ 时($k=0,\pm1,\pm2,\cdots$),则 $A = |A_2 - A_1|$,此时合振幅最小,称为振动减弱,在旋转矢量表示法中,A_1、A_2 两旋转矢量方向相反。

5. 相互垂直的、同频率的简谐振动的合成

设某物体同时参与两个互相垂直的、同频率的谐振动。一个谐振动沿 x 轴方向,另一个沿 y 轴方向,位移方程分别为

$$x = A_1\cos(\omega t + \varphi_1)$$

$$y = A_2\cos(\omega t + \varphi_2)$$

合成以上两个运动方程消去时间 t,可得合成运动轨道方程为

$$\frac{x^2}{A_1^2} + \frac{y^2}{A_2^2} - \frac{2xy}{AA}\cos(\varphi_2 - \varphi_1) = \sin^2(\varphi_2 - \varphi_1)$$

一般来说,上述方程式是椭圆轨道方程,至于椭圆的具体形状主要由相位差 $\Delta\varphi = (\varphi_2 - \varphi_1)$ 来决定。

6. 受迫振动和共振

简谐振动是无阻尼的自由振动,谐振动系统与外界无能量交换,这种振动是等幅振动。实际中的振动都是有阻尼的,与外界有能量交换,一般不是等幅振动。

受迫振动是系统在周期性外力持续作用下发生的振动,达到稳定状态时受迫振动的频率等于外力的频率。

共振是受迫振动的特殊情况。当外力的频率与系统的固有频率相等时，物体的速度振幅达到最大值，这一现象称为共振。一般工程问题中，把位移振幅达最大值的情况称为共振。

解题指导

本章的重点是对简谐振动方程 $x=A\cos(\omega t+\varphi)$ 的应用。处理的问题大体可以分为四种类型：

(1) 已知谐振动方程求各物理量；

(2) 判断振动物体是否作谐振动，并求系统的固有频率；

(3) 根据给定的条件，建立简谐振动方程；

(4) 同方向、同频率谐振动的合成。

对于这四类问题，下面分别加以叙述。

1. 已知简谐振动方程求各物理量

处理这类问题主要采用比较法。具体地说就是把已知的谐振动方程与谐振动标准方程 $x=A\cos(\omega t+\varphi)$ 加以比较，结合有关的公式，求得各物理量。

2. 判断振动物体是否作谐振动

判别谐振动的依据是：物体运动方程是否符合微分方程 $\frac{\mathrm{d}^2x}{\mathrm{d}t^2}+\omega^2x=0$ 的形式。具体的处理方法有两种：一种用动力学的观点来处理，称为动力学方法；另一种用能量的观点来处理，称为能量法。

采用动力学方法的步骤：①确定振动系统，找出平衡位置作为坐标原点，规定坐标轴的正方向；②分析处于任意位置系统各物体所受的力，列出相应的动力学方程；③化简这些动力学方程，将化简的结果与谐振动微分方程(或谐振动的特征方程)进行比较，若符合谐振动微分方程，即可判定为谐振动，且可求得圆频率。

采用能量方法的步骤：①确定振动系统，分析系统的机械能是否守恒；②找出平衡位置并作为坐标原点，规定坐标轴的正方向；③写出任意位置时的机械能表达式，并把这一表达式对时间求一阶导数，将求得的结果与谐振动微分方程进行比较，判定是否作谐振动。

3. 根据已知条件建立简谐振动方程

这类问题的解题步骤：①确定简谐振动系统，求得圆频率 ω；②找出系统的平衡位置，取该位置为坐标原点，规定坐标轴的正方向；③根据题意准确表达初始条件 x_0、v_0，由 $x_0=A\cos\varphi$，与 $v_0=-A\omega\sin\varphi$，求出 A 与 φ 的值；④根据求得的 A、ω、φ 值，写出简谐振动运动方程。

若能结合旋转矢量法和图线法处理这类问题，会更方便。

4. 同方向、同频率谐振动的合成

两个同方向、同频率的谐振动的合成仍是一个谐振动。处理这类问题一般采用解析法和旋转矢量法。

【例题 6.1】 已知一个质量为 0.1kg 的物体作谐振动，其运动方程为

$$x=-0.1\cos\left(\frac{\pi}{2}-\pi t\right)\text{(SI)}$$

求：

(1) 振幅、周期、初相位；

(2) 物体的最大速度和最大加速度；

(3) 在前1/6周期中，系统的平均能量、平均动能和平均势能。

【解】 (1) 把已知谐振动方程化成标准形式：

$$x=-0.1\cos\pi\left(\frac{1}{2}-t\right)=0.1\cos\left(\pi t+\frac{\pi}{2}\right)$$

由此可得，振幅 $A=0.1\text{m}$，周期 $T=\frac{2\pi}{\omega}=\frac{2\pi}{\pi}=2\text{s}$，初相位 $\varphi=\frac{\pi}{2}$。

(2) 由速度、加速度公式得最大速度 $v_m=A\omega=0.1\pi=0.314\text{m/s}$，最大加速度 $a_m=A\omega^2=0.1\pi^2=0.987\text{m/s}^2$。

(3) 作谐振动的系统机械能守恒，所以在前1/6周期过程中的平均能量

$$\bar{E}=E=\frac{1}{2}kA^2=\frac{1}{2}m\omega^2A^2=\frac{1}{2}\times0.1\times\pi^2\times0.1^2\text{J}=0.493\text{J}$$

平均动能

$$\bar{E}_k=\frac{\int_{t_1}^{t_2}E_k\text{d}t}{t_2-t_1}$$

式中 $t_1=0, t_2=\frac{T}{6}=\frac{1}{3}\text{s}, E_k=\frac{1}{2}m\omega^2A^2\sin^2\left(\pi t+\frac{\pi}{2}\right)$，代入上式后解得

$$\bar{E}_k=0.348\text{J}$$

平均势能

$$\bar{E}_p=\bar{E}-\bar{E}_k=(0.493-0.348)\text{J}=0.145\text{J}$$

【例题6.2】 如图6.3.1所示，一根劲度系数为 k 的轻质弹簧，一端固定，另一端与一不可伸缩的绳子连接，绳子的另一端跨过一个转动惯量为 J、半径为 R 的定滑轮，再与一质量为 m 的物块连接。若绳与滑轮间无相对滑动，绳不可伸长，并忽略轴的摩擦力以及空气阻力，试证物块 m 的微小运动是谐振动，并求振动周期。

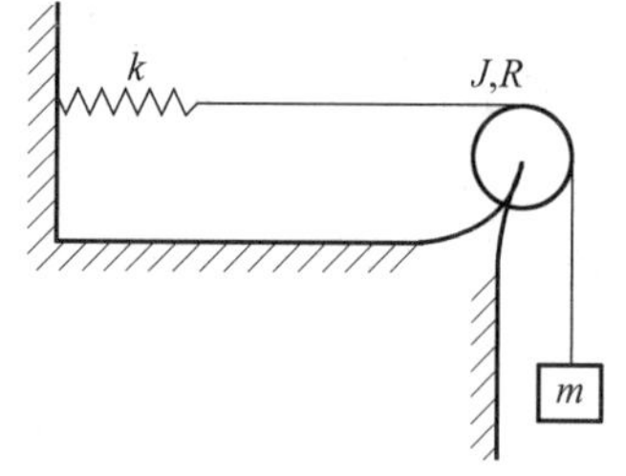

图 6.3.1

【解】 动力学解法：

把弹簧、滑轮、物块作为一振动系统，画受力分析图如图6.3.2所示。物块平衡位置为坐标轴的原点 O，取竖直向下为 x 轴的正方向。因物块平衡时弹簧已伸长，设伸长量为 d，则有

$$kd=mg \tag{1}$$

当物块运动到 x 位置时，物块的动力学方程为

$$mg-T=m\frac{\text{d}^2x}{\text{d}t^2} \tag{2}$$

此时滑轮与弹簧满足方程

$$TR-T'R=J\alpha \tag{3}$$

$$T'=k(d+x) \tag{4}$$

而物块的加速度与滑轮的角加速度之间的关系为

$$\frac{\text{d}^2x}{\text{d}t^2}=\alpha R \tag{5}$$

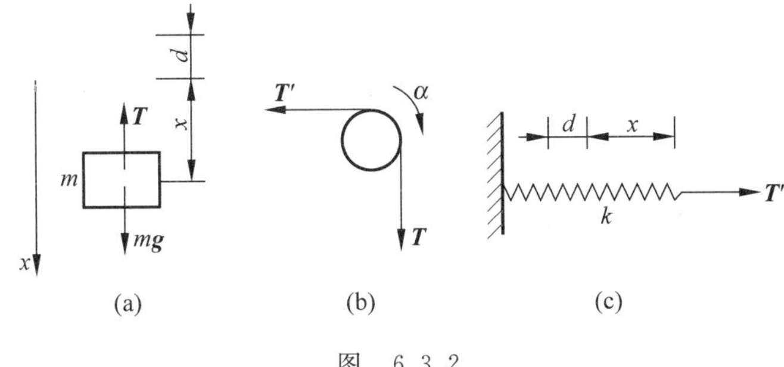

图 6.3.2

联立式(1)～式(5),可得

$$\frac{d^2x}{dt^2}+\frac{kR^2}{mR^2+J}x=0 \tag{6}$$

式(6)符合谐振动微分方程,所以物块 m 作谐振动,周期

$$T=\frac{2\pi}{\omega}=\sqrt{\frac{mR^2+J}{kR^2}}$$

能量解法:

由弹簧、滑轮、物块及地球组成的系统是保守系统,系统的机械能守恒。

当物块在前坐标系中 x 位置时,系统的机械能为

$$E=\frac{1}{2}mv^2-mgx+\frac{1}{2}J\omega^2+\frac{1}{2}k(x+d)^2=\text{恒量}$$

两边对时间求一阶导数,得

$$\frac{dE}{dt}=mv\frac{dv}{dt}-mg\frac{dx}{dt}+J\omega\frac{d\omega}{dt}+k(x+d)\frac{dx}{dt}=0$$

又 $\frac{dv}{dt}=\frac{d^2x}{dt^2}$, $v=\omega R=\frac{dx}{dt}$, $kd=mg$,代入上式可得

$$\frac{d^2x}{dt^2}+\frac{kR^2}{mR^2+J}x=0$$

这与动力学解法结果相同。

【例题 6.3】 如图 6.3.3 所示,由一根细绳连接的物块 m_1、m_2,静止地悬挂在一根竖直固定悬挂的轻质弹簧下端,弹簧的劲度系数为 k。如果从剪断连接 m_1 与 m_2 之间的细绳时开始计时,求 m_1 的谐振动方程。

【解】 剪断细绳后,m_2 将作自由落体运动,m_1 将作谐振动,其圆频率 $\omega=\sqrt{\frac{k}{m_1}}$。弹簧与 m_1 组成振动系统,其平衡位置是在未剪断细绳时 m_1 所在位置 O_1 的正上方 O 处,且有 $\overline{OO_1}=d=\frac{m_2g}{k}$。设 x 轴向下为正。

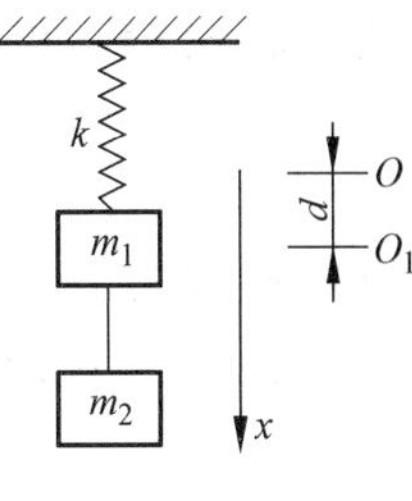

图 6.3.3

在剪断细绳的瞬时,m_1 将由 O_1 位置由静止向上加速运动,所以 $t=0$ 时,$x_0=d$,$v_0=0$,根据这一初始条件,可得

$$\begin{cases} x_0=d=A\cos\varphi \\ v_0=0=-A\sin\varphi \end{cases}$$

解得

$$A=d=\frac{m_2g}{k},\quad \varphi=0$$

由此可得 m_1 的谐振动方程为

$$x=\frac{m_2g}{k}\cos\sqrt{\frac{k}{m_1}}t$$

思考：若取 x 轴向上为正，则 m_1 的振动方程该怎样建立?

【例题 6.4】 已知某质点作谐振动，其振动曲线如图 6.3.4 所示。求质点的谐振动方程。

【解】 由振动曲线可以直接求周期。

由 $\frac{T}{2}=\left(\frac{1}{8}-\frac{1}{40}\right)$ 解得周期 $T=\frac{1}{5}\text{s}$，圆频率 $\omega=\frac{2\pi}{T}=10\pi(\text{s}^{-1})$。

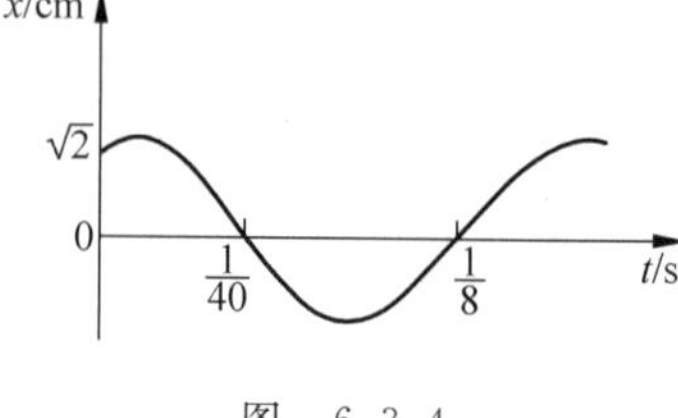

图 6.3.4

设质点的振动方程为

$$x=A\cos(\omega t+\varphi)$$

在 $t=\frac{1}{40}\text{s}$ 时，质点位移 $x=0$，$v<0$，所以

$$\begin{cases}0=A\cos(\omega t+\varphi)\\ v=-A\omega\sin(\omega t+\varphi)<0\end{cases}$$

由此解得 $\omega t+\varphi=\frac{\pi}{2}$，可得

$$\varphi=\frac{\pi}{2}-\omega t=\frac{\pi}{2}-10\pi\times\frac{1}{40}=\frac{\pi}{4}$$

又 $t=0$ 时，$x_0=\sqrt{2}\,\text{cm}$，由 $x_0=A\cos\varphi$ 得

$$A=\frac{x_0}{\cos\varphi}=\frac{\sqrt{2}}{\cos\frac{\pi}{4}}\text{cm}=2\text{cm}$$

所以质点的谐振动方程为

$$x=0.02\cos\left(10\pi t+\frac{\pi}{4}\right)\text{m}$$

【例题 6.5】 若一个质点同时参与两个同方向、同频率的谐振动，已知一个分振动方程为 $x_1=A\cos\left(\omega t+\frac{5}{6}\pi\right)$，而合振动方程为 $x=A\cos\left(\omega t+\frac{1}{2}\pi\right)$，求另一个分振动方程。

【解】 解法一：解析法

由 $x=x_1+x_2$，可得

$$\begin{aligned}x_2&=x-x_1=A\cos\left(\omega t+\frac{1}{2}\pi\right)-A\cos\left(\omega t+\frac{5}{6}\pi\right)\\&=-2A\sin\left(\omega t+\frac{2}{3}\pi\right)\cdot\sin\left(-\frac{1}{6}\pi\right)-A\sin\left(\omega t+\frac{2}{3}\pi\right)\\&=A\cos\left(\omega t+\frac{1}{6}\pi\right)\end{aligned}$$

解法二：旋转矢量法

根据矢量旋转的方法，画出 $t=0$ 时刻，合振动振幅 $\boldsymbol{A}_{合}$ 和分振动振幅矢量 $\boldsymbol{A}_1$。再由矢量合成（即平行四边形法则）可以得到另一个分振动的振幅矢量 $\boldsymbol{A}_2$。因为 $A_{合}=A_1=A$，所以 $A_2=A$，由图 6.3.5 所示可得 $\varphi_2=\frac{1}{6}\pi$，所以另一个分振动方程为

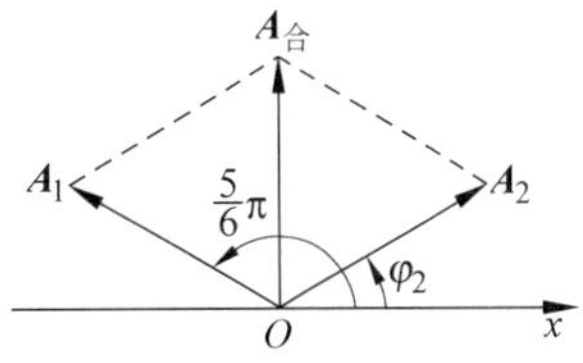

$$x_2=A\cos\left(\omega t+\frac{1}{6}\pi\right)$$

图　6.3.5

复习思考题

1. 研究简谐振动有什么意义？

2. 质点在使它返回平衡位置的作用下，是否一定作谐振动？

3. 试阐明谐振动方程 $x=A\cos(\omega t+\varphi)$ 中各量的物理意义，各物理量的值由什么因素决定？

4. 常用“相位差”来比较谐振动的步调。试说明同向、反向、超前、落后的意义。谐振动位移、速度和加速度三者的相位之间有什么关系？

5. 谐振动的速度和加速度表达式中有个负号，是否意味着速度和加速度总是负值？或者两者总是同方向？

6. 试从运动学、动力学和能量的角度来分析谐振动的特征。

7. 一个重物挂在两个串联的相同弹簧的下面作谐振动，其振动周期如何计算？如果把这两个相同的弹簧改为并联，振动的周期将怎样改变？

8. 把一个单摆的摆球拉开一微小角度 φ，如图 6.4.1 所示，然后放手任其摆动。从放开时开始计时，问此角度是否是初相位？摆球绕悬点转动的角速度是否就是圆频率？

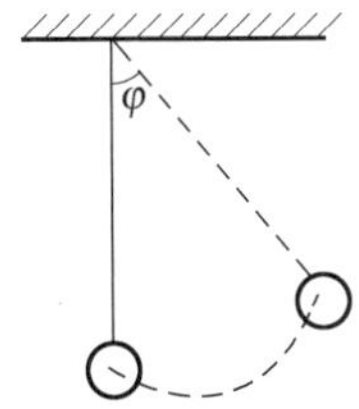

图　6.4.1

9. 一竖直悬挂的弹簧振子作谐振动。

(1) 若取平衡位置为势能零点，那么振子在任一位置处势能如何表示？

(2) 若取弹簧的自由端点为势能零点，那么振子在任一位置处的势能如何表示？

(3) 振子在任意两个确定位置的势能差（以上述两种不同的势能零点来计算），其差值是否相同，为什么？

10. 无阻尼自由振动、小阻尼振动和受迫振动中的周期分别取决于什么因素？

11. 两个同方向、同频率的谐振动合成结果是什么运动？其合振动的振幅和初相是由什么量决定的？其合振幅达到最大值的条件是什么？合振幅达到最小值的条件是什么？

自我检查题

1. 如图 6.5.1 所示，质量为 m 的物体，由劲度系数分别为 k_1 和 k_2 的两个轻弹簧连接到固定端，在水平光滑导轨上作微小振动，其振动频率为(　　)。

(A) $\nu=2\pi\sqrt{\dfrac{k_1+k_2}{m}}$　　(B) $\nu=\dfrac{1}{2\pi}\sqrt{\dfrac{k_1+k_2}{m}}$

(C) $\nu=\dfrac{1}{2\pi}\sqrt{\dfrac{k_1+k_2}{mk_1k_2}}$　　(D) $\nu=\dfrac{1}{2\pi}\sqrt{\dfrac{k_1k_2}{m(k_1+k_2)}}$

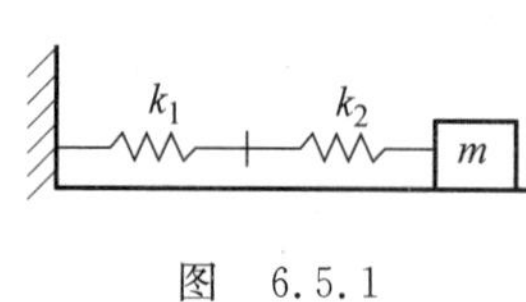

图 6.5.1

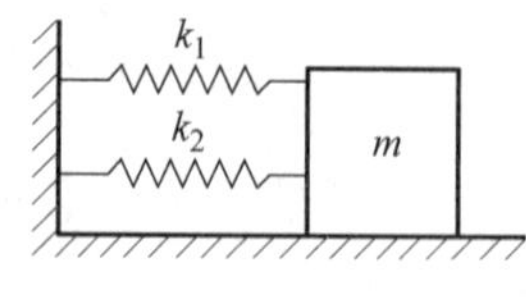

图 6.5.2

2. 如图 6.5.2 所示,质量为 m 的物体由劲度系数分别为 k_1 和 k_2 的两个轻弹簧连接在水平光滑导轨上作微小振动,则该系统的振动频率为(　　)。

(A) $\nu=2\pi\sqrt{\dfrac{k_1+k_2}{m}}$　　(B) $\nu=\dfrac{1}{2\pi}\sqrt{\dfrac{k_1+k_2}{m}}$

(C) $\nu=\dfrac{1}{2\pi}\sqrt{\dfrac{k_1+k_2}{mk_1k_2}}$　　(D) $\nu=\dfrac{1}{2\pi}\sqrt{\dfrac{k_1k_2}{m(k_1+k_2)}}$

3. 一简谐振动曲线如图 6.5.3 所示,则振动周期是(　　)。

(A) 2.62s　　(B) 2.40s

(C) 2.20s　　(D) 2.00s

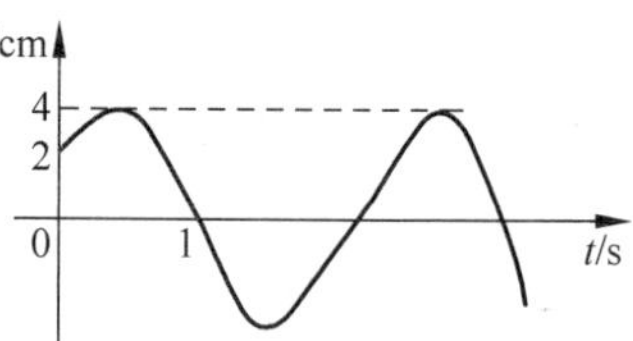

图 6.5.3

4. 弹簧振子在光滑水平面上作简谐振动时,弹性力在半个周期内所做的功为(　　)。

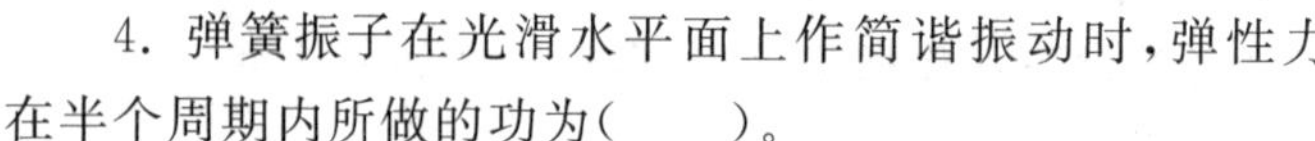

(A) kA^2　　(B) $\dfrac{1}{2}kA^2$　　(C) $\dfrac{1}{4}kA^2$　　(D) 0

5. 一弹簧振子作简谐振动,当其偏离平衡位置的位移的大小为振幅的 1/4 时,其动能为振动总能量的(　　)。

(A) 7/16　　(B) 9/16　　(C) 11/16　　(D) 13/16

(E) 15/16

6. 一物体作简谐振动,振动方程为 $x=A\cos\left(\omega t+\dfrac{1}{2}\pi\right)$。则该物体在 $t=0$ 时刻的动能与 $t=T/8$(T 为振动周期)时刻的动能之比为(　　)。

(A) 1∶4　　(B) 1∶2　　(C) 1∶1　　(D) 2∶1

(E) 4∶1

7. 如图 6.5.4 所示,两个不同振动系统,若它们的振幅之比为 $A_1 ∶ A_2=1∶2$,则它们的周期之比 $T_1 ∶ T_2=$________,系统的能量之比 $E_1 ∶ E_2=$________。

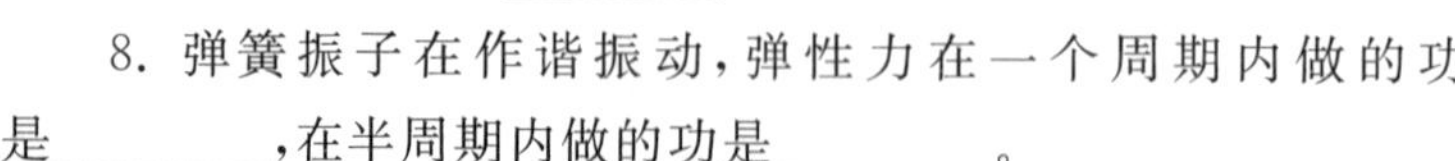

8. 弹簧振子在作谐振动,弹性力在一个周期内做的功是________,在半周期内做的功是________。

9. 一个弹簧振子作谐振动,周期为 4s,振子从平衡位置运动至正向的振幅一半的地方,所需的最少时间为________。

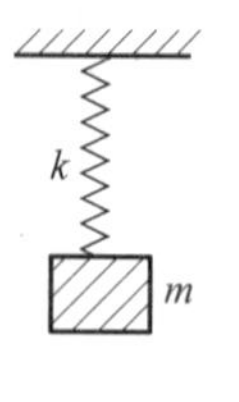

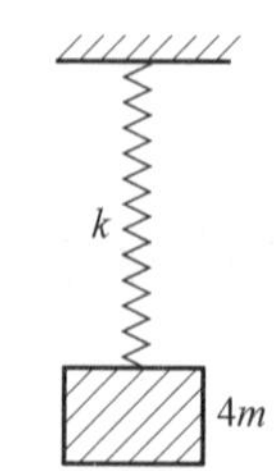

图 6.5.4

10. 一个弹簧振子作谐振动。振幅为 A，则振动系统的动能与势能相等时，振子的位置 $x=$________。

11. 一个质点同时参与两个同方向、同频率的谐振动，其分振动方程分别为 $x_1=A_1\cos\omega t$，$x_2=A_2\sin\omega t$，则该点的合振幅为________。

12. 一竖直悬挂的弹簧振子，自然平衡时弹簧的伸长量为 x_0，此振子自由振动的周期 $T=$________。

13. 一质点作简谐振动，其振动曲线如图 6.5.5 所示。根据此图，它的周期 $T=$________，用余弦函数描述时初相 $\varphi=$________。

14. 一物体作余弦振动，振幅为 $1.5\times10^{-2}\,\text{m}$，角频率为 $6\pi\text{s}^{-1}$，初相为 0.5π，则振动方程为 $x=$________。

15. 一简谐振子的振动曲线如图 6.5.6 所示，则以余弦函数表示的振动方程为________。

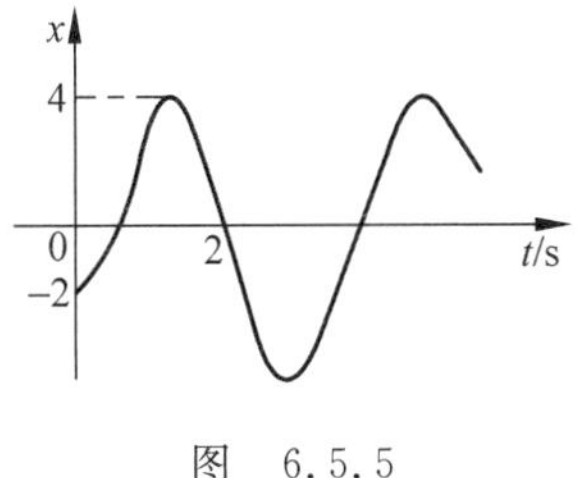

图　6.5.5

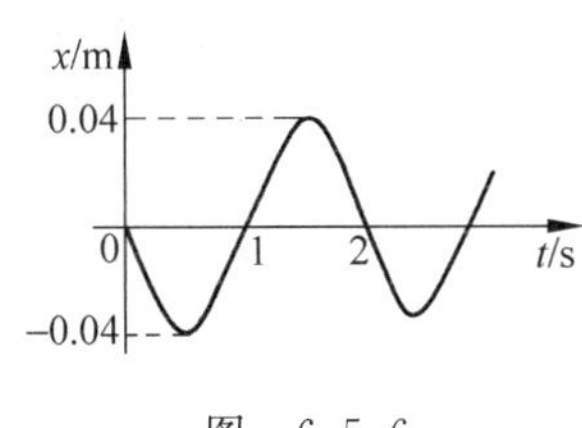

图　6.5.6

16. 一系统作简谐振动，周期为 T，以余弦函数表达振动时，初相为零。在 $0\leqslant t\leqslant\frac{1}{2}T$ 范围内，系统在 $t=$________时刻动能和势能相等。

17. 已知两个简谐振动曲线如图 6.5.7 所示，x_1 的相位比 x_2 的相位超前________。

18. 已知两简谐振动曲线如图 6.5.8 所示，则这两个简谐振动方程(余弦形式)分别为________和________。

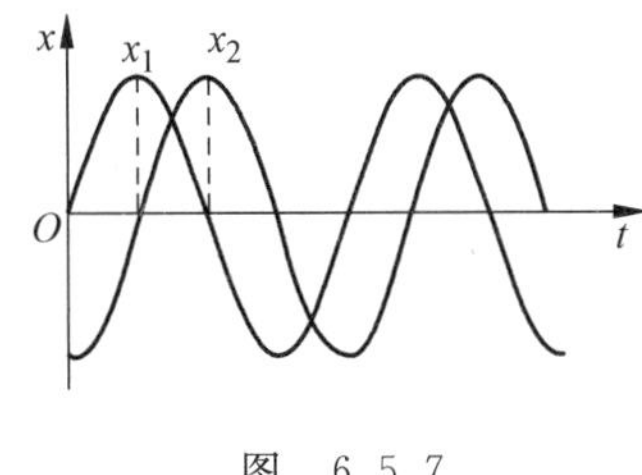

图　6.5.7

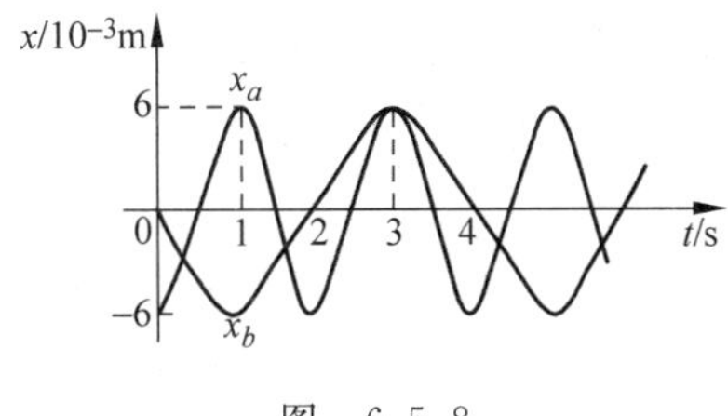

图　6.5.8

19. 一质点同时参与两个同方向的简谐振动，它们的振动方程分别为 $x_1=0.05\cos\left(\omega t+\frac{1}{4}\pi\right)$，$x_2=0.05\cos\left(\omega t+\frac{9}{12}\pi\right)$(SI)，其合成运动的运动方程为 $x=$________。

20. 一个质点同时参与两个在同一直线上的简谐振动，其表达式分别为 $x_1=4\times10^{-2}\cos\left(2t+\frac{1}{6}\pi\right)$，　$x_2=3\times10^{-2}\cos\left(2t-\frac{5}{6}\pi\right)$(SI)，则其合成振动的振幅为________，初相为________。

21. 图6.5.9所示为两个简谐振动的振动曲线。若以余弦函数表示这两个振动的合成结果,则合振动的方程为 $x=x_1+x_2=$________(SI)。

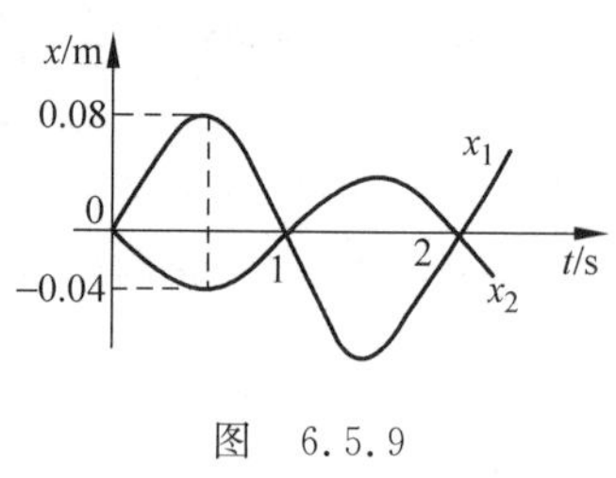

图 6.5.9

22. 一质点同时参与了三个简谐振动,它们的振动方程分别为 $x_1=A\cos\left(\omega t+\frac{1}{3}\pi\right)$, $x_2=A\cos\left(\omega t+\frac{5}{3}\pi\right)$, $x_3=A\cos(\omega t+\pi)$,其合成运动的运动方程为 $x=$________。

习题

1. 如图6.6.1所示,一质量为 M 的物体在光滑水平面上作简谐振动,振幅是12cm,在距平衡位置6cm处速度是24cm/s,求:

(1) 周期 T;

(2) 当速度是12cm/s时的位移。

2. 已知一质点作谐振动,其振动曲线如图6.6.2所示。求:

(1) 质点的谐振动方程;

(2) 质点的速度方程,并画出速度和加速度曲线。

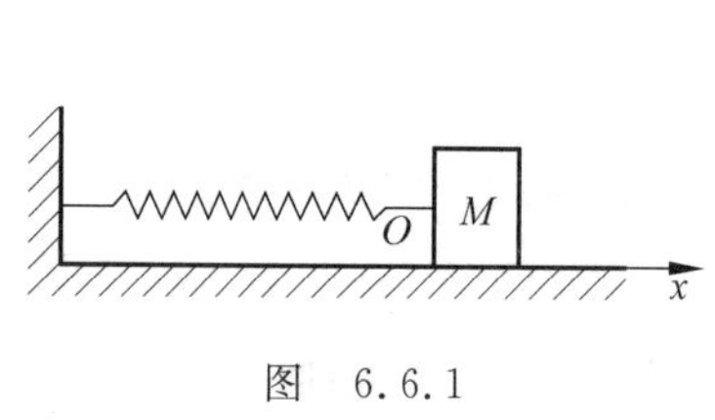

图 6.6.1

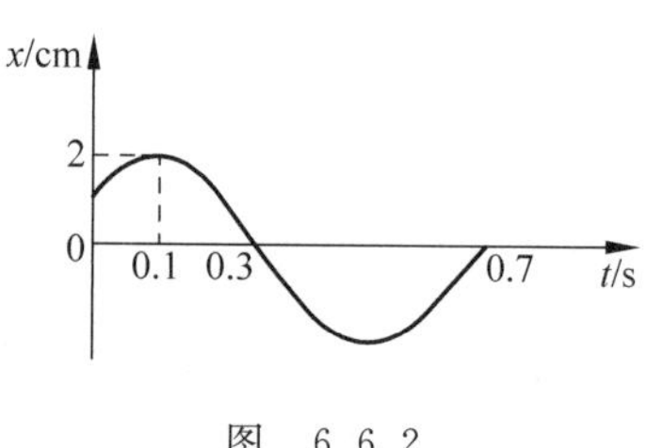

图 6.6.2

3. 两个物体作同方向、同频率、同振幅的简谐振动。在振动过程中,每当第一个物体经过位移为 $A/\sqrt{2}$ 的位置向平衡位置运动时,第二个物体也经过此位置,但向远离平衡位置的方向运动。试利用旋转矢量法求它们的相位差。

4. 一质点沿 x 轴作简谐振动,其圆频率为 $\omega=10\text{rad/s}$。试分别写出以下两种初始状态下的振动方程:

(1) 初始位移为 $x_0=7.5\text{cm}$,初始速度为 $v_0=75.0\text{cm/s}$;

(2) 初始位移为 $x_0=7.5\text{cm}$,初始速度为 $v_0=-75.0\text{cm/s}$。

5. 有一个和轻弹簧相连的小球,沿 x 轴作振幅为 A 的简谐振动,其表达式用余弦函数表示。若 $t=0$ 时,球的运动状态为:

(1) $x_0=-A$;

(2) 过平衡位置向 x 正方向运动;

(3) 过 $x=\frac{A}{2}$ 处向 x 负方向运动;

(4) 过 $x=\frac{A}{\sqrt{2}}$ 处向 x 正方向运动。

试用矢量图示法确定相应初相的值,并写出振动表达式。

6. 一质点在 x 方向作简谐振动，振动方程为 $x=0.24\cos\left(\frac{\pi t}{2}+\frac{\pi}{3}\right)$(SI)，试用旋转矢量法求出质点由初始状态($t=0$)运动到 $x=-0.12\text{m}(v<0)$的状态所需要的最短时间 Δt。

7. 在一平板上放质量为 $m=1.0\text{kg}$ 的物体，平板在竖直方向上下作简谐振动，周期 $T=0.5\text{s}$，振幅 $A=0.02\text{m}$。试求：

(1) 在位移最大时物体对平板的正压力大小；

(2) 平板应以多大的振幅作振动才能使重物开始跳离平板。

8. 将劲度系数分别为 k_1 和 k_2 的两根轻弹簧串联在一起，竖直悬挂着，并下系一质量为 m 的物体，做成一在竖直方向上的弹簧振子，试求其振动周期。

9. 一简谐振动的振动曲线如图 6.6.3 所示。求振动方程。

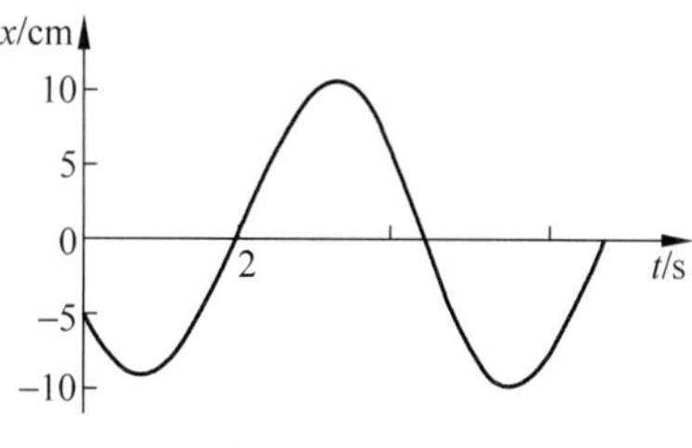

图　6.6.3

10. 一轻弹簧在 60N 的拉力下伸长 30cm。现把质量为 4kg 的物体悬挂在该弹簧的下端并使之静止，再把物体向下拉 10cm，然后由静止释放并开始计时，求：

(1) 物体的振动方程；

(2) 物体在平衡位置上方 5cm 时弹簧对物体的拉力；

(3) 物体从第一次越过平衡位置时起到它运动到上方 5cm 处需要的最短时间。

11. 一弹簧振子沿 x 轴作简谐振动。已知振动物体最大位移为 $x_m=0.4\text{m}$，最大恢复力为 $F_m=0.8\text{N}$，最大速度为 $v_m=0.8\pi\text{m/s}$，又知 $t=0$ 的初位移为0.2m，且初速度与所选 x 轴方向相反。求：

(1) 振动能量；

(2) 此振动的表达式。

12. 一弹簧振子作简谐振动，振幅 $A=2\times10^{-1}\text{m}$，如弹簧的劲度系数 $k=2.0\text{N/m}$，所系物体的质量 $m=0.5\text{kg}$，试求：

(1) 当动能和势能相等时，物体的位移是多少？

(2) 设 $t=0$ 时，物体在正最大位移处，达到动能和势能相等处所需的时间是多少？(在一个周期内)

13. 一质点作简谐振动，其振动方程为 $x=6.0\times10^{-2}\cos\left(\frac{1}{3}\pi t-\frac{1}{4}\pi\right)$(SI)，

(1) 当 x 值为多大时，系统的势能为总能量的一半？

(2) 质点从平衡位置移动到上述位置所需最短时间为多少？

14. 一弹簧振子，弹簧劲度系数为 $k=25\text{N/m}$，当振子以初动能 0.2J 和初势能 0.6J 振动时，试求：

(1) 振幅是多大？

(2) 位移是多大时，势能和动能相等？

(3) 位移是振幅一半时，势能多大？

15. 一质点同时参与两个同方向的简谐振动，其振动方程分别为 $x_1=5\times10^{-2}\times$

$\cos\left(4t+\frac{\pi}{3}\right)$(m),$x_2=3\times10^{-2}\sin\left(4t-\frac{\pi}{6}\right)$(m)。画出两振动的旋转矢量图,并求合振动的振动方程。

16. 如图6.6.4所示为两个简谐振动的振动曲线。若以余弦函数表示这两个振动的合成结果,则合振动的方程为 $x=x_1+x_2=$?

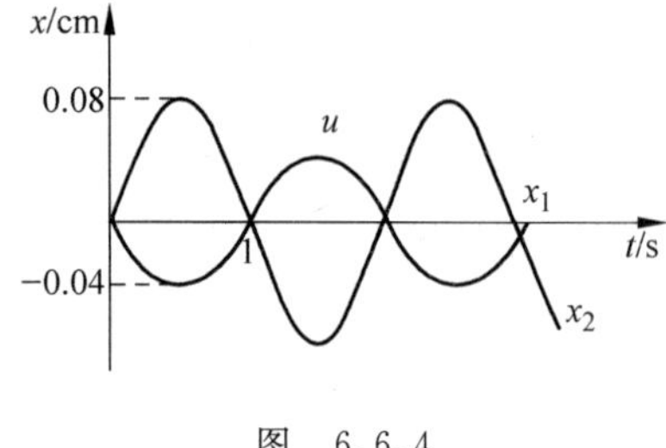

图 6.6.4

17. 三个同方向、同频率的谐振动为 $x_1=0.1\cos\left(10t+\frac{\pi}{6}\right)$,$x_2=0.1\cos\left(10t+\frac{\pi}{2}\right)$,$x_3=0.1\cos\left(10t+\frac{5\pi}{6}\right)$(SI),试利用旋转矢量法求出合振动的表达式。

第7章 机械波

基本要求

1. 理解机械波产生的条件。能建立平面简谐行波的表达式,并掌握其物理意义。掌握波形曲线。

2. 理解波的能量传播特征及能流、能流密度等概念。

3. 理解惠更斯原理和波的叠加原理。掌握波的相干条件,能应用相位差或波程差的概念分析和确定相干波叠加后振幅加强和减弱的条件。

4. 理解驻波及其形成的条件,了解驻波与行波的区别,能确定波节和波腹的位置。

5. 了解多普勒效应及其产生的原因。

基本概念和基本规律

1. 机械波的产生和传播

(1) 机械波的产生必须具备两个条件:①波源——振动着的物体;②传播振动状态的弹性媒质。

(2) 机械波的传播

机械波是连续媒质整体所呈现的一种运动状态,是波源的振动通过媒质质点间的相互作用,由近及远地以一定的速度将振动状态向外传播。机械波是能量传播,而不是质点的传播。质点只在各自的平衡位置附近振动,并未随波迁移,从沿波的传播方向来观测,位置离波源较远的质点比位置离波源较近的质点振动落后一个相位。

(3) 横波和纵波

媒质中的质点的振动方向与波的传播方向互相垂直的波称为横波;质点的振动方向与波的传播方向平行的波称为纵波。

(4) 机械波的几何描述

为了形象地描述波在媒质中的传播情形,引入了波线、同相面和波阵面的概念。

① 波线:表示波的传播方向,又称为波射线。

② 同相面:在某一时刻,媒质中具有相同相位的质点的集合面。显然,同相面具有无数多个。

③ 波阵面:对 t 时刻波源的相位,在 $t+\Delta t$ 时刻该相位传播到空间各点,由这些点所组成的面,称为该时刻的波阵面或波前。显然,随着时间的推移,波阵面在媒质中不断向前推进。

波阵面是平面的波称为平面波,波阵面是球面的波称为球面波。在各向同性的媒质中,波线总是与波阵面垂直的。

2. 波速、波长和波的周期

(1) 波速(u)

波速是波的传播速度,是由弹性媒质的特征决定的。具体地说是由媒质的弹性和惯性决定的。对确定的均匀媒质来说,波速是恒量,与波源的特征无关。

波速与质点的振动速度是两个不同的物理概念,不要混淆。

(2) 波长(λ)

波长是在同样媒质中同一波线上两个相邻的、相位差为 2π 的质点间的距离,即一个完整波的长度。它是反映波的空间周期性的物理量。

(3) 波的周期(T)和频率(ν)

一个完整波通过波线上某一点所需的时间称为波的周期。它是反映波的时间周期性的物理量,在数值上等于波源振动的周期。波的周期的倒数称为波的频率。

以上几个物理量的关系为

$$u=\frac{\lambda}{T}=\lambda\nu$$

3. 平面简谐波的波动表达式

平面简谐波是最简单、最基本的平面波。在不吸收能量、无限大的均匀媒质中,这种波在传播过程中任一波线上的各点都作等幅的简谐振动。

设一平面简谐波沿 x 轴正向传播,用 x 表示质点平衡位置的坐标,y 表示质点的振动位移,则波动表达式为

$$y=A\cos\left[\omega\left(t-\frac{x}{u}\right)+\varphi\right]$$

也可以写成下列形式:

$$y=A\cos\left[2\pi\left(\frac{t}{T}-\frac{x}{\lambda}\right)+\varphi\right]$$

$$y=A\cos\left[\frac{2\pi}{\lambda}(ut-x)+\varphi\right]$$

若波沿 x 轴负向传播,则波动表达式为

$$y=A\cos\left[\omega\left(t+\frac{x}{u}\right)+\varphi\right]$$

式中,φ 表示位于坐标原点处的质点的振动初相。

4. 波的能量

(1) 在体积元 ΔV 内,波的能量 W 是动能 W_k 与势能 W_p 之和,即 $W=W_k+W_p=\rho\cdot\Delta V\cdot A^2\omega^2\sin^2\left[\omega\left(t-\frac{x}{u}\right)+\varphi\right]$,其中 W_k 与 W_p 是同相位变化的,大小相等。但 W 并不守恒,而是随时间作周期性变化。这与谐振动的能量是守恒的情况不同。

(2) 能量密度

单位体积内波动的能量称为能量密度,即 $w=\frac{W}{\Delta V}$。对平面简谐波来讲,一个周期内的

平均能量密度

$$\bar{w}=\frac{1}{T}\int_0^T w\mathrm{d}t=\frac{1}{2}\rho A^2\omega^2$$

(3) 波的能流密度

波的能流密度，又称为波的强度。它是单位时间内通过垂直于波线方向单位面积的平均能量，即

$$I=\bar{w}u=\frac{1}{2}\rho A^2\omega^2 u$$

5. 波的干涉

(1) 波的叠加原理：当几列波在同一媒质中传播并相遇时，在相遇处每一列波都能独立地保持自己原有的特性(频率、波长和振动方向)，相遇点的振动等于各列波在该点所引起的分振动的合成。

(2) 波的干涉

波的干涉是波叠加的一种特殊现象。两列相干波在空间相遇，某些点处的振动始终加强，另一些点处的振动始终减弱，这称为波的干涉现象。相干波必须满足的条件是：①频率相同；②振动方向相同；③相位相同或相位差恒定。

(3) 干涉加强、减弱的条件

相干波引起空间某点振动的合振幅为

$$A=\sqrt{A_1^2+A_2^2+2A_1A_2\cos\Delta\varphi}$$

式中，$\Delta\varphi=\varphi_2-\varphi_1-\frac{2\pi}{\lambda}(r_2-r_1)$，这里前一项是相干波源的相位差，后一项是波程差引起的相位差。

① 当 $\Delta\varphi=2k\pi$ 时($k=0,\pm1,\pm2,\cdots$)，则 $A=A_1+A_2$，该处振动加强。

当 $\Delta\varphi=(2k+1)\pi$ 时($k=0,\pm1,\pm2,\cdots$)，则 $A=|A_1-A_2|$，该处振动减弱。

② 在 $\varphi_2=\varphi_1$ 时

波程差 $\delta=r_2-r_1=k\lambda$ 时($k=0,\pm1,\pm2,\cdots$)，则振动加强。

波程差 $\delta=r_2-r_1=(2k+1)\frac{\lambda}{2}$时($k=0,\pm1,\pm2,\cdots$)，则振动减弱。

(4) 驻波

驻波是干涉的特殊情况，它是由两列振幅相同的相干波沿同一直线反向传播，所产生干涉的结果。

驻波不是行波，它的波形不前进，能量不向外传播，而是动能与势能交替在波腹、波节之间不断转换。

相邻两个波腹或波节间距离 $\lambda/2$。

获得驻波最方便的方法是利用入射波与反射波的叠加。请读者注意半波损失的问题，所谓半波损失就是波从波疏媒质传向波密媒质时，在界面反射时会产生 π 的相位突变。由于 π 的相位变化相当于波程差为半个波长，所以这种现象就被称为“半波损失”。

6. 多普勒效应

当波源或观测者相对于媒质运动时，观测者会发现波的频率有所变化的现象，称为多普

勒效应。

当波源和观测者的运动在两者的连线上时,多普勒效应的表达式为

$$\nu=\frac{u\pm v_B}{u\mp v_S}\nu_0$$

式中,ν_0 是波的固有频率,u 为波的传播速度,v_B、v_S 分别为观测者、波源相对媒质的运动速度的大小。注意 v_B、v_S 前面正负号的取法。

观测者向着波源运动取 $+v_B$,观测者背着波源运动取 $-v_B$;波源向着观测者运动取 $-v_S$,波源背着观测者运动取 $+v_S$。

解题指导

本章重点是平面简谐波的波动表达式的建立和应用,以及波的干涉问题。

1. 已知平面简谐波的波动表达式求波长等物理量

解这类问题通常采用比较法,即将已知的波动表达式改写成标准形式,然后与标准波动表达式比较,即可找出相应的物理量。

2. 建立平面简谐波的波动表达式

建立波动表达式的基本步骤:①写出波源或波传播方向上某一点的振动方程;②确定波速的大小和传播方向;③沿波线建立坐标后,在波线上任取一点 Q(坐标为 x),看 Q 点的振动比已知点的振动在时间上超前还是落后,超前或落后的时间用 t' 表示;④在已知点的振动表达式中,t 后加上或减去 t',即得波动表达式。

3. 相干波的干涉问题

这类问题主要运用干涉加强与减弱的条件,求出相干波在相遇处振动加强或减弱的位置,以及驻波的有关问题。

解题的一般步骤:①先确认两列波是否满足相干波条件;②建立坐标系,求出两列波相遇区域内某一点由两列波所引起的振动的相位差,再由波的干涉加强或减弱的条件予以判断,解出结果。

【例题 7.1】 已知一平面简谐波的波动方程 $y=0.05\cos\left(1.5\pi x+\frac{\pi}{2}-20\pi\cdot t\right)$,式中 x、y 以 m 为单位,t 以 s 为单位。求:

(1) 波速、频率、波长;

(2) 坐标原点的振动方程;

(3) $t=0.5\text{s}$ 时,$x=2\text{m}$ 处质点的位移和速度;

(4) $x_1=2\text{m}$ 和 $x_2=3\text{m}$ 处两质点的相位差。

【解】 (1) 已知的波动方程可写成

$$y=0.05\cos\left[20\pi\left(t-\frac{1.5\pi x}{20\pi}\right)-\frac{\pi}{2}\right]$$

与波动方程标准形式 $y=A\cos\left[\omega\left(t-\frac{x}{u}\right)+\varphi\right]$进行比较,可得

$$A=0.05\text{m},\quad \omega=20\pi\text{rad/s}$$

所以

$$\nu = \frac{\omega}{2\pi} = 10\text{Hz},\quad u = \frac{20\pi}{1.5\pi} = 13.3\text{m/s},\quad \lambda = \frac{u}{\nu} = 1.33\text{m}$$

(2) 把 $x=0$ 代入已知的波动方程即为坐标原点的振动方程

$$y = 0.05\cos\left(20\pi t - \frac{\pi}{2}\right)\text{m}$$

(3) $t=0.5\text{s}$ 时，$x_1=2\text{m}$ 处质点的位移

$$y\Big|_{\substack{x=2\\t=0.5}} = 0.05\cos\left(1.5\pi\times 2 + \frac{\pi}{2} - 20\pi\times 0.5\right) = 0$$

质点的速度

$$v = \frac{\partial y}{\partial t}\bigg|_{\substack{x=2\\t=0.5}} = -3.14\text{m/s}$$

(4) x_1、x_2 处两质点的相位差

$$\Delta\varphi = 2\pi\frac{x_2 - x_1}{\lambda} = 2\pi\frac{3-2}{1.33} = 1.5\pi$$

【例题 7.2】 已知一平面简谐波沿 x 轴正向传播，波速为 x，波线上某点 P 的坐标为 x_P，其振动方程为 $y_P=A\cos(\omega t+\varphi)$，求波动方程。

【解】 任一点 x 处的振动比 x_P 处的振动落后的时间为

$$t' = \frac{x - x_P}{u}$$

所以 x 处质点的振动方程为

$$\begin{aligned} y &= A\cos[\omega(t-t')+\varphi] \\ &= A\cos\left[\omega\left(t - \frac{x-x_P}{u}\right)+\varphi\right] \end{aligned}$$

这一方程就是本题要求的平面简谐波的波动方程。

【例题 7.3】 若平面简谐波沿 x 轴负向传播，其他已知条件同【例题 7.2】，求波动方程。

【解】 任一点 x 处的振动比 x_P 处的振动超前的时间为

$$t' = \frac{x - x_P}{u}$$

所以 x 处质点的振动方程为

$$y = A\cos[\omega(t+t')+\varphi] = A\cos\left[\omega\left(t + \frac{x-x_P}{u}\right)+\varphi\right]$$

这一方程就是本题要求的平面简谐波的波动方程。

【例题 7.4】 若在坐标 x_P 处波源的振动方程为 $y_P=A\cos(\omega t+\varphi)$，产生的平面简谐波沿 x 轴传播，波速大小为 u，请建立波动方程。

【解】 由于在坐标 x_P 处是波源，平面波分为右行波($x>x_P$)和左行波($x<x_P$)。

(1) 右行波的波动方程

在 $x>x_P$ 的区域内，波沿 x 轴正向传播，其波动方程由【例题 7.2】可知

$$y_{右} = A\cos\left[\omega\left(t - \frac{x-x_P}{u}\right)+\varphi\right],\quad x > x_P$$

(2) 左行波的波动方程

在 $x<x_P$ 的区域内，波沿 x 轴负向传播，其波动方程由【例题 7.3】可知

$$y_{左}=A\cos\left[\omega\left(t+\frac{x-x_P}{u}\right)+\varphi\right],\quad x<x_P$$

【例题 7.5】 已知一平面简谐波在 $t=0$ 时波形曲线如图 7.3.1 中实线所示，$t'=0.1\text{s}$ 时(小于半个周期)，波形曲线如图 7.3.1 中虚线所示。试建立波动方程。

【解】 (1) 由波形曲线知波沿 x 轴正向传播，波速为

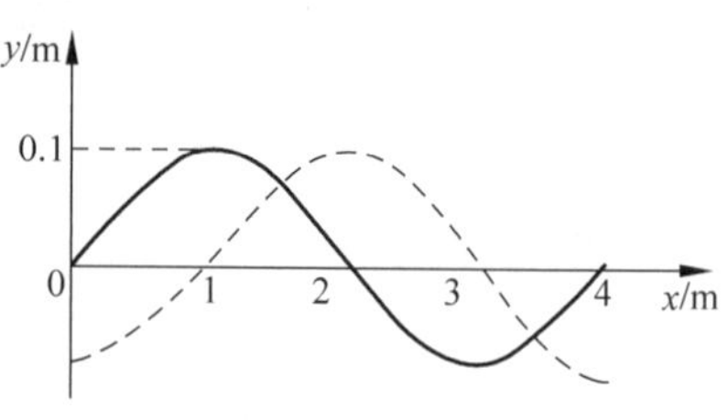

图 7.3.1

$$\omega=2\pi\nu=2\pi\frac{u}{\lambda}=5\pi$$

$$u=\frac{x_1-x_0}{t'}=\frac{1-0}{0.1}\text{m/s}=10\text{m/s}$$

(2) 确定 $x=0$ 处的振动方程，设该处的振动方程为

$$y_0=A\cos(\omega t+\varphi)$$

由图 7.3.1 知波长 $\lambda=4\text{m}$，且 $t=0$ 时，$y\big|_{\substack{x=0\\t=0}}=A\cos\varphi=0$，又 $v\big|_{\substack{x=0\\t=0}}=-A\cos\varphi<0$，可得

$$\varphi=\frac{\pi}{2},\quad \omega=2\pi\nu=2\pi\frac{u}{\lambda}=5\pi$$

所以原点的振动方程为

$$y_0=0.1\cos\left(5\pi t+\frac{\pi}{2}\right)\text{m}$$

(3) 波动方程

$$y=0.1\cos\left[5\pi\left(t-\frac{x}{10}\right)+\frac{\pi}{2}\right]$$

$$=0.1\cos\left(5\pi t-\frac{1}{2}\pi x+\frac{\pi}{2}\right)\text{m}$$

【例题 7.6】 一平面简谐波的波线与 x 轴平行。已知 $x_1=0$ 和 $x_2=1\text{m}$ 处质点的振动方程分别为

$$y_1=0.2\cos 3\pi t\ \text{m}$$

$$y_2=0.2\cos\left(3\pi t+\frac{\pi}{8}\right)\text{m}$$

求波动方程。

【解】 y_2 比 y_1 的相位超前$\frac{\pi}{8}$，可以判断波沿 x 轴负向传播。

x_2 与 x_1 的波程差与相位差的关系满足

$$\Delta\varphi=2\pi\frac{x_2-x_1}{\lambda}$$

可得

$$\lambda=2\pi\frac{x_2-x_1}{\Delta\varphi}=2\pi(1-0)\frac{\pi}{8}\text{m}=16\text{m}$$

波速

$$u=\lambda\nu=\lambda\frac{\omega}{2\pi}=16\times\frac{3\pi}{2\pi}\text{m/s}=24\text{m/s}$$

综上所述，取 $x=0$ 处的振动方程为参考，由【例题 7.3】可得波动方程为

$$y = 0.2\cos\left[3\pi\left(t+\frac{x}{24}\right)\right] = 0.2\cos\left(3\pi t+\frac{\pi}{8}x\right)\text{m}$$

【例题 7.7】 在一无限大、均匀无吸收的媒质中，有两个波源 A、B 相距 $L=19\text{m}$，它们的振幅相同，振动的频率均为 50Hz，波源 A 的相位比 B 超前 $\frac{\pi}{2}$。若 A、B 两波产生的平面简谐波在同一波线上，波速 $u=200\text{m/s}$，求在两波源的连线上因干涉而加强的各点的位置。

【解】 如图 7.3.2 所示，取 AB 连线为 x 轴，A 点为坐标原点，A 指向 B 为 x 轴的正向，那么波源 A、B 把 x 轴分成三个区域：(1) $x<0$；(2) $0<x<L$；(3) $x>L$。现对每个区域逐一讨论。

(1) $x<0$ 的区域

如图 7.3.3 所示，在该区域内任取一点 P(P 点的坐标为 x)，A、B 两波源产生的波传到 P 点的波程分别为

$$r_A = \overline{AP} = -x$$

$$r_B = \overline{BP} = L-x$$

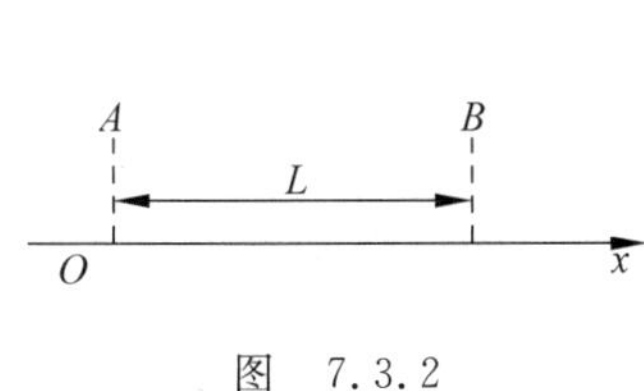

图　7.3.2

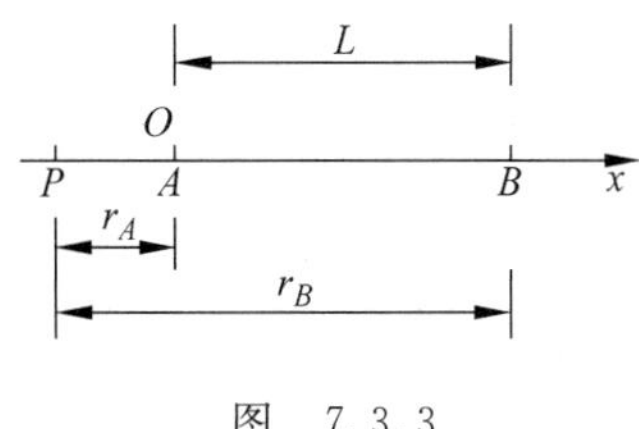

图　7.3.3

根据题意求加强点的位置，即应满足 $\Delta\varphi=2k\pi$，而

$$\Delta\varphi = \varphi_A-\varphi_B-2\pi\frac{r_A-r_B}{\lambda} = \frac{\pi}{2}-2\pi\frac{-x-L+x}{\frac{u}{\nu}} = \frac{\pi}{2}+2\pi\frac{19}{4} = 10\pi$$

$\Delta\varphi=10\pi$，说明 $\Delta\varphi$ 为 2π 的整数倍，由此可见在 $x<0$ 的区域内任一点的干涉结果都是振动加强的。

(2) $0<x<L$ 的区域

如图 7.3.4 所示，在该区域内任取一点 P，设

$$r_A = \overline{AP} = x$$

$$r_B = \overline{BP} = L-x$$

$$\Delta\varphi = \varphi_A-\varphi_B-2\pi\frac{r_A-r_B}{\lambda}$$

$$= \frac{\pi}{2}-2\pi\frac{x-L+x}{\frac{u}{\nu}}$$

$$= (10-x)\pi$$

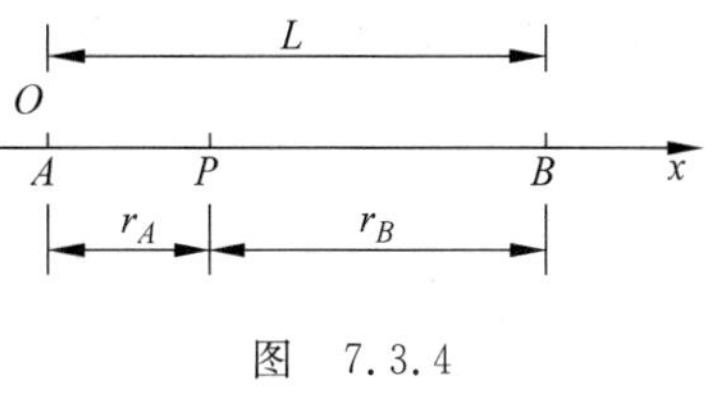

图　7.3.4

根据题意求加强点的条件，即 $\Delta\varphi=2k\pi$，则

$$(10-x)\pi = 2k\pi$$

即

$$x = 10-2k,\quad k=0,\pm1,\pm2,\pm3,\pm4$$

可得

$$x = 2,4,6,\cdots,16,18\text{m}$$

(3) $x>L$ 的区域

如图7.3.5所示,在该区域内任取一点 P,设

$$r_A = \overline{AP} = x$$

$$r_B = \overline{BP} = x-L$$

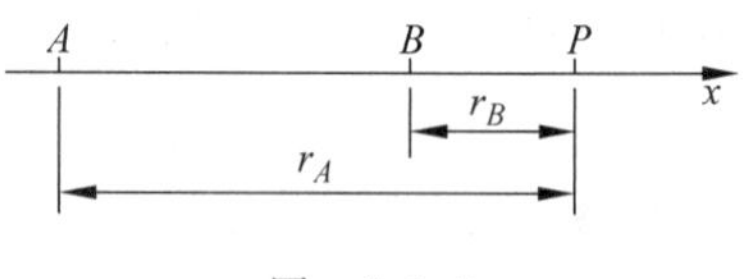

图 7.3.5

可得 $\Delta\varphi=-9\pi$,因 $\Delta\varphi$ 为 π 的奇数倍,各点因干涉而静止,所以在 $x>L$ 的区域内任一点的振动都不加强。

综上所述,加强点的位置是:$x<0$ 区域和 $x=2,4,6,\cdots,16,18\text{m}$ 的那些点。

【例题7.8】 一平面简谐波的波动方程 $y=0.1\cos(40\pi t+10\pi x+\pi)\text{m}$,在界面 $x=0$ 处碰壁反射,设振幅不变,入射波与反射波形成波节。求:

(1) 反射波的表达式;

(2) 入、反射波形成的驻波表达式;

(3) $x=\dfrac{\lambda}{4}$处质点的振动速度。

【解】 (1) 由入射波的波动方程知入射波是沿 x 轴负向传播,引起原点处的振动方程为

$$y_r\big|_{x=0} = 0.1\cos(40\pi t+\pi)\text{m}$$

因为入、反射波在原点处形成波节,所以反射波在原点处的振动相位与入射波在原点处的振动相反。那么反射波在原点的振动方程为

$$y_f\big|_{x=0} = 0.1\cos(40\pi t)\text{m}$$

反射波是沿 x 轴正向传播,其波动方程为

$$y_f = 0.1\cos(40\pi t-10\pi x)\text{m}$$

(2) 驻波表达式

$$\begin{aligned} y_{驻} &= y_f + y_r \\ &= 0.1\cos(40\pi t-10\pi x)+0.1\cos(40\pi t+10\pi x+\pi) \\ &= 0.2\cos\left(10\pi x+\frac{\pi}{2}\right)\cdot\cos\left(40\pi t+\frac{\pi}{2}\right)\text{m} \\ &= 0.2\sin(10\pi x)\cdot\sin(40\pi t)\text{m} \end{aligned}$$

(3) 由入射波的波动方程可解得波长 $\lambda=0.2\text{m}$,质点的速度方程为

$$\frac{\partial y}{\partial t} = 8\pi\sin(10\pi x)\cdot\cos(40\pi t)$$

在 $x=\dfrac{\lambda}{4}\text{m}$ 处,即 $x=\dfrac{0.2}{4}\text{m}=0.05\text{m}$ 处的质点的速度为

$$v=\frac{\partial y}{\partial t}\bigg|_{x=0.05} = 8\pi\sin(10\pi\times 0.05)\cdot\cos(40\pi t)\text{m/s} = 8\pi\cos(40\pi t)\text{m/s}$$

复习思考题

1. 试说明波动与振动的联系与区别。
2. 纵波和横波的区别何在?

3. 设在媒质中有一波源作谐振动，并产生平面简谐波。

(1) 波动的周期与波源的周期是否相同？

(2) 波动速度与质点的振动速度在数值上是否相同？方向是否相同？

4. 波动中$\frac{x}{u}$与$\frac{\omega x}{u}$的物理意义有何区别？

5. 由波动方程 $y=A\cos\left[\omega\left(t-\frac{x}{u}\right)\right]$可知：

(1) 当 x 给定时，y 是 t 的余弦函数，问经过多少时间就重复一次？

(2) 当 t 给定时，y 是 x 的余弦函数，问经过多长距离就重复一次？

6. 传播波的媒质的体积元中，总能量是随时间而变化的，这和能量守恒定律是否矛盾？

7. 波的能量与振幅平方成正比，当其他条件都相同时，在两个振幅相同的波互相加强点，合振幅为原来的两倍，能量增加为原来的四倍(多了两倍)，这是否和能量守恒定律矛盾？

8. 说明两相干波干涉时，下述物理量的物理意义：

(1)$\varphi_2-\varphi_1$；(2)r_2-r_1；(3)$\frac{2\pi}{\lambda}(r_2-r_1)$；(4)$\varphi_2-\varphi_1-\frac{2\pi}{\lambda}(r_2-r_1)$。

9. 波的叠加和波的干涉有何区别和联系？

10. 有两个相干波源，在它们连线的垂直平分线上各点，两波叠加后的合振动是否一定加强？为什么？

11. 试说明驻波形成的条件、驻波的特征以及与行波的区别。

12. 何为"半波损失"？在什么情况下，反射波与入射波会在分界面处发生反相的现象？

自我检查题

1. 在简谐波传播过程中，沿传播方向相距为$\frac{1}{2}\lambda$(λ 为波长)的两点的振动速度必定(　　)。

(A) 大小相同，方向相反　　(B) 大小和方向均相同

(C) 大小不同，方向相同　　(D) 大小不同，方向相反

2. 频率为 100Hz、传播速度为 300m/s 的平面简谐波，波线上距离小于波长的两点振动的相位差为$\frac{1}{3}\pi$，则此两点相距(　　)。

(A) 2.86m　　(B) 2.19m　　(C) 0.5m　　(D) 0.25m

3. 一平面简谐波沿 Ox 轴正向传播，$t=0$ 时的波形如图 7.5.1 所示，则 P 处介质质点的振动方程是(　　)(SI)。

(A) $y_P=0.10\cos\left(4\pi t+\frac{1}{3}\pi\right)$

(B) $y_P=0.10\cos\left(4\pi t-\frac{1}{3}\pi\right)$

(C) $y_P=0.10\cos\left(2\pi t+\frac{1}{3}\pi\right)$

(D) $y_P=0.10\cos\left(2\pi t+\frac{1}{6}\pi\right)$

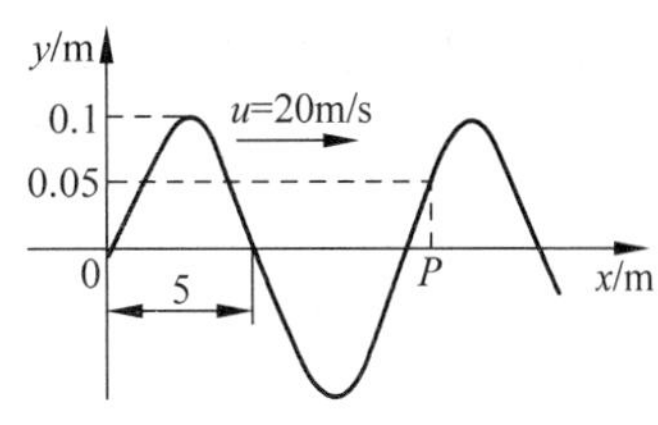

图　7.5.1

4. 一平面简谐波沿 Ox 正向传播,波动表达式为 $y=0.10\cos\left[2\pi\left(\frac{t}{2}-\frac{x}{4}\right)+\frac{\pi}{2}\right]$(SI),该波在 $t=0.5$s 时的波形图是图 7.5.2 中的(　　)。

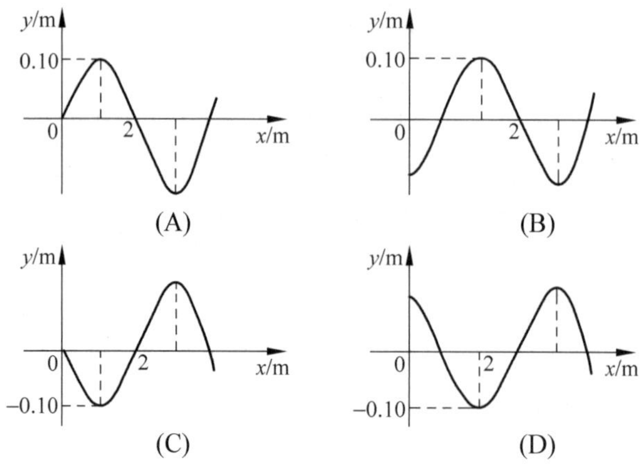

图　7.5.2

5. 下列函数可表示弹性介质中的一维波动,式中 A、a 和 b 是正的常量。其中哪个函数表示沿 x 轴负向传播的行波?(　　)

(A) $f(x,t)=A\cos(ax+bt)$　　(B) $f(x,t)=A\cos(ax-bt)$

(C) $f(x,t)=A\cos ax\cdot\cos bt$　　(D) $f(x,t)=A\sin ax\cdot\sin bt$

6. 一横波沿绳子传播时,波的表达式为 $y=0.05\cos(4\pi x-10\pi t)$(SI),则(　　)。

(A) 波长为 0.5m　　(B) 波速为 5m/s

(C) 波速为 25m/s　　(D) 频率为 2Hz

7. 如图 7.5.3 所示,一平面简谐波沿 x 轴正向传播,已知 P 点的振动方程为 $y=A\cos(\omega t+\varphi_0)$,则波的表达式为(　　)。

(A) $y=A\cos\{\omega[t-(x-l)/u]+\varphi_0\}$　　(B) $y=A\cos\{\omega[t-(x/u)]+\varphi_0\}$

(C) $y=A\cos\omega(t-x/u)$　　(D) $y=A\cos\{\omega[t+(x-l)/u]+\varphi_0\}$

图　7.5.3　　　　图　7.5.4

8. 一平面简谐波沿 x 轴正向传播,$t=0$ 时的波形图如图 7.5.4 所示,则 P 处质点的振动在 $t=0$ 时的旋转矢量图是图 7.5.5 中的(　　)。

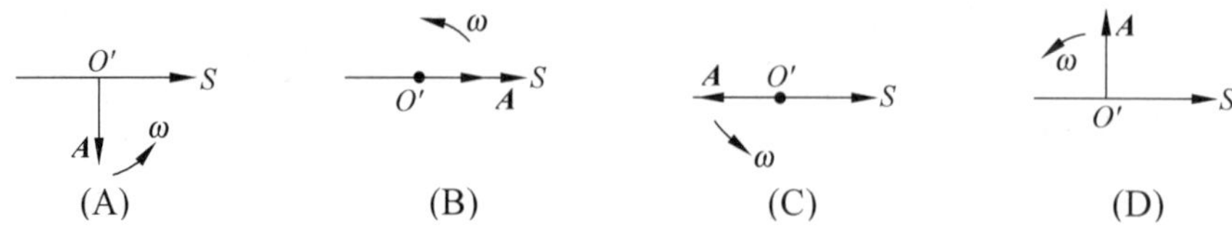

图　7.5.5

9. 一简谐波沿 x 轴正向传播，$t=T/4$ 时的波形曲线如图 7.5.6 所示。若振动以余弦函数表示，且各点振动的初相取 $-\pi$ 到 π 之间的值，则(　　)。

(A) O 点的初相为 $\varphi_0=0$　　(B) 1 点的初相为 $\varphi_1=-\frac{1}{2}\pi$

(C) 2 点的初相为 $\varphi_2=\pi$　　(D) 3 点的初相为 $\varphi_3=-\frac{1}{2}\pi$

10. 一列机械横波在 t 时刻的波形曲线如图 7.5.7 所示，则该时刻能量为最大值的媒质质元的位置是(　　)。

(A) O',b,d,f　　(B) a,c,e,g　　(C) O',d　　(D) b,f

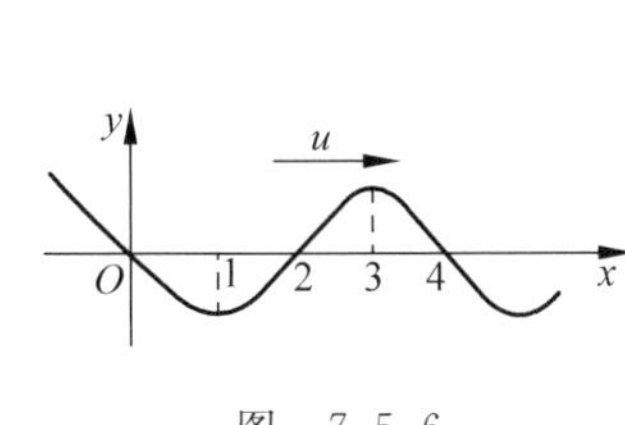

图 7.5.6

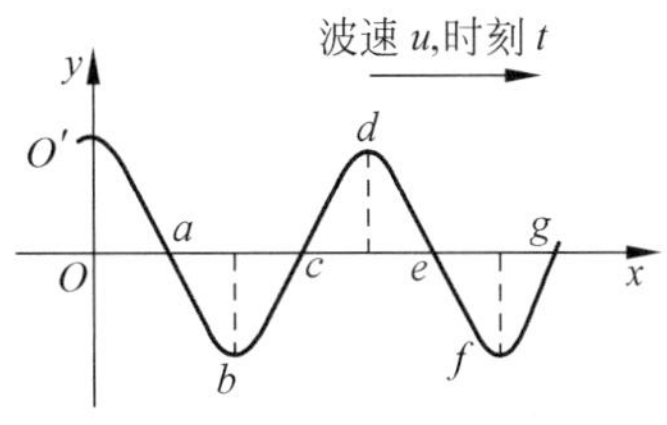

图 7.5.7

11. 一平面简谐波在弹性媒质中传播，在媒质质元从最大位移处回到平衡位置的过程中(　　)。

(A) 它的势能转换成动能

(B) 它的动能转换成势能

(C) 它从相邻的一段媒质质元获得能量，其能量逐渐增加

(D) 它把自己的能量传给相邻的一段媒质质元，其能量逐渐减小

12. S_1 和 S_2 是波长均为 λ 的两个相干波的波源，相距 $3\lambda/4$，S_1 的相位比 S_2 超前 $\frac{1}{2}\pi$。若两波单独传播时，在过 S_1 和 S_2 的直线上各点的强度相同，不随距离变化，且两波的强度都是 I_0，则在 S_1、S_2 连线上 S_1 外侧和 S_2 外侧各点，合成波的强度分别是(　　)。

(A) $4I_0,4I_0$　　(B) $0,0$

(C) $0,4I_0$　　(D) $4I_0,0$

13. 如图 7.5.8 所示，两列波长为 λ 的相干波在 P 点相遇。波在 S_1 点振动的初相是 φ_1，S_1 到 P 点的距离是 r_1；波在 S_2 点的初相是 φ_2，S_2 到 P 点的距离是 r_2。以 k 代表零或正、负整数，则 P 点是干涉极大的条件为(　　)。

(A) $r_2-r_1=k\lambda$

(B) $\varphi_2-\varphi_1=2k\pi$

(C) $\varphi_2-\varphi_1+2\pi(r_2-r_1)/\lambda=2k\pi$

(D) $\varphi_2-\varphi_1+2\pi(r_1-r_2)/\lambda=2k\pi$

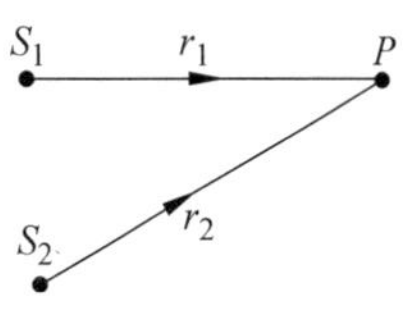

图 7.5.8

14. 如图 7.5.9 所示，S_1 和 S_2 为两相干波源，它们的振动方向均垂直于图面，发出波长为 λ 的简谐波，P 点是两列波相遇区域中的一点。已知 $\overline{S_1P}=2\lambda$，$\overline{S_2P}=2.2\lambda$，两列波在 P 点发生相消干涉。若 S_1 的振动方程为 $y_1=A\cos\left(2\pi t+\frac{1}{2}\pi\right)$，则 S_2 的振动方程为(　　)。

(A) $y_2=A\cos\left(2\pi t-\frac{1}{2}\pi\right)$ (B) $y_2=A\cos(2\pi t-\pi)$

(C) $y_2=A\cos\left(2\pi t+\frac{1}{2}\pi\right)$ (D) $y_2=2A\cos(2\pi t-0.1\pi)$

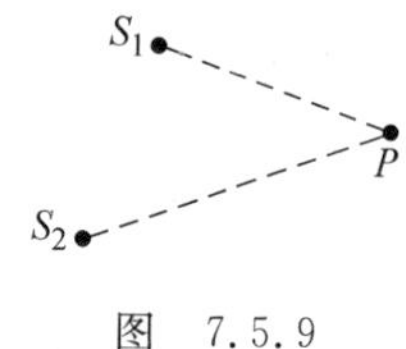

图 7.5.9

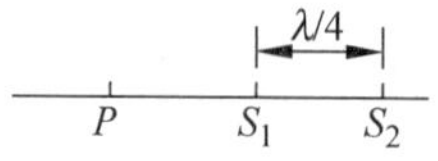

图 7.5.10

15. 如图 7.5.10 所示,两相干波源 S_1 和 S_2 相距 $\lambda/4$(λ 为波长),S_1 的相位比 S_2 的相位超前 $\frac{1}{2}\pi$,在 S_1、S_2 的连线上,S_1 外侧各点(例如 P 点)两波引起的两谐振动的相位差是( )。

(A) 0 (B) $\frac{1}{2}\pi$ (C) π (D) $\frac{3}{2}\pi$

16. 若在弦线上的驻波表达式是 $y=0.20\sin 2\pi x\cos 20\pi t$,则形成该驻波的两个反向进行的行波为( )(SI)。

(A) $y_1=0.10\cos\left[2\pi(10t-x)+\frac{1}{2}\pi\right]$

$y_2=0.10\cos\left[2\pi(10t+x)+\frac{1}{2}\pi\right]$

(B) $y_1=0.10\cos[2\pi(10t-x)-0.50\pi]$

$y_2=0.10\cos[2\pi(10t+x)+0.75\pi]$

(C) $y_1=0.10\cos\left[2\pi(10t-x)+\frac{1}{2}\pi\right]$

$y_2=0.10\cos\left[2\pi(10t+x)-\frac{1}{2}\pi\right]$

(D) $y_1=0.10\cos[2\pi(10t-x)+0.75\pi]$

$y_2=0.10\cos[2\pi(10t+x)+0.75\pi]$

17. 在弦线上有一简谐波,其表达式是

$$y_1=2.0\times 10^{-2}\cos\left[2\pi\left(\frac{t}{0.02}-\frac{x}{20}\right)+\frac{\pi}{3}\right] \quad (\mathrm{SI})$$

为了在此弦线上形成驻波,并且在 $x=0$ 处为一波节,此弦线上还应有一简谐波,其表达式为( )(SI)。

(A) $y_2=2.0\times 10^{-2}\cos\left[2\pi\left(\frac{t}{0.02}+\frac{x}{20}\right)+\frac{\pi}{3}\right]$

(B) $y_2=2.0\times 10^{-2}\cos\left[2\pi\left(\frac{t}{0.02}+\frac{x}{20}\right)+\frac{2\pi}{3}\right]$

(C) $y_2=2.0\times 10^{-2}\cos\left[2\pi\left(\frac{t}{0.02}+\frac{x}{20}\right)+\frac{4\pi}{3}\right]$

(D) $y_2=2.0\times 10^{-2}\cos\left[2\pi\left(\frac{t}{0.02}+\frac{x}{20}\right)-\frac{\pi}{3}\right]$

18. 在波长为 λ 的驻波中，两个相邻波腹之间的距离为(　　)。

(A) $\lambda/4$　　(B) $\lambda/2$　　(C) $3\lambda/4$　　(D) λ

19. 一平面简谐波沿 x 轴正向传播，波速 $u=100\text{m/s}$，$t=0$ 时的波形曲线如图 7.5.11所示。可知波长 $\lambda=$________；振幅 $A=$________；频率 $\nu=$________。

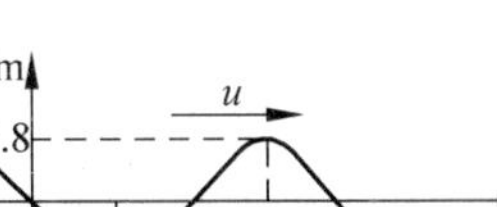

图　7.5.11

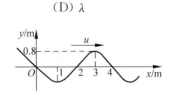

20. 一简谐波沿 x 轴正向传播，已知 $x=0$ 点的振动曲线如图 7.5.12 所示，试在它下面的图中画出 $t=T$ 时的波形曲线。

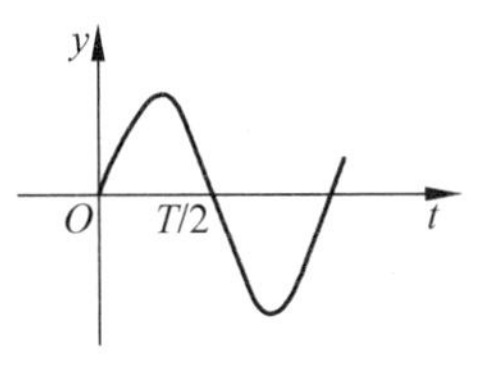

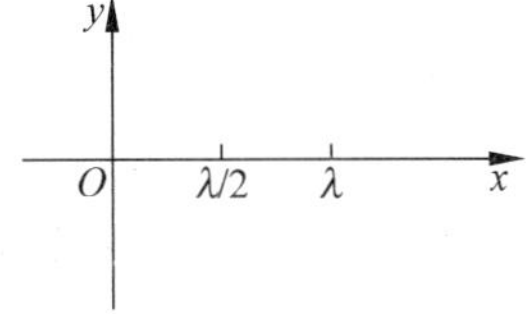

图　7.5.12

21. 一简谐波沿 x 轴正向传播，x_1 和 x_2 两点处的振动曲线分别如图 7.5.13(a)、(b)所示。已知 $x_2>x_1$ 且 $x_2-x_1<\lambda$(λ 为波长)，则 x_2 点的相位比 x_1 点的相位滞后________。

22. 沿弦线传播的一入射波在 $x=L$ 处(B 点)发生反射，反射点为固定端(图 7.5.14)，设波在传播和反射过程中振幅不变，且反射波的表达式为 $y_2=A\cos\left(\omega t+2\pi\dfrac{x}{\lambda}\right)$，则入射波的表达式是 $y_1=$________。

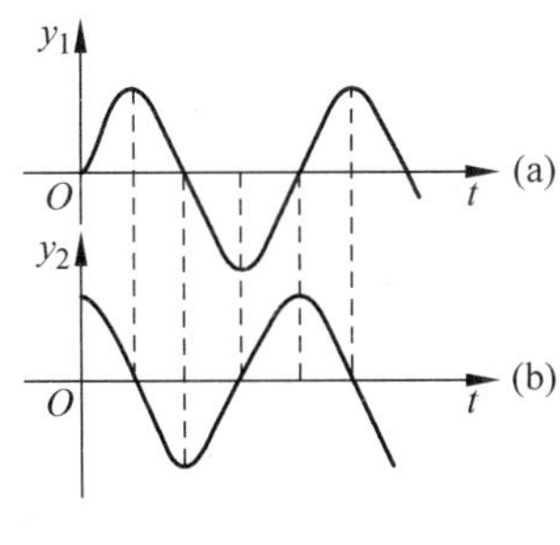

图　7.5.13

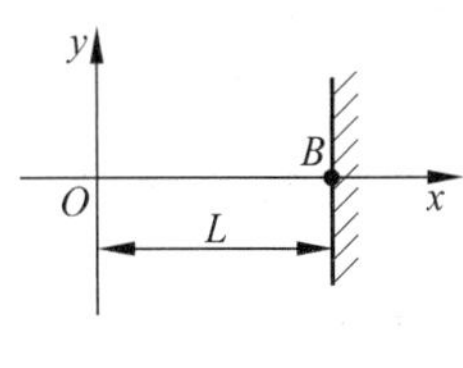

图　7.5.14

23. 已知一平面简谐波沿 x 轴正向传播，振动周期 $T=0.5\text{s}$，波长 $\lambda=10\text{m}$，振幅 $A=0.1\text{m}$。当 $t=0$ 时波源振动的位移恰好为正的最大值。若波源处为原点，则沿波传播方向距离波源为 $\dfrac{\lambda}{2}$ 处的振动方程为 $y=$________。当 $t=\dfrac{1}{2}T$ 时，$x=\dfrac{\lambda}{4}$ 处质点的振动速度为________。

24. 一平面简谐波沿 x 轴负向传播。已知 $x=-1\text{m}$ 处质点的振动方程为 $y=A\cos(\omega t+\varphi)$，若波速为 u，则此波的表达式为________。

25. 图 7.5.15 是一平面简谐波在 $t=2\text{s}$ 时的波形图，波的振幅为 0.2m，周期为 4s，则图中 P 点处质点的振动方程为________。

26. 一简谐波沿 x 轴正向传播。x_1 与 x_2 两点处的振动曲线分别如图 7.5.16(a)和(b)所示。已知 $x_2>x_1$ 且 $x_2-x_1<\lambda$(λ 为波长),则波从 x_1 点传到 x_2 点所用时间为________(用波的周期 T 表示)。

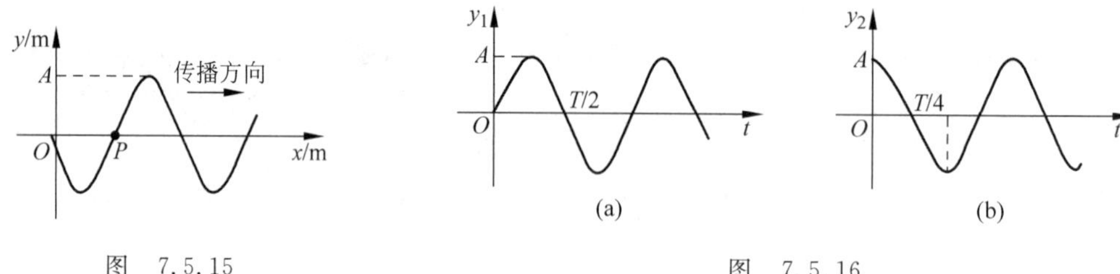

图 7.5.15　　图 7.5.16

27. 一弦上的驻波表达式为 $y=2.0\times10^{-2}\cos15x\cos1500t$(SI),形成该驻波的两个反向传播的行波的波速为________。

28. 在同一媒质中两列频率相同的平面简谐波的强度之比为 $I_1/I_2=16$,则这两列波的振幅之比是 $A_1/A_2=$________。

29. 一个机械波在媒质的传播过程中,当一媒质质元的振动动能的相位是 $\pi/2$ 时,它的弹性势能的相位是________。

30. 一平面简谐机械波在媒质中传播,若一媒质质元在 t 时波的能量是 10J,则在 $t+T$ 时刻(T 为波的周期)该媒质质元的振动动能是________。

31. 一强度为 I 的平面简谐波沿波速为 u 的方向通过一个面积为 S 的平面,如果波速 u 与该平面的法线方向 n 的夹角为 θ,则通过该平面的能流应该是________。

32. 两相干波源 S_1 和 S_2 的振动方程分别是 $y_1=A\cos(\omega t+\varphi)$ 和 $y_2=A\cos(\omega t+\varphi)$,$S_1$ 距 P 点 3 个波长,S_2 距 P 点 4.5 个波长。设波传播过程中振幅不变,则两波同时传到 P 点时的合振幅是________。

33. 如图 7.5.17 所示,两相干波源 S_1 与 S_2 相距 $3\lambda/4$,λ 为波长。设两波在 S_1S_2 连线上传播时,它们的振幅都是 A,并且不随距离变化。已知在该直线上在 S_1 左侧各点的合成波强度为其中一个波强度的 4 倍,则两波源应满足的相位条件是________。

34. 两个相干点波源 S_1 和 S_2,它们的振动方程分别是 $y_1=A\cos\left(\omega t+\frac{1}{2}\pi\right)$ 和 $y_2=A\cos\left(\omega t-\frac{1}{2}\pi\right)$。波从 S_1 传到 P 点经过的路程等于 2 个波长,波从 S_2 传到 P 点的路程等于 7/2 个波长。设两波波速相同,在传播过程中振幅不衰减,则两波传到 P 点的振动的合振幅为________。

35. 如图 7.5.18 所示可以是某时刻的驻波的波形,也可以是某时刻的行波波形,图中 λ 为波长,就驻波而言,a、b 两点间的相位差为________;就行波而言,a、b 两点间的相位差为________。

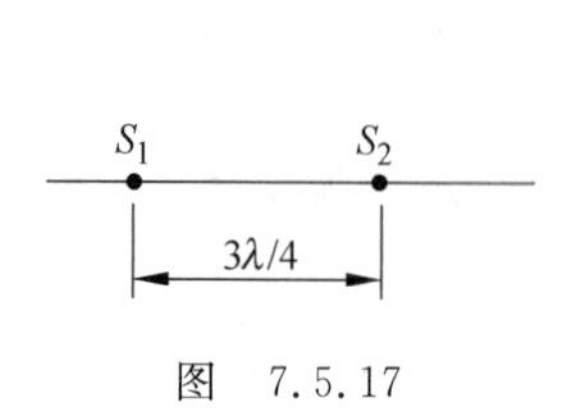

图 7.5.17

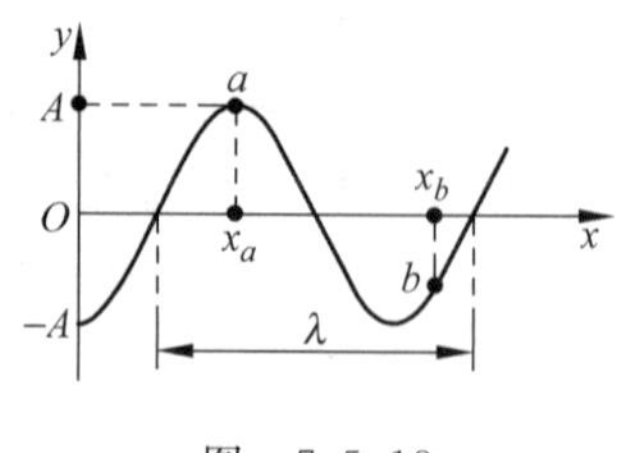

图 7.5.18

36. 一驻波表达式为 $y=2A\cos(2\pi x/\lambda)\cos\omega t$，则 $x=-\frac{1}{2}\lambda$ 处质点的振动方程是________；该质点的振动速度表达式是________。

37. 设入射波的表达式为 $y_1=A\cos2\pi\left(\nu t+\frac{x}{\lambda}\right)$。波在$x=0$ 处发生反射，反射点为固定端，则形成的驻波表达式为________。

38. 两列波在一根很长的弦线上传播，其方程分别可以表示为 $y_1=6.0\times10^{-2}\cos\pi(x-40t)/2$ 和 $y_2=6.0\times10^{-2}\cos\pi(x+40t)/2$(SI)，则合成波的方程式为________；在 $x=0$ 至 $x=10.0\text{m}$ 内波节的位置是________，波腹的位置是________。

39. 如果在固定端 $x=0$ 处反射的反射波方程式是 $y_2=A\cos2\pi(\nu t-x/\lambda)$，设反射波无能量损失，那么入射波的方程式是 $y_1=$________；形成的驻波的表达式是 $y=$________。

40. 一驻波方程为 $y=2A\cos(2\pi x/\lambda)\cos\omega t$，则 $x=-\lambda/2$ 处质点的振动方程是________；该质点的振动速度表达式是________。

41. 设入射波的波动方程为 $y_1=A\cos2\pi\left(\frac{t}{T}+\frac{x}{\lambda}\right)$，在 $x=0$ 处发生反射，反射点为自由端。反射波的波动方程为________；合成驻波的方程为________；波腹、波节的位置为________。

习题

1. 一平面简谐波以波速 $u=5\text{m/s}$ 沿 x 轴正向传播，若 $x=0.2\text{m}$ 处质点 P 的振动方程为 $y_P=0.2\cos\left(20\pi t+\frac{\pi}{2}\right)\text{m}$。试求：

(1) 波动方程；

(2) $t=5\text{s}$ 时，x 轴上任一点的位移和速度；

(3) $x=-0.2\text{m}$ 处质点 Q 的振动方程；

(4) P、Q 两点的相位差。

2. 有一沿 x 轴方向传播的平面简谐波，波动方程为 $y=0.1\cos\left(6x-3t-\frac{\pi}{2}\right)\text{m}$。试求：振幅 A，波长 λ，频率 ν，波速大小和传播方向。

3. 一横波方程为 $y=A\cos\frac{2\pi}{\lambda}(ut-x)$，式中 $A=0.01\text{m}$，$\lambda=0.2\text{m}$，$u=25\text{m/s}$，求 $t=0.1\text{s}$ 时在 $x=2\text{m}$ 处质点振动的位移、速度和加速度。

4. 已知一平面简谐波的波动方程可以表示为 $y=0.25\cos(125t-0.37x)$(SI)。

(1) 分别求 $x_1=10\text{m}$ 和 $x_2=25\text{m}$ 两点处质点的振动方程；

(2) 求 x_1 和 x_2 两点间的振动相位差；

(3) 求 x_1 点在 $t=4\text{s}$ 时的振动位移。

5. 一平面简谐波沿 x 轴负方向传播。已知 $x=-1\text{m}$ 处质点的振动方程为 $y=A\cos(\omega t+\varphi)$，若波速为 u，试写出此波的表达式。

6. 已知一平面简谐波沿 x 轴正向传播，振动周期 $T=0.5\text{s}$，波长 $\lambda=10\text{m}$，振幅 $A=$

0.1m。当 $t=0$ 时波源振动的位移恰好为正的最大值。若波源处为原点，试写出沿波传播方向距离波源为 $\lambda/2$ 处的振动表达式。并问当 $t=\frac{1}{2}T$ 时，$x=\lambda/4$ 处质点的振动速度为多大？

7. 如图7.6.1所示为一平面简谐波在 $t=0$ 时的波形图，设此简谐波的频率为250Hz，且此时质点 P 的运动方向向下，求：

(1) 该波的波动方程；

(2) 在距离原点 O 为100m处质点的振动方程和振动速度表达式。

8. 如图7.6.2所示，一平面波在介质中以速度 $u=20\mathrm{m/s}$ 沿 x 轴的负向传播，已知 A 点的振动方程可以表示为 $y=3\cos 4\pi t\,\mathrm{cm}$，

(1) 以 A 点为坐标原点写出波动方程；

(2) 以距 A 点5m处的 B 点为坐标原点，写出波动方程。

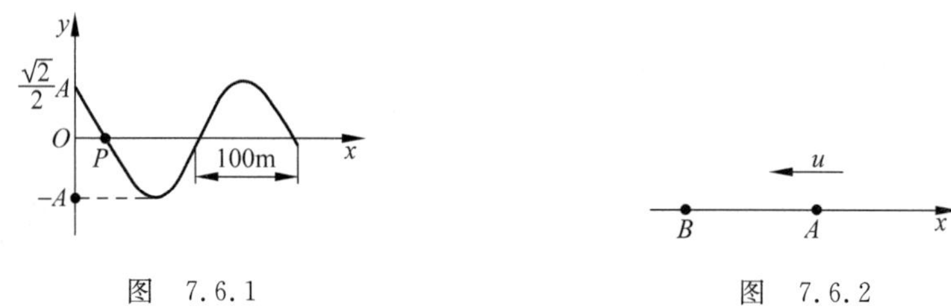

图　7.6.1　　　　图　7.6.2

9. 一平面简谐波沿 x 轴正向传播，其振幅为 A，频率为 ν，波速为 u。设 $t=t'$ 时的波形曲线如图7.6.3所示。求：

(1) $x=0$ 处质点的振动方程；

(2) 该波的波动方程。

10. 图7.6.4所示为一平面简谐波在 $t=2\mathrm{s}$ 时的波形图，波的振幅为0.2m，周期为4s，试建立图中 P 点处质点的振动表达式。

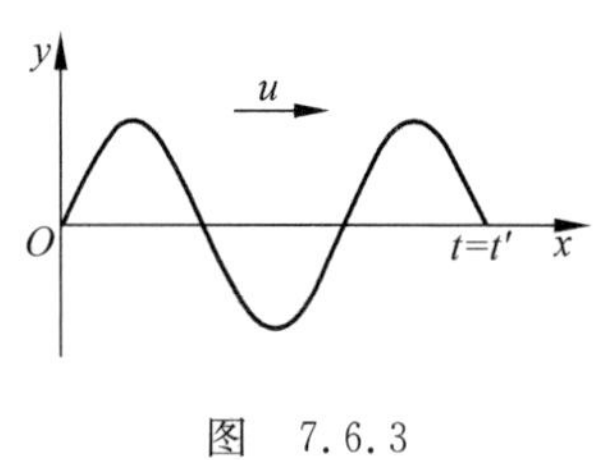

图　7.6.3

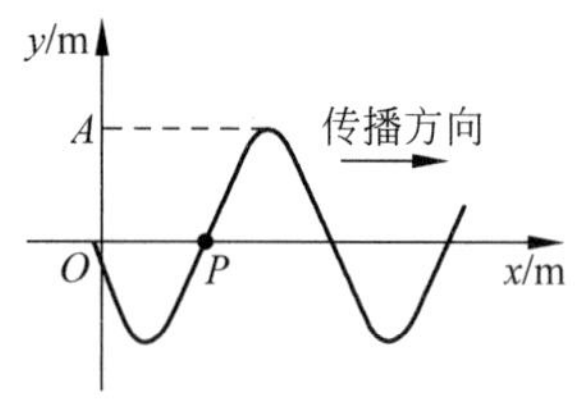

图　7.6.4

11. 一平面简谐波沿 Ox 轴的负向传播，波长为 λ，P 处质点的振动规律如图7.6.5所示。

(1) 求 P 处质点的振动方程；

(2) 求此波的波动方程；

(3) 若图7.6.5中 $d=\lambda/2$，求 O 处质点的振动方程。

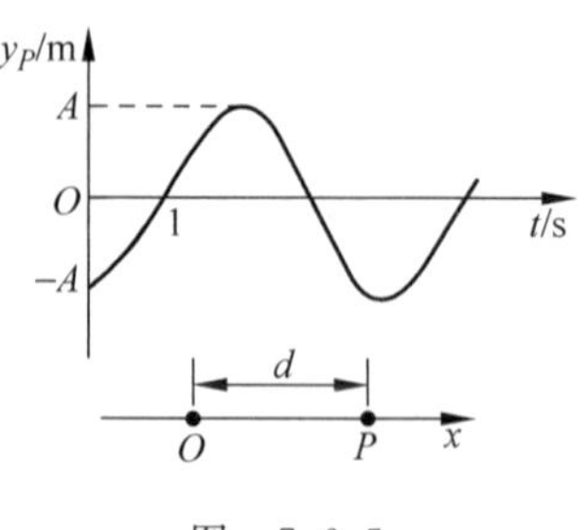

图　7.6.5

12. 在各向同性无限大均匀媒质中，$t=0$ 时的波形图如图7.6.6所示。

(1) 设波沿 x 轴正向传播，波速 $u=100\mathrm{m/s}$，试建立波

的表达式，并画出 $t=\frac{T}{4}$ 时 $x<0$ 区域的波形曲线。

（2）设波沿 x 轴负向传播，波速 $u=100\text{m/s}$，试建立波的表达式，并画出 $t=\frac{T}{4}$ 时 $x<0$ 区域的波形曲线。

（3）若波源在坐标原点，波速 $u=100\text{m/s}$，试建立波的表达式，并画出 $t=\frac{T}{4}$ 时 $x<0$ 区域的波形曲线。

13. 一平面简谐波在 $t=0$ 时的波形曲线如图 7.6.7 所示，波速 $u=0.08\text{m/s}$。

（1）写出该波的波动表达式；

（2）画出 $t=\frac{T}{8}$ 时的波形曲线。

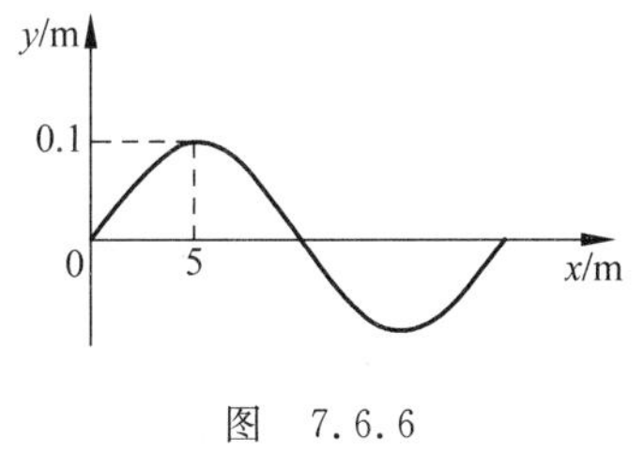

图　7.6.6

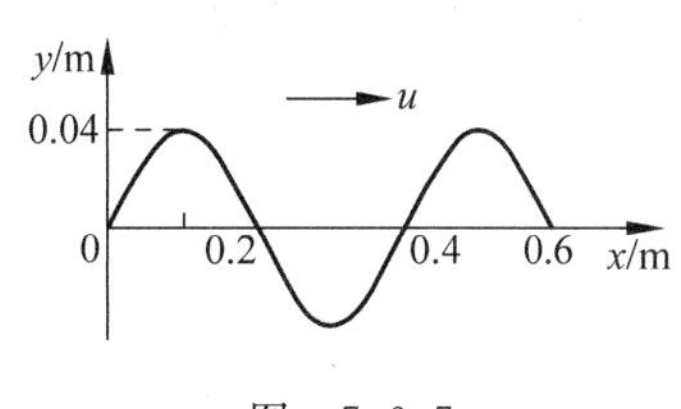

图　7.6.7

14. 已知一平面简谐波的传播方向与 x 轴平行，在 $x=1\text{m}$ 处的振动曲线和 $t=0$ 时的波形曲线分别如图 7.6.8(a)和(b)所示，试建立波的表达式。

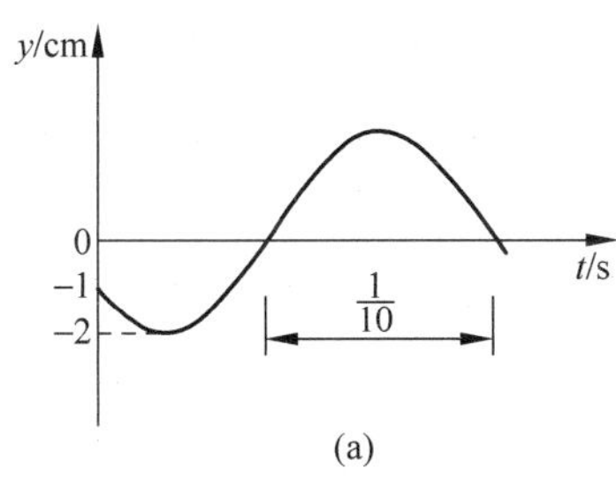

(a)

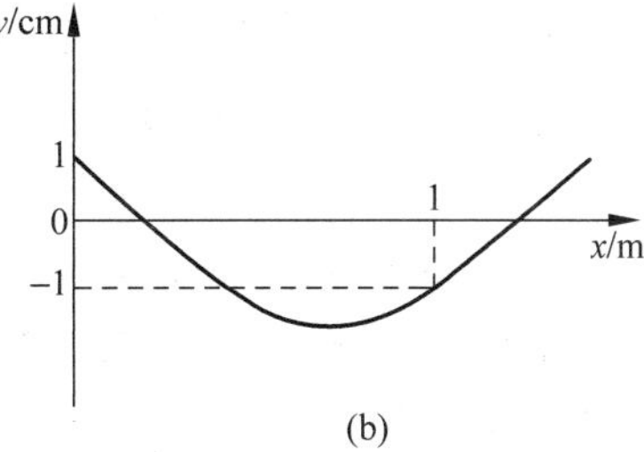

(b)

图　7.6.8

15. 一平面简谐波，频率为 300Hz，波速为 340m/s，在截面面积为 $3.00\times10^{-2}\text{m}^2$ 的管内空气中传播，若在 10s 内通过截面的能量为 $2.70\times10^{-2}\text{J}$，求：

（1）通过截面的平均能流；

（2）波的平均能流密度；

（3）波的平均能量密度。

16. 一正弦式声波，沿直径为 0.14m 的圆柱形管行进，波的强度为 $9.0\times10^{-3}\text{W/m}^2$，频率为 300Hz，波速为 300m/s。问：

（1）波中的平均能量密度和最大能量密度是多少？

（2）每两个相邻的、相位差为 2π 的同相面间有多少能量？

17. 一平面简谐声波的频率为 500Hz，在空气中以速度 $u=340\text{m/s}$ 传播，到达人耳时，

振幅 $A=10^{-4}$cm,试求人耳接收到声波的平均能量密度和强度(空气的密度 $\rho=1.29\text{kg/m}^3$)。

18. 一弹性波在介质中以速度 $u=10^3$m/s 传播,振幅 $A=1.0\times10^{-4}$m,频率 $\nu=10^3$Hz。若该介质的密度为 800kg/m^3,求:

(1) 该波的平均能流密度;

(2) 1分钟内垂直通过面积 $S=4\times10^{-4}\text{m}^2$ 的总能量。

19. 如图7.6.9所示,两相干波源 S_1 和 S_2 的距离为 $d=30$m,S_1 和 S_2 都在 x 坐标轴上,S_1 位于坐标原点 O,设由 S_1 和 S_2 分别发出的两列波沿 x 轴传播时,强度保持不变。$x_1=9$m 和 $x_2=12$m 处的两点是相邻的两个因干涉而静止的点。求两波的波长和两波源间的最小相位差。

20. 图7.6.10中 A、B 是两个相干的点波源,它们的振动相位差为 π(反相)。A、B 相距30cm,观察点 P 和 B 点相距40cm,且 $\overline{PB}\perp\overline{AB}$。若发自 A、B 的两波在 P 点处最大限度地互相削弱,求波长的最大可能值。

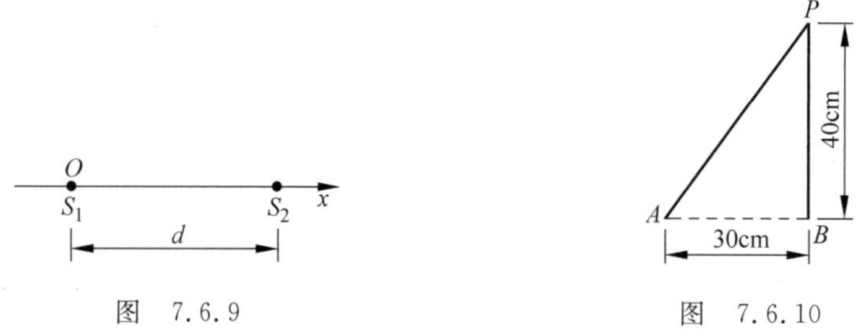

图 7.6.9　　　图 7.6.10

21. 有一平面波 $y=2\cos600\pi\left(t-\dfrac{x}{330}\right)$(SI),传到隔板上的两个小孔 A、B 上,A、B 相距1m,$PA\perp AB$,如图7.6.11所示。若从 A、B 传出的子波到达 P 点时恰好相消,求 P 点到 A 点的距离。

22. 两相干波源 B 和 C 相距30m,频率50Hz,初相差 π,振幅均为0.01m,它们相向发出两平面简谐波,波速为800m/s,如图7.6.12所示。求:

(1) 两波源的振动方程;

(2) 两波源产生相干波的波动表达式;

(3) 在 B、C 间因干涉而静止点的位置。

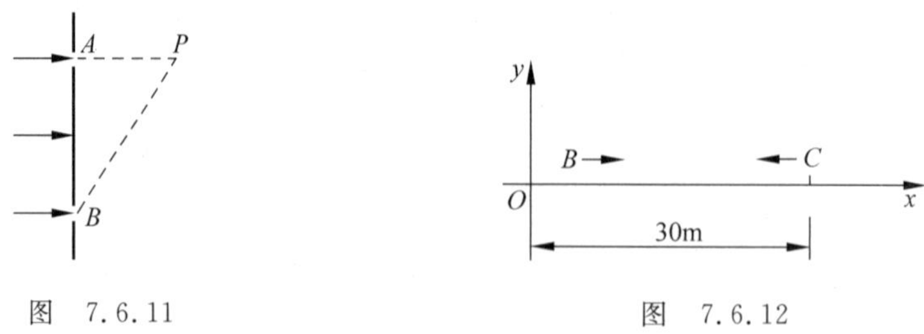

图 7.6.11　　　图 7.6.12

23. 在弹性媒质中有一沿 x 轴正向传播的平面波,其波动方程表示为 $y=0.01\cos\left(4t-\pi x-\dfrac{\pi}{3}\right)$(SI)。若在 $x=5.00$m 处有一媒质分界面,且在分界面处相位突变 π,设反射后波的强度不变，试写出反射波的波动方程。

24. 一列火车以 20m/s 的速度行驶，若机车汽笛的频率为 600Hz，试求一静止的观察者在机车前和机车后所听到的声音频率(设空气中声速 $u=340\text{m/s}$)。

25. 在均匀介质中，有两列余弦波沿 Ox 轴传播，波动方程分别为 $y_1=A\cos[2\pi(\nu t-x/\lambda)]$ 与 $y_2=A\cos[2\pi(\nu t+x/\lambda)]$，试求 Ox 轴上合振幅最大与合振幅最小的那些点的位置。

26. 在弹性媒质中有一沿 x 轴正向传播的平面波，其表达式为 $y=0.01\cos\left(4t-\pi x-\frac{1}{2}\pi\right)$(SI)。若在 $x=5.00\text{m}$ 处有一媒质分界面，且在分界面处反射波相位突变 π，设反射波的强度不变，写出：

(1) 反射波的波动表达式；

(2) 入射波和反射波所形成驻波的表达式；

(3) 波腹、波节点的位置。

27. 一平面简谐波沿 x 轴正向传播，如图 7.6.13 所示，传到媒质分界面 M，在 B 点发生反射，并形成波节。已知 O、B 两点相距 1.75m，波长为 1.4m，原点处的振动方程为 $y_O=0.05\cos\left(500\pi t+\frac{\pi}{4}\right)$(m)。设反射波不衰减，求：

(1) 入射波的波动方程；

(2) 反射波的波动方程；

(3) O、B 之间的波节位置；

(4) 离 O 点为 0.875m 处质点的振幅。

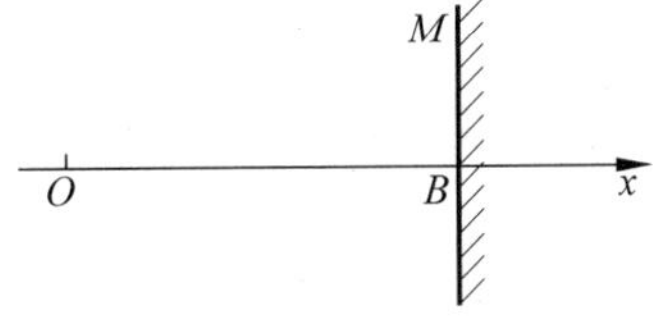

图　7.6.13

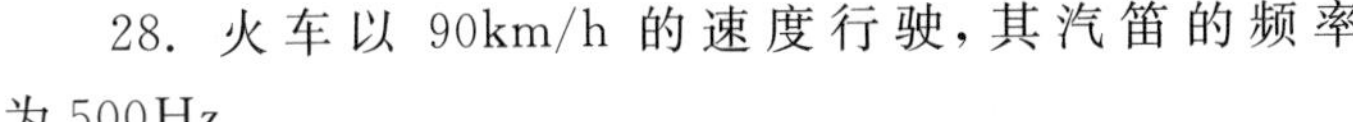

28. 火车以 90km/h 的速度行驶，其汽笛的频率为 500Hz。

(1) 一个人站在铁轨旁，当火车从他身旁驶过时，他听到的汽笛声的频率变化是多大(设声速为 340m/s)？

(2) 若此人坐在汽车里，而汽车在铁轨旁的公路上以 54km/h 的速率迎着火车行驶。试问此人听到汽笛声的频率为多大？

29. 正在报警的警钟，每隔 0.5s 响一声，一声接一声地响着。有一个人在以 60km/h 的速度向警钟所在地驶去的火车中，问这个人在 1min 内听到几声钟响？(设声速是 340m/s)

第一阶段模拟试卷(A)

应试人________　　应试人学号________　　应试人所在院系________

题号	选择	填空	计算 1	计算 2	计算 3	计算 4	计算 5	计算 6	总分
得分									

一、选择题(共 24 分)

1.(本题 3 分)

一个质点沿直线运动,其速度为 $v=v_0\mathrm{e}^{-kt}$(式中 k、v_0 为常量)。当 $t=0$ 时,质点位于坐标原点,则此质点的运动方程为(　　)。

(A) $x=\frac{v_0}{k}\mathrm{e}^{-kt}$　　(B) $x=-\frac{v_0}{k}\mathrm{e}^{-kt}$

(C) $x=\frac{v_0}{k}(1-\mathrm{e}^{-kt})$　　(D) $x=-\frac{v_0}{k}(1-\mathrm{e}^{-kt})$

2.(本题 3 分)

沿直线运动的物体,其速度的大小与时间成反比,则其加速度的大小与速度大小的关系是(　　)。

(A) 与速度大小成正比　　(B) 与速度大小的平方成正比

(C) 与速度大小成反比　　(D) 与速度大小的平方成反比

3.(本题 3 分)

质量为 $m=0.5\mathrm{kg}$ 的质点,在 xOy 坐标平面内运动,其运动方程为 $x=5t$,$y=5t^2$(SI),从 $t=2\mathrm{s}$ 到 $t=4\mathrm{s}$ 内,外力对质点做的功为(　　)。

(A) 150J　　(B) 300J

(C) 450J　　(D) −150J

4.(本题 3 分)

如图所示,一个小物体位于光滑的水平桌面上,与绳的一端相连,绳的另一端穿过桌面中心的小孔 O。该物体原以角速度 w 在半径为 R 的圆周上绕 O 旋转,今将绳从小孔缓慢往下拉,则物体(　　)。

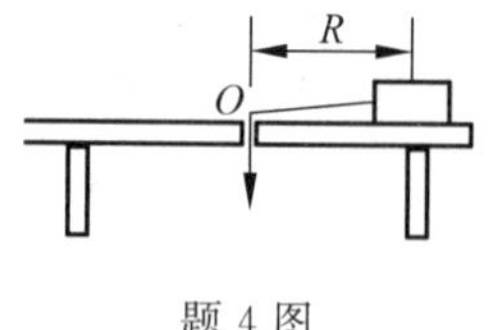

题 4 图

(A) 动能不变,动量改变　　(B) 动量不变,动能改变

(C) 角动量不变,动量不变　　(D) 角动量改变,动量改变

(E) 角动量不变,动能、动量都改变

5.(本题 3 分)

如图所示,A、B 为两个相同的绕着轻绳的定滑轮。A 滑轮挂一质量为 M 的物体,B 滑轮受拉力 F,而且 $F=Mg$。设 A、B 两滑轮的角加速度分别为 β_A 和 β_B,不计滑轮轴的摩擦,则有(　　)。

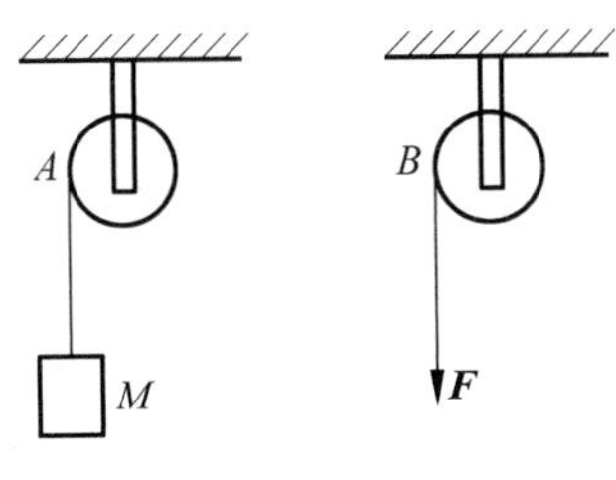

题5图

(A) $\beta_A=\beta_B$　　(B) $\beta_A>\beta_B$

(C) $\beta_A<\beta_B$　　(D) 开始时 $\beta_A=\beta_B$,后面 $\beta_A<\beta_B$

6.(本题3分)

有两个半径相同、质量相等的细圆环 A 和 B,A 环的质量分布均匀,B 环的质量分布不均匀。它们对通过环心并与环面垂直的轴的转动惯量分别为 J_A 和 J_B,则(　　)。

(A) $J_A>J_B$　　(B) $J_A<J_B$

(C) $J_A=J_B$　　(D) 不能确定 J_A、J_B 哪个大

7.(本题3分)

如图所示,一静止的均匀细棒,长为 L、质量为 M,可绕通过棒的端点且垂直于棒长的光滑固定轴 O 在水平面内转动,转动惯量为 $\frac{1}{3}ML^2$。一质量为 m、速率为 v 的子弹在水平面内沿与棒垂直的方向射出并穿出棒的自由端,设穿过棒后子弹的速率为 $\frac{1}{2}v$,则此时棒的角速度应为(　　)。

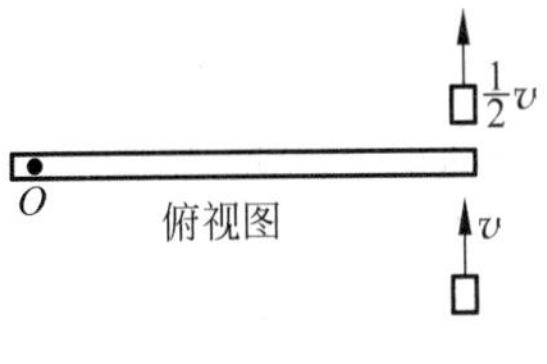

题7图

(A) $\frac{mv}{ML}$　　(B) $\frac{3mv}{2ML}$　　(C) $\frac{5mv}{3ML}$　　(D) $\frac{7mv}{4ML}$

8.(本题3分)

用余弦函数描述一简谐振动,已知振幅为 A,周期为 T,初相 $\varphi=-\frac{1}{3}\pi$,则振动曲线为(　　)。

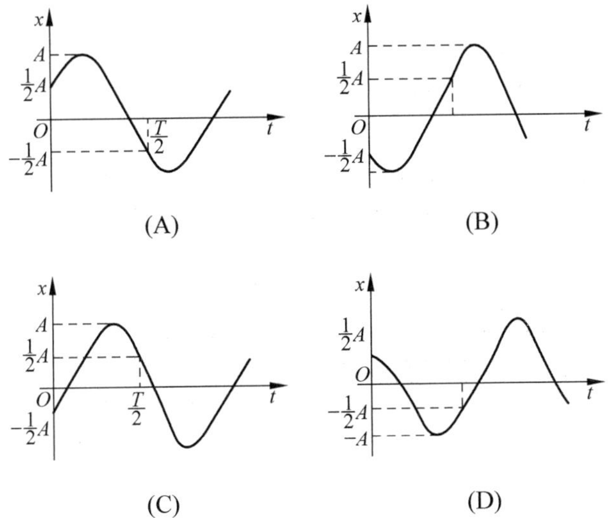

二、填空题(共36分)

9.(本题3分)

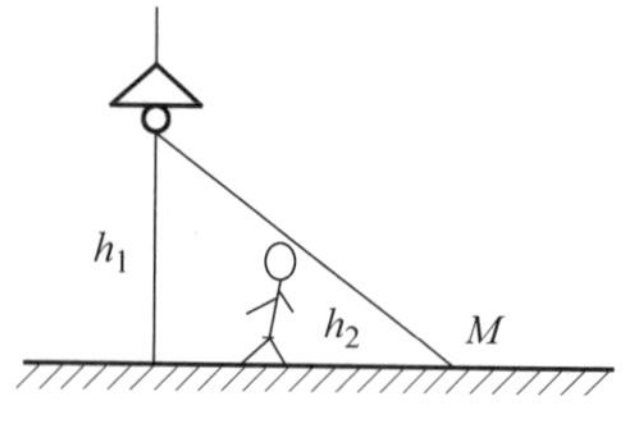

题9图

灯距地面高度为 h_1,一个人身高为 h_2,在灯下以匀速率 v 沿水平直线行走,如图所示。他的头顶在地上的影子 M 点沿地面移动的速度为 v_M=________。

10.(本题3分)

轮船在水上以相对于水的速度 $\boldsymbol{v}$ 航行,水流速度为 $\boldsymbol{v}_2$,一人相对于甲板以速度 $\boldsymbol{v}_3$ 行走。如人相对于岸静止,则 $\boldsymbol{v}_1$、$\boldsymbol{v}_2$ 和 $\boldsymbol{v}_3$ 的关系是________。

11.(本题4分)

一质量为2kg的质点在力 $F=20t+8$(N)的作用下,沿 Ox 轴作直线运动。在 $t=0$ 时,质点的速度为3m/s。质点在任意时刻的速度为________。

12.(本题3分)

哈雷彗星绕太阳的轨道是以太阳为一个焦点的椭圆,它离太阳最近的距离是 $r_1=8.75\times10^{10}$ m,此时它的速率是 $v_1=5.46\times10^4$ m/s。它离太阳最远时的速率是 $v_2=9.08\times10^2$ m/s,这时它离太阳的距离是 r_2=________。

13.(本题3分)

有一劲度系数为 k 的轻弹簧竖直放置,下端悬一质量为 m 的小球。先使弹簧为原长,而小球恰好与地接触,再将弹簧上端缓慢地提起,直到小球刚能脱离地面为止。在此过程中外力所做的功为________。

14.(本题3分)

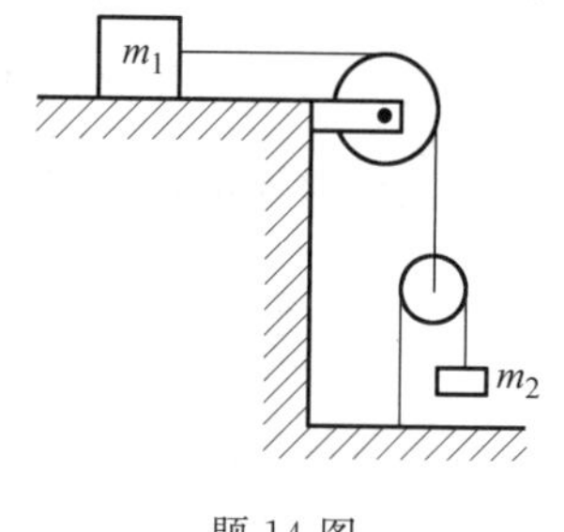

题14图

在如图所示的装置中,忽略滑轮和绳的质量及轴上摩擦,假设绳子不可伸长,则 m_2 的加速度 a_2=________。

15.(本题3分)

质量为 M 的车沿光滑的水平轨道以速度 v_0 前进,车上的人质量为 m,开始时人相对于车静止,后来人以相对于车的速度 v 向前走,此时车速变成 V,则车与人系统沿轨道方向动量守恒的方程应写为________。

16.(本题3分)

一球面波在各向同性均匀介质中传播,已知波源的功率为100W,若介质不吸收能量,则距波源10m处的波的平均能流密度为________。

17.(本题3+3=6分)

已知一驻波在 t 时各点振动到最大位移处,其波形如图(a)所示,一行波在 t 时的波形如图(b)所示。试分别在图(a)、图(b)上标明图中 a、b、c、d 各点此时的运动速度的方向(设为横波)。

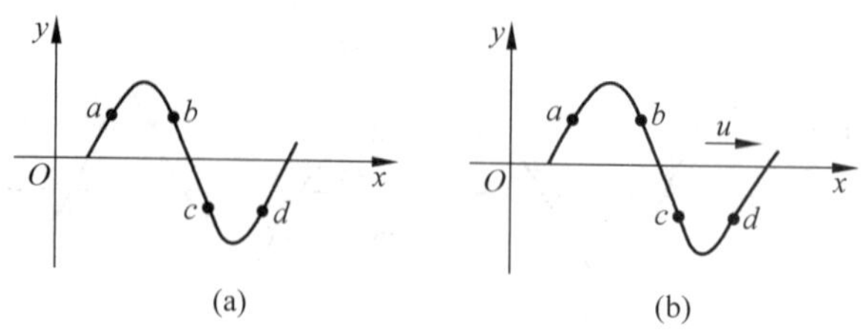

题17图

18. (本题 3+2=5 分)

一列火车以 20m/s 的速度行驶,若机车汽笛的频率为 600Hz,一静止观测者在机车前和机车后所听到的声音频率分别为________和________(设空气中声速为 340m/s)。

三、计算题(共 40 分)

19. (本题 5 分)

一质量为 m 的小艇在靠近目的点时关闭发动机,此刻船速为 v_0,设水对小艇的阻力 F 正比于船速 v,即 $F=kv$(k 为比例系数)。试求:

(1) (2 分)小艇在关闭发动机开始计时,在尚未停止前的速率 $v(t)$;

(2) (3 分)小艇在关闭发动机后还能行驶多大距离。

20. (本题 5 分)

如图所示陨石在距地面高 h 处时速度为 v_0,忽略空气阻力,求陨石落地的速度。设地球质量为 M,半径为 R,万有引力常量为 G。

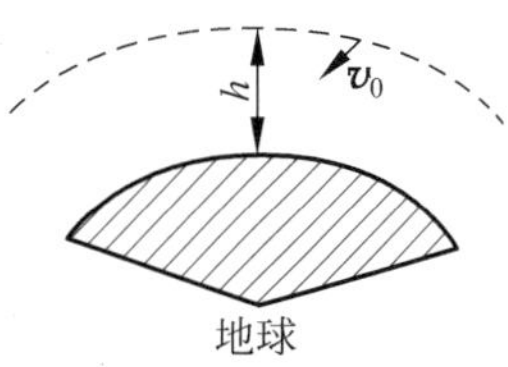

题 20 图

21. (本题 10 分)

一质量均匀分布的圆盘,质量为 M,半径为 R,放在一粗糙水平面上(圆盘与水平面之间的摩擦系数为 μ),圆盘可绕通过其中心 O 的竖直固定光滑轴转动。开始时,圆盘静止,一质量为 m 的子弹以水平速度 v_0 垂直于圆盘半径射入圆盘边缘并嵌在盘边上,求:

(1) (4 分)子弹击中圆盘后,盘所获得的角速度;

(2) (6 分)经过多少时间后,圆盘停止转动。

$\left(\text{圆盘绕通过 } O \text{ 的竖直轴的转动惯量为} \frac{1}{2}MR^2\text{,忽略子弹重力造成的摩擦阻力矩}\right)$

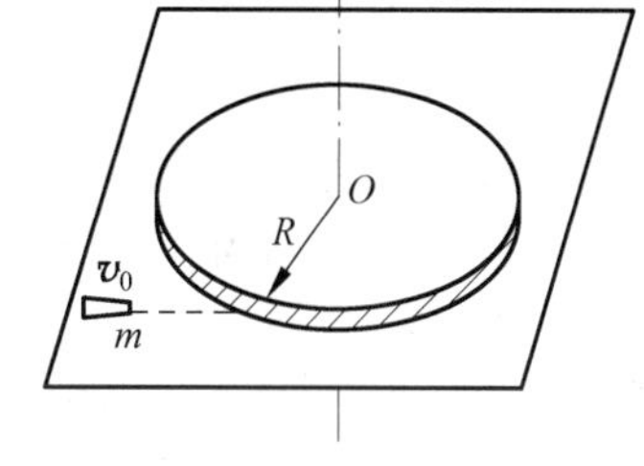

题 21 图

22. (本题 8 分)

在一轻弹簧下端悬挂 $m_0=100\text{g}$ 砝码时,弹簧伸长 8cm,处于平衡。现在这根弹簧下端悬挂 $m=250\text{g}$ 的物体,构成弹簧振子。将物体从平衡位置向下拉动 4cm,并给以向上的 21cm/s 的初速度(令这时 $t=0$),选 x 轴向下,求振动方程的数值式。

23. (本题 5 分)

一简谐波沿 x 轴负方向传播,波速为 1m/s,在 x 轴上某质点的振动频率为 1Hz、振幅为 0.01m。$t=0$ 时该质点恰好在正向最大位移处。若以该质点的平衡位置为 x 轴的原点,求此一维简谐波的表达式。

24. (本题 7 分)

设入射波的波动表达式为 $y_1=A\cos 2\pi\left(\frac{t}{T}+\frac{x}{\lambda}\right)$,在 $x=0$ 处发生反射,反射点为一自由端。

(1) (2 分)写出反射波的波动表达式;

(2) (2 分)写出驻波的表达式;

(3) (3 分)说明哪些点是波腹,哪些点是波节。

第一阶段模拟试卷(B)

应试人________　　应试人学号________　　应试人所在院系________

题号	选择	填空	计算1	计算2	计算3	计算4	计算5	计算6	总分
得分									

一、选择题(共24分)

1.(本题3分)

一质点在 xOy 平面上运动，已知质点的运动方程为 $\boldsymbol{r}=2t^2\boldsymbol{i}-5t^2\boldsymbol{j}$(SI)，则该质点作(　　)。

(A) 变速直线运动　　(B) 匀速直线运动

(C) 抛物线运动　　(D) 一般曲线运动

2.(本题3分)

设物体沿固定圆弧形光滑轨道由静止下滑，在下滑过程中，(　　)。

(A) 它的加速度方向永远指向圆心

(B) 它受到的轨道的作用力的大小不断增加

(C) 它受到的合外力大小变化，方向永远指向圆心

(D) 它受到的合外力大小不变

3.(本题3分)

如图所示，一质量为 m 的物体，位于质量可以忽略的直立弹簧正上方高度为 h 处，该物体从静止开始落向弹簧。若弹簧的劲度系数为 k，不考虑空气阻力，则物体下降过程中可能获得的最大动能是(　　)。

(A) mgh　　(B) $mgh-\frac{m^2g^2}{2k}$

(C) $mgh+\frac{m^2g^2}{2k}$　　(D) $mgh+\frac{m^2g^2}{k}$

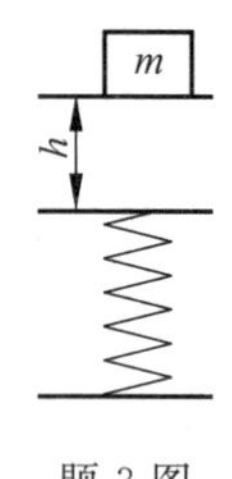

题3图

4.(本题3分)

假设卫星环绕地球中心作圆周运动，则在运动过程中，卫星对地球中心的(　　)。

(A) 角动量不守恒，动量也不守恒　　(B) 角动量守恒，动能不守恒

(C) 角动量不守恒，动能守恒　　(D) 角动量守恒，动能也守恒

(E) 角动量守恒，动量也守恒

5.(本题3分)

将细绳绕在一个具有水平光滑轴的飞轮边缘上，现在在绳端挂一质量为 m 的重物，飞轮的角加速度为 β。如果以拉力 $2mg$ 代替重物拉绳时，飞轮的角加速度将(　　)。

(A) 大于 2β　　(B) 大于 β，小于 2β

(C) 小于 β　　(D) 等于 2β

6. (本题 3 分)

花样滑冰运动员绕通过自身的竖直轴转动，开始时两臂伸开，转动惯量为 J_0，角速度为 ω_0。然后她将两臂收回，使转动惯量减少为 $\frac{1}{3}J_0$，这时她转动的角速度变为(　　)。

(A) $\frac{1}{3}\omega_0$　　(B) $3\omega_0$　　(C) $\sqrt{3}\omega_0$　　(D) $(1/\sqrt{3})\omega_0$

7. (本题 3 分)

如图所示为一平面简谐波在 $t=0$ 时的波形图，该波的波速 $u=200\text{m/s}$，则 P 处质点的振动曲线为(　　)。

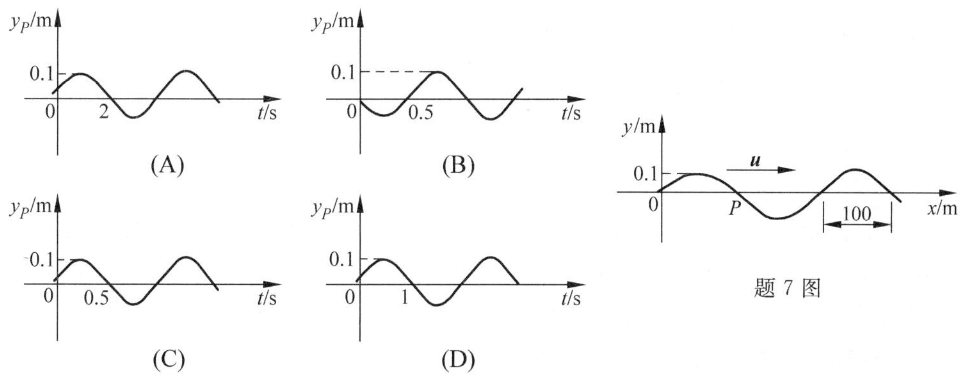

题 7 图

8. (本题 3 分)

两个质点各自作简谐振动，它们的振幅相同、周期相同。第一个质点的振动方程为 $x_1=A\cos(\omega t+\alpha)$。当第一个质点从相对于其平衡位置的正位移处回到平衡位置时，第二个质点正在最大正位移处。则第二个质点的振动方程为(　　)。

(A) $x_2=A\cos\left(\omega t+\alpha+\frac{1}{2}\pi\right)$　　(B) $x_2=A\cos(\omega t+\alpha+\pi)$

(C) $x_2=A\cos\left(\omega t+\alpha-\frac{3}{2}\pi\right)$　　(D) $x_2=A\cos\left(\omega t+\alpha-\frac{1}{2}\pi\right)$

二、填空题(共 36 分)

9. (本题 3 分)

距河岸(看成直线)500m 处有一艘静止的船，船上的探照灯以转速 $n=1\text{r/min}$ 转动。当光束与岸边成 60°时，光束沿岸边移动的速度大小 $v=$________。

10. (本题 2+2=4 分)

试说明质点作何种运动时，将出现下述两种情况($v\neq0$)：

(1) $a_t\neq0, a_n\neq0$；________________

(2) $a_t\neq0, a_n=0$；________________

11. (本题 3 分)

一质量为 1kg 的物体，置于水平地面上，物体与地面之间的静摩擦系数 $\mu_0=0.20$，滑动摩擦系数 $\mu=0.16$，现对物体施一水平拉力 $F=t+0.96$(SI)，则 2s 末物体的速度大小 $v=$________。

12.(本题 2+1=3 分)

一质量为 m 的质点沿着一条曲线运动,其位置矢量在空间直角坐标系中的表达式为 $\boldsymbol{r}=a\cos\omega t\boldsymbol{i}+b\sin\omega t\boldsymbol{j}$,其中 a、b、ω 皆为常量,则此质点对原点的角动量大小 $L=$________;此质点所受对原点的力矩大小 $M=$________。

13.(本题 3 分)

如图所示,质量 $m=2\text{kg}$ 的物体从静止开始,沿 1/4 圆弧从 A 滑到 B,在 B 处速度的大小为 $v=6\text{m/s}$。已知圆的半径 $R=4\text{m}$,则物体从 A 到 B 的过程中摩擦力对它所做的功 $W=$________。

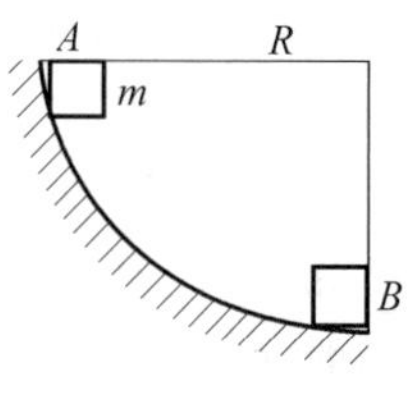

题 13 图

14.(本题 3 分)

一根细绳跨过一光滑的定滑轮,一端挂一质量为 M 的物体,另一端被人用双手拉着,人的质量 $m=\frac{1}{2}M$。若人相对于绳以加速度 a_0 向上爬,则人相对于地面的加速度(以竖直向上为正)为________。

15.(本题 3 分)

一块木料质量为 45kg,以 8km/h 的恒速向下游漂动,一只 10kg 的天鹅以 8km/h 的速率向上游飞动,它企图降落在这块木料上面。但在立足尚未稳时,它就又以相对于木料为 2km/h 的速率离开木料,向上游飞去。忽略水的摩擦,木料的末速度为________。

16.(本题 2+2=4 分)

定轴转动刚体的角动量(动量矩)定理的数学表达式可写成________。角动量守恒的条件是________。

17.(本题 2+2=4 分)

设某时刻一横波波形曲线如图所示。

(1) 试分别用矢量符号表示图中 A、B、C、D、E、F、G、H、I 等质点在该时刻的运动方向;

(2) 画出四分之一周期后的波形曲线。

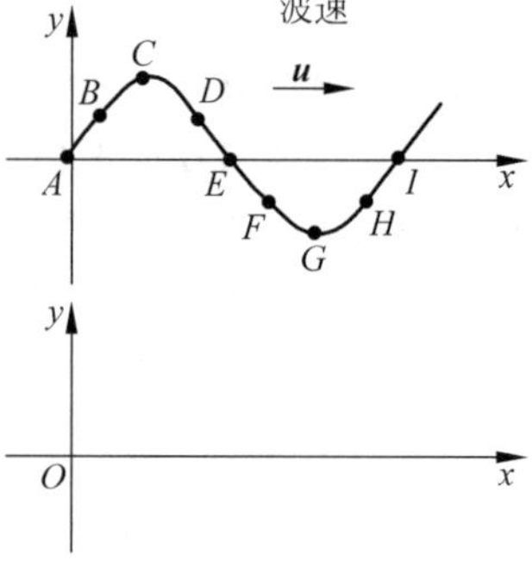

题 17 图

18.(本题 3 分)

一质点同时参与了两个同方向的简谐振动,它们的振动方程分别为

$$x_1=0.05\cos\left(\omega t+\frac{1}{4}\pi\right),\quad x_2=0.05\cos\left(\omega t+\frac{9}{12}\pi\right)\text{(SI)}$$

其合成运动的运动方程为 $x=$________。

19.(本题 3 分)

正在报警的警钟,每隔 0.5s 响一声,有一人在以 72km/h 的速度向警钟所在地驶去的火车里,这个人在 1min 内听到的响声是________(设声音在空气中的传播速度是 340m/s)。

三、计算题(共 40 分)

20.(本题 7 分)

一质量为 2kg 的质点,在 xy 平面上运动,受到外力 $\boldsymbol{F}=4\boldsymbol{i}-24t^2\boldsymbol{j}$(SI)的作用,$t=0$ 时,它的初速度为 $\boldsymbol{v}_0=3\boldsymbol{i}+4\boldsymbol{j}$(SI),求 $t=1\text{s}$ 时质点的速度及受到的法向力 $\boldsymbol{F}_n$。

21.（本题 5 分）

一人造地球卫星绕地球作椭圆运动，近地点为 A，远地点为 B。A、B 两点距地心分别为 r_1、r_2。设卫星质量为 m，地球质量为 M，万有引力常量为 G。试求：

(1)(2 分)卫星在 A、B 两点处的万有引力势能之差 $E_{pB}-E_{pA}$；

(2)(3 分)卫星在 A、B 两点的动能之差 $E_{kB}-E_{kA}$。

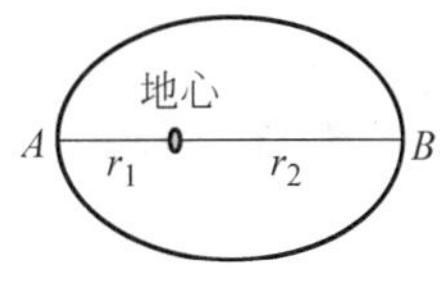

题 21 图

22.（本题 10 分）

质量为 $M_1=24\text{kg}$ 的圆轮，可绕水平光滑固定轴转动，一轻绳缠绕于轮上，另一端通过质量为 $M_2=5\text{kg}$ 的圆盘形定滑轮悬有 $m=10\text{kg}$ 的物体。求当重物由静止开始下降了 $h=0.5\text{m}$ 时，物体的速度及绳中张力。

$\left(\text{设绳与定滑轮间无相对滑动，圆轮、定滑轮绕通过轮心且垂直于横截面的水平光滑轴的转动惯量分别为 } J_1=\frac{1}{2}M_1R^2, J_2=\frac{1}{2}M_2r^2\right)$

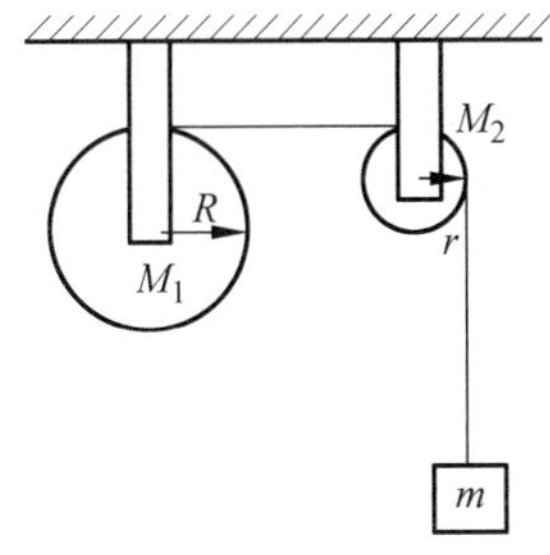

题 22 图

23.（本题 5 分）

一质点作简谐振动，其振动方程为 $x=6.0\times10^{-2}\cos\left(\frac{1}{3}\pi t-\frac{1}{4}\pi\right)$(SI)。

(1)(2 分)当 x 为多大时，系统的势能为总能量的一半？

(2)(3 分)质点从平衡位置移动到上述位置所需最短时间为多少？

24.（本题 5 分）

一简谐波沿 x 轴负向传播，波速为 1m/s，在 x 轴上某质点的振动频率为 1Hz、振幅为 0.01m。$t=0$ 时该质点恰好在负向最大位移处，若以该质点的平衡位置为 x 轴的原点，求此一维简谐波的表达式。

25.（本题 8 分）

在弹性媒质中有一沿 x 轴正向传播的平面波，其表达式为 $y=0.01\cos\left(4t-\pi x-\frac{1}{2}\pi\right)$(SI)。若在 $x=5.00\text{m}$ 处有一媒质分界面，且在分界面处反射波相位突变 π，设反射波的强度不变，写出：

(1)(3 分)反射波的波动表达式；

(2)(2 分)入射波和反射波所形成驻波的表达式；

(3)(3 分)波腹、波节点的位置。

第8章 真空中的静电场

基本要求

1. 掌握静电场的电场强度和电势的概念，电场强度的叠加原理和电势的叠加原理。
2. 掌握计算简单问题中电场强度和电势的方法。
3. 理解用高斯定理计算电场强度的条件和方法。

基本概念和基本规律

1. 库仑定律

在真空中，两点电荷 q_1 和 q_2 之间的相互作用力的大小为

$$|\boldsymbol{F}_1| = |\boldsymbol{F}_2| = \frac{q_1 q_2}{4\pi\varepsilon_0 r^2}$$

方向沿两点电荷的连线，同性相斥，异性相吸。其矢量表示式为

$$\boldsymbol{F} = \frac{q_1 q_2}{4\pi\varepsilon_0 r^2}\frac{\boldsymbol{r}}{|\boldsymbol{r}|}, \quad \boldsymbol{F}_1 = -\boldsymbol{F}_2$$

2. 电场、电场强度

(1) 电场：将试验电荷 q_0 放在点电荷或带电体的周围就会受到电场力的作用。这是由于点电荷或带电体在其周围空间激发电场，电场对试验电荷有电性力的作用。点电荷或带电体就是激发静电场的源。电场是一种特殊形态的物质。

(2) 电场强度：试验电荷 q_0 在电场中某点处所受到的电场力 $\boldsymbol{F}$ 与试验电荷的电量以及该点处的电场性质有关，但电场力 $\boldsymbol{F}$ 与试验电荷的电量 q_0 的比值 $\boldsymbol{F}/q_0$ 仅与该点的电场性质有关。因此，比值 $\boldsymbol{F}/q_0$ 可以用来描述电场，称为电场强度。表示为

$$\boldsymbol{E} = \frac{\boldsymbol{F}}{q_0}$$

静电场电场强度 $\boldsymbol{E}$ 是空间位置的矢量函数，电场中的每一点都有一确定的场强 $\boldsymbol{E}$ 与之相对应。

电场强度的物理意义：电场中某点的电场强度在量值和方向上等于单位正电荷在该点所受的静电场力。

(3) 场强叠加原理

根据电场强度的定义，从力的叠加原理可推出场强叠加原理。点电荷系所产生的电场

中任一点的场强等于各个点电荷单独存在时在该点各自产生的场强的矢量和，称为场强叠加原理，用数学式表示为

$$\boldsymbol{E} = \sum \boldsymbol{E}_i$$

式中，$\boldsymbol{E}_i$ 是第 i 个点电荷 q_i 所产生的场强。

由于任意带电体可以看作许多点电荷(电荷元)的集合，此时，场强叠加原理可表示为

$$\boldsymbol{E} = \int \mathrm{d}\boldsymbol{E}$$

场强叠加原理既是电场的基本性质之一，又是计算点电荷系和任意带电体的场强的理论依据。

3. 电通量、高斯定理

(1) 电通量：在静电场中，通过一个任意面的电场线总数，称为通过该面的电通量或 $\boldsymbol{E}$ 通量。

通过面元 $\mathrm{d}S$ 的电通量为

$$\Phi_e = \mathrm{d}\Phi_e = \boldsymbol{E} \cdot \mathrm{d}\boldsymbol{S} = E\cos\theta \mathrm{d}S$$

通过曲面 S 的电通量为

$$\Phi_e = \int \mathrm{d}\Phi_e = \int_S \boldsymbol{E} \cdot \mathrm{d}\boldsymbol{S} = \int_S E\cos\theta \mathrm{d}S$$

式中，θ 表示场强 $\boldsymbol{E}$ 与面元 $\mathrm{d}\boldsymbol{S}$ 的法线 $\boldsymbol{n}$ 之间的夹角。

通过闭合曲面的电通量为 $\Phi_e = \oint_S \mathrm{d}\Phi_e = \oint_S \boldsymbol{E} \cdot \mathrm{d}\boldsymbol{S} = \oint_S E\cos\theta \mathrm{d}S$，规定闭合曲面的外法线方向为正方向。因此，电力线穿出曲面的部分，$\mathrm{d}\Phi_e > 0$；电场线进入曲面的部分，$\mathrm{d}\Phi_e < 0$。

(2) 高斯定理

在真空中的任何静电场中，通过任一闭合曲面的电通量等于该闭合曲面所包围的电荷的代数和的 ε_0 分之一(ε_0 为真空中的介电常数)，称为真空中静电场的高斯定理。其数学表达式为

$$\oint_S \boldsymbol{E} \cdot \mathrm{d}\boldsymbol{S} = \frac{1}{\varepsilon_0} \sum q_i$$

高斯定理说明电场线始于正电荷终于负电荷，亦即静电场是有源场。

4. 电场力的功、场强环流定律

(1) 电场力的功：在静电场中，试验电荷 q_0 由 a 点经任意路径到达 b 点，电场力的功为

$$A = \int_a^b \boldsymbol{F} \cdot \mathrm{d}\boldsymbol{l} = \int_a^b q_0 \boldsymbol{E} \cdot \mathrm{d}\boldsymbol{l} = \int_a^b q_0 E\cos\theta \mathrm{d}l$$

式中，θ 是场强 $\boldsymbol{E}$ 与位移元 $\mathrm{d}\boldsymbol{l}$ 间的夹角。

试验电荷在任何静电场中移动时，电场力都将对其做功，说明静电场具有能量。可以证明静电场力的功只与试验电荷的电量及路径的始末位置有关，而与路径无关。

(2) 场强环流定律

若试验电荷 q_0 在静电场中运动时，经过闭合路线又回到原处，则静电场力的功为零，即

$$\oint_L q_0 \boldsymbol{E} \cdot \mathrm{d}\boldsymbol{l} = q_0 \oint_L \boldsymbol{E} \cdot \mathrm{d}\boldsymbol{l} = 0$$

因为 $q_0 \neq 0$,所以

$$\oint_L \boldsymbol{E} \cdot \mathrm{d}\boldsymbol{l} = 0$$

场强 $\boldsymbol{E}$ 的环流等于零,是静电场的重要规律之一,说明静电场是保守力场。

5. 电势能、电势、电势差

(1) 电势能

由于静电场是保守力场,电荷在电场中的一定位置处,系统就像物体在引力场中一样具有势能。电场力所做的功就是电势能改变的量度。设 W_a、W_b 表示电荷 q_0 在 a、b 两点处系统具有的电势能,A_{ab} 为 q_0 从 a 点移到 b 点电场力对 q_0 所做的功,则有

$$W_a - W_b = A_{ab} = q_0 \int_a^b \boldsymbol{E} \cdot \mathrm{d}\boldsymbol{l}$$

上式只能决定电势能的差值,而不能决定 q_0 在电场中某一点时系统具有的电势能。要确定 q_0 在电场中某点系统的电势能,必须首先选择电势能的零点,所以电势能是一个相对量。

电势能零点的选择原则上是任意的。通常,当电荷分布在有限区域时,通常规定 q_0 在无限远处的系统电势能为零,即 $W_\infty = 0$。于是,q_0 在 a 点处的系统电势能为

$$W_a = A_{a\infty} = q_0 \int_a^\infty \boldsymbol{E} \cdot \mathrm{d}\boldsymbol{l}$$

可见 q_0 在 a 处的电势能 W_a 等于把电荷 q_0 从 a 点移到无限远处(电势能零点位置处)时电场力所做的功。

(2) 电势

电势能 W_a 与电荷的电量大小有关,但两者比值 W_a/q_0 却与 q_0 无关,而只与 a 点在电场中的位置有关,所以比值 W_a/q_0 可以作为描述电场性质的物理量,称为电势。其定义式如下:

$$V_a = \frac{W_a}{q_0} = \int_a^\infty \boldsymbol{E} \cdot \mathrm{d}\boldsymbol{l}$$

电势的物理意义:电场中某点的电势在量值上等于单位正电荷在该点处的电势能,也等于把单位正电荷从该点经过任意路径移到无限远处(零点位置)时,静电场力所做的功。电势也是一个相对量,所以必须先选定电势零点(即电势参考点)后,才能确定电场中其他各点的电势。电势零点的选取,原则上也是任意的,视处理问题的需要而定。在理论上,计算分布在有限区域的电荷所产生的电场中各点电势时,一般选无限远处的电势为零。在实用上,通常以地球的电势为零。电势也满足叠加原理。在点电荷系的电场中某点电势等于每一个点电荷单独在该点所产生的电势的代数和。

(3) 电势差

在电场中任意两点 a、b 的电势差称为 a、b 两点的电势差,通常也称为电压。a、b 两点的电势差的表达式为

$$V_a - V_b = \int_a^\infty \boldsymbol{E} \cdot \mathrm{d}\boldsymbol{l} - \int_b^\infty \boldsymbol{E} \cdot \mathrm{d}\boldsymbol{l} = \int_a^b \boldsymbol{E} \cdot \mathrm{d}\boldsymbol{l}$$

显然,电场中 a、b 两点的电势差等于单位正电荷由 a 移到 b 时电场力所做的功。电势差与电势参考点的选取无关。

把电荷 q_0 从 a 点移到 b 点电场力所做的功可用电势差表示为

$$A_{ab} = q_0(V_a - V_b)$$

6. 场强和电势梯度的关系

(1) 电势梯度：$\mathrm{grad}V=\dfrac{\mathrm{d}V}{\mathrm{d}n}\boldsymbol{n}_0$

电场中某点的电势梯度矢量，在方向上与该点处电势增加率最大的方向相同，在量值上等于沿该方向上的电势增加率。

(2) 场强与电势梯度的关系：

$$\boldsymbol{E}=-\,\mathrm{grad}V$$

在直角坐标系中

$$E_x=-\frac{\partial V}{\partial x},\quad E_y=-\frac{\partial V}{\partial y},\quad E_z=-\frac{\partial V}{\partial z}$$

所以

$$\boldsymbol{E}=-\frac{\partial V}{\partial x}\boldsymbol{i}-\frac{\partial V}{\partial y}\boldsymbol{j}-\frac{\partial V}{\partial z}\boldsymbol{k}$$

解题指导

1. 场强的计算

在产生静电场的电荷分布已经给定的条件下，计算场强是本章学习的重点内容之一。除了从场强的定义式出发求场强的方法外，计算场强的主要方法还有以下几种。

(1) 利用场强叠加原理求场强

点电荷系的场强的计算：

$$\boldsymbol{E}=\sum\boldsymbol{E}_i=\sum_i\frac{q_i}{4\pi\varepsilon_0 r_i^3}\boldsymbol{r}_i$$

运算时应特别注意场强的矢量性。

连续带电体的场强的计算：

$$\boldsymbol{E}=\int_Q\frac{\mathrm{d}q}{4\pi\varepsilon_0 r^3}\boldsymbol{r}$$

式中，$\mathrm{d}q$ 为电荷元所带的电量。如果电荷连续分布于带电体中，则 $\mathrm{d}q=\rho\mathrm{d}V$，$\rho$ 为电荷体密度；如果电荷连续分布于曲面上，则 $\mathrm{d}q=\sigma\mathrm{d}S$，$\sigma$ 为电荷面密度；如果电荷连续分布于曲线上，则 $\mathrm{d}q=\lambda\mathrm{d}l$，$\lambda$ 为电荷线密度。

计算步骤：

① 建立适当的坐标系，在带电体上取电荷元 $\mathrm{d}q$。

② 按点电荷场强公式写出电荷元 $\mathrm{d}q$ 的场强大小

$$\mathrm{d}E=\frac{\mathrm{d}q}{4\pi\varepsilon_0 r^2}$$

并在图上画出 $\mathrm{d}\boldsymbol{E}$ 的方向。

③ 写出 $\mathrm{d}\boldsymbol{E}$ 的分量式，例如在直角坐标中，可分解为 $\mathrm{d}E_x$、$\mathrm{d}E_y$、$\mathrm{d}E_z$。

④ 对各分量式，正确定出上下限后，进行积分运算，最后写出该点的合场强 $\boldsymbol{E}$：

$$\boldsymbol{E}=E_x\boldsymbol{i}+E_y\boldsymbol{j}+E_z\boldsymbol{k}$$

对某些电荷分布，若可分解成几种简单的电荷分布，则可利用已知简单电荷分布场强公式进行叠加。对某些较为复杂的电荷分布，可以取带电的细直线或带电的细圆环或带电的薄圆盘作为电荷元,应用叠加法求 $\boldsymbol{E}$,可简化积分计算。

(2) 应用高斯定理求场强

① 分析电场的对称性或均匀性,判别能否用高斯定理求场强。

② 通过需求场强的点作适当的闭合面(高斯面)。作高斯面的原则如下:

a. 部分高斯面上 $\boldsymbol{E}$ 值相同,$\boldsymbol{E}$ 与高斯面法线间的夹角处处相等;

b. 部分高斯面上的 $\boldsymbol{E}$ 值大小不等,但 $\boldsymbol{E}\perp \mathrm{d}\boldsymbol{S}$;

c. 部分高斯面上 $\boldsymbol{E}=\boldsymbol{0}$。

通常球对称电场中的高斯面是球面,“无限长”轴对称电场中的高斯面是圆柱面,“无限大”面对称电场中的高斯面是柱面。

③ 计算通过高斯面的电通量 $\Phi_e=\oint_S \boldsymbol{E}\cdot \mathrm{d}\boldsymbol{S}$ 和高斯面所包围电荷的代数和 $\sum q_i$。

由高斯定理

$$\oint_S \boldsymbol{E}\cdot \mathrm{d}\boldsymbol{S}=\frac{1}{\varepsilon_0}\sum q_i$$

解出场强 $\boldsymbol{E}$ 的大小,并表示出 $\boldsymbol{E}$ 的方向。

(3) 应用场强和电势梯度的关系求场强

当电势的函数式 $V=V(x,y,z)$ 已知时,由 $\boldsymbol{E}=-\mathrm{grad}V$ 可以容易地求出 $\boldsymbol{E}$,即

$$E_x=-\frac{\partial V}{\partial x},\quad E_y=-\frac{\partial V}{\partial y},\quad E_z=-\frac{\partial V}{\partial z}$$

则

$$\boldsymbol{E}=-\frac{\partial V}{\partial x}\boldsymbol{i}-\frac{\partial V}{\partial y}\boldsymbol{j}-\frac{\partial V}{\partial z}\boldsymbol{k}$$

2. 电势的计算

计算电势的方法一般有以下两种。

(1) 应用电势定义式求电势

根据电势的定义式 $V_a=\int_a^P \boldsymbol{E}\cdot \mathrm{d}\boldsymbol{l}$ 计算 a 点处的电势,但应用此法求电势时,必须已知场强分布规律的函数关系,即从 a 点到参考点 P 的区间内场强的表示式 $\boldsymbol{E}=\boldsymbol{E}(x,y,z)$ 是已知的,且参考点 P 的电势为零。

(2) 应用叠加原理求电势

点电荷系电场中的电势的计算:

$$V=\sum_i V_i=\sum_i \frac{q_i}{4\pi\varepsilon_0 r_i}$$

连续带电体电场中的电势的计算:

$$V=\int \mathrm{d}V=\int_Q \frac{\mathrm{d}q}{4\pi\varepsilon_0 r}$$

解题步骤:

① 建立适当的坐标系,在带电体上取电荷元 $\mathrm{d}q$:

$$\mathrm{d}q=\lambda \mathrm{d}l \quad 或 \quad \mathrm{d}q=\sigma \mathrm{d}S \quad 或 \quad \mathrm{d}q=\rho \mathrm{d}V$$

② 写出电荷元 $\mathrm{d}q$ 在电场中某点处产生的电势:

$$\mathrm{d}V=\frac{\mathrm{d}q}{4\pi\varepsilon_0 r}$$

③ 由叠加原理列出该点电势的积分：

$$V=\int_Q \frac{\mathrm{d}q}{4\pi\varepsilon_0 r}$$

④ 正确定出积分的上下限后，进行积分运算，求出电势。

由于电势是标量，计算电势比场强容易，因此对于计算场强较繁的问题可以先求电势，然后由场强和电势梯度关系求出场强。

【例题 8.1】 两个同号点电荷 q_1、q_2 相距为 d，求场强为零的位置。

【解】 由点电荷的场强公式 $\boldsymbol{E}=\frac{q}{4\pi\varepsilon_0 r^3}\boldsymbol{r}$ 可知，正电荷的场强方向与由该点电荷引出的位置矢量同向。因此，点电荷 q_1、q_2 只有在两点电荷间连线上场强方向是相反的，故场强为零的位置必然在该连线上。以 q_1 所在处为坐标原点，建立 x 轴，如图 8.3.1 所示。设场强为零的位置在 P 点处，由场强叠加原理可得

$$\boldsymbol{E}_P=\boldsymbol{E}_{1P}+\boldsymbol{E}_{2P}=\boldsymbol{0}$$

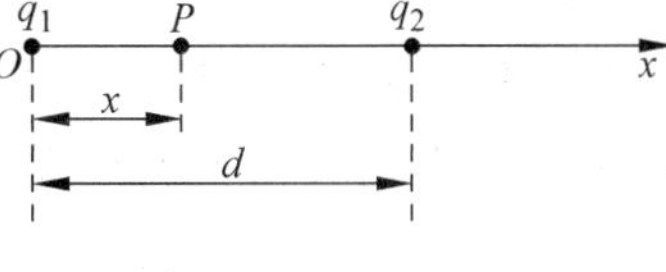

图 8.3.1

于是

$$E_P=\frac{q_1}{4\pi\varepsilon_0 x^2}-\frac{q_2}{4\pi\varepsilon_0 (d-x)^2}=0$$

所以

$$\frac{d-x}{x}=\pm\sqrt{\frac{q_2}{q_1}}$$

因为 $0<x<d$，上式左边为正，故右边取正号：

$$x=\frac{\sqrt{q_1}}{\sqrt{q_1}+\sqrt{q_2}}d$$

即场强为零的位置在两点电荷间连线上距 q_1 为 $x=\frac{\sqrt{q_1}}{\sqrt{q_1}+\sqrt{q_2}}d$ 处。

讨论：当点电荷 q_1、q_2 是异号时，则在点电荷间连线上它们的场强方向相同，所以场强为零的位置只能在两点电荷连线的外侧。请读者自己求出场强为零的位置。

【例题 8.2】 长为 l 的直线 ab，均匀地分布着线密度为 λ 的电荷，求在直线 ab 的垂直平分线上，距 ab 中点为 R 的 P 点处的场强 $\boldsymbol{E}_P$。

【解】 由于电荷连续分布，故把带电直线看成由许多电荷元(长度元上电量)组成，先写出电荷元的场强，然后再积分求场强。以 ab 的中点为坐标原点，建立坐标系 xOy，如图 8.3.2 所示。在带电直线 ab 上，取电荷元 $\mathrm{d}q=\lambda\mathrm{d}x$，则其电荷元在 P 点产生的场强为

$$\mathrm{d}E=\frac{\mathrm{d}q}{4\pi\varepsilon_0 r^2}=\frac{\lambda\mathrm{d}x}{4\pi\varepsilon_0 (x^2+R^2)}$$

$\mathrm{d}\boldsymbol{E}$ 的方向如图 8.3.2 所示。

由于各电荷元在 P 点处的场强方向不同，写出 $\mathrm{d}\boldsymbol{E}$ 的分量式：

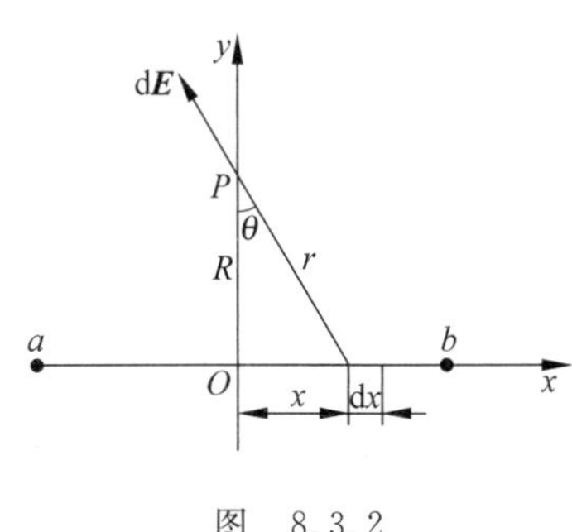

图 8.3.2

$$\mathrm{d}E_x=\frac{-\lambda\mathrm{d}x}{4\pi\varepsilon_0 (x^2+R^2)}\sin\theta$$

$$\mathrm{d}E_y=\frac{\lambda\mathrm{d}x}{4\pi\varepsilon_0 (x^2+R^2)}\cos\theta$$

根据问题的对称性可得 $E_x=0$，故 P 处的场强方向沿 y 轴正向，且

$$\cos\theta=\frac{R}{(x^2+R^2)^{1/2}},\quad \mathrm{d}E_y=\frac{R\lambda\,\mathrm{d}x}{4\pi\varepsilon_0\,(x^2+R^2)^{3/2}}$$

所以

$$E_P=E_{P_y}=\int_{-\frac{l}{2}}^{\frac{l}{2}}\frac{R\lambda\,\mathrm{d}x}{4\pi\varepsilon_0\,(x^2+R^2)^{3/2}}=\frac{R\lambda}{4\pi\varepsilon_0}\int_{-\frac{l}{2}}^{\frac{l}{2}}\frac{\mathrm{d}x}{(x^2+R^2)^{3/2}}$$

$$=\frac{R\lambda}{4\pi\varepsilon_0}\cdot\frac{x}{R^2\,(x^2+R^2)^{1/2}}\Bigg|_{-\frac{l}{2}}^{\frac{l}{2}}=\frac{\lambda l}{4\pi\varepsilon_0 R}\cdot\frac{1}{\left[R^2+\left(\frac{l}{2}\right)^2\right]^{1/2}}$$

【例题 8.3】 半径为 R 的四分之一圆弧上均匀分布着线密度为 λ 的电荷，求圆心处的电场强度。

【解】 把带电圆弧看成由许多电荷元(圆弧长度元上电量)组成，但各电荷元产生在 O 点的场强的方向各不相同，如图 8.3.3 所示。建立坐标系 xOy，取电荷元 $\mathrm{d}q=\lambda\mathrm{d}l=\lambda R\mathrm{d}\theta$，该电荷元产生在 O 点处的场强 $\mathrm{d}\boldsymbol{E}_0$ 的方向如图 8.3.3 所示，场强大小为

$$\mathrm{d}E_0=\frac{\mathrm{d}q}{4\pi\varepsilon_0R^2}=\frac{\lambda R\,\mathrm{d}\theta}{4\pi\varepsilon_0R^2}$$

$\mathrm{d}\boldsymbol{E}_0$ 的分量为

$$\mathrm{d}E_{0x}=\frac{\lambda R\,\mathrm{d}\theta}{4\pi\varepsilon_0R^2}\cos\theta=\frac{\lambda}{4\pi\varepsilon_0R}\cos\theta\mathrm{d}\theta$$

$$\mathrm{d}E_{0y}=\frac{\lambda R\,\mathrm{d}\theta}{4\pi\varepsilon_0R^2}\sin\theta=\frac{\lambda}{4\pi\varepsilon_0R}\sin\theta\mathrm{d}\theta$$

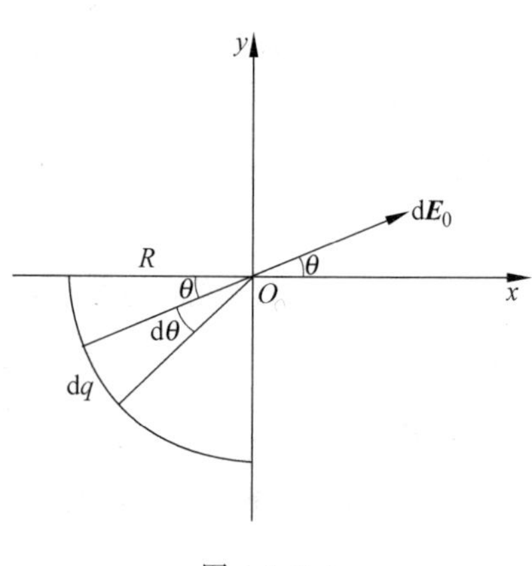

图 8.3.3

对分量式积分：

$$E_{0x}=\int\mathrm{d}E_{0x}=\frac{\lambda}{4\pi\varepsilon_0R}\int_0^{\frac{\pi}{2}}\cos\theta\mathrm{d}\theta=\frac{\lambda}{4\pi\varepsilon_0R}$$

$$E_{0y}=\int\mathrm{d}E_{0y}=\frac{\lambda}{4\pi\varepsilon_0R}\int_0^{\frac{\pi}{2}}\sin\theta\mathrm{d}\theta=\frac{\lambda}{4\pi\varepsilon_0R}$$

所以

$$\boldsymbol{E}_0=\frac{\lambda}{4\pi\varepsilon_0R}\boldsymbol{i}+\frac{\lambda}{4\pi\varepsilon_0R}\boldsymbol{j}$$

或

$$E_0=\sqrt{E_{0x}^2+E_{0y}^2}=\frac{\sqrt{2}\lambda}{4\pi\varepsilon_0R}$$

$$\alpha=\arctan\frac{E_{0y}}{E_{0x}}=45^\circ$$

式中，$\alpha=45^\circ$ 表示 $\boldsymbol{E}_0$ 与 x 轴正向间的夹角。

讨论： O 点处的电势，由电势叠加法可得

$$V_0=\int\mathrm{d}V=\int_Q\frac{\mathrm{d}q}{4\pi\varepsilon_0R}=\frac{1}{4\pi\varepsilon_0R}\int_0^{\frac{1}{2}\pi R\lambda}\mathrm{d}q=\frac{\lambda}{8\varepsilon_0}$$

题中，由于电荷是分布在有限区域内，故取无限远处的电势为零。试讨论能否由电势定

义 $V_0=\int_0^{\infty}\boldsymbol{E}\cdot \mathrm{d}\boldsymbol{l}$ 计算出 O 点处的电势。

【例题 8.4】 在点电荷 q 的电场中，取一半径为 R 的圆形平面 S，且其轴线通过点电荷，相距为 h，如图 8.3.4 所示。求通过此平面 S 的电通量。

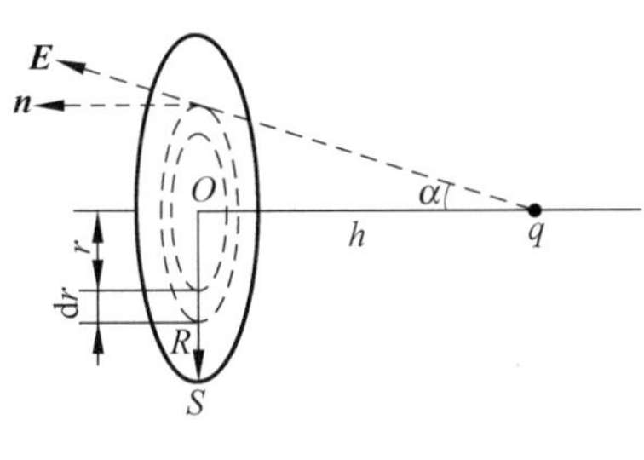

图　8.3.4

【解】 由于点电荷 q 在平面 S 上各点处的场强不同，场强与 S 面的法线的夹角亦不同，故取适当的面元，写出通过面元的电通量。再用积分法计算通过 S 面的总通量。取环形面元 $\mathrm{d}S=2\pi r\mathrm{d}r$，则 q 在该面元处的场强大小相等，为

$$E=\frac{q}{4\pi\varepsilon_0(h^2+r^2)}$$

其方向与面元的法线方向间夹角亦相等，表示为

$$\cos\alpha=\frac{h}{(h^2+r^2)^{\frac{1}{2}}}$$

按电通量的定义式

$$\mathrm{d}\Phi_{\mathrm{e}}=\boldsymbol{E}\cdot\mathrm{d}\boldsymbol{S}=E\cos\alpha\mathrm{d}S=\frac{q}{4\pi\varepsilon_0(h^2+r^2)}\cdot\frac{h}{(h^2+r^2)^{\frac{1}{2}}}\cdot 2\pi r\mathrm{d}r=\frac{qh}{2\varepsilon_0}\cdot\frac{r\mathrm{d}r}{(h^2+r^2)^{\frac{3}{2}}}$$

则

$$\Phi_{\mathrm{e}}=\frac{qh}{2\varepsilon_0}\int_0^R\frac{r\mathrm{d}r}{(h^2+r^2)^{\frac{3}{2}}}=\frac{q}{2\varepsilon_0}\cdot\frac{\sqrt{h^2+R^2}-h}{\sqrt{h^2+R^2}}$$

讨论：若以 q 所在处为球心，$\sqrt{h^2+R^2}$ 为半径作一球面，试由高斯定理和 S 面分割出的球冠面积，计算通过 S 面的电通量。

【例题 8.5】 如图 8.3.5 所示，内半径为 R_1、外半径为 R_2 的长直圆柱筒均匀带电，电荷体密度为 ρ，求空间任一点的场强。

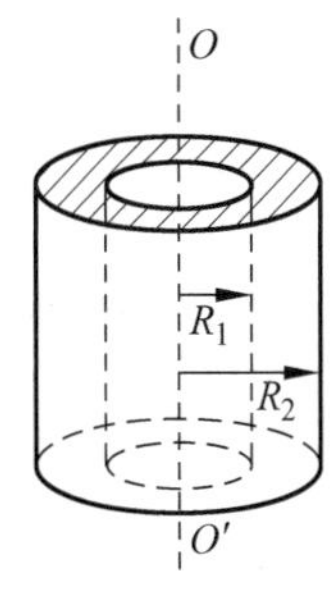

图　8.3.5

【解】 由于电荷分布具有轴对称性，与轴 OO' 垂直距离相等处的场强大小相等，方向垂直于 OO' 轴，因此，可由高斯定理来计算场强。以 OO' 为轴，作半径为 r、高度为 l 的闭合圆柱面。该高斯面是由两个圆形平面 S_1、S_2（即上下平面）和一个侧面 S_3 组成。S_1、S_2 面上各点的场强大小虽不等，但方向与该两面的法线正交，故通过该两面的电通量为零，S_3 面上各点的场强大小相等，方向与该面垂直，所以通过高斯面的电通量为

$$\oint_S\boldsymbol{E}\cdot\mathrm{d}\boldsymbol{S}=\int_{S_1}\boldsymbol{E}\cdot\mathrm{d}\boldsymbol{S}+\int_{S_2}\boldsymbol{E}\cdot\mathrm{d}\boldsymbol{S}+\int_{S_3}\boldsymbol{E}\cdot\mathrm{d}\boldsymbol{S}$$

$$=\int_{S_3}E\cos0^\circ\mathrm{d}S=E\int_{S_3}\mathrm{d}S=E\cdot 2\pi rl$$

当 $r<R_1$ 时，高斯面内的电荷为零，由高斯定理

$$\oint_S\boldsymbol{E}\cdot\mathrm{d}\boldsymbol{S}=\frac{1}{\varepsilon_0}\sum q_i$$

得 $E\cdot 2\pi rl=0$，因此 $E=0$。

当 $R_1<r<R_2$ 时，高斯面内的电荷为 $\rho\pi(r^2-R_1^2)l$，所以

$$E \cdot 2\pi r l = \frac{1}{\varepsilon_0}\rho\pi(r^2 - R_1^2)l$$

$$E = \frac{\rho(r^2 - R_1^2)}{2\varepsilon_0 r}, \quad \boldsymbol{E} = \frac{\rho(r^2 - R_1^2)}{2\varepsilon_0 r^2}\boldsymbol{r}$$

当 $r > R_2$ 时,高斯面内电荷为 $\rho\pi(R_2^2 - R_1^2)l$,所以

$$E \cdot 2\pi r l = \frac{1}{\varepsilon_0}\rho\pi(R_2^2 - R_1^2)l$$

$$E = \frac{\rho(R_2^2 - R_1^2)}{2\varepsilon_0 r}, \quad \boldsymbol{E} = \frac{\rho(R_2^2 - R_1^2)}{2\varepsilon_0 r^2}\boldsymbol{r}$$

讨论:该带电圆柱筒不是无限长时,能否由高斯定理来计算空间任一点的场强?

【例题 8.6】 如图 8.3.6 所示,一厚度为 $2b$ 的"无限大"平板均匀带电,电荷体密度为 ρ。求平板内外任一点的场强。

【解】 该问题具有面对称性,距平板中心平面 OO' 距离相等处场强大小相等,方向与平板垂直向外,故可由高斯定理来处理。作垂直于平板的圆柱形高斯面,两圆形底面积均为 S,到中心面 OO' 的距离相等,设为 h,显然,在柱形侧面 S' 上各点的场强大小不等,但方向与侧平面平行,通过该侧面的电通量为零,于是通过高斯面的总电通量为

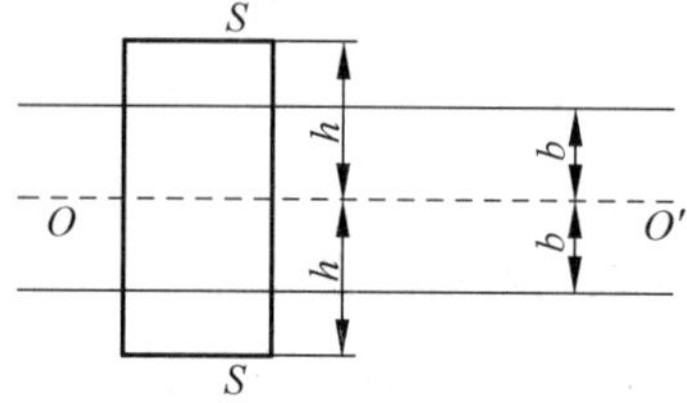

图 8.3.6

$$\oint_S \boldsymbol{E} \cdot d\boldsymbol{S} = \int_S \boldsymbol{E} \cdot d\boldsymbol{S} + \int_S \boldsymbol{E} \cdot d\boldsymbol{S} + \int_{S'} \boldsymbol{E} \cdot d\boldsymbol{S} = ES + ES = 2ES$$

当 $h > b$ 时,高斯面内的电荷为 $2\rho Sb$,由高斯定理

$$\oint_S \boldsymbol{E} \cdot d\boldsymbol{S} = \frac{1}{\varepsilon_0}\sum q_i$$

得

$$2ES = \frac{1}{\varepsilon_0} \cdot 2\rho Sb$$

$$E = \frac{\rho b}{\varepsilon_0}$$

当 $h < b$ 时,高斯面内的电荷为 $2\rho Sh$,由高斯定理可得平板内部的场强

$$\oint_S \boldsymbol{E} \cdot d\boldsymbol{S} = \frac{1}{\varepsilon_0}\sum q_i$$

$$2ES = \frac{1}{\varepsilon_0}\rho S \cdot 2h$$

$$E = \frac{\rho h}{\varepsilon_0}$$

讨论题:试由高斯定理求出下述几种典型带电体的电场强度的大小。

(1) 点电荷

$$E = \frac{q}{4\pi\varepsilon_0 r^2}$$

(2) "无限长"均匀带电直线

$$E = \frac{\lambda}{2\pi\varepsilon_0 r}$$

(3)“无限大”均匀带电平面

$$E=\frac{\sigma}{2\varepsilon_0}$$

(4)“无限大”均匀带电圆柱面

$$E_{内}=0,\quad E_{外}=\frac{\lambda}{2\pi\varepsilon_0 r}$$

(5)均匀带电球面

$$E_{内}=0,\quad E_{外}=\frac{q}{4\pi\varepsilon_0 r^2}$$

(6)均匀带电球体

$$E_{内}=\frac{q}{4\pi\varepsilon_0 R^3}r,\quad E_{外}=\frac{q}{4\pi\varepsilon_0 r^2}$$

在静电学中,经常直接应用上述这些结果,根据场强叠加原理计算某些较复杂的带电体的场强。

【例题 8.7】 如图 8.3.7 所示半径为 R 的无限长半圆柱面均匀带电,电荷面密度为 σ,求轴线 OO'上任一点的场强。

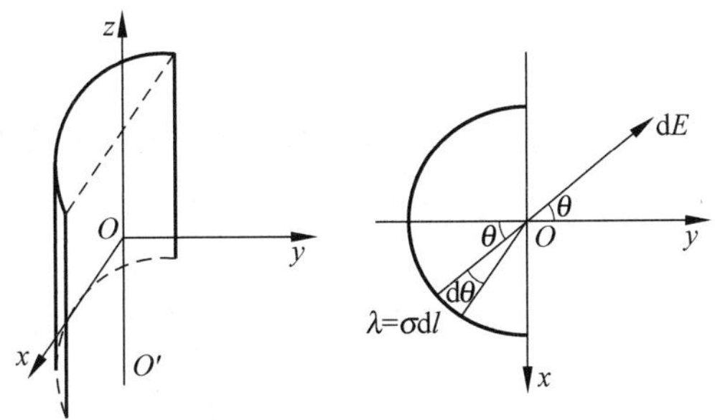

图　8.3.7

【解】 无限长的半圆柱面可以看成是由许多无限长带电直线组成。由带电直线的场强公式 $E=\frac{\lambda}{2\pi\varepsilon_0 r}$可得每一带电直线在 OO'轴线上任一点的场强 $\mathrm{d}E=\frac{\sigma\mathrm{d}l}{2\pi\varepsilon_0 R}=\frac{\sigma\mathrm{d}\theta}{2\pi\varepsilon_0}$,由于各带电直线在 O 处的场强方向不同,故必须写出分量式:

$$\mathrm{d}E_x=\frac{-\sigma}{2\pi\varepsilon_0}\sin\theta\mathrm{d}\theta$$

$$\mathrm{d}E_y=\frac{\sigma}{2\pi\varepsilon_0}\cos\theta\mathrm{d}\theta$$

根据场强叠加原理,对分量式进行积分运算:

$$E_x=\frac{-\sigma}{2\pi\varepsilon_0}\int_{-\frac{\pi}{2}}^{\frac{\pi}{2}}\sin\theta\mathrm{d}\theta=0$$

$$E_y=\frac{\sigma}{2\pi\varepsilon_0}\int_{-\frac{\pi}{2}}^{\frac{\pi}{2}}\cos\theta\mathrm{d}\theta=\frac{\sigma}{\pi\varepsilon_0}$$

则

$$\boldsymbol{E}_0=\frac{\sigma}{\pi\varepsilon_0}\boldsymbol{j}$$

讨论题：若在轴线 OO' 处，有一均匀带电的直线，电荷线密度为 λ，则该带电直线单位长度上所受的电场力的大小和方向该如何确定？

【例题 8.8】 在半径为 R、电荷体密度为 ρ 的均匀带电球体的内部，有一个不带电的球形空腔，它的半径为 R'，中心 O' 与球心 O 的距离为 a，如图 8.3.8 所示。求空腔内任一点的场强。

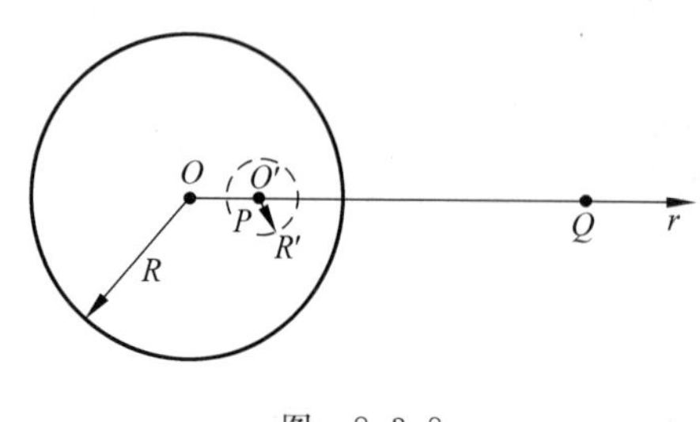

图 8.3.8

【解】 由于电荷分布不具有对称性，不能直接由高斯定理求解，但如果我们把不带电的空腔设想为有体密度相同的正、负两种电荷，就可以由高斯定理和场强叠加原理来解。在空腔内任取一点 P，则电荷体密度为 ρ、半径为 R 的球体在 P 点处的场强 $\boldsymbol{E}$，由高斯定理

$$\oint_S \boldsymbol{E}\cdot \mathrm{d}\boldsymbol{S} = \frac{1}{\varepsilon_0}\sum q_i$$

可得

$$E_1 \cdot 4\pi r^2 = \frac{1}{\varepsilon_0}\rho \cdot \frac{4}{3}\pi r^3$$

$$E_1 = \frac{\rho}{3\varepsilon_0}r,\quad \boldsymbol{E}_1 = \frac{\rho}{3\varepsilon_0}\boldsymbol{r}$$

而体密度为 ρ、半径为 R' 的球体在 P 点处的场强 $\boldsymbol{E}_2$，按高斯定理可得

$$\oint_S \boldsymbol{E}\cdot \mathrm{d}\boldsymbol{S} = \frac{1}{\varepsilon_0}\sum q_i$$

$$E_2 \cdot 4\pi r'^2 = \frac{1}{\varepsilon_0}(-\rho)\cdot \frac{4}{3}\pi r'^3$$

$$E_2 = \frac{-\rho}{3\varepsilon_0}r',\quad \boldsymbol{E}_2 = -\frac{\rho}{3\varepsilon_0}\boldsymbol{r}'$$

于是

$$\boldsymbol{E}_0 = \boldsymbol{E}_1 + \boldsymbol{E}_2 = \frac{\rho}{3\varepsilon_0}(\boldsymbol{r}-\boldsymbol{r}') = \frac{\rho}{3\varepsilon_0}\boldsymbol{a}$$

可见，球形空腔内任一点的场强相等，是一匀强电场。

讨论题：OO' 连线的延长线上，距 O 为 r 的球外一点 Q 处的场强，该如何计算？

【例题 8.9】 如图 8.3.9 所示，半径为 R 的"无限长"均匀带电圆柱体，电荷体密度为 ρ，求圆柱内外电势分布。

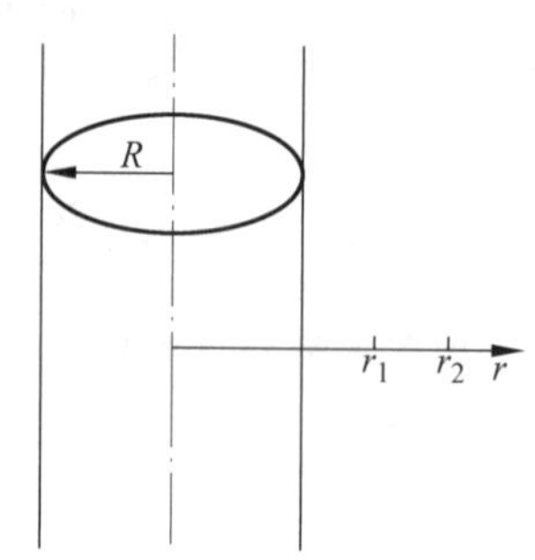

图 8.3.9

【解】 由高斯定理可以求出圆柱内外场强的大小分别为

$$E_{内} = \frac{\rho}{2\varepsilon_0}r,\quad r < R$$

$$E_{外} = \frac{\rho R^2}{2\varepsilon_0 r},\quad r > R$$

因此，可由电势的定义式 $V = \int_r^P \boldsymbol{E}\cdot \mathrm{d}\boldsymbol{l}$ 来计算电势分布。我们知道，式中 P 为参考点，即电势取为零的点。那么，在本题中，零电势取在何处为宜呢？先计算圆柱外两点的电势差：

$$V_{r_1} - V_{r_2} = \int_{r_1}^{r_2}\boldsymbol{E}\cdot \mathrm{d}\boldsymbol{l} = \int_{r_1}^{r_2}\frac{\rho R^2}{2\varepsilon_0 r}\mathrm{d}r = \frac{\rho R^2}{2\varepsilon_0}\ln\frac{r_2}{r_1}$$

显然，如果电势零点选在无限远处，则 $r_2=\infty$，$V_2=0$，这时 V_{r_1} 点的电势将为无限大。即

$$V_{r_1}=\frac{\rho R^2}{2\varepsilon_0}\ln\frac{r_2}{r_1}=\frac{\rho R^2}{2\varepsilon_0}\ln\frac{\infty}{r_1}=\infty$$

由此可见，对无限长带电体的电场，将电势零点取在无限远处是不适宜的，据此，所得结果也是没有意义的。因此，对于无限长带电体的电场可在场中任取一点为电势零点。例如，在这一问题中，可取圆柱表面为电势的零点。这样，圆柱体内外的电势分别为

$$V_内=\int_r^R \boldsymbol{E}_内\cdot \mathrm{d}\boldsymbol{l}=\frac{\rho}{4\varepsilon_0}(R^2-r^2),\quad r<R$$

$$V_外=\int_r^R \boldsymbol{E}_外\cdot \mathrm{d}\boldsymbol{l}=-\int_r^R\frac{\rho R^2}{2\varepsilon_0 r}\cdot \mathrm{d}r=\frac{\rho R^2}{2\varepsilon_0}\ln\frac{r}{R},\quad r>R$$

讨论：若分别选取轴线处，$r=2R$ 处为电势零点，则圆柱内外的电势的表达式如何？由计算结果可以看出，选取不同的电势零点，其电势的表达式也不同。

【例题 8.10】 两根半径均为 a 的长直圆柱面均匀带电且平行放置，电荷线密度分别为 $+\lambda$、$-\lambda$，两轴线间的距离为 $d(d>2a)$，求两圆柱面间的电势差。

【解】 作简图并建立坐标系 Ox 如图 8.3.10 所示，由高斯定理可得两柱面上电荷在 P 点处产生的场强：

$$\boldsymbol{E}_{1P}=\frac{\lambda}{2\pi\varepsilon_0 x}\boldsymbol{i}$$

$$\boldsymbol{E}_{2P}=\frac{\lambda}{2\pi\varepsilon_0 (d-x)}\boldsymbol{i}$$

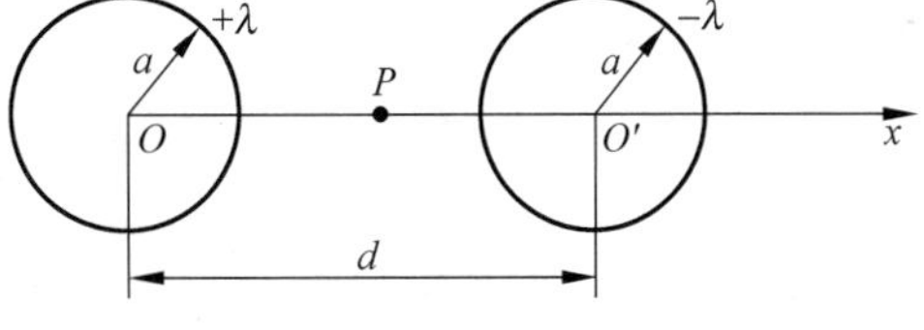

图　8.3.10

则

$$\boldsymbol{E}(x)=\left[\frac{\lambda}{2\pi\varepsilon_0 x}+\frac{\lambda}{2\pi\varepsilon_0(d-x)}\right]\boldsymbol{i}$$

由电势定义式计算两柱面间的电势差：

$$\begin{aligned}\Delta V&=\int_a^{d-a}E(x)\mathrm{d}x=\int_a^{d-a}\left[\frac{\lambda}{2\pi\varepsilon_0 x}+\frac{\lambda}{2\pi\varepsilon_0(d-x)}\right]\mathrm{d}x\\&=\frac{\lambda}{2\pi\varepsilon_0}\ln\frac{d-a}{a}-\frac{\lambda}{2\pi\varepsilon_0}\ln\frac{a}{d-a}\\&=\frac{\lambda}{\pi\varepsilon_0}\ln\frac{d-a}{a}\end{aligned}$$

【例题 8.11】 一半径为 R、长为 l 的薄圆柱面，侧面上均匀分布着电量为 q 的电荷，求其轴线上距近端为 h 的 P 点处的电势和场强。

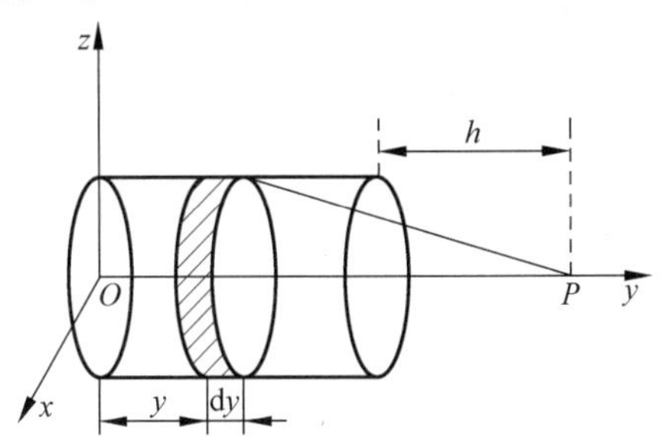

图　8.3.11

【解】 根据题意作简图并建立坐标系如图 8.3.11 所示。将圆柱面分成宽为 $\mathrm{d}y$ 的无限多的细圆环，每个圆环上的电量为 $\mathrm{d}q=\frac{q}{l}\cdot\mathrm{d}y$，于是，该圆环上的电荷在 P 点产生的电势为

$$\mathrm{d}V_P=\frac{\mathrm{d}q}{4\pi\varepsilon_0 r}=\frac{(q/l)\mathrm{d}y}{4\pi\varepsilon_0\left[(h+l-y)^2+R^2\right]^{1/2}}$$

所以，P 点处的电势为

$$V_P=\int_0^l \frac{(q/l)\mathrm{d}y}{4\pi\varepsilon_0\left[(h+l-y)^2+R^2\right]^{1/2}}$$
$$=\frac{q}{4\pi\varepsilon_0 l}\int_0^l \frac{\mathrm{d}y}{\left[(h+l-y)^2+R^2\right]^{1/2}}$$
$$=\frac{q}{4\pi\varepsilon_0 l}\ln\left(\frac{h+l+\sqrt{(h+l)^2+R^2}}{h+\sqrt{h^2+R^2}}\right)$$

由场强和电势梯度关系计算场强：从电势表达式中可见，不同点的电势随 h 而变，$h+l=y$，由上述结果可得轴线上任一点的电势为

$$V(y)=\frac{q}{4\pi\varepsilon_0 l}\left[\ln\left(y+\sqrt{y^2+R^2}\right)-\ln\left(y-l+\sqrt{(y-l)^2+R^2}\right)\right]$$

轴线上的场强一定沿着 y 轴，即 $\boldsymbol{E}=E_y\boldsymbol{j}$，且

$$E=E_y=-\frac{\partial V}{\partial y}=\frac{-q}{4\pi\varepsilon_0 l}\left[\frac{1}{\sqrt{y^2+R^2}}-\frac{1}{\sqrt{(y-l)^2+R^2}}\right]$$

当 $y=h+l$ 时，

$$E_y=\frac{q}{4\pi\varepsilon_0 l}\left[\frac{1}{\sqrt{h^2+R^2}}-\frac{1}{\sqrt{(h+l)^2+R^2}}\right]$$

所以

$$\boldsymbol{E}_P=\frac{q}{4\pi\varepsilon_0 l}\left[\frac{1}{\sqrt{h^2+R^2}}-\frac{1}{\sqrt{(h+l)^2+R^2}}\right]\boldsymbol{j}$$

讨论：试由积分法 $\boldsymbol{E}=\int\frac{\mathrm{d}q}{4\pi\varepsilon_0 r^3}\boldsymbol{r}$ 计算 P 点的场强。

复习思考题

1. 电荷在电场中某点受力很大，该点的电场强度是否一定很大？

2. 点电荷的场强公式为 $\boldsymbol{E}=\frac{q}{4\pi\varepsilon_0 r^3}\boldsymbol{r}$，当 $r=0$ 时，则 $\boldsymbol{E}$ 的大小为无限大，这结论是否正确？

3. 有两个正电荷、两个负电荷，它们的电量相等，若把它们放在正方形的四个顶点，如何放置才能使两对角线交点处的场强为零？

4. 有一个球心为 O、半径为 R 的带电球面。若在该带电球面内，以 O 为球心、$r(r<R)$ 为半径作一同心球面作为高斯面，则由高斯定理 $\oint_S \boldsymbol{E}\cdot\mathrm{d}\boldsymbol{S}=0$，能否得出带电球面内各点的场强为零的结论？

5. 应用高斯定理计算电场强度时，对带电体和电荷分布有何要求？

6. 场强环流定律揭示了静电场具有什么性质？

7. 电势能和电势有什么区别？

8. 试讨论电势的两个计算式 $V=\int_r^\infty \boldsymbol{E}\cdot\mathrm{d}\boldsymbol{l}$ 和 $V=\int\frac{\mathrm{d}q}{4\pi\varepsilon_0 r}$ 的适用条件。

自我检查题

1. 下列说法中哪一种是正确的？(　　)

(A) 电场中某点场强的方向，就是将点电荷放在该点所受电场力的方向

(B) 在以点电荷为中心的球面上，由该点电荷所产生的场强处处相同

(C) 场强方向可由 $\boldsymbol{E}=\boldsymbol{F}/q$ 定出，其中 q 为试验电荷的电量，q 可正、可负，$\boldsymbol{F}$ 为试验电荷所受的电场力

(D) 以上说法都不正确

2. 一个带负电的质点，在电场力作用下从 A 点出发经 C 点运动到 B 点，其运动轨迹如图 8.5.1 所示。已知质点运动的速率是递增的，下面关于 C 点场强方向的四个图示中正确的是(　　)。

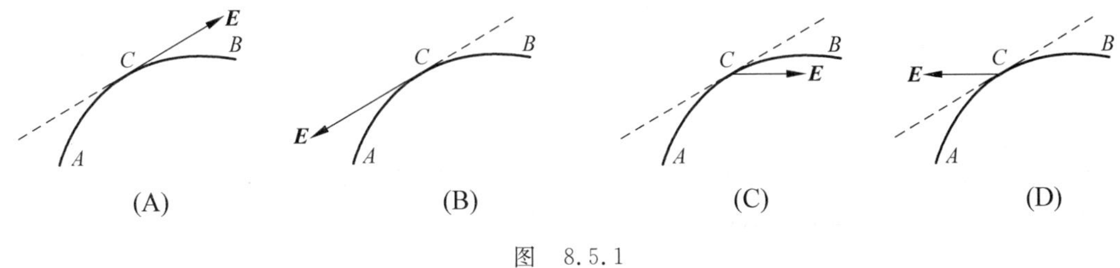

图　8.5.1

3. 有两个电荷都是带 $+q$ 的点电荷，相距 $2a$。今以左边的点电荷所在处为球心，以 a 为半径作一球形高斯面，在球面上取两块相等的小面积 S_1 和 S_2，其位置如图 8.5.2 所示。设通过 S_1 和 S_2 的电场强度通量分别为 Φ_1 和 Φ_2，通过整个球面的电场强度通量为 Φ_S，则(　　)。

(A) $\Phi_1>\Phi_2,\Phi_S=q/\varepsilon_0$

(B) $\Phi_1<\Phi_2,\Phi_S=2q/\varepsilon_0$

(C) $\Phi_1=\Phi_2,\Phi_S=q/\varepsilon_0$

(D) $\Phi_1<\Phi_2,\Phi_S=q/\varepsilon_0$

4. 已知一高斯面所包围的体积内电荷代数和 $\sum q_i=0$，则可确定：(　　)。

(A) 高斯面上各点场强均为零

(B) 穿过高斯面上每一面元的电场强度通量均为零

(C) 穿过整个高斯面的电场强度通量为零

(D) 以上说法都不对

5. 如图 8.5.3 所示，点电荷 Q 被曲面 S 包围，从无穷远处引入另一点电荷 q 至曲面外一点，则引入前后，(　　)。

(A) 曲面 S 的电通量不变，曲面上各点场强不变

(B) 曲面 S 的电通量变化，曲面上各点场强不变

(C) 曲面 S 的电通量变化，曲面上各点场强变化

(D) 曲面 S 的电通量不变，曲面上各点场强变化

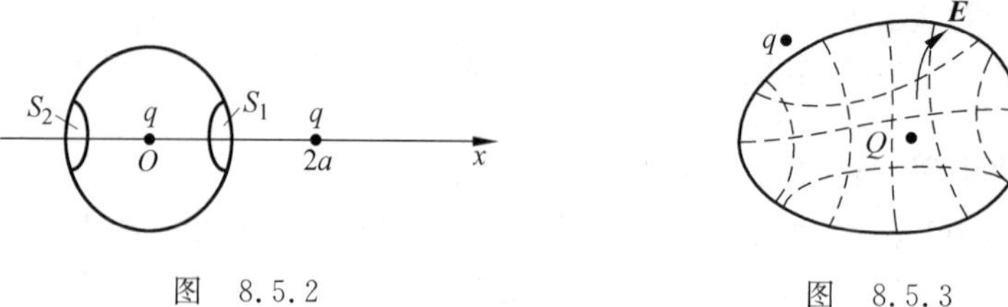

图 8.5.2 图 8.5.3

6. 一偶极矩为 $\boldsymbol{P}$ 的电偶极子在场强为 $\boldsymbol{E}$ 的均匀电场中，$\boldsymbol{P}$ 与 $\boldsymbol{E}$ 之间的夹角为 α，则它所受的电场力 $\boldsymbol{F}$ 大小为________，力矩 $\boldsymbol{M}$ 大小为________。

7. 一偶极矩为 $\boldsymbol{P}$ 的电偶极子放在场强为 $\boldsymbol{E}$ 的均匀外电场中，$\boldsymbol{P}$ 与 $\boldsymbol{E}$ 之间的夹角为 α。在此电偶极子绕垂直于($\boldsymbol{P}$,$\boldsymbol{E}$)平面的轴沿 α 角增加的方向转过 180°的过程中，电场力做功 $A=$________。

8. 电场强度为 $\boldsymbol{E}$ 的均匀电场，$\boldsymbol{E}$ 的方向沿 x 轴正向，如图 8.5.4 所示。则通过图中一半径为 R 的半球面的电场强度通量为(　　)。

(A) $\pi R^2 E$　　(B) $\pi R^2 E/2$

(C) $2\pi R^2 E$　　(D) 0

9. 半径 R 的半球面置于场强为 $\boldsymbol{E}$ 的均匀电场中，其对称轴与场强方向一致，如图 8.5.5 所示，则通过该半球面的电场强度通量为________。

图 8.5.4 图 8.5.5

10. 如图 8.5.6 所示，在边长为 a 的正方形平面的中垂线上，距中心 O 点 $a/2$ 处，有一电量为 q 的正点电荷，则通过该平面的电场强度通量为________。

11. 如图 8.5.7 所示，一个带电量为 q 的点电荷位于立方体的角 A 上，则通过侧面 $abcd$ 的电场强度通量等于(　　)。

(A) $\dfrac{q}{6\varepsilon_0}$　　(B) $\dfrac{q}{12\varepsilon_0}$　　(C) $\dfrac{q}{24\varepsilon_0}$　　(D) $\dfrac{q}{48\varepsilon_0}$

12. 两个平行的"无限大"均匀带电平面，其电荷面密度分别为 $+\sigma$ 和 $+2\sigma$，如图 8.5.8 所示，则 A、B、C 三个区域的电场强度分别为：$E_A=$________；$E_B=$________；$E_C=$________。

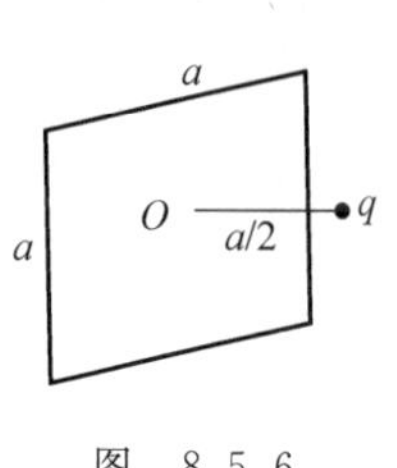

图 8.5.6

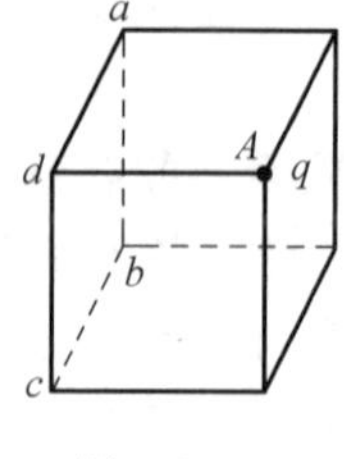

图 8.5.7

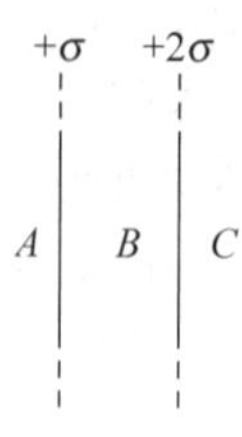

图 8.5.8

13. 一均匀带电球面，电荷面密度为 σ，球面内电场强度处处为零，球面上面元 $\mathrm{d}S$ 带有 $\sigma\mathrm{d}S$ 的电荷，该电荷在球面内各点产生的电场强度(　　)。

(A) 处处为零　　(B) 不一定都为零

(C) 处处不为零　　(D) 无法判定

14. 两个同心均匀带电球面，半径分别为 R_a 和 R_b ($R_a<R_b$)，所带电荷分别为 Q_a 和 Q_b。设某点与球心相距 r，当 $R_a<r<R_b$ 时，该点的电场强度的大小为(　　)。

(A) $\dfrac{1}{4\pi\varepsilon_0}\dfrac{Q_a+Q_b}{r^2}$　　(B) $\dfrac{1}{4\pi\varepsilon_0}\dfrac{Q_a-Q_b}{r^2}$

(C) $\dfrac{1}{4\pi\varepsilon_0}\left(\dfrac{Q_a}{r^2}+\dfrac{Q_b}{R_b^2}\right)$　　(D) $\dfrac{1}{4\pi\varepsilon_0}\dfrac{Q_a}{r^2}$

15. 如图 8.5.9 所示，两个"无限长"的半径分别为 R_1 和 R_2 的共轴圆柱面均匀带电，沿轴线方向单位长度上的带电量分别为 λ_1 和 λ_2，则在外圆柱面外面、距离轴线为 r 处的 P 点的电场强度大小为(　　)。

(A) $\dfrac{\lambda_1+\lambda_2}{2\pi\varepsilon_0 r}$　　(B) $\dfrac{\lambda_1}{2\pi\varepsilon_0(r-R_1)}+\dfrac{\lambda_2}{2\pi\varepsilon_0(r-R_2)}$

(C) $\dfrac{\lambda_1+\lambda_2}{2\pi\varepsilon_0(r-R_2)}$　　(D) $\dfrac{\lambda_1}{2\pi\varepsilon_0 R_1}+\dfrac{\lambda_2}{2\pi\varepsilon_0 R_2}$

16. 如图 8.5.10 所示为一球对称静电场的 E-r 关系曲线，该电场是由哪种带电体产生的(E 表示电场强度的大小，r 表示与对称中心的距离)？(　　)

(A) 点电荷

(B) 半径为 R 的均匀带电球体

(C) 半径为 R 的均匀带电球面

(D) 内外半径分别为 r 和 R 的同心均匀带电球壳

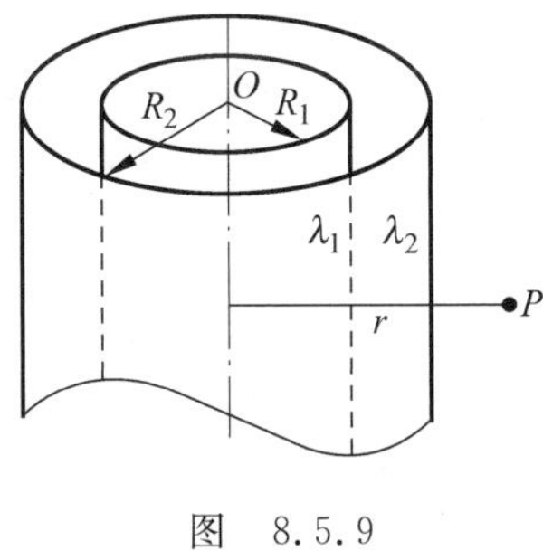

图　8.5.9

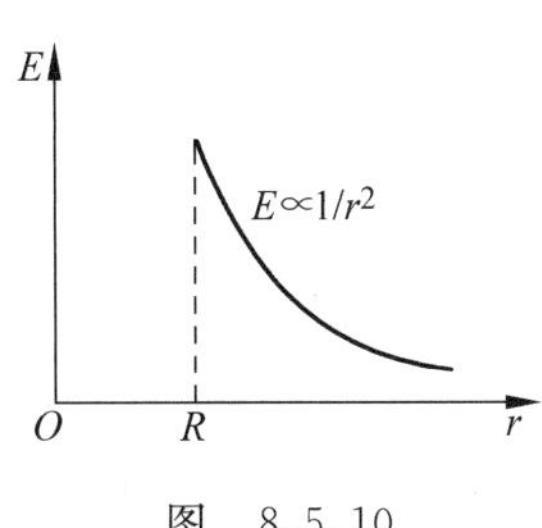

图　8.5.10

17. 真空中两块均匀带电平板 A 和 B 相距为 d(很小)，面积为 S，分别带电 $+q$ 和 $-q$，则两板之间的作用力为(　　)。

(A) $F=0$　　(B) $F=\dfrac{qL}{4\pi\varepsilon_0 d^2}$　　(C) $F=\dfrac{q^2}{\varepsilon_0 S}$

(D) $F=\dfrac{2q}{\varepsilon_0 S}$　　(E) $F=\dfrac{q^2}{2\varepsilon_0 S}$

18. 静电场中某点电势的数值等于(　　)。

(A) 试验电荷 q_0 置于该点时具有的电势能

(B) 单位试验电荷置于该点时具有的电势能

(C) 单位正电荷置于该点时具有的电势能

(D) 把单位正电荷从该点移到电势零点外力所做的功

19. 真空中某静电场的电力线是疏密均匀、指向相同的平行直线,则电场强度 $\boldsymbol{E}$ 和电势 V(　　)。

(A) 都是常量　　(B) 都不是常量　　(C) $\boldsymbol{E}$ 是常量,V 不是常量

(D) $\boldsymbol{E}$ 不是常量,V 是常量　　(E) $\boldsymbol{E}$ 是常量,$V=0$

20. 关于电场强度与电势之间的关系,下列说法中,哪一种是正确的?(　　)

(A) 在电场中,场强为零的点,电势必为零

(B) 在电场中,电势为零的点,电场强度必为零

(C) 在电势不变的空间,场强处处为零

(D) 在场强不变的空间,电势处处相等

21. 在匀强电场中,将一负电荷从 A 移到 B,如图 8.5.11 所示,则:(　　)。

(A) 电场力做正功,负电荷的电势能减少

(B) 电场力做正功,负电荷的电势能增加

(C) 电场力做负功,负电荷的电势能减少

(D) 电场力做负功,负电荷的电势能增加

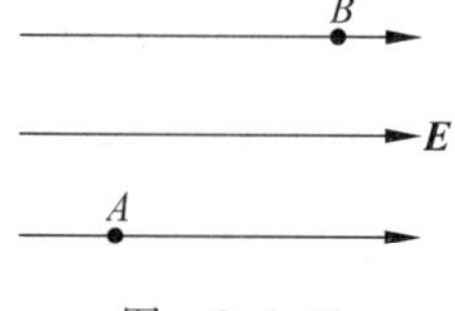

图　8.5.11

22. 已知某电场的电场线分布情况如图 8.5.12 所示。现观察到一负电荷从 M 点移到 N 点。有人根据这个图作出下列结论,其中正确的是(　　)。

(A) 电场强度 $E_M<E_N$　　(B) 电势 $V_M<V_N$

(C) 电势能 $W_M<W_N$　　(D) 电场力的功 $A>0$

23. 如图 8.5.13 所示实线为某电场中的电场线,虚线表示等势(位)面,由图可看出:(　　)。

(A) $E_A>E_B>E_C$,$V_A>V_B>V_C$　　(B) $E_A<E_B<E_C$,$V_A<V_B<V_C$

(C) $E_A>E_B>E_C$,$V_A<V_B<V_C$　　(D) $E_A<E_B<E_C$,$V_A>V_B>V_C$

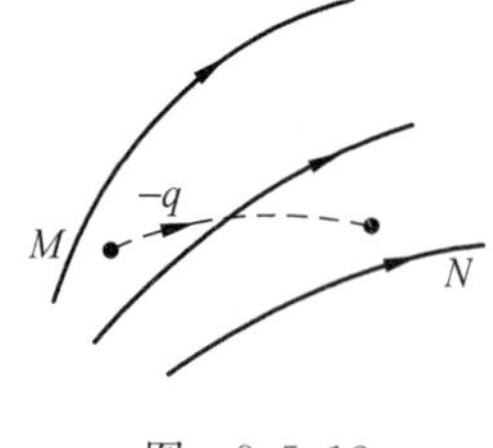

图　8.5.12

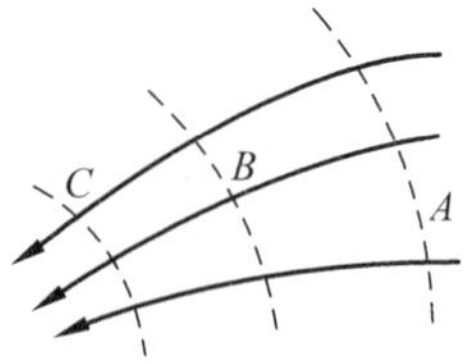

图　8.5.13

24. 在带电量为 $-Q$ 的点电荷 A 的静电场中,将另一带电量为 q 的点电荷 B 从 a 点移到 b 点。a、b 两点距离点电荷 A 的距离分别为 r_1 和 r_2,如图 8.5.14 所示。则移动过程中电场力做的功为(　　)。

(A) $\dfrac{-Q}{4\pi\varepsilon_0}\left(\dfrac{1}{r_1}-\dfrac{1}{r_2}\right)$　　(B) $\dfrac{qQ}{4\pi\varepsilon_0}\left(\dfrac{1}{r_1}-\dfrac{1}{r_2}\right)$

(C) $\dfrac{-qQ}{4\pi\varepsilon_0}\left(\dfrac{1}{r_1}-\dfrac{1}{r_2}\right)$　　(D) $\dfrac{-qQ}{4\pi\varepsilon_0(r_2-r_1)}$

25. 如图 8.5.15 所示，半径为 R 的均匀带电球面总电荷为 Q，设无穷远处的电势为零，则球内距离球心为 r 的 P 点处的电场强度的大小和电势为（　　）。

(A) $E=0, V=\frac{Q}{4\pi\varepsilon_0 r}$　　(B) $E=0, V=\frac{Q}{4\pi\varepsilon_0 R}$

(C) $E=\frac{Q}{4\pi\varepsilon_0 r^2}, V=\frac{Q}{4\pi\varepsilon_0 r}$　　(D) $E=\frac{Q}{4\pi\varepsilon_0 r^2}, V=\frac{Q}{4\pi\varepsilon_0 R}$

26. 如图 8.5.16 所示，在点电荷 q 的电场中，选取以 q 为中心、R 为半径的球面上一点 P 处作电势零点，则与点电荷 q 距离为 r 的 P' 点的电势为（　　）。

(A) $\frac{q}{4\pi\varepsilon_0 r}$　　(B) $\frac{q}{4\pi\varepsilon_0}\left(\frac{1}{r}-\frac{1}{R}\right)$

(C) $\frac{q}{4\pi\varepsilon_0 (r-R)}$　　(D) $\frac{q}{4\pi\varepsilon_0}\left(\frac{1}{R}-\frac{1}{r}\right)$

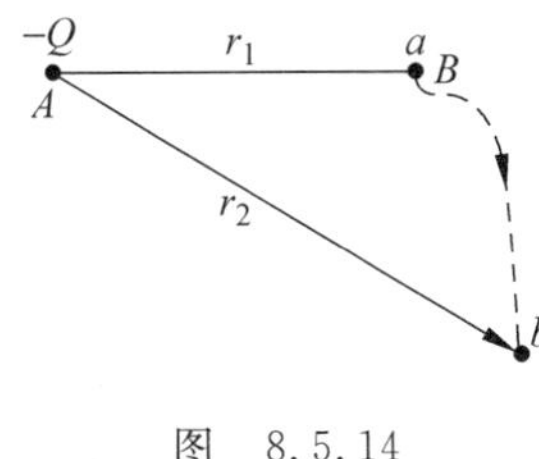

图 8.5.14

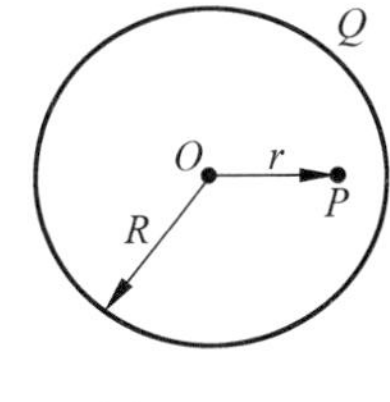

图 8.5.15

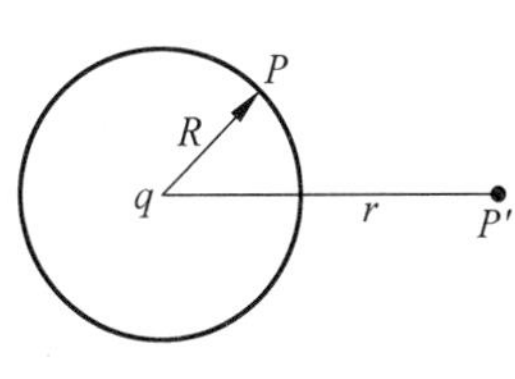

图 8.5.16

27. 如图 8.5.17 所示，电量为 $-q$ 的 3 个点电荷被对称地固定在半径为 R 的圆周上，构成正三角形的 3 个顶点。

(1) 将电量为 $+q_0$ 的点电荷从无限远处移到圆心处，则电场力做的功 $A=$________；

(2) $+q$ 移至 O 点后，圆周上 B 点处的 $-q$ 所受到的静电力的大小为________。

28. 如图 8.5.18 所示，在匀强电场 $\boldsymbol{E}$ 中，将电荷 q_0 从 a 点沿半径为 R 的半圆弧移至 b 点，电场力所做的功 $A=$________，而 $\int_a^b \boldsymbol{E}\cdot \mathrm{d}\boldsymbol{l}=$ ________。

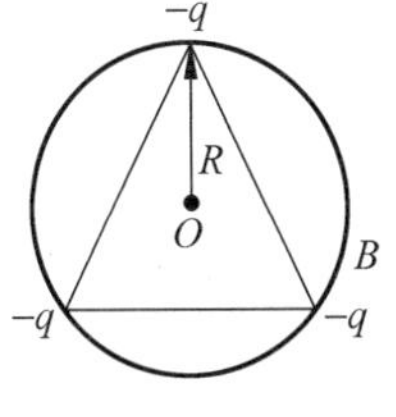

图 8.5.17

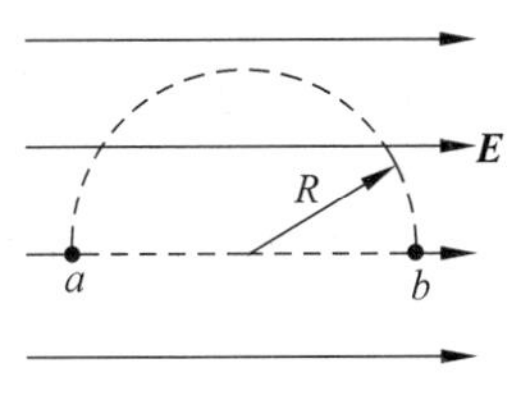

图 8.5.18

29. 半径为 r 的均匀带电球面 1，带电量为 q；其外有一同心的半径为 R 的均匀带电球面 2，带电量为 Q。则此两球面之间的电势差 V_1-V_2 为（　　）。

(A) $\frac{q}{4\pi\varepsilon_0}\left(\frac{1}{r}-\frac{1}{R}\right)$　　(B) $\frac{Q}{4\pi\varepsilon_0}\left(\frac{1}{R}-\frac{1}{r}\right)$

(C) $\frac{1}{4\pi\varepsilon_0}\left(\frac{q}{r}-\frac{Q}{R}\right)$　　(D) $\frac{q}{4\pi\varepsilon_0 r}$

30. 把一个均匀带有电荷 $+Q$ 的球形肥皂泡由半径 r_1 吹胀到 r_2，则半径为 R $(r_1<R<r_2)$ 的球面上任一点的场强大小 E 由________变为________；电势 V 由________变为

________(选无穷远处为电势零点)。

31. 已知某静电场的电势函数 $V=a(x^2+y)$,式中 a 为一常量,则电场中任意点的电场强度分量 $E_x=$________,$E_y=$________,$E_z=$________。

32. 已知某电场中电势的表达式为 $V=\dfrac{A}{a+x}$,其中 A、a 为常量,则 $x=b$ 点的场强大小 $E=$________。

习题

1. 如图 8.6.1 所示,在坐标 $(a,0)$ 处放置一点电荷 $+q$,在坐标 $(-a,0)$ 处放置另一点电荷 $-q$。P 点是 y 轴上的一点,坐标为 $(0,y)$,当 $y\gg a$ 时,求该点场强。

2. 如图 8.6.2 所示,在坐标 $(a,0)$ 处放置一点电荷 $+q$,在坐标 $(-a,0)$ 处放置另一点电荷 $-q$,P 点是 x 轴上一点,坐标为 $(x,0)$,当 $x\gg a$ 时,求该点的场强。

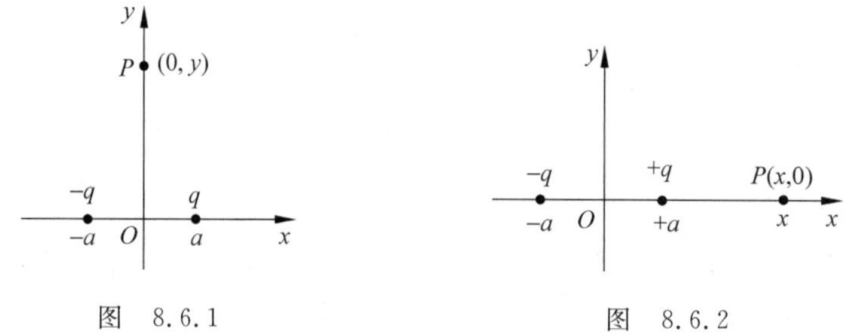

图 8.6.1　　　　图 8.6.2

3. 一长为 L 的细棒均匀带电,电荷线密度为 λ,求细棒的延长线上与棒端点距离为 d 的 P 点的电场强度。

4. 如图 8.6.3 所示,在真空中有一长为 $L=10\text{cm}$ 的细杆,杆上均匀分布着线密度为 $\lambda=1.0\times10^{-5}\text{C/m}$ 的电荷。在杆的延长线上离杆的一端距离为 $d=10\text{cm}$ 的一点上,有一电量为 $q_0=2.0\times10^{-5}\text{C}$ 的点电荷。试求:

(1) 带电细杆在 q_0 处产生的电场强度;

(2) q_0 所受的电场力。

5. 一段半径为 R 的均匀带电细圆弧,对圆心的张角为 α,设圆弧带电量为 Q,求圆心 O 处的电场强度。

6. 一个半径为 R 的均匀带电半圆形环,均匀地带有电荷,电荷的线密度为 λ,求环心处 O 点的场强 $\boldsymbol{E}$。

7. 一根均匀带电很长的绝缘棒,如图 8.6.4 所示。设单位长度上的带电量为 λ。试求距棒的一端垂直距离为 d 的 P 点处的电场强度。

图 8.6.3　　　　图 8.6.4

8. 一长为 L 的均匀带电细棒，电荷线密度为 λ，求证在棒的垂直平分线上，距棒为 a 处的电场强度大小为 $E=\frac{1}{2\pi\varepsilon_0}\frac{\lambda L}{a\sqrt{4a^2+L^2}}$。

9. 如图 8.6.5 所示，真空中一半径为 R 的均匀带电球面，总电量为 $q(q<0)$，今在球面上挖去非常小的一块面积 ΔS（连同电荷），且假设不影响原来的电荷分布，则挖去 ΔS 后球心处的电场强度大小和方向如何？

10. 一半径为 R 的带有一缺口的细圆环，缺口长度为 $d(d\ll R)$，环上均匀带有正电，电量为 q，如图 8.6.6 所示。求圆心 O 处的场强大小和方向。

11. 将一"无限长"均匀带电细线弯成如图 8.6.7 所示形状。设电荷线密度为 λ，四分之一圆弧 $\overset{\frown}{AB}$ 的半径为 R，试求圆心 O 处的电场强度。

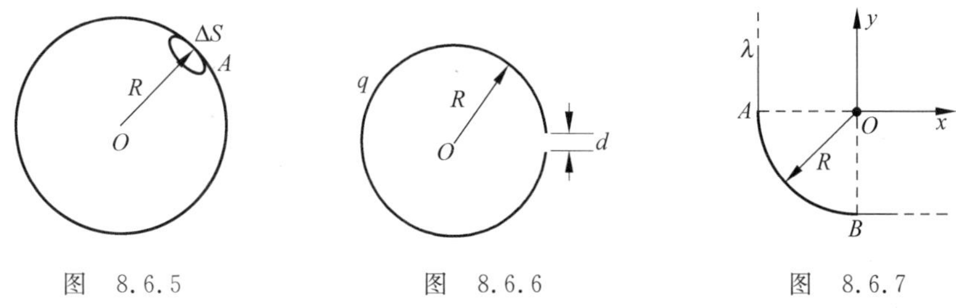

图　8.6.5　　图　8.6.6　　图　8.6.7

12. 如图 8.6.8 所示，一个细玻璃棒被弯成半径为 R 的半圆形，沿其上半部分均匀分布有电量 $+Q$，沿其下半部分均匀分布有电量 $-Q$。试求圆心 O 处的电场强度。

13. 半径为 R 的圆环如图 8.6.9 所示，圆心在坐标的原点 O 处，圆环所带电荷的线密度 $\lambda=\lambda_0\cos\alpha$，其中 λ_0 为常量，求圆心处的场强。

14. 一半径为 R 的圆环，均匀带有电量 q，试计算圆环轴线上与环心 O 相距为 x 的 P 点处的场强。

15. 试计算均匀带电圆盘轴线上与盘心 O 相距为 x 的任一给定点 P 处的场强。设盘的半径为 R，电荷面密度为 σ。

16. 如图 8.6.10 所示，一"无限长"均匀带电直线，电荷线密度为 λ_1。若有一长度为 l、电荷线密度为 λ_2 的带电直线与之垂直，且 l 的近端距"无限长"直线的距离为 a，求它们之间的作用力。

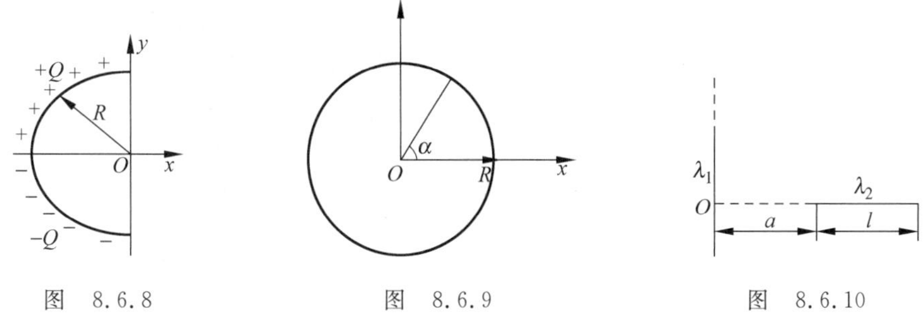

图　8.6.8　　图　8.6.9　　图　8.6.10

17. 一半径为 R 的半球面，均匀地带有电荷，其电荷密度为 σ，求球心 O 处的电场强度。

18. 如图8.6.11所示,真空中有一半径为R的圆平面,在通过圆心O与平面垂直的轴线上一点P处,有一电量为q的点电荷。O、P间距离为h,试求通过该圆平面的电通量。

19. 如图8.6.12的虚线所示为一立方体表面构成的闭合高斯面,已知空间的场强分布为:$E_x=bx, E_y=0, E_z=0$,高斯面边长为$a=0.1\text{m}$,常数b为$1000\text{N}/(\text{C}\cdot\text{m})$。试求:

(1) 高斯面上的电通量;

(2) 高斯面内包含的净电荷。

20. 如图8.6.13所示,边长为b的立方盒子的六个面,分别平行于xOy、yOz和xOz平面。盒子的一角在坐标原点处。在此区域有一静电场,场强为$\boldsymbol{E}=200\boldsymbol{i}+300\boldsymbol{j}$。试求穿过各面的电通量。

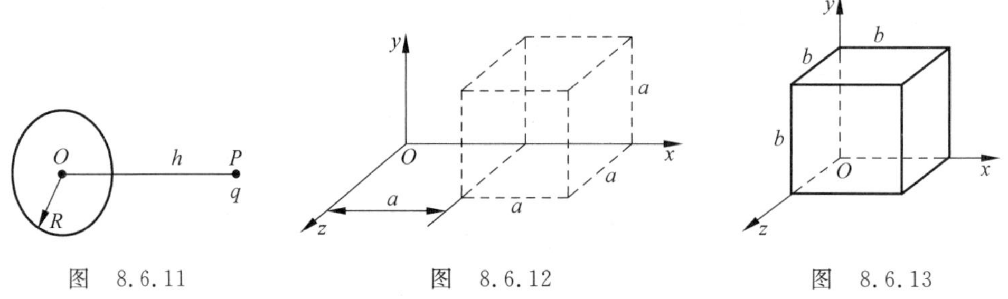

图 8.6.11　　图 8.6.12　　图 8.6.13

21. 一均匀带正电的导线,电荷线密度为λ,求单位长度上总共发出的电场线条数(电通量)。

22. 一半径为R的带电球体,其电荷体密度分布为:$\rho=Ar, r\leqslant R$;$\rho=0, r>R$。A为一常数,试求球体内外的场强分布。

23. 如图8.6.14所示,两个无限大的平行平面都均匀带电,电荷的面密度分别为σ_1和σ_2,试求空间各区域的电场分布。

24. 在半径为R的"无限长"直圆柱体内均匀带电,电荷体密度为ρ,求圆柱体内、外的场强分布,并作E-r关系曲线。

25. 一均匀带电无限长圆柱面,半径为R,单位长度带电量λ,求圆柱面内外的电场强度分布。

26. 半径为R_1和$R_2(R_1<R_2)$的两无限长同轴圆柱面,单位长度分别带有电量λ和$-\lambda$,试求:$r<R_1$,$R_1<r<R_2$及$r>R_2$处各点的场强。

27. 两个同心均匀带电球面如图8.6.15所示,内球面半径为R_1、带电量Q_1,外球面半径为R_2、带电量Q_2,求两球面内外电场强度的分布。

28. 如图8.6.16所示,一厚度为d的"无限大"均匀带电平板,电荷体密度为ρ。试求板内外的场强分布,并画出场强在x轴的投影值E_x随坐标x变化的图线(设原点在带电平板的中央平面上,Ox轴垂直于平板)。

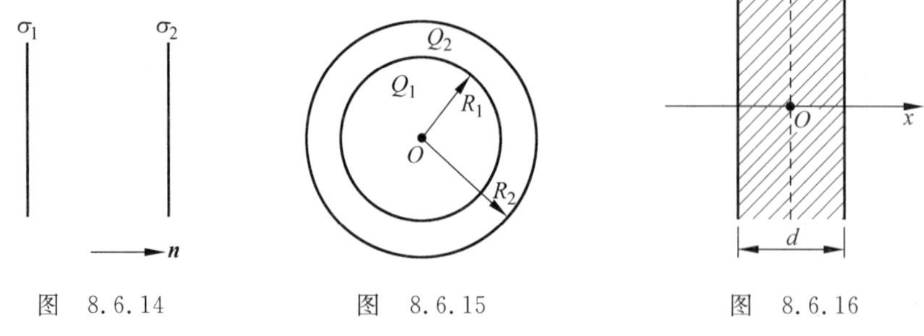

图 8.6.14　　图 8.6.15　　图 8.6.16

29. 如图 8.6.17 所示，一厚为 b 的无限大带电平板，其电荷体密度分布为 $\rho=kx(0\leqslant x\leqslant b)$，式中 k 为一正常数，求：

(1) 平板外两侧任一点 P_1 和 P_2 处的电场强度大小；

(2) 平板内任一点 P 处的电场强度；

(3) 场强为零的点在何处？

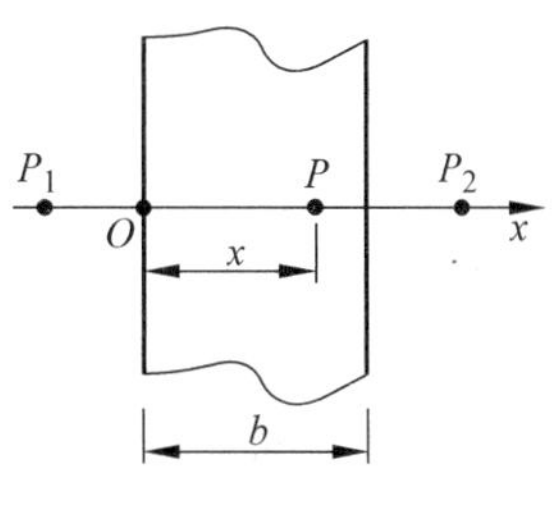

图　8.6.17

30. 地球表面上方电场方向向下，大小随高度改变。设在地球上方 100m 高处场强为 150N/C，300m 高处场强为 100N/C。试估算在这两个高度之间的平均体电荷密度。

31. 在一电荷体密度为 ρ 的均匀带电球体中(图 8.6.18)挖出一个以 O' 为球心的球状小空腔，空腔的球心相对带电球体中心 O 的位置矢量用 $\boldsymbol{b}$ 表示。试证球形空腔内的电场是均匀电场，其表达式为 $\boldsymbol{E}=\rho\boldsymbol{b}/(3\varepsilon_0)$。

32. 一均匀带电球面，电量为 q，半径为 R，求球面内外任一点的电势。

33. 电荷量 Q 均匀分布在半径为 R 的球体内，试求：离球心 r 处($r<R$)P 点的电势。

34. 一均匀带电球体，电量为 Q，半径为 R，求球体内外任一点的电势。

35. 如图 8.6.19 所示的绝缘细线上均匀分布着电荷线密度为 λ 的电荷，试求环心 O 处的场强和电势。

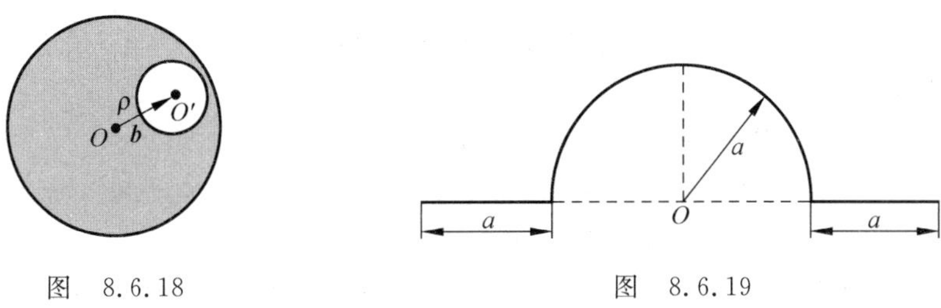

图　8.6.18　　　　图　8.6.19

36. 一半径为 R 的均匀带电圆盘，电荷面密度为 σ。设无穷远处为电势零点，计算圆盘中心 O 点的电势。

37. 电量 q 均匀分布在长为 $2l$ 的细杆上，求在杆外延长线上与杆端距离为 a 的 P 点的电势(设无穷远处为电势零点)。

38. 均匀带电圆环，电量为 Q，半径为 R，求圆环轴线上任一点的电势。

39. 一均匀带电圆盘，电荷面密度为 σ，半径为 R，求其轴线上任一点的电势。

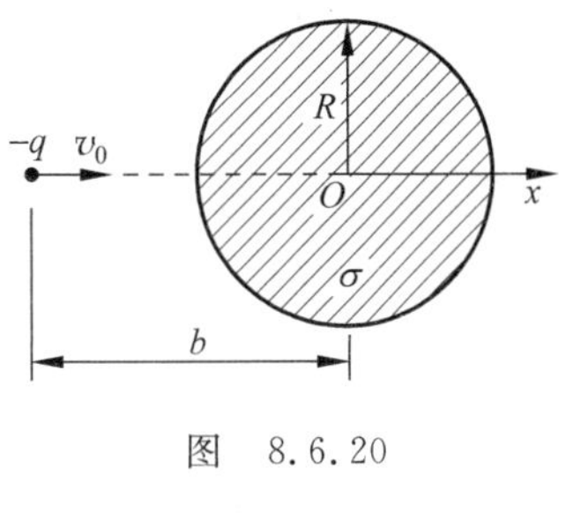

图　8.6.20

40. 如图 8.6.20 所示，一个半径为 R 的均匀带电圆板，其电荷面密度为 $\sigma(>0)$，今有一质量为 m、电荷为 $-q$ 的粒子($q>0$)沿圆板轴线(x 轴)方向向圆板运动，已知在距圆心 O(也是 x 轴原点)为 b 的位置上时，粒子的速度为 v_0，求粒子击中圆板时的速度(设圆板带电的均匀性始终不变)。

41. 如图 8.6.21 所示为一个均匀带电的球壳，其电荷体密度为 ρ，球壳内表面半径为 R_1，外表面半径为 R_2。设无穷远处为电势零点，求空腔内任一点的电势。

42. 一半径为 R 的均匀带电球面，带电量为 Q。

(1) 若规定无穷远处为电势零点，求球面内外电势的分布；

(2) 若规定该球面上电势为零,求球面内外电势的分布。

43. 两个带等量异号电荷的均匀带电同心球面,半径分别为 $R_1=0.03\text{m}$ 和 $R_2=0.10\text{m}$,已知二者电势差为 450V,求球面上所带的电量。

44. 如图 8.6.22 所示,真空中有一半径为 R 的半圆细环,均匀带电 Q。设无穷远处为电势零点,试求:

(1) 圆心 O 处的电势 U_0;

(2) 若将一带电量为 q 的点电荷从无穷远处移到圆心 O 点,电场力所做的功。

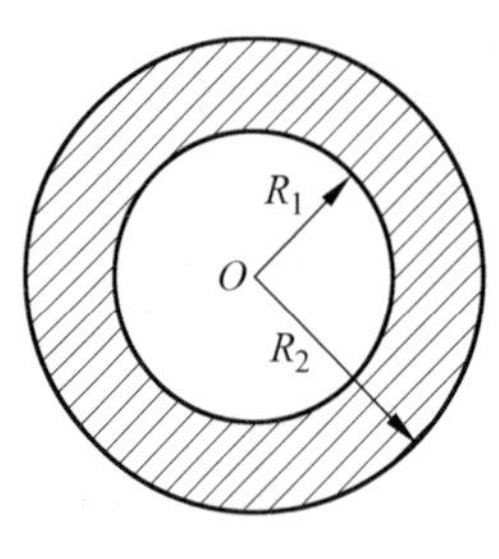

图 8.6.21

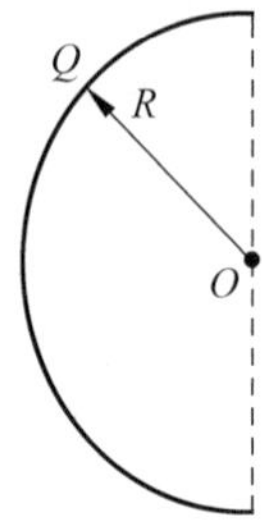

图 8.6.22

45. 如图 8.6.23 所示为一边长均为 a 的等边三角形,其三个顶点分别放置着电量为 q、$2q$ 和 $3q$ 的三个正点电荷,若将一电量为 Q 的正点电荷从无穷远处移至三角形的中心 O 处,则外力需做功多少?

46. 一均匀静电场,其电场强度为 $\boldsymbol{E}=400\boldsymbol{i}+600\boldsymbol{j}(\text{V/m})$,则:

(1) 点 $a(3,2)$ 和点 $b(1,0)$ 之间的电势差 U_{ab} 为多少?

(2) 将单位正电荷从 b 处移至 a 处电场力做功多少?

47. 已知某静电场的电势分布为 $U=8x+12x^2y-20y^2(\text{SI})$,求场强分布 $\boldsymbol{E}$。

48. 设电势沿 x 轴的变化曲线如图 8.6.24 所示。试对图中各区间(忽略区间端点的情况)确定电场强度的 x 分量,并作出 E_x 对 x 的关系图线。

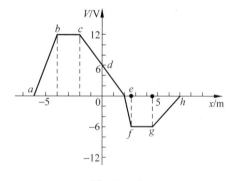

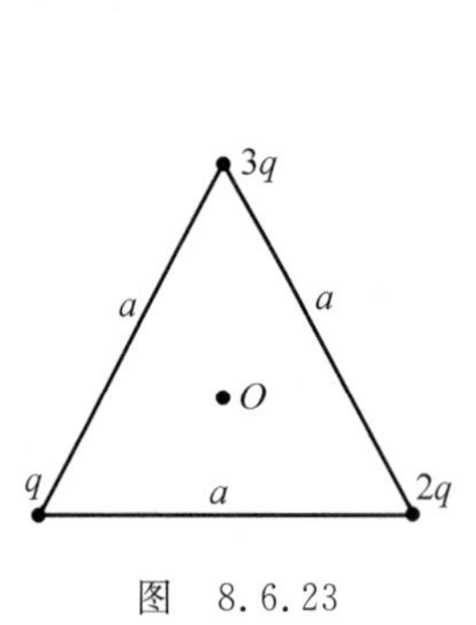

图 8.6.23

图 8.6.24

第9章 导体和电介质中的静电场

基本要求

1. 掌握导体的静电平衡条件,能定性分析导体的静电现象,对典型导体的静电问题能进行定量计算。

2. 了解电介质的极化现象及其微观机理,掌握有电介质时的高斯定理及其应用。

3. 掌握电容器的电容、电场能量的概念和计算方法。

基本概念和基本规律

1. 导体的静电平衡条件

(1) 导体的静电平衡状态

由于导体内具有自由电荷,当导体处于静电场 $\boldsymbol{E}_0$ 中时,导体内的自由电荷在 $\boldsymbol{E}_0$ 的作用下发生宏观位移,使导体表面呈现感应电荷,这就是静电感应现象。我们把导体中没有电荷作定向运动的状态,称为导体的静电平衡状态。

(2) 导体的静电平衡条件

导体内部的场强由外电场 $\boldsymbol{E}_0$ 和感应电荷产生的场强 $\boldsymbol{E}'$ 决定,即 $\boldsymbol{E}_{内}=\boldsymbol{E}_0+\boldsymbol{E}'$,导体处于静电平衡状态的条件是:

① 导体内部任一点的场强都等于零,即 $\boldsymbol{E}_{内}=\boldsymbol{0}$;

② 导体表面的场强方向垂直于导体表面。

2. 导体在静电平衡状态时的性质

从导体的静电平衡条件出发,由静电场中的高斯定理和场强环流定律可以导出导体在静电平衡时的一些性质:

(1) 导体是等势体,导体表面是等势面;

(2) 导体内部没有净电荷,电荷只能分布在导体的表面;

(3) 孤立导体的电荷分布与导体表面的曲率半径有关;

(4) 靠近导体表面处的场强一定垂直于导体表面,且 $E=\sigma/\varepsilon_0$。

3. 静电屏蔽

(1) 空腔导体的腔内无带电体,处于静电平衡状态时:

① 电荷只能分布在空腔导体的外表面,内表面上无电荷;

② 空腔内电势处处相等,且与导体的电势相等。

(2) 空腔导体的腔内有其他带电体,处于静电平衡状态时:

① 空腔导体内表面所带的电荷和腔内带电体的电荷的代数和为零;

② 腔内有电场,腔内的电势不再处处相等。

(3) 静电屏蔽

接地的空腔导体内的场强和电势都不受外界影响,即空腔导体外部的电场被屏蔽。同时,接地空腔导体腔内的带电体对外部电场也是没有影响的,即腔内部的电场被屏蔽。总之,一个被接地的空腔导体可以隔绝内、外电场的相互影响,这种作用称为静电屏蔽。

4. 孤立导体的电容

孤立导体带电时,导体的电势和电量成正比,而比值 q/U 与导体所带的电量无关,只与导体的形状和大小有关,称为孤立导体的电容,表示为

$$C = q/U$$

5. 电容器的电容

电容器两极板分别带有等值异号电荷 $+q$ 和 $-q$ 时,一块极板所带电量的绝对值与两极板间的电势差的比值称为电容器的电容。即

$$C = q/(V_1 - V_2)$$

电容器的电容与电容器的形状、大小以及两极板间的电介质有关,而与电容器是否带电无关。这由几个典型的电容器的电容公式就可看出。

孤立导体球:

$$C_0 = 4\pi\varepsilon_0 R, \quad C = 4\pi\varepsilon_0\varepsilon_r R$$

球形电容器:

$$C_0 = 4\pi\varepsilon_0 \frac{R_a R_b}{R_b - R_a}, \quad C = 4\pi\varepsilon_0\varepsilon_r \frac{R_a R_b}{R_b - R_a}$$

平行板电容器:

$$C_0 = \varepsilon_0 \frac{S}{d}, \quad C = \varepsilon_0\varepsilon_r \frac{S}{d}$$

圆柱形电容器:

$$C_0 = 2\pi\varepsilon_0 l/\ln\frac{R_b}{R_a}, \quad C = 2\pi\varepsilon_0\varepsilon_r l/\ln\frac{R_b}{R_a}$$

6. 电容器的连接

串联和并联是电容器的两种基本组合。

(1) 电容器串联时的特点

电容器组的电量和每一电容器所带电量相等:

$$q = q_1 = q_2 = \cdots = q_n$$

电容器组的电压等于各电容器电压之和:

$$U = U_1 + U_2 + \cdots + U_n$$

电容器组的等效电容的倒数等于各电容器电容的倒数之和:

$$\frac{1}{C} = \frac{1}{C_1} + \frac{1}{C_2} + \cdots + \frac{1}{C_n}$$

各电容器上的电压分配与其电容成反比：

$$U_1 : U_2 : \cdots : U_n = \frac{1}{C_1} : \frac{1}{C_2} : \cdots : \frac{1}{C_n}$$

（2）电容器并联时的特点

电容器组的总电量等于各电容器的电量之和：

$$q = q_1 + q_2 + \cdots + q_n$$

电容器组的电压等于各电容器的电压：

$$U = U_1 = U_2 = \cdots = U_n$$

电容器组的等效电容等于各电容器的电容之和：

$$C = C_1 + C_2 + \cdots + C_n$$

各电容器上的电量分配与其电容成正比：

$$q_1 : q_2 : \cdots : q_n = C_1 : C_2 : \cdots : C_n$$

7. 电介质的极化

有电介质时，产生电场的电荷除了自由电荷外还有束缚电荷。设自由电荷产生的场强为 $\boldsymbol{E}_0$，束缚电荷产生的场强为 $\boldsymbol{E}'$，电介质内、外任一点的总场强为 $\boldsymbol{E}$，则按场强叠加原理有

$$\boldsymbol{E} = \boldsymbol{E}_0 + \boldsymbol{E}'$$

在电介质内部 $\boldsymbol{E}'$ 与 $\boldsymbol{E}_0$ 反向，于是电介质内部的场强 $\boldsymbol{E}$ 比 $\boldsymbol{E}_0$ 减弱了。

当各向同性的均匀电介质充满电场时，电介质中的场强削弱为真空中场强的 ε_r 分之一，即

$$\boldsymbol{E} = \frac{1}{\varepsilon_r}\boldsymbol{E}_0$$

式中，ε_r 称为电介质的相对介电常数。令

$$\varepsilon = \varepsilon_0 \varepsilon_r$$

ε 称为电介质的介电常数。相对介电常数 ε_r 和介电常数 ε 都是表征电介质性质的物理量。

8. 电位移矢量　有电介质时的高斯定理

自由电荷和束缚电荷产生的静电场的基本性质是相同的，遵从相同的基本规律，所以有电介质时场强的环流定律仍为

$$\oint_l \boldsymbol{E} \cdot \mathrm{d}\boldsymbol{l} = 0$$

高斯定理为

$$\oint_S \boldsymbol{E} \cdot \mathrm{d}\boldsymbol{S} = \frac{1}{\varepsilon_0}\left(\sum q_0 + \sum q'\right)$$

式中，$\sum q_0$ 和 $\sum q'$ 分别表示 S 面内自由电荷代数和和束缚电荷代数和。束缚电荷较为复杂，不容易计算。为了避免束缚电荷在公式中出现，需引入电位移矢量 $\boldsymbol{D}$。在各向同性的电介质中，任一点的电位移矢量等于该点的电场强度乘以该点的介电常数，即

$$\boldsymbol{D} = \varepsilon_0 \varepsilon_r \boldsymbol{E}$$

有电介质时的高斯定理：通过电介质中任一闭合曲面的电位移通量，等于该闭合曲面所包围的自由电荷的代数和，即

$$\oint_S \boldsymbol{D} \cdot \mathrm{d}\boldsymbol{S} = \sum q_0$$

从上式可知,当自由电荷分布给定后,通过闭合曲面的电位移通量与电介质无关。应明确:

(1) 电位移矢量 $\boldsymbol{D}$ 是一个辅助量,它没有直接的物理意义。描述电场的物理量仍然是场强 $\boldsymbol{E}$ 和电势 V。通过闭合曲面的电位移通量只与闭合面内的自由电荷有关,而对 $\boldsymbol{D}$ 本身来说,不仅与自由电荷有关,还与束缚电荷有关。只有当各向同性的均匀电介质充满整个电场时,$\boldsymbol{D}$ 才与束缚电荷无关。

(2) 有电介质时的高斯定理,是静电场的基本方程之一。定理本身对静电场中任何闭合曲面都是成立的,但是利用它来求电位移矢量 $\boldsymbol{D}$,则要求电场分布具有一定的对称性。

(3) 当自由电荷分布已知时,可按有电介质时的高斯定理求出电位移矢量 $\boldsymbol{D}$,根据在各向同性的均匀电介质中,由 $\boldsymbol{D}$ 与 $\boldsymbol{E}$ 的关系

$$\boldsymbol{D}=\varepsilon_0\varepsilon_r\boldsymbol{E}=\varepsilon\boldsymbol{E}$$

求出 $\boldsymbol{E}$。这样就避开了束缚电荷的计算,方便地计算出有电介质时的电场强度。

9. 电场的能量

(1) 带电电容器的能量

电容器带电的过程,等效于不断地把正电荷由电容器的负极板移到正极板的过程,在迁移电荷的过程中,外界必须不断地做功。外力所做的功就转变为电容器的电能。电容为 C 的电容器,带电量为 q,极板间的电势差为 U 时,所具有的电能为

$$W_e=\frac{q^2}{2C}=\frac{1}{2}qU=\frac{1}{2}CU^2$$

(2) 电场能量

单位体积内所具有的电场能量称为电场能量密度,表示为

$$w_e=\frac{1}{2}\varepsilon E^2=\frac{1}{2}DE$$

上式对任何静电场都适用。如果已知电场分布,则电场在空间体积 V 中的电场能量为

$$W_e=\int_V w_e\,\mathrm{d}V=\int_V\frac{1}{2}\varepsilon E^2\,\mathrm{d}V$$

解题指导

1. 在静电场中,导体处于静电平衡状态时有关问题的计算

(1) 根据导体的静电平衡条件($\boldsymbol{E}_{内}=\mathbf{0}$)和导体在静电平衡时的性质,首先确定电荷在导体上的分布情况。

(2) 按电荷分布情况,计算场强分布、电势分布等问题的方法与第8章所述的方法基本相同。

2. 在静电场中,有电介质存在时有关问题的计算

电介质中的场强 $\boldsymbol{E}$ 是自由电荷产生的场强 $\boldsymbol{E}_0$ 和束缚电荷产生的场强 $\boldsymbol{E}'$ 的矢量和,即 $\boldsymbol{E}=\boldsymbol{E}_0+\boldsymbol{E}'$。因此,求电介质中的场强和电势较为复杂,但采用的方法原则上和第8章所述方法相同。

(1) 应用叠加原理求场强:自由电荷和束缚电荷的分布都可以看成是许多点电荷的集合,应用点电荷的场强公式,求出各点电荷在场中某点的场强,则该点的总场强 $\boldsymbol{E}$ 等于所有

点电荷在这一点产生的场强的矢量和。

(2) 应用有电介质时的高斯定理求场强：当电场具有适当的对称性或均匀性时，由高斯定理和 $\boldsymbol{D}=\varepsilon\boldsymbol{E}$ 来求场强是较为方便的。(参照应用高斯定理求真空中静电场的场强的基本步骤)其一般方法是：

① 应用有电介质时的高斯定理 $\oint_S \boldsymbol{D}\cdot \mathrm{d}\boldsymbol{S}=\sum q_0$，求出 $\boldsymbol{D}$；

② 根据 $\boldsymbol{D}=\varepsilon\boldsymbol{E}$，求出 $\boldsymbol{E}$。

3. 电容器电容的计算

(1) 根据电容器电容的定义计算。其基本步骤如下：

① 设电容器两极板分别带有等量的异号电荷；

② 计算电容器两极板间的电场分布；

③ 根据电势差的定义式 $U_{AB}=\int_A^B \boldsymbol{E}\cdot \mathrm{d}\boldsymbol{l}$，求出两极板间的电势差；

④ 按电容器电容的定义式 $C=q/U_{AB}$ 即可求得电容器的电容。

(2) 利用等效电容法计算电容器组合的电容。该方法的关键在于正确地画出电容器的等效图。

4. 关于电场能量的计算

(1) 带电电容器储能的计算，应用公式

$$W_e=\frac{q^2}{2C}=\frac{1}{2}qU=\frac{1}{2}CU^2$$

只要知道 3 个量 q、C、U 中任两个量就可以计算出任何电容器的储能。

(2) 电场能量的计算，由电场能量密度

$$w_e=\frac{1}{2}\varepsilon E^2=\frac{1}{2}DE$$

可计算电场所占空间中存储的总能量：

$$W_e=\int_V w_e \mathrm{d}V=\int_V \frac{1}{2}\varepsilon E^2\mathrm{d}V$$

其计算的基本步骤如下：

① 根据电荷分布，计算出电场强度的分布规律。

② 取适当的体积元 $\mathrm{d}V$，在所取的体积元中各点的场强值应相等。通常在球对称电场中取薄球壳为体积元($\mathrm{d}V=4\pi r^2\mathrm{d}r$)。在轴对称的电场中，取薄圆柱壳为体积元($\mathrm{d}V=2\pi rl\mathrm{d}r$)。

③ 按能量公式 $W_e=\int_V \frac{1}{2}\varepsilon E^2\mathrm{d}V$ 列式，并正确定出积分上下限后，计算其结果。

【例题 9.1】 半径为 a 的导体球带有电荷 q，球外有内半径为 b、外半径为 c 的同心导体球壳，带有电荷 Q。求：

(1) 导体球壳上的电荷分布及其电势；

(2) 将内球接地后，求内球上的带电量以及这一带电系统的场强分布。

【解】 (1) 根据导体的静电平衡条件 $\boldsymbol{E}_{内}=\boldsymbol{0}$，内球上的电荷 q 分布在内球的外表面，导体球壳的内表面分布有电荷 $-q$，外表面有电荷 $q+Q$。由高斯定理可得球壳外的场强：

$$\oint_S \boldsymbol{E}\cdot d\boldsymbol{S}=\frac{1}{\varepsilon_0}(q+Q)$$

$$\boldsymbol{E}=\frac{q+Q}{4\pi\varepsilon_0 r^3}\boldsymbol{r}$$

由电势的定义可得球壳的电势

$$V_2=\int_l \boldsymbol{E}\cdot d\boldsymbol{l}=\int_c^{\infty}\frac{q+Q}{4\pi\varepsilon_0 r^2}dr=\frac{q+Q}{4\pi\varepsilon_0 c}$$

(2) 内球接地,表明内球的电势为零。按电势叠加原理,内球电势是由内球表面、球壳的内表面和外表面三层同心球面上的电荷共同决定的。设内球带电$-q'$,于是球壳的内表面带电q',外表面带电$Q-q'$,则

$$V_1=\frac{-q'}{4\pi\varepsilon_0 a}+\frac{q'}{4\pi\varepsilon_0 b}+\frac{Q-q'}{4\pi\varepsilon_0 c}=0$$

由此解得内球表面上的电量

$$q'=\frac{ab}{ab+c(b-a)}Q$$

根据高斯定理可得场强分布:

$$r<a,\qquad E_1=0$$

$$a<r<b,\quad E_2=\frac{-q'}{4\pi\varepsilon_0 r^2}=-\frac{1}{4\pi\varepsilon_0}\frac{ab}{ab+c(b-a)}\cdot\frac{Q}{r^2}$$

$$b<r<c,\quad E_3=0$$

$$c<r,\qquad E_4=\frac{Q-q'}{4\pi\varepsilon_0 r^2}=\frac{1}{4\pi\varepsilon_0}\frac{c(b-a)}{ab+c(b-a)}\cdot\frac{Q}{r^2}$$

【例题 9.2】 面积均为S的两块靠得很近的导体板A和B平行放置,两板的带电量分别为Q_1和Q_2,如图9.3.1所示。

试求:(1) 两板表面上的电荷分布;

(2) 两板之间任一点的场强的大小。

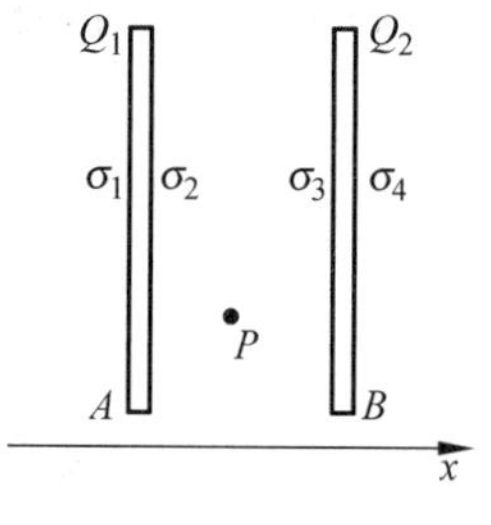

图 9.3.1

【解】 (1) 根据导体静电平衡时的性质,电荷分布在导体的外表面,且两板相距很近,忽略边缘效应,可以认为各表面上的电荷是均匀分布的。设各表面的电荷面密度分别为σ_1、σ_2、σ_3、σ_4。根据导体的静电平衡条件$\boldsymbol{E}_{内}=\boldsymbol{0}$,取场强沿$x$方向为正,则由$A$板内任一点场强为零,得

$$\frac{\sigma_1}{2\varepsilon_0}-\frac{\sigma_2}{2\varepsilon_0}-\frac{\sigma_3}{2\varepsilon_0}-\frac{\sigma_4}{2\varepsilon_0}=0 \tag{1}$$

由B板内任一点的场强为零,得

$$\frac{\sigma_1}{2\varepsilon_0}+\frac{\sigma_2}{2\varepsilon_0}+\frac{\sigma_3}{2\varepsilon_0}-\frac{\sigma_4}{2\varepsilon_0}=0 \tag{2}$$

由电量守恒定律,有

$$\sigma_1+\sigma_2=Q_1/S \tag{3}$$

$$\sigma_3+\sigma_4=Q_2/S \tag{4}$$

解上述方程组得

$$\sigma_1 = \sigma_4 = \frac{Q_1 + Q_2}{2S}$$

$$\sigma_2 = -\sigma_3 = \frac{Q_1 - Q_2}{2S}$$

（2）两板间任一点 P 的场强应为各板面的电荷在 P 点场强的矢量和，故 P 点场强的大小为

$$E_P = \frac{Q_1 - Q_2}{2\varepsilon_0 S}$$

【例题 9.3】 在两个同心金属球壳 A、B 间充满相对介电常数为 ε_r 的电介质。设内球壳的半径为 R_1，带电 q；外球壳的内、外半径分别为 R_2 和 R_3，带电 $-q$。试求：

（1）电介质中的电位移矢量和场强；

（2）两球壳之间的电势差；

（3）两球壳组成的电容器的电容及存储的电能；

（4）电介质的极化强度以及电介质表面上的束缚电荷的面密度。

【解】 根据导体静电平衡时的性质，内球壳 A 上的电荷 q 均匀分布在它的外表面上，外球壳 B 上的电荷 $-q$ 必定均匀分布在其内表面上。

（1）应用有电介质时的高斯定理，有

$$\oint_S \boldsymbol{D} \cdot \mathrm{d}\boldsymbol{S} = \sum q_0$$

$$D \cdot 4\pi r^2 = q, \quad D = \frac{q}{4\pi r^2}$$

$$\boldsymbol{D} = \frac{q}{4\pi r^3}\boldsymbol{r}$$

由于 $\boldsymbol{D} = \varepsilon\boldsymbol{E}$，则

$$E = \frac{D}{\varepsilon} = \frac{D}{\varepsilon_0\varepsilon_r} = \frac{q}{4\pi\varepsilon_0\varepsilon_r r^2}$$

$$\boldsymbol{E} = \frac{q}{4\pi\varepsilon_0\varepsilon_r r^3}\boldsymbol{r}$$

（2）$$V_A - V_B = \int_{R_1}^{R_2} E \cdot \mathrm{d}r = \int_{R_1}^{R_2} \frac{q}{4\pi\varepsilon_0\varepsilon_r r^2}\mathrm{d}r = \frac{q}{4\pi\varepsilon_0\varepsilon_r}\left(\frac{1}{R_1} - \frac{1}{R_2}\right)$$

（3）$$C = \frac{q}{V_A - V_B} = 4\pi\varepsilon_0\varepsilon_r \frac{R_1 R_2}{R_2 - R_1}$$

$$W_e = \int_V w_e \mathrm{d}V = \int_{R_1}^{R_2} \frac{1}{2}\varepsilon E^2 4\pi r^2 \mathrm{d}r = \int_{R_1}^{R_2} \frac{1}{2}\varepsilon_0\varepsilon_r \left(\frac{q}{4\pi\varepsilon_0\varepsilon_r r^2}\right)^2 4\pi r^2 \mathrm{d}r = \frac{q^2}{8\pi\varepsilon_0\varepsilon_r}\left(\frac{1}{R_1} - \frac{1}{R_2}\right)$$

（4）$$\boldsymbol{P} = \boldsymbol{D} - \varepsilon_0\boldsymbol{E} = \varepsilon_0\varepsilon_r\boldsymbol{E} - \varepsilon_0\boldsymbol{E} = \varepsilon_0(\varepsilon_r - 1)\frac{q}{4\pi\varepsilon_0\varepsilon_r r^3}\boldsymbol{r}$$

$$\sigma_1' = -P(R_1) = -\frac{\varepsilon_r - 1}{\varepsilon_r} \cdot \frac{q}{4\pi R_1^2}$$

$$\sigma_2' = P(R_2) = \frac{\varepsilon_r - 1}{\varepsilon_r} \cdot \frac{q}{4\pi R_2^2}$$

【例题 9.4】 两个同轴金属圆柱筒之间充有两层同轴圆筒状电介质，介电常数分别为 ε_1 和 ε_2。内圆柱筒的半径为 R_1，外圆柱筒的内、外半径分别为 R_3 和 R_4。两层电介质介面

的半径为 R_2。求该系统单位长度的电容。

【解】 设内圆柱筒单位长度上的电量为 λ,外圆柱筒单位长度上的电量为 $-\lambda$。应用有电介质时的高斯定理

$$\oint_S \boldsymbol{D}\cdot d\boldsymbol{S} = \sum q_0$$

得两层电介质中的场强

$$E_1 = \frac{\lambda}{2\pi\varepsilon_1 r},\quad E_2 = \frac{\lambda}{2\pi\varepsilon_2 r}$$

由电势差的表达式计算两圆柱筒之间的电势差:

$$\begin{aligned} V_1 - V_2 &= \int_{R_1}^{R_2}\boldsymbol{E}_1\cdot d\boldsymbol{r} + \int_{R_2}^{R_3}\boldsymbol{E}_2\cdot d\boldsymbol{r} = \int_{R_1}^{R_2}\frac{\lambda}{2\pi\varepsilon_1 r}dr + \int_{R_2}^{R_3}\frac{\lambda}{2\pi\varepsilon_2 r}dr \\ &= \frac{\lambda}{2\pi\varepsilon_1}\ln\frac{R_2}{R_1} + \frac{\lambda}{2\pi\varepsilon_2}\ln\frac{R_3}{R_2} \end{aligned}$$

根据电容的定义得单位长度的电容

$$C = \frac{\lambda}{V_1 - V_2} = 1\Big/\left(\frac{1}{2\pi\varepsilon_1}\ln\frac{R_2}{R_1} + \frac{1}{2\pi\varepsilon_2}\ln\frac{R_3}{R_2}\right)$$

【例题 9.5】 如图 9.3.2 所示,A、B 为两个同心金属球壳,A 球壳的半径为 R_1,B 球壳的半径为 R_2,两球壳之间的电势差为 U_{AB}。有一电子,质量为 m,电量为 $-e$,被电场加速自 a 点运动到 b 点。设电子在 a 点时初速度为零,$Oa=r_a$,$Ob=r_b$。求电子到达 b 点时的速度。

图 9.3.2

【解】 为了求出电子到达 b 点时的速度,必须计算出 U_{ab}。为此,应先确定球 A 的带电量,故设 A 球带电 q_A,则根据电势差的定义式

$$V_A - V_B = \int_{R_1}^{R_2}\frac{q_A}{4\pi\varepsilon_0 r^2}dr = \frac{q_A}{4\pi\varepsilon_0}\left(\frac{1}{R_1} - \frac{1}{R_2}\right)$$

从而解得

$$q_A = 4\pi\varepsilon_0 U_{AB}\frac{R_1R_2}{R_2 - R_1}$$

于是

$$V_a - V_b = \frac{q_A}{4\pi\varepsilon_0}\left(\frac{1}{r_a} - \frac{1}{r_b}\right)$$

根据功能原理

$$A = -e(V_a - V_b) = \frac{1}{2}mv_b^2 - \frac{1}{2}mv_a^2$$

因为 $v_a=0$,所以

$$v_b = \sqrt{\frac{2e}{m}(V_b - V_a)} = \sqrt{\frac{2e}{m}U_{AB}\frac{R_1R_2}{R_2 - R_1}\left(\frac{1}{r_b} - \frac{1}{r_a}\right)}$$

【例题 9.6】 一平行板电容器,极板面积为 S,极板间的距离为 d。充电到两极板分别带电 q 和 $-q$ 后,断开电源。然后将厚度为 d、相对介电常数为 ε_r 的电介质板置于电容器中,则电介质板在电场作用下极化。试求电场力所做的功。

【解】 在电容器中未放入电介质板时,其中的电场能量为

$$W_{e1} = q^2/2C_0$$

当电介质板放入电容器后，其中的电场能量为

$$W_{e2}=q^2/2C=q^2/2\varepsilon_r C_0$$

根据功能原理，电场力所做的功为

$$A=W_{e1}-W_{e2}=\frac{q^2}{2C_0}-\frac{q^2}{2\varepsilon_r C_0}=\frac{q^2}{2C_0}\left(1-\frac{1}{\varepsilon_r}\right)=\frac{q^2}{2C_0}\left(\frac{\varepsilon_r-1}{\varepsilon_r}\right)$$

由于电容器中有了电介质后，电容器中的电场能量损失了

$$\Delta W_e=W_{e1}-W_{e2}$$

复习思考题

1. 当一带电体 A 靠近带有电量为 q、半径为 R 的导体球 B 时，试问：

(1) B 球中的电场强度是否为零？

(2) B 球表面的场强方向是否与球面垂直？

(3) B 球是否等势体？电势值是否为 $V=\frac{q}{4\pi\varepsilon_0 R}$？

2. 一导体球壳的内半径为 R_1，外半径为 R_2，在该球壳内距球心 O 为 $d(d<R_1)$ 处，有一点电荷 q。

(1) 球壳的内表面上的电荷是否为 $-q$？是否以 $\sigma_1=\frac{-q}{4\pi R_1^2}$ 均匀分布？

(2) 球壳的外表面上的电荷是否为 q？是否以 $\sigma_2=\frac{q}{4\pi R_2^2}$ 均匀分布？

(3) 讨论球壳内、外的场强分布。

3. 如图 9.4.1 所示，半径为 R 的导体球带电 q_1，在该球外距球心 O 为 d 的 P 点处有一点电荷 q_2。试问：

(1) 导体球上的电荷如何分布？

(2) 导体球内的场强是否为零？

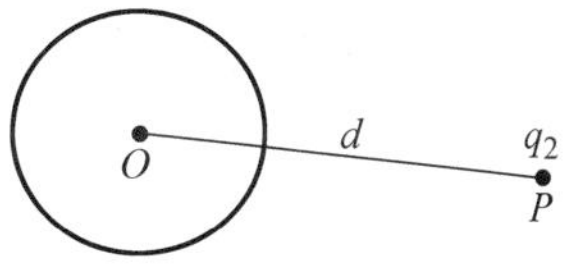

图　9.4.1

4. 将平行板电容器接在电源上，以维持电容器两极板间的电势差不变。然后在两极板之间充满相对介电常数为 ε_r 的电介质，则极板上的电量为原来的几倍？电容量为原来的几倍？若电容器充电后，断开电源，然后在电容器中充满相对介电常数为 ε_r 的电介质，则情况又如何？

自我检查题

1. 在带有电荷 $+Q$ 的金属球产生的电场中，为测量某点场强 $\boldsymbol{E}$，在该点引入一电荷为 $+Q/3$ 的点电荷，测得其受力为 $\boldsymbol{F}$。则该点场强 $\boldsymbol{E}$ 的大小(　　)。

(A) $E=\frac{3F}{Q}$　　(B) $E>\frac{3F}{Q}$　　(C) $E<\frac{3F}{Q}$　　(D) 无法判断

2. 当一个带电导体达到静电平衡时，(　　)。

(A) 表面上电荷密度较大处电势较高

(B) 表面曲率较大处电势较高

(C) 导体内部的电势比导体表面的电势高

(D) 导体内任一点与其表面上任一点的电势差等于零

3. 在静电场中,下列说法中哪一个是正确的?(　　)

(A) 带正电荷的导体,其电势一定是正值

(B) 等势面上各点的场强一定相等

(C) 场强为零处,电势也一定为零

(D) 场强相等处,电势梯度矢量一定相等

4. 一任意形状的带电导体,其电荷面密度分布为 $\sigma(x,y,z)$,则在导体表面外任意点处的场强大小为 $E(x,y,z)=$________,其方向为________。

5. 在一不带电荷的导体球壳的球心处放一点电荷,并测量球壳内外的场强分布。如果将此点电荷从球心移到球壳内其他位置,重新测量球壳内外的场强分布,则将发现(　　)。

(A) 球壳内、外场强分布均无变化

(B) 球壳内场强分布改变,球壳外不变

(C) 球壳外场强分布改变,球壳内不变

(D) 球壳内、外场强分布均改变

6. 如图 9.5.1 所示,半径为 R 的不带电金属球,在球外离球心 O 距离为 L 处有一点电荷,电量为 q,若取无穷远处为电势零点,则静电平衡后金属球的电势 $V=$________。

7. 一半径为 R 的薄金属球壳,带电荷 $-Q$。设无穷远处电势为零,则球壳内各点的电势 V 可表示为(　　)。($K=1/4\pi\varepsilon_0$)

(A) $V<-K\dfrac{Q}{R}$　　(B) $V=-K\dfrac{Q}{R}$　　(C) $V>-K\dfrac{Q}{R}$　　(D) $-K\dfrac{Q}{R}<V<0$

8. 如图 9.5.2 所示,三块互相平行的导体板,相互之间的距离 d_1 和 d_2 比板面积线度小得多,外面两板用导线连接,中间板上带电,设左右两面上电荷面密度分别为 σ_1 和 σ_2,则比值 σ_1/σ_2 为(　　)。

(A) d_1/d_2　　(B) 1　　(C) d_2/d_1　　(D) d_2^2/d_1^2

9. 如图 9.5.3 所示,把一块原来不带电的金属板 B 移近一块已带有正电荷 Q 的金属板 A,平行放置。设两板面积都是 S,板间距离为 d,忽略边缘效应。当 B 板不接地时,两板间电势差 $U_{AB}=$________;B 板接地时两板间电势差 $U'_{AB}=$________。

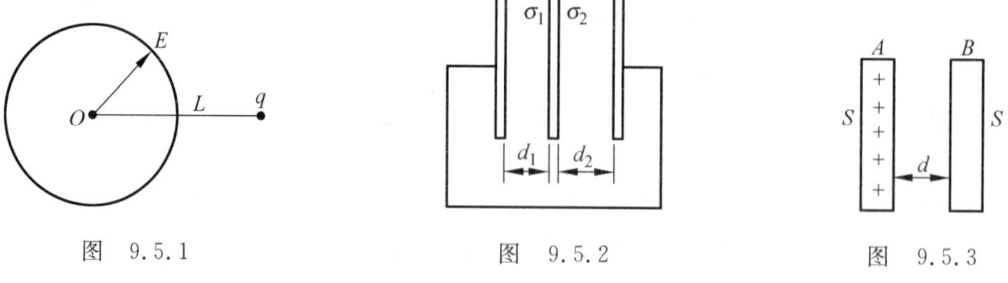

图 9.5.1　　图 9.5.2　　图 9.5.3

10. 两个同心薄金属球壳,半径分别为 R_1 和 $R_2(R_2>R_1)$,若其分别带上电量为 q_1 和 q_2 的电荷,则两者的电势分别为 V_1 和 V_2(选无穷远处为电势零点)。现用导线将两球壳相连接,则它们的电势为(　　)。

(A) V_1　　(B) V_2　　(C) V_1+V_2　　(D) $(V_1+V_2)/2$

11. 如图 9.5.4 所示，一均匀带电球体，总电荷为 $+Q$，其外部同心地罩一内、外半径分别为 r_1、r_2 的金属球壳。设无穷远处为电势零点，则在球壳内半径为 r 的 P 点处的场强和电势为(　　)。

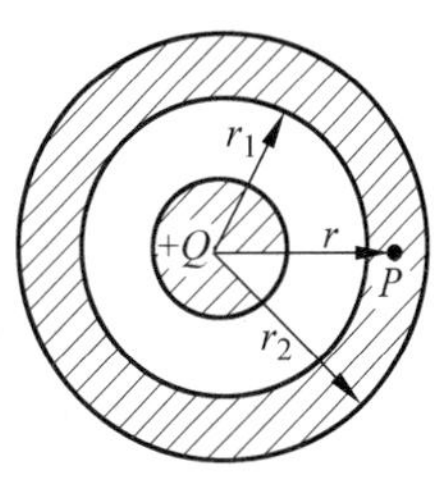

图　9.5.4

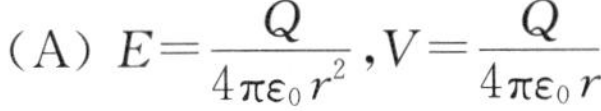
(A) $E=\dfrac{Q}{4\pi\varepsilon_0 r^2}$，$V=\dfrac{Q}{4\pi\varepsilon_0 r}$

(B) $E=0$，$V=\dfrac{Q}{4\pi\varepsilon_0 r_1}$

(C) $E=0$，$V=\dfrac{Q}{4\pi\varepsilon_0 r}$

(D) $E=0$，$V=\dfrac{Q}{4\pi\varepsilon_0 r_2}$

12. 在一个不带电的半径为 R 的导体球壳内，先放进一带电量为 $+q$ 的点电荷，点电荷不与球壳内壁接触。然后使该球壳与地接触一下，再将点电荷 $+q$ 取走。此时，球壳的电荷为________，电场分布的范围是________。

13. 在一个孤立的导体球壳内，若在偏离球中心处放一个点电荷，则在球壳内、外表面将出现感应电荷，其分布将是：(　　)。

(A) 内表面均匀，外表面也均匀　　(B) 内表面不均匀，外表面均匀

(C) 内表面均匀，外表面不均匀　　(D) 内表面不均匀，外表面也不均匀

14. 如图 9.5.5 所示的两同心金属球壳，它们离地球很远，内球壳用细导线穿过外球壳上的绝缘小孔与地连接，外球壳上带有正电荷，则内球壳(　　)。

(A) 不带电荷　　(B) 带正电荷

(C) 带负电荷　　(D) 外表面带负电荷，内表面带等量正电荷

15. 将一负电荷从电势为零的无限远处移到一不带电的导体附近，则导体内的电场强度________，导体的电势________。(填“增大”“不变”“减小”)

16. 地球表面附近的电场强度为 100N/C，如果把地球看作半径为 6.4×10^6 m 的导体球，则地球表面的电荷 $Q=$________。

17. 两个电容器 1 和 2，串联以后接上电动势恒定的电源充电。在电源保持连接的情况下，若把电介质充入电容器 2 中，则电容器 1 上的电势差________；电容器 1 极板上的电荷________。(填“增大”“减小”“不变”)

18. 如图 9.5.6 所示，一空气平行板电容器，极板间距为 d，电容为 C。若在两板中间平行地插入一块厚度为 $d/3$ 的金属板，则其电容值为(　　)。

(A) C　　(B) $2C/3$　　(C) $3C/2$　　(D) $2C$

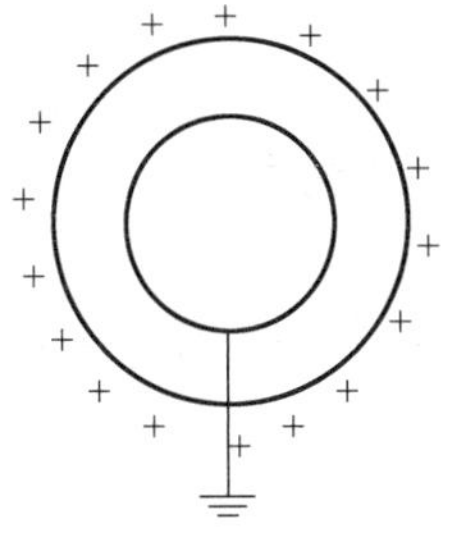

图　9.5.5

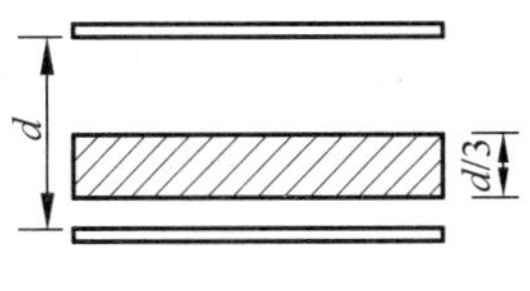

图　9.5.6

19. 在静电场中,作闭合曲面 S,若有 $\oint_S \boldsymbol{D}\cdot \mathrm{d}\boldsymbol{S}=0$ (式中 $\boldsymbol{D}$ 为电位移矢量),则 S 面内必定(　　)。

(A) 既无自由电荷,也无束缚电荷

(B) 没有自由电荷

(C) 自由电荷和束缚电荷的代数和为零

(D) 自由电荷的代数和为零

20. 一点电荷 q 产生的静电场中,一块电介质如图 9.5.7 放置,以点电荷所在处为球心作一球形闭合面 S,则对此球形闭合面:(　　)。

(A) 高斯定理成立,且可用它求出闭合面上各点的场强

(B) 高斯定理成立,但不能用它求出闭合面上各点的场强

(C) 由于电介质不对称分布,高斯定理不成立

(D) 即使电介质对称分布,高斯定理也不成立

21. 关于静电场中的电位移线,下列说法中,哪一种是正确的?(　　)。

(A) 起自正电荷,止于负电荷,不形成闭合线,不中断

(B) 任何两条电位移线互相平行

(C) 起自正自由电荷,止于负自由电荷,任何两条电位移线在无自由电荷的空间不相交

(D) 电位移线只出现在有电介质的空间

22. 一个大平行板电容器水平放置,两极板间的一半空间充有各向同性均匀电介质,另一半为空气,如图 9.5.8 所示。当两极板带上恒定的等量异号电荷时,有一个质量为 m、带电荷为 $+q$ 的质点,在极板间的空气区域中处于平衡。此后,若把电介质抽去,则该质点(　　)。

(A) 保持不动　　　　(B) 向上运动

(C) 向下运动　　　　(D) 是否运动不能确定

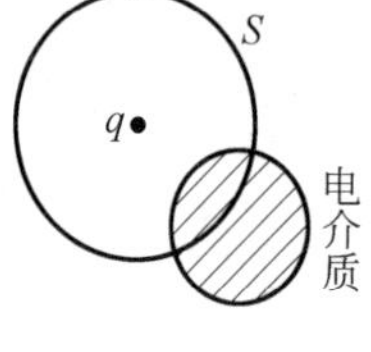

图 9.5.7

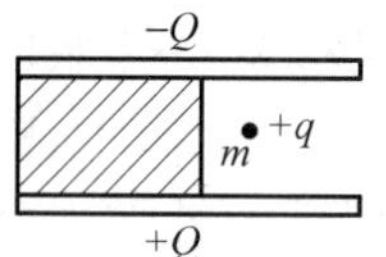

图 9.5.8

23. 一平行板电容器,两板间充满各向同性均匀电介质,已知相对介电常数为 ε_r。若极板上的自由电荷面密度为 σ,则介质中电位移的大小 $D=$________,电场强度的大小 $E=$________。

24. 一个半径为 R 的薄金属球壳,带有电荷 q,壳内充满相对介电常数为 ε_r 的各向同性均匀电介质。设无穷远处为电势零点,则球壳的电势 $V=$________。

25. 一导体球外充满相对介电常数为 ε_r 的均匀电介质,若测得导体表面附近场强为 $\boldsymbol{E}$,则导体球面上的自由电荷面密度为(　　)。

(A) $\varepsilon_0 E$　　(B) $\varepsilon_0\varepsilon_r E$　　(C) $\varepsilon_r E$　　(D) $(\varepsilon_0\varepsilon_r-\varepsilon_0)E$

26. 一个平行板电容器,充电后与电源断开,当用绝缘手柄将电容器两极板间距离拉

大，则两极板间的电势差 U_{12}、电场强度的大小 E、电场能量 W 将发生如下变化：（　　）。

(A) U_{12} 减小，E 减小，W 减小　　(B) U_{12} 增大，E 增大，W 增大

(C) U_{12} 增大，E 不变，W 增大　　(D) U_{12} 减小，E 不变，W 不变

27. 真空中有“孤立的”均匀带电球体和一均匀带电球面，如果它们的半径和所带的电荷都相等，则它们的静电能之间的关系是（　　）。

(A) 球体的静电能等于球面的静电能

(B) 球体的静电能大于球面的静电能

(C) 球体的静电能小于球面的静电能

(D) 球体内的静电能小于球面内的静电能

28. 一球形导体，带电量 q，置于一任意形状的空腔导体中，如图 9.5.9 所示，当用导线将两者连接后，则与未连接前相比，系统静电场能将（　　）。

(A) 增大　　(B) 减小

(C) 不变　　(D) 如何变化无法确定

29. 一平行板电容器，充电后与电源保持连接，然后使两极板间充满相对介电常数为 ε_r 的各向同性均匀电介质，这时两极板上的电荷是原来的________倍；电场强度是原来的________倍；电场能量是原来的________倍。

30. 将一空气平行板电容器接到电源上充电到一定电压后，在保持与电源连接的情况下，把一块与极板面积相同的各向同性均匀电介质板平行地插入两极板之间，如图 9.5.10 所示。介质板的插入及其所处位置不同，对电容器储存电能的影响为：（　　）。

(A) 储能减少，但与介质板位置无关　　(B) 储能减少，且与介质板位置有关

(C) 储能增加，但与介质板位置无关　　(D) 储能增加，且与介质板位置有关

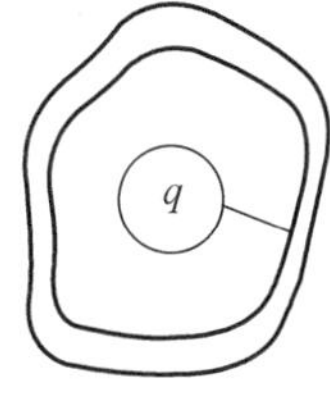

图　9.5.9

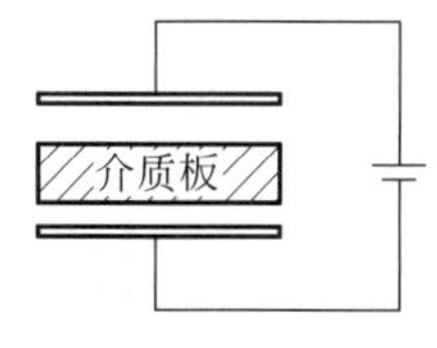

图　9.5.10

习题

1. 厚度为 d 的“无限大”均匀带电导体板两表面单位面积上的电荷之和为 σ，试求图 9.6.1 所示离左板面距离为 a 的点 1 与离右板面距离为 b 的点 2 之间的电势差。

2. 选无穷远处为电势零点，半径为 R 的导体球带电后，其电势为 U_0，求球外离球心距离为 r 处的电场强度。

3. 如图 9.6.2 所示，两块很大的导体平板平行放置，面积都是 S，有一定厚度，带电量分别为 Q_1 和 Q_2。如不计边缘效应，则 A、B、C、D 四个表面上的电荷面密度分别为多少？

4. 一带电大导体平板，平板两个表面的电荷面密度的代数和为 σ，置于电场强度为 $\boldsymbol{E}_0$ 的均匀外电场中，并且使板面垂直于 $\boldsymbol{E}_0$ 的方向，如图 9.6.3 所示。设外电场分布不因带电

平板的引入而改变,求板的附近左、右两侧的合场强。

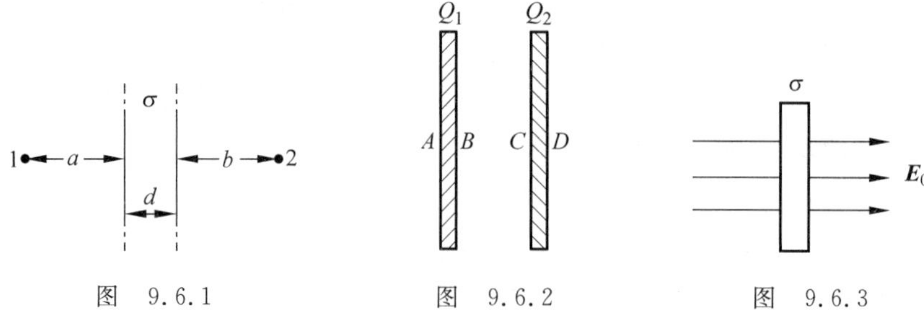

图 9.6.1　　图 9.6.2　　图 9.6.3

5. 在“无限大”均匀带电平面 A 附近放一与它平行,且有一定厚度的“无限大”平面导体板 B,如图 9.6.4 所示。已知 A 上的电荷面密度为 $+\sigma$,则在导体板 B 的两个表面 1 和 2 上的感生电荷面密度为多少?

6. 如图 9.6.5 所示,把一块原来不带电的金属板 B 移近一块已带有正电荷 Q 的金属板 A,且平行放置。设两板面积均为 S,板间距离为 d,忽略边缘效应。求:

(1) 当 B 板不接地时,两板间电势差 U_{ab};

(2) 当 B 板接地时,两板间电势差 U'_{ab}。

7. 如图 9.6.6 所示,在半径为 R 的导体球附近与球心相距为 $d(d>R)$的 P 点处,放一点电荷电量为 q,求:

(1) 球表面感应电荷在球心 O 处产生的电势和场强;

(2) 球内任一点的电势和场强;

(3) 若将球接地,计算球壳表面感应电荷的总电量。

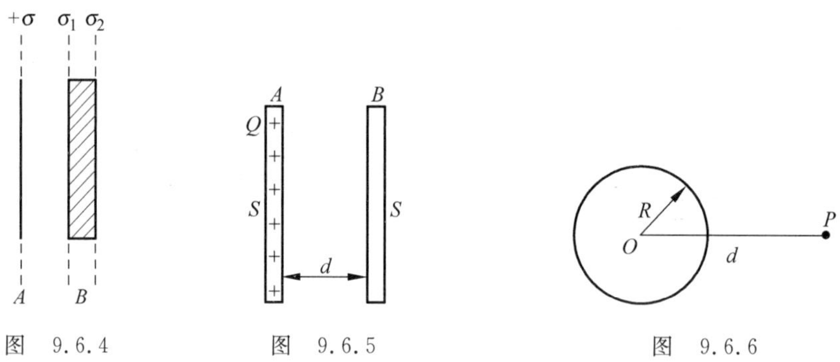

图 9.6.4　　图 9.6.5　　图 9.6.6

8. 半径为 R 的金属球带电量 Q,在球外离球心 O 距离为 L 处有一点电荷,电量为 q,如图 9.6.7 所示,若取无穷远处为电势零点,则静电平衡后,金属球上电荷在 O、q 连线上距 O 为 $R/2$ 处产生的电势 U' 等于多少?

9. 一导体球半径为 R_1,其外同心地罩以内、外半径分别为 R_2 和 R_3 的厚导体壳,设内球带电 q,外球所带总电量为 Q,求电场和电势分布。

10. 如图 9.6.8 所示,一内半径为 a、外半径为 b 的金属球壳,带有电量 Q,在球壳空腔内距离球心 r 处有一点电荷 q。设无限远处为电势零点,试求:

(1) 球壳内外表面上的电量;

(2) 球心 O 点处,由球壳内表面上电荷产生的电势;

(3) 球心 O 点处的总电势。

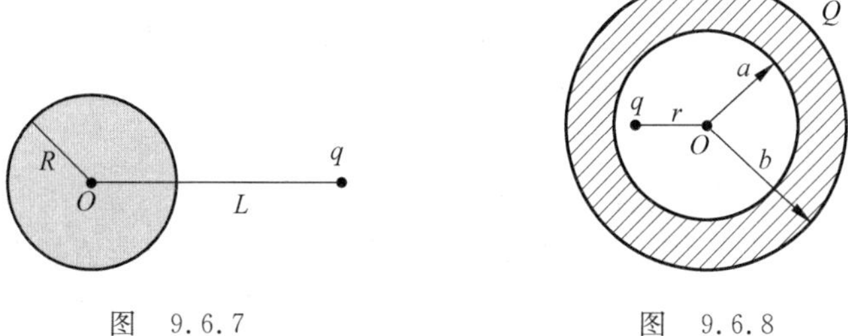

图　9.6.7　　　　图　9.6.8

11. 半径为 R_1 和 $R_2(R_1<R_2)$ 的两个同心导体球壳互相绝缘。现把 $+q$ 的电荷量给予内球。

(1) 求外球的电荷量及电势；

(2) 把外球接地后重新绝缘，求外球的电荷量及电势；

(3) 然后把内球接地，求内球的电荷量及外球的电势。

12. 半径为 R_1 的金属球 A 带电量为 Q，把一个原本不带电的、半径为 $R_2(R_2>R_1)$ 的薄金属球壳 B 同心地罩在 A 球外面，然后把 A 和 B 用金属线连接起来，求 $R_1<r<R_2$ 区域中的电势分布。

13. 半径分别为 $r_1=1.0\text{cm}$ 和 $r_2=2.0\text{cm}$ 的两个球形导体，各带电量 $q=1.0\times10^{-8}\text{C}$，两球心相距很远，若用细导线将两球连接起来，并设无限远处为电势零点，求：

(1) 两球分别带有的电量；

(2) 各球的电势。

14. 证明在静电平衡时，导体表面某面元 ΔS 所受的静电力为 $\boldsymbol{F}=\dfrac{\sigma^2}{2\varepsilon_0}\Delta S\boldsymbol{e}_n$。($\boldsymbol{e}_n$ 为该表面法线方向单位矢量)

15. 在一任意形状的空腔导体内放一任意形状的带电体，总电量为 q，如图 9.6.9 所示。试证明，在静电平衡时，空腔内表面上的感应电量总等于 $-q$。

16. 同轴传输线是由两个很长且彼此绝缘的同轴金属圆柱(内)和圆筒(外)构成，如图 9.6.10 所示，设内圆柱半径为 R_1，电势为 V_1，外圆筒的内半径为 R_2，电势为 V_2。求其离轴为 r 处($R_1<r<R_2$)的电势。

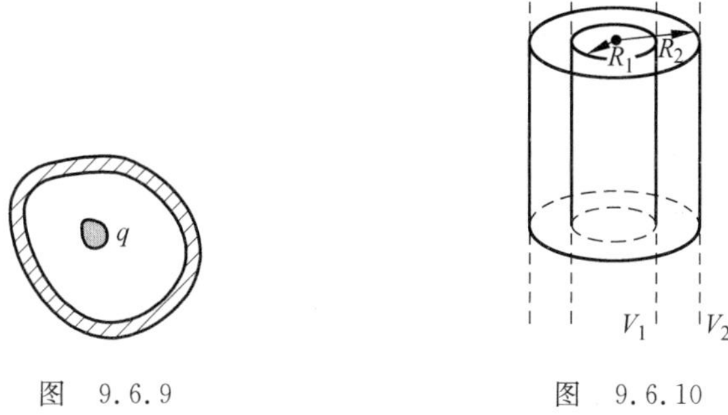

图　9.6.9　　　　图　9.6.10

17. 电荷以相同的面密度 σ 分布在半径 $r_1=10\text{cm}$ 和 $r_2=20\text{cm}$ 的两个同心球面上。设无穷远处电势为零，球心处的电势 $V_O=300\text{V}$。

(1) 求电荷面密度 σ;

(2) 若要使球心处的电势也为零,外球面上应放掉多少电荷?

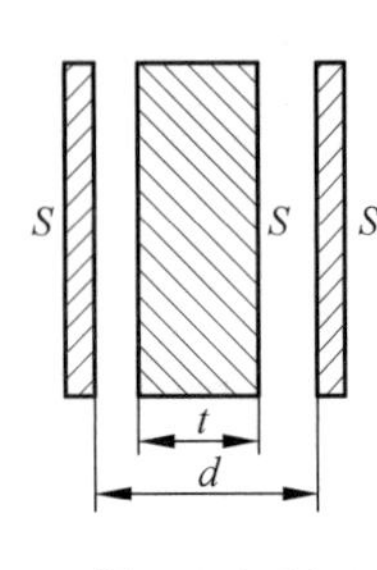

图 9.6.11

18. 如图 9.6.11 所示,一空气平行板电容器两极板面积均为 S,板间距离为 d,在两极板间平行地插入一面积也是 S、厚度为 t 的金属片,试问:

(1) 电容 C 等于多少?

(2) 金属片在两极板间安放的位置对电容值有无影响?

19. 两个半径分别为 R 和 r 的球形导体($R>r$),用一根很长的细导线连接起来,使这个导体组带电,电势为 V,求这两个球表面电荷面密度与曲率半径的关系。

20. 半径分别为 a 和 b 的两个金属球,相距无穷远。今用一细导线将两者相连接,并给系统带上电荷 Q。

(1) 求每个球上分配到的电荷?

(2) 按电容定义式,计算此系统的电容。

21. 半径都是 R 的两根无限长均匀带电直导线,其电荷线密度分别为 $+\lambda$ 和 $-\lambda$,两直导线平行放置,相距为 $d(d\gg R)$。试求该导体组单位长度的电容。

22. 如图 9.6.12 所示,三个无限长的同轴导体圆柱面 A、B 和 C,半径分别为 R_A、R_B 和 R_C。圆柱面 B 上带电荷,A 和 C 都接地,求 B 的内表面上电荷线密度 λ_1 和外表面上电荷线密度 λ_2 之比 λ_1/λ_2。

23. 一空气平板电容器,极板 A、B 的面积都是 S,极板间距离为 d。接上电源后,A 板电势 $V_A=V$,B 板电势 $V_B=0$。现将一带有电荷 q、面积也是 S 而厚度可忽略的导体 C 平行插在两极板的中间位置,如图 9.6.13 所示,试求导体片 C 的电势。

24. 计算两个点电荷 q_1 和 q_2 在"无限大"各向同性均匀电介质中的相互作用力,设电介质的相对介电常数为 ε_r。

25. 一半径为 R 的导体球带有自由电荷 q,周围充满无限大的均匀电介质,其相对介电常数为 ε_r,求介质内任一点的电场强度和电势。

26. 在半径为 R 的金属球之外包有一层均匀介质层,如图 9.6.14 所示,外半径为 R'。设电介质相对介电常数为 ε_r,金属球的电荷量为 Q,求:

(1) 介质层内、外的场强分布;

(2) 介质层内、外的电势分布;

(3) 金属球的电势。

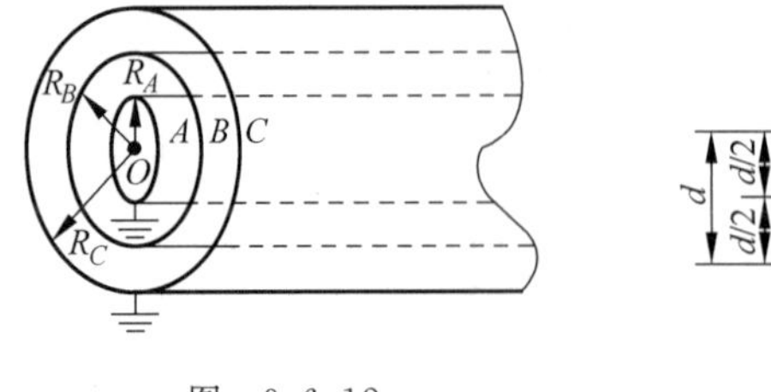

图 9.6.12

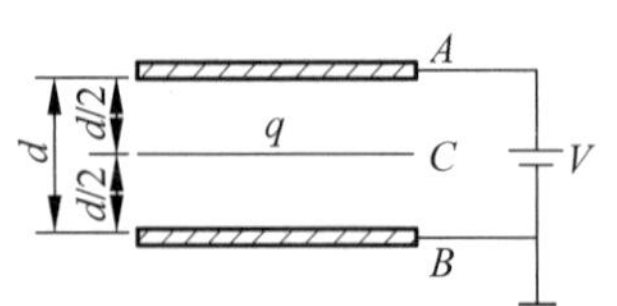

图 9.6.13

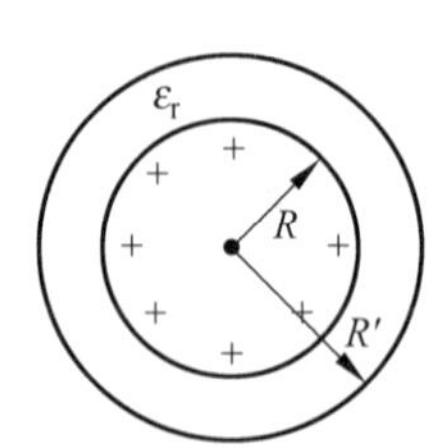

图 9.6.14

27. 如图 9.6.15 所示，半径为 R_0 的导体球带有电荷 Q，球外有一层均匀电介质的同心球壳，其内外半径分别为 R_1 和 R_2，相对介电常数为 ε_r，求：

(1) 介质内、外的电位移 $\boldsymbol{D}$ 和电场强度 $\boldsymbol{E}$；

(2) 电势的分布。

28. 如图 9.6.16 所示，在平行板电容器的一半容积内充入相对介电常数为 ε_r 的电介质。试求：在有电介质部分和无电介质部分极板上自由电荷面密度 σ_1 和 σ_2 的比值。

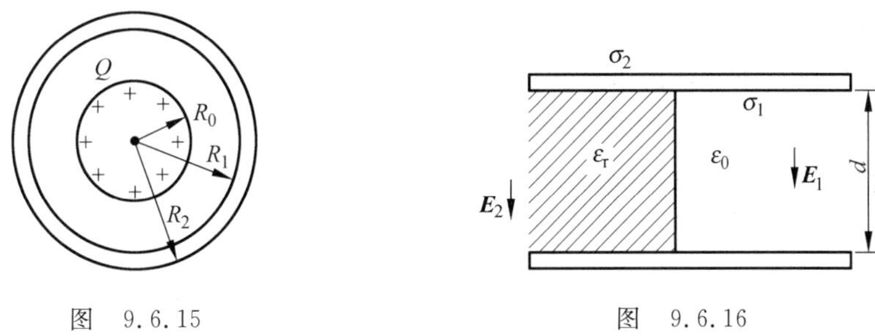

图　9.6.15　　　　图　9.6.16

29. 一空气平行板电容器两极板面积均为 S，板间距离为 d，在两极板间平行地插入一面积也是 S、厚度为 t 的介质板，其相对介电常数为 ε_r。试问：

(1) 此电容器的电容 C 等于多少？

(2) 介质板在两极板间安放的位置对电容值有无影响？

30. 如图 9.6.17 所示，一平行板电容器板面积为 S，板间距为 d，板间各一半被相对介电常数分别为 ε_{r1} 和 ε_{r2} 的电介质充满。求此电容器的电容。

31. 如图 9.6.18 所示，一平行板电容器，中间有两层厚度分别为 d_1 和 d_2 的电介质，它们的相对介电常数分别为 ε_{r1} 和 ε_{r2}，极板面积为 S，求：

(1) 两电介质中电场强度的比值；

(2) 此电容器的电容。

32. 如图 9.6.19 所示，一电容器由两个很长的同轴薄圆筒组成，内、外圆筒半径分别为 $R_1=2\text{cm}$，$R_2=5\text{cm}$，其间充满相对介电常数为 ε_r 的各向同性、均匀电介质。电容器接在电压 $U=32\text{V}$ 的电源上，试求距离轴线 $R=3.5\text{cm}$ 处的 P 点的电场强度和 P 点与外筒间的电势差。

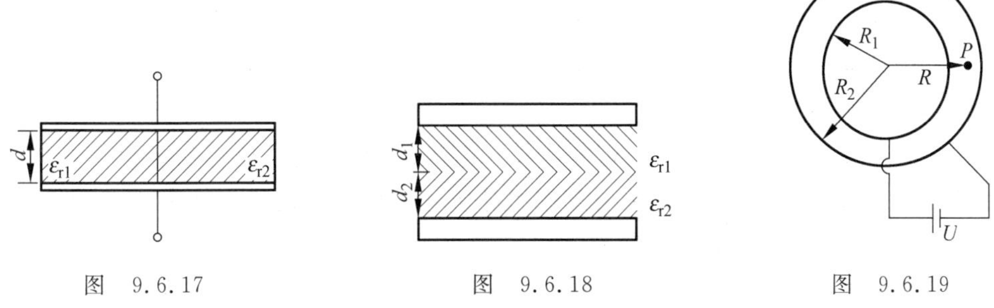

图　9.6.17　　　　图　9.6.18　　　　图　9.6.19

33. 一个金属球浸在一个大油池中。当金属球带电量 q 时和它贴近的油表面会由于油的电极化而带上面束缚电荷。求证此面束缚电量总量为 $q'=\left(\frac{1}{\varepsilon_r}-1\right)q$,其中 ε_r 为油的相对介电常量。

34. 有两个电容器,电容分别为 $C_1=30\mu F$ 和 $C_2=20\mu F$,耐压分别为 500V 和 400V,能不能把这两个电容器串联起来接到 700V 的电源上?

35. 一圆柱形电容器两个金属筒状电极的半径分别是 R_1 和 R_2,长度为 l。两电极之间填充两层同轴圆筒状各向同性电介质,其分界面半径为 R。两介质的相对介电常数分别为 ε_{r1}、ε_{r2},不计边缘效应,求此柱形电容器的电容。

36. 一圆柱形电容器,内圆柱的半径为 R_1,外圆柱的半径为 R_2,长为 $L(L\gg(R_2-R_1))$,两圆柱之间充满相对介电常数为 ε_r 的各向同性均匀电介质。设内外圆柱单位长度上带电量(即电荷线密度)分别为 λ 和 $-\lambda$,求:

(1) 电容器的电容;

(2) 电容器储存的能量。

37. 一球形电容器,内球壳半径为 R_1,外球壳半径为 R_2,两球壳间充满了相对介电常数为 ε_r 的各向同性均匀电介质。设两球壳间电势差为 U_{12},求:

(1) 电容器的电容;

(2) 电容器储存的能量。

38. 假设从无限远处陆续移来微量电荷使一半径为 R 的导体球带电。

(1) 当球上已带有电荷 q 时,再将一个电荷元 dq 从无限远处移到球上的过程中,外力做多少功?

(2) 使球上电荷从零开始增加到 Q 的过程中,外力共做多少功?

39. 一空气平行板电容器两极板面积为 S,间距为 d,用电源充电后两极板上分别带电 $\pm Q$。断开电源后再把两极板的距离拉开到 $2d$。求:

(1) 外力克服两极板吸引力所做的功;

(2) 两极板之间的吸引力。

40. 一空气平行板电容器两极板面积均为 S,板间距离为 d,在两极板之间平行地插入一面积也是 S、厚度为 t 的导体板。当该电容器充电至 U 后切断电源,随后抽出中间的导体板。求此过程中外力所做的功。

41. 一空气平行板电容器,极板面积为 S,板间距离为 d,在两极板之间平行放入一块厚度为 t 的面积相同的玻璃板,已知玻璃的相对介电常数为 ε_r,电容器充电到电压 U 后切断电源,问把玻璃板从电容器中抽出来外力需做多少功?

42. 一半径为 R 的金属球,球上带电荷 $-Q$,球外充满介电常数为 ε 的各向同性均匀电介质,求电场中储存的能量。

43. 一绝缘金属物体,在真空中充电达某一电势值,其电场总能量为 W_0,若断开电源,使其上面所带电荷保持不变,并把它浸没在相对介电常数为 ε_r 的无限大的各向同性均匀液体电介质中,问这时电场总能量为多大?

44. 一电容为 C 的空气平行板电容器,试求在下列两种情况下,把两个极板间距离增大至 n 倍时外力所做的功:

(1) 接端电压为 U 的电源充电，且电源保持连接；

(2) 接端电压为 U 的电源充电后随即断开电源。

45. 两电容器的电容之比为 $C_1 : C_2 = 1 : 2$。

(1) 把它们串联后接到电压一定的电源上充电，它们的电能之比是多少？

(2) 如果是并联充电，电能之比是多少？

(3) 在上述两种情形下，电容器系统的总电能之比又是多少？

第10章 真空中的磁场

基本要求

1. 正确理解电流密度和电源电动势等概念。

2. 掌握磁感应强度、磁感应通量等概念，正确理解磁场中的高斯定理。

3. 掌握毕-萨-拉定律、安培环路定理及其应用。掌握已知电流分布求磁感应强度的方法，并能对简单的电流分布所产生的磁场进行计算。

4. 掌握安培定律、洛伦兹力公式及其应用。

基本概念和基本规律

1. 恒稳电流和恒稳电场

(1) 恒稳电流：通过导体任一截面的电流不随时间变化。

电流强度的定义：$I=\dfrac{dq}{dt}$，注意 $I=\dfrac{q}{t}$ 只适用于恒稳电流。

(2) 恒稳电场：要使导体中维持恒稳电流，必须在导体内建立恒稳电场。

(3) 电流密度矢量$\boldsymbol{\delta}$

$$\boldsymbol{\delta} = \frac{dI}{dS}\boldsymbol{e}_n$$

式中，dS 是导体中某点处垂直于场强 $\boldsymbol{E}$ 方向的面积元；dI 是通过面积元 dS 的电流强度；$\boldsymbol{e}_n$ 是面积元 dS 的法线方向上的单位矢量，即该点处 $\boldsymbol{E}$ 的方向。

通过某一截面的电流强度

$$I = \int_S \boldsymbol{\delta} \cdot d\boldsymbol{S} = \int_S \delta\cos\theta dS$$

2. 电源的电动势 $\boldsymbol{\varepsilon}$

电源电动势的定义：电源电动势等于电源中非静电力把单位正电荷从负极经电源内部移到正极所做的功，表示为

$$\varepsilon = \frac{dA}{dq} = \int_-^+ \boldsymbol{E}_k \cdot d\boldsymbol{l} \quad (\text{电源内})$$

式中，$\boldsymbol{E}_k$ 为电源中非静电性场强。由于非静电场只存在于电源内部，故电源的电动势亦可定义为

$$\varepsilon = \oint_L \boldsymbol{E}_k \cdot d\boldsymbol{l}$$

即电源的电动势在量值上等于非静电力使单位正电荷绕电路一周所做的功。

3. 磁场

运动电荷或电流在周围空间产生磁场，与电场一样，磁场也是一种特殊物质。一切磁相互作用都是通过磁场来进行的，磁场对运动电荷或电流有磁力作用。

4. 磁感应强度 B

利用磁场对运动的试验电荷的作用力可定量地描述磁场。磁场中某点的磁感应强度 $\boldsymbol{B}$ 的方向和大小定义如下：运动电荷沿某一特定方向（或反方向）通过该点时，它所受磁力为零，这个特定方向与小磁针放在该点时北极所指的方向一致，这个特定方向定义为该点 $\boldsymbol{B}$ 的方向，也就是该点的磁场方向。当运动电荷的运动方向与该点的磁场方向垂直时，它受到最大磁力为 F_{max}，F_{max} 与运动电荷的电量 q 和速度 $\boldsymbol{v}$ 的大小成正比，比值 $\frac{F_{max}}{qv}$ 与运动电荷无关，是描述磁场中某点特性的量，因此定义该点 B 的大小为

$$B = \frac{F_{max}}{qv}$$

磁感应强度是一矢量，又是空间位置的单值函数。

5. 磁通量、磁场中的高斯定理

通过磁场中任一曲面 S 的磁感应线的条数称为通过该面的磁通量，其数学表达式为

$$\Phi_m = \int_S \boldsymbol{B} \cdot d\boldsymbol{S} = \int_S B\cos\alpha dS$$

通过闭合曲面 S 的磁通量为

$$\Phi_m = \oint_S \boldsymbol{B} \cdot d\boldsymbol{S}$$

规定闭合曲面的外法线方向为正方向，所以磁感应线穿出曲面的地方，磁通量 $d\Phi_m$ 为正；磁感应线进入曲面的地方，磁通量 $d\Phi_m$ 为负。由于磁感应线是无头无尾的闭合曲线，所以进入闭合曲面的磁感应线必等于从该闭合曲面穿出的磁感应线。因此，通过磁场中任一闭合曲面 S 的磁通量为零，即

$$\Phi_m = \oint_S \boldsymbol{B} \cdot d\boldsymbol{S} = 0$$

这就是磁场中的高斯定理，它表明恒稳磁场是无源场，$\boldsymbol{B}$ 线是闭合曲线。

6. 毕-萨-拉定律

如图 10.2.1 所示，设电流元 $Id\boldsymbol{l}$ 和矢径 $\boldsymbol{r}$（由电流元指向 P 点的矢量），则电流元 $Id\boldsymbol{l}$ 在 P 处产生的磁感应强度 $d\boldsymbol{B}$ 为

$$d\boldsymbol{B} = \frac{\mu_0}{4\pi} \frac{Id\boldsymbol{l} \times \boldsymbol{r}}{r^3}$$

上式表明，P 处 $d\boldsymbol{B}$ 的大小为

$$dB = \frac{\mu_0}{4\pi} \frac{Idl\sin\alpha}{r^2}$$

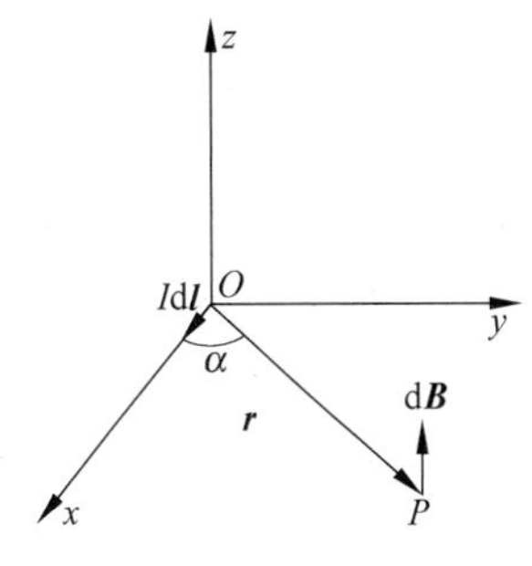

图 10.2.1

式中，α 为 $Id\boldsymbol{l}$ 与 $\boldsymbol{r}$ 之间的夹角。$d\boldsymbol{B}$ 的方向由 $Id\boldsymbol{l}$ 和 $\boldsymbol{r}$ 的矢量积

决定。可见 $\mathrm{d}\boldsymbol{B}$ 的方向总是垂直于 $I\mathrm{d}\boldsymbol{l}$ 与 $\boldsymbol{r}$ 所决定的平面。磁感应强度 $\boldsymbol{B}$ 也遵从叠加原理，所以任意形状电流在 P 处产生的磁感应强度等于所有电流元在该处产生的磁感应强度的矢量和，即

$$\boldsymbol{B}=\int_L \mathrm{d}\boldsymbol{B}=\int_L \frac{\mu_0}{4\pi}\frac{I\mathrm{d}\boldsymbol{l}\times\boldsymbol{r}}{r^3}$$

7. 运动电荷的磁场

如图 10.2.2 所示，当点电荷 q 以速度 $\boldsymbol{v}$ 运动时，它在空间 P 处产生的磁感应强度为

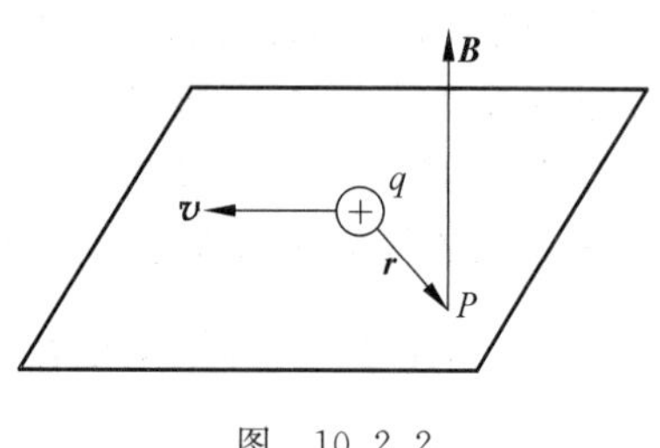

图 10.2.2

$$\boldsymbol{B}=\frac{\mu_0}{4\pi}\frac{q\boldsymbol{v}\times\boldsymbol{r}}{r^3}$$

如果 $q>0$，则 $\boldsymbol{B}$ 的方向与 $\boldsymbol{v}\times\boldsymbol{r}$ 的方向相同；如果 $q<0$，则 $\boldsymbol{B}$ 的方向与 $\boldsymbol{v}\times\boldsymbol{r}$ 的方向相反。

8. 安培环路定理

在磁场中沿任何闭合回路的磁感应强度的环流，等于该回路所包围的电流强度代数和的 μ_0 倍，即

$$\oint_L \boldsymbol{B}\cdot\mathrm{d}\boldsymbol{l}=\mu_0\sum I_i$$

式中，$\sum I_i$ 中电流正负的规定如下：积分回路绕行方向与电流方向满足右手螺旋关系的，电流取正值，反之电流取负值。$\sum I_i$ 中电流是指任何形式的闭合电流，安培环路定理表明，电流的恒稳磁场是涡旋场。

利用安培环路定理还可以很容易地求得某些具有一定对称性电流分布的磁场。

9. 安培定律

电流元 $I\mathrm{d}\boldsymbol{l}$ 处于磁场中，将受到安培力

$$\mathrm{d}\boldsymbol{F}=I\mathrm{d}\boldsymbol{l}\times\boldsymbol{B}$$

上式表明，安培力的大小为 $\mathrm{d}F=I\mathrm{d}lB\sin\alpha$，式中 α 是 $I\mathrm{d}\boldsymbol{l}$ 与 $\boldsymbol{B}$ 之间的夹角，安培力的方向与 $I\mathrm{d}\boldsymbol{l}\times\boldsymbol{B}$ 的方向一致，因此 $\mathrm{d}\boldsymbol{F}$ 垂直于 $I\mathrm{d}\boldsymbol{l}$ 与 $\boldsymbol{B}$ 所组成的平面。

整个电流在磁场中受到的安培力为

$$\boldsymbol{F}=\int_L I\mathrm{d}\boldsymbol{l}\times\boldsymbol{B}$$

所以，安培定律是计算磁场对电流作用的基本定律。

10. 磁场对载流线圈的作用

载流平面线圈的磁矩定义为

$$\boldsymbol{P}_{\mathrm{m}}=NIS\boldsymbol{e}_u$$

式中，N 为线圈的匝数；S 为每匝线圈的面积；$\boldsymbol{e}_u$ 为线圈平面正法线方向上的单位矢量，它与电流 I 的方向满足右手螺旋关系。根据安培定律可知，在匀强磁场中，载流平面线圈受到的合力为零，但线圈受到的磁力矩为

$$\boldsymbol{M}=\boldsymbol{P}_{\mathrm{m}}\times\boldsymbol{B}$$

磁矩是描述载流线圈磁学特征的物理量，它与磁场存在与否无关，而磁力矩是反映磁场对线圈作用的物理量，两者不可混淆。

11. 洛伦兹力公式

磁场对运动电荷的作用力称为洛伦兹力。运动电荷 q 以速度 $\boldsymbol{v}$ 通过磁感应强度为 $\boldsymbol{B}$ 的某点时，它受到的洛伦兹力为

$$\boldsymbol{F} = q\boldsymbol{v} \times \boldsymbol{B}$$

上式表明，洛伦兹力的大小 $F=qvB\sin\alpha$，式中 α 是 $\boldsymbol{v}$ 与 $\boldsymbol{B}$ 间的夹角。洛伦兹力的方向规定如下：当 $q>0$ 时，洛伦兹力 $\boldsymbol{F}$ 与 $\boldsymbol{v}\times\boldsymbol{B}$ 的方向相同；当 $q<0$ 时，$\boldsymbol{F}$ 与 $\boldsymbol{v}\times\boldsymbol{B}$ 的方向相反。

由于洛伦兹力永远垂直于运动电荷的速度，所以它只能改变运动电荷的速度方向，使路径弯曲，而不能改变速度的大小，因而洛伦兹力对运动电荷不做功。

12. 磁力的功

在匀强磁场中，载流线圈变形或转动，磁力所做的功为

$$A = \int_{\Phi_0}^{\Phi} I\mathrm{d}\Phi$$

如果载流线圈运动时，不考虑电流的变化，上式将变为

$$A = I(\Phi - \Phi_0) = I\Delta\Phi$$

即磁力的功等于电流与磁通量增量的乘积。若 $\Delta\Phi>0$，则 $A>0$，磁力做正功；若 $\Delta\Phi<0$，则 $A<0$，磁力做负功。

解题指导

本章习题主要是毕-萨-拉定律、安培环路定理、安培定律、洛伦兹力公式等基本规律的应用，习题内容大体可分为两大类：已知电流分布求磁场和磁场对电流或运动电荷的作用。

1. 磁感应强度 *B* 的计算

(1) 叠加法：任何电流分布都可看成是由许许多多的电流元组成的，磁场中某处的磁感应强度 $\boldsymbol{B}$ 等于各个电流元在该处产生的磁感应强度 $\mathrm{d}\boldsymbol{B}$ 的矢量和，即

$$\boldsymbol{B} = \int_L \mathrm{d}\boldsymbol{B} = \int_L \frac{\mu_0}{4\pi}\frac{I\mathrm{d}\boldsymbol{l}\times\boldsymbol{r}}{r^3}$$

要完成上述的矢量积分，解题步骤如下：

① 由题意画出示意图，任取一电流元 $I\mathrm{d}\boldsymbol{l}$，根据毕-萨-拉定律写出该电流元在所求点处 $\mathrm{d}\boldsymbol{B}$ 的大小表达式，并在图中画出 $\mathrm{d}\boldsymbol{B}$ 的方向。

② 建立适当的坐标系，写出 $\mathrm{d}\boldsymbol{B}$ 的分量式 $\mathrm{d}B_x$、$\mathrm{d}B_y$、$\mathrm{d}B_z$。

③ 对三个分量分别列出积分式：$B_x=\int\mathrm{d}B_x$，$B_y=\int\mathrm{d}B_y$，$B_z=\int\mathrm{d}B_z$，积分后，最后确定磁感应强度 $\boldsymbol{B}$。求解时，需注意统一积分变量和正确定出积分上下限。

下列两种情形，也可使用叠加法计算磁感应强度 $\boldsymbol{B}$：

① 某些电流分布可分解成几种简单的电流分布，而简单的电流分布的磁感应强度公式已经求出，因而应用叠加法可方便地求出总的磁感应强度 $\boldsymbol{B}$，即

$$\boldsymbol{B} = \sum \boldsymbol{B}_i$$

这类习题比较简单，不需要积分。

② 对某些较复杂的电流分布,如电流沿着平面或曲面分布,可以取很细的直线形电流或细圆环形电流作为电流元,应用叠加法求 $\boldsymbol{B}$,可以简化计算。

(2) 安培环路定理法:安培环路定理是反映 $\boldsymbol{B}$ 的环流与电流之间的关系,但是对于某些对称分布的磁场,该定律提供了一种计算 $\boldsymbol{B}$ 的方法。在对称分布的磁场中,作适当的闭合回路 L,若 L 上各点 $\boldsymbol{B}$ 的数值相等,且 $\boldsymbol{B}$ 的方向平行于线元 $\mathrm{d}\boldsymbol{l}$(或 L 的一部分回路上 $\boldsymbol{B}$ 的数值虽然不等,但 $\boldsymbol{B}$ 的方向垂直于线元 $\mathrm{d}\boldsymbol{l}$,或一部分回路上 $\boldsymbol{B}=\boldsymbol{0}$),此时安培环路定理可写成

$$\oint_L \boldsymbol{B} \cdot \mathrm{d}\boldsymbol{l} = \mu_0 \sum I_i$$

于是可算出

$$B = \frac{\mu_0 \sum I_i}{\oint_L \mathrm{d}l}$$

用安培环路定理求 $\boldsymbol{B}$ 虽然方法简便,但是有条件的。可以用安培环路定理方法求解 $\boldsymbol{B}$ 的习题一般仅限于下面三类:

① 无限长载流直导线、无限长载流圆柱体(电流均匀分布),以及无限长载流电缆(电流均匀分布)等电流轴对称分布的。

② 密绕的载流长直螺线管和螺绕环。

③ 无限大载流平面且电流均匀分布。

安培环路定理法解题步骤:

① 分析磁场的分布是否具有某种对称性;

② 选取适当的闭合回路 L(圆或矩形),确定积分路径方向;

③ 对所取的回路 L,由安培环路定理列出方程,并求解。

2. 磁场对载流导线的作用

(1) 安培力的计算

磁场对载流导线的作用力称为安培力,根据安培定律和力的叠加原理,整个载流导线受到的安培力为

$$\boldsymbol{F} = \int \mathrm{d}\boldsymbol{F} = \int_L I \mathrm{d}\boldsymbol{l} \times \boldsymbol{B}$$

对上式的矢量积分,其计算的步骤如下:

① 在载流导线上任取电流元 $I\mathrm{d}\boldsymbol{l}$,由安培定律写出该电流元受力 $\mathrm{d}\boldsymbol{F}$ 的表达式,并在图上画出 $\mathrm{d}\boldsymbol{F}$ 的方向;

② 建立适当的坐标系,写出 $\mathrm{d}\boldsymbol{F}$ 的分量式;

③ 对上述分量分别列出积分式,正确定出上、下限后计算,最后得出 $\boldsymbol{F}$。

在匀强磁场中,载流导线受到的安培力有下列几个结论:

① 载流直导线受到的安培力大小为

$$F = IlB\sin\alpha$$

$\boldsymbol{F}$ 的方向由 $I\boldsymbol{l}\times\boldsymbol{B}$ 决定。

② 载流弯曲导线$\overset{\frown}{ab}$所受的安培力与载有同样电流的 a 到 b 间的直导线$\overline{ab}$所受的安培力相等。

③ 载流闭合导线所受的安培力的合力等于零。

(2) 磁力矩的计算

在匀强磁场中,平面载流线圈所受的磁力矩为

$$\boldsymbol{M} = \boldsymbol{P}_{\mathrm{m}} \times \boldsymbol{B}$$

在非匀强磁场中,可根据安培定律和力学中力矩的定义计算磁力矩。先写出电流元的受力 $\mathrm{d}\boldsymbol{F}$,再由力矩定义 $\boldsymbol{M}=\boldsymbol{r}\times\boldsymbol{F}$,然后列出磁力矩的积分式 $M=\int \mathrm{d}M$ 求解。

【例题 10.1】 如图 10.3.1 所示,一长直载流导线沿 Oy 轴正向放置,在原点 O 处取一电流元 $I\mathrm{d}\boldsymbol{l}$,求该电流元产生在$(a,0,0)$,$(0,a,0)$,$(0,0,a)$,$(a,a,0)$,$(0,-a,a)$各点处的磁感应强度。

【解】 根据毕-萨-拉定律,对$(a,0,0)$点 $\mathrm{d}\boldsymbol{B}$ 的大小为 $\mathrm{d}B=\frac{\mu_0}{4\pi}\frac{I\mathrm{d}l}{a^2}$,$\mathrm{d}\boldsymbol{B}$ 的方向沿 z 轴负向;

对$(0,a,0)$点,$\mathrm{d}B=0$;

对$(0,0,a)$点,$\mathrm{d}B=\frac{\mu_0}{4\pi}\frac{I\mathrm{d}l}{a^2}$,方向沿 x 轴正向;

对$(a,a,0)$点,$\mathrm{d}B=\frac{\mu_0}{4\pi}\frac{I\mathrm{d}l}{2a^2}\sin\frac{\pi}{4}=\frac{\mu_0}{16\pi}\frac{\sqrt{2}I\mathrm{d}l}{a^2}$,方向沿 x 轴负向;

对$(0,-a,a)$点,$\mathrm{d}B=\frac{\mu_0}{16\pi}\frac{\sqrt{2}I\mathrm{d}l}{a^2}$,方向沿 x 轴正向。

【例题 10.2】 半径为 R 的圆弧形导线,圆心角为 α,若导线载有电流 I,如图 10.3.2 所示,求圆心 O 处的磁感应强度。

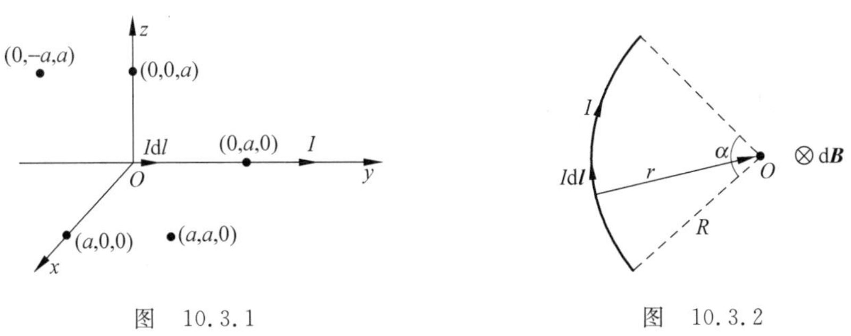

图 10.3.1　　　图 10.3.2

【解】 ① 在载流导线上任取电流元 $I\mathrm{d}\boldsymbol{l}$,从电流元引向圆心 O 点的矢径为 $\boldsymbol{r}$,显然 $I\mathrm{d}\boldsymbol{l}$ 与 $\boldsymbol{r}$ 的夹角为$\frac{\pi}{2}$,电流元 $I\mathrm{d}\boldsymbol{l}$ 在 O 点产生的 $\mathrm{d}\boldsymbol{B}$ 的大小为 $\mathrm{d}B=\frac{\mu_0}{4\pi}\frac{I\mathrm{d}l}{R^2}$,$\mathrm{d}\boldsymbol{B}$ 的方向垂直纸面向里,如图 10.3.2 所示。

② 载流导线上所有电流元在圆心 O 处的 $\mathrm{d}\boldsymbol{B}$ 方向相同,所以圆心 O 处的磁感应强度为

$$B=\int \mathrm{d}B=\int_0^{R\alpha}\frac{\mu_0}{4\pi}\frac{I\mathrm{d}l}{R^2}=\frac{\mu_0}{4\pi}\frac{I\alpha}{R}$$

方向垂直纸面向里，即⊗。

【例题 10.3】 通有电流 $I=5.0\text{A}$ 的无限长导线，折成如图 10.3.3 所示的形状，已知半圆环的半径 $R=10\text{cm}$，求圆心 O 点的磁感应强度。

【解】 由图 10.3.3 可知，电流分布由两条半无限长载流导线 $\overline{ab}$、$\overline{cd}$ 和一条载流半圆环导线 $\overset{\frown}{bc}$ 所组成，它们在 O 点的磁感应强度如下：

载流导线 $\overline{ab}$ 在 O 点 $\boldsymbol{B}_1$ 的大小为 $B_1=\dfrac{\mu_0 I}{4\pi R}$，$\boldsymbol{B}_1$ 的方向垂直纸面向里；

载流导线 $\overline{cd}$ 在 O 点 $\boldsymbol{B}_2$ 的大小为 $B_2=0$；

载流半圆环 $\overset{\frown}{bc}$ 在 O 点 $\boldsymbol{B}_3$ 的大小为 $B_3=\dfrac{\mu_0 I}{4R}$，$\boldsymbol{B}_3$ 的方向垂直纸面向里。

根据磁场的叠加原理，O 点处的 $\boldsymbol{B}$ 等于 $\boldsymbol{B}_1$、$\boldsymbol{B}_2$、$\boldsymbol{B}_3$ 的矢量和，所以 $\boldsymbol{B}$ 的大小为

$$B=B_1+B_3=\frac{\mu_0 I}{4\pi R}+\frac{\mu_0 I}{4R}=\frac{\mu_0 I}{4\pi R}(1+\pi)$$

$$=\frac{4\pi\times10^{-7}\times5.0}{4\pi\times0.1}\times(1+3.14)\text{T}=2.1\times10^{-5}\text{T}$$

$\boldsymbol{B}$ 的方向垂直于纸面向里。

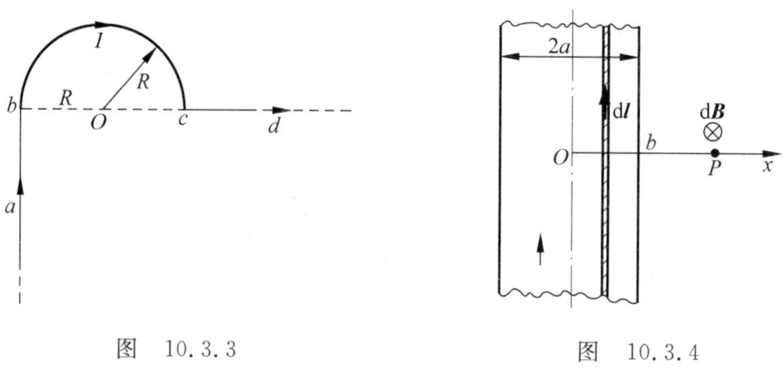

图 10.3.3　　图 10.3.4

【例题 10.4】 电流均匀地流过宽为 $2a$ 的无限长平面导体薄板，电流强度为 I。设 P 点与板共面，且离板的中线距离为 b，如图 10.3.4 所示。求 P 点的磁感应强度。

【解】 ① 建立 Ox 坐标轴，在 $x\to x+\mathrm{d}x$ 处任取一无限长细直线，通有电流 $\mathrm{d}I=\dfrac{I}{2a}\mathrm{d}x$，根据长直载流导线的磁场公式 $B=\dfrac{\mu_0 I}{2\pi r}$，可得出 $I\mathrm{d}\boldsymbol{l}$ 在 P 处所产生的磁感应强度 $\mathrm{d}\boldsymbol{B}$ 的大小为

$$\mathrm{d}B=\frac{\mu_0\mathrm{d}I}{2\pi(b-x)}=\frac{\mu_0\mathrm{d}x}{4\pi a(b-x)}$$

$\mathrm{d}\boldsymbol{B}$ 的方向垂直纸面向里，如图 10.3.4 所示。

② 由于组成载流导体板的所有无限长载流细直线在 P 处产生的 $\mathrm{d}\boldsymbol{B}$ 的方向均相同，因此可以对上式直接进行积分，求出 P 处 $\boldsymbol{B}$ 的大小。

③ P 处磁感应强度 $\boldsymbol{B}$ 的大小为

$$B=\int_{-a}^{a}\frac{\mu_0 I\mathrm{d}x}{4\pi a(b-x)}=\frac{\mu_0}{4\pi a}\int_{-a}^{a}\frac{\mathrm{d}x}{b-x}=\frac{\mu_0 I}{4\pi a}\ln\frac{b+a}{b-a}$$

$\boldsymbol{B}$ 的方向垂直纸面向里。

【例题 10.5】 半径为 R 的半球壳上平行地密绕着一层沿圆周均匀分布的细导线，总匝数为 N，导线中通有电流 I，如图 10.3.5 所示。求圆心处的磁感应强度。

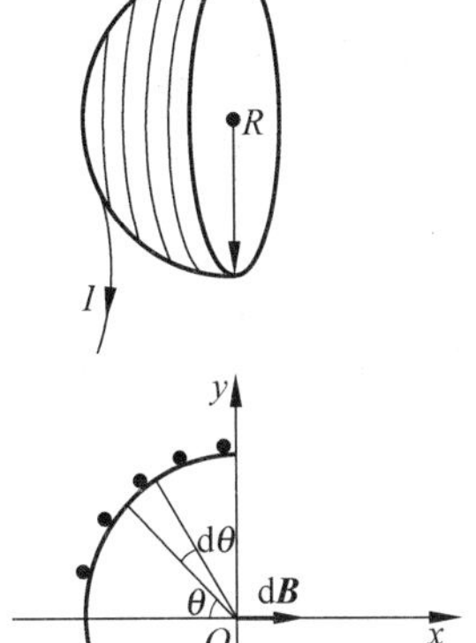

图　10.3.5

【解】 由于细导线密绕在半个球面上，所以本题可将电流看作很多圆电流连续分布在球面上，于是取载流细圆环为电流元。

① 如图 10.3.5 中所示的平面图，在 $\theta \to \theta + \mathrm{d}\theta$ 处取弧长为 $\mathrm{d}s$ 所对应的一个细圆环，其中有线圈 $\mathrm{d}N$ 匝，有

$$\mathrm{d}N = \frac{N}{\frac{2\pi R}{4}} R\mathrm{d}\theta = \frac{2N}{\pi}\mathrm{d}\theta$$

通过细圆环的电流为

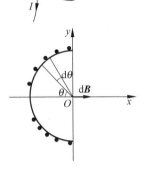

$$\mathrm{d}I = I\mathrm{d}N = \frac{2NI}{\pi}\mathrm{d}\theta$$

根据圆电流在轴线上的磁场公式，可得 $I\mathrm{d}\boldsymbol{l}$ 在球心 O 处产生的磁感应强度的大小为

$$\mathrm{d}B = \frac{\mu_0 R \sin^2\theta \mathrm{d}I}{2R^2} = \frac{\mu_0 NI}{\pi R}\sin^2\theta\mathrm{d}\theta$$

$\mathrm{d}\boldsymbol{B}$ 的方向沿 x 轴正向。

② 因为所有载流细圆环在 O 处产生的 $\mathrm{d}\boldsymbol{B}$ 方向均沿 x 轴正向，所以可直接对上式积分，求出 O 处的 $\boldsymbol{B}$。

③ 圆心 O 处的磁感应强度 $\boldsymbol{B}$ 的大小为

$$B = \int \mathrm{d}B = \frac{\mu_0 NI}{\pi R}\int_0^{\frac{\pi}{2}} \sin^2\theta\mathrm{d}\theta = \frac{\mu_0 NI}{\pi R}\frac{\pi}{4} = \frac{\mu_0 NI}{4R}$$

$\boldsymbol{B}$ 的方向沿 x 轴正向。

【例题 10.6】 一电子沿半径为 r 的圆形轨道匀速运动，速率为 v，电子电量为 $-e$，求圆心 O 处的 $\boldsymbol{B}_0$。

【解】 解法一：如图 10.3.6 所示，本题中运动的电子在 O 处产生的磁场是稳恒的，根据运动电荷的磁场公式

$$\boldsymbol{B} = \frac{\mu_0}{4\pi}\frac{q\boldsymbol{v}\times\boldsymbol{r}}{r^3}$$

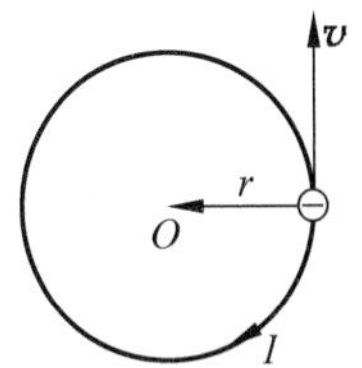

图　10.3.6

可得 $\boldsymbol{B}_0$ 的大小为

$$B_0 = \frac{\mu_0}{4\pi}\frac{ev}{r^2}$$

$\boldsymbol{B}_0$ 的方向垂直纸面向里。

解法二：因电子运动在轨迹上产生的等效电流为

$$I = \frac{v}{2\pi r}e$$

方向沿顺时针。根据圆电流在圆心处产生的 $B_0 = \frac{\mu_0 I}{2r}$，可得出 $\boldsymbol{B}_0$ 的大小为

$$B_0 = \frac{\mu_0}{2r}\frac{ve}{2\pi r} = \frac{\mu_0 ev}{4\pi r^2}$$

由右手法则,可判定 $\boldsymbol{B}_0$ 的方向垂直纸面向里。

【例题 10.7】 如图 10.3.7 所示,有一长直电缆,由一个圆柱形导体和一个与其同轴的导体圆筒组成。电流从一导体流出,从另一导体流回,电流都是均匀分布在横截面上。设圆柱体的半径为 R_1,圆筒的内、外半径分别为 R_2 和 R_3,求:

(1) 磁感应强度的分布;

(2) 通过长度为 l 的一段截面(图中阴影区域)的磁通量。

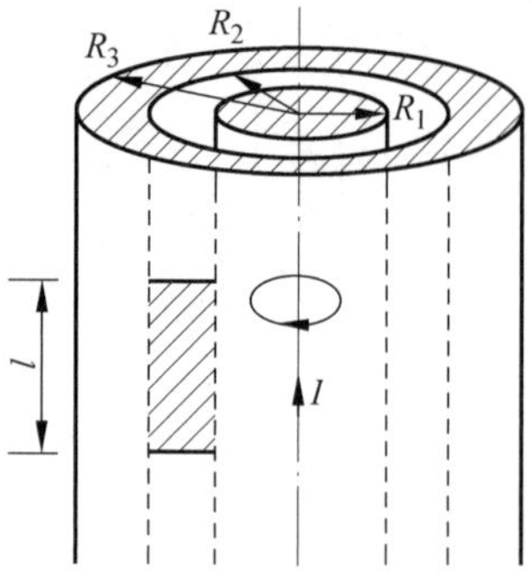

图 10.3.7

【解】 (1) 由于载流长直电缆的磁场的分布具有对称性,磁场线位于垂直电缆轴线的平面内,是一组以该平面与轴线交点为圆心的同心圆。同一磁场线上,各点 $\boldsymbol{B}$ 的大小相等,所以取圆形磁力线为闭合回路。

当 $0<r<R_1$ 时,取如图 10.3.7 所示的闭合回路和积分方向,根据安培环路定理有

$$\oint_L \boldsymbol{B} \cdot \mathrm{d}\boldsymbol{l} = \mu_0 \frac{I}{\pi R_1^2}\pi r^2 = \mu_0 \frac{r^2}{R_1^2} I$$

而

$$\oint_L \boldsymbol{B} \cdot \mathrm{d}\boldsymbol{l} = B\oint_L \mathrm{d}l = B2\pi r$$

则

$$B2\pi r = \mu_0 \frac{r^2}{R_1^2} I$$

$$B = \frac{\mu_0 I r}{2\pi R_1^2}$$

同理,当 $R_1<r<R_2$ 时,可得

$$B2\pi r = \mu_0 I$$

则

$$B = \frac{\mu_0 I}{2\pi r}$$

当 $R_2<r<R_3$ 时,可得

$$B2\pi r = \mu_0 \left(I - \frac{r^2 - R_2^2}{R_3^2 - R_2^2} I\right)$$

则

$$B = \frac{\mu_0 I}{2\pi r}\left(1 - \frac{r^2 - R_2^2}{R_3^2 - R_2^2}\right)$$

当 $R_3<r<\infty$ 时,可得

$$B2\pi r = \mu_0 (I - I)$$

则

$$B = 0$$

(2) 由于阴影区域内各点的 $\boldsymbol{B}$ 都与该截面正交,则通过该区域的磁通量为

$$\Phi = \int_S \boldsymbol{B} \cdot \mathrm{d}\boldsymbol{S} = \int_{R_1}^{R_2} Bl\,\mathrm{d}r$$

式中

$$B=\frac{\mu_0 I}{2\pi r}$$

故

$$\Phi=\int_{R_1}^{R_2}\frac{\mu_0 Il}{2\pi r}\mathrm{d}r=\frac{\mu_0 Il}{2\pi}\ln\frac{R_2}{R_1}$$

【例题 10.8】 一无限大平面 P 有均匀分布的电流，电流密度为 $\boldsymbol{i}$（$\boldsymbol{i}$ 为通过垂直于电流方向上单位长度的电流强度）。求平面外磁感应强度的大小。

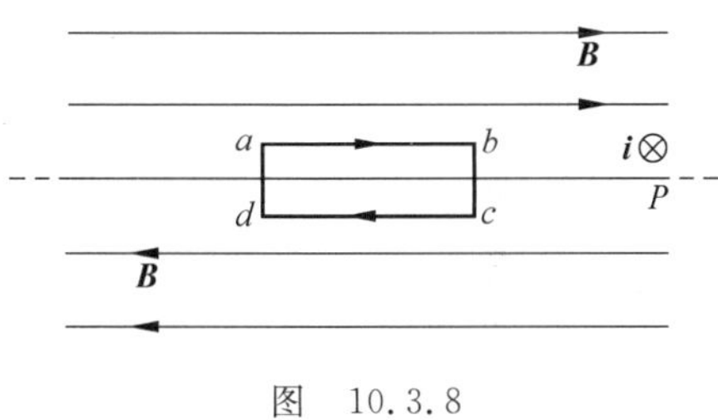

图　10.3.8

【解】 无限大平面外任一点的 $\boldsymbol{B}$ 都和平面平行，且垂直于 $\boldsymbol{i}$，磁感应线如图 10.3.8 所示。所以取矩形 $abcd$ 为积分回路，$ab=cd=l$，根据安培环路定理有

$$\oint_L \boldsymbol{B}\cdot\mathrm{d}\boldsymbol{l}=\mu_0 I=\mu_0 il$$

而

$$\oint_L \boldsymbol{B}\cdot\mathrm{d}\boldsymbol{l}=\int_a^b B\cdot\mathrm{d}l+\int_b^c B\cdot\mathrm{d}l+\int_c^d B\cdot\mathrm{d}l+\int_d^a B\cdot\mathrm{d}l$$
$$=2\int_a^b B\cdot\mathrm{d}l=2Bl$$

所以

$$2Bl=\mu_0 il$$
$$B=\frac{1}{2}\mu_0 i$$

【例题 10.9】 如图 10.3.9 所示，有一长直导线通过电流 $I_1=20\mathrm{A}$，其旁边有一载流直线 $\overline{ab}=9\mathrm{cm}$，通有电流 $I_2=20\mathrm{A}$，$\overline{ab}$ 垂直于长直导线，a 端到长直导线的距离 $\overline{aO}=1\mathrm{cm}$，试求 $\overline{ab}$ 导线所受的力和对 O 点的力矩。

【解】 在导线 $\overline{ab}$ 上任取一电流元 $I_2\mathrm{d}\boldsymbol{l}$，它与长直导线的距离为 l，根据安培定律，该电流元受力 $\mathrm{d}\boldsymbol{F}$ 的大小为

$$\mathrm{d}F=I_2\mathrm{d}lB\sin\frac{\pi}{2}=I_2B\mathrm{d}l$$

式中 $\boldsymbol{B}$ 为 I_1 在 I_2 处的磁感应强度，即

$$B=\frac{\mu_0 I_1}{2\pi l}$$

$\mathrm{d}\boldsymbol{F}$ 的方向与导线 $\overline{ab}$ 垂直并向上（图 10.3.9）。因为导线 $\overline{ab}$ 上其他的电流元受力方向均垂直于 $\overline{ab}$ 向上，因此可将 $\mathrm{d}\boldsymbol{F}$ 直接积分，整个载流导线 $\overline{ab}$ 受力的大小为

$$F=\int\mathrm{d}F=\int I_2B\mathrm{d}l=\int_{0.01}^{0.1}\frac{\mu_0 I_1 I_2}{2\pi l}\mathrm{d}l$$
$$=\frac{\mu_0 I_1 I_2}{2\pi l}\ln\frac{0.1}{0.01}=1.84\times10^{-4}\,\mathrm{N}$$

$\boldsymbol{F}$ 的方向垂直于导线并向上。

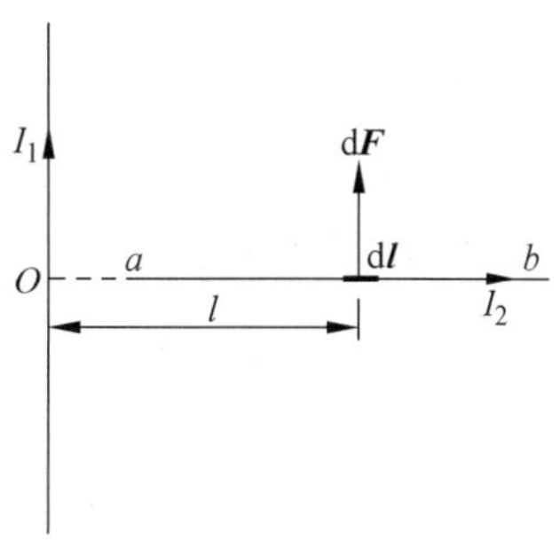

图　10.3.9

根据力矩的定义,d$\boldsymbol{F}$对O点的力矩为

$$dM = l dF = l I_2 B dl = l I_2 \frac{\mu_0 I_1}{2\pi l} dl = \frac{\mu_0 I_1 I_2}{2\pi} dl$$

d$\boldsymbol{M}$的方向垂直于纸面向外。

因为所有的d$\boldsymbol{F}$对O产生的d$\boldsymbol{M}$方向均相同,所以整个导线$\overline{ab}$所受的力对O点产生的总力矩为

$$M = \int dM = \int_{0.01}^{0.1} \frac{\mu_0 I_1 I_2}{2\pi} dl = \frac{\mu_0 I_1 I_2}{2\pi l}(0.1 - 0.01) = 7.2 \times 10^{-6} \text{N} \cdot \text{m}$$

【例题 10.10】 如图10.3.10所示,有一长直电流I_0,另有一半径为R的圆电流I,其直径AB与此直线电流近似重合,试求:

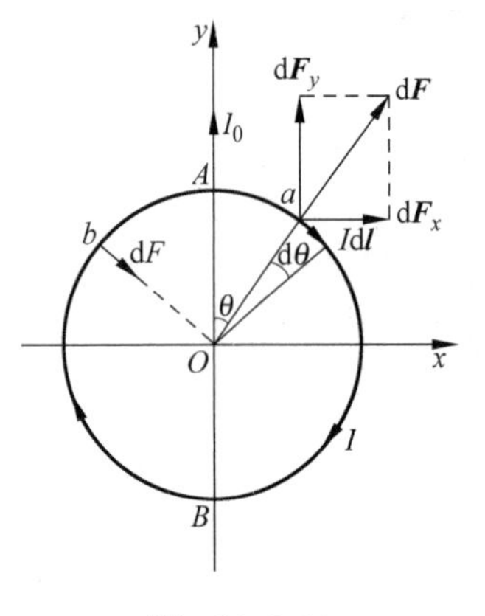

图 10.3.10

(1) 在圆上a、b两点处电流元Id$\boldsymbol{l}$所受I_0的作用力的方向;

(2) 半圆$\widehat{AaB}$所受作用力的大小和方向;

(3) 整个圆形电流所受作用力的大小和方向。

【解】 (1) a处受力的方向沿径向指向外,b处受力的方向沿径向指向圆心O。

(2) 在$\widehat{AaB}$半圆上的任一点a处取电流元Id$\boldsymbol{l}$,其所在处磁场的磁感应强度为

$$B = \frac{\mu_0 I_0}{2\pi x} = \frac{\mu_0 I_0}{2\pi R \sin\theta}$$

$\boldsymbol{B}$的方向垂直纸面向里,则Id$\boldsymbol{l}$受力的大小为

$$dF = IB dl = \frac{\mu_0 I_0 I}{2\pi R \sin\theta} dl$$

将d$\boldsymbol{F}$分解,两个分量分别为

$$dF_x = dF \sin\theta = \frac{\mu_0 I_0 I}{2\pi} d\theta$$

$$dF_y = dF \cos\theta = \frac{\mu_0 I_0 I}{2\pi} \cot\theta d\theta$$

故

$$F_x = \int_0^{\pi} dF_x = \frac{\mu_0 I I_0}{2\pi} \pi = \frac{\mu_0 I I_0}{2}$$

根据对称性知$F_y = \int dF_y = 0$,所以,作用在$\widehat{AaB}$半圆上的合力为$F = \frac{\mu_0 I I_0}{2}$,方向沿$x$轴正向。

(3) 由于作用在$\widehat{AbB}$半圆上的合力也是沿x轴正向,且合力大小也等于$F = \frac{\mu_0 I I_0}{2}$,所以作用于整个圆电流上的合力为

$$F' = 2F = \mu_0 I I_0$$

F'的方向沿x轴正向。

复习思考题

1. 电流强度是如何定义的？$\frac{dq}{dt}$与$\frac{\Delta q}{\Delta t}$有什么区别？

2. 电流密度 δ 的物理意义是什么？如何计算它的量值？

3. 导体内维持恒稳电场靠什么？电源的电动势的物理意义是什么？电源的端电压与电动势有什么关系？

4. 按经典电子理论，电流密度公式 $\delta = ne\overline{V}$ 中各量的物理意义是什么？

5. 怎样定义磁感应强度 $\boldsymbol{B}$ 的大小和方向？

6. 在同一根磁场线上各点 $\boldsymbol{B}$ 的大小是否处处相同？何谓磁通量？$\int_S \boldsymbol{B} \cdot d\boldsymbol{S} = 0$ 表明磁场具有什么性质？

7. 在公式 $d\boldsymbol{B} = \frac{\mu_0}{4\pi}\frac{Id\boldsymbol{l} \times \boldsymbol{r}}{r^3}$中的三个矢量，哪些矢量始终是垂直的？哪两个矢量之间可以有任意角度？用毕-萨-拉定律求解磁感应强度的主要步骤有哪几步？

8. 电流元 $Id\boldsymbol{l}$ 位于坐标原点，且沿 x 轴正向，如图 10.4.1 所示，在以原点为中心、半径为 R 的圆周上，有相隔 45°的 8 个点，各点处的磁感应强度的方向和大小如何？

9. 如图 10.4.2 所示，有两根载流导线均通有电流 I，方向如图，环绕两载流导线有四条闭合积分回路，分别写出每个回路上 $\boldsymbol{B}$ 的环流$\oint_L \boldsymbol{B} \cdot d\boldsymbol{l}$。

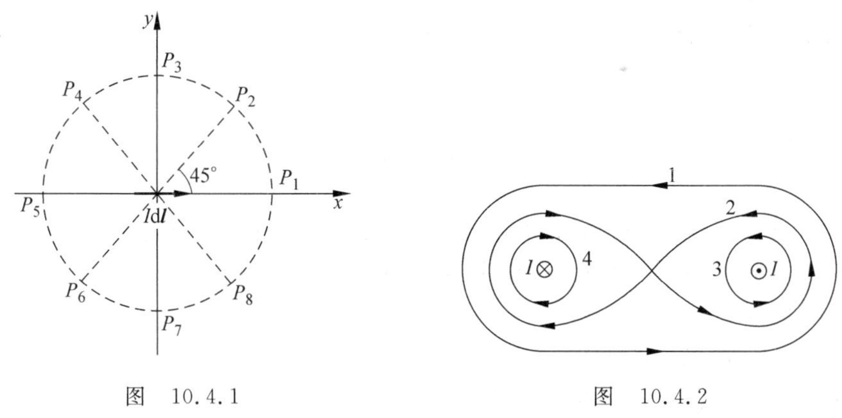

图　10.4.1　　　　图　10.4.2

10. 若长直螺线管的横截面为正方形，则载流长直螺管内磁感应强度公式 $B = \mu_0 nI$ 是否成立？

11. 能否用安培环路定理直接求出下列各种截面的长直载流导线表面附近的磁感应强度：圆形面，空心画面，半圆形面，正方形面？能否用安培环路定理求一段有限长载流导线的磁感应强度？

12. 计算磁感应强度 $\boldsymbol{B}$ 的主要方法有哪几种？并加以比较。

13. 何为载流线圈的磁矩？与哪些因素有关？

自我检查题

1. 如图10.5.1所示,在一平面内,有两条垂直交叉但相互绝缘的导线,流过每条导线的电流 i 的大小相等,方向如图所示。问哪些区域中有某些点的磁感应强度 B 可能为零?(　　)

(A) 仅在象限Ⅰ　　(B) 仅在象限Ⅱ

(C) 仅在象限Ⅰ、Ⅲ　　(D) 仅在象限Ⅰ、Ⅳ

(E) 仅在象限Ⅱ、Ⅳ

2. 四条皆垂直于纸面的载流细长直导线,每条中的电流强度皆为 I。这四条导线被纸面截得的断面组成了边长为 $2a$ 的正方形的四个顶角。每条导线的电流方向如图10.5.2所示,则在正方形中心点 O 的磁感应强度的大小为(　　)。

(A) $B=\frac{2\mu_0 I}{\pi a}$　　(B) $B=\frac{\sqrt{2}\mu_0 I}{2\pi a}$　　(C) $B=0$　　(D) $B=\frac{\mu_0 I}{\pi a}$

3. 如图10.5.3所示,边长为 l 的正方形线圈中通有电流 I,此线圈在 A 点(见图)产生的磁感应强度 B 为(　　)。

(A) $\frac{\sqrt{2}\mu_0 I}{4\pi l}$　　(B) $\frac{\sqrt{2}\mu_0 I}{2\pi l}$　　(C) $\frac{\sqrt{2}\mu_0 I}{\pi l}$　　(D) 以上均不对

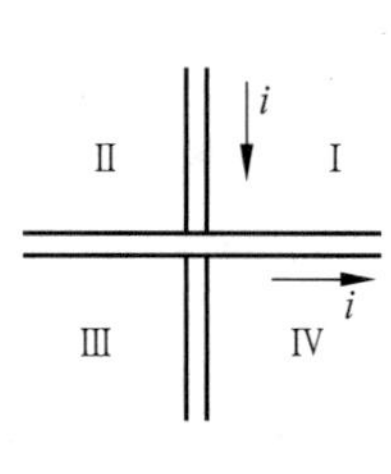

图　10.5.1

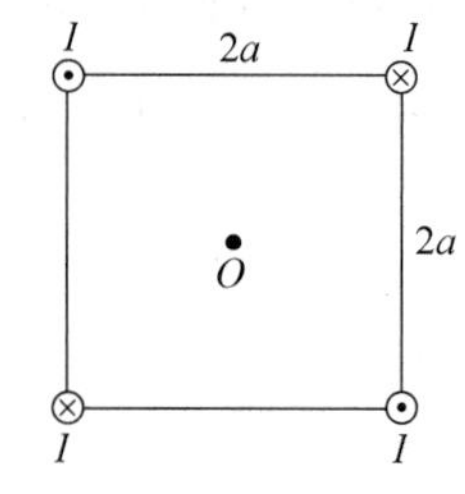

图　10.5.2

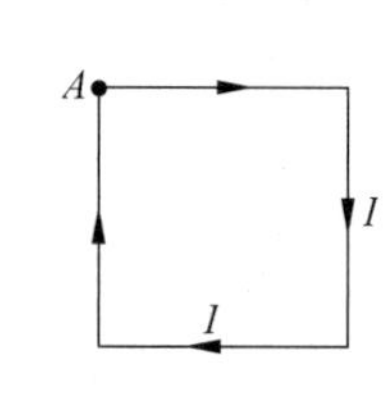

图　10.5.3

4. 无限长直圆柱体,半径为 R,沿轴向均匀流有电流。设圆柱体内($r<R$)的磁感应强度为 B_i,圆柱体外($r>R$)的磁感应强度为 B_e,则有(　　)。

(A) B_i、B_e 均与 r 成正比

(B) B_i、B_e 均与 r 成反比

(C) B_i 与 r 成反比,B_e 与 r 成正比

(D) B_i 与 r 成正比,B_e 与 r 成反比

5. 如图10.5.4所示,在一圆形电流 I 所在的平面内,选取一个同心圆形闭合回路 L,则由安培环路定理可知(　　)。

(A) $\oint_L \boldsymbol{B}\cdot d\boldsymbol{l}=0$,且环路上任意一点 $B=0$

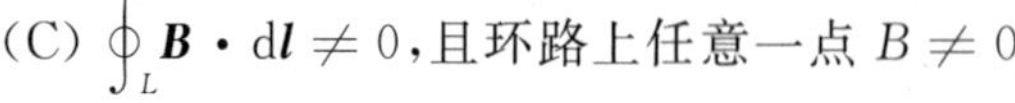

(B) $\oint_L \boldsymbol{B}\cdot d\boldsymbol{l}=0$,且环路上任意一点 $B\neq 0$

(C) $\oint_L \boldsymbol{B}\cdot d\boldsymbol{l}\neq 0$,且环路上任意一点 $B\neq 0$

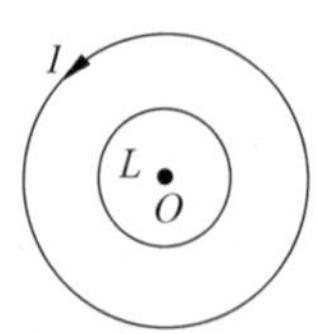

图　10.5.4

(D) $\oint_L \boldsymbol{B}\cdot \mathrm{d}\boldsymbol{l} \neq 0$,且环路上任意一点 B 为常量

6. 取一闭合积分回路 L,使三根载流导线穿过它所围成的面。现改变三根导线之间的相互间隔,但不越出积分回路,则(　　)。

(A) 回路 L 内的 I 不变,L 上各点的 $\boldsymbol{B}$ 不变

(B) 回路 L 内的 I 不变,L 上各点的 $\boldsymbol{B}$ 改变

(C) 回路 L 内的 I 改变,L 上各点的 $\boldsymbol{B}$ 不变

(D) 回路 L 内的 I 改变,L 上各点的 $\boldsymbol{B}$ 改变

7. 一载有电流 I 的细导线分别均匀密绕在半径为 R 和 r 的长直圆筒上形成两个螺线管,两螺线管单位长度上的匝数相等。设 $R=2r$,则两螺线管中的磁感应强度大小 B_R 和 B_r 应满足(　　)。

(A) $B_R=2B_r$　　(B) $B_R=B_r$　　(C) $2B_R=B_r$　　(D) $B_R=4B_r$

8. 如图 10.5.5 所示,在磁感应强度为 $\boldsymbol{B}$ 的均匀磁场中作一半径为 r 的半球面 S,S 边线所在平面的法线方向单位矢量 $\boldsymbol{n}$ 与 $\boldsymbol{B}$ 的夹角为 α,则通过半球面 S 的磁通量为(取弯面向外为正)(　　)。

(A) $\pi r^2 B$　　(B) $2\pi r^2 B$　　(C) $-\pi r^2 B\sin\alpha$　　(D) $-\pi r^2 B\cos\alpha$

9. 如图 10.5.6 所示,一铜条置于均匀磁场中,铜条中电子流的方向如图所示。试问下述哪一种情况将会发生?(　　)

(A) 在铜条上 a、b 两点产生一小电势差,且 $U_a>U_b$

(B) 在铜条上 a、b 两点产生一小电势差,且 $U_a<U_b$

(C) 在铜条上产生涡流

(D) 电子受到洛伦兹力而减速

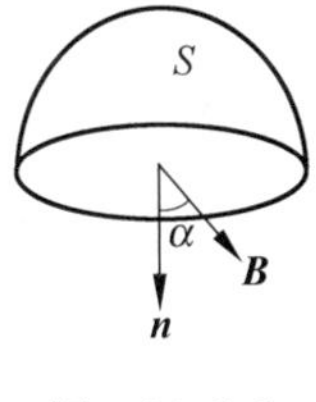

图 10.5.5

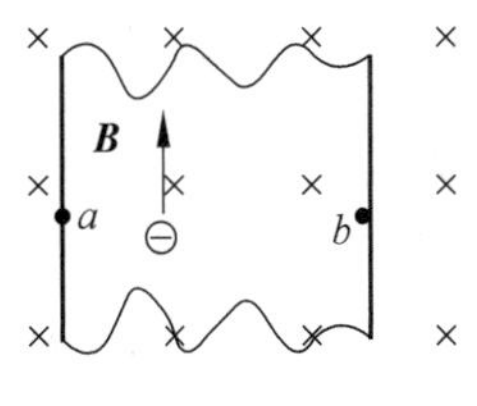

图 10.5.6

10. 有一半径为 R 的单匝圆线圈,通以电流 I,若将该导线弯成匝数 $N=2$ 的平面圆线圈,导线长度不变,并通以同样的电流,则线圈中心的磁感应强度和线圈的磁矩分别是原来的(　　)。

(A) 4 倍和 1/8　　(B) 4 倍和 1/2　　(C) 2 倍和 1/4　　(D) 2 倍和 1/2

11. 在匀强磁场中,有两个平面线圈,面积 $A_1=2A_2$,通有电流 $I_1=2I_2$,它们所受的最大磁力矩之比 M_1/M_2 等于(　　)。

(A) 1　　(B) 2　　(C) 4　　(D) 1/4

12. α 粒子与质子以同一速率垂直于磁场方向入射到均匀磁场中,它们各自作圆周运动的半径比 R_α/R_p 和周期比 T_α/T_p 分别为(　　)。

(A) 1 和 2　　(B) 1 和 1　　(C) 2 和 2　　(D) 2 和 1

13. 电流由长直导线 1 经过 a 点流入一由电阻均匀的导线构成的正三角形线框,再由 b

点流出，经长直导线2返回电源(图10.5.7)。已知直导线上电流强度为I，两直导线的延长线交于三角形中心点O，三角框每边长为l，则O处的磁感应强度为________。

14. 图10.5.8中，电流元Idl在P点产生的磁感应强度dB的大小为________，方向为________。

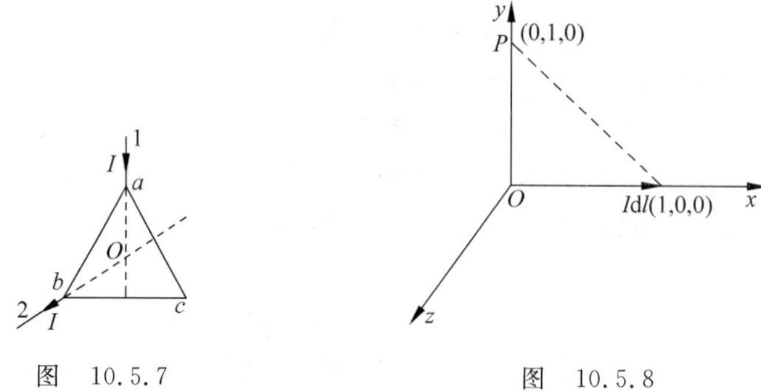

图 10.5.7　　　　图 10.5.8

15. 一无限长导线弯成如图10.5.9所示的形状，其中通有电流I，则图(a)的圆心O处的磁感应强度的大小为________，方向为________；图(b)中圆心O处的磁感应强度的大小为________，方向为________。

16. 边长为a的正方形线圈，通有电流I，则线圈中心处的磁感应强度的大小为________。

17. 一弯曲的载流导线在同一平面内，形状如图10.5.10所示(O点是半径为R_1和R_2的两个半圆弧的共同圆心，电流自无穷远来到无穷远去)，则O点磁感应强度的大小是________。

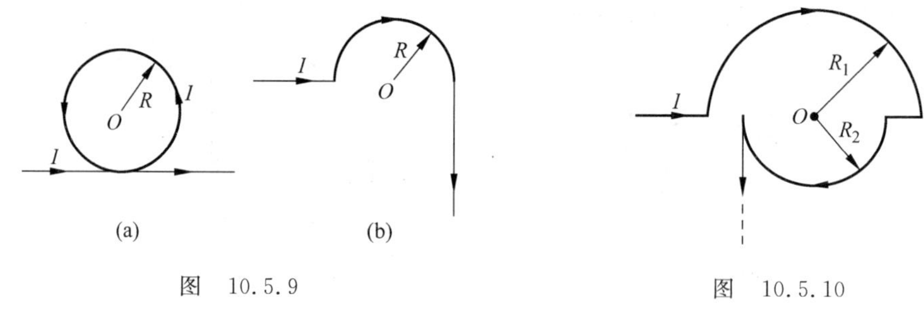

图 10.5.9　　　　图 10.5.10

18. 一条无限长直导线载有10A的电流，在离它0.5m远的地方产生的磁感应强度B为________；一条长直载流导线，在离它1cm处产生的磁感应强度是10^{-4}T，它所载的电流为________。

19. 如图10.5.11所示，在无限长直载流导线的右侧有面积为S_1和S_2的两个矩形回路，两个回路与长直载流导线在同一平面，且矩形回路的一边与长直载流导线平行。则通过面积为S_1的矩形回路的磁通量与通过面积为S_2的矩形回路的磁通量之比为________。

20. 两长直导线通有等值同向电流，两者相距为L，则两导线之间的作用力为________(填“吸力”或“斥力”)，一导线作用于另一导线单位长度上的力的大小为________。

21. 在安培环路定理$\oint_L \boldsymbol{B}\cdot d\boldsymbol{l}=\mu_0\sum I_i$中，$\sum I_i$是指________；$\boldsymbol{B}$是指________，它是由________决定的。

22. 如图 10.5.12 所示，平行的无限长直载流导线 A 和 B，电流强度均为 I，垂直纸面向外，两根载流导线之间相距为 a，则

(1) $\overline{AB}$中点(P 点)的磁感应强度 $\boldsymbol{B}_P=$________。

(2) 磁感应强度 $\boldsymbol{B}$ 沿图中环路 L 的线积分为________。

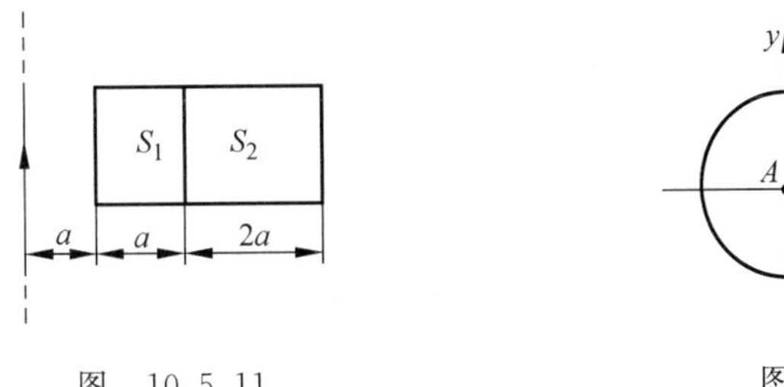

图　10.5.11　　　　图　10.5.12

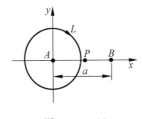

23. 两根长直导线通有电流 I，如图 10.5.13 所示有三种环路，在每种情况下，$\oint_L \boldsymbol{B}\cdot \mathrm{d}\boldsymbol{l}$ 等于：________(对环路 a)；________(对环路 b)；________(对环路 c)。

24. 截面积为 S、截面形状为矩形的直的金属条中通有电流 I。金属条放在磁感应强度为 $\boldsymbol{B}$ 的匀强磁场中，$\boldsymbol{B}$ 的方向垂直于金属条的左、右侧面(图 10.5.14)。在图示情况下金属条的上侧面将积累________电荷，载流子所受的洛伦兹力 $f_{\mathrm{m}}=$________。(设金属中单位体积内载流子数为 n)

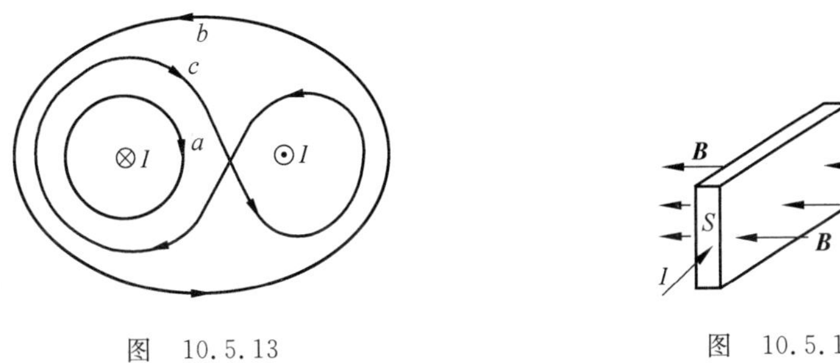

图　10.5.13　　　　图　10.5.14

25. 有两个半导体通以电流 I，放在均匀磁场 $\boldsymbol{B}$ 中，其上下表面积累电荷如图 10.5.15 所示，试判断它们各是什么类型的半导体。

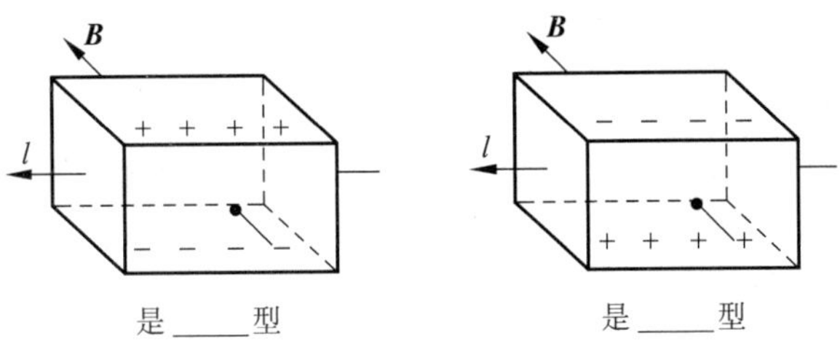

图　10.5.15

26. 两个带电粒子，以相同的速度垂直磁力线飞入匀强磁场，它们的质量之比是 1∶4，电量之比是 1∶2，它们所受的磁场力之比是________，作圆周运动的半径之比是________。

27. 磁场中任一点放一个小的载流试验线圈可以确定该点的磁感应强度，其大小等于

放在该点处试验线圈所受的________和线圈的________的比值。

28. 电子(电量大小为 e,质量为 m_e)在磁感应强度为 $\boldsymbol{B}$ 的均匀磁场中沿半径为 R 的圆周运动,形成一种等效电流,这种等效电流的磁矩值 $p_m=$________。

29. 如图 10.5.16 所示,半径为 R 的半圆形线圈通有电流 I。线圈处在与线圈平面平行向右的均匀磁场 $\boldsymbol{B}$ 中,则线圈所受磁力矩的大小为________,方向为________。线圈绕 OO' 转过角度________时,磁力矩恰为零。

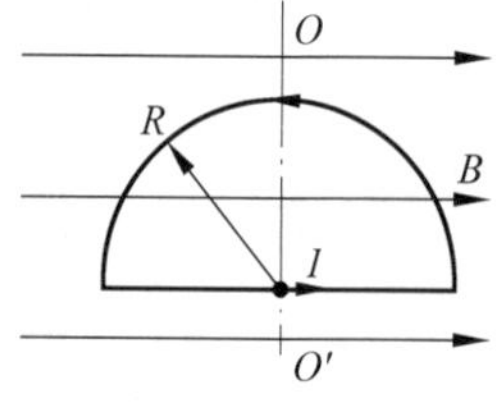

图 10.5.16

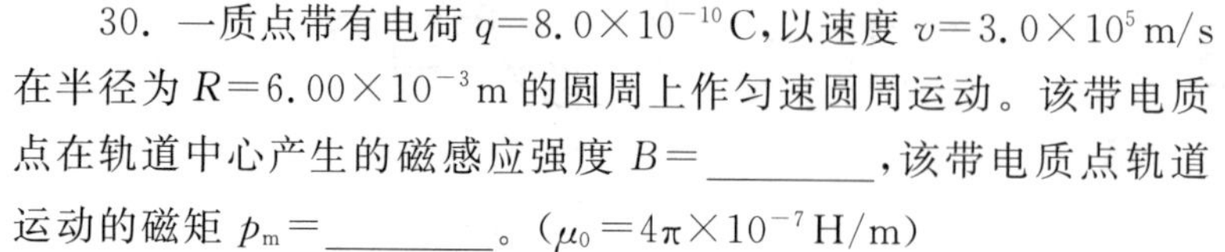

30. 一质点带有电荷 $q=8.0\times10^{-10}$C,以速度 $v=3.0\times10^5$m/s 在半径为 $R=6.00\times10^{-3}$m 的圆周上作匀速圆周运动。该带电质点在轨道中心产生的磁感应强度 $B=$________,该带电质点轨道运动的磁矩 $p_m=$________。($\mu_0=4\pi\times10^{-7}$H/m)

习题

1. 一无限长载流导线折成如图 10.6.1 所示的形状,导线上通有电流 $I=10$A。P 点在 cd 的延长线上,它到折点的距离 $a=2$cm,求 P 点的磁感应强度。($\mu_0=4\pi\times10^{-7}$N/A^2)

2. 一无限长载有电流 I 的直导线在一处折成直角,P 点位于导线所在平面内,距一条折线的延长线和另一条导线的距离都为 a,如图 10.6.2 所示,求 P 点的磁感应强度。

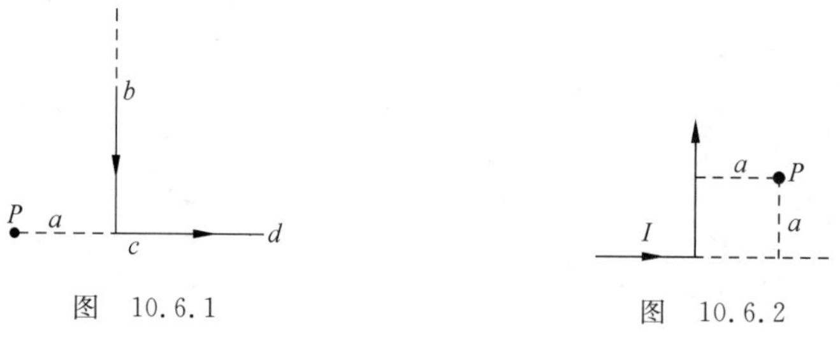

图 10.6.1　　图 10.6.2

3. 如图 10.6.3 所示,一无限长直导线通有电流 $I=10$A,在一处折成夹角 $\theta=60°$的折线,求角平分线上与导线的垂直距离均为 $r=0.1$cm 的 P 点处的磁感应强度。

4. 边长为 $2a$ 的等边三角形线圈,通有电流 I,如图 10.6.4 所示,求线圈中心处的磁感应强度的大小。

图 10.6.3　　图 10.6.4

5. 载有电流 I 的平面闭合回路由半径为 R_1 及 R_2($R_1>R_2$)的两个同心半圆弧和两个直导线段组成。已知两个直导线段在半圆弧中心 O 处产生的磁感应强度均为零,若闭合回

路在 O 处产生的总的磁感应强度 $\boldsymbol{B}$ 大于半径为 R_2 的半圆弧在 O 处产生的磁感应强度 $\boldsymbol{B}_2$，

(1) 画出载流回路的形状；

(2) 求出 O 点的总磁感应强度 $\boldsymbol{B}$。

6. 将通有电流 $I=5.0\text{A}$ 的无限长导线折成如图 10.6.5 所示形状，已知半圆环的半径为 $R=0.1\text{m}$，求圆心 O 处的磁感应强度。

7. 两根导线沿半径方向接到一半径 $R=9.00\text{cm}$ 的导电圆环上。如图 10.6.6 所示。圆弧 ADB 是铝导线，铝线电阻率为 $\rho_1=2.50\times10^{-8}\Omega\cdot\text{m}$，圆弧 ACB 是铜导线，铜线电阻率为 $\rho_2=1.60\times10^{-8}\Omega\cdot\text{m}$。两种导线截面积相同，圆弧 ACB 的弧长是圆周长的 $1/\pi$。直导线在很远处与电源相连，弧 ACB 上的电流 $I_2=2.00\text{A}$，求圆心 O 处磁感应强度 B 的大小。(真空磁导率 $\mu_0=4\pi\times10^{-7}\text{T}\cdot\text{m/A}$)

8. 已知真空中电流分布如图 10.6.7 所示，两个半圆共面，且具有公共圆心，试求 O 点处的磁感应强度。

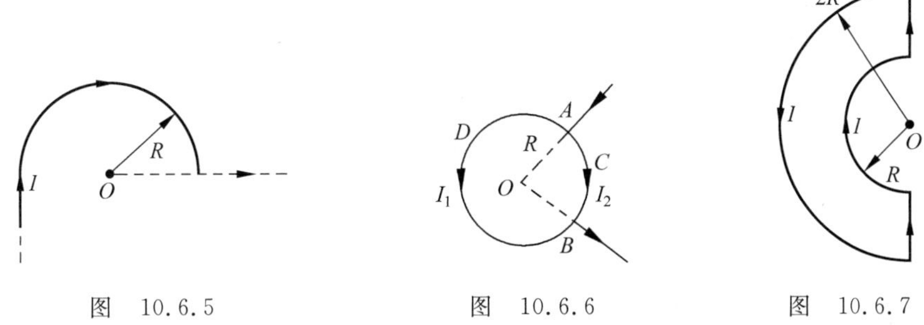

图　10.6.5　　图　10.6.6　　图　10.6.7

9. 有两根导线，分别长 2m 和 3m，将它们弯成闭合的圆，且分别通以电流 I_1 和 I_2，已知两个圆的电流在圆心处的磁感应强度大小相等。求圆电流的比值 I_1/I_2。

10. AA' 和 CC' 为两个正交放置的圆形线圈，其圆心相重合。AA' 线圈半径为 20.0cm，共 10 匝，通有电流 10.0A；CC' 线圈的半径为 10.0cm，共 20 匝，通有电流 5.0A。求两线圈公共中心 O 处的磁感应强度的大小和方向。($\mu_0=4\pi\times10^{-7}\text{N}\cdot\text{A}^{-2}$)

11. 如图 10.6.8 所示，有一密绕平面螺旋线圈，通有电流 I，总匝数为 N，它被限制在半径为 R_1 和 R_2 的两个圆周之间。求此螺旋线中心 O 处的磁感应强度。

12. 如图 10.6.9 所示，1、3 为半无限长直载流导线，它们与半圆形载流导线 2 相连。导线 1 在 xOy 平面内，导线 2、3 在 yOz 平面内。试指出电流元 $I\text{d}\boldsymbol{l}_1$、$I\text{d}\boldsymbol{l}_2$、$I\text{d}\boldsymbol{l}_3$ 在 O 点产生的元磁场 $\text{d}\boldsymbol{B}$ 的方向，并写出此载流导线在 O 点产生的总磁感应强度(包括大小与方向)。

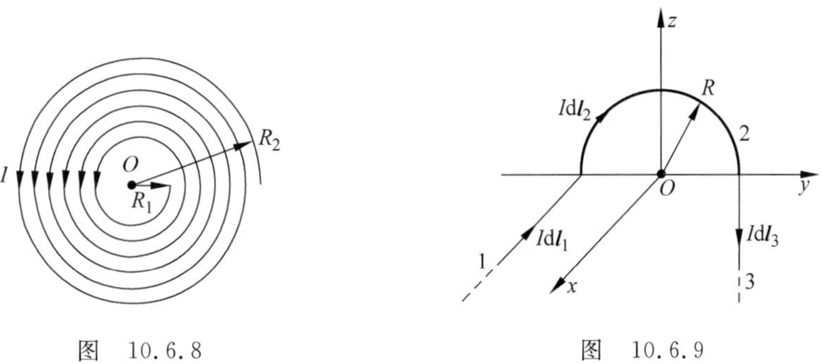

图　10.6.8　　图　10.6.9

13. 如图 10.6.10 所示，有一长直导体圆筒，内外半径分别为 R_1 和 R_2，它所载的电流 I_1 均匀分布在横截面上。导体旁边有一绝缘的无限长直导线，载有电流 I_2，且在中部绕了一个半径为 R 的圆圈。设导体管的轴线与长直导线平行，相距为 d，而且它们与导线圆圈共面，求圆心 O 处的磁感应强度。

14. 如图 10.6.11 所示，半径为 R，线电荷密度为 $\lambda(>0)$ 的均匀带电的圆线圈，绕过圆心与圆平面垂直的轴以角速度 ω 转动，求轴线上任一点 $\boldsymbol{B}$ 的大小及方向。

15. 氢原子可以看成电子在平面内绕核作匀速圆周运动的带电系统。已知电子电荷为 e，质量为 m_e，圆周运动的速率为 v，求圆心处磁感应强度的值 B。

16. 如图 10.6.12 所示，一无限长载流平板宽度为 a，线电流密度(即沿 x 方向单位长度上的电流)为 δ，求与平板共面且距平板一边为 b 的任意点 P 的磁感应强度。

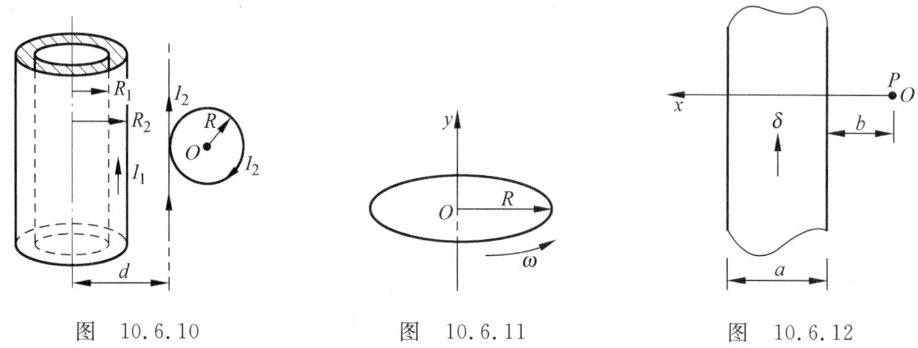

图 10.6.10　　图 10.6.11　　图 10.6.12

17. 设电流均匀流过无限大导电平面，电流密度为 δ，求导电平面两侧的磁感应强度。

18. 如图 10.6.13 所示，N 匝线圈均匀密绕在截面为长方形的螺绕环上。求通入电流 I 后，环内外磁场的分布。

19. 如图 10.6.14 所示，在磁感应强度为 $\boldsymbol{B}$ 的均匀磁场中有一半径为 R 的半球面，$\boldsymbol{B}$ 与半球面轴线的夹角为 α。求通过该半球面的磁通量。

20. 如图 10.6.15 所示，一无限长圆柱形导体(磁导率为 μ_0)，半径为 R，通有均匀电流 I。今取一矩形平面 S(长为 1m，宽为 $2R$)如图中斜线阴影部分所示，求通过该矩形平面的磁通量。

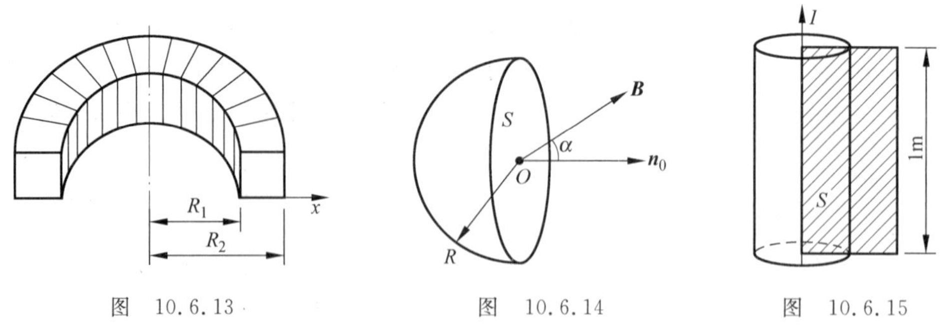

图 10.6.13　　图 10.6.14　　图 10.6.15

21. 如图 10.6.16 所示，横截面为矩形的环形螺线管，圆环内外半径分别为 R_1 和 R_2，芯子材料的磁导率为 μ，导线总匝数为 N，绕得很密。若线圈通电流 I，求：

(1) 芯子中的磁感应强度 $\boldsymbol{B}$ 的大小和通过芯子截面的磁通量；

(2) 在 $r<R_1$ 和 $r>R_2$ 处 $\boldsymbol{B}$ 的大小。

22. 如图 10.6.17 所示为相距 a、通电流为 I_1 和 I_2 的两根无限长平行载流直导线。

(1) 写出电流元 $I_1\mathrm{d}\boldsymbol{l}_1$ 对电流元 $I_2\mathrm{d}\boldsymbol{l}_2$ 的作用力的数学表达式；

(2) 推出载流导线单位长度上的受力公式。

23. 如图 10.6.18 所示，无限长直导线载有电流 I_0，另一半径为 R 的圆形刚性线圈与其共面(二者绝缘)，圆线圈通电流 I，圆的直径与直导线重合。

(1) 画出在圆上 a 和 b 处电流元 $I\mathrm{d}\boldsymbol{l}$ 所受 I_0 的磁场作用力的方向；

(2) 求图 10.6.18 中载流圆线圈右半部受到 I_0 的磁场力的大小和方向；

(3) 求整个载流圆线圈的受力大小和方向。

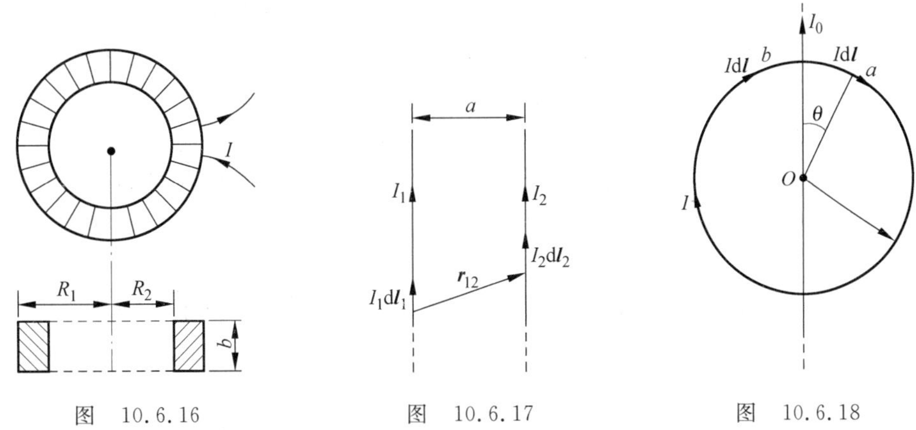

图 10.6.16　　图 10.6.17　　图 10.6.18

24. 如图 10.6.19 所示，半径为 R 的半圆线圈 ACD 通有电流 I_2，置于电流为 I_1 的无限长直线电流的磁场中，直线电流 I_1 恰过半圆的直径，两导线相互绝缘。求半圆线圈受到长直线电流 I_1 的磁力。

25. 通有电流 I 的长直导线，在一平面内被弯成如图 10.6.20 所示形状，放于垂直进入纸面的均匀磁场 $\boldsymbol{B}$ 中，求整个导线所受的安培力(R 为已知)。

26. 如图 10.6.21 所示，在 xOy 平面(即纸面)内有一载流线圈 $abcda$，其中$\overset{\frown}{bc}$和$\overset{\frown}{da}$皆为以 O 为圆心、半径为 $R=20\mathrm{cm}$ 的 1/4 圆弧，$\overline{ab}$和$\overline{cd}$皆为直线，电流 $I=20\mathrm{A}$，其流向沿 $abcda$ 的绕向。设该线圈处于磁感应强度 $B=8.0\times10^{-2}\,\mathrm{T}$ 的均匀磁场中，$\boldsymbol{B}$ 的方向沿 x 轴正方向。试求：

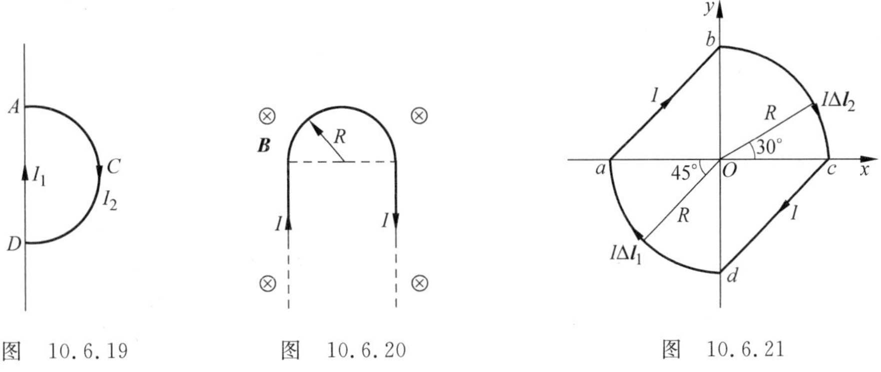

图 10.6.19　　图 10.6.20　　图 10.6.21

(1) 图 10.6.21 中电流元 $I\Delta \boldsymbol{l}_1$ 和 $I\Delta \boldsymbol{l}_2$ 所受安培力 $\Delta \boldsymbol{F}_1$ 和 $\Delta \boldsymbol{F}_2$ 的大小和方向,设 $\Delta l_1=\Delta l_2=0.10\text{mm}$;

(2) 线圈上直线段$\overline{ab}$和$\overline{cd}$受到的安培力 $\boldsymbol{F}_{\overline{ab}}$ 和 $\boldsymbol{F}_{\overline{cd}}$ 的大小和方向;

(3) 线圈上圆弧段$\overset{\frown}{bc}$和$\overset{\frown}{da}$受到的安培力 $\boldsymbol{F}_{\overset{\frown}{bc}}$ 和 $\boldsymbol{F}_{\overset{\frown}{da}}$ 的大小和方向;

(4) 整个载流圆形线圈的受力大小和方向。

27. 假设把氢原子看成是一个电子绕核作匀速圆周运动的带电系统。已知平面轨道的半径为 r,电子的电荷为 e,质量为 m_e。将此系统置于磁感应强度为 $\boldsymbol{B}_0$ 的均匀外磁场中,设 $\boldsymbol{B}_0$ 的方向与轨道平面平行,求此系统所受的力矩 $\boldsymbol{M}$。

28. 如图 10.6.22 所示,两根相互绝缘的无限长直导线 1 和 2 绞接于 O 点,两导线间夹角为 θ,通有相同的电流 I。试求单位长度的导线所受磁力对 O 点的力矩。

29. 磁场中某点处的磁感应强度为 $\boldsymbol{B}=0.40\boldsymbol{i}-0.20\boldsymbol{j}$(SI),一电子以速度 $\boldsymbol{v}=0.50\times10^6\boldsymbol{i}+1.0\times10^6\boldsymbol{j}$(SI)通过该点,求作用于该电子上的磁场力。(基本电荷 $e=1.6\times10^{-19}\text{C}$)

30. 在一顶点为 45°的扇形区域,有磁感应强度为 $\boldsymbol{B}$ 方向垂直指向纸面内的均匀磁场,如图 10.6.23 所示。今有一电子(质量为 m,电荷为 $-e$)在底边距顶点 O 为 l 的地方,以垂直底边的速度 $\boldsymbol{v}$ 射入该磁场区域,若要使电子不从上面边界跑出,电子的速度最大不应超过多少?

31. 如图 10.6.24 所示,一条任意形状的载流导线位于均匀磁场中,试证明它所受的安培力等于载流直导线 ab 所受的安培力。

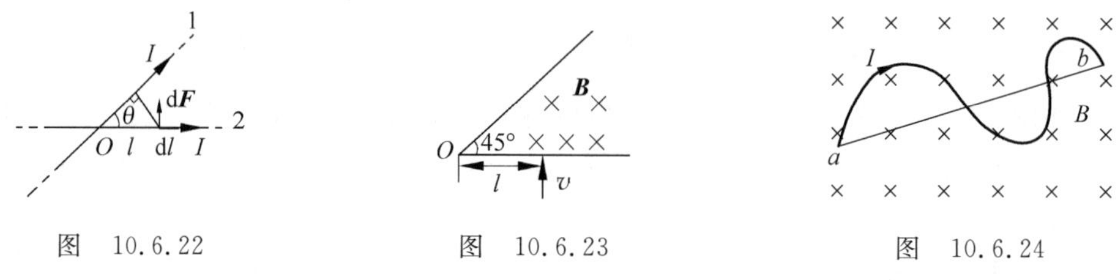

图 10.6.22　　图 10.6.23　　图 10.6.24

32. 如图 10.6.25 所示,均匀带电细直线 AB,电荷线密度为 λ,绕垂直于直线通过 O 点的轴以角速度 ω 匀速转动(线形状不变,O 点在 AB 延长线上),求:

(1) O 点的磁感应强度 $\boldsymbol{B}$;

(2) 磁矩 $\boldsymbol{p}_m$;

(3) 若 $a\gg b$,求 $\boldsymbol{B}_O$ 及 $\boldsymbol{p}_m$。

33. 半径分别为 R_1 和 R_2 的两个半圆弧与直径上的两小段构成的通电线圈 $abcda$(图 10.6.26)放在磁感应强度为 $\boldsymbol{B}$ 的均匀磁场中,$\boldsymbol{B}$ 平行于线圈所在平面,求:

(1) 线圈的磁矩;

(2) 线圈受到的磁力矩 $\boldsymbol{B}$。

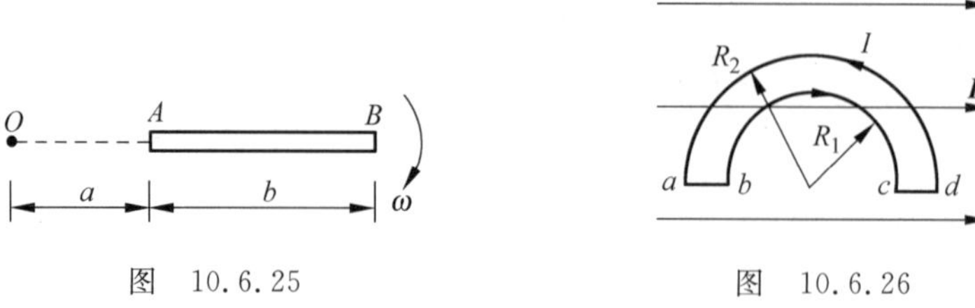

图 10.6.25　　图 10.6.26

34. 已知半径为 R 的载流圆线圈与边长为 a 的载流正方形线圈的磁矩之比为 2∶1，且载流圆线圈在中心 O 处产生的磁感应强度为 $\boldsymbol{B}$，求在正方形线圈中心 O 处的磁感应强度的大小。

35. 已知载流圆线圈 1 与载流正方形线圈 2 在其中心 O 处产生的磁感应强度大小之比为 $B_1 : B_2 = 1 : 2$，若两线圈所围面积相等，两线圈彼此平行地放置在均匀外磁场中，求它们所受力矩之比 $M_1 : M_2$。

第11章 磁介质中的磁场

基本要求

1. 了解磁介质的分类及其磁化的微观机理。
2. 理解磁场强度，掌握磁场强度与磁感应强度的关系。
3. 掌握有磁介质时的安培环路定理及其应用。

基本概念和基本规律

1. 磁介质的分类

磁介质是指放在磁场中经磁化后能影响原来磁场的物质。由于磁性是物质的基本属性之一，所以一切物质都是磁介质。实验表明不同的磁介质对磁场的影响差异可能很大。描述磁介质磁化后对磁场影响的物理量是磁介质的磁导率。

设长直载流螺线管内的磁感应强度为 $\boldsymbol{B}_0$，如果管内充满某种均匀磁介质后，磁介质因磁化而产生附加磁感应强度 $\boldsymbol{B}'$，则磁介质中的磁感应强度 $\boldsymbol{B}$ 为

$$\boldsymbol{B}=\boldsymbol{B}_0+\boldsymbol{B}'$$

$\boldsymbol{B}$ 和 $\boldsymbol{B}_0$ 的大小之比值定义为磁介质的相对磁导率 μ_r，即

$$\mu_r=\frac{B}{B_0}$$

而

$$\mu=\mu_0\mu_r$$

μ 称为磁介质的磁导率。μ 和 μ_r 都是决定磁介质的磁性的量，μ 和 μ_0 单位相同，而 μ_r 是一个没有单位的纯数，其大小反映了磁介质被磁化后对磁场影响的程度，因而不同的磁介质的 μ_r 数值是不等的。按 μ_r 的大小，磁介质可分为三类。

(1) 顺磁质：顺磁质的 $\mu_r>1$，即 $B>B_0$，$\boldsymbol{B}'$ 的方向与 $\boldsymbol{B}$ 的方向相同。

(2) 抗磁质：抗磁质的 $\mu_r<1$，即 $B<B_0$，$\boldsymbol{B}'$ 的方向与 $\boldsymbol{B}$ 的方向相反。

(3) 铁磁质：铁磁质的 $\mu_r\gg1$，且不为常数，即 $B\gg B_0$，$\boldsymbol{B}'$ 的方向与 $\boldsymbol{B}$ 的方向相同。

顺磁质与抗磁质对磁场的影响极其微弱，所以它们的相对磁导率 μ_r 与 1 相差甚小，都接近于 1。真空可看作 $\mu_r=1$ 的“磁介质”。

2. 磁介质的磁化

物质的磁性可以用物质分子的电结构予以解释。物质内，原子、分子中的每个电子都参

与两种运动：绕核的轨道运动和电子本身的固有自旋。把分子看作一个整体，分子中各个电子对外产生的磁效应的总和可用一个等效圆电流表示，该圆电流称为分子电流，对应的磁矩称为分子固有磁矩。顺磁质分子的固有磁矩不为零，而抗磁质分子的固有磁矩为零。

没有外磁场时，抗磁质对外不呈现磁性，顺磁质中每个分子虽然有磁矩，但由于热运动使各个分子的磁矩取向杂乱无章，因而顺磁质对外也不呈现磁性。

有外磁场时，顺磁质分子的磁矩将受到外磁场的磁力矩作用，使各分子磁矩与外磁场方向有一致的趋势。这时，分子磁矩的排列较为整齐，对外界呈现磁性，所产生的附加磁场与外磁场同向。这就是顺磁质的磁化原因。抗磁质受外磁场作用时，分子中除了轨道运动和自旋外，还要产生电子的进动。可以证明，由电子进动所产生的附加磁矩的方向与外磁场方向相反，此时抗磁质对外呈现磁性，所产生的附加磁场与外磁场反向。这就是抗磁质的磁化原因。

至于铁磁质的磁化原因可用磁畴理论进行解释。

3. 磁场强度、有磁介质时的安培环路定理

将安培环路定理用到有磁介质的磁场中，应写成

$$\oint_L \boldsymbol{B} \cdot \mathrm{d}\boldsymbol{l} = \mu_0 \left(\sum I_i + I_S \right)$$

此式表明，磁介质中的磁感应强度 $\boldsymbol{B}$ 不仅与传导电流 $\sum I_i$ 有关，而且与磁介质中的分子电流 I_S 有关。一般来说，分子电流 I_S 较为复杂，不易计算，为了避免分子电流 I_S 在公式中出现，便引入磁场强度 $\boldsymbol{H}$。

磁场强度 $\boldsymbol{H}$　在各向同性的磁介质中，任一点的磁场强度等于该点的磁感应强度除以该点的磁导率，即

$$H = \frac{B}{\mu}$$

在各向同性的磁介质中，$\boldsymbol{H}$ 和 $\boldsymbol{B}$ 总是同方向的。

有磁介质时的安培环路定理　磁场强度 $\boldsymbol{H}$ 沿任一闭合路径的线积分等于该闭合回路所包围的传导电流的代数和，与分子电流及闭合回路之外的电流无关，即

$$\oint_L \boldsymbol{H} \cdot \mathrm{d}\boldsymbol{l} = \sum I$$

由上式可知，当传导电流的分布给定后，磁场强度 $\boldsymbol{H}$ 的环流与磁场中的磁介质无关。

这里应明确：

(1) 磁场强度 $\boldsymbol{H}$ 是一个辅助量，$\boldsymbol{H}$ 的环流与传导电流有关，而 $\boldsymbol{H}$ 本身一般不是仅由传导电流决定的，只有当各向同性的均匀磁介质充满整个磁场时，$\boldsymbol{H}$ 才与磁介质无关。

(2) 有磁介质时的安培环路定理是稳恒磁场的基本方程之一，定理本身对任意形状闭合电流产生的磁场中任意形状的闭合回路都是成立的，但是利用它求解磁场强度 $\boldsymbol{H}$，则要求磁场分布必须具有一定的对称性。

(3) 定理中 $\sum I$ 是传导电流的代数和，其正、负号与真空中安培环路定理中所规定的相同。即穿过回路的电流方向与回路的积分方向满足右手螺旋法则时，I 取正；反之 I 取负。

解题指导

本章习题主要是解决无限大、均匀、各向同性的磁介质中 $\boldsymbol{H}$ 和 $\boldsymbol{B}$ 的计算,且限于具有对称性分布的磁场的计算,方法是应用有磁介质时的安培环路定理,此法与真空中用安培环路定理求 $\boldsymbol{B}$ 相同。当磁介质中磁场具有对称性时,选取适当的闭合回路,应用有磁介质时的安培环路定理求出 $\boldsymbol{H}$,然后由关系式 $\boldsymbol{B}=\mu\boldsymbol{H}$,即可求出 $\boldsymbol{B}$。关于具体的解题步骤和注意事项可参考求 $\boldsymbol{B}$ 的安培环路定理法。

【例题 11.1】 一长直电缆是由圆柱形导体和同轴的薄圆柱筒导体组成,它们的半径分别为 R_1 和 R_2。假设圆柱形导体的磁导率 $\mu\approx\mu_0$,电缆中间绝缘材料的相对磁导率为 μ_r。如果电流由内导体流入,从外导体流出,如图 11.3.1 所示,试求磁场强度和磁感应强度的分布。

【解】 因为载流电缆的磁场分布具有轴对称性,所以在垂直于轴线的平面内取轴上 O 点为圆心、以 r 为半径的圆作为闭合回路,由有磁介质时的安培环路定理得

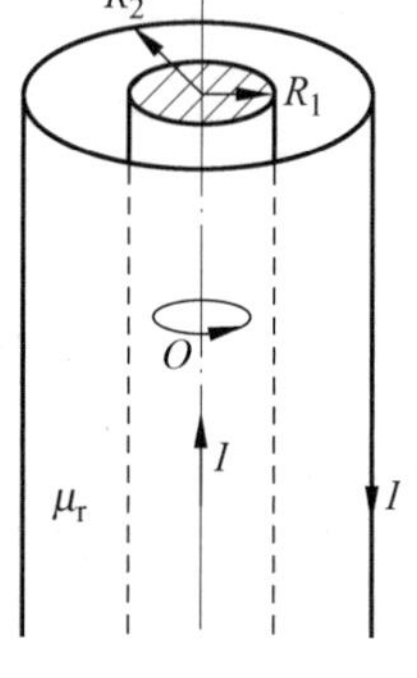

图 11.3.1

$$\oint_L \boldsymbol{H}\cdot \mathrm{d}\boldsymbol{l} = H2\pi r = \sum I$$

在圆柱形导体内($r<R_1$),有

$$\sum I = \frac{I}{\pi R_1^2}\pi r^2 = \frac{r^2}{R_1^2}I$$

比较两式可得

$$H_1 2\pi r = \frac{r^2}{R_1^2}I$$

所以磁场强度为

$$H_1 = \frac{Ir}{2\pi R_1^2}$$

由 $\boldsymbol{B}=\mu\boldsymbol{H}$,可得磁场强度为

$$B_1 = \mu_0 H_1 = \frac{\mu_0 Ir}{2\pi R_1^2}$$

在两导体间绝缘材料中($R_1<r<R_2$),有

$$\sum I = I$$

得

$$H_2 2\pi r = I$$

所以

$$H_2 = \frac{I}{2\pi r}$$

$$B_2 = \mu_0\mu_r H_2 = \frac{\mu_0\mu_r I}{2\pi r}$$

在电缆外($r>R_2$),有

$$\sum I = I - I = 0$$

$$H_3 2\pi r = 0$$

所以

$$H_3 = 0, \quad B_3 = 0$$

【例题 11.2】 细螺绕环中心周长为 $l=10\text{cm}$，环上线圈匝数 $N=200$ 匝，线圈中通有电流 $I=100\text{mA}$。求：

（1）环内的磁感应强度 B_0 和磁场强度 $\boldsymbol{H}$；

（2）若环内充满相对磁导率 $\mu_r=4200$ 的磁介质时，环内的 $\boldsymbol{B}$ 和 $\boldsymbol{H}$；

（3）磁介质内由导线中电流产生的磁感应强度 $\boldsymbol{B}$，由磁介质中分子电流产生的附加磁感应强度 $\boldsymbol{B}'$。

【解】 因为螺绕环内充满均匀磁介质，所以磁场强度与磁介质无关，即环内真空时磁场强度与充满磁介质时磁场强度相等，环内 $\boldsymbol{H}$ 线是同心圆，取该 $\boldsymbol{H}$ 线为积分闭合回路，由有磁介质时的安培环路定理得

$$\oint_L \boldsymbol{H} \cdot \mathrm{d}\boldsymbol{l} = H 2\pi r = NI$$

所以，磁场强度为

$$H = \frac{NI}{2\pi r} = \frac{N}{l} I = \frac{200}{10 \times 10^{-2}} \times 100 \times 10^{-3}\ \text{A/m} = 200\text{A/m}$$

（1）环内磁场强度

$$H_0 = H = 200\text{A/m}$$

环内磁感应强度

$$B_0 = \mu_0 H_0 = 4\pi \times 10^{-7} \times 200\text{T} = 2.5 \times 10^{-4}\text{T}$$

（2）当环内充满磁介质时，磁场强度为

$$H = 200\text{A/m}$$

环内磁感应强度

$$B_0 = \mu_0 \mu_r H = 4200 \times 4\pi \times 10^{-7} \times 200\text{T} = 1.05\text{T}$$

（3）导线中电流产生的 $\boldsymbol{B}_0$ 为

$$B_0 = 2.5 \times 10^{-4}\text{T}$$

因为环内磁介质中的磁感应强度 $\boldsymbol{B}=\boldsymbol{B}_0+\boldsymbol{B}'$，所以磁介质中分子电流所产生的附加磁感应强度

$$B' = B - B_0 = 1.05 - 2.5 \times 10^{-4}\text{T} \approx 1.05\text{T}$$

复习思考题

1. 什么叫磁介质？磁介质可分为哪几类？说明各类磁介质的主要特点及其磁化机理。

2. 把两种不同的磁介质放在磁路的两个不同名磁极之间，磁化后也成为磁体，但两极的位置不同，如图 11.4.1 所示。试指出哪一种是顺磁质，哪一种是抗磁质。

图 11.4.1

3. 有两根铁棒，外表完全一样，一根是磁铁，另一根不是磁铁，怎样才能把它们区别开来？不准把铁棒作为磁针悬挂起来，或使用任何其他仪器。

4. 如图11.4.2所示，三条曲线分别代表三种不同的磁介质的 $\boldsymbol{B}$ 与 μH 的关系曲线，试指出每一条曲线代表何种磁介质。

5. 试述磁场强度的定义，如何理解磁场强度是一个辅助量？

6. 有磁介质时，磁场中的高斯定理 $\oint_S \boldsymbol{B}\cdot \mathrm{d}\boldsymbol{S}=0$ 是否成立?为什么?

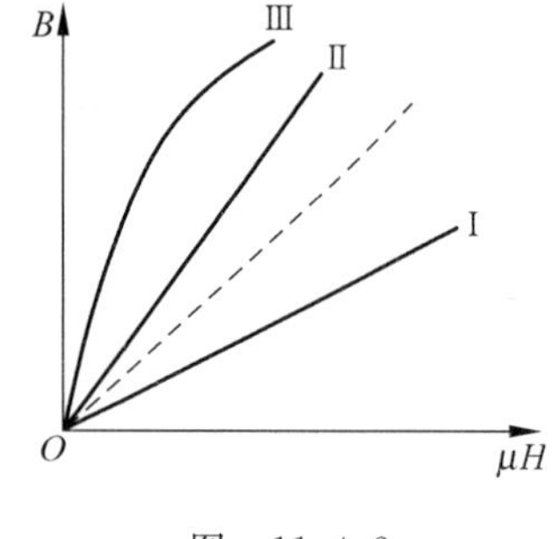

图 11.4.2

自我检查题

1. 磁介质有三种，用相对磁导率 μ_r 表征它们各自的特性时，(   )。

(A) 顺磁质 $\mu_r>0$，抗磁质 $\mu_r<0$，铁磁质 $\mu_r\gg1$

(B) 顺磁质 $\mu_r>1$，抗磁质 $\mu_r=1$，铁磁质 $\mu_r\gg1$

(C) 顺磁质 $\mu_r>1$，抗磁质 $\mu_r<1$，铁磁质 $\mu_r\gg1$

(D) 顺磁质 $\mu_r<0$，抗磁质 $\mu_r<1$，铁磁质 $\mu_r>0$

2. 关于稳恒电流磁场的磁场强度 $\boldsymbol{H}$，下列几种说法中正确的是(   )。

(A) $\boldsymbol{H}$ 仅与传导电流有关

(B) 若闭合曲线内没有包围传导电流，则曲线上各点的 $\boldsymbol{H}$ 必为零

(C) 若闭合曲线上各点 $\boldsymbol{H}$ 均为零，则该曲线所包围传导电流的代数和为零

(D) 以闭合曲线 L 为边缘的任意曲面的 $\boldsymbol{H}$ 通量均相等

3. 用细导线均匀密绕成长为 l、半径为 $a(l\gg a)$、总匝数为 N 的螺线管，管内充满相对磁导率为 μ_r 的均匀磁介质。若线圈中载有稳恒电流 I，则管中任意一点的(   )。

(A) 磁感应强度大小为 $B=\mu_0\mu_r NI$　(B) 磁感应强度大小为 $B=\mu_r NI/l$

(C) 磁场强度大小为 $H=\mu_0 NI/l$　(D) 磁场强度大小为 $H=NI/l$

4. 顺磁物质的磁导率(   )。

(A) 比真空的磁导率略小　(B) 比真空的磁导率略大

(C) 远小于真空的磁导率　(D) 远大于真空的磁导率

5. 有一长直螺线管，单位长线圈匝数为 n，线圈中通有电流 I，管内的磁场强度 $H_0=$________，磁感应强度 $B_0=$________。若管内充满相对磁导率为 μ_r 的磁介质，则管内的磁场强度 $H=$________，磁感应强度 $B=$________。

6. 有一无限长圆柱形导体，其相对磁导率为 μ_r，半径为 R，导体外是空气。今有电流 I 沿轴向流动，且均匀分布于圆柱截面上，则导体内 $H_1=$________，$B_1=$________。导体外

的 $H_2=$________，$B_2=$________。

7. 有一螺绕环，其平均周长 $l=30\text{cm}$，横截面 $s=1\text{cm}^2$，在环上均匀绕以 $N=300$ 匝导线。当绕组内电流 $I=0.032\text{A}$ 时，通过环截面的磁通量 $\Phi=2\times10^{-6}\text{Wb}$，则环中心处的磁场强度 $H=$________，环内的磁感应强度的平均值 $\overline{B}=$________。

习题

1. 一个单位长度上密绕有 n 匝线圈的长直螺线管，每匝线圈中通有强度为 I 的电流，管内充满相对磁导率为 μ_r 的磁介质，求管内中部附近磁感应强度 B 和磁场强度 H 的大小。

2. 长直电缆由一个圆柱导体和一共轴圆筒状导体组成，两导体中有等值反向均匀电流 I 通过，其间充满磁导率为 μ 的均匀磁介质。求介质中离中心轴距离为 r 的某点处的磁场强度和磁感应强度的大小。

3. 螺绕环中心周长 $l=10\text{cm}$，环上均匀密绕线圈 $N=200$ 匝，线圈中通有电流 $I=100\text{mA}$。

(1) 求管内的磁感应强度 $\boldsymbol{B}_0$ 和磁场强度 $\boldsymbol{H}_0$；

(2) 若管内充满相对磁导率 $\mu_r=4200$ 的磁性物质，则管内的 $\boldsymbol{B}$ 和 $\boldsymbol{H}$ 是多少？

(3) 磁性物质内由导线中电流产生的 $\boldsymbol{B}_0$ 和由磁化电流产生的 $\boldsymbol{B}'$ 各是多少？

4. 一个绕有 500 匝导线的平均周长 50cm 的细环，载有 0.3A 电流时，铁芯的相对磁导率为 600。求铁芯中的磁感应强度 B 和铁芯中的磁场强度 H 的大小。(已知 $\mu_0=4\pi\times10^{-7}\text{T}\cdot\text{m/A}$)

5. 一均匀磁化棒，直径为 2cm，长为 50cm，它的磁矩为 $10^4\text{A}\cdot\text{m}^2$，求棒表面上磁化面电流线密度。

6. 一均匀磁化的介质棒，其直径为 1cm，长为 20cm，磁化强度为 1000A/m，求磁棒的磁矩。

7. 如图 11.6.1 所示，一根无限长的同轴线，由实心的圆导线和套在它外面的同轴导体圆筒组成，中间充满相对磁导率为 μ_r 的各向同性均匀非铁磁绝缘性材料。其中内导线的半径为 R_1，外导线的内、外半径分别为 R_2 和 R_3。传导电流 I 沿内导线向上流去，由外导线向下流回，电流在截面上是均匀分布的。求同轴线内外的磁感应强度大小 B 的分布。

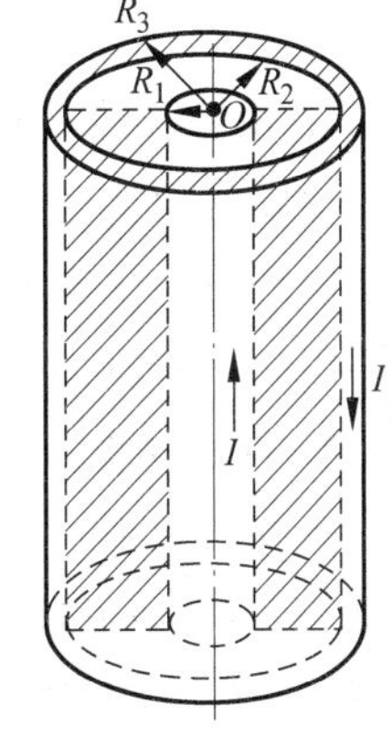

图　11.6.1

第12章 电磁感应

基本要求

1. 掌握电磁感应的两条定律——楞次定律和法拉第电磁感应定律。

2. 掌握在磁场中运动导线内和转动线圈内的动生电动势的计算，以及在变化磁场中线圈内感生电动势的计算。

3. 正确理解自感系数、互感系数的定义，并能计算简单问题中的自感系数、自感电动势和互感系数、互感电动势。

4. 理解磁场能量和磁场能量密度，会计算磁场能量密度及磁场能量。

基本概念和基本规律

1. 电磁感应现象

当穿过闭合线圈的磁通量发生变化时，线圈中就产生电流，这个现象称为电磁感应。电磁感应现象中出现的电流称为感应电流，形成感应电流的电动势称为感应电动势。如果线圈不闭合，当穿过线圈的磁通量发生变化时，线圈中只出现感应电动势而无感应电流。

2. 楞次定律

闭合回路中产生的感应电流具有确定的方向，它总是使感应电流产生的通过回路的磁通量，去补偿或反抗引起感应电流的磁通量的变化。楞次定律是确定感应电流方向的普遍适用的规律，其本质是能量转换和守恒定律在电磁感应现象中的具体反映。

3. 法拉第电磁感应定律

电磁感应现象中产生的感应电动势 ε_i 与通过回路包围面积的磁通量对时间的变化率 $\frac{\mathrm{d}\Phi_m}{\mathrm{d}t}$ 成正比。即

$$\varepsilon_i = -\frac{\mathrm{d}\Phi_m}{\mathrm{d}t}$$

式中的负号是楞次定律的数学表述，表示感应电动势的方向。

若已知闭合回路的电阻为 R，则回路中感应电流为

$$I_i = \frac{\varepsilon_i}{R} = -\frac{1}{R}\frac{\mathrm{d}\Phi_m}{\mathrm{d}t}$$

在 t_1 到 t_2 时间内通过导线任一截面的感应电量为

$$q_i = \int_{t_1}^{t_2} I_i \mathrm{d}t = -\frac{1}{R}\int_{\Phi_{m1}}^{\Phi_{m2}} \mathrm{d}\Phi_m = \frac{1}{R}(\Phi_{m1} - \Phi_{m2}) = -\frac{1}{R}\Delta\Phi_m$$

若闭合回路是由 N 匝回路串联而成,则

$$\varepsilon_i = -\frac{\mathrm{d}\Psi_m}{\mathrm{d}t}$$

式中：$\Psi_m = \Phi_{m1} + \Phi_{m2} + \cdots + \Phi_{mi} + \cdots + \Phi_{mN} = \sum_1^N \Phi_{mi}$；$\Phi_{mi}$ 为磁场通过第 i 匝回路所围面积的磁通量。若通过每一匝回路的磁通量均为 Φ,则

$$\Psi_m = \sum_1^N \Phi_{mi} = N\Phi$$

式中 $N\Phi$ 称为磁通链数。

以下作几点说明：

(1) 从本质上讲,电磁感应产生的是感应电动势,感应电流不过是闭合导线回路中产生的感应电动势的对外表现。若导线回路不闭合,则回路中将无感应电流,但仍存在感应电动势。

(2) 磁通量 $\Phi_m = \oint_S \boldsymbol{B} \cdot \mathrm{d}\boldsymbol{S}$ 的变化有三种情况：

① 回路所围的面内各处 $\boldsymbol{B}$ 的分布不随时间变化,但回路位置、形状或大小在改变,这样产生的感应电动势称为动生电动势。

② 回路位置、形状和大小不变,而回路所围面内的 $\boldsymbol{B}$ 随时间变化,这样产生的感应电动势称为感生电动势。

③ 回路所围面内的 $\boldsymbol{B}$ 随时间变化,且回路也在变化(位置、形状或大小在变化),这样产生的感应电动势是感生电动势和动生电动势的叠加。

4. 动生电动势

(1) 在磁场中运动导线内的动生电动势

导线 L 在磁感应强度为 $\boldsymbol{B}$ 的磁场中以速度 $\boldsymbol{v}$ 运动,则在导线 L 上产生的动生电动势为

$$\varepsilon_i = \oint_L (\boldsymbol{v} \times \boldsymbol{B}) \cdot \mathrm{d}\boldsymbol{l}$$

特殊情况：长为 L 的直导线在均匀磁场 $\boldsymbol{B}$ 中,以速度 $\boldsymbol{v}$ 运动,且 $\boldsymbol{v}$、$\boldsymbol{B}$、L 三者互相垂直,则导线中的动生电动势为

$$\varepsilon_i = vBL$$

动生电动势中非静电力是洛伦兹力,其非静电性场强 $\boldsymbol{E}_k = \boldsymbol{v} \times \boldsymbol{B}$。动生电动势的方向可用楞次定律判定,或结合 $\boldsymbol{v} \times \boldsymbol{B}$ 来确定。

(2) 在磁场中转动线圈内的动生电动势

N 匝、面积为 S、形状不变的平面线圈在均匀磁场 $\boldsymbol{B}$ 中,以恒定角速度 ω 绕垂直于 $\boldsymbol{B}$ 方向的固定轴转动,且 $t=0$ 时,平面线圈的面法线方向和 $\boldsymbol{B}$ 方向间夹角为零,则线圈在转动中的动生电动势为

$$\varepsilon_i = NBS\omega \sin\omega t = \varepsilon_0 \sin\omega t$$

式中,$\varepsilon_0 = NBS\omega$ 是线圈中最大的感应电动势。由此式可知,这一电动势 ε_i 随时间 t 作周期

性变化,是一交变电动势,此时,线圈中的感应电流为

$$I_i = I_0 \sin(\omega t - \varphi)$$

由此式可知,这一感应电流也是交变的。由于线圈内自感的存在,所以交变电流的变化要落后于交变电动势的变化(体现在式中的相位落后 φ)。

5. 感生电动势

随时间变化的磁场在一固定回路中产生的感生电动势为

$$\varepsilon_i = -\frac{\mathrm{d}\Phi_m}{\mathrm{d}t} = -\frac{\mathrm{d}}{\mathrm{d}t}\int_S \boldsymbol{B} \cdot \mathrm{d}\boldsymbol{S} = -\int_S \frac{\partial \boldsymbol{B}}{\partial t} \cdot \mathrm{d}\boldsymbol{S}$$

变化的磁场在周围空间激发的一种电场称为感生电场或涡旋电场,这种电场对回路中电荷有力的作用,这种力是回路中产生电动势的非静电力。设感生电场为 $\boldsymbol{E}_i$,根据电动势的定义,回路中产生的感生电动势为

$$\varepsilon_i = \oint \boldsymbol{E}_i \cdot \mathrm{d}\boldsymbol{l}$$

所以

$$\varepsilon_i = \oint \boldsymbol{E}_i \cdot \mathrm{d}\boldsymbol{l} = -\int_S \frac{\partial \boldsymbol{B}}{\partial t} \cdot \mathrm{d}\boldsymbol{S}$$

上式表明,变化的磁场可以产生电场。另外还应注意:

(1) 感生电场 $\boldsymbol{E}_i$ 的环流不为零,说明感生电场是涡旋场,所以感生电场又称为涡旋场,这是与静止电荷产生的静电场最本质的区别。

(2) 式中负号表示涡旋电场 $\boldsymbol{E}_i$ 的方向与$\frac{\partial \boldsymbol{B}}{\partial t}$的方向成左旋关系。

6. 自感电动势、自感系数

由于导线回路中的电流变化,引起通过本身回路包围面上的磁通量发生变化,从而在自身回路中激起的感生电动势称为自感电动势,用 ε_L 表示:

$$\varepsilon_L = -L\frac{\mathrm{d}I}{\mathrm{d}t}$$

式中,负号仍是楞次定律的数学表述,它指出自感电动势是反抗回路中电流的变化,比例系数 L 称为线圈的自感系数。自感系数的定义有两种:

$$L = \frac{N\Phi_m}{I}$$

$$L = -\frac{\varepsilon_L}{\frac{\mathrm{d}I}{\mathrm{d}t}}$$

由 L 的定义可知,线圈的自感系数在量值上等于线圈中电流为一个单位时,通过线圈的磁通链数;或等于线圈中电流变化率为一个单位时,在该线圈所产生的自感电动势的大小。

自感系数 L 取决于回路的几何形状及周围介质的磁导率。在不存在铁磁质时,这两种定义是等效的,但第二种定义更具有普遍性,不论回路是否密绕,也不论回路周围有否铁磁性介质都能应用。

7. 互感电动势、互感系数

线圈 1 中的电流变化引起邻近另一线圈 2 中磁通量发生变化,从而在线圈 2 中产生的

感生电动势称为互感电动势。表示为

$$\varepsilon_{21}=-M_{21}\frac{\mathrm{d}I_1}{\mathrm{d}t}$$

同理,线圈 2 中电流变化在线圈 1 中产生的互感电动势为

$$\varepsilon_{12}=-M_{12}\frac{\mathrm{d}I_2}{\mathrm{d}t}$$

式中,负号是楞次定律的数学表述,M_{21}和M_{12}分别称为线圈 1 对线圈 2 的互感系数,和线圈 2 对线圈 1 的互感系数。

可以证明:$M_{21}=M_{12}=M$,称为该两个线圈的互感系数。

互感系数 M 的定义同自感系数一样有两种:

$$M=\frac{N_2\Phi_2}{I_1}=\frac{N_1\Phi_1}{I_2}$$

$$M=-\frac{\varepsilon_{21}}{\dfrac{\mathrm{d}I_1}{\mathrm{d}t}}=-\frac{\varepsilon_{12}}{\dfrac{\mathrm{d}I_2}{\mathrm{d}t}}$$

由 M 的定义可知,互感系数大小等于当流经一个线圈中的电流为一个单位时在另一线圈中所通过的磁通链数的大小,或等于一个线圈中电流变化率为一个单位时在另一线圈中产生的互感电动势的大小。

互感系数 M 只和两个线圈的形状、相对位置及周围介质的磁导率有关,与回路中是否通电无关。同自感系数一样,在无铁磁质时,这两种定义等效。若线圈周围存在铁磁质,则要用第二种定义来计算 M。

8. 磁场的能量

自感系数为 L、通有电流 I 的线圈具有的磁能为

$$W_{\mathrm{m}}=\frac{1}{2}LI^2$$

磁能储存在磁场中,所以磁能可用表征磁场的物理量表示。磁场中单位体积内的磁场能量称为磁场能量密度,其大小为

$$w_{\mathrm{m}}=\frac{1}{2}BH=\frac{1}{2}\frac{B^2}{\mu}=\frac{1}{2}\mu H^2$$

上式适用于一切磁场。如果知道了磁场能量密度,就可计算出磁场空间的总磁能为

$$W_{\mathrm{m}}=\int_V w_{\mathrm{m}}\mathrm{d}V=\int_V\frac{1}{2}BH\,\mathrm{d}V$$

因 $\frac{1}{2}LI^2=\frac{1}{2}\int_V BH\,\mathrm{d}V$,所以如果能求出电流回路的磁场能量,就可求出线圈自感系数 L。

解题指导

本章主要涉及感应电动势(动生电动势、感生电动势)、自感系数、互感系数以及磁场能量的计算,还应会判定感应电动势和感应电流的方向。下面我们将分别加以讨论。

1. 感应电动势方向的判断

(1) 利用楞次定律确定

应用楞次定律判定感应电动势方向的步骤为:

① 确定引起感应电流的磁场在回路内的方向;

② 确定回路中原磁场的变化情况(通过回路的磁通量是增大还是减少);

③ 由楞次定律确定感应电流的磁场方向;

④ 由右手螺旋法则(电流和磁场方向间的关系)定出感应电流的方向,即能定出感应电动势的方向。

【例题 12.1】 如图 12.3.1 所示,当线圈远离一无限长载流直导线时,试判定线圈中感应电动势的方向。(长直导线与线圈在同一平面内)

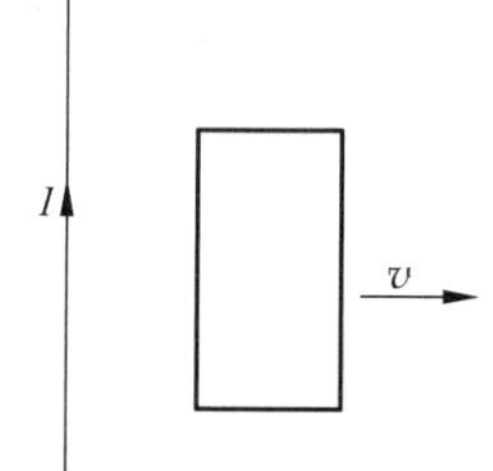

图 12.3.1

【解】 ① 载流直导线的磁场随离直导线的距离增大而减小,其方向由右手螺旋法则可知在长直导线的右面为垂直于纸面向里,即⊗。

② 由于离载流导线越远,原磁场越弱,又因线圈是背离长直导线运动的,所以在此过程中,线圈回路内的磁通量在减小。

③ 由楞次定律可知,此时回路中原磁场产生的磁通量在减小,感应电流产生的磁场要补偿原磁场的这种磁通量的减小,所以感应电流产生的磁场方向也应垂直于纸面向里,即⊗。

④ 由已确定的感生电流产生的磁场方向,根据右手螺旋法则可知该线圈中感应电流的方向,从而可确定感应电动势的方向为顺时针方向。

(2) 利用公式 $\varepsilon_i=-\dfrac{d\Phi_m}{dt}$ 确定方向

① 先取一回路绕行方向 l,并以此回路方向确定回路所围面积的面法线方向 $\boldsymbol{n}$(右手螺旋法则);

② 以面法线方向 $\boldsymbol{n}$ 来确定通过该回路的磁通量 Φ_m 的正、负和 Φ_m 的变化情况(增大或减小);

③ 确定通过该回路的磁通量变化率 $\dfrac{d\Phi_m}{dt}$ 的正或负;

④ 根据 $\varepsilon_i=-\dfrac{d\Phi_m}{dt}$ 来确定感应电动势的方向。($\varepsilon_i>0$,ε_i 方向与回路绕行方向一致;$\varepsilon_i<0$,ε_i 方向与回路绕行方向相反)

【例题 12.2】 如图 12.3.2 所示,边长分别为 l_1、l_2 的平面矩形线圈,在均匀磁场 B 中绕 OO' 轴以恒定角速度 ω 转动。$t=0$ 时,线圈位置如图 12.3.2 所示,转轴与 $\boldsymbol{B}$ 方向垂直。求线圈中的感应电动势 ε_i 的大小和方向。

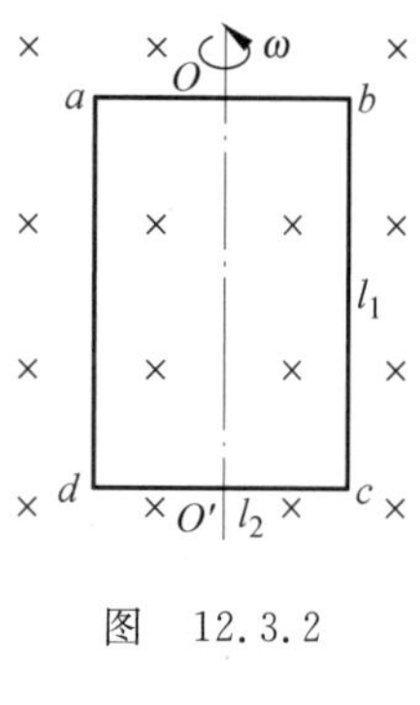

图 12.3.2

【解】 ① 先取线圈回路方向为 $abcd$ 的顺序方向,则线圈面法线方向 $\boldsymbol{n}$ 与 $abcd$ 方向成右手螺旋方向。

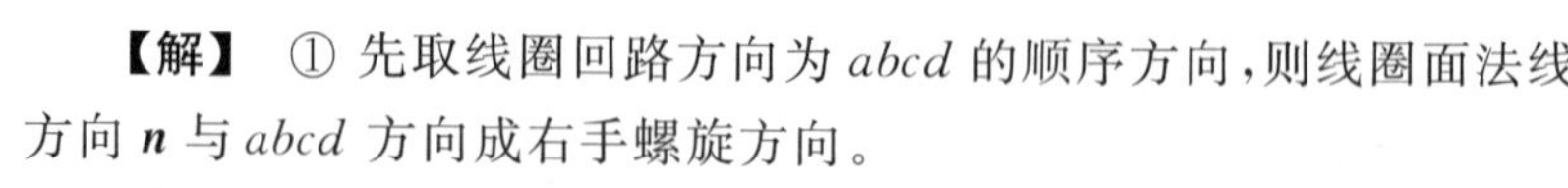

② t 时刻线圈面法线方向 $\boldsymbol{n}$ 和 $\boldsymbol{B}$ 方向夹角为 $\theta=\omega t$,则

$$\Phi_m=\boldsymbol{B}\cdot\boldsymbol{S}=BS\cos\theta=Bl_1l_2\cos\omega t$$

由此可见 Φ_m 随 t 作周期性变化。

③ $\varepsilon_i=-\dfrac{d\Phi_m}{dt}=Bl_1l_2\omega\sin\omega t$ 也是周期性变化的。

④ $\varepsilon_i=-\dfrac{d\Phi_m}{dt}=Bl_1l_2\omega\sin\omega t$

即：

$$\varepsilon_i\begin{cases}\text{大小为 } Bl_1l_2\omega\,|\sin\omega t| \\ \text{方向为}\begin{cases}\text{当 } \sin\omega t>0,\quad \text{则 } \varepsilon_i>0, \varepsilon_i \text{ 方向与 } abcd \text{ 顺序方向一致} \\ \text{当 } \sin\omega t<0,\quad \text{则 } \varepsilon_i<0, \varepsilon_i \text{ 方向与 } abcd \text{ 顺序方向相反}\end{cases}\end{cases}$$

(3) 利用公式 $d\varepsilon_i=(\boldsymbol{v}\times\boldsymbol{B})\cdot d\boldsymbol{l}$ 确定动生电动势方向

① 在运动导线上任取一段 $d\boldsymbol{l}$(重要的是方向)。

② 看 $d\varepsilon_i=(\boldsymbol{v}\times\boldsymbol{B})\cdot d\boldsymbol{l}$ 的结果,若 $d\varepsilon_i>0$,则在这一 $d\boldsymbol{l}$ 上产生的电动势元 $d\varepsilon_i$ 的方向与 $d\boldsymbol{l}$ 方向一致；若 $d\varepsilon_i<0$,则在这一 $d\boldsymbol{l}$ 上产生的电动势元 $d\varepsilon_i$ 的方向与 $d\boldsymbol{l}$ 方向相反。

③ 整段导线上的电动势是一个叠加问题。

【例题 12.3】 如图 12.3.3 所示,长度为 L 的一根金属棒,在方向垂直于纸面向内的匀强磁场 $\boldsymbol{B}$ 中,可绕平行于 $\boldsymbol{B}$ 的轴(图中 a 处)作恒定角速度 ω 的转动。试判别感应电动势的方向。

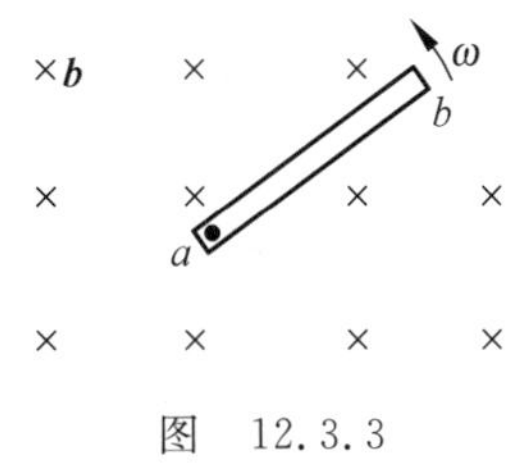

图　12.3.3

【解】 ① 选 $d\boldsymbol{l}$ 方向沿 $b\to a$ 方向。

② $d\varepsilon_i=(\boldsymbol{v}\times\boldsymbol{B})\cdot d\boldsymbol{l}>0$,所以 $d\varepsilon_i$ 方向沿 $b\to a$ 方向,整根金属棒上任一 $d\varepsilon_i$ 方向均同,所以整根棒的 $d\varepsilon_i$ 方向沿 $b\to a$ 方向。

2. 动生电动势的计算

求动生电动势主要有两种方法：一是直接利用公式 $\varepsilon_i=\oint_L(\boldsymbol{v}\times\boldsymbol{B})\cdot d\boldsymbol{l}$,二是应用法拉第电磁感应定律 $\varepsilon_i=-\dfrac{d\Phi_m}{dt}$。

(1) 直接积分法

$$\varepsilon_i=\oint_L(\boldsymbol{v}\times\boldsymbol{B})\cdot d\boldsymbol{l}$$

用此式计算既可得动生电动势的大小,又可根据 $\varepsilon_{ab}>0$(或<0)和 $d\boldsymbol{l}$ 方向之间的关系来判断 ε_{ab} 方向。在实际应用中我们常可由

$$\varepsilon_i=\int v_\perp B_\perp\, dl_\perp$$

来计算动生电动势的大小,动生电动势的方向可由前述方法或根据$(\boldsymbol{v}\times\boldsymbol{B})$在棒上的分量方向来决定。式中 $v_\perp$、$B_\perp$ 和 $dl_\perp$ 这三个量必须是三者互相垂直的分量。

【例题 12.4】 如图 12.3.4 所示,一长直导线中通有电流 I,其旁有一金属棒 ab(长为 L)以速度 $\boldsymbol{v}$ 平行于长直导线作匀速直线运动。设金属棒与长直导线在同一平面内,求金属棒中的动生电动势。

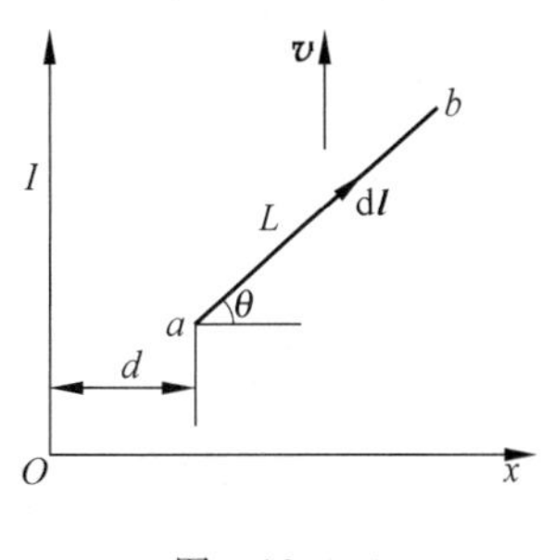

图　12.3.4

【解】 在金属棒 ab 上取一长度元 $d\boldsymbol{l}$,则它沿 x 轴方向的分量 $dx=dl\cos\theta$ 与 $\boldsymbol{v}$、$\boldsymbol{B}$ 三者互相垂直,所以 $d\boldsymbol{l}$ 中的感应电动势为

$$d\varepsilon_i=vB\,dl=v\frac{\mu_0I}{2\pi x}dx$$

ε_i 的大小为

$$\varepsilon_i=vB\,dl=\int_d^{d+L\cos\theta}v\frac{\mu_0I}{2\pi x}dx=\frac{\mu_0Iv}{2\pi}\ln\frac{d+L\cos\theta}{d}$$

$(\boldsymbol{v}\times\boldsymbol{B})$在 ab 棒的分量沿 $b\to a$,所以 ε_i 的方向为 $b\to a$ 方向。

(2) 利用公式 $\varepsilon_i=-\frac{\mathrm{d}\Phi_m}{\mathrm{d}t}$

原则上讲,动生电动势都可由 $\varepsilon_i=-\frac{\mathrm{d}\Phi_m}{\mathrm{d}t}$ 来求解,但对于一些简单的问题我们常用直接积分法来计算。可是对于 ε_i 是交变的情况下就不得不用 $\varepsilon_i=-\frac{\mathrm{d}\Phi_m}{\mathrm{d}t}$ 来计算,否则对于感应电动势的方向将很难描述,这时解题前对回路方向的规定就显得很重要。具体例子见【例题 12.2】。

3. 感生电动势的计算

计算感生电动势要根据题目提供的条件来选择计算公式。

(1) 利用法拉第电磁感应定律 $\varepsilon_i=-\frac{\mathrm{d}\Phi_m}{\mathrm{d}t}$

这是常用的方法,其具体步骤为:

① 选定回路的绕行方向 l 和确定回路所围面积之法线方向 $\boldsymbol{n}$。

② 求出穿过闭合回路的磁通量随时间变化的函数关系 $\Phi_m=\Phi_m(t)$。

③ 由法拉第电磁感应定律求出感应电动势:

$$\varepsilon_i=-\frac{\mathrm{d}\Phi_m}{\mathrm{d}t}$$

此方法对于交变的感生电动势和动生、感生电动势同时存在的情况尤为适用。

(2) 利用公式 $\varepsilon_i=\int_L \boldsymbol{E}_i\cdot\mathrm{d}\boldsymbol{l}$

当导线上各点的感生电场(涡旋电场)场强 $\boldsymbol{E}_i$ 为已知时,采用 $\varepsilon_i=\int_L \boldsymbol{E}_i\cdot\mathrm{d}\boldsymbol{l}$ 来计算较为方便。但 $\boldsymbol{E}_i$ 只能在少数情况下求得,所以此法用得不是很多。

【例题 12.5】 在一长直导线附近放一直角三角形金属小框,其位置如图 12.3.5 所示。设长直导线中通有电流 $i=I_m\cos\omega t$,已知 $\omega=3.14\mathrm{rad/s}$, $I_m=10\mathrm{A}$, $a=5\mathrm{cm}$, $b=7\mathrm{cm}$, $c=12\mathrm{cm}$,求三角形框中产生的感应电动势。(三角形小框与长直导线共面)

【解】 此题回路固定,磁通量在变化,所以可用 $\varepsilon_i=-\frac{\mathrm{d}\Phi_m}{\mathrm{d}t}$ 计算。

① 设回路方向为顺时针方向,则三角形小框所围面积的面法线方向为垂直于纸面向里,即⊗。

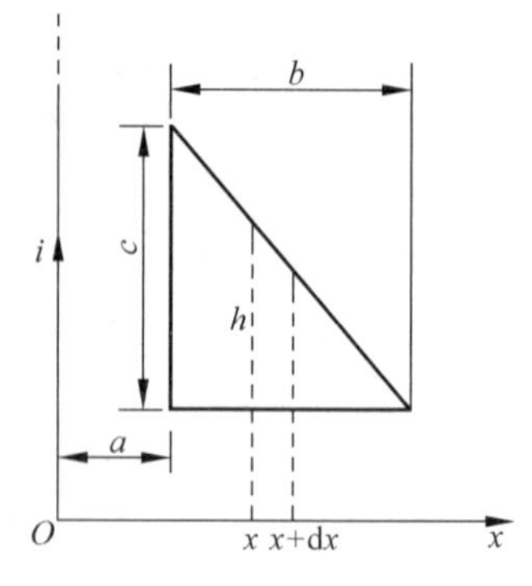

图 12.3.5

② $\mathrm{d}\Phi_m=\boldsymbol{B}\cdot\mathrm{d}\boldsymbol{S}=Bh\mathrm{d}x=\frac{\mu_0 i}{2\pi x}h\,\mathrm{d}x$

$$h=\frac{c}{b}(a+b-x)$$

则

$$\Phi_m=\int\mathrm{d}\Phi_m=\frac{\mu_0 ic}{2\pi b}\int_a^{a+b}\frac{a+b-x}{x}\mathrm{d}x$$
$$=\frac{\mu_0 ic}{2\pi b}\left(\frac{a+b}{b}\ln\frac{a+b}{a}-1\right)$$

代入数值得

$$\Phi_m = 1.20 \times 10^{-7} i = 1.20 \times 10^{-6} \cos 3.14t \text{Wb}$$

所以

$$\varepsilon_i = -\frac{d\Phi_m}{dt} = 3.77 \times 10^{-6} \sin 3.14t \text{V}$$

ε_m 的正方向为顺时针方向，即 $\varepsilon_m>0$ 时为顺时针方向，$\varepsilon_m<0$ 时为逆时针方向。

【例题 12.6】 在一圆柱形区域内有一匀强磁场，磁感应强度为 B，且 $\frac{dB}{dt}=K$（K 为小于零的常数）。若边长为 l 的正方形导线框置于该磁场中如图 12.3.6(a)所示，求各边以及整个回路中的感生电动势。

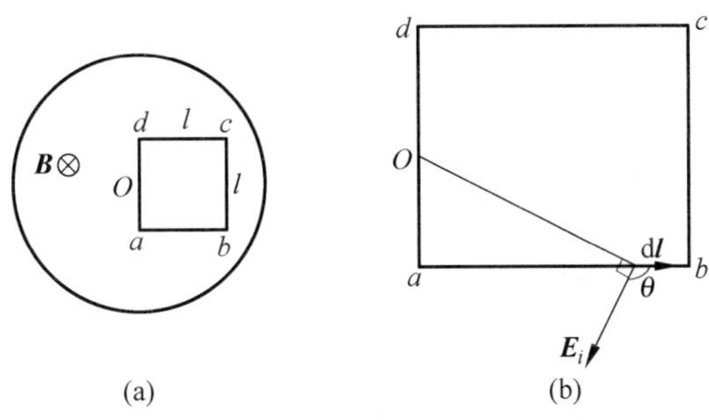

图　12.3.6

【解】 解法一：对整个线框，变化磁场产生的感生电动势的大小为

$$\varepsilon_i = \left|-\frac{d\Phi_m}{dt}\right| = S\left|\frac{dB}{dt}\right| = l^2\left|\frac{dB}{dt}\right| = -l^2 K$$

其方向由楞次定律可得，为顺时针方向。

对 ab 段，因 $\overline{Oa}$、$\overline{Ob}$ 段上不产生感生电动势（E_i 与 l 垂直），所以 $\overline{ab}$ 段上的感生电动势和三角形 Oab 闭合回路所围面积 S_{Oab} 中产生的感生电动势相等，大小为

$$\varepsilon_{ab} = \left|-\frac{d\Phi_m}{dt}\right| = S_{Oab}\left|\frac{dB}{dt}\right| = \frac{l^2}{4}\left|\frac{dB}{dt}\right| = -\frac{l^2}{4}K$$

方向由楞次定律可得，为 $b \to a$ 方向。

同理可得

$$\varepsilon_{bc} = -\frac{l^2}{2}K, \quad \text{方向 } c \to b$$

$$\varepsilon_{cd} = -\frac{l^2}{4}K, \quad \text{方向 } d \to c$$

$$\varepsilon_{da} = 0$$

解法二：在圆柱形变化磁场区域内 r 处的感生电场 E_i 的大小为

$$E_i = \frac{r}{2}\left|\frac{dB}{dt}\right|$$

方向如图 12.3.6(b)所示。

在 $\overline{ab}$ 段 $d\boldsymbol{l}$ 上产生的感生电动势元为

$$d\varepsilon_i = \boldsymbol{E}_i \cdot d\boldsymbol{l} = E_i dl\cos\theta = -\frac{l}{4}\left|\frac{dB}{dt}\right| dl$$

$$\varepsilon_{ab}=\int \mathrm{d}\varepsilon_{\mathrm{i}}=\int -\frac{l}{4}\left|\frac{\mathrm{d}B}{\mathrm{d}t}\right|\mathrm{d}l=-\frac{l^2}{4}\left|\frac{\mathrm{d}B}{\mathrm{d}t}\right|=-\frac{l^2}{4}K<0$$

即大小为$-\frac{l^2}{4}K$,方向与 d$\boldsymbol{l}$ 方向相反,为 $b\rightarrow a$,即 $U_a>U_b$。

同理可得

$$\varepsilon_{bc}=-\frac{l^2}{2}\left|\frac{\mathrm{d}B}{\mathrm{d}t}\right|=\frac{l^2}{2}K<0$$

即大小为$-\frac{l^2}{2}K$,方向为 $c\rightarrow b$;

$$\varepsilon_{cd}=-\frac{l^2}{4}\left|\frac{\mathrm{d}B}{\mathrm{d}t}\right|=\frac{l^2}{4}K<0$$

即大小为$-\frac{l^2}{4}K$,方向为 $d\rightarrow c$,$\varepsilon_{da}=0$。

整个线框的感生电动势为

$$\varepsilon_{总}=\varepsilon_{ab}+\varepsilon_{bc}+\varepsilon_{cd}+\varepsilon_{da}=-l^2\left|\frac{\mathrm{d}B}{\mathrm{d}t}\right|=l^2K<0$$

$\varepsilon_{总}$ 总的大小为$-l^2K$,方向沿顺时针方向。

4. 自感和互感的计算

自感系数 L 和互感系数 M 通常用实验的方法测定。自感系数和互感系数的理论计算一般都比较复杂,因此本章有关自感和互感系数的计算仅限于少数例子。计算自感、互感系数的基本公式为

$$L=\frac{N\Phi_{\mathrm{m}}}{I}\quad 或\quad \varepsilon_L=-L\frac{\mathrm{d}I}{\mathrm{d}t}$$

$$M=\frac{N_2\Phi_2}{I_1}=\frac{N_1\Phi_1}{I_2}\quad 或\quad \varepsilon_2=-M\frac{\mathrm{d}I_1}{\mathrm{d}t}$$

计算自感系数和互感系数的解题步骤基本相同,其解题的基本步骤为:

① 假设线圈中通以电流 I;

② 求出线圈内磁感应强度 B 的表达式;

③ 求出通过线圈的磁通链数 $N\Phi$(计算时,$N\Phi$ 是指通过未通电的另一线圈的磁通链数);

④ 代入公式,求出自感系数或互感系数。

【例题 12.7】 矩形截面密绕螺绕环的尺寸如图 12.3.7 所示,总匝数为 N,求它的自感系数。

【解】 解法一:设螺绕环中通有电流 I,由于对称性,磁场集中在螺绕环内,取截面内离轴距离为 r 的一点,以 r 为半径,在垂直轴线的平面内作圆,则有

$$\oint_l \boldsymbol{B}\cdot \mathrm{d}\boldsymbol{l}=B2\pi r=\mu_0 NI$$

即

$$B=\frac{\mu_0 NI}{2\pi r}$$

通过截面的磁通量为

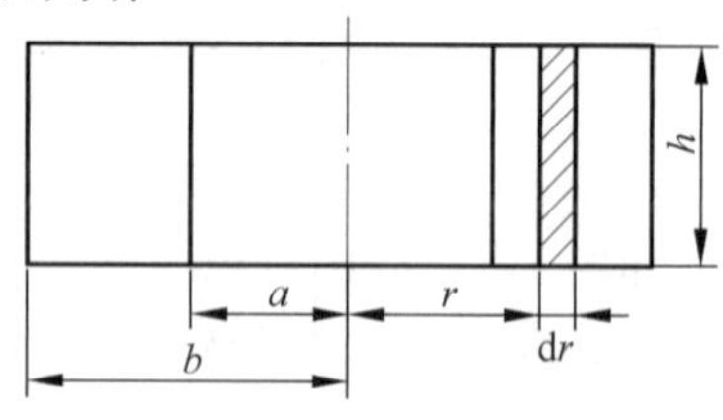

图 12.3.7

$$\Phi_{\mathrm{m}}=\oint_S \boldsymbol{B}\cdot \mathrm{d}\boldsymbol{S}=\int_a^b \frac{\mu_0 NI}{2\pi r}h\,\mathrm{d}r=\frac{\mu_0 NIh}{2\pi}\ln\frac{b}{a}$$

由自感系数的定义得

$$L=\frac{N\Phi_{\mathrm{m}}}{I}=\frac{\mu_0 N^2 h}{2\pi}\ln\frac{b}{a}$$

解法二：设电流 I 是变化的，即 $I=I(t)$，则由它产生的磁场也是变化的，所以螺绕环线圈上有感应电动势

$$\varepsilon_{\mathrm{i}}=-N\frac{\mathrm{d}\Phi_{\mathrm{m}}}{\mathrm{d}t}=-\frac{\mu_0 N^2 h}{2\pi}\ln\frac{b}{a}\frac{\mathrm{d}I}{\mathrm{d}t}$$

由自感系数的定义得

$$L=-\frac{\varepsilon_L}{\dfrac{\mathrm{d}I}{\mathrm{d}t}}=\frac{\mu_0 N^2 h}{2\pi}\ln\frac{b}{a}$$

【例题 12.8】 一圆形线圈由 100 匝表面绝缘的细线绕成，圆面积为 $S=4\mathrm{cm}^2$，将其放在另一半径为 20cm、共有 200 匝的大圆形线圈的中心，两者同心且共面，如图 12.3.8 所示。

(1) 求两线圈的互感系数；

(2) 若大线圈中电流的变化率以 50A/s 减小，求小线圈中的感生电动势。

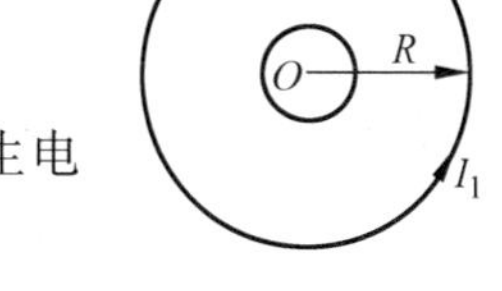

图 12.3.8

【解】 (1) 按互感系数的定义计算，可设大线圈中通电流，计算通过小线圈的磁通量，也可设小线圈中通电流，计算通过大线圈的磁通量。但在本例中，若设小线圈中通电流，由于其激发的磁场分布复杂，无法计算通过大线圈所围面的磁通量；而当我们设大线圈中通以电流时，小线圈在大线圈中心，且小线圈半径远小于大线圈的半径，所以大线圈通电流后在小线圈中产生的磁感应强度 B 近似可看作均匀的。

设通过大线圈中的电流为 I_1，则在圆心处产生的磁感应强度的大小为

$$B_1=\frac{\mu_0 N_1 I_1}{2R}$$

通过小线圈的磁通链数为

$$N_2\Phi_2=N_2 B_1 S_2=\frac{\mu_0 N_1 N_2 S_2 I_1}{2R}$$

式中，N_1、N_2 和 S_1、S_2 分别为大、小线圈的匝数和面积。

由互感系数的定义有

$$M=\frac{N_2\Phi_2}{I_1}=\frac{\mu_0 N_1 N_2 S_2}{2R}=2.52\times 10^{-5}\,\mathrm{H}$$

(2) 由于 $\varepsilon_{\mathrm{i}}=M\dfrac{\mathrm{d}I_1}{\mathrm{d}t}$，所以小线圈中产生的感生电动势为

$$\varepsilon_{\mathrm{i}}=2.52\times 10^{-5}\times 50\mathrm{V}=1.26\times 10^{-3}\,\mathrm{V}$$

5. 磁场能量的计算

【例题 12.9】 无限长同轴电缆由半径 $R_1=1.0\mathrm{mm}$ 的金属圆筒和半径为 $R_2=7.0\mathrm{mm}$ 的同轴金属圆筒组成，有 $I=100\mathrm{mA}$ 的电流由外圆筒流去，从内圆筒流回。若两筒的厚度可忽略，两筒之间介质无磁性($\mu_{\mathrm{r}}=1$)，求：

(1) 介质中内筒表面的磁能密度 w_m;

(2) 单位长度的磁能。

【解】 (1) $B=\begin{cases}0 & r<R_1\\ \dfrac{\mu_0}{2\pi r}I, & R_1<r<R_2\\ 0, & r>R_2\end{cases}$

介质中磁能密度为

$$w_m=\frac{B^2}{2\mu_0}=\frac{1}{2\mu_0}\left(\frac{\mu_0 I}{2\pi r}\right)^2=\frac{\mu_0 I^2}{8\pi^2 r^2}$$

内筒表面的磁能密度为

$$w_m\Big|_{r=R_1}=\frac{\mu_0 I^2}{8\pi^2 R_1^2}=1.6\times10^{-4}\,\mathrm{J/m^2}$$

(2) $w_m=\begin{cases}0, & r<R_1\\ \dfrac{\mu_0 I^2}{8\pi^2 r^2}, & R_1<r<R_2\\ 0, & r>R_2\end{cases}$

L 长的同轴电缆中的磁能为

$$W_l=\int_{R_1}^{R_2}w_m\,\mathrm{d}V=\int_{R_1}^{R_2}\frac{\mu_0 I^2}{8\pi^2 r^2}2\pi rl\,\mathrm{d}r=\frac{\mu_0 I^2 l}{4\pi}\ln\frac{R_2}{R_1}$$

单位长度电缆的磁能为

$$W=\frac{W_l}{l}=\frac{\mu_0 I^2}{4\pi}\ln\frac{R_2}{R_1}=1.9\times10^{-4}\,\mathrm{J/m}$$

注意:在求解磁场能量之前,应弄清问题中的磁场分布情况。对某一回路,若能知其磁场能量,则根据公式 $W_m=\frac{1}{2}LI^2$ 可计算此回路的自感系数。本例题中,同轴电缆单位长度的自感系数为

$$L=\frac{2W}{I^2}=\frac{\mu_0}{2\pi}\ln\frac{R_2}{R_1}$$

复习思考题

1. 如图 12.4.1 所示,半径为 R 的单匝闭合线圈,在均匀磁场 B 中以速度 v 匀速运动。已知线圈平面与 B 垂直,问:

(1) 线圈中有没有感应电流?为什么?

(2) 线圈中哪两点的电势差最大?最大电势差等于多少?

2. 如图 12.4.2 所示,半径为 R 的平面圆盘处于均匀磁场 B 中,圆盘平面与磁场垂直。当圆盘绕中心轴 O 转动时,有人认为圆盘上的感应电动势等于零,有人认为不等于零。你认为谁说的对?

3. 在有磁场变化着的空间里,如果没有导体,那么在此空间有没有电场?有没有感生电动势?

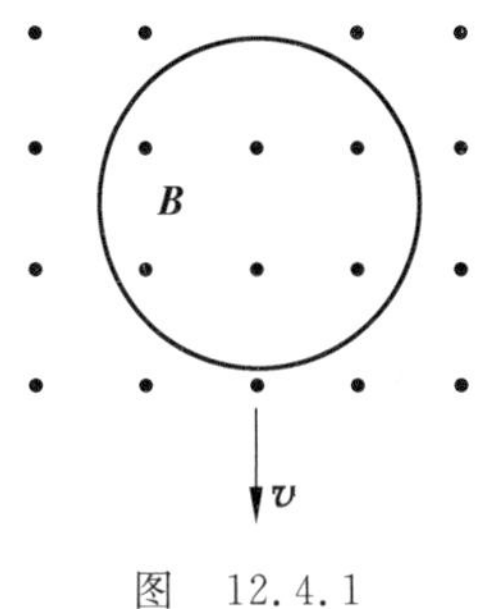

图　12.4.1

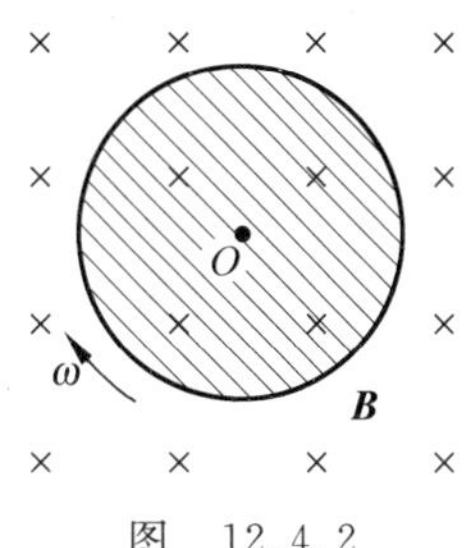

图　12.4.2

自我检查题

1. 如图 12.5.1 所示，一载流螺线管的旁边有一圆形线圈，欲使线圈产生图示方向的感应电流 i，下列哪一种情况可以做到？（　　）

(A) 载流螺线管向线圈靠近　　(B) 载流螺线管离开线圈

(C) 载流螺线管中电流增大　　(D) 载流螺线管中插入铁芯

2. 如图 12.5.2 所示，导体棒 AB 在均匀磁场 $\boldsymbol{B}$ 中，绕通过 C 点的垂直于棒长且沿磁场方向的轴 OO' 转动（角速度 $\boldsymbol{\omega}$ 与 $\boldsymbol{B}$ 同方向），BC 的长度为棒长的 $\frac{1}{3}$，则（　　）。

(A) A 点比 B 点电势高　　(B) A 点与 B 点电势相等

(C) A 点比 B 点电势低　　(D) 有稳恒电流从 A 点流向 B 点

3. 如图 12.5.3 所示，圆铜盘水平放置在均匀磁场中，$\boldsymbol{B}$ 的方向垂直盘面向上。当铜盘绕通过中心且垂直于盘面的轴沿图示方向转动时，（　　）。

(A) 铜盘上有感应电流产生，沿着铜盘转动的相反方向流动

(B) 铜盘上有感应电流产生，沿着铜盘转动的方向流动

(C) 铜盘上产生涡流

(D) 铜盘上有感应电动势产生，铜盘边缘处电势最高

(E) 铜盘上有感应电动势产生，铜盘中心处电势最高

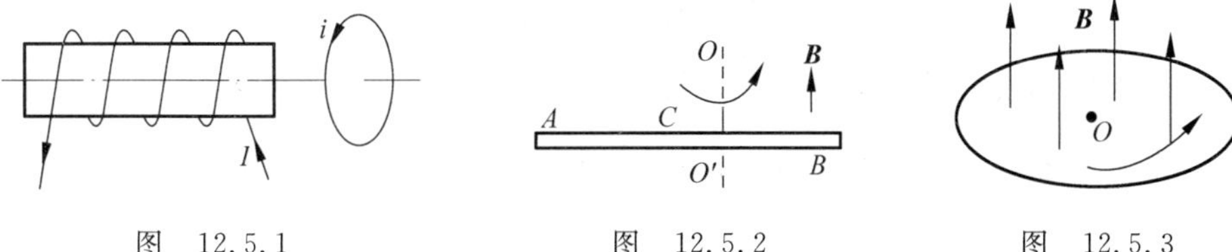

图　12.5.1　　图　12.5.2　　图　12.5.3

4. 如图 12.5.4 所示，一根长度为 L 的铜棒在均匀磁场 $\boldsymbol{B}$ 中以匀角速度 ω 绕通过其一端 O 的定轴旋转着，$\boldsymbol{B}$ 的方向垂直铜棒转动的平面，设 $t=0$ 时，铜棒与 Ob 成 θ 角（b 为铜棒转动的平面上的一个固定点），则在任一时刻 t 这根铜棒两端之间的感应电动势是（　　）。

(A) $\omega L^2 B\cos(\omega t+\theta)$　　(B) $\frac{1}{2}\omega L^2 B\cos\omega t$

(C) $2\omega L^2 B\cos(\omega t+\theta)$　　(D) $\omega L^2 B$

(E) $\frac{1}{2}\omega L^2 B$

5. 如图12.5.5所示,长度为l的直导线ab在均匀磁场$\boldsymbol{B}$中以速度$\boldsymbol{v}$移动,直导线ab中的电动势为(　　)。

(A) Blv　　(B) $Blv\sin\alpha$　　(C) $Blv\cos\alpha$　　(D) 0

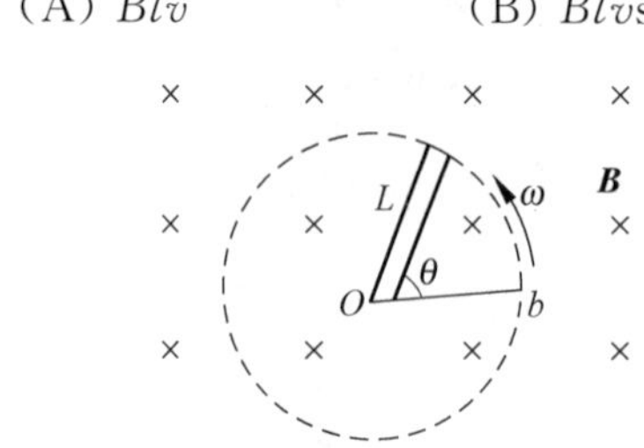
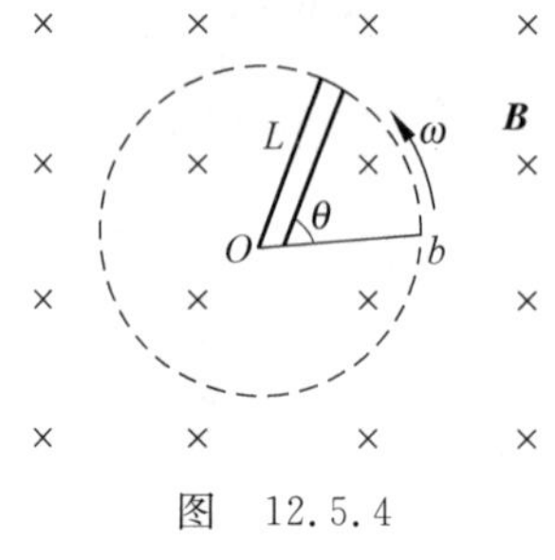

图　12.5.4

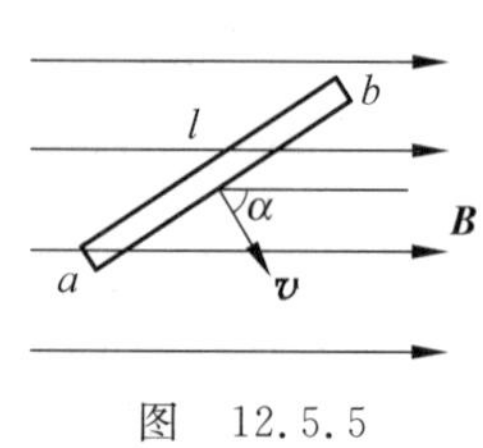

图　12.5.5

6. 一导体圆线圈在均匀磁场中运动,能使其中产生感应电流的一种情况是(　　)。

(A) 线圈绕自身直径轴转动,轴与磁场方向平行

(B) 线圈绕自身直径轴转动,轴与磁场方向垂直

(C) 线圈平面垂直于磁场,并沿垂直磁场方向平移

(D) 线圈平面平行于磁场,并沿垂直磁场方向平移

7. 对于单匝线圈取自感系数的定义式为$L=\dfrac{\Phi_m}{I}$。当线圈的几何形状、大小及周围磁介质分布不变,且无铁磁性物质时,若线圈中的电流强度变小,则线圈的自感系数L(　　)。

(A) 变大,且与电流成反比关系　　(B) 变小

(C) 不变　　(D) 变大,但与电流不成反比关系

8. 如图12.5.6所示,在圆柱形空间内有一磁感应强度为$\boldsymbol{B}$的均匀磁场,$\boldsymbol{B}$的大小以速率$\mathrm{d}B/\mathrm{d}t$变化。在磁场中有A、B两点,放置如图所示直导线$\overline{AB}$和弯曲的导线AB,则(　　)。

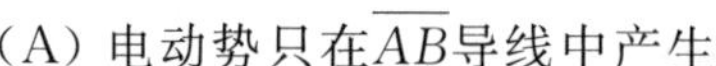

(A) 电动势只在$\overline{AB}$导线中产生

(B) 电动势只在$\overset{\frown}{AB}$导线中产生

(C) 电动势在$\overline{AB}$和$\overset{\frown}{AB}$中都产生,且两者大小相等

(D) $\overline{AB}$导线中的电动势小于$\overset{\frown}{AB}$导线中的电动势

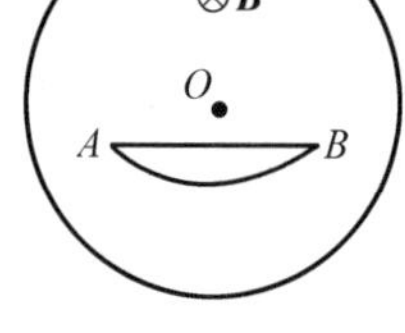

图　12.5.6

9. 自感为0.25H的线圈中,当电流在$\dfrac{1}{16}$s内由2A均匀减小到零时,线圈中自感电动势的大小为(　　)。

(A) 7.8×10^{-3}V　　(B) 3.1×10^{-2}V　　(C) 8.0V　　(D) 12.0V

10. 两个相距不太远的平面圆线圈,怎样可使其互感系数近似为零?设其中一线圈的轴线恰通过另一线圈的圆心。(　　)

(A) 两线圈的轴线互相平行放置　　(B) 两线圈并联

(C) 两线圈的轴线互相垂直放置　　(D) 两线圈串联

11. 两个通有电流的平面圆线圈相距不远,如果要使其互感系数近似为零,则应调整线圈的取向使(　　)。

(A) 两线圈平面都平行于两圆心连线

(B) 两线圈平面都垂直于两圆心连线

(C) 一个线圈平面平行于两圆心连线，另一个线圈平面垂直于两圆心连线

(D) 两线圈中电流方向相反

12. 如图 12.5.7 所示，长为 l_1、宽为 l_2 的矩形线圈，电阻为 R，以匀速度 v 自无磁区进入宽度为 $d(d>l_2)$ 的均匀磁场区，线圈穿过磁场后又进入无磁区，试画出通过线圈包围面的磁通量 Φ_m 随时间 t 变化的定性关系曲线，和该线圈中感应电流 I 与时间 t 的定性关系曲线。

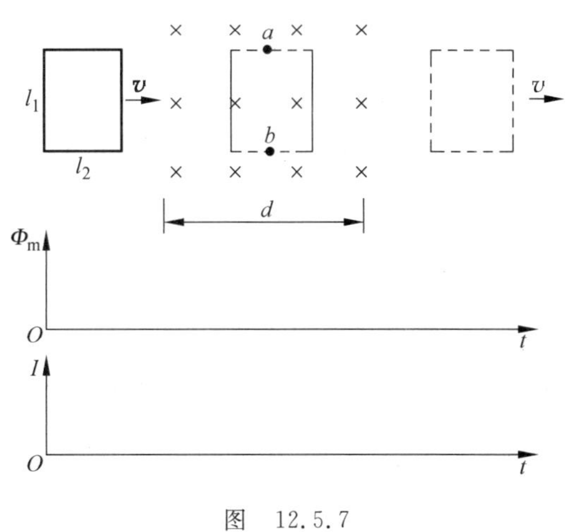

图　12.5.7

13. 上题中，当线圈在均匀磁场区中运动时，线圈中 a、b 两点之间有无电势差？________，原因是________________。

14. 将条形磁铁插入与冲击电流计串联的金属环中时，有 $q=2.0\times10^{-5}$C 的电荷通过电流计。若连接电流计的电路总电阻 $R=25\Omega$，则穿过环的磁通的变化＝________。

15. 半径为 L 的均匀导体圆盘绕通过中心 O 的垂直轴转动，角速度为 ω，盘面与均匀磁场 $\boldsymbol{B}$ 垂直，如图 12.5.8 所示。

(1) 图 12.5.8 中 Oa 线段中动生电动势的方向为________。

(2) 填写下列电势差的值(设 ca 段长度为 d)：

$U_a-U_O=$________；

$U_a-U_b=$________；

$U_a-U_c=$________。

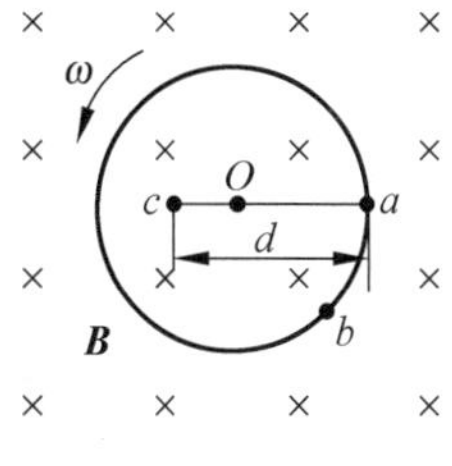

图　12.5.8

16. 如图 12.5.9 所示，aOc 为一折成∠形的金属导线($aO=Oc=L$)，位于 xy 平面中；磁感应强度为 $\boldsymbol{B}$ 的匀强磁场垂直于 xy 平面。当 aOc 以速度 $\boldsymbol{v}$ 沿 x 轴正向运动时，导线上 a、c 两点间电势差 $U_{ac}=$________；当 aOc 以速度 $\boldsymbol{v}$ 沿 y 轴正向运动时，a、c 两点的电势相比较，是________点电势高。

17. 如图 12.5.10 所示，一半径为 r 的很小的金属圆环，在初始时刻与一半径为 $a(a\gg r)$ 的大金属圆环共面且同心。在大圆环中通以恒定的电流 I，方向如图。如果小圆环以匀角速度 ω 绕其任一方向的直径转动，并设小圆环的电阻为 R，则任一时刻 t 通过小圆环的磁通量 $\Phi=$________，小圆环中的感应电流 $i=$________。

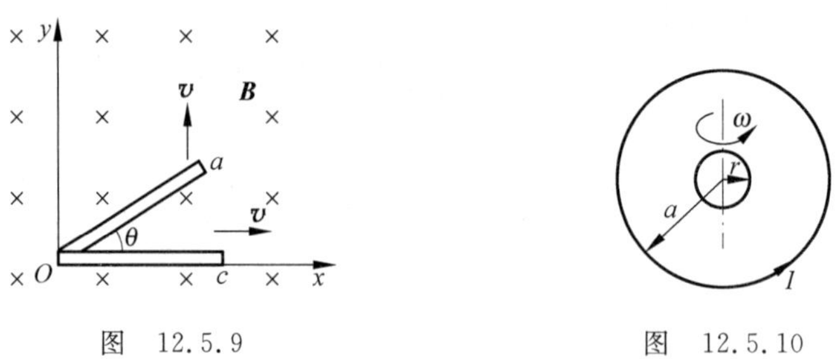

图 12.5.9　　图 12.5.10

18. 一根直导线在磁感应强度为 $\boldsymbol{B}$ 的均匀磁场中以速度 $\boldsymbol{v}$ 运动切割磁场线。导线中对应于非静电力的场强(称作非静电场场强)$\boldsymbol{E}_k=$________。

19. 一半径 $r=10\text{cm}$ 的圆形闭合导线回路置于均匀磁场 $\boldsymbol{B}(B=0.80\text{T})$中,$\boldsymbol{B}$ 与回路平面正交。若圆形回路的半径从 $t=0$ 开始以恒定的速率 $\mathrm{d}r/\mathrm{d}t=-80\text{cm/s}$ 收缩,则在这 $t=0$ 时刻,闭合回路中的感应电动势大小为________;如要求感应电动势保持这一数值,则闭合回路面积应以 $\mathrm{d}S/\mathrm{d}t=$________的恒定速率收缩。

20. 如图 12.5.11 所示,一个限定在半径为 $R=8\text{cm}$ 的圆柱形空间内的均匀磁场 $\boldsymbol{B}$,$\boldsymbol{B}$ 的方向平行于圆柱的轴线,$\dfrac{\mathrm{d}B}{\mathrm{d}t}=-50\text{T/s}$,若 b 和 c 两点离圆心 a 分别为 $r_b=5.0\text{cm}$ 和 $r_c=10\text{cm}$,则 E_b 的大小为________,方向为________;E_c 的大小为________,方向为________;E_a 的大小为________。

21. 对于一个无铁芯的线圈,是否可由自感系数的定义 $L=\Phi_m/I$ 得到如下结论?当线圈中通有电流越小时,线圈的自感系数越大。________,理由是________。

22. 一自感线圈中,电流强度在 0.002s 内均匀地由 10A 增加到 12A,此过程中线圈内自感电动势为 400V,则线圈的自感系数为 $L=$________。

23. 位于空气中的长为 l、横截面半径为 a、用 N 匝导线绕成的直螺线管,当符合________和________的条件时,其自感系数可表示成 $L=\mu_0\left(\dfrac{N}{l}\right)^2V$,其中 V 是螺线管的体积。

24. 如图 12.5.12 所示,两根彼此紧靠的绝缘导线绕成一个线圈,A 端用焊锡将两根导线焊在一起,另一端 B 处作为连接外电路的两个输入端,则整个线圈的自感系数为________。

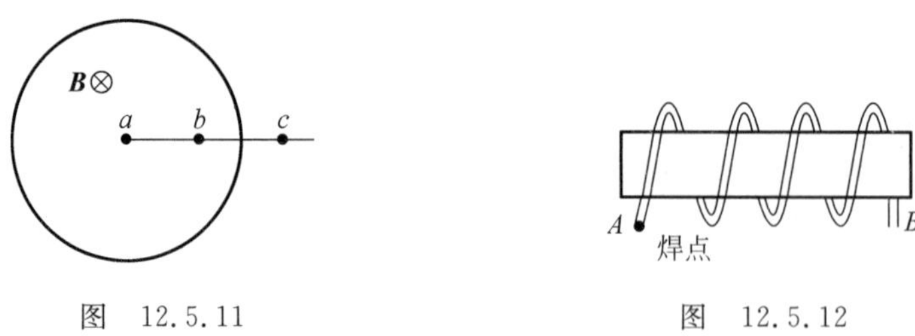

图 12.5.11　　图 12.5.12

习题

1. 求长度为 L 的金属杆在均匀磁场 $\boldsymbol{B}$ 中绕平行于磁场方向的定轴 OO' 转动时的动生电动势。已知杆相对于均匀磁场 $\boldsymbol{B}$ 的方位角为 θ,杆的角速度为 ω,转向如图 12.6.1 所示。

2. 如图 12.6.2 所示，一根长为 L 的金属细杆 ab 绕竖直轴 O_1O_2 以角速度 ω(方向如图)在水平面内旋转，O_1O_2 在离细杆 a 端 $L/5$ 处。若已知均匀磁场 $\boldsymbol{B}$ 平行于 O_1O_2 轴，求 ab 两端间的电势差 U_{ab}。

3. 在匀强磁场 $\boldsymbol{B}$ 中，导线 $\overline{OM}=\overline{MN}=a$，$\angle OMN=120°$，$OMN$ 整体可绕 O 点在垂直于磁场的平面内逆时针转动，如图 12.6.3 所示。若转动角速度为 ω，

(1) 求 OM 间电势差 U_{OM}；

(2) 求 ON 间电势差 U_{ON}；

(3) 指出 O、M、N 三点中哪点电势最高。

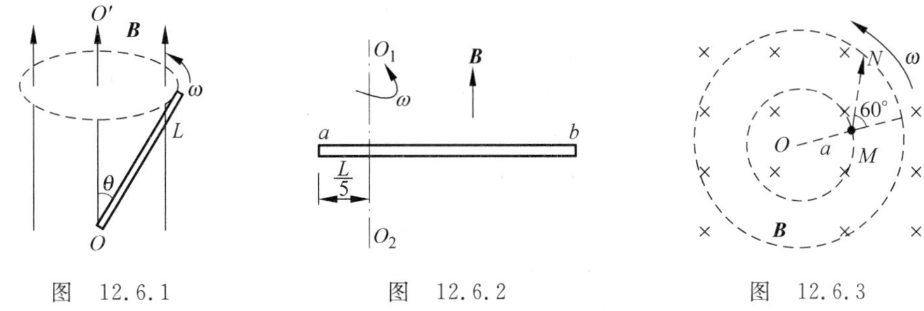

图 12.6.1　　图 12.6.2　　图 12.6.3

4. 金属杆 AB 以匀速 $v=2\text{m/s}$ 平行于长直载流导线运动，导线与 AB 共面且相互垂直，如图 12.6.4 所示。已知导线载有电流 $I=40\text{A}$，求此金属杆中的感应电动势，哪端电势较高？

5. 如图 12.6.5 所示，有一根长直导线，载有直流电流 I，近旁有一个两条对边与它平行并与它共面的矩形线圈，以匀速度 $\boldsymbol{v}$ 沿垂直于导线的方向离开导线。设 $t=0$ 时，线圈位于图示位置，求：

(1) 在任意时刻 t 通过矩形线圈的磁通量 Φ；

(2) 在图示位置时矩形线圈中的电动势。

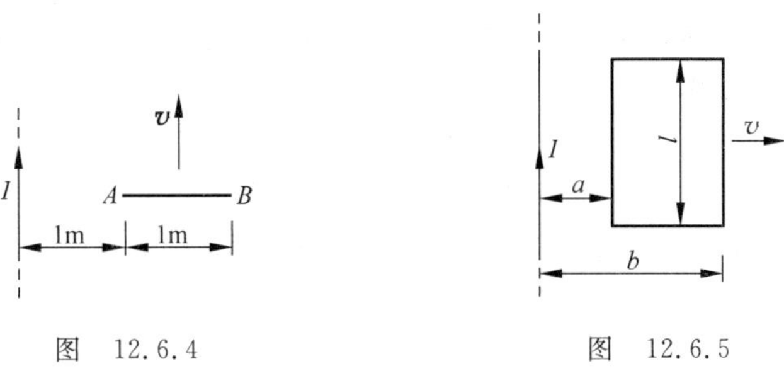

图 12.6.4　　图 12.6.5

6. 如图 12.6.6 所示，有一中心挖空的水平金属圆盘，内圆半径为 R_1，外圆半径为 R_2。圆盘绕竖直中心轴 $O'O''$ 以角速度 ω 匀速转动。均匀磁场 $\boldsymbol{B}$ 的方向为竖直向上。求圆盘的内圆边缘处 C 点与外圆边缘处 A 点之间的动生电动势的大小及指向。

7. 如图 12.6.7 所示，长直导线中电流为 i，矩形线框 $abcd$ 与长直导线共面，且 $ad \parallel AB$，dc 边固定，ab 边沿 da 及 cb 以速度 $\boldsymbol{v}$ 无摩擦地匀速平动。$t=0$ 时，ab 边与 cd 边重合。设线框自感忽略不计。

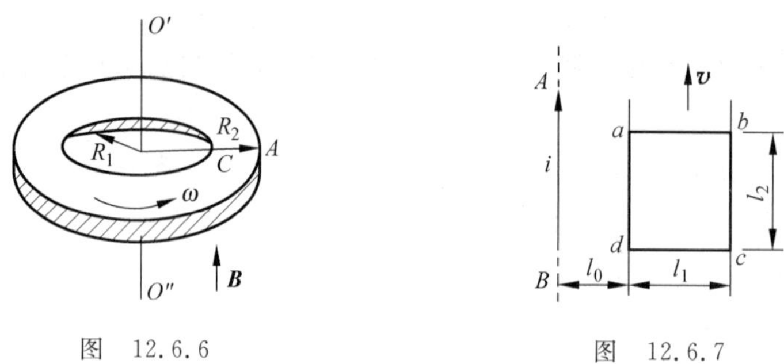

图 12.6.6　　　　图 12.6.7

(1) 如 $i=I_0$,求 ab 中的感应电动势。a、b 两点哪点电势高?

(2) 如 $i=I_0\cos\omega t$(ω 恒大于 0),求 ab 边运动到图示位置时线框中的总感应电动势。

8. 如图 12.6.8 所示,两条平行长直导线和一个矩形导线框共面,且导线框的一个边与长直导线平行,到两长直导线的距离分别为 r_1、r_2。已知两导线中电流都为 $I=I_0\sin\omega t$,其中 I_0 和 ω 为常数,t 为时间。导线框长为 a,宽为 b,求导线框中的感应电动势。

9. 如图 12.6.9 所示,一半径为 r_2、电荷线密度为 λ 的均匀带电圆环,里边有一半径为 r_1、总电阻为 R 的导体环,两环共面同心($r_2 \gg r_1$),当大环以变角速度 $\omega=\omega(t)$ 绕垂直于环面的中心轴旋转时,求小环中的感应电流。其方向如何?

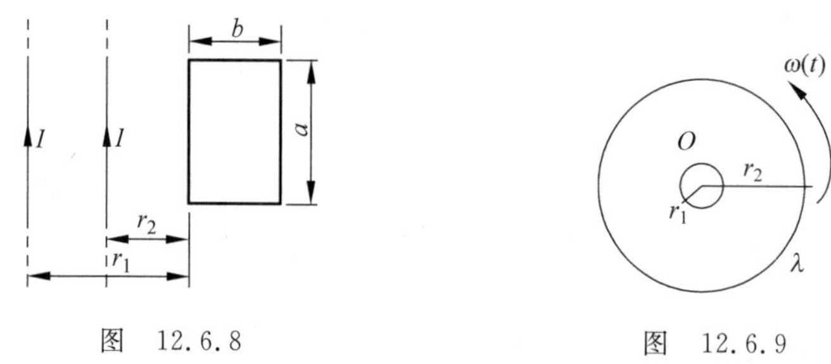

图 12.6.8　　　　图 12.6.9

10. 在真空中,一长直导线载有电流 I,另一与长直导线共面的直导线 AB,长为 L,它可绕 A 端在两导线的共面内转动。试求当导线 AB 以匀角速度 ω 绕 A 端转动到如图 12.6.10 所示位置时的感应电动势。

11. 如图 12.6.11 所示,无限长直导线,通以恒定电流 I。有一与之共面的直角三角形线圈 ABC。已知 AC 边长为 b,且与长直导线平行,BC 边长为 a。若线圈以垂直于导线方向的速度 $\boldsymbol{v}$ 向右平移,当 B 点与长直导线的距离为 d 时,求线圈 ABC 内的感应电动势的大小和方向。

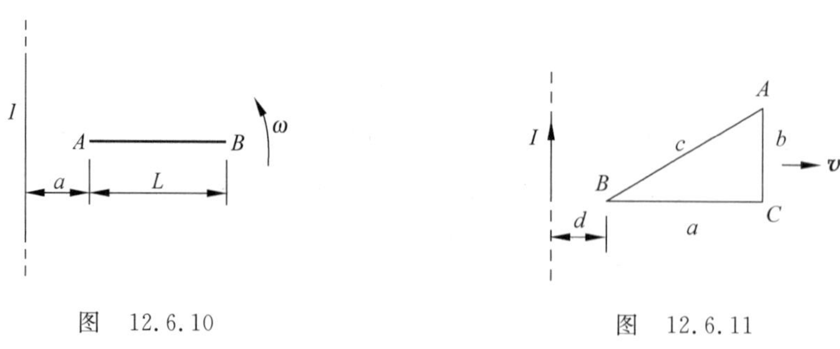

图 12.6.10　　　　图 12.6.11

12. 如图12.6.12所示,长直导线AB中的电流I沿导线向上,并以$\mathrm{d}I/\mathrm{d}t=2\mathrm{A/s}$的变化率均匀增长。导线附近放一个与之同面的直角三角形线框,其一边与导线平行,位置及线框尺寸如图所示(单位:cm)。求此线框中产生的感应电动势的大小和方向。($\mu_0=4\pi\times10^{-7}\mathrm{T\cdot m/A}$)

13. 如图12.6.13所示均匀磁场$\boldsymbol{B}$被限制在半径$R=10\mathrm{cm}$的无限长圆柱空间内,方向垂直于纸面向里。取一固定的等腰梯形回路$abcd$,梯形所在平面的法向与圆柱空间的轴平行,位置如图所示。设磁感应强度以$\mathrm{d}B/\mathrm{d}t=1\mathrm{T/s}$的匀速率增加,已知$\theta=\frac{1}{3}\pi$,$\overline{Oa}=\overline{Ob}=6\mathrm{cm}$,求等腰梯形回路中感生电动势的大小和方向。

14. 如图12.6.14所示,长直导线与矩形单匝线圈共面放置,导线与线圈的长边平行。矩形线圈的边长分别为a、b,它到直导线的距离为c,当矩形线圈中通有电流$I=I_0\sin\omega t$时,求直导线中的感应电动势。

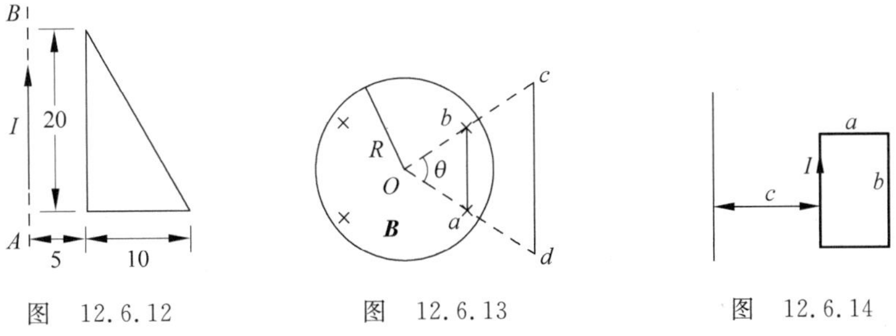

图　12.6.12　　图　12.6.13　　图　12.6.14

15. 如图12.6.15所示,一长圆柱状磁场,磁场方向沿轴线并垂直于图面向里,磁场大小既随到轴线的距离r成正比变化,又随时间t正弦变化,即$B=B_0r\sin\omega t$,B_0、ω均为常数。若在磁场内放一半径为a的金属圆环,环心在圆柱状磁场的轴线上,求金属环中的感生电动势。

16. 如图12.6.16所示,无限长直导线旁有一与其共面的矩形线圈,直导线中通有恒定电流I,将此直导线及线圈共同置于随时间变化的而空间分布均匀的磁场$\boldsymbol{B}$中。设$\frac{\partial B}{\partial t}>0$,当线圈以速度$\boldsymbol{v}$垂直长直导线向右运动时,求线圈在如图所示位置时的感应电动势。

17. 如图12.6.17所示,一个限定在半径为R的圆柱体内的均匀磁场$\boldsymbol{B}$以$10^{-2}\mathrm{T/s}$的恒定变化率减小。电子在磁场中A、O、C各点时,所获得的瞬时加速度(大小、方向)各为若干?设$r=5.0\mathrm{cm}$。

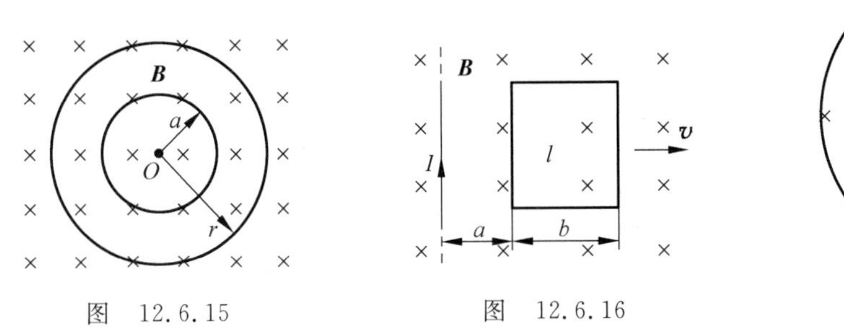

图　12.6.15　　图　12.6.16　　图　12.6.17

18. 真空中的矩形截面的螺线环的总匝数为 N,其他尺寸如图 12.6.18 所示,求它的自感系数。

19. 两根平行长直导线,圆形横截面的半径都是 a,中心线相距 d,属于同一回路,设两导线内部的磁通都可略去不计,证明这样一对导线单位长的自感系数为 $L=\frac{\mu_0}{\pi}\ln\frac{d-a}{a}$。

20. 载流长直导线与矩形回路 $ABCD$ 共面,导线平行于 AB,如图 12.6.19 所示。求下列情况中 $ABCD$ 中的感应电动势:

(1) 长直导线中电流 $I=I_0$ 不变,$ABCD$ 以垂直于导线的速度 $\boldsymbol{v}$ 从图示初始位置远离导线匀速平移到某一位置时(t 时刻);

(2) 长直导线中电流 $I=I_0\sin\omega t$,$ABCD$ 不动;

(3) 长直导线中电流 $I=I_0\sin\omega t$,$ABCD$ 以垂直于导线的速度 $\boldsymbol{v}$ 远离导线匀速运动,初始位置如图。

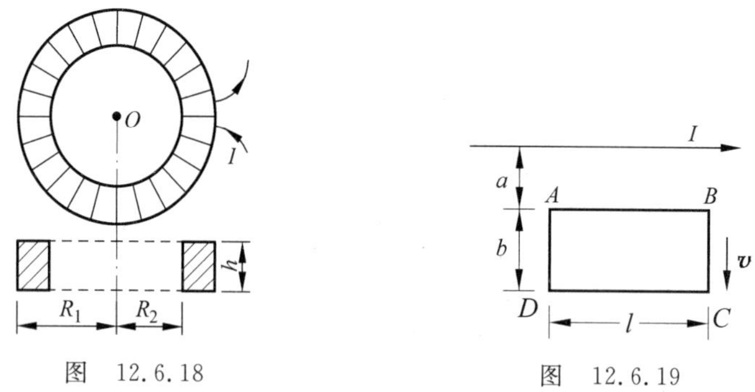

图 12.6.18　　图 12.6.19

21. 一无限长直导线通有电流 $I=I_0e^{-3t}$。一矩形线圈与长直导线共面放置,其长边与导线平行,位置如图 12.6.20 所示。求:

(1) 矩形线圈中感应电动势的大小及感应电流的方向;

(2) 导线与线圈的互感系数。

22. 一无限长直导线通以电流 $I=I_0\sin\omega t$,和直导线在同一平面内有一矩形线框,其短边与直导线平行,线框的尺寸及位置如图 12.6.21 所示,且 $b/c=3$。求:

(1) 直导线和线框的互感系数;

(2) 线框中的互感电动势。

23. 长直导线和矩形导线框共面如图 12.6.22 所示,线框的短边与导线平行。如果矩形线框中有电流 $I=I_0\sin\omega t$,则长直导线中就有感应电动势,试证明其值:

$$\mathscr{E}_i=\frac{\mu_0 I_0}{2\pi}c\omega\left(\ln\frac{b}{a}\right)\cos\omega t$$

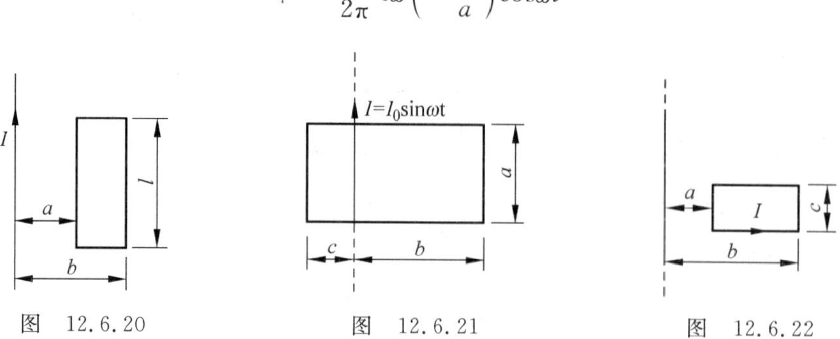

图 12.6.20　　图 12.6.21　　图 12.6.22

24. 证明：自感系数为 L 的线圈通有电流 I_0 时，线圈内储存的磁能为 $\frac{1}{2}LI_0^2$。

25. 一圆环，环管横截面的半径为 a，中心线的半径为 $R(R\gg a)$。有两个彼此绝缘的导线圈都均匀地密绕在环上，一个 N_1 匝，另一个 N_2 匝，求：

(1) 两线圈的自感 L_1 和 L_2；

(2) 两线圈的互感 M；

(3) M 与 L_1 和 L_2 的关系。

26. 在细铁环上绕有 $N=200$ 匝的单层线圈，线圈中通以电流 $I=2.5\text{A}$，穿过铁环截面的磁通量 $\Phi_m=0.5\text{mWb}$，求磁场的能量 W。

27. 真空中两只长直螺线管 1 和 2 长度相等，单层密绕匝数相同，直径之比 $d_1/d_2=1/4$。当它们通以相同电流时，两螺线管储存的磁能之比为多少？

第13章 电磁场与电磁波

基本要求

1. 正确理解位移电流和位移电流密度的概念。
2. 了解麦克斯韦方程组的积分形式及其物理意义。
3. 了解电磁波的基本性质、电磁波的能量和坡印廷矢量。

基本概念和基本规律

1. 位移电流和位移电流密度的概念

通过电场中某截面的位移电流 I_d 等于通过该截面的电位移通量 Φ_D 对时间的变化率，数学表达式为

$$I_d = \frac{d\Phi_D}{dt}$$

电场中某点的位移电流密度 δ_d 等于该点的电位移 $\boldsymbol{D}$ 对时间的变化率，数学表达式为

$$\boldsymbol{\delta}_d = \frac{d\boldsymbol{D}}{dt}$$

2. 位移电流的磁场

位移电流在激发磁场方面和传导电流一样，遵循下面的规律：

$$\oint_L \boldsymbol{H} \cdot d\boldsymbol{l} = I_d = \frac{d\Phi_D}{dt}$$

式中 $\boldsymbol{H}$ 是位移电流激发的磁场强度。

3. 全电流安培环路定理

传导电流和位移电流之和称为全电流。在非稳恒电路中，全电流 $I+I_d$ 是保持连续的。

在磁场中沿任一闭合回路的线积分，在数值上等于该闭合回路内传导电流和位移电流的代数和，即

$$\int_L \boldsymbol{H} \cdot d\boldsymbol{l} = \sum (I + I_d) = \int_S \left(\boldsymbol{\delta} + \frac{\partial \boldsymbol{D}}{\partial t}\right) \cdot d\boldsymbol{S}$$

上式称为全电流安培环路定理。式中 $\boldsymbol{H}$ 是总磁场强度，等于传导电流的磁场强度 $\boldsymbol{H}_1$ 和位移电流的磁场强度 $\boldsymbol{H}_2$ 的矢量和。

4. 麦克斯韦方程组的积分形式

一般情况下电磁场所满足的方程组为

$$\oint_S \boldsymbol{D} \cdot \mathrm{d}\boldsymbol{S} = \sum q = \int_V \rho \mathrm{d}V$$

$$\oint_L \boldsymbol{E} \cdot \mathrm{d}\boldsymbol{l} = -\frac{\mathrm{d}\Phi_\mathrm{m}}{\mathrm{d}t} = -\int_S \frac{\partial B}{\partial t} \cdot \mathrm{d}S$$

$$\oint_S \boldsymbol{B} \cdot \mathrm{d}\boldsymbol{S} = 0$$

$$\int_L \boldsymbol{H} \cdot \mathrm{d}\boldsymbol{l} = \sum (I + I_\mathrm{d}) = \int_S \left(\boldsymbol{\delta} + \frac{\partial \boldsymbol{D}}{\partial t}\right) \cdot \mathrm{d}\boldsymbol{S}$$

式中，$\boldsymbol{E}=\boldsymbol{E}_1+\boldsymbol{E}_2$，$\boldsymbol{D}=\boldsymbol{D}_1+\boldsymbol{D}_2$，分别是自由电荷产生的静电场 $\boldsymbol{E}_1$、$\boldsymbol{D}_1$ 和变化磁场产生的涡旋电场 $\boldsymbol{E}_2$、$\boldsymbol{D}_2$ 的矢量和。$\boldsymbol{B}=\boldsymbol{B}_1+\boldsymbol{B}_2$ 和 $\boldsymbol{H}=\boldsymbol{H}_1+\boldsymbol{H}_2$，分别是传导电流产生的磁场 $\boldsymbol{B}_1$、$\boldsymbol{H}_1$ 和位移电流（变化电场）产生的磁场 $\boldsymbol{B}_2$、$\boldsymbol{H}_2$ 的矢量和。

5. 电磁波

开放的电磁振荡电路（如振荡电偶极子）能辐射电磁波。

（1）平面简谐电磁波的波动方程

设平面电磁波沿 x 轴正向传播，其波动方程为

$$E_y = E_{y_0} \cos\omega\left(t - \frac{x}{u}\right), \quad H_z = H_{z_0} \cos\omega\left(t - \frac{x}{u}\right)$$

（2）电磁波的性质

① 电磁波是横波，电磁波的传播方向由 $\boldsymbol{E}\times\boldsymbol{H}$ 决定。

② 电磁波具有偏振性。

③ $\boldsymbol{E}$、$\boldsymbol{H}$ 在空间各点同相位，数值关系满足

$$\sqrt{\varepsilon} E = \sqrt{\mu} H$$

④ 电磁波的传播速度

$$u = 1/\sqrt{\varepsilon\mu}$$

在真空中

$$c = 1/\sqrt{\varepsilon_0 \mu_0} = 3 \times 10^8 (\mathrm{m/s})$$

（3）电磁波的能量

电磁波的幅度强度矢量（坡印廷矢量 $\boldsymbol{S}$）：单位时间内通过垂直于传播方向单位面积的辐射能称为能流密度或波的强度。用公式表示为

$$\boldsymbol{S} = \boldsymbol{E} \times \boldsymbol{H}, \quad S = EH$$

解题指导

本章主要介绍麦克斯韦电磁场理论的基本概念，根据位移电流和位移电流密度的定义式，计算位移电流和位移电流密度。利用全电流定律求变化的电场激发的磁感应强度。

1. 求位移电流 I_d 的基本步骤：

（1）根据题意画示意图，标出 $\boldsymbol{D}$ 的方向。

（2）求电位移 $\boldsymbol{D}$ 的通量 Φ_D。

（3）根据电位移定义，将 Φ_D 对时间求导，得 I_d。

(4) 由 $\boldsymbol{D}$ 的方向和$\dfrac{\mathrm{d}\Phi_D}{\mathrm{d}t}$的变化情况确定 I_d 的方向。

2. 求变化电场激发的磁场的基本步骤:

(1) 根据题意画示意图,标出 $\boldsymbol{D}$ 和$\dfrac{\mathrm{d}\boldsymbol{D}}{\mathrm{d}t}$或 $\boldsymbol{E}$ 和$\dfrac{\mathrm{d}\boldsymbol{E}}{\mathrm{d}t}$的方向。

(2) 选取适当的安培回路 L(包括回路方向)。

(3) 计算电位移通量 Φ_D 和$\dfrac{\mathrm{d}\Phi_D}{\mathrm{d}t}$。

(4) 由安培环路定理$\oint_L \boldsymbol{H}\cdot\mathrm{d}\boldsymbol{l}=\dfrac{\mathrm{d}\Phi_D}{\mathrm{d}t}$解得 $\boldsymbol{H}$,再由 $\boldsymbol{B}=\mu\boldsymbol{H}$ 求 $\boldsymbol{B}$。

(5) 由右手螺旋法则确定 $\boldsymbol{B}$ 的方向。

3. 利用平面简谐电磁波的波动方程、电磁波的性质来解题。

【例题 13.1】 如图 13.3.1 所示,半径 $R=0.1\mathrm{m}$ 的两块导体圆板组成的平行板电容器,当充电时,极板间电场强度对时间的变化率

$$\frac{\mathrm{d}E}{\mathrm{d}t}=10^{12}\mathrm{V/(m\cdot s)}$$

设两板间为真空,并略去边缘效应,求:

(1) 两极板间的位移电流 I_d;

(2) 距两极板中心连线为 $r(r<R)$处的磁感应强度。

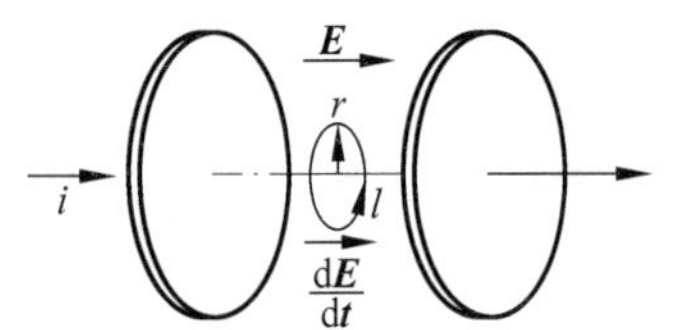

图 13.3.1

【解】 (1) 极板间 $\boldsymbol{E}$ 和$\dfrac{\mathrm{d}\boldsymbol{E}}{\mathrm{d}t}$方向如图 13.3.1 所示,又因平行板电容器的电场为匀强电场,故电位移通量

$$\Phi_D=DS=\varepsilon_0 E\pi R^2$$

$$I_\mathrm{d}=\frac{\mathrm{d}\Phi_D}{\mathrm{d}t}=\varepsilon_0\pi R^2\frac{\mathrm{d}E}{\mathrm{d}t}=\pi\times(0.1)^2\times 8.85\times10^{-12}\times10^{12}\mathrm{A}=0.28\mathrm{A}$$

方向与 $\boldsymbol{E}$ 的方向相同。

(2) 两极板间位移电流相当于均匀分布的圆柱电流,它产生的涡旋磁场对两板中心连线具有轴对称性。因此取半径为 r 的磁力线为闭合积分路线。根据全电流安培环路定理得

$$\oint_L \boldsymbol{H}\cdot\mathrm{d}\boldsymbol{l}=I_\mathrm{d}=\varepsilon_0\frac{\mathrm{d}E}{\mathrm{d}t}\pi r^2$$

$$2\pi rH=\pi r^2\varepsilon_0\frac{\mathrm{d}E}{\mathrm{d}t}$$

$$H=\frac{\varepsilon_0 r}{2}\frac{\mathrm{d}E}{\mathrm{d}t}$$

$$B=\mu H$$

$$B=\mu_0 H=\frac{\varepsilon_0\mu_0 r}{2}\frac{\mathrm{d}E}{\mathrm{d}t},\quad r\leqslant R$$

【例题 13.2】 试证:平行板电容器中的位移电流可写成

$$I_\mathrm{d}=C\frac{\mathrm{d}V}{\mathrm{d}t}$$

式中,C 是电容器的电容,V 是两板间电势差。

【证】 方法一：利用位移电流的定义求证。

设极板面积为 S，两板间距为 d，则通过极板间和极板平行截面的电位移通量为

$$\Phi_D = DS = \varepsilon_0 \frac{V}{d} S$$

又因平板电容器的电容

$$C = \varepsilon_0 \frac{S}{d}$$

所以

$$I_{\mathrm{d}} = \frac{\mathrm{d}\Phi_D}{\mathrm{d}t} = C\frac{\mathrm{d}V}{\mathrm{d}t}$$

方法二：利用全电流的连续性求证。

根据电流的连续性得

$$I_{\mathrm{d}} = I(\text{传导电流})$$

所以

$$I_{\mathrm{d}} = I = \frac{\mathrm{d}q}{\mathrm{d}t} = \frac{\mathrm{d}}{\mathrm{d}t}(CV) = C\frac{\mathrm{d}V}{\mathrm{d}t}$$

【例题 13.3】 如图 13.3.2 所示，半径为 R 的圆形平板电容器，两极板间距为 d，并和电动势为 ε 的电源相连。当两板以匀速率 $\boldsymbol{v}$ 分离时，试求任意时刻 t 的位移电流。

【解】 设两板相距为 d 时板上电量为 Q：

$$Q = C\varepsilon = \varepsilon_0 \frac{S}{d}\varepsilon$$

则电容器两极板间场强

$$E = \frac{\sigma}{\varepsilon_0} = \frac{Q}{\varepsilon_0 S} = \frac{\varepsilon}{d}$$

当两板开始分离后，t 时刻相距为 $x=d+vt$，此时场强

$$E = \frac{\varepsilon}{x} = \frac{\varepsilon}{d+vt}$$

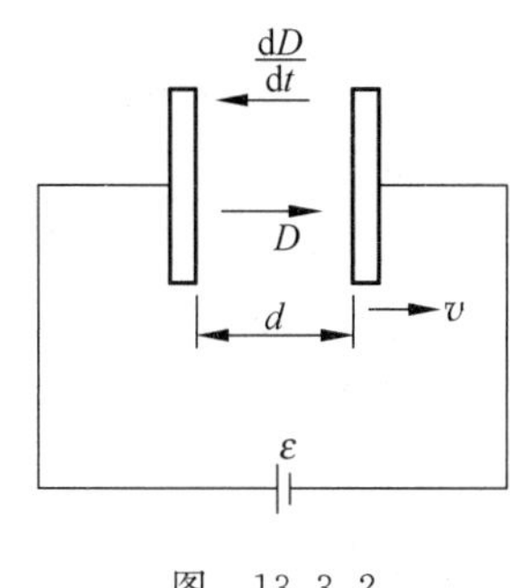

图　13.3.2

所以位移电流为

$$I_{\mathrm{d}} = \frac{\mathrm{d}\Phi_D}{\mathrm{d}t} = \frac{\mathrm{d}}{\mathrm{d}t}\left(\frac{\varepsilon_0 \varepsilon S}{d+vt}\right) = \frac{\varepsilon_0 \pi R^2 \varepsilon}{(d+vt)^2}(-v)$$

式中，负号表示位移电流的方向与板的运动方向（速度 v 的方向）相反。

【例题 13.4】 设空间有一沿 y 轴负向传播的平面电磁波，传播速度为 c，电场强度方向沿 x 轴，在空间某点的电场强度为

$$E_x = 300\cos\left(2\pi vt + \frac{\pi}{3}\right)\mathrm{V/m}$$

求在同一点的磁场强度表达式，并用图表示波线上任意点的电场强度、磁场强度和传播速度之间的关系。

【解】 在真空中磁场强度幅值与电场强度幅值间关系为

$$\sqrt{\varepsilon_0}E_{x_0} = \sqrt{\mu_0}H_{z_0}$$

所以

$$H_{z_0}=\sqrt{\frac{\varepsilon_0}{\mu_0}}E_{x_0}=\sqrt{\frac{8.85\times10^{-12}}{12.57\times10^{-7}}}\times300\text{A/m}=0.795\text{A/m}$$

由于 $\boldsymbol{E}$-$\boldsymbol{H}$-c 组成右手螺旋,所以在同一点磁场强度表达式为

$$H_z=0.795\cos\left(2\pi\nu t+\frac{\pi}{3}\right)\text{A/m}$$

$\boldsymbol{E}$、$\boldsymbol{H}$ 及 c 的关系如图 13.3.3 所示。

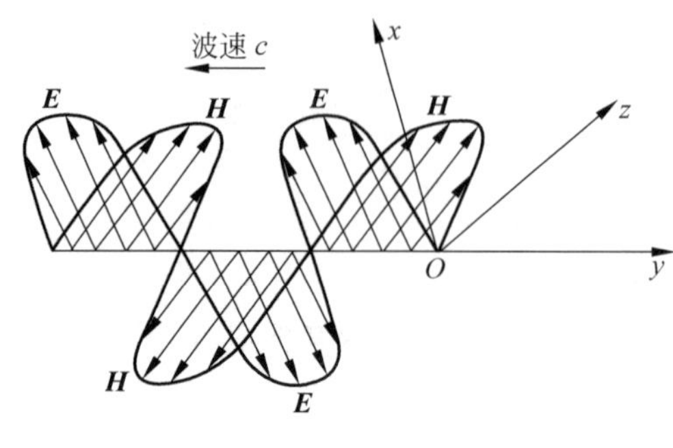

图 13.3.3

复习思考题

1. 什么叫位移电流？它的定义式是什么？物理意义又是什么？位移电流和传导电流有何异同？

2. 位移电流密度的定义式是什么？它的物理意义又是什么？

3. 为什么变化的电场产生磁场,不一定都随时间而变化？

4. 什么是电磁波？它和机械波有何本质差别？

自我检查题

1. 对位移电流,下述四种说法正确的是(　　)。

(A) 位移电流实质上就是一种变化电场

(B) 位移电流是由线性变化的磁场产生的

(C) 位移电流的热效应服从焦耳-楞次定律

(D) 位移电流的磁效应不服从安培环路定理

2. 电位移矢量的时间变化率 $\mathrm{d}\boldsymbol{D}/\mathrm{d}t$ 的单位是(　　)。

(A) 库仑/米^2　　(B) 库仑/秒　　(C) 安培/米^2　　(D) 安培·米^2

3. 在感应电场中电磁感应定律可写成 $\oint_L \boldsymbol{E}_\mathrm{k}\cdot\mathrm{d}\boldsymbol{l}=-\frac{\mathrm{d}\Phi}{\mathrm{d}t}$,式中 $\boldsymbol{E}_\mathrm{k}$ 为感应电场的电场强度。此式表明:(　　)。

(A) 闭合曲线 L 上 $\boldsymbol{E}_\mathrm{k}$ 处处相等

(B) 感应电场是保守力场

(C) 感应电场的电场强度线不是闭合曲线

(D) 在感应电场中不能像对静电场那样引入电势的概念

4. 在没有自由电荷与传导电流的变化电磁场中，沿闭合环路 l（设环路包围的面积为 S）：

$\oint_l \boldsymbol{H} \cdot \mathrm{d}\boldsymbol{l} =$ ________________；

$\oint_l \boldsymbol{E} \cdot \mathrm{d}\boldsymbol{l} =$ ________________。

5. 反映电磁场基本性质和规律的积分形式的麦克斯韦方程组为

$$\oint_S \boldsymbol{D} \cdot \mathrm{d}\boldsymbol{S} = \int_V \rho \mathrm{d}V \qquad ①$$

$$\oint_L \boldsymbol{E} \cdot \mathrm{d}\boldsymbol{l} = -\int_S \frac{\partial \boldsymbol{B}}{\partial t} \cdot \mathrm{d}\boldsymbol{S} \qquad ②$$

$$\oint_S \boldsymbol{B} \cdot \mathrm{d}\boldsymbol{S} = 0 \qquad ③$$

$$\oint_L \boldsymbol{H} \cdot \mathrm{d}\boldsymbol{l} = \int_S \left(\boldsymbol{J} + \frac{\partial \boldsymbol{D}}{\partial t}\right) \cdot \mathrm{d}\boldsymbol{S} \qquad ④$$

试判断下列结论是包含于或等效于哪一个麦克斯韦方程式的，将你确定的方程式用代号填在相应结论后的空白处。

(1) 变化的磁场一定伴随有电场：________

(2) 磁感线是无头无尾的：________

(3) 电荷总伴随有电场：________

6. 半径为 r 的两块圆板组成的平行板电容器充了电，在放电时两板间的电场强度的大小为 $E = E_0 \mathrm{e}^{-t/RC}$，式中 E_0、R、C 均为常数，两板间的位移电流的大小________，其方向________。

7. 广播电台的发射频率为 $\nu = 640\mathrm{kHz}$，已知电磁波在真空中传播的速率为 $c = 3 \times 10^8 \mathrm{m/s}$，则这种电磁波的波长为________。

8. 在真空中一平面电磁波的电场强度波的表达式为

$$E_y = 6.0 \times 10^{-2} \cos\left[2\pi \times 10^8 \left(t - \frac{x}{3 \times 10^8}\right)\right] (\mathrm{SI})$$

则该平面电磁波的频率是________。

9. 在真空中传播的平面电磁波，在空间某点的磁场强度为

$$H = 1.20\cos\left(2\pi\nu t + \frac{1}{3}\right) (\mathrm{SI})$$

则在该点的电场强度为________________。

习题

1. 一平行板空气电容器的两极板都是半径为 R 的圆形导体片，在充电时，板间电场强度的变化率为 $\mathrm{d}E/\mathrm{d}t$。若略去边缘效应，求两板间的位移电流。

2. 平行板电容器的电容 C 为 $20.0\mathrm{F}$，两板上的电压变化率为 $\mathrm{d}U/\mathrm{d}t = 1.50 \times 10^5 \mathrm{V/s}$，求该平行板电容器中的位移电流。

3. 一平行板电容器，极板是半径为 R 的两圆形金属板，极板间为空气，此电容器与交变

电源相接,极板上电量随时间变化的关系为 $q=q_0\sin\omega t$(ω 为常量),忽略边缘效应,求:

(1) 电容器极板间的位移电流及位移电流密度;

(2) 极板间离中心轴线距离为 $r(r<R)$ 处 b 点的磁场强度 $\boldsymbol{H}$ 的大小;

(3) 当 $\omega t=\pi/4$ 时,b 点的电磁场能量密度(即电场能量密度与磁场能量密度之和)。

4. 给电容为 C 的平行板电容器充电,电流为 $I=0.2\mathrm{e}^{-t}$(SI),$t=0$ 时电容器极板上无电荷,求:

(1) 极板间电压 U 随时间 t 变化的关系;

(2) t 时刻极板间总的位移电流 I_d(忽略边缘效应)。

5. 一平面电磁波,沿 y 轴负向传播,某点的电场强度为 $E_0=E_{20}\cos\omega\left(t+\dfrac{x}{u}\right)$,则该点的磁场强度的表达式如何?

6. 一圆形极板电容器,极板的面积 S,两极板间距 d,一根长为 d 的极细导线在极板间沿轴线与两板相连,已知细导线的电阻 R,两极板外接交变电压 $U=U_0\sin\omega t$,求:

(1) 细导线中的电流;

(2) 通过电容器的位移电流;

(3) 通过极板外接线中的电流;

(4) 极板间离轴线为 r 处的磁场强度,设 r 小于极板半径。

7. 一平面电磁波在空气中传播,波长为 0.03m,电场强度幅值为 30V/m。试求:

(1) 电磁波的频率 ν;

(2) 磁感应强度幅值 B_0;

(3) 平均辐射强度 $\overline{S}$。

第二阶段模拟试卷(A)

应试人________　　应试人学号________　　应试人所在院系________

题号	选择	填空	计算 1	计算 2	计算 3	计算 4	计算 5	计算 6	总分
得分									

一、选择题(共 24 分)

1.(本题 3 分)

点电荷 Q 被曲面 S 包围,从无穷远处引入另一个点电荷 q 至曲面外一点,如图所示,则引入点电荷 q 前后,下述正确的是(　　)。

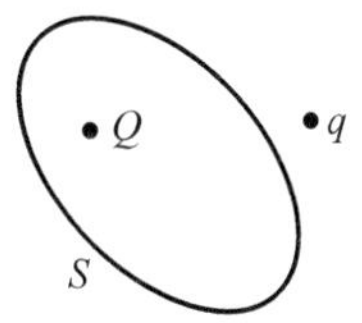

(A) 曲面 S 上的 Φ_e 不变,各点电场强度也不变

(B) 曲面 S 上的 Φ_e 变化,各点电场强度不变

(C) 曲面 S 上的 Φ_e 变化,各点电场强度也变化

(D) 曲面 S 上的 Φ_e 不变,各点电场强度变化

题 1 图

2.(本题 3 分)

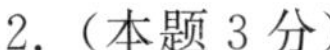

一个未带电的空腔导体球壳,内半径为 R。在腔内离球心距离为 d 处($d<R$),固定一点电荷 $+q$,如图所示。用导线把球壳接地后,再把地线撤去。选无穷远处为电势零点,则球心 O 处的电势为(　　)。

(A) 0　　(B) $\dfrac{q}{4\pi\varepsilon_0 d}$

(C) $-\dfrac{q}{4\pi\varepsilon_0 R}$　　(D) $\dfrac{q}{4\pi\varepsilon_0}\left(\dfrac{1}{d}-\dfrac{1}{R}\right)$

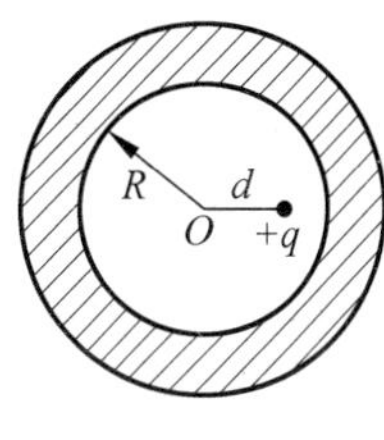

题 2 图

3.(本题 3 分)

无限长直圆柱体,半径为 R,沿轴向均匀流有电流。设圆柱体内($r<R$)的磁感应强度为 B_i,圆柱体外($r>R$)的磁感应强度为 B_e,则有(　　)。

(A) B_i、B_e 均与 r 成正比　　(B) B_i、B_e 均与 r 成反比

(C) B_i 与 r 成反比,B_e 与 r 成正比　　(D) B_i 与 r 成正比,B_e 与 r 成反比

4.(本题 3 分)

一载有电流 I 的细导线分别均匀密绕在半径为 R 和 r 的长直圆筒上形成两个螺线管,两螺线管单位长度上的匝数相等。设 $R=2r$,则两螺线管中的磁感应强度大小 B_R 和 B_r 应满足:(　　)。

(A) $B_R=2B_r$　　(B) $B_R=B_r$

(C) $2B_R=B_r$　　(D) $B_R=4B_r$

5.(本题 3 分)

关于稳恒电流磁场的磁场强度 $\boldsymbol{H}$,下列几种说法中哪个是正确的?(　　)

(A) $\boldsymbol{H}$ 仅与传导电流有关

(B) 若闭合曲线内没有包围传导电流,则曲线上各点的 $\boldsymbol{H}$ 必为零

(C) 若闭合曲线上各点 $\boldsymbol{H}$ 均为零,则该曲线所包围传导电流的代数和为零

(D) 以闭合曲线 L 为边缘的任意曲面的 $\boldsymbol{H}$ 通量均相等

6.(本题3分)

如图所示,直角三角形金属框架 abc 放在均匀磁场中,磁场 $\boldsymbol{B}$ 平行于 ab 边,bc 的长度为 l。当金属框架绕 ab 边以匀角速度 ω 转动时,abc 回路中的感应电动势 ε_{abc} 和 a、c 两点间的电势差 U_a-U_c 为( )。

(A) $\varepsilon_{abc}=0, U_a-U_c=\frac{1}{2}B\omega l^2$

(B) $\varepsilon_{abc}=0, U_a-U_c=-\frac{1}{2}B\omega l^2$

(C) $\varepsilon_{abc}=B\omega l^2, U_a-U_c=\frac{1}{2}B\omega l^2$

(D) $\varepsilon_{abc}=B\omega l^2, U_a-U_c=-\frac{1}{2}B\omega l^2$

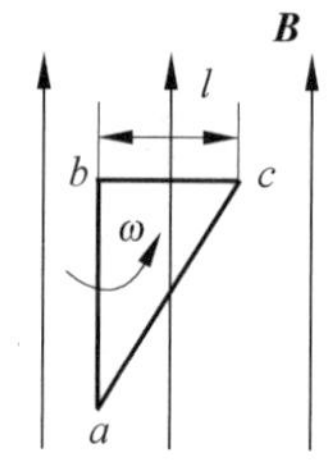

题6图

7.(本题3分)

在真空中一个通有电流的线圈 a 所产生的磁场内有另一个线圈 b,a 和 b 相对位置固定。若线圈 b 中电流为零(断路),则线圈 b 与 a 间的互感系数( )。

(A) 一定为零

(B) 一定不为零

(C) 可为零也可不为零,与线圈 b 中电流无关

(D) 是不可能确定的

8.(本题3分)

用导线围成如图所示的回路(以 O 点为圆心,加一直径),放在轴线通过 O 点垂直于图面的圆柱形均匀磁场中。如磁场方向垂直于图面向里,其大小随时间减小,则感应电流的流向为( )。

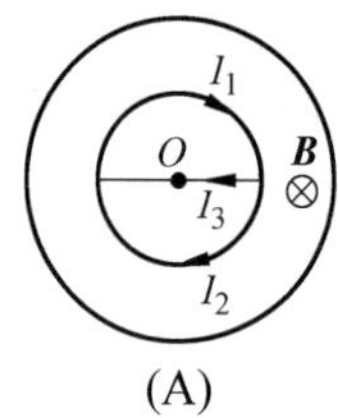

(A)

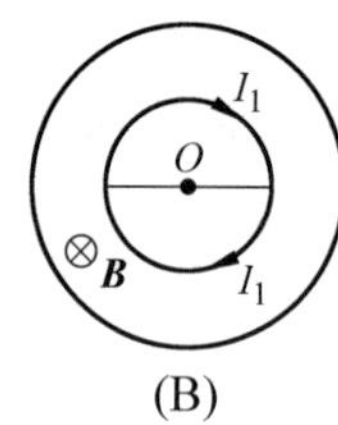

(B)

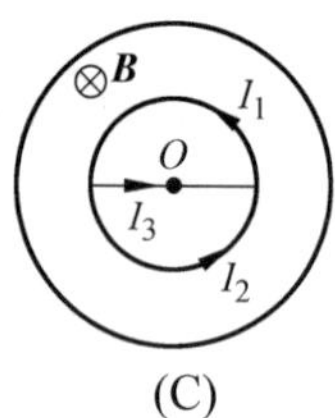

(C)

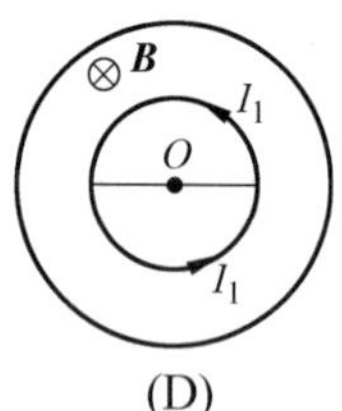

(D)

题8图

二、填空题(共36分)

9.(本题3分)

如图,A 点与 B 点间距离为 $2l$,OCD 是以 B 为中心、以 l 为半径的半圆路径。A、B 两处各放有一点电荷,电荷分别为 $+q$ 和 $-q$。把另一电荷为 $Q(Q<0)$ 的点电荷从 D 点沿路径 DCO 移到 O 点,则电场力所做的功为________。

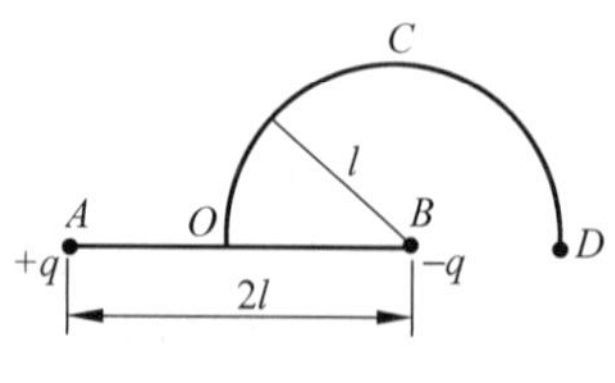

题9图

10.(本题 2+1=3 分)

如图所示为静电场的等势(位)线图,已知 $U_1>U_2>U_3$,在图上画出 a、b 两点的电场强度方向,并比较它们的大小:E_a ________ E_b。(填“<”“=”“>”)

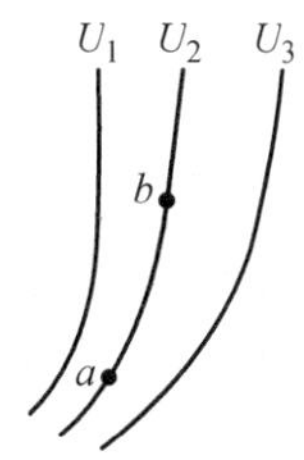

题 10 图

11.(本题 2+1=3 分)

半径分别为 R_1 和 R_2 的两个同轴金属圆筒,其间充满相对介电常数为 ε_r 的均匀电介质。设两圆筒上单位长度所带电量分别为 $+\lambda$ 和 $-\lambda$,则介质中电位移矢量的大小:$D=$ ________,电场强度的大小 $E=$ ________。

12.(本题 2+1+1+1=5 分)

一平行板电容器,充电后与电源保持连接,然后使两极板间充满相对介电常数为 ε_r 的各向同性均匀电介质,这时两极板上的电荷量是原来的________倍;电场强度是原来的________倍;电容量是原来的________倍;电场能量是原来的________倍。

13.(本题 1+2=3 分)

两个电容器 1 和 2,串联以后接上电动势恒定的电源充电。在电源保持连接的情况下,若把电介质充入电容器 2 中,则电容器 1 上的电势差________;电容器 1 极板上的电荷________。(填“增大”“减小”“不变”)

14.(本题 3 分)

如图所示,在无限长直载流导线的右侧有面积分别为 S_1 和 S_2 的两个矩形回路。两个回路与长直载流导线在同一平面内,并且矩形回路的一边与长直载流导线平行。则通过面积为 S_1 的矩形回路的磁通量与通过面积为 S_2 的矩形回路的磁通量之比为________。

15.(本题 3 分)

如图所示,无限长直导线在 Q 处弯成半径为 r 的圆,当通以电流 I 时,则在圆心 O 点的磁感应强度大小为________。

16.(本题 2+1=3 分)

如图所示,均匀磁场中放一均匀带正电荷的圆环,其线电荷密度为 λ,圆环可绕通过环心 O 与环面垂直的转轴旋转。当圆环以角速度 ω 转动时,圆环受到的磁力矩为________,方向________。

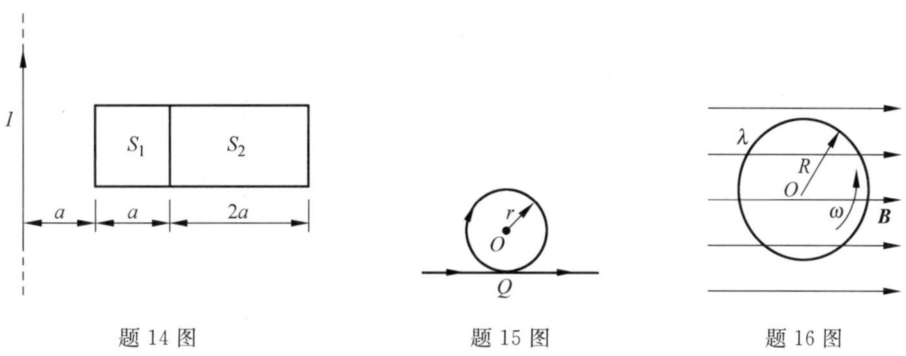

题 14 图　　题 15 图　　题 16 图

17.(本题 2+2=4 分)

判断在下述情况下线圈中有无感应电流(在下面空格说明),若有,在图中标明感应电流的方向。

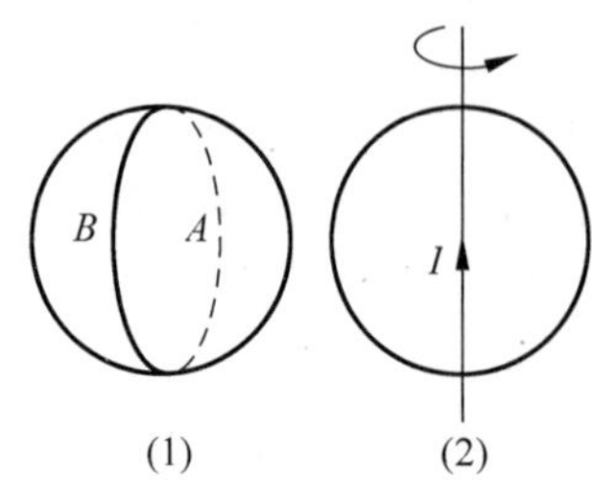

题 17 图

(1) 两圆环形导体互相垂直地放置,两环的中心重合,且彼此绝缘,当 B 环中的电流发生变化时,在 A 环中________。

(2) 无限长载流直导线处在导体圆环所在平面并通过环的中心,载流直导线与圆环相互绝缘,当圆环以直导线为轴匀速转动时,圆环中________。

18.(本题 2+1=3 分)

有两个长直密绕螺线管,长度及线圈匝数均相同,半径分别为 r_1 和 r_2。管内充满均匀介质,磁导率分别为 μ_1 和 μ_2。设 $r_1:r_2=1:2$,$\mu_1:\mu_2=2:1$,当将两只螺线管串联在电路中通电稳定后,其自感系数之比 $L_1:L_2=$________,磁能之比 $W_{m1}:W_{m2}=$________。

19.(本题 1+1+1=3 分)

反映电磁场基本性质和规律的积分形式的麦克斯韦方程组为

$$\oint_S \boldsymbol{D}\cdot \mathrm{d}\boldsymbol{S}=\int_V \rho \mathrm{d}V \quad ①$$

$$\oint_L \boldsymbol{E}\cdot \mathrm{d}\boldsymbol{l}=-\int_S \frac{\partial \boldsymbol{B}}{\partial t}\cdot \mathrm{d}\boldsymbol{S} \quad ②$$

$$\oint_S \boldsymbol{B}\cdot \mathrm{d}\boldsymbol{S}=0 \quad ③$$

$$\oint_L \boldsymbol{H}\cdot \mathrm{d}\boldsymbol{l}=\int_S\left(\boldsymbol{J}+\frac{\partial \boldsymbol{D}}{\partial t}\right)\cdot \mathrm{d}\boldsymbol{S} \quad ④$$

试判断下列结论是包含于或等效于哪一个麦克斯韦方程式的,将你确定的方程式用代号填在相应结论后的空白处。

(1) 变化的磁场一定伴随有电场:________

(2) 磁感线是无头无尾的:________

(3) 电荷总伴随有电场:________

三、计算题(共 40 分)

20.(本题 5 分)

边长为 b 的立方盒子的六个面,分别平行于 xOy、yOz 和 xOz 平面,盒子的一角在坐标原点处。在此区域有一静电场,场强为 $\boldsymbol{E}=200\boldsymbol{i}+300\boldsymbol{j}$。试求穿过各面的电通量。

21.(本题 5 分)

一半径为 R 的均匀带电圆盘,电荷面密度为 σ。设无穷远处为电势零点,计算圆盘中心 O 点的电势。

22.(本题 10 分)

一绝缘细棒弯成半径为 R 的 1/4 圆环,其上均匀带有电量 $+q$,如图所示。试求圆心处的电场强度。

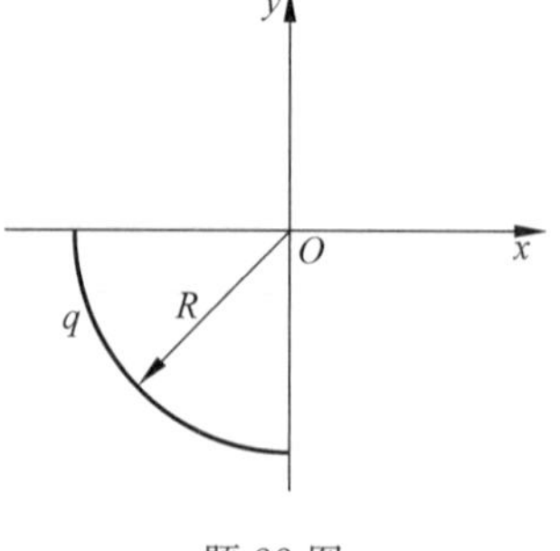

题 22 图

23. (本题 4 分)

一绝缘金属物体，在真空中充电达某一电势值，其电场总能量为 W_0。若断开电源，使其上所带电荷保持不变，并把它浸没在相对介电常数为 ε_r 的无限大的各向同性均匀液态电介质中，问这时电场总能量有多大？

24. (本题 6 分)

如图所示，半径为 R、电荷线密度为 $\lambda(\lambda>0)$ 的均匀带电圆线圈，绕圆心且与圆平面垂直的轴以角速度 ω 转动，求：

(1) (3 分)圆心 O 处的磁感应强度 $\boldsymbol{B}_0$；

(2) (3 分)轴线上任一点的磁感应强度 $\boldsymbol{B}$ 的大小及方向。

25. (本题 10 分)

无限长直导线通以电流 $I=I_0e^{-4t}$。有一与之共面的矩形线圈，其边长为 L 的长边与长直导线平行。两长边与长直导线的距离分别为 a、b，位置如图所示。求：

(1) (8 分)矩形线圈内感应电动势的大小和方向；

(2) (2 分)导线与线圈的互感系数。

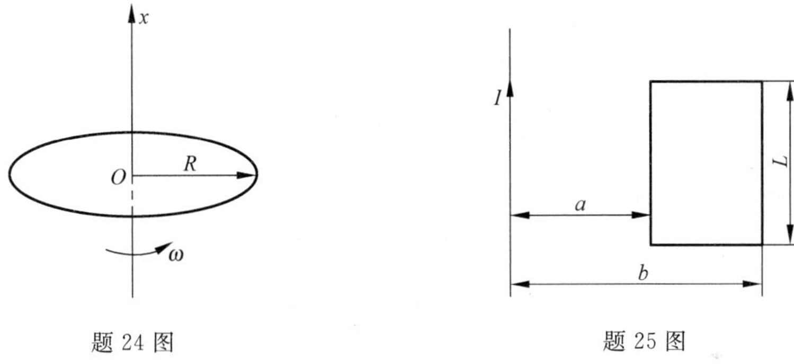

题 24 图　　题 25 图

第二阶段模拟试卷(B)

应试人________　　　　应试人学号________　　　　应试人所在院系________

题号	选择	填空	计算 1	计算 2	计算 3	计算 4	计算 5	计算 6	总分
得分									

一、选择题(共 27 分)

1.(本题 3 分)

将一个试验电荷 q_0(正电荷)放在带有负电荷的大导体附近 P 点(如图),测得它所受的力为 F。若考虑到电荷 q_0 不是足够小,则(　　)。

(A) F/q_0 比 P 点原先的场强数值大

(B) F/q_0 比 P 点原先的场强数值小

(C) F/q_0 等于 P 点原先场强的数值

(D) F/q_0 与 P 点原先场强的数值哪个大无法确定

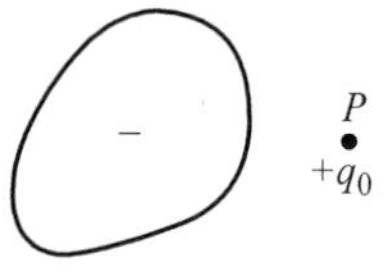

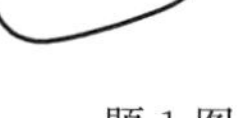

题 1 图

2.(本题 3 分)

真空中一半径为 R 的球面均匀带电 Q,在球心 O 处有一带电量为 q 的点电荷,如图所示。设无穷远处为电势零点,则在球内离球心 O 距离为 r 的 P 点的电势为(　　)。

(A) $\dfrac{q}{4\pi\varepsilon_0 r}$　　　　(B) $\dfrac{1}{4\pi\varepsilon_0}\left(\dfrac{q}{r}+\dfrac{Q}{R}\right)$

(C) $\dfrac{q+Q}{4\pi\varepsilon_0 r}$　　　　(D) $\dfrac{1}{4\pi\varepsilon_0}\left(\dfrac{q}{r}+\dfrac{Q-q}{R}\right)$

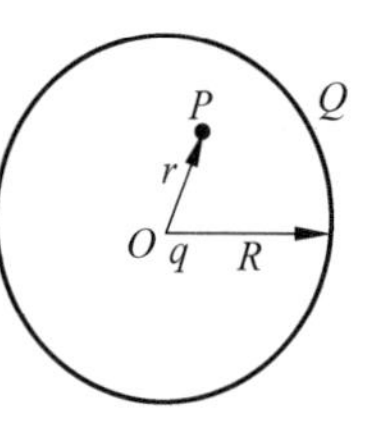

题 2 图

3.(本题 3 分)

一导体球外充满相对介电常数为 ε_r 的均匀电介质,若测得导体表面附近场强为 E,则导体球面上的自由电荷面密度 σ 为(　　)。

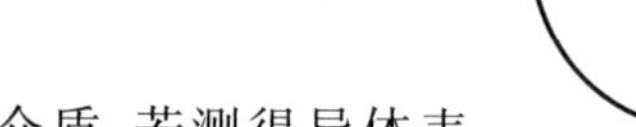

(A) $\varepsilon_0 E$　　　　(B) $\varepsilon_r E$

(C) $\varepsilon_0\varepsilon_r E$　　　　(D) $(\varepsilon_0\varepsilon_r-\varepsilon_0)E$

4.(本题 3 分)

如图所示,一厚度为 d 的"无限大"均匀带电导体板,电荷面密度为 σ,则板的两侧离板面距离均为 h 的两点 a、b 之间的电势差为(　　)。

(A) $\dfrac{2\sigma h}{\varepsilon_0}$　　　　(B) $\dfrac{\sigma}{2\varepsilon_0}$

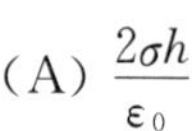

(C) $\dfrac{\sigma h}{\varepsilon_0}$　　　　(D) 0

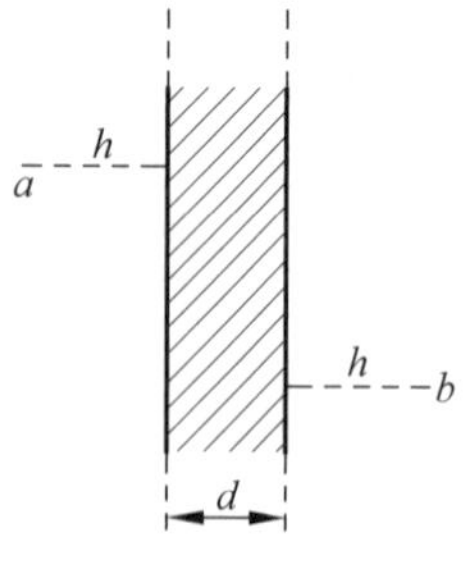

题 4 图

5.(本题 3 分)

在磁感应强度为 $\boldsymbol{B}$ 的均匀磁场中作一半径为 r 的半球面 S(如图),S 边线所在平面的

法线方向单位矢量 $\boldsymbol{n}$ 与 $\boldsymbol{B}$ 的夹角为 α，则通过半球面 S 的磁通量为(取弯面向外为正)(　　)。

(A) $-\pi r^2 B\cos\alpha$　　(B) $2\pi r^2 B$

(C) $-\pi r^2 B\sin\alpha$　　(D) $-\pi r^2 B$

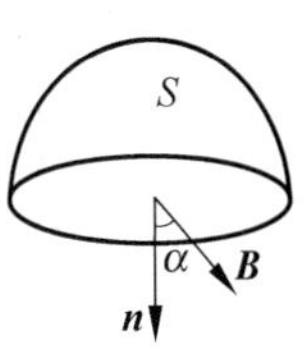

题 5 图

6.(本题 3 分)

按玻尔的氢原子理论，电子在以质子为中心、半径为 r 的圆形轨道上运动。如果把这样一个原子放在均匀的外磁场中，使电子轨道平面与 $\boldsymbol{B}$ 垂直，如图所示，则在 r 不变的情况下，电子轨道运动的角速度将(　　)。

(A) 减小　　(B) 增加

(C) 不变　　(D) 改变方向

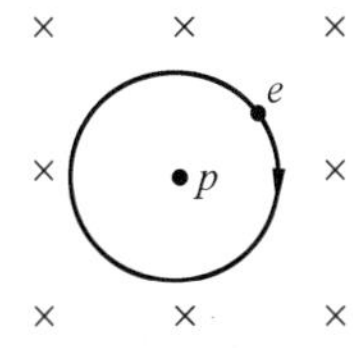

题 6 图

7.(本题 3 分)

两个半径为 R 的相同的金属环在 a、b 两点接触(ab 连线为环直径)，并相互垂直放置，如图所示。电流 I 沿 ab 连线方向由 a 端流入，b 端流出，则环中心 O 点的磁感应强度的大小为(　　)。

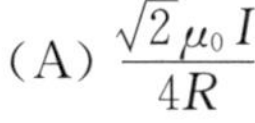

(A) $\dfrac{\sqrt{2}\mu_0 I}{4R}$　　(B) $\dfrac{\mu_0 I}{4R}$

(C) 0　　(D) $\dfrac{\mu_0 I}{R}$

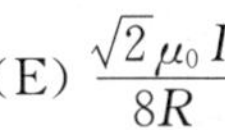

(E) $\dfrac{\sqrt{2}\mu_0 I}{8R}$

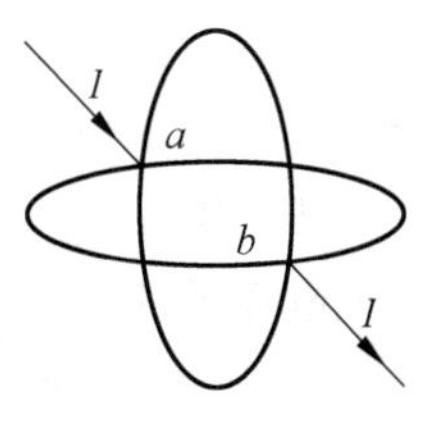

题 7 图

8.(本题 3 分)

如图所示，直角三角形金属框架 abc 放在均匀磁场中，磁场 $\boldsymbol{B}$ 平行于 ab 边，bc 的长度为 l。当金属框架绕 ab 边以匀角速度 ω 转动时，abc 回路中的感应电动势 ε_{abc} 和 a、c 两点间的电势差 U_a-U_c 为(　　)。

(A) $\varepsilon_{abc}=0, U_a-U_c=\dfrac{1}{2}B\omega l^2$

(B) $\varepsilon_{abc}=B\omega l^2, U_a-U_c=-\dfrac{1}{2}B\omega l^2$

(C) $\varepsilon_{abc}=B\omega l^2, U_a-U_c=\dfrac{1}{2}B\omega l^2$

(D) $\varepsilon_{abc}=0, U_a-U_c=-\dfrac{1}{2}B\omega l^2$

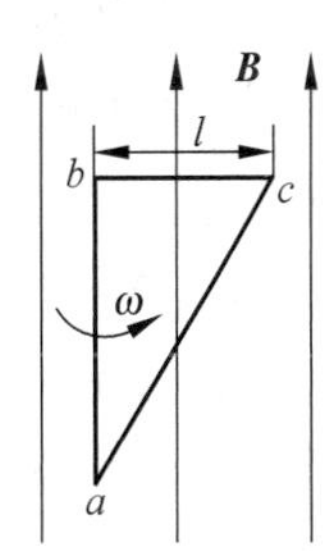

题 8 图

9.(本题 3 分)

如图所示，一电荷为 q 的点电荷，以匀角速度 ω 作圆周运动，圆周的半径为 R。设 $t=0$ 时 q 所在点的坐标为 $x_0=R, y_0=0$，以 $\boldsymbol{i}$、$\boldsymbol{j}$ 分别表示 x 轴和 y 轴上的单位矢量，则圆心处 O 点的位移电流密度为(　　)。

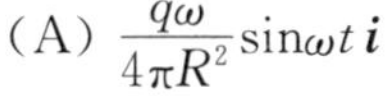

(A) $\dfrac{q\omega}{4\pi R^2}\sin\omega t\,\boldsymbol{i}$　　(B) $\dfrac{q\omega}{4\pi R^2}\cos\omega t\,\boldsymbol{j}$

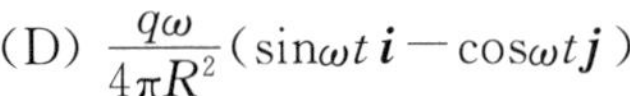

(C) $\dfrac{q\omega}{4\pi R^2}\boldsymbol{k}$　　(D) $\dfrac{q\omega}{4\pi R^2}(\sin\omega t\,\boldsymbol{i}-\cos\omega t\,\boldsymbol{j})$

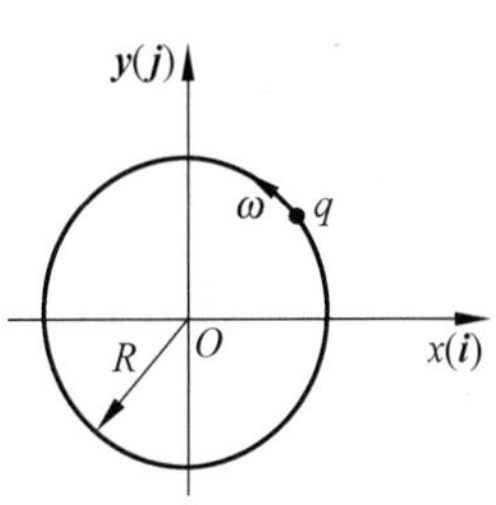

题 9 图

二、填空题(共33分)

10.(本题3分)

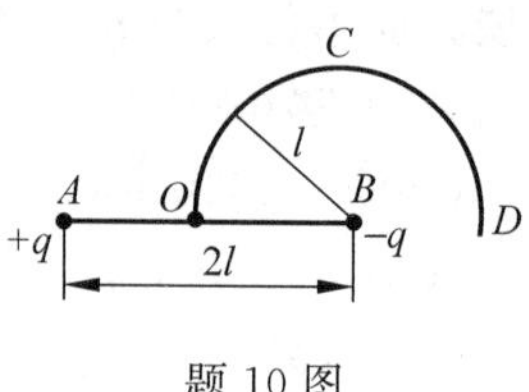

题10图

如图所示,A点与B点间距离为$2l$,OCD是以B为中心、以l为半径的半圆路径。A、B两处各放有一点电荷,电荷分别为$+q$和$-q$。把另一带电量为$Q(Q<0)$的点电荷从D点沿路径DCO移到O点,则电场力所做的功为________。

11.(本题2+1=3分)

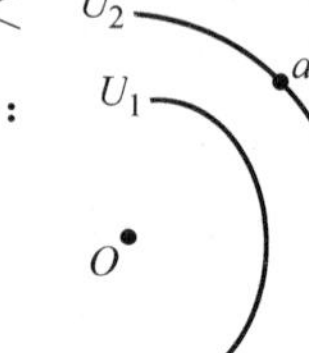

题11图

图中所示为以O为圆心的各圆弧静电场的等势线图,已知$U_1<U_2<U_3$,在图中画出a、b两点的电场强度的方向,并比较它们的大小:E_a ________ E_b(填“<”“=”“>”)。

12.(本题3分)

两个点电荷在真空中相距为r_1时的相互作用力等于它们在某一“无限大”各向同性均匀电介质中相距为r_2时的相互作用力,则该电介质的相对介电常数$\varepsilon_r=$________。

13.(本题2+2=4分)

两个电容器1和2,串联以后接上电动势恒定的电源充电。在电源保持连接的情况下,若把电介质充入电容器2中,则电容器1上的电势差________;电容器1极板上的电荷________。(填“增大”“减小”“不变”)

14.(本题3分)

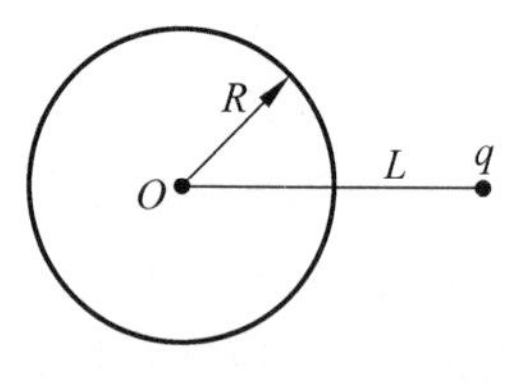

题14图

如果让金属球带电Q,在球外离球心O距离为L处有一点电荷,电量为q,如图所示。若取无穷远处为电势零点,则静电平衡后,金属球上电荷在O、q连线上距O为$R/2$处产生电势$U'=$________。

15.(本题2+2=4分)

长直电缆由一个圆柱导体和一共轴圆筒状导体组成,两导体中有等值反向均匀电流I通过,其间充满磁导率为μ的均匀磁介质。介质中离中心轴距离为r的某点处的磁场强度的大小$H=$________,磁感应强度的大小$B=$________。

16.(本题3+1=4分)

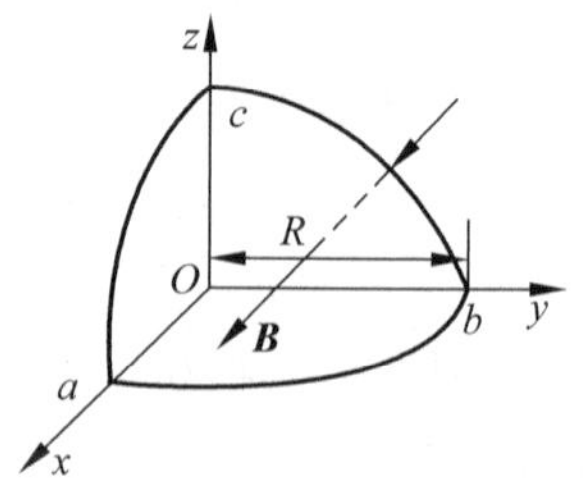

题16图

一段导线被弯成圆心在O点、半径为R的三段圆弧$\overset{\frown}{ab}$、$\overset{\frown}{bc}$、$\overset{\frown}{ca}$,它们构成了一个闭合回路,$\overset{\frown}{ab}$位于xOy平面内,$\overset{\frown}{bc}$和$\overset{\frown}{ca}$分别位于另两个坐标面中(如图所示)。均匀磁场$\boldsymbol{B}$沿x轴正方向穿过圆弧$\overset{\frown}{bc}$与坐标轴所围成的平面。设磁感应强度随时间的变化率为K($K>0$),则闭合回路$abca$中感应电动势的数值为________;圆弧$\overset{\frown}{bc}$中感应电流的方向是________。

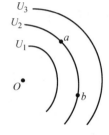

17.(本题 3 分)

一线圈中通过的电流 I 随时间 t 变化的曲线如图所示,试定性画出自感电动势 ε_L 随时间变化的曲线。(以 I 的正向作为 ε 的正向)

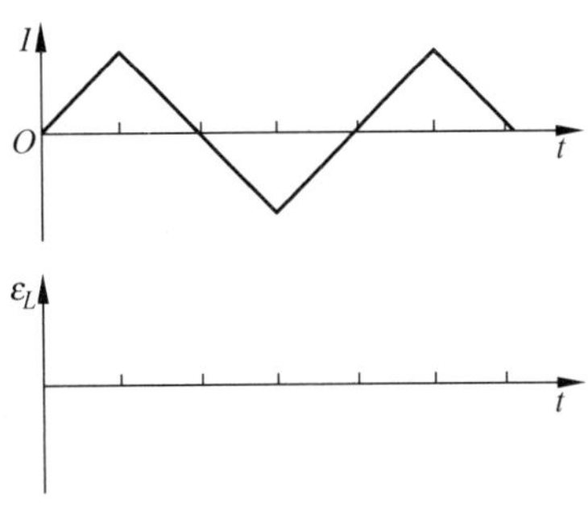

题 17 图

18.(本题 3 分)

真空中两只长直螺线管 1 和 2,长度相等,单层密绕匝数相同,直径之比 $d_1/d_2=1/4$。当它们通以相同电流时,两螺线管储存的磁能之比为 $W_1/W_2=$________。

19.(本题 2+1=3 分)

在没有自由电荷与传导电流的变化电磁场中,沿闭合环路 l(设环路包围的面积为 S)。

$$\oint_l \boldsymbol{H}\cdot \mathrm{d}\boldsymbol{l}=\_\_\_\_\_\_\_\_\_\_\_\_;$$

$$\oint_l \boldsymbol{E}\cdot \mathrm{d}\boldsymbol{l}=\_\_\_\_\_\_\_\_\_\_\_\_。$$

三、计算题(共 40 分)

20.(本题 10 分)

如图所示两个平行共轴放置的均匀带电圆环,它们的半径均为 R,电荷线密度分别是 $+\lambda$ 和 $-\lambda$,相距为 l。试求:

(1)(5 分)以两环的对称中心 O 为坐标原点垂直于环面的 x 轴上任一点的电势(以无穷远处为电势零点)。

(2)(5 分)以两环的对称中心 O 为坐标原点垂直于环面的 x 轴上任一点的电场强度。

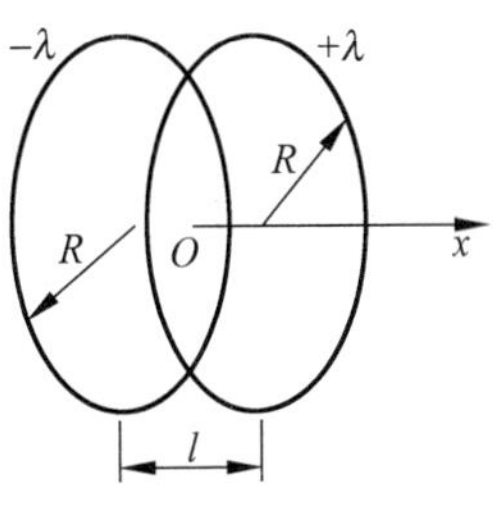

题 20 图

21.(本题 10 分)

一绝缘金属球,半径为 R,带电荷 Q,并把它浸没在相对介电常数为 ε_r 的无限大的各向同性均匀液态电介质中,问:

(1)(4 分)在距球心为 $r(r>R)$处的电位移矢量为多大?电场能量密度多大?

(2)(3 分)在 $r\sim r+\mathrm{d}r$ 的球壳中的电场能量是多少?

(3)(3 分)电介质中总的电场能量是多少?

22.(本题 5 分)

如图所示,1、3 为半无限长直载流导线,它们与半圆形载流导线 2 相连。导线 1 在 xOy 平面内,导线 2、3 在 Oyz 平面内。试指出电流元 $I\mathrm{d}\boldsymbol{l}_1$、$I\mathrm{d}\boldsymbol{l}_2$、$I\mathrm{d}\boldsymbol{l}_3$ 在 O 点产生的 $\mathrm{d}\boldsymbol{B}$ 的方向,并写出此载流导线在 O 点的总磁感应强度(包括大小与方向)。

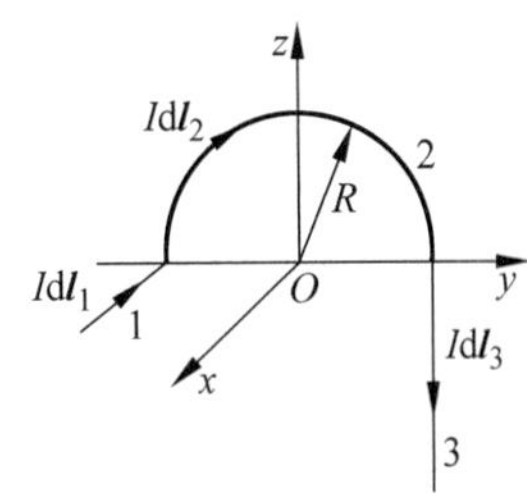

题 22 图

23.(本题 5 分)

已知半径之比为 2∶1 的两载流圆线圈各自在其中心处产生的磁感应强度相等,求当两线圈平行放在均匀外场中时,两圆线圈所受力矩大小之比。

24.(本题 10 分)

无限长直导线通以电流 $I=I_0\mathrm{e}^{-kt}$($k=$恒量>0)。有一与之共面的矩形线圈,其边长为

L 的长边与长直导线平行。两长边与长直导线的距离分别为 a、b,位置如图所示。求:

(1) (4分)通过矩形线圈平面的磁通量;

(2) (4分)矩形线圈内的感应电动势的大小和感应电动势的方向;

(3) (2分)导线与线圈的互感系数。

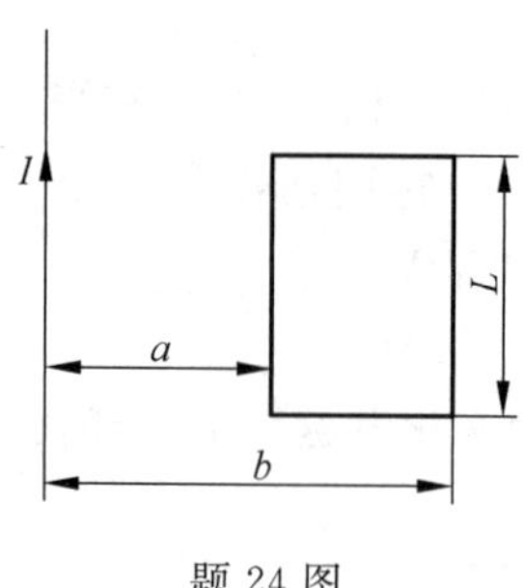

题24图

第14章 气体分子运动论

基本要求

1. 掌握并能运用理想气体状态方程。
2. 掌握压强公式和温度公式,理解压强和温度的微观本质。
3. 理解理想气体的内能是温度的单值函数,掌握内能公式。
4. 正确理解气体分子速率的统计分布规律,理解麦克斯韦速率分布函数的意义。
5. 了解气体分子平均碰撞次数和平均自由程的概念,了解气体的内迁移现象。

基本概念和基本规律

1. 微观量与宏观量

微观量——表征个别分子性质和运动状态的物理量,如分子的质量、速度和动量等。

宏观量——表征大量分子集体特性的物理量,如温度、压强、体积和内能等。

2. 热力学系统　平衡态　平衡过程

分子物理和热力学中常把所研究的由大量分子组成的物体(如气体、液体或固体)称为热力学系统或简称系统。

热力学系统在条件不变(指与外界无能量交换,内部无能量转换,也无外力场作用)的情况下,宏观量不随时间变化,则称系统处于平衡态(此时就每个分子而言,仍处于不停地热运动之中,所以也称为热动平衡态)。

热力学系统从某一平衡状态不断地变化到另一平衡状态,系统所经历的所有中间状态都无限接近于平衡态的这种变化过程称为平衡过程。

3. 状态参量

一个热力学系统的状态,可用宏观量来表征它的特性(如体积 V、压强 p、温度 T 等),这些宏观量称为状态参量。

(1) 气体的体积 V　V 是气体分子运动所能达到的空间,它不是气体分子本身体积的总和。

(2) 压强 p　p 是气体作用在容器器壁单位面积上的垂直力,是大量气体分子对器壁碰撞的宏观表现。

(3) 温度 T　温度的高低反映气体分子作热运动的剧烈程度。

4. 理想气体状态方程

理想气体处于平衡态时,各状态参量之间的关系称为理想气体的状态方程。表示为

$$pV = \frac{m}{M}RT$$

式中,m 为气体的质量,M 为气体的摩尔质量,$\frac{m}{M}$ 为气体的摩尔数,R 为摩尔气体常数(8.31J/(mol·K))。

一定质量的理想气体,其状态参量 p、V、T 之间的关系也可用 p-V 图表示,p-V 图上的一个点代表一个平衡态,一条曲线代表一个平衡过程。

多种理想气体组成混合气体的状态方程为

$$\sum_i p_i V = \sum_i \frac{m_i}{M_i}RT$$

混合气体的压强 p 等于各成分气体的分压强之和,即 $p = \sum_i p_i$ 。

5. 统计规律 统计方法

大量气体分子中,每个分子的运动是机械运动,遵循力学规律,但相对大量分子的整体而言,个别分子的运动具有极大的偶然性,而大量分子整体却遵循一定的规律。这种规律称为统计规律,所以统计规律是对大量偶然事件整体起作用的规律。

为揭示气体分子整体所遵循的统计规律,必须采用统计方法。由于分子的数目非常巨大,且它们处于热运动状态中,要研究某一分子的运动是很困难的,也是没有必要的,所以要运用统计方法,求出大量分子的一些微观量的统计平均值。有关统计平均值的计算方法如下:设分子的某一微观量 A,其统计平均值为 $\overline{A}$,则有

$$\overline{A} = \frac{\sum N_i A_i}{\sum N_i} = \frac{1}{N}\sum N_i A_i$$

式中,$N = \sum N_i$ 表示总分子数,N_i 表示具有微观量 A 大小为 A_i 的分子数目。由于分子数目十分巨大,且 A 呈现连续分布,具有微观量 A 值的分子数为 $\mathrm{d}N$,则上式应改写为

$$\overline{A} = \frac{1}{N}\int A\mathrm{d}N$$

6. 理想气体的压强公式

(1) 理想气体的微观模型

① 分子本身的线度比起分子间的平均距离来说可以忽略不计。

② 除碰撞瞬间外,分子之间以及分子与器壁之间的相互作用力可忽略不计。

③ 分子之间或分子与器壁之间的碰撞是完全弹性碰撞。

总而言之,理想气体分子可看作自由地、无规则地运动着的弹性小球,理想气体就是这些小球的集合。

(2) 压强公式

推导方法:个别分子的运动遵循牛顿运动定律,大量分子的总体则服从统计假说,即分子沿各方向运动的机会是均等的,也就是说,任何一个方向的运动并没有比其他方向更占优势。具体的统计性假说为:设理想气体处于平衡态,因而向各方向运动的分子数相等,分子

速度在各方向的分量的各种统计平均值相等，即

$$\overline{v_x^2}=\overline{v_y^2}=\overline{v_z^2}=\frac{1}{3}\overline{v^2}$$

可推导结论：

$$p=\frac{\mu}{l_1 l_2 l_3}\sum_{i=1}^{N}v_{ix}^2=\mu n\overline{v_x^2}=\frac{1}{3}\mu n\overline{v^2}=\frac{2}{3}n\bar{\varepsilon}_{\mathrm{k}}$$

式中，$n=\frac{N}{l_1 l_2 l_3}$为单位体积内的分子数，μ 为单个气体分子的质量，$\bar{\varepsilon}_{\mathrm{k}}=\frac{1}{2}\mu\overline{v^2}$为气体分子的平均平动动能。

(3) 压强的微观实质

定性地说，宏观容器中气体施于器壁的压强是大量气体分子对器壁不断碰撞的结果。定量地说，压强实质上是气体分子在单位时间内施于单位器壁面积上的总冲量。

(4) 压强的统计意义

压强是大量分子对器壁碰撞的结果，具有统计意义，它是对大量分子、对时间、对面积的一个统计平均值。对单个分子来说，压强是无意义的。

压强公式是宏观量(p)和微观量的统计平均值$\left(\bar{\varepsilon}_{\mathrm{k}}=\frac{1}{2}\mu\overline{v^2}\right)$之间的关系式，它是一个统计规律。

7. 理想气体的温度与分子平均平动动能的关系

(1) 理想气体的温度与分子平均平动动能的关系式为

$$\bar{\varepsilon}_{\mathrm{k}}=\frac{3}{2}kT$$

此式称为温度公式，式中，$k=\frac{R}{N_0}=1.38\times10^{-23}\mathrm{J/K}$ 称为玻耳兹曼常数，N_0 为 1mol 理想气体包含的分子数，称为阿伏伽德罗常数，该式说明：

① 气体分子的平均平动动能只与温度有关，并与温度成正比；

② 在相同的温度下，各种气体分子的平均平动动能都相同。

(2) 温度 T 的微观本质

气体的绝对温度 T 是气体分子平均平动动能的量度，反映了大量气体分子无规则运动的平均平动动能的大小。温度是大量分子无规则热运动的集中表现，具有统计意义，对单个分子来说具体温度是毫无意义的。

8. 能量按自由度均分原则　理想气体的内能

(1) 自由度

所谓某一物体的自由度，就是决定该物体在空间位置所需要的独立坐标的数目。

单原子分子有 3 个自由度($i=3$，均为平动自由度)。

刚性的双原子分子有 5 个自由度($i=5$，其中 3 个为平动自由度，2 个为转动自由度)。

刚性的多原子分子有 6 个自由度($i=6$，其中 3 个为平动自由度，3 个为转动自由度)。

非刚性分子还应考虑振动自由度，因此，在组成分子的原子数相同时，非刚性分子的自由度大于刚性分子的自由度。

(2) 能量按自由度均分原则

在温度为 T 的平衡状态下,物质分子的每一个自由度都具有相同的平均动能$\frac{1}{2}kT$。

能量按自由度均分原则是关于分子无规则热运动动能的统计规律,是对大量分子统计平均所得的结果。

(3) 理想气体的内能

气体的内能——气体中所有分子的动能与分子间相互作用势能的总和。

理想气体的内能 E——气体中所有分子动能的总和,表达式为

$$E=\frac{m}{M}\frac{i}{2}RT$$

由此可知,一定量的理想气体的内能完全取决于分子运动的自由度数 i 和热力学温度(绝对温度)T,而与体积 V、压强 p 无关。

当热力学系统状态变化时,若温度改变量相同,则内能改变量也相同$\left(\Delta E=\frac{m}{M}\frac{i}{2}R\Delta T\right)$,它只与始末状态有关,而与过程无关。内能是一宏观量,也是一个统计平均值。

9. 气体分子速率分布的统计规律

(1) 麦克斯韦速率分布律

麦克斯韦速率分布律指出:一定质量的某种理想气体在平衡态下,速率分布在 $v\to v+\mathrm{d}v$ 区间内的分子数占总分子数的百分比(或某分子的速率在 $v\to v+\mathrm{d}v$ 区间的几率)为

$$\frac{\mathrm{d}N}{N}=f(v)\mathrm{d}v$$

这一规律称为麦克斯韦速率分布律。式中 $f(v)$称为麦克斯韦速率分布函数,即

$$f(v)=\frac{\mathrm{d}N}{N\mathrm{d}v}=4\pi\left(\frac{\mu}{2\pi kT}\right)^{3/2}\cdot \mathrm{e}^{-\frac{\mu v^2}{2kT}}\cdot v^2$$

此式表示速率分布在 v 附近单位速率区间内的分子数占总分子数的百分比(或一个分子出现在速率 v 附近单位速率区间的概率)。

(2) 麦克斯韦速率分布函数的曲线

用纵坐标表示 $f(v)$,横坐标表示 v,可得在某一温度 T 时的速率分布曲线,如图 14.2.1 所示。

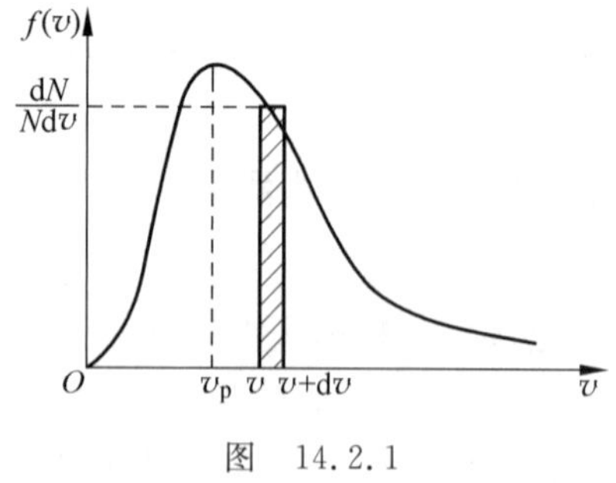

图 14.2.1

① 小矩形面积(阴影部分)的物理意义

小矩形面积为 $f(v)\mathrm{d}v=\frac{\mathrm{d}N}{N}$,表示气体分子速率分布在 $v\to v+\mathrm{d}v$ 区间内的分子数占总

分子数的百分比。这样，气体分子速率分布在 $v_1 \to v_2$ 区间内的分子数为

$$\Delta N = \int_{v_1}^{v_2} N f(v) \mathrm{d}v$$

② 整条曲线下面积的物理意义

整条曲线下的面积为 $\int_0^\infty f(v)\mathrm{d}v = \frac{\int_0^N \mathrm{d}N}{N} = 1$ 。该式称为分布曲线的归一化条件，它是由分布函数 $f(v)$ 本身的意义所决定的，是分布函数 $f(v)$ 所必须满足的条件。

③ 最概然速率 v_p 的物理意义

与 $f(v)$ 曲线极大处相对应的速率 v_p 称为最概然速率(图 14.2.1)。它表示在一定温度下，对相同的速率区间来说，气体分子包含 v_p 的那一速率区间内出现的分子数最多(注意 v_p 不是气体分子的速率极大值)。

④ $f(v)$ 曲线随温度 T 的变化而变化

对给定气体，$f(v)$ 曲线形状随绝对温度 T 的变化而变化。温度升高，速率大的分子数增多，曲线的最高点对应的速率 v_p 向 v 值大的方向偏移，但由于曲线下总面积恒等于 1，故曲线高度降低，变得平坦些。温度降低，v_p 向 v 值小的方向偏移，同样由于曲线下总面积恒等于 1，故曲线变得尖锐，且高度增大。对相同温度下的不同气体，曲线形状又与分子质量有关，摩尔质量大的气体 v_p 小，故分布曲线形状尖锐。

(3) 分子速率的三种统计平均值

① 最概然速率 v_p

由极大值的条件 $\frac{\mathrm{d}f(v)}{\mathrm{d}v} = 0$，得

$$v_\mathrm{p} = \sqrt{\frac{2kT}{\mu}} = \sqrt{\frac{2RT}{M}} = 1.41\sqrt{\frac{RT}{M}}$$

② 算术平均速率 $\bar{v}$

$$\bar{v} = \frac{\int_0^N v \mathrm{d}N}{N} = \int_0^\infty v f(v) \mathrm{d}v = \sqrt{\frac{8kT}{\pi\mu}} = \sqrt{\frac{8RT}{\pi M}} \approx 1.60\sqrt{\frac{RT}{M}}$$

③ 方均根速率 $\sqrt{\overline{v^2}}$

$$\overline{v^2} = \frac{\int_0^N v^2 \mathrm{d}N}{N} = \int_0^\infty v^2 f(v) \mathrm{d}v$$

所以

$$\sqrt{\overline{v^2}} = \sqrt{\int_0^\infty v^2 f(v) \mathrm{d}v} = \sqrt{\frac{3kT}{\mu}} = \sqrt{\frac{3RT}{M}} \approx 1.73\sqrt{\frac{RT}{M}}$$

④ 三种速率的关系

同一种气体分子在同样温度下的三种速率关系为：$v_\mathrm{p} < \bar{v} < \sqrt{\overline{v^2}}$，且三者都正比于 $\sqrt{T}$，都是反映热运动的量。但这三种速率意义不同，有着各自的应用，当讨论速率分布时，要了解最概然速率；当计算分子热运动的平均距离时，要用到算术平均速率；当计算分子的平均平动动能时，要用到方均根速率。

注意：以上三种速率都是建立在大量分子这一基础上的，且分子速率分布服从麦克斯

韦速率分布律,其中$\bar{v}$和$\sqrt{\overline{v^2}}$是在$0\to\infty$这一速率区间内求得的速率平均值,离开了这些条件,这三种速率就不能用上述公式来表示了。

10. 玻耳兹曼分布律

气体在外力场中处于平衡状态时,在一定温度下,位于$x\to x+\Delta x$,$y\to y+\Delta y$,$z\to z+\Delta z$中且速度在$v_x\to v_x+\Delta v_x$,$v_y\to v_y+\Delta v_y$,$v_z\to v_z+\Delta v_z$内的分子数为

$$\Delta n = n_0\left(\frac{\mu}{2\pi kT}\right)^{3/2}\mathrm{e}^{-\frac{E_k+E_p}{kT}}\Delta v_x\Delta v_y\Delta v_z\Delta x\Delta y\Delta z$$

式中,n_0表示在零势能处单位体积内各种速度的分子数;E_p为分子在力场中的势能;E_k为分子的动能。

上式称为玻耳兹曼分布律,又称为玻耳兹曼分子按能量分布律。

11. 分子的平均碰撞次数和平均自由程

(1) 气体分子的平均碰撞次数$\bar{z}$

气体分子的平均碰撞次数为

$$\bar{z}=\sqrt{2}\pi d^2\ \bar{v}\cdot n$$

它表示在一秒时间内一个分子与其他分子碰撞的平均次数。式中,$\bar{v}$为分子的算术平均速率,d为分子的有效直径,n为分子数密度。

(2) 气体分子的平均自由程$\bar{\lambda}$

气体分子的平均自由程为

$$\bar{\lambda}=\frac{1}{\sqrt{2}\pi d^2 n}=\frac{kT}{\sqrt{2}\pi d^2 p}$$

它表示每两次连续碰撞期间一个分子自由运动的平均路程。

(3) $\bar{z}$与$\bar{\lambda}$的关系

$$\bar{\lambda}=\frac{\bar{v}}{\bar{z}}$$

12. 气体内的迁移现象

(1) 内摩擦现象

产生的原因:气体内各层间定向运动的流速不均匀。

迁移的对象:分子的定向运动的动量。

实验规律:

$$\frac{\mathrm{d}p}{\mathrm{d}t}=f=\pm\eta\frac{\mathrm{d}u}{\mathrm{d}y}\Delta s$$

式中比例系数η称为内摩擦系数。

微观解释:从分子运动论观点看,尽管快层和慢层的密度相同,交换的分子数相同,但由于带有叠加在热运动之上的定向运动的动量不同,产生“快”层和“慢”层间定向运动的动量净迁移。

(2) 热传导现象

产生的原因:仅由于温度不均匀。

迁移的对象:热运动的能量。

实验规律：

$$\frac{\mathrm{d}Q}{\mathrm{d}t}=-K\frac{\mathrm{d}T}{\mathrm{d}x}\Delta s$$

式中比例系数 K 称为热传导系数。

微观解释：从分子运动论观点看，分子作热运动时，“热层”和“冷层”交换的分子数相同，但交换的平均动能不同，引起热运动能量的净迁移。

(3) 扩散现象

产生的原因：仅考虑两种气体总密度均匀和没有宏观气流的条件下相互扩散的情况中的一种气体的扩散。

迁移的对象：气体的分子数或气体的质量。

实验规律：

$$\frac{\Delta M}{\Delta t}=-D\frac{\mathrm{d}\rho}{\mathrm{d}x}\Delta s$$

式中比例系数 D 称为扩散系数。

微观解释：从分子运动论的观点看，由于分子碰撞，在不同层之间因为交换的同类气体分子数的不同，而引起气体分子数的净迁移(即质量净迁移)。

解题指导

本章习题大致可分为以下三方面的内容：

(1) 状态方程、能量公式、分子速率和碰撞频率等公式的应用。

(2) 压强、温度的统计意义，有关能量按自由度均分、速率分布等各式的物理意义。

(3) 统计方法的应用，简单速率分布的情况下，各统计平均值的计算。

解本章习题时还应注意：习题中常见有些物理量用非国际单位制表示，在应用有关公式计算时，应注意各物理量单位制的换算和统一；注意单个分子、1mol 气体、一定量气体等量值上的区别；由于计算数据的繁杂，应养成先用解析式计算，最后代入数据的习惯。

【例题 14.1】 一柴油机的汽缸容积为 $0.827\times10^{-3}\,\mathrm{m}^3$，压缩前缸中空气温度为 320K，压强为 $8.4\times10^4\,\mathrm{Pa}$，当活塞急速动作时可将空气压缩到原容积的 $\frac{1}{17}$，使压强增大到 $4.2\times10^6\,\mathrm{Pa}$。求这时空气的温度(空气可视作理想气体)。

【解】 本题中 m、M 未知，故用 $pV=\frac{m}{M}RT$ 计算不方便。但空气从一个平衡态(p_1、V_1、T_1)变化到另一平衡态(p_2、V_2、T_2)过程中，气体的质量 m 和摩尔质量 M 保持不变，故我们选用方程

$$\frac{p_1V_1}{T_1}=\frac{p_2V_2}{T_2}$$

得

$$T_2=\frac{p_2V_2}{p_1V_1}T_1=\frac{4.2\times10^6\times\frac{1}{17}V_1\times320}{8.4\times10^4\times V_1}\mathrm{K}=941\mathrm{K}$$

此温度已超过柴油的燃点,故这时喷入柴油会立即燃烧发生爆炸,推动活塞。

【例题 14.2】 今有一容积为 10cm^3 的电子管,当温度为 300K 时,用真空泵抽成高真空,使管内压强为 5×10^{-6}mmHg(1mmHg$=1.01325\times10^{-5}$Pa)。问管内有多少气体分子?

【解】 由题意我们可知 p 和 T,由 $p=nkT=\dfrac{N}{V}kT$ 可得

$$N=\frac{pV}{kT}=\frac{133.3\times5\times10^{-6}\times10^{-5}}{1.38\times10^{-23}\times300}=1.61\times10^{12}$$

可见,所谓高真空并非是真的一无所有,在此真空中,10cm^3 中仍有 1.61×10^{12} 个分子,比世界上的总人口还多。

【例题 14.3】 当温度为 0℃时,求:

(1) 氧分子的平均平动动能和平均转动动能;

(2) 4g 氧的内能。

【解】 (1) 根据能量按自由度均分原则,在平衡态下分子任一种运动形式的每一个自由度都具有相同的平动动能$\dfrac{1}{2}kT$,氧分子可看作是理想气体分子,是双原子分子,共有 5 个自由度,其中平动自由度数为 3,转动自由度为 2。所以

$$\bar{\varepsilon}_{平}=\frac{3}{2}kT=\frac{3}{2}\times1.38\times10^{-23}\times(273+0)\text{J}=5.65\times10^{-21}\text{J}$$

$$\bar{\varepsilon}_{转}=\frac{2}{2}kT=\frac{2}{2}\times1.38\times10^{-23}\times(273+0)\text{J}=3.77\times10^{-21}\text{J}$$

(2) $E=\dfrac{m}{M}\dfrac{5}{2}RT=\dfrac{4\times10^{-3}}{32\times10^{-3}}\times\dfrac{5}{2}\times8.31\times273\text{J}=709\text{J}$

【例题 14.4】 在标准状态下,氢气瓶中的氢分子的平均速率为多大?平均碰撞次数和平均自由程为多大?(氢分子的有效直径 $d=2\times10^{-10}$m)

【解】 所谓标准状态是指 $p=1$atm(1atm$=1.01325\times10^{-5}$Pa),$T=273$K。所以,平均速率

$$\bar{v}=1.6\sqrt{\frac{RT}{M}}=1.6\times\sqrt{\frac{8.31\times273}{2\times10^{-3}}}\text{m/s}=1.7\times10^{3}\text{m/s}$$

平均自由程

$$\bar{\lambda}=\frac{kT}{\sqrt{2}\pi d^2p}=\frac{1.38\times10^{-23}\times273}{\sqrt{2}\pi(2\times10^{-10})^2\times1.01\times10^{5}}\text{m}=2.1\times10^{-7}\text{m}$$

平均碰撞次数

$$\bar{z}=\sqrt{2}\pi d^2n\bar{v}=\frac{\bar{v}}{\bar{\lambda}}=\frac{1.7\times10^{3}}{2.1\times10^{-7}}\text{s}^{-1}=8\times10^{9}\text{s}^{-1}$$

上述结果告诉我们,氢分子的速率如此之大,平均碰撞次数如此之多,平均自由程又是非常之短,可见气体分子热运动图像何等复杂。

【例题 14.5】 试说明下列各式的物理意义:

(1) $\dfrac{1}{2}kT$; (2) $\dfrac{3}{2}kT$; (3) $\dfrac{i}{2}kT$; (4) $\dfrac{i}{2}RT$。

【解】 (1) $\dfrac{1}{2}kT$——在温度 T 的平衡态下,物质分子的每一个自由度所具有的平均能量。

(2) $\frac{3}{2}kT$——在温度 T 的平衡态下,气体分子的平均平动动能。

(3) $\frac{i}{2}kT$——在温度 T 的平衡态下,单个气体分子所具有的平均能量。

(4) $\frac{i}{2}RT$——在温度 T 的平衡态下,1mol 理想气体的内能。

【例题 14.6】 试说明下列各式的物理意义:

(1) $f(v)\mathrm{d}v$;　(2) $Nf(v)\mathrm{d}v$;　(3) $\int_{v_1}^{v_2} Nf(v)\mathrm{d}v$。

【解】 (1) $f(v)\mathrm{d}v$——气体分子速率分布在 $v \to v+\mathrm{d}v$ 区间内的分子数占总分子数的百分比。

(2) $Nf(v)\mathrm{d}v$——气体分子速率分布在 $v \to v+\mathrm{d}v$ 区间内的分子数。

(3) $\int_{v_1}^{v_2} Nf(v)\mathrm{d}v$——气体分子速率分布在 $v_1 \to v_2$ 区间内的分子数。

【例题 14.7】 由 N 个粒子组成的系统,粒子的最大速率为 v_{m},粒子在速率 $v \to v+\mathrm{d}v$ 区间的几率为

$$\frac{\mathrm{d}N}{N} = \begin{cases} Av\mathrm{d}v, & 0 < v < v_{\mathrm{m}} \\ 0, & v > v_{\mathrm{m}} \end{cases}$$

其中 A 为待定常数,试求这些微观粒子的平均速率。

【解】

$$f(v)\mathrm{d}v = \frac{\mathrm{d}N}{N}$$

$$f(v) = \begin{cases} Av, & 0 < v < v_{\mathrm{m}} \\ 0, & v > v_{\mathrm{m}} \end{cases}$$

由归一化条件 $\int_0^{\infty} f(v)\mathrm{d}v = 1$,得

$$\int_0^{v_{\mathrm{m}}} Av\mathrm{d}v = \frac{1}{2}Av_{\mathrm{m}}^2 = 1$$

$$A = \frac{2}{v_{\mathrm{m}}^2}$$

所以

$$f(v) = \begin{cases} \frac{2}{v_{\mathrm{m}}^2}v, & 0 < v < v_{\mathrm{m}} \\ 0, & v > v_{\mathrm{m}} \end{cases}$$

$$\bar{v} = \int_0^{\infty} vf(v)\mathrm{d}v = \int_0^{v_{\mathrm{m}}} v\frac{2}{v_{\mathrm{m}}^2}v\mathrm{d}v = \frac{2}{v_{\mathrm{m}}^2}\frac{1}{3}v_{\mathrm{m}}^3 = \frac{2}{3}v_{\mathrm{m}}$$

复习思考题

1. 理想气体在宏观上是怎样定义的?理想气体的微观模型又是怎样的?理想气体与实际气体的主要区别在什么地方?

2. 什么叫热力学系统？在气体热力学系统中什么叫平衡态？什么叫平衡过程？

3. 宏观量与微观量有什么区别与联系？

4. 压强公式是气体分子运动论的基本方程，也是反映统计规律的典型方程，试简述推导压强公式时用到了哪些统计概念。

5. 理想气体的状态方程可表示为哪几种形式？

6. 容器内装有一定量的某种气体。如果

(1) 各部分的压强相同，这状态是否一定是平衡态？

(2) 各部分的温度相同，这状态是否一定是平衡态？

(3) 各部分的压强相同，且各部分的密度也相同，这状态是否一定是平衡态？为什么？

7. 最概然速率的物理意义是什么？有人说："最概然速率就是分子速率分布中的最大速率值。"又有人说："速率等于最概然速率的分子数最多。"对吗？(用你自己的话又是如何说明的呢？)

8. 平衡态下气体分子的平均速率等于什么？平均动能等于什么？

9. 根据能量按自由度均分原则，能否确定一个氧分子在300K时的能量？为什么？

10. 什么是内能？理想气体内能与气体的内能有什么联系？其含义各是什么？

11. 什么是气体内的迁移现象？从分子运动论的观点来看，内摩擦现象、热传导现象和扩散现象的物理实质是什么？

自我检查题

1. 关于平衡态，以下说法正确的是(　　)。

(A) 描述气体状态的状态参量 p、V、T 不发生变化的状态称为平衡态

(B) 在不受外界影响的条件下，热力学系统各部分的宏观性质不随时间变化的状态称为平衡态

(C) 气体内分子处于平衡位置的状态称为平衡态

(D) 处于平衡态的热力学系统，分子的热运动停止

2. 置于容器内的气体，如果气体内各处压强相等，或气体内各处温度相同，则这两种情况下气体的状态(　　)。

(A) 一定都是平衡态

(B) 不一定都是平衡态

(C) 前者一定是平衡态，后者一定不是平衡态

(D) 后者一定是平衡态，前者一定不是平衡态

3. 气体在状态变化过程中，可以保持体积不变或保持压强不变，这两种过程(　　)。

(A) 一定都是平衡过程

(B) 不一定是平衡过程

(C) 前者是平衡过程，后者不是平衡过程

(D) 后者是平衡过程，前者不是平衡过程

4. 如图14.5.1所示，当汽缸中的活塞迅速向外移动从而使气体膨胀时，气体所经历的过程(　　)。

(A) 是平衡过程,它能用 p-V 图上的一条曲线表示

(B) 不是平衡过程,但它能用 p-V 图上的一条曲线表示

(C) 不是平衡过程,它不能用 p-V 图上的一条曲线表示

(D) 是平衡过程,但它不能用 p-V 图上的一条曲线表示

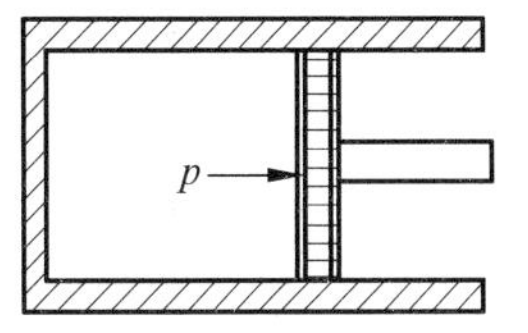

图　14.5.1

5. 以下说法中正确的是(　　)。

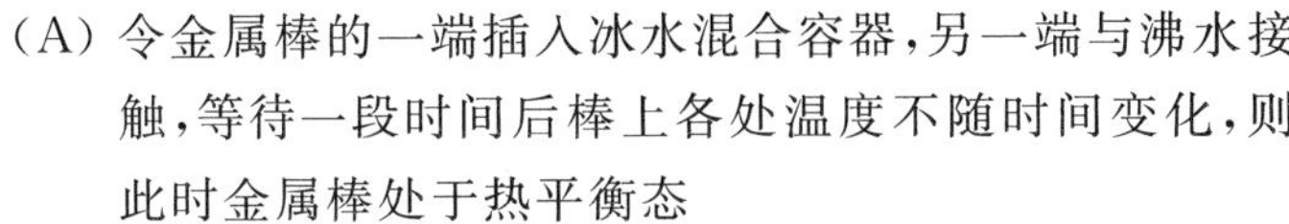

(A) 令金属棒的一端插入冰水混合容器,另一端与沸水接触,等待一段时间后棒上各处温度不随时间变化,则此时金属棒处于热平衡态

(B) 与第三个系统处于热平衡的两个系统,彼此也一定处于热平衡

(C) 状态参量(简称态参量)是用来描述系统平衡态的物理量

(D) 当系统处于热平衡态时,系统的宏观性质和微观运动都不随时间改变

6. 在标准状态下,任何理想气体在 1m^3 体积中含有的分子数都等于(　　)。

(A) 6.02×10^{23}　　(B) 6.02×10^{21}　　(C) 2.69×10^{25}　　(D) 2.69×10^{23}

7. 一定量的理想气体可以(　　)。

(A) 保持压强和温度不变,同时减小体积

(B) 保持体积和温度不变,同时增大压强

(C) 保持体积不变,同时增大压强、降低温度

(D) 保持温度不变,同时增大体积、降低压强

8. 一定量的理想气体,处在某一初始状态,现在要使它的温度经过一系列状态变化后回到初始状态的温度,可能实现的过程为(　　)。

(A) 先保持压强不变使它的体积膨胀,接着保持体积不变增大压强

(B) 先保持压强不变使它的体积减小,接着保持体积不变减小压强

(C) 先保持体积不变使它的压强增大,接着保持压强不变使它的体积膨胀

(D) 先保持体积不变使它的压强减小,接着保持压强不变使它的体积膨胀

9. 若理想气体的体积为 V,压强为 p,温度为 T,一个分子的质量为 μ,k 为玻耳兹曼常量,R 为普适气体常量,则该理想气体的分子数为(　　)。

(A) $\dfrac{pV}{\mu}$　　(B) $\dfrac{pV}{kT}$　　(C) $\dfrac{pV}{RT}$　　(D) $\dfrac{pV}{\mu T}$

10. 一定量的理想气体,其状态改变在 p-T 图上沿着一条直线从平衡态 a 到平衡态 b(图 14.5.2),则(　　)。

(A) 这是一个膨胀过程　　(B) 这是一个等体过程

(C) 这是一个压缩过程　　(D) 数据不足,不能判断这是哪种过程

11. 若在某个过程中,一定量理想气体的内能 E 随压强 p 的变化关系可以表示为如图 14.5.3 所示的一直线(其延长线过 E-P 图的原点),则该过程为(　　)。

(A) 等温过程　　(B) 等压过程　　(C) 等容过程　　(D) 绝热过程

12. 把一容器用隔板分成相等的两部分,左边装 CO_2,右边装 H_2,两边气体质量相同,温度相同,如果隔板与器壁无摩擦,则隔板应(　　)。

(A) 向右移动　　(B) 向左移动

(C) 不动　　(D) 无法判断是否移动

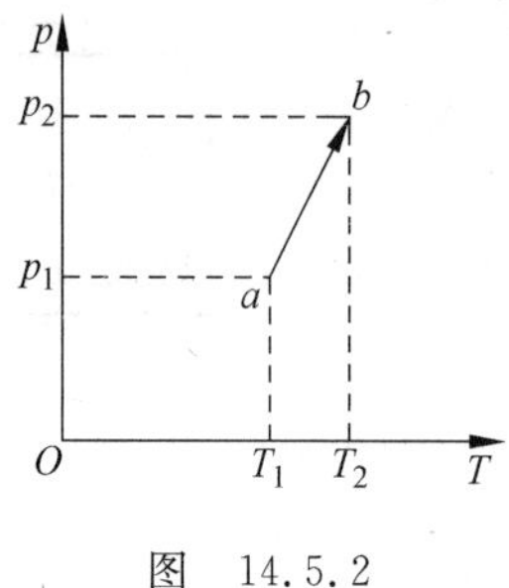

图 14.5.2

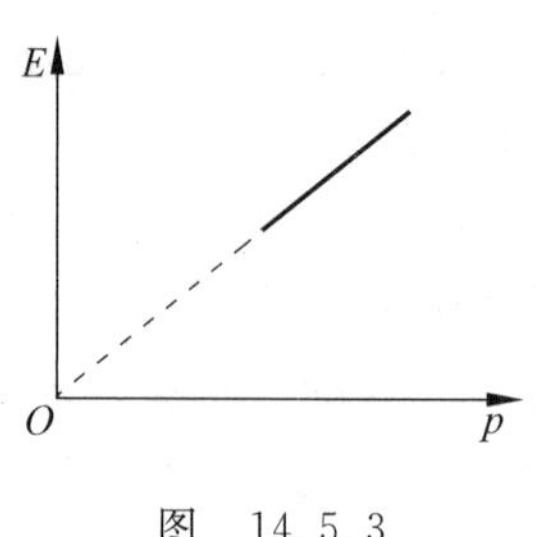

图 14.5.3

13. 在一密闭容器中,储有A、B、C三种理想气体,处于平衡状态。A种气体的分子数密度为n_1,产生的压强为p_1,B种气体的分子数密度为$2n_1$,C种气体的分子数密度为$3n_1$,则混合气体的压强p为( )。

(A) $3p_1$ (B) $4p_1$ (C) p_1 (D) $6p_1$

14. 关于温度的意义,有下列几种说法:

(1) 气体的温度是分子平均平动动能的量度;

(2) 气体的温度是大量气体分子热运动的集体表现,具有统计意义;

(3) 温度的高低反映物质内部分子运动剧烈程度的不同;

(4) 从微观上看,气体的温度表示每个气体分子的冷热程度。

上述说法中正确的是( )。

(A) (1)、(2)、(4) (B) (1)、(2)、(3)

(C) (2)、(3)、(4) (D) (1)、(3)、(4)

15. 一定量的理想气体储于某一容器中,温度为T,气体分子的质量为m。根据理想气体的分子模型和统计假设,分子速度在x方向的分量平均值为( )。

(A) $\bar{v}_x=\sqrt{\frac{8kT}{\pi m}}$ (B) $\bar{v}_x=\frac{1}{3}\sqrt{\frac{8kT}{\pi m}}$

(C) $\bar{v}_x=\sqrt{\frac{8kT}{3\pi m}}$ (D) $\bar{v}_x=0$

16. 一定量的理想气体储于某一容器中,温度为T,气体分子的质量为m。根据理想气体的分子模型和统计假设,分子速度在x方向的分量平方的平均值为( )。

(A) $\overline{v_x^2}=\sqrt{\frac{3kT}{m}}$ (B) $\overline{v_x^2}=\frac{1}{3}\sqrt{\frac{3kT}{m}}$

(C) $\overline{v_x^2}=\frac{3kT}{m}$ (D) $\overline{v_x^2}=\frac{kT}{m}$

17. 如果在一固定容器内,理想气体分子速率都提高为原来的2倍,那么( )。

(A) 温度和压强都升高为原来的2倍

(B) 温度升高为原来的2倍,压强升高为原来的4倍

(C) 温度升高为原来的4倍,压强升高为原来的2倍

(D) 温度与压强都升高为原来的4倍

18. 两容积不等的容器内分别盛有可视为理想气体的氦气和氮气,如果它们的温度和压强相同,则两气体( )。

(A) 单位体积内的分子数必相同

(B) 单位体积内的质量必相同

(C) 分子的平均动能必相同

(D) 单位体积内气体的内能必相同

19. 速率分布函数 $f(v)$的物理意义为( )。

(A) 具有速率 v 的分子占总分子数的百分比

(B) 速率分布在 v 附近的单位速率间隔中的分子数占总分子数的百分比

(C) 具有速率 v 的分子数

(D) 速率分布在 v 附近的单位速率间隔中的分子数

20. 若某种气体在温度 T_2 时的最概然速率与它在温度 T_1 时的方均根速率相等,那么这两个温度之比 $T_1:T_2$ 为( )。

(A) $2:3$　　(B) $\sqrt{3}:\sqrt{2}$　　(C) $7:8$　　(D) $\sqrt{8}:\sqrt{7}$

21. 1mol 刚性双原子分子理想气体,当温度为 T 时,其内能为( )。

(A) $\frac{3}{2}RT$　　(B) $\frac{3}{2}kT$　　(C) $\frac{5}{2}RT$　　(D) $\frac{5}{2}kT$

22. 在标准状态下,若氧气和氦气(均视为理想气体)的体积比为 $V_1/V_2=1/2$,则其内能之比 E_1/E_2 为( )。

(A) $1:2$　　(B) $5:3$　　(C) $5:6$　　(D) $10:3$

23. 一瓶氦气和一瓶氮气密度相同,分子平均平动动能相同,而且它们都处于平衡状态,则它们( )。

(A) 温度相同、压强相同

(B) 温度、压强都不相同

(C) 温度相同,但氦气的压强大于氮气的压强

(D) 温度相同,但氦气的压强小于氮气的压强

24. 两瓶不同种类的理想气体,它们的温度和压强都相同,但体积不同,则单位体积内的气体分子数 n、单位体积内的气体分子的总平动动能 E_k/V、单位体积内的气体质量 ρ,分别有如下关系:( )。

(A) n 不同,E_k/V 不同,ρ 不同　　(B) n 不同,E_k/V 不同,ρ 相同

(C) n 相同,E_k/V 相同,ρ 不同　　(D) n 相同,E_k/V 相同,ρ 相同

25. 压强为 p、体积为 V 的氢气(视为刚性分子理想气体)的内能为( )。

(A) $\frac{5}{2}pV$　　(B) $\frac{3}{2}pV$　　(C) $\frac{1}{2}pV$　　(D) pV

26. 在一个容积不变的容器中,储有一定量的理想气体,温度为 T_0 时,气体分子的平均速率为$\bar{v}_0$,分子平均碰撞次数为 $\bar{Z}_0$,平均自由程为 $\bar{\lambda}_0$。当气体温度升高为 $4T_0$ 时,气体分子的平均速率$\bar{v}$、平均碰撞次数 $\bar{Z}$ 和平均自由程 $\bar{\lambda}$ 分别为( )。

(A) $\bar{v}=4\bar{v}_0,\bar{Z}=4\bar{Z}_0,\bar{\lambda}=4\bar{\lambda}_0$　　(B) $\bar{v}=2\bar{v}_0,\bar{Z}=2\bar{Z}_0,\bar{\lambda}=\bar{\lambda}_0$

(C) $\bar{v}=2\bar{v}_0,\bar{Z}=2\bar{Z}_0,\bar{\lambda}=4\bar{\lambda}_0$　　(D) $\bar{v}=4\bar{v}_0,\bar{Z}=2\bar{Z}_0,\bar{\lambda}=\bar{\lambda}_0$

27. 一定量的理想气体,在温度不变的条件下,当体积增大时,分子的平均碰撞频率 $\bar{Z}$ 和平均自由程 $\bar{\lambda}$ 的变化情况是( )。

(A) $\bar{Z}$ 减小而 $\bar{\lambda}$ 不变　　(B) $\bar{Z}$ 减小而 $\bar{\lambda}$ 增大

(C) $\bar{Z}$ 增大而 $\bar{\lambda}$ 减小　　(D) $\bar{Z}$ 不变而 $\bar{\lambda}$ 增大

28. 一定量的某种理想气体若体积保持不变,则其平均自由程 $\bar{\lambda}$ 和平均碰撞次数 $\bar{Z}$ 与温度的关系是(　　)。

(A) 温度升高,$\bar{\lambda}$ 减少而 $\bar{Z}$ 增大　　(B) 温度升高,$\bar{\lambda}$ 增大而 $\bar{Z}$ 减小

(C) 温度升高,$\bar{\lambda}$ 和 $\bar{Z}$ 均增大　　(D) 温度升高,$\bar{\lambda}$ 保持不变而 $\bar{Z}$ 增大

29. 汽缸内盛有一定量的氢气(可视作理想气体),当温度不变而压强增大一倍时,氢气分子的平均碰撞次数 $\bar{Z}$ 和平均自由程 $\bar{\lambda}$ 的变化情况是(　　)。

(A) $\bar{Z}$ 和 $\bar{\lambda}$ 都增大一倍　　(B) $\bar{Z}$ 和 $\bar{\lambda}$ 都减为原来的一半

(C) $\bar{Z}$ 增大一倍,$\bar{\lambda}$ 减为原来的一半　　(D) $\bar{Z}$ 减为原来的一半,$\bar{\lambda}$ 增大一倍

30. 在一封闭容器中盛有 1mol 氦气(视作理想气体),这时分子无规则运动的平均自由程仅取决于(　　)。

(A) 压强 p　　(B) 体积 V

(C) 温度 T　　(D) 平均碰撞频率 $\bar{Z}$

31. 某理想气体在 T_1、T_2 时的速率分布曲线如图 14.5.4 所示,若在 T_1、T_2 时的压强相等,则平均自由程关系为下面答案的哪一个?(　　)

(A) $\bar{\lambda}_1 > \bar{\lambda}_2$　　(B) $\bar{\lambda}_1 = \bar{\lambda}_2$

(C) $\bar{\lambda}_1 < \bar{\lambda}_2$　　(D) 无法比较

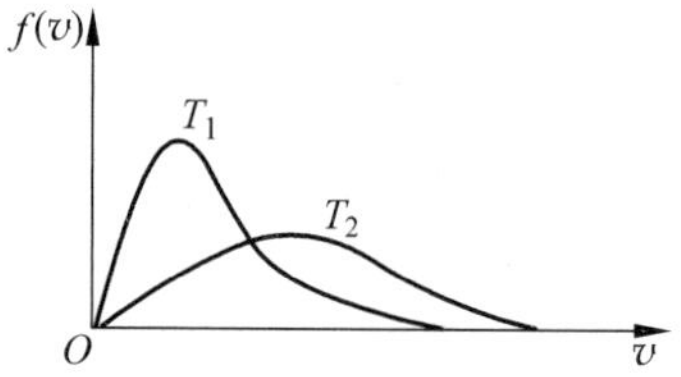

图　14.5.4

32. 气体动理论是研究热现象的________理论,它运用统计方法求大量气体分子微观量的________,建立宏观量与微观量的联系,从而揭示热现象的微观本质。

33. 下面给出理想气体状态方程的几种微分形式,指出它们各表示什么过程:

(1) $p\mathrm{d}V = \left(\frac{m}{M}\right)R\mathrm{d}T$ 表示________过程;

(2) $V\mathrm{d}p = \left(\frac{m}{M}\right)R\mathrm{d}T$ 表示________过程;

(3) $p\mathrm{d}V + V\mathrm{d}p = 0$ 表示________过程。

34. 有一个电子管,管内气体压强为 1.0×10^{-5} mmHg(1atm=760mmHg),则 27℃时管内单位体积的分子数 $n=$________。

35. 两种不同种类的理想气体,其分子的平均平动动能相等,但分子数密度不同,则它们的压强________、温度________。(填"相等""不相等")

36. 1 大气压 27℃时,一立方米体积中理想气体的分子数________,分子热运动的平均平动动能________。

37. 设氢气在 27℃时,每立方米内的分子数为 2.4×10^{18} 个,则氢气分子的平均平动动能为________;作用在容器壁上的压强为________。

38. 理想气体的内能是________的单值函数,平衡态时能量按________均分。

39. 在室温 27℃下,1mol 氢气和 1mol 氧气的内能比为________;1g 氢气和 1g 氧气的内能比为________。

40. 分子的平均动能公式 $\bar{\varepsilon}_k=\dfrac{i}{2}kT$（$i$ 是分子的自由度）的适用条件是________。1mol 双原子分子理想气体的压强为 p，体积为 V，则此气体分子的平均动能为________。

41. 一瓶氦气和一瓶氮气密度相同，分子平均平动动能相同，而且它们都处于平衡状态，则它们的温度________（填"相同""不相同"），氦气的压强________氮气的压强（填"大于""小于""等于"）。

42. 一容器内盛有密度为 ρ 的单原子理想气体，压强为 p，则此气体分子的方均根速率为________；单位体积内气体的内能是________。

43. 在容积为 V 的容器内，同时盛有质量为 M_1 和质量为 M_2 的两种单原子分子的理想气体，已知此混合气体处于平衡状态时它们的内能相等，且均为 E。则混合气体压强 $p=$________；两种分子的平均速率之比 $\bar{v}_1/\bar{v}_2=$________。

44. 如图 14.5.5 所示为两条气体分子速率分布曲线。若它们分别表示同一种气体处于不同温度时的速率分布，则曲线________表示气体的温度较高；若两条曲线分别表示相同温度下氢气和氧气的速率分布，则曲线________表示氧气的速率分布。

45. 图 14.5.6 所示曲线为处于同一温度 T 时氦（原子量 4）、氖（原子量 20）和氩（原子量 40）三种气体分子的速率分布曲线。其中曲线(a)是________气分子的速率分布曲线；曲线(c)是________气分子的速率分布曲线。

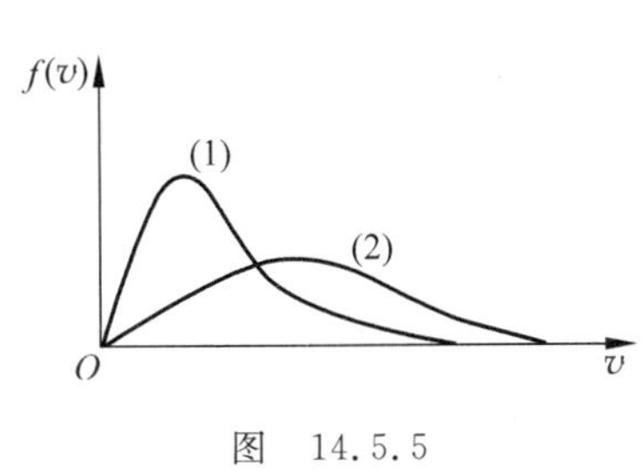

图　14.5.5

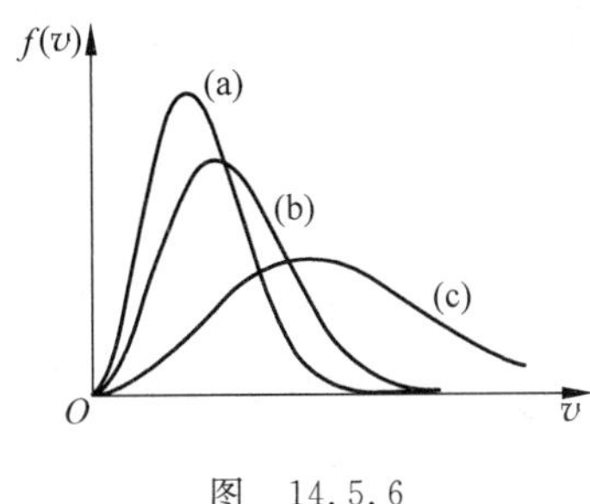

图　14.5.6

习题

1. 一容器内储有温度为 27℃、压强为 1atm 的氧气。求单位体积内的氧分子数 n 及氧气的质量密度 ρ。

2. 黄绿光的波长是 5000Å（1Å$=10^{-10}$m）。理想气体在标准状态下，以黄绿光的波长为边长的立方体内有多少个分子？

3. 在容积 $V=3$L 的容器中盛有理想气体，气体密度为 $\rho=1.3$g/L。容器与大气相通，排出一部分气体后，气压下降了 0.78atm。若温度不变，求排出气体的质量。

4. 一容器装有质量为 0.1kg、压强为 1atm 温度为 47℃ 的氧气，因为漏气，经若干时间后，压强降到原来的 5/8，温度降到 27℃，问：

(1) 容器的容积多大？

(2) 漏出了多少氧气？

5. 容积为 2500cm^3 的烧瓶内有 1.0×10^{15} 个氧分子、4.0×10^{15} 个氮分子和 3.3×10^{-7}g

的氩气。设混合气体的温度为150℃,求混合气体的压强。

6. 有一截面均匀的封闭圆筒,中间被一光滑的活塞分割成两部分。如果其中一边装有0.1kg某温度的氢气,为了使活塞停留在圆筒的正中央,则另一边装入的同一温度的氧气质量为多少?

7. 一容器内储有氧气,压强 $p=1.0\text{atm}$,温度为 $t=27℃$,求:

(1) 单位体积内的分子数;

(2) 氧气的质量密度 ρ;

(3) 氧分子的质量;

(4) 分子间的平均距离;

(5) 分子的平均平动动能。

8. 一容积为 10cm^3 的电子管,当温度为300K时,用真空泵把管内空气抽成压强为 $5\times10^{-6}\text{mmHg}$ 的高真空,问此时管内有多少个空气分子?这些空气分子的平均平动动能的总和是多少?(1atm=760mmHg)

9. 一瓶氢气和一瓶氧气温度相同。若氢气分子的平均平动动能为 $6.21\times10^{-21}\text{J}$,试求:

(1) 氧气分子的平均平动动能和方均根速率;

(2) 氧气的温度。

10. 试计算氢气、氧气和汞蒸气分子的方均根速率,设气体的温度为300K,已知氢气、氧气和汞蒸气的相对分子质量分别为2.02、32.0和201。

11. 体积为 $2.0\times10^{-3}\text{m}^3$ 的双原子理想气体分子,其内能为 $6.75\times10^2\text{J}$。

(1) 求气体的压强 p;

(2) 若分子总数为 5.4×10^{22} 个,求气体的温度 T。

12. 1g氢气(视为理想气体),温度为127℃,试求:

(1) 气体分子的平均平动动能 $\bar{\varepsilon}_{kt}$;

(2) 气体分子的平均转动动能 $\bar{\varepsilon}_{kr}$;

(3) 气体的内能 E。

13. 容积为10L的容器中储有10g的氧气。若气体分子的方均根速率 $\sqrt{\overline{v^2}}=600\text{m/s}$,则此气体的温度和压强各为多少?

14. 某理想气体的温度 $T=300\text{K}$,压强 $p=1.013\times10^5\text{Pa}$,密度 $\rho=1.30\text{kg/m}^3$,求:

(1) 该气体分子的方均根速率;

(2) 该气体的摩尔质量,并确定它是什么气体。

15. 一容器被中间隔板分成体积相等的两半,一半装有氦气,温度为250K;另一半装有氧气,温度为310K。两种气体的压强均为 p_0。求抽去隔板后混合气体的温度和压强为多少?

16. 水蒸气分解为同温度的氢气和氧气,即 $H_2O \longrightarrow H_2+\frac{1}{2}O_2$,也就是1mol的水蒸气可分解成同温度的1mol氢气和1/2mol氧气,当不计振动自由度时,求在温度 T 时,此过程中内能的增量。

17. 储有氢气的容器以某速度 v 作定向运动,假设该容器突然停止,全部定向运动动能都变为气体分子热运动的动能，此时容器中气体的温度上升 0.7K，求容器作定向运动的速度为多大。(氢气分子可视为刚性分子)

18. 容积为 20.0L 的瓶子以速率 $v=200\text{m/s}$ 匀速运动，瓶子中充有质量为 100g 的氦气。设瓶子突然停止，且气体分子全部定向运动的动能都变为热运动动能，瓶子与外界没有热量交换。求热平衡后氦气的温度、压强、内能及氦气分子的平均动能各增加多少。

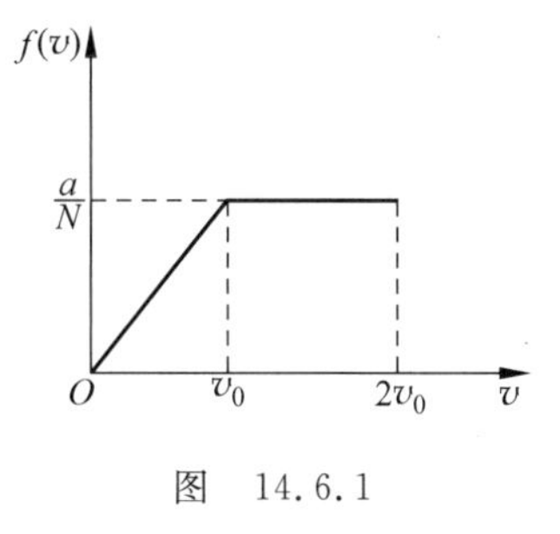

图　14.6.1

19. 有 N 个气体分子，其速率分布曲线如图 14.6.1 所示，当 $v>2v_0$ 时，粒子的数目为零。求：

(1) 常数 a；

(2) 速率在 $1.5v_0\sim2.0v_0$ 之间的分子数。

20. 设 N 个粒子系统的速率分布为

$$\mathrm{d}N_v=\begin{cases}K\mathrm{d}v, & V>v>0, K\text{ 为常量}\\ 0, & v>V\end{cases}$$

(1) 求分布函数 $f(v)$ 并画出其曲线；

(2) 用 N 和 V 定出常量 K；

(3) 用 V 表示出算术平均速率和方均根速率。

21. 假定大气层各处温度相同，均为 T，空气的摩尔质量为 M_{mol}。试根据玻耳兹曼分布律 $n=n_0\mathrm{e}^{-(E_p/KT)}$，证明 p 与高度 h(从海平面算起)的关系是 $h=\dfrac{RT}{M_{\text{mol}}g}\ln\dfrac{p_0}{p}$。($p_0$ 是海平面处的大气压强)

22. 已知大气压强随高度变化的规律为：$p=p_0\mathrm{e}^{-Mgh/RT}$。其中 M 是气体的摩尔质量。证明：分子数密度随高度按指数规律减小。设大气的温度不随高度改变。大气的主要成分是氮气和氧气。那么大气中氮气分子数密度与氧气分子数密度的比值随高度如何变化？

23. 一真空管的真空度约为 $1.38\times10^{-3}\text{Pa}$(即 $1.0\times10^{-5}\text{mmHg}$)，试求在 27℃时单位体积中的分子数及分子的平均自由程(设分子的有效直径 $d=3\times10^{-10}\text{m}$)。

24. 今测得温度为 $t_1=15℃$，压强为 $p_1=0.76\text{mmHg}$ 时，氩分子和氖分子的平均自由程分别为 $\bar{\lambda}_{\text{Ar}}=6.7\times10^{-8}\text{m}$ 和 $\bar{\lambda}_{\text{Ne}}=13.2\times10^{-8}\text{m}$，求：

(1) 氖分子和氩分子有效直径之比 $\dfrac{d_{\text{Ne}}}{d_{\text{Ar}}}=?$

(2) 温度为 $t_2=20℃$，压强为 $P_2=0.15\text{mmHg}$ 时，氩分子的平均自由程 $\bar{\lambda}'_{\text{Ar}}=?$

25. (1) 求氮气在标准状态下的平均碰撞频率；

(2) 若温度不变，气压降到 $1.33\times10^{-4}\text{Pa}$，平均碰撞频率又为多少？(设分子有效直径为 10^{-10}m)

26. 氮气在标准状态下的分子平均碰撞次数为 $5.42\times10^8\text{s}^{-1}$，分子平均自由程为 $6\times10^{-6}\text{cm}$，若温度不变，气压降为 0.1atm，分子的平均碰撞次数变为多少？平均自由程变为多少？

第15章 热力学基础

基本要求

1. 从宏观意义上理解平衡状态、平衡过程、可逆过程、不可逆过程等概念。

2. 掌握热力学第一定律，理解热力学第一定律是包括热现象在内的能量转换与守恒定律，掌握热力学第一定律在各等值过程和绝热过程中的应用，并能计算各种循环过程的热机效率。

3. 理解热力学第二定律的各种叙述，理解热力学第二定律是指明热力学过程进行的方向与条件的基本定律。

4. 了解熵的概念，了解熵增加原理。

基本概念和基本规律

1. 热力学过程

热力学系统的状态变化过程称作热力学过程，热力学过程分为平衡过程和非平衡过程。平衡过程也称为准静态过程，是指系统从初态到终态所经历的各个中间态都可近似地看作平衡态的过程，而其中只要有一个状态不能近似作为平衡态，则此过程就是非平衡过程。平衡过程在 p-V 图上能用一条曲线表示，非平衡过程不能在 p-V 图上表示。

2. 热力学第一定律

(1) 数学表达式

热力学第一定律的数学表达式为

$$Q = \Delta E + A$$

式中 Q 与 A 的正负号规定为：$Q>0$ 表示系统吸收热量，$Q<0$ 表示系统放出热量；$A>0$ 表示系统对外做正功，$A<0$ 表示外界对系统做正功。该式子的物理意义为：系统从外界吸取热量 Q，一部分用于增加系统的内能 ΔE，另一部分用于系统对外做功 A。

对于一微小的热力学过程，热力学第一定律可表示为

$$\mathrm{d}Q = \mathrm{d}E + \mathrm{d}A$$

(2) 内能

系统的内能是系统状态的单值函数。对于一定量理想气体，内能是温度的单值函数，

$$E = \frac{m}{M}\frac{i}{2}RT$$

一定量的理想气体，当状态从温度 T_1 变化到 T_2 时，其内能增量与所经历的过程无关，即

$$\Delta E = E_2 - E_1 = \frac{m}{M}\frac{i}{2}R(T_2 - T_1)$$

(3) 功

做功是能量传递的一种方式。气体组成的系统在无限小的体积变化平衡过程中对外做的功为

$$\mathrm{d}A = p\mathrm{d}V$$

在一有限的平衡过程中，系统体积由 V_1 变为 V_2，系统对外做的总功为

$$A = \int_{V_1}^{V_2} p\mathrm{d}V$$

若系统是理想气体，则

$$A = \int_{V_1}^{V_2} p\mathrm{d}V = \int_{V_1}^{V_2} \frac{m}{M}RT\frac{\mathrm{d}V}{V}$$

在 p-V 图上，过程曲线下面所围成的面积代表功的大小，功与过程有关，是一过程量。

(4) 热量

向系统传递热量也是能量传递的一种方式。由热力学第一定律可知，系统从外界吸取的热量为

$$Q = \Delta E + A$$

功 A 与过程有关，热量 Q 也与过程有关，所以 Q 也是一过程量。

3. 摩尔热容

(1) 摩尔热容定义

1mol 气体经某过程从外界吸取热量 $\mathrm{d}Q$，使系统温度上升 $\mathrm{d}T$，则对应于该过程的摩尔热容的定义如下：

$$C_{\mathrm{mol}} = \frac{\mathrm{d}Q}{\mathrm{d}T}$$

式中，$\mathrm{d}Q$ 是一过程量，所以 C_{mol} 也是一过程量。在同样的两种状态之间，经历过程不同，C_{mol} 的数值也将不同。

(2) 定容摩尔热容

设 1mol 气体在体积不变的条件下从外界吸取热量 $(\mathrm{d}Q)_V$，温度升高 $\mathrm{d}T$，则定容摩尔热容为

$$C_V = \frac{(\mathrm{d}Q)_V}{\mathrm{d}T}$$

理想气体的定容摩尔热容 $C_V = \frac{i}{2}R$。

(3) 定压摩尔热容

设 1mol 气体在压强不变的条件下从外界吸取热量 $(\mathrm{d}Q)_p$，温度升高 $\mathrm{d}T$，则定压摩尔热容为

$$C_p = \frac{(\mathrm{d}Q)_p}{\mathrm{d}T}$$

理想气体的定压摩尔热容

$$C_p = \frac{i+2}{2}R = C_V + R$$

4. 热力学第一定律的应用(理想气体、平衡过程)

系统在平衡过程中,热力学第一定律可写成

$$Q = \Delta E + \int_{V_1}^{V_2} p\mathrm{d}V$$

对一微小过程可写成

$$\mathrm{d}Q = \mathrm{d}E + p\mathrm{d}V$$

(1) 等容过程

特征:V 为恒量($\mathrm{d}V=0$)

过程方程:$\frac{p}{T}=$恒量

p-V 图中过程曲线:平行于 p 轴的一条直线。

对外做功

$$A = \int_{V_1}^{V_2} p\mathrm{d}V = 0$$

内能增量

$$\Delta E = E_2 - E_1 = \frac{m}{M}\frac{i}{2}R(T_2 - T_1)$$

吸收热量

$$Q_V = \Delta E + A = \Delta E = \frac{m}{M}\frac{i}{2}R(T_2 - T_1) = \frac{m}{M}C_V(T_2 - T_1)$$

式中,C_V 为定容摩尔热容,数值为$\frac{i}{2}R$。

(2) 等压过程

特征:p 为恒量($\mathrm{d}p=0$)

过程方程:$\frac{V}{T}=$恒量

p-V 图中过程曲线:平行于 V 轴的一条直线。

对外做功

$$A = \int_{V_1}^{V_2} p\mathrm{d}V = p(V_2 - V_1) = \frac{m}{M}R(T_2 - T_1)$$

内能增量

$$\Delta E = E_2 - E_1 = \frac{m}{M}\frac{i}{2}R(T_2 - T_1) = \frac{m}{M}C_V(T_2 - T_1)$$

吸收热量

$$Q_p = \Delta E + A = \frac{m}{M}C_V(T_2 - T_1) + \frac{m}{M}R(T_2 - T_1) = \frac{m}{M}C_p(T_2 - T_1)$$

式中,C_p 为定压摩尔热容,数值为 C_V+R。

(3) 等温过程

特征:T 为恒量($\mathrm{d}T=0$)

过程方程：$pV=$恒量

p-V 图中过程曲线：是一条等轴的双曲线。

对外做功

$$A=\int_{V_1}^{V_2}p\mathrm{d}V=\frac{m}{M}\int_{V_1}^{V_2}RT\frac{\mathrm{d}V}{V}=\frac{m}{M}RT\ln\frac{V_2}{V_1}$$

内能增量

$$\Delta E=\frac{m}{M}C_V(T_2-T_1)=0$$

吸收热量

$$Q_T=\Delta E+A=A=\frac{m}{M}RT\ln\frac{V_2}{V_1}$$

(4) 绝热过程

特征：$\mathrm{d}Q=0$

绝热过程方程为

$$\begin{cases}pV^{\gamma}=\text{恒量}\\V^{\gamma-1}T=\text{恒量}\\p^{\gamma-1}T^{-\gamma}=\text{恒量}\end{cases}$$

式中 $\gamma=\dfrac{C_p}{C_V}$ 称为比热容比(或泊松比)。

p-V 图中，当气体绝热变化时，p 与 V 的关系曲线称为绝热线，绝热线与等温线只能相交于一点，在交点处，绝热线比等温线更陡。

对外做功

$$A=\int_{V_1}^{V_2}p\mathrm{d}V=\frac{p_1V_1-p_2V_2}{\gamma-1}$$

内能增量

$$\Delta E=\frac{m}{M}C_V(T_2-T_1)$$

吸收热量

$$Q=0=\Delta E+A$$

所以对外做功又可写为

$$A=-\Delta E=-\frac{m}{M}C_V(T_2-T_1)$$

5. 循环过程　卡诺循环

(1) 循环过程

物质系统经历一系列的变化过程后又回到初始状态，则整个变化过程称为循环过程。

特征：初、末两状态完全一样，内能没有改变，即 $\Delta E=0$。

p-V 图中循环过程用一条封闭曲线来表示。正循环为顺时针方向，逆循环为逆时针方向。

对外做的净功：$A_{净}$ 可用 p-V 图上循环的封闭曲线所围面积表示。正循环中，该面积表示系统经一循环对外所做净功的大小；逆循环中，该面积表示外界在这循环中对系统所做净功的大小。

内能增量

$$\Delta E = E_2 - E_1 = 0$$

吸收热量

$$Q = \Delta E + A = A$$

上式的意义为：热力学系统经一个循环从外界吸取的净热量全部转化为对外所做的净功，即

$$Q_{净} = A_{净}$$

(2) 热机效率

热机按正循环工作，利用工作物质连续不断地把热转换为对外做功。对一个循环，系统从外界吸收热量 $Q_{吸}$ 和向外界放出热量 $Q_{放}$ 的绝对值之差(即净吸热之值)等于系统向外所做的净功 $A_{净}$。

热机效率 η 为

$$\eta = \frac{A_{净}}{Q_{吸}} = \frac{Q_{吸} - Q_{放}}{Q_{吸}} = 1 - \frac{Q_{放}}{Q_{吸}} = 1 - \frac{Q_2}{Q_1}$$

(3) 制冷机制冷系数

制冷机按逆循环工作，循环中通过外界对系统做功，不断地将热量从低温热源传向高温热源。对一完整循环而言，外界对系统所做的功 A' 与系统从低温热源所吸取的热量 Q'_2 之和等于系统向高温热源放出的热量 Q'_1。

制冷系数 w 为

$$w = \frac{Q'_2}{A'} = \frac{Q'_2}{Q'_1 - Q'_2}$$

(4) 卡诺循环

卡诺循环由两个绝热过程和两个等温过程组成。卡诺循环的热机效率为

$$\eta_{卡} = 1 - \frac{Q_2}{Q_1} = 1 - \frac{T_2}{T_1}$$

式中，T_1 为高温热源的温度，T_2 为低温热源的温度。

6. 热力学第二定律

(1) 热力学第二定律的两种表述

开尔文表述：不可能制成一种循环动作的热机，只从单一热源吸取热量，使之完全变成有用的功，而其他物体不发生变化。

克劳修斯表述：热量不可能自动地从低温物体传向高温物体。

开尔文表述和克劳修斯的表述是等价的。

(2) 热力学第二定律的实质

热力学第二定律的实质是说明了自然界中一切与热现象有关的实际过程都是不可逆的。

(3) 热力学第二定律的统计意义

热力学第二定律的统计意义是：一个不受外界影响的“孤立系统”，其内部发生的过程总是由几率小的状态向几率大的状态进行，由包含微观状态数目少的宏观状态向包含微观状态数目多的宏观状态进行。

必须指出的是：热力学第一定律说的是热力学过程必须满足能量守恒和转化定律，而热力学第二定律则说明自然界中与热现象有关的过程存在着方向性问题。

7. 可逆过程与不可逆过程

（1）可逆过程与不可逆过程

一个系统由 A 状态经某一过程 P 到达 B 状态，若存在逆向过程 P' 使系统的由 B 状态回到 A 状态，且外界完全复原，则过程 P 称为可逆过程；反之，如果系统和外界不能同时恢复原状，则过程 P 称为不可逆过程。

必须明确的是：实际进行的热力学过程均为不可逆过程，可逆过程是实际过程的理想抽象。无摩擦的平衡过程是可逆过程。

（2）卡诺定理

① 在相同的高温热源（T_1）与相同的低温热源（T_2）之间工作的一切可逆机（即工作物的循环是可逆的），不论用什么工作物质，效率相等，都等于 $1-\dfrac{T_2}{T_1}$。

② 在相同的高温热源和相同的低温热源之间工作的一切不可逆机（即工作物的循环是不可逆的）的效率，不可能高于（实际上小于）可逆机的效率，即 $\eta \leqslant 1-\dfrac{T_2}{T_1}$。

卡诺定理指出了提高热机效率的途径，一是使实际的不可逆机尽量接近可逆机，二是为了增加两热源的温度差，通常采用提高高温热源的温度。

8. 熵增加原理

（1）熵

热力学过程的不可逆性反映了系统的始末状态存在某种性质上的差异，表示系统状态的这种性质的物理量称为熵，用 S 表示。

系统沿可逆过程从状态 1 变化到状态 2，熵的增量为

$$S_2 - S_1 = \int_1^2 \frac{\mathrm{d}Q}{T} \quad \text{（可逆）}$$

这里我们须注意：

① 熵是状态量，是状态的单值函数；

② 熵具有相对性，存在一个零点选择的问题，但对我们来说，重要的是计算两个状态的熵差，而熵的绝对值往往不必求出。

（2）熵增加原理

当系统和外界有能量交换时

$$S_2 - S_1 = \int_1^2 \frac{\mathrm{d}Q}{T} \quad \text{（可逆过程）}$$

$$S_2 - S_1 > \int_1^2 \frac{\mathrm{d}Q}{T} \quad \text{（不可逆过程）}$$

对封闭系统，系统和外界没有能量交换，于是 $\mathrm{d}Q=0$，所以

$$S_2 = S_1 \quad \text{（可逆过程）}$$

$$S_2 > S_1 \quad \text{（不可逆过程）}$$

因此,在封闭系统中发生任何不可逆过程导致熵的增加,熵只有对可逆过程才是不变的,这就是熵增加原理(注意仅适用于封闭系统)。

解题指导

本章习题的重点是热力学第一定律及其在各等值过程、绝热过程和循环过程中的应用。

热力学第一定律和理想气体的状态方程是分析问题的基本出发点,同一问题常有多种解法。

循环过程的特征是 $\Delta E=0$,所以一循环过程中系统对外界做的总功既可由各过程的功之和求出,也可由 p-V 图上闭合曲线所围的面积求出,还可从计算循环过程中系统从外界吸收的净热量求出。

解本部分习题时还应注意:统一单位制,通常采用国际单位制;按题意画出 p-V 图往往有助于习题的分析和求解;注意热力学第一定律关于 Q、A、ΔE 取值正负的规定。

【例题 15.1】 1mol 单原子理想气体,盛于汽缸内,装一可动活塞。起初的压强为 1atm,体积是 10^{-3}m^3。今将此气体在定压下加热,直至体积增大一倍,然后再在等容下加热,直到压强增大为原来压强的 2 倍,最后再作绝热膨胀,使温度降为起始的温度。将此过程在 p-V 图上表示出来,并求其内能的变化和对外所做的功。

【解】 由题意得 p-V 图如图 15.3.1 所示。

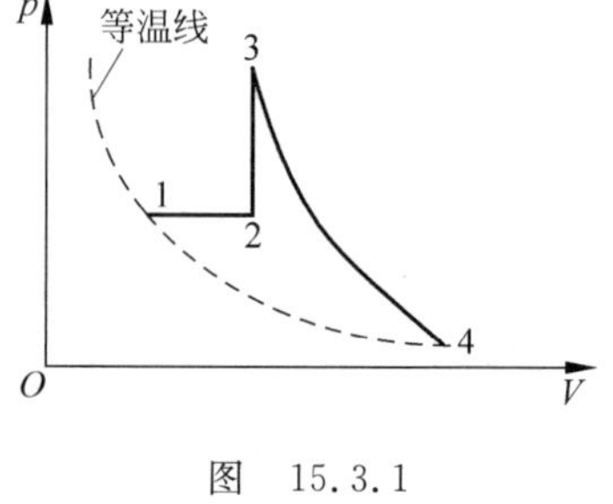

图 15.3.1

因为状态 1 和状态 4 在同一等温线上,故内能的改变量 $\Delta E=0$,而系统对外做功可用两种方法求出:①先分别求出每个分过程的功,再求和。②由热力学第一定律,因 $\Delta E=0$,利用 $A_{净}=Q_{净}$ 计算。

解法一:

1—2 为等压过程:

$$A_{12}=p_1(V_2-V_1)=1\times10^{-3}\text{atm}\cdot\text{m}^3$$

2—3 为等容过程:

$$A_{23}=0$$

3—4 为绝热过程:

$$A_{34}=\frac{p_3V_3-p_4V_4}{\gamma-1}$$

$$p_4V_4=p_1V_1$$

$$p_3=2p_2$$

$$V_3=V_2$$

$$\gamma=\frac{2+i}{i}=\frac{5}{3}$$

所以

$$A_{34}=\frac{2p_2V_2-p_1V_1}{\gamma-1}=4.5\times10^{-3}\text{atm}\cdot\text{m}^3$$

$$A_{净} = A_{12} + A_{23} + A_{34} = 5.5 \times 10^{-3}\text{atm} \cdot \text{m}^3 = 5.57 \times 10^2\text{J}$$

解法二：

1—2 为等压过程：

$$Q_{12} = C_p(T_2 - T_1) = \frac{i+2}{2}R\Delta T = \frac{5}{2}(p_2V_2 - p_1V_1)$$

2—3 为等容过程：

$$Q_{23} = C_V(T_3 - T_2) = \frac{i}{2}R(T_3 - T_2) = \frac{3}{2}(p_3V_3 - p_2V_2) = \frac{3}{2}p_2V_2$$

3—4 为绝热过程：

$$Q_{34} = 0$$

所以

$$Q_{净} = Q_{12} + Q_{23} + Q_{34} = 4p_2V_2 - \frac{5}{2}p_1V_1$$

$$= 8p_1V_1 - \frac{5}{2}p_1V_1 = \frac{11}{2}p_1V_1 = 5.57 \times 10^2\text{J}$$

$$A_{净} = Q_{净} = 5.57 \times 10^2(\text{J})$$

由解题过程可知，两种解法结果是一致的，所以解题的思路一定要开阔，解题中状态参量的变换都要用到状态方程，因而要注意到这一点。其次，解题中，应正确画出过程方程所对应的 p-V 图中的曲线，它能帮助我们正确分析判断题意。

【例题 15.2】 一定量的理想气体所经历的循环过程如图 15.3.2 所示，其中 AB、CD 为等压过程，BC、DA 为绝热过程。若已知 B 点和 C 点的温度分别为 T_B 和 T_C，求热机效率 η。

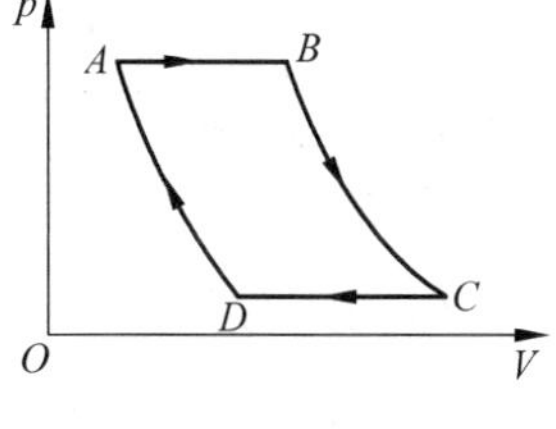

图　15.3.2

【解】 整个循环中只有 AB 和 CD 两过程中系统和外界有热量交换，从外界吸热分别为

$$Q_{AB} = \frac{m}{M}C_p(T_B - T_A) > 0$$

$$Q_{CD} = \frac{m}{M}C_p(T_D - T_C) < 0$$

所以

$$Q_1 = Q_{AB} = \frac{m}{M}C_p(T_B - T_A)$$

$$Q_2 = -Q_{CD} = \frac{m}{M}C_p(T_C - T_D)$$

$$\eta = 1 - \frac{Q_2}{Q_1} = 1 - \frac{T_C - T_D}{T_B - T_A}$$

$A \to B$、$C \to D$ 为等压过程，方程为

$$\frac{V_B}{V_A} = \frac{T_B}{T_A} \tag{1}$$

$$\frac{V_D}{V_C} = \frac{T_D}{T_C} \tag{2}$$

$B\to C$、$D\to A$ 为绝热过程,方程为

$$V_C^{\gamma-1}T_C = V_B^{\gamma-1}T_B \tag{3}$$

$$V_D^{\gamma-1}T_D = V_A^{\gamma-1}T_A \tag{4}$$

由式(1)~式(4)得

$$T_D = \frac{T_A}{T_B}\cdot T_C$$

代入前式得

$$\eta = 1 - \frac{T_C}{T_B}$$

【例题 15.3】 如图 15.3.3 所示,1mol 氮气开始处于标准状态 a,等压膨胀至状态 b,其容积为原容积的 2 倍,然后经过等容过程和等温过程,回到状态 a,完成一次循环过程。试求:

(1) 各分过程中气体对外所做的功 A_i;

(2) 经一循环系统吸收和放出的热量;

(3) 循环效率 η。

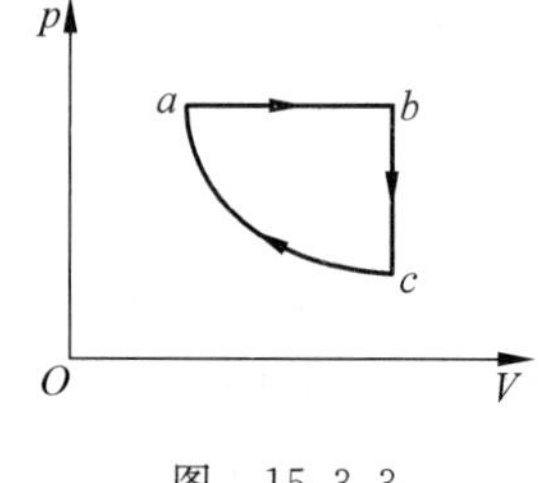

图 15.3.3

【解】 由题意可知

状态 a:$p_a=1\text{atm}, T_a=273\text{K}, V_a=22.4\text{L}$;

状态 b:$p_b=p_a=1\text{atm}, V_b=2V_a=44.8\text{L}$;

状态 c:$T_c=T_a=273\text{K}, V_c=V_b=44.8\text{L}$。

(1) $a\to b$ 等压过程

$$A_{ab} = p_a(V_b - V_a) = p_a(2V_a - V_a) = p_aV_a = \frac{m}{M}RT_a = 2268.6\text{J}$$

$b\to c$ 等容过程:

$$A_{bc} = 0$$

$c\to a$ 等温过程:

$$A_{ca} = \frac{m}{M}RT_a\ln\frac{V_a}{V_c} = -\frac{m}{M}RT_a\ln\frac{V_c}{V_a} = -\frac{m}{M}RT_a\ln 2 = -1572.5\text{J}$$

负号表示在 $c\to a$ 过程中外界对系统做功 1572.5(J)。

(2) $a\to b$ 等压过程

$$Q_{ab} = \frac{m}{M}C_p(T_b - T_a)$$

因为$\dfrac{V_a}{T_a}=\dfrac{V_b}{T_b}$,得

$$T_b = \frac{V_b}{V_a}T_a = 2T_a$$

所以

$$Q_{ab} = \frac{m}{M}C_p(2T_a - T_a) = \frac{m}{M}C_pT_a > 0$$

$b\to c$ 等容过程

$$Q_{bc} = \frac{m}{M}C_V(T_c - T_b)$$

因为 $T_b=\dfrac{V_b}{V_a}T_a=2T_a$，得 $T_c=T_a$，所以

$$Q_{bc}=\frac{m}{M}C_V(T_a-2T_a)=-\frac{m}{M}C_VT_a<0$$

$c\to a$ 等温过程

$$Q_{ca}=\frac{m}{M}RT_a\ln\frac{V_a}{V_c}=-\frac{m}{M}RT_a\ln 2<0$$

系统经一次循环吸热为

$$Q_1=Q_{ab}=\frac{m}{M}C_pT_a=\frac{m}{M}\frac{2+5}{2}RT=7940.2\text{J}$$

放热为

$$Q_2=|Q_{bc}+Q_{ca}|=\frac{m}{M}C_VT_a+\frac{m}{M}RT_a\ln 2$$

$$=\frac{m}{M}RT_a\left(\frac{5}{2}+\ln 2\right)=7244.1\text{J}$$

(3) 循环效率为

$$\eta=\frac{Q_1-Q_2}{Q_1}=\frac{\frac{m}{M}RT_a(1-\ln 2)}{\frac{m}{M}\frac{2+5}{2}RT_a}=\frac{2(1-\ln 2)}{2+5}=8.8\%$$

【例题 15.4】 1mol 理想气体，在某一过程中，压强随体积 V 的变化满足关系 $p=p_0-\alpha V^2$，式中 p_0、α 均为正常数。试求该气体在这个过程中能达到的最高温度。

【解】 由题意得

$$pV=RT$$

$$p=p_0-\alpha V^2$$

把后式代入前式得

$$T=(p_0V-\alpha V^3)/R$$

由

$$\frac{\mathrm{d}T}{\mathrm{d}V}=\frac{p_0-3\alpha V^2}{R}=0$$

得

$$V=\sqrt{p_0/3\alpha}$$

且

$$\frac{\mathrm{d}^2T}{\mathrm{d}V^2}=-\frac{6\alpha V}{R}<0$$

所以，T 在 $V=\sqrt{p_0/3\alpha}$ 处取得最大值，即

$$T_{\max}=[p_0(p_0/3\alpha)^{\frac{1}{2}}-\alpha(p_0/3\alpha)^{\frac{3}{2}}]/R=\frac{2p_0}{3R}\left(\frac{p_0}{3\alpha}\right)^{\frac{1}{2}}$$

复习思考题

1. 说明在热力学第一定律中,热量、功、内能增量的正负号所表示的物理意义。在这些量中哪些是状态量?哪些是过程量?

2. 当系统状态发生微小变化时,热力学第一定律的数学表示式可写为 $dQ=dE+dA$。对于理想气体的等值过程,

(1) 在哪些变化过程中 dQ 为负?在哪些变化过程中 dQ 为正?

(2) 在哪些变化过程中 dE 为负?在哪些变化过程中 dE 为正?

(3) dQ、dE、dA 三者能否同时为正?三者能否同时为负?

3. 热力学第一定律在什么条件下可表述为

$$dQ=\frac{m}{M}C_V dT+p dV$$

4. 向 1mol 理想气体传递相同的热量 ΔQ,问在等容、等压和等温三种平衡过程中,哪一过程中温升最大?哪一过程中温升最小?

5. 一理想气体经图 15.4.1 所示的各过程,试讨论其比热容是正还是负?

(1) 过程 Ⅰ—Ⅱ;

(2) 过程 Ⅰ′—Ⅱ(沿绝热线);

(3) 过程 Ⅱ′—Ⅱ。

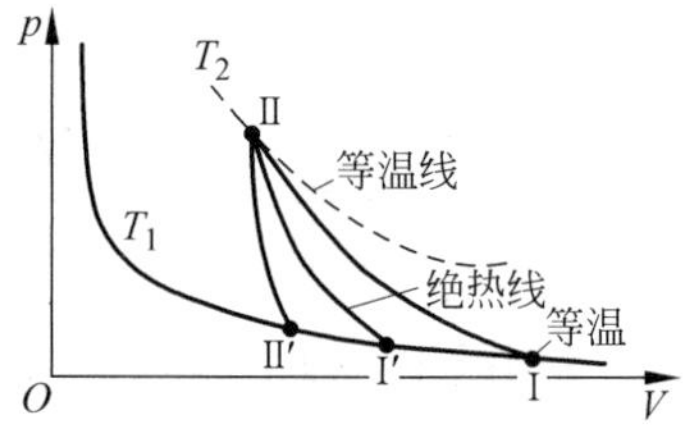

图 15.4.1

6. 讨论理想气体在下述过程中,ΔE、ΔT、A 和 Q 的正负:

(1) 等容过程压力减小;

(2) 等压压缩;

(3) 绝热膨胀;

(4) 图 15.4.2(a)所示过程 Ⅰ—Ⅱ—Ⅲ;

(5) 图 15.4.2(b)所示过程 Ⅰ—Ⅱ—Ⅲ 和过程 Ⅰ—Ⅱ″—Ⅲ。

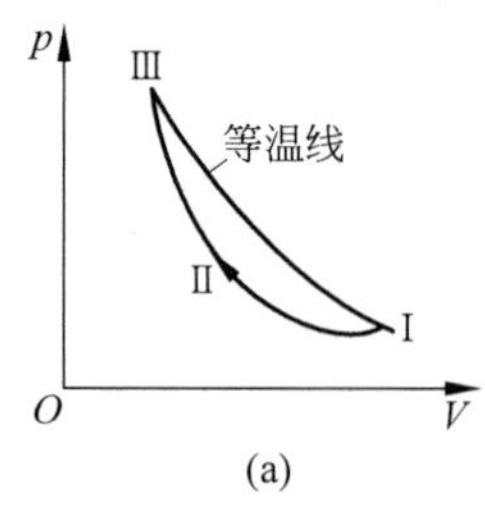

(a)

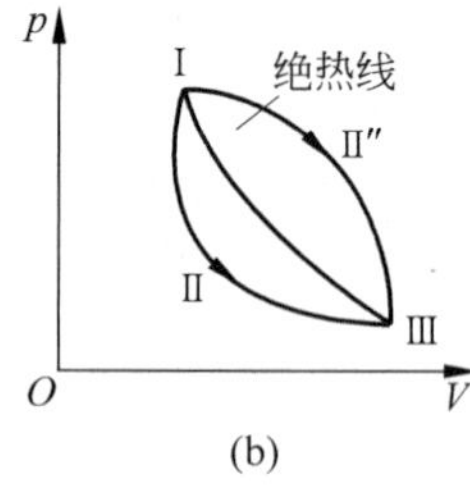

(b)

图 15.4.2

7. 在 p-V 图上,为什么绝热线和等温线只能相交于一点?为什么交点处,绝热线比等温线更陡些?其物理意义何在?

8. 有两个可逆机分别使用不同的热源作卡诺循环,在 p-V 图上,它们的循环曲线所包围的面积相等,但形状不同,如图 15.4.3 所示,它们吸热和放热的差值是否相同?对外所做的净功是否相同?效率是否相同?

9. p-V 图中表示循环过程的曲线所包围的面积，代表热机在一个循环中所做的净功。如图 15.4.4 所示，如果容积膨胀得大些，面积就大些(图中面积 $S_{abc'd'}$ > 面积 S_{abcd})，所做的净功就多了，因此热机效率也可以提高了，这种说法对吗？

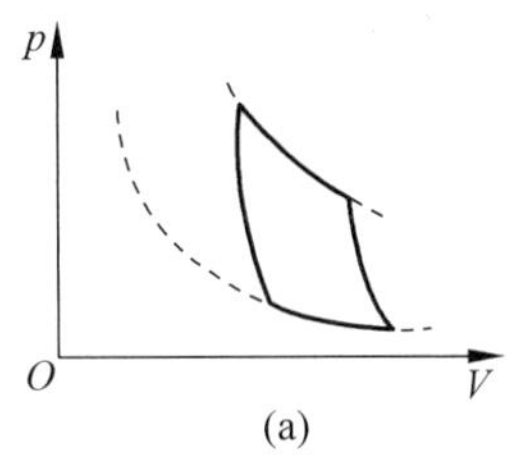

(a)

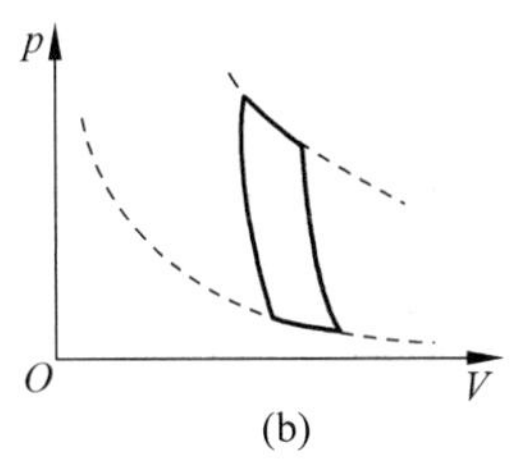

(b)

图　15.4.3

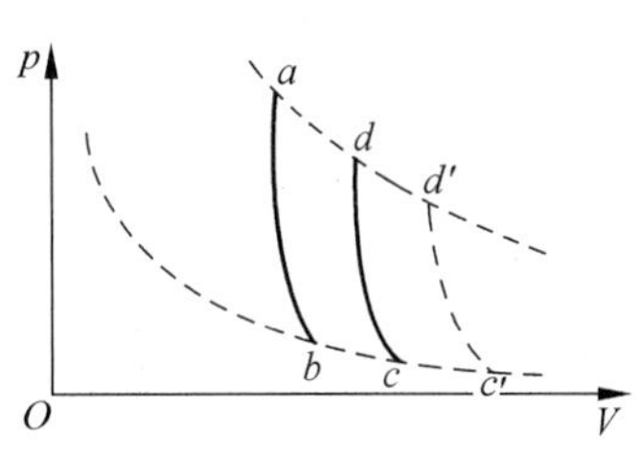

图　15.4.4

10. 试根据热力学第二定律判断下面两种说法是否正确：

(1) 功可以全部转化为热，但热不能全部转化为功；

(2) 热量能够从高温物体传到低温物体，但不能从低温物体传到高温物体。

自我检查题

1. 一物质系统从外界吸收一定的热量，则(　　)。

(A) 系统的内能一定增加

(B) 系统的内能一定减少

(C) 系统的内能一定保持不变

(D) 系统的内能可能增加，也可能减少或保持不变

2. 一物质系统从外界吸收一定的热量，则(　　)。

(A) 系统的温度一定升高

(B) 系统的温度一定降低

(C) 系统的温度一定保持不变

(D) 系统的温度可能升高，也可能降低或保持不变

3. 关于热量 Q，以下说法正确的是(　　)。

(A) 同一物体，温度高时比温度低时含的热量多

(B) 温度升高时，一定吸热

(C) 温度不变时，一定与外界无热交换

(D) 温度升高时，有可能放热

4. 一定量的理想气体，经历某过程后，它的温度升高了。则根据热力学定律可以断定

(1) 该理想气体系统在此过程中吸了热；

(2) 在此过程中外界对该理想气体系统做了正功；

(3) 该理想气体系统的内能增加了；

(4) 在此过程中理想气体系统既从外界吸了热，又对外做了正功。

以上正确的断言是：(　　)。

(A) (1)、(3)　　(B) (2)、(3)　　(C) (3)　　(D) (3)、(4)

(E) (4)

5. 如图15.5.1所示，当汽缸中的活塞迅速向上移动从而使气体自由膨胀时，气体所经历的过程(　　)。

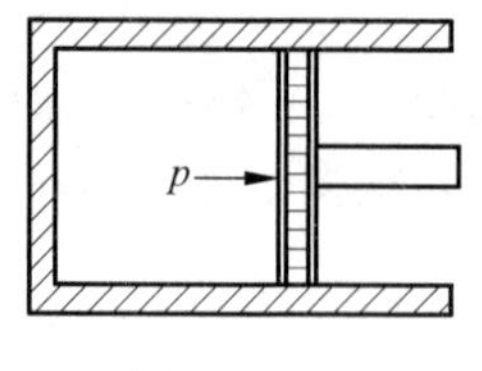

图 15.5.1

(A) 是平衡过程，它能用 p-V 图上的一条曲线表示

(B) 不是平衡过程，但它能用 p-V 图上的一条曲线表示

(C) 不是平衡过程，它不能用 p-V 图上的一条曲线表示

(D) 是平衡过程，但它不能用 p-V 图上的一条曲线表示

6. 对于室温下的双原子分子理想气体，在等压膨胀的情况下，系统对外所做的功与从外界吸收的热量之比 A/Q 等于(　　)。

(A) 2/7　　(B) 1/4　　(C) 2/5　　(D) 1/3

7. 如图15.5.2所示，一定量理想气体从体积为 V_1 膨胀到 V_2，AB 为等压过程，AC 为等温过程，AD 为绝热过程。则吸热最多的是(　　)。

(A) AB 过程　　(B) AC 过程　　(C) AD 过程　　(D) 不能确定

8. 1mol单原子分子理想气体从状态 A 变为状态 B，如果不知是什么气体，变化过程也不知道，但 A、B 两态的压强、体积和温度都知道，则可求出(　　)。

(A) 气体所做的功　　(B) 气体内能的变化

(C) 气体传给外界的热量　　(D) 气体的质量

9. 如图15.5.3所示，一定量的理想气体，由平衡状态 A 变到平衡状态 B(且 $P_A=P_B$)，则无论经过的是什么过程，系统必然(　　)。

(A) 对外做正功　　(B) 内能增加

(C) 从外界吸热　　(D) 向外界放热

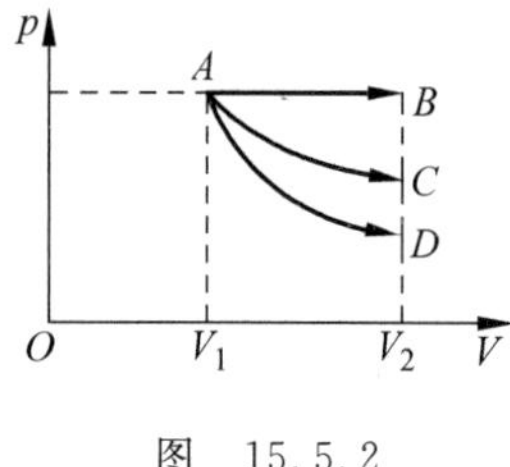

图 15.5.2

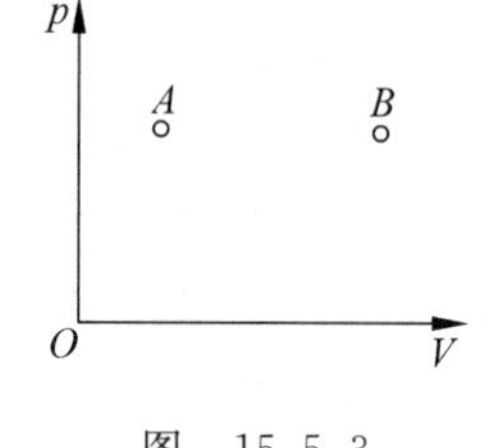

图 15.5.3

10. 对于理想气体系统来说，在下列过程中，哪个过程系统所吸收的热量、内能的增量和对外做的功三者均为负值？(　　)

(A) 等容降压过程　　(B) 等温膨胀过程

(C) 绝热膨胀过程　　(D) 等压压缩过程

11. 在下列理想气体各种过程中，哪些过程可能发生？(　　)

(A) 等容加热时，内能减少，同时压强升高

(B) 等温压缩时，压强升高，同时吸热

(C) 等压压缩时，内能增加，同时吸热

(D) 绝热压缩时，压强升高，同时内能增加

12. 在图15.5.4给出的四个图像中，哪个图像能够描述一定质量的理想气体在可逆绝热过程中，密度随压强的变化？(　　)

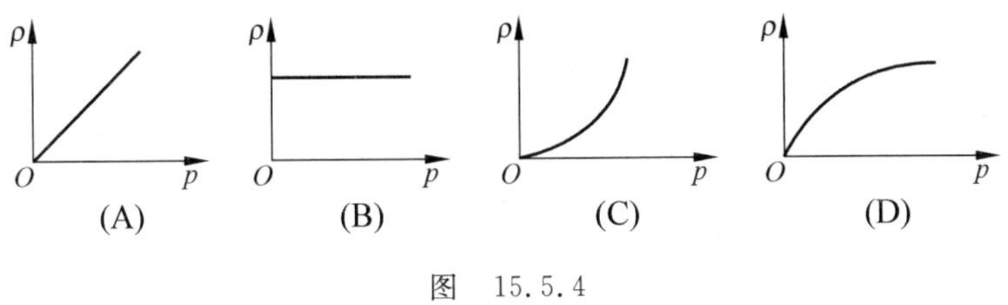

图　15.5.4

13. 气体由一定的初态绝热压缩到一定体积,一次缓缓地压缩,温度变化为 ΔT_1;另一次很快地压缩,稳定后温度变化为 ΔT_2。其他条件都相同,则有(　　)。

(A) $\Delta T_1=\Delta T_2$　　(B) $\Delta T_1<\Delta T_2$　　(C) $\Delta T_1>\Delta T_2$　　(D) 无法判断

14. 一个绝热容器,用质量可忽略的绝热板分成体积相等的两部分。两边分别装入质量相等、温度相同的 H_2 和 O_2,开始时绝热板 P 固定,然后释放之,板 P 将发生移动(绝热板与容器壁之间不漏气且摩擦可以忽略不计),在达到新的平衡位置后,若比较两边温度的高低,如图 15.5.5 所示,则结果是(　　)。

(A) H_2 比 O_2 温度高

(B) O_2 比 H_2 温度高

(C) 两边温度相等且等于原来的温度

(D) 两边温度相等但比原来的温度降低了

15. 理想气体向真空作绝热膨胀(　　)。

(A) 膨胀后,温度不变,压强减小　　(B) 膨胀后,温度降低,压强减小

(C) 膨胀后,温度升高,压强减小　　(D) 膨胀后,温度不变,压强不变

16. 一绝热密封容器,用隔板分成相等的两部分,左边盛有一定量的理想气体,压强为 p_0,右边为真空,如图 15.5.6 所示。今将隔板抽去,气体自由膨胀,则气体达到平衡时,气体的压强是(下列各式中 $\gamma=C_p/C_V$):(　　)。

(A) $p_0/2^\gamma$　　(B) $2^\gamma p_0$　　(C) p_0　　(D) $p_0/2$

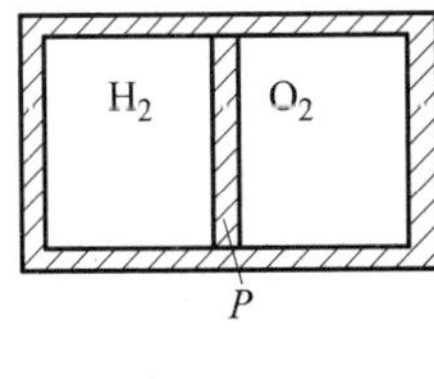

图　15.5.5

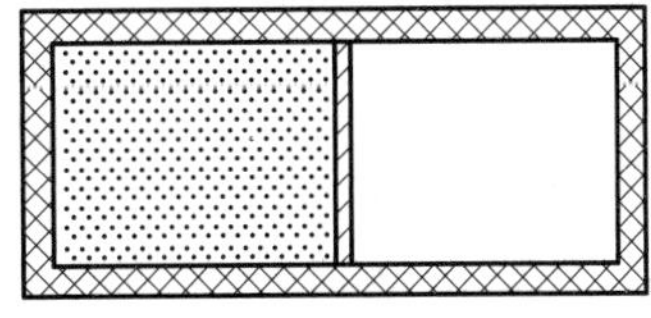

图　15.5.6

17. 用公式 $\Delta E=\nu C_V\Delta T$(式中 C_V 为定容摩尔热容,ν 为气体摩尔数)计算理想气体内能增量时,此式(　　)。

(A) 只适用于准静态的等容过程　　(B) 只适用于一切等容过程

(C) 只适用于一切准静态过程　　(D) 适用于一切始末态为平衡态的过程

18. 有两个相同的容器,容积固定不变,一个盛有氦气,另一个盛有氢气(看成刚性分子的理想气体),它们的压强和温度都相等。现将 5J 的热量传给氢气,使氢气温度升高,如果使氦气也升高同样的温度,则应向氦气传递的热量是(　　)。

(A) 6J　　(B) 5J　　(C) 3J　　(D) 2J

19. 热力学第一定律表明：(　　)。

(A) 系统对外所做的功小于吸收的热量　(B) 系统内能的增量小于吸收的热量

(C) 热机的效率总是小于1　(D) 第一类永动机是不可能实现的

20. 如图15.5.7所示，理想气体在Ⅰ—Ⅱ—Ⅲ的过程中，应是：(　　)。

(A) 气体从外界吸热，内能增加

(B) 气体从外界吸热，内能减少

(C) 气体向外界放热，内能增加

(D) 气体向外界放热，内能减少

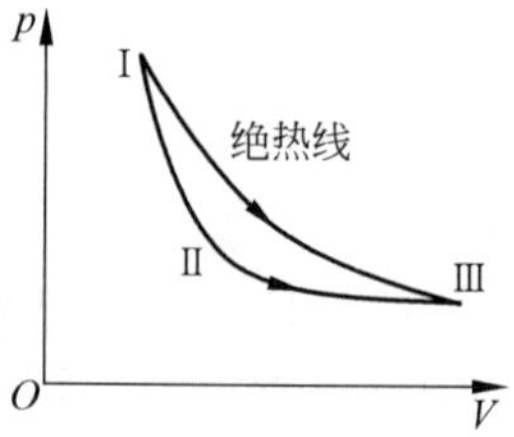

图　15.5.7

21. 由图15.5.8所列的四图分别表示某人设想的理想气体的四个循环过程。请选出其中一个在物理上可能实现的循环过程的图的标号。(　　)

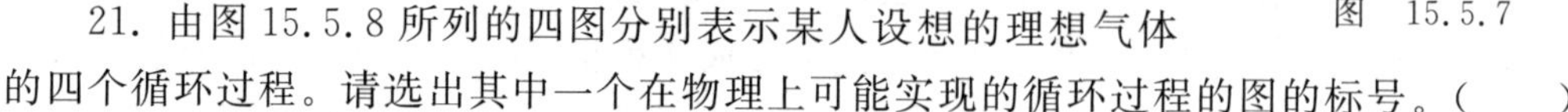

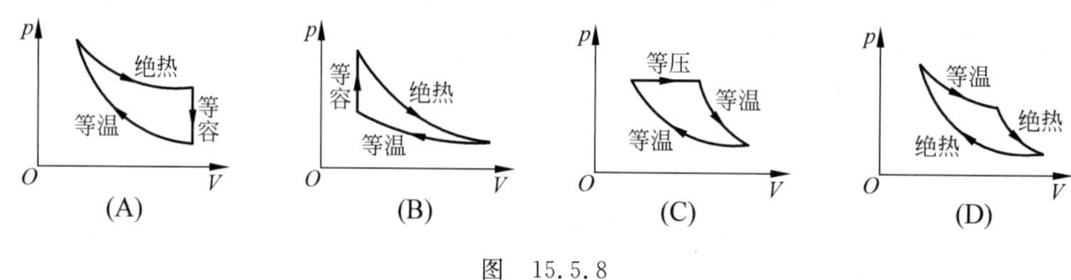

图　15.5.8

22. 如图15.5.9所示，1mol理想气体从 p-V 图上初态 a 分别经历如图所示的(1)或(2)过程到达末态 b。已知 $T_a < T_b$，则这两过程中气体吸收的热量 Q_1 和 Q_2 的关系是(　　)。

(A) $Q_1 > Q_2 > 0$　(B) $Q_2 > Q_1 > 0$

(C) $Q_2 < Q_1 < 0$　(D) $Q_1 < Q_2 < 0$

(E) $Q_1 = Q_2 > 0$

23. 如图15.5.10所示，一定量的理想气体分别由初态 a 经(1)过程 ab 和由初态 a' 经(2)过程 $a'cb$ 到达相同的终态 b，如 p-T 图所示，则两个过程中气体从外界吸收的热量 Q_1 和 Q_2 的关系为(　　)。

(A) $Q_1 < 0, Q_1 > Q_2$　(B) $Q_1 > 0, Q_1 > Q_2$

(C) $Q_1 < 0, Q_1 < Q_2$　(D) $Q_1 > 0, Q_1 < Q_2$

24. 一定量的理想气体的状态改变可用图15.5.11所示的 p-T 图表示，从平衡态 a 到平衡态 b 为沿着一条直线，问其状态改变是一个什么过程？(　　)

(A) 这是一个绝热压缩过程　(B) 这是一个等容吸热过程

(C) 这是一个吸热压缩过程　(D) 这是一个吸热膨胀过程

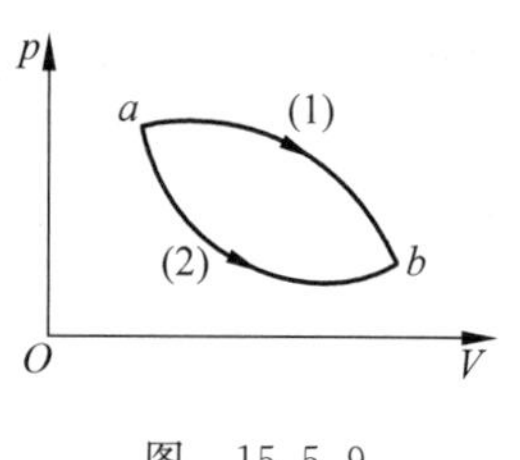

图　15.5.9

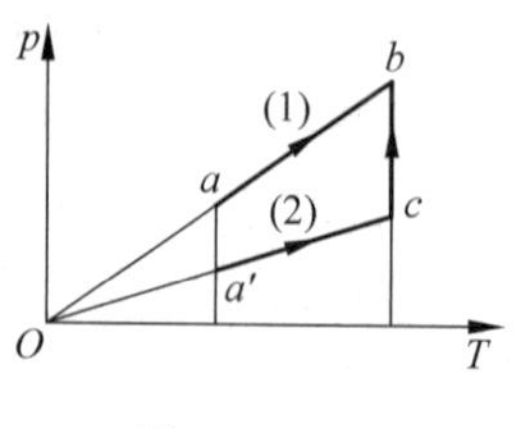

图　15.5.10

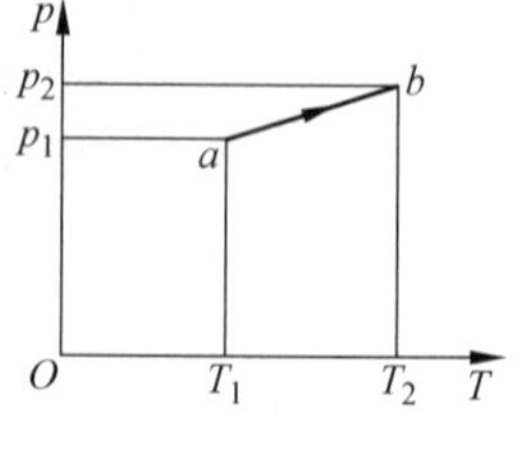

图　15.5.11

25. 如图 15.5.12 所示，一定质量的理想气体完成一循环过程。此过程在 V-T 图中用图线 1→2→3→1 描写。该气体在循环过程中吸热、放热的情况是(　　)。

(A) 在 1→2，3→1 过程吸热；在 2→3 过程放热

(B) 在 2→3 过程吸热；在 1→2，3→1 过程放热

(C) 在 1→2 过程吸热；在 2→3，3→1 过程放热

(D) 在 2→3，3→1 过程吸热；在 1→2 过程放热

26. 如果卡诺热机的循环曲线所包围的面积从图 15.5.13 中的 $abcda$ 增大为 $ab'c'da$，那么循环 $abcda$ 与 $ab'c'da$ 所做的净功和热机效率变化情况是(　　)。

(A) 净功增大，效率提高　　(B) 净功增大，效率降低

(C) 净功和效率都不变　　(D) 净功增大，效率不变

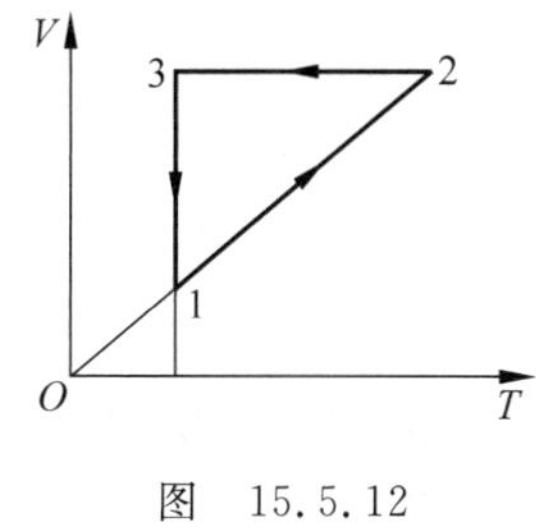

图　15.5.12

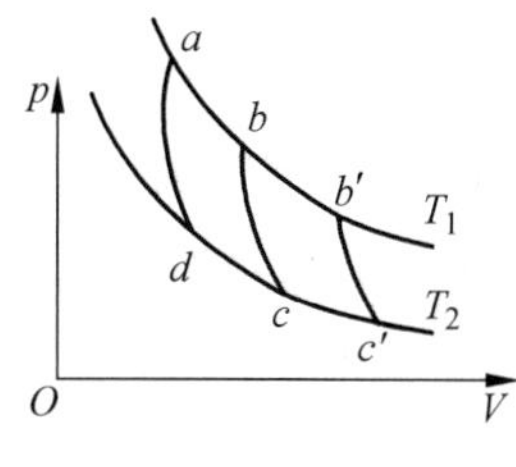

图　15.5.13

27. 设高温热源的热力学温度是低温热源的热力学温度的 n 倍，则理想气体在一次卡诺循环中，传给低温热源的热量是从高温热源吸取的热量的(　　)。

(A) n 倍　　(B) $n-1$ 倍　　(C) $\frac{1}{n}$倍　　(D) $\frac{n+1}{n}$倍

28. 根据热力学第二定律可知：(　　)。

(A) 功可以全部转换为热，但热不能全部转换为功

(B) 热可以从高温物体传到低温物体，但不能从低温物体传到高温物体

(C) 不可逆过程就是不能向相反方向进行的过程

(D) 一切自发过程都是不可逆的

29. 关于可逆过程和不可逆过程的判断：

(1) 可逆热力学过程一定是平衡过程；

(2) 平衡过程一定是可逆过程；

(3) 不可逆过程就是不能向相反方向进行的过程；

(4) 凡有摩擦的过程，一定是不可逆过程。

以上四种判断中，正确的是(　　)。

(A) (1)、(2)、(3)　　(B) (1)、(2)、(4)

(C) (2)、(4)　　(D) (1)、(4)

30. 关于热功转换和热量传递过程，有下面一些叙述：

(1) 功可以完全变为热量，而热量不能完全变为功；

(2) 一切热机的效率都只能小于 1；

(3) 热量不能从低温物体向高温物体传递；

(4) 热量从高温物体向低温物体传递是不可逆的。

以上这些叙述(　　)。

(A) 只有(2)、(4)正确　　(B) 只有(2)、(3)、(4)正确

(C) 只有(1)、(3)、(4)正确　　(D) 全部正确

31. “理想气体和单一热源接触作等温膨胀,吸收的热量全部用来对外做功”,对此说法,有如下几种评论,哪一种正确?(　　)

(A) 不违反热力学第一定律,也不违反热力学第二定律

(B) 违反热力学第一定律,也违反热力学第二定律

(C) 不违反热力学第一定律,但违反热力学第二定律

(D) 违反热力学第一定律,但不违反热力学第二定律

32. 一绝热容器被隔板分成两半,一半是真空,另一半是理想气体。若把隔板抽出,气体将进行自由膨胀,达到平衡后(　　)。

(A) 温度不变,熵增加　　(B) 温度升高,熵增加

(C) 温度降低,熵增加　　(D) 温度不变,熵不变

33. 一定量的理想气体向真空作绝热自由膨胀,在此过程中气体的(　　)。

(A) 内能不变,熵增加　　(B) 内能不变,熵减少

(C) 内能不变,熵不变　　(D) 内能增加,熵增加

34. 气体在 p-V 图上初态 a 经历(1)或(2)过程到达末态 b,如图 15.5.14 所示,已知 a、b 两态处于同一条绝热线上(图中虚线是绝热线),则(1)或(2)过程中气体吸热或放热的情况为:(　　)。

(A) (1)过程吸热,(2)过程放热

(B) (1)过程放热,(2)过程吸热

(C) 两种过程都吸热

(D) 两种过程都放热

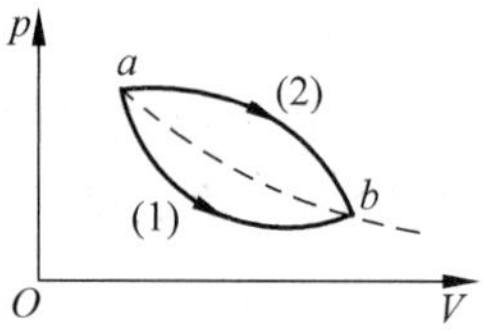

图　15.5.14

35. 要使一热力学系统的内能变化,可以通过________或________两种方式,或者两种方式兼用来完成。

36. 理想气体的状态发生变化时,其内能的改变量只取决于________,而与________无关。

37. 一汽缸内储有 10mol 的单原子分子理想气体,在压缩过程中,外力做功 209J,气体温度升高 1K,则气体内能的增量 ΔE 为________J,吸收的热量 Q 为________J。

38. 对于单原子分子理想气体,下面各式分别代表什么物理意义?

(1) $\frac{3}{2}RT$:________;(2) $\frac{3}{2}R$:________;(3) $\frac{5}{2}R$:________。

39. 某种气体(视为理想气体)在标准状态下的密度为 $\rho=0.0894\text{kg/m}^3$,则该气体的定压摩尔热容 $C_p=$________,定容摩尔热容 $C_V=$________。

40. 一定量的某种理想气体在等压过程中对外做功为 200J。若此种气体为单原子分子气体,则该过程中需吸热________J;若为双原子分子气体,则该过程中需吸热________J。

41. 3mol 的理想气体开始时处在压强 $p_1=6\text{atm}$、温度 $T_1=500\text{K}$ 的平衡态。经过一个等温过程,压强变为 $p_2=3\text{atm}$。该气体在此等温过程中吸收的热量为 $Q=$________J。

42. 在 p-V 图上,(1)系统的某一平衡态用________来表示;(2)系统的某一平衡过程

用________来表示；(3)系统的某一平衡循环过程用________来表示。

43. 在不同过程理想气体状态方程可以具有不同的微分形式：$p\mathrm{d}V=\frac{m}{M}R\mathrm{d}T$ 表示的是________过程；$V\mathrm{d}p=\frac{m}{M}R\mathrm{d}T$ 表示的是________过程；$p\mathrm{d}V+V\mathrm{d}p=0$ 表示的是________过程。

44. 如图 15.5.15 所示，理想气体经历 $a\to b\to c$ 过程，在此过程中气体从外界吸收热量 Q，系统内能变化 ΔE，在以下空格内填上“>0”“<0”“$=0$”：Q________，ΔE________。

45. 理想气体等温压缩到给定体积时，外界对气体做的功为$|W_1|$，又经绝热膨胀返回原来体积时，气体对外界做的功为$|W_2|$，则整个过程中气体：

(1) 从外界吸收的热量 $Q=$________；

(2) 内能增加了 $\Delta E=$________。

46. 如图 15.5.16 所示，已知图中画不同斜线的两部分的面积分别为 S_1 和 S_2，那么，

(1) 如果气体的膨胀过程为 a—1—b，则气体对外做功 $W=$________；

(2) 如果气体进行 a—2—b—1—a 的循环过程，则它对外做功 $W=$________。

47. 一卡诺热机，其高温热源温度为 400K，每一循环从高温热源吸进 418.68J 的热量，并向低温热源放出 334.9J 的热量，则低温热源的温度为________K，该热机的效率为________。

48. 图 15.5.17 所示为以一定量理想气体作为工作物质，在 p-T 图中经图示的循环过程。图中 $a\to b$ 及 $c\to d$ 为两个绝热过程，则这个循环过程为________循环，其效率 η 为________。

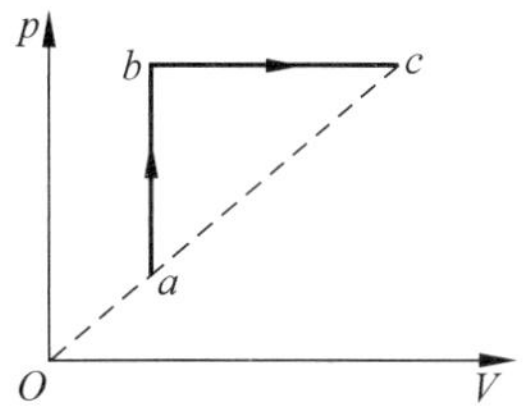

图　15.5.15

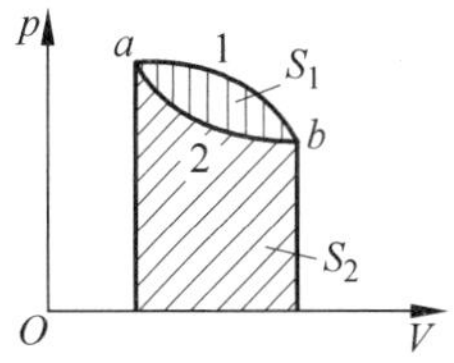

图　15.5.16

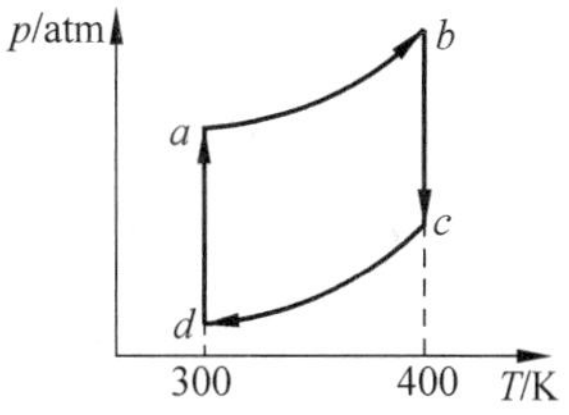

图　15.5.17

49. 熵是大量微观粒子________的定量量度。在一个孤立系统内，一切实际过程都向着________的方向进行，这就是热力学第二定律的统计意义。一切与热现象有关的宏观实际过程都是________。

习题

1. 一定量的理想气体，其体积和压强依照 $V=a/\sqrt{p}$ 的规律变化，其中 a 为已知常数，试求：

(1) 气体从体积 V_1 膨胀到 V_2 所做的功；

(2) 体积为 V_1 时的温度 T_1 与体积为 V_2 时的温度 T_2 之比。

2. 有一定量的理想气体，其压强按 $p=\frac{C}{V^2}$ 的规律变化，C 是个常量。求气体从容积 V_1

增加到 V_2 所做的功,该理想气体的温度是升高还是降低?

3. 2mol 氢气(视为理想气体)开始时处于标准状态,后经等温过程从外界吸取了 400J 的热量达到末态,求末态的压强。

4. 将 500J 的热量传给标准状态下 2mol 的氢。若温度不变,热量变为什么?氢的压强及体积各变为多少?

5. 1mol 单原子理想气体从 300K 加热到 350K,(1)容积保持不变,(2)压强保持不变。问在这两个过程中各吸收了多少热量?增加了多少内能?对外做了多少功?

6. 压强为 1.0×10^5Pa、体积为 0.0082m^3 的氮气,从初始温度 300K 加热到 400K,如加热时(1)体积不变,(2)压强不变,问各需热量多少?哪一个过程所需热量大?为什么?

7. 如图 15.6.1 所示,一定量的理想气体,由状态 a 经 b 到达 c(图中 abc 为一直线)。求此过程中:

(1) 气体内能的增量 ΔE;

(2) 气体对外做的功 W;

(3) 气体吸收的热量 Q。

8. 如图 15.6.2 所示,1mol 双原子理想气体(刚性),从状态 $A(p_1,V_1)$沿出发直线到 $B(p_2,V_2)$,试求:

(1) 气体内能的增量 ΔE;

(2) 气体对外做的功 W;

(3) 气体吸收的热量 Q。

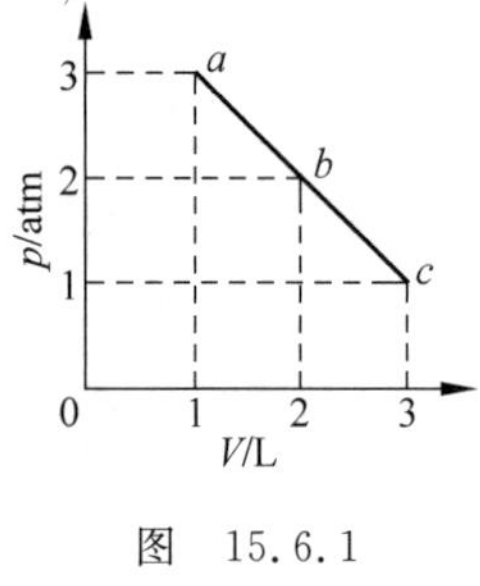

图 15.6.1

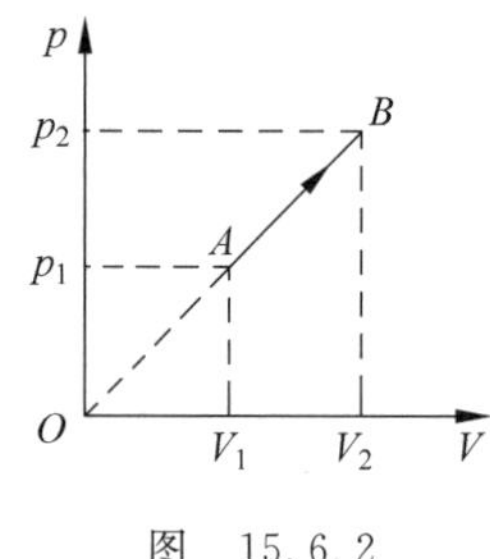

图 15.6.2

9. 一定量的某种理想气体,开始时处于压强、体积、温度分别为 $p_0=1.2\times10^6$Pa,$V_0=8.31\times10^{-3}$$m^3$,$T_0=300$K 的初态,后经过一等容过程,温度升高到 $T_1=450$K,再经过一等温过程,压强降到 $p=p_0$ 的末态。已知该理想气体的等压摩尔热容与等容摩尔热容之比 $\frac{C_p}{C_V}=\frac{5}{3}$。求:

(1) 该理想气体的等压摩尔热容 C_p 和等容摩尔热容 C_V;

(2) 气体从初态变到末态的全过程中从外界吸收的热量。

10. 3mol 温度为 $T_0=273$K 的理想气体,先经等温过程体积膨胀到原来的 5 倍,然后等容加热,使其末态的压强刚好等于初始压强,整个过程传给气体的热量为 8×10^4J。试画出此过程的 p-V 图,并求这种气体的比热容比 $\gamma=\frac{C_p}{C_V}$值。

11. 温度为 25℃、压强为 1atm 的 1mol 刚性双原子分子理想气体，经等温过程体积膨胀至原来的 3 倍。

(1) 计算这个过程中气体对外所做的功；

(2) 假若气体经绝热过程体积膨胀为原来的 3 倍，那么气体对外做的功又是多少？

12. 有 1mol 刚性多原子理想气体($i=6$)，原来压强为 1.0atm，体积为 $2.46\times10^{-2}\,\mathrm{m}^3$，若经过一绝热压缩过程，体积缩小为原来的 1/8，求：

(1) 气体内能的增加；

(2) 该过程中气体所做的功；

(3) 终态时气体的分子数密度。

13. 一定量的理想气体在 p-V 图中的等温线与绝热线交点处两线的斜率之比为 0.714，求其定容摩尔热容。

14. 理想气体分别经等温过程和绝热过程由体积 V_1 膨胀到 V_2。

(1) 用过程方程证明绝热线比等温线陡些；

(2) 用分子运动论的观点说明绝热线比等温线陡的原因。

15. 比热容比为 $\gamma=1.40$ 的理想气体，进行如图 15.6.3 所示的 $ABCA$ 循环，状态 A 的温度为 300K。

(1) 求状态 B、C 的温度；

(2) 计算各过程中气体所吸收的热量、气体所做的功和气体内能的增量。

16. 一定量的某种理想气体进行如图 15.6.4 所示的循环过程。已知气体在状态 A 的温度为 $T_A=300\mathrm{K}$，求：

(1) 气体在状态 B、C 的温度；

(2) 各过程中气体对外所做的功；

(3) 经过整个循环过程，气体从外界吸收的总热量(各过程吸热的代数和)。

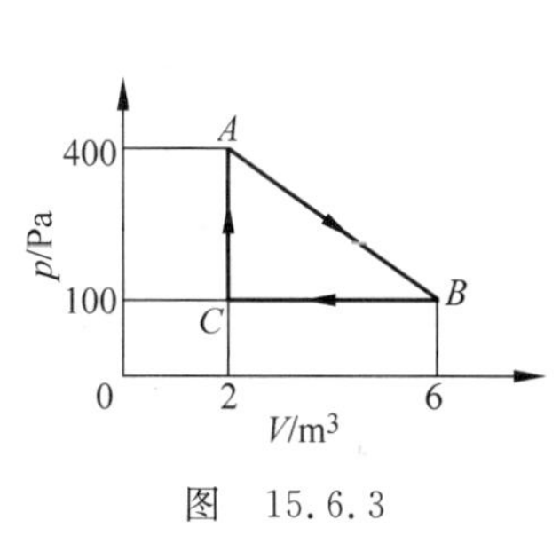

图　15.6.3

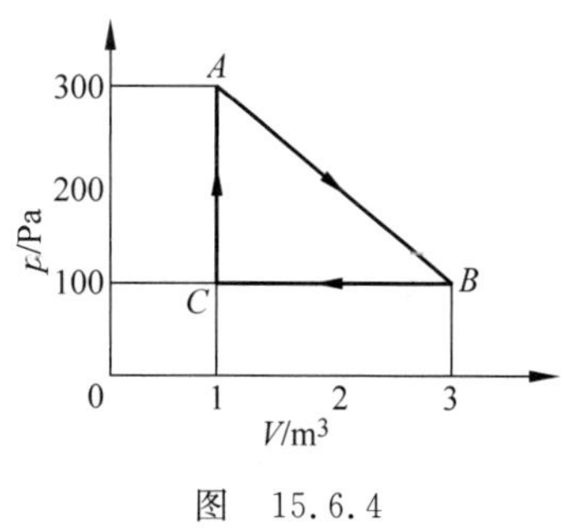

图　15.6.4

17. 1mol 刚性双原子分子的理想气体，开始时处于 $p_1=1.01\times10^5\,\mathrm{Pa}$，$V_1=10^{-3}\,\mathrm{m}^3$ 的状态。然后经直线过程Ⅰ变到 $p_2=4.04\times10^5\,\mathrm{Pa}$，$V_2=2\times10^{-3}\,\mathrm{m}^3$ 的状态，如图 15.6.5 所示。后又经过程方程为 $pV^{\frac{1}{2}}=C$(常量)的过程Ⅱ变到压强 $p_3=p_1=1.01\times10^5\,\mathrm{Pa}$ 的状态。求：

(1) 在过程Ⅰ中气体吸收的热量；

(2) 整个过程气体吸收的热量。

18. 1mol 单原子分子理想气体，经历如图 15.6.6 所示的可逆循环，联结 AC 两点的曲线Ⅲ的方程为 $p=\frac{p_0V^2}{V_0^2}$，A 点的温度为 T_0。

(1) 试以 T_0、R 表示Ⅰ、Ⅱ、Ⅲ过程中气体吸收的热量；

(2) 求此循环的效率。

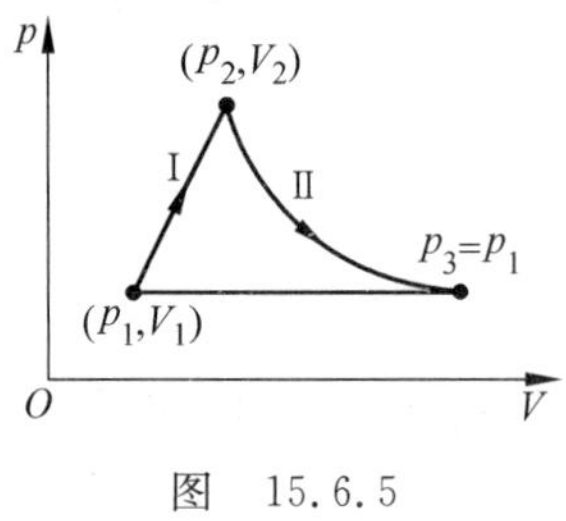

图 15.6.5

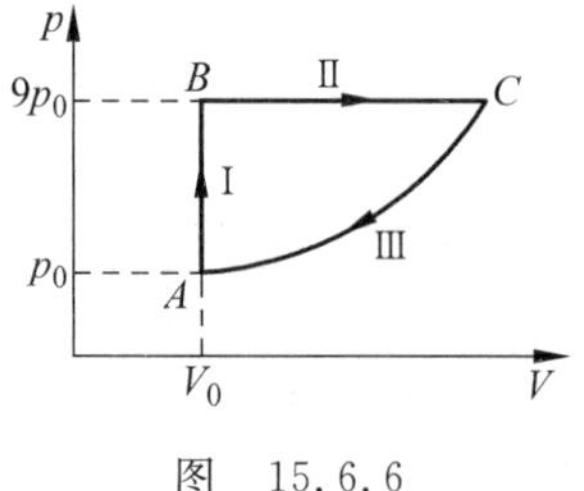

图 15.6.6

19. 已知某双原子气体作图 15.6.7 所示的循环过程，其中 ac 为等温线，$p_a=4.15\times 10^6\,\text{Pa}$，$V_a=1.0\times10^{-2}\,\text{m}^3$，$V_b=3.0\times10^{-2}\,\text{m}^3$，求：

(1) 各过程中的 Q、ΔE 和 W；

(2) 循环效率 η。

20. 汽缸内有 36g 水蒸气(视为刚性分子的理想气体)，经 $abcda$ 循环过程，如图 15.6.8 所示。其中 $a\to b$，$c\to d$ 为等容过程，$b\to c$ 为等温过程，$d\to a$ 为等压过程。试求：

(1) $d\to a$ 过程中系统所做的功；

(2) $a\to b$ 过程中内能的增量；

(3) 循环过程水蒸气做的净功 $W=$？

(4) 循环效率 $\eta=$？

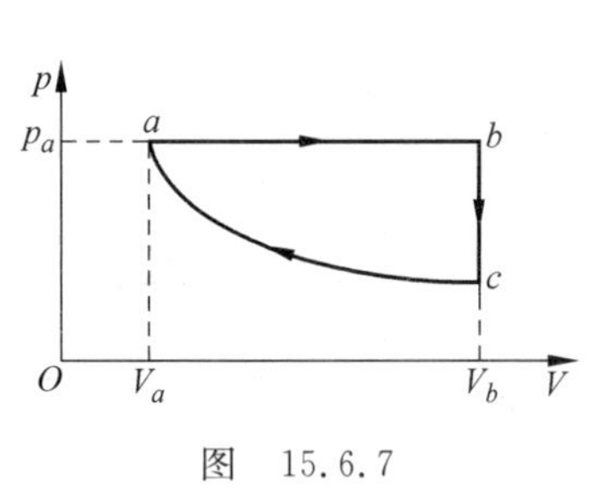

图 15.6.7

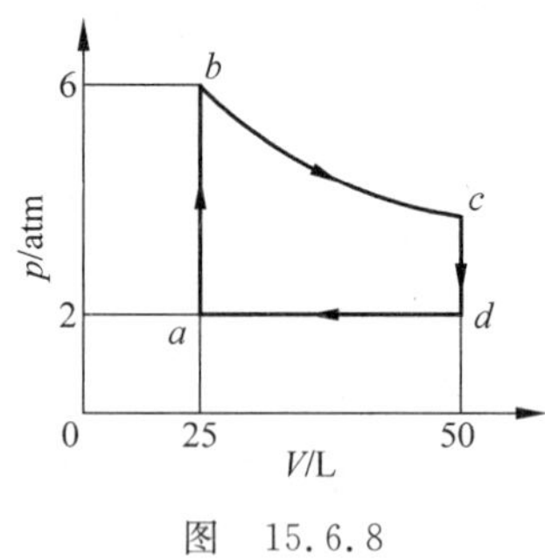

图 15.6.8

21. 一卡诺热机(可逆的)，当高温热源的温度为 127℃、低温热源的温度为 27℃时，其每次循环对外做净功 8000J。今维持低温热源的温度不变，提高其高温热源温度，使其每次循环对外做净功 10000J。若两个卡诺循环都工作在相同的两条绝热线之间，试求：

(1) 第二个循环热机的效率；

(2) 第二个循环的高温热源的温度。

22. 理想气体经历一卡诺循环，当热源温度为 100℃、冷却温度为 0℃时，做净功 800J。今若维持冷却器温度不变，提高热源温度，使净功增为 $1.60\times10^3\,\text{J}$，则这时：

(1) 热源的温度为多少？

(2) 效率增大到多少？设这两个循环都工作于相同的两绝热线之间。

23. 根据热力学第二定律证明：两条绝热线不能相交。

24. 试证明一条等温线和一条绝热线不能相交两次。

25. 如图 15.6.9 所示，绝热容器从中间被隔板等分为两部分，其中左边储有 1mol 某种理想气体，另一边为真空，现把隔板拉开，求气体膨胀后的熵变。

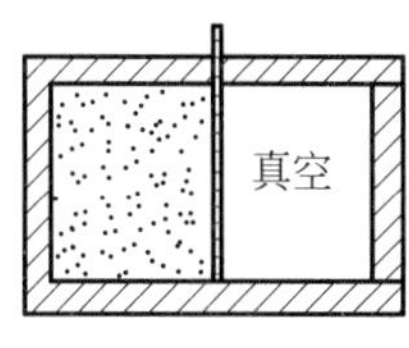

图　15.6.9

26. 有 2mol 的理想气体经过可逆的等压过程体积从 V_0 膨胀到 $3V_0$，求这一过程中的熵变。

第16章 波动光学

基本要求

1. 掌握相干光、相干光源、半波损失、光程、光程差等概念。
2. 掌握双缝干涉和薄膜干涉中光程差的计算，干涉明暗条纹的条件和干涉条纹的特点。
3. 掌握波带法和夫琅禾费单缝衍射公式。
4. 掌握光栅方程式，理解光栅光谱的形成和单缝衍射对光栅条纹的影响。
5. 掌握自然光、偏振光的概念，理解获得偏振光的方法。
6. 掌握马吕斯定律和布儒斯特定律及其应用。

基本概念和基本规律

1. 光的干涉

(1) 相干光　相干光源

光的干涉现象是满足一定条件的几束光相遇时，在相遇区中某些点处的光振动始终加强(呈现明条纹)，而某些点处的光振动始终减弱(呈现暗条纹)的现象。这种能产生光的干涉现象的几束光称为相干光，相应的光源称为相干光源。

相干光源的条件：频率相同、振动方向相同、相位差恒定。一般光源不是相干光源，它们发出的光也不是相干光，获得相干光的方法有分波阵面法和分振幅法两种。

(2) 光程　光程差

光在某媒质中前进一段路程的光程定义为光在媒质中前进的几何路程(l)与媒质的折射率(n)的乘积，即

$$光程 = n\,l$$

光程的物理意义是将光在媒质中前进的路程折合成光在真空中前进的路程。

在不同媒质中的光程可分段计算：

$$光程 = \sum n_i l_i$$

两束光的光程差(δ)：

$$\delta = 光程_2 - 光程_1 + [\lambda/2]$$

说明：

① $[\lambda/2]$为半波损失引起的附加光程差，合计存在奇数个半波损失时加$[\lambda/2]$，合计存在偶数个半波损失时不加$[\lambda/2]$；

② 当光从光疏媒质射向光密媒质界面时，反射光在界面处的相位发生 π 的突变，相当于损失了半个波长；

③ 平行光通过理想透镜不产生附加光程差。

两束光的光程差(δ)与相位差($\Delta\varphi$)间的关系为

$$\Delta\varphi = 2\pi\frac{\delta}{\lambda}\quad \text{（设两束光在计算起点处的相位是相同的）}$$

(3) 光的干涉条件

两束光形成明暗干涉条纹的条件：

明条纹　$\delta=\pm 2k\frac{\lambda}{2},\quad k=0,1,2,\cdots$

暗条纹　$\delta=\pm(2k-1)\frac{\lambda}{2},k=1,2,\cdots$　或　$\delta=\pm(2k+1)\frac{\lambda}{2},k=0,1,2,\cdots$

(4) 双缝干涉(分波阵面法)

设平行光垂直入射在同一种折射率为 n 的介质中的杨氏双缝，如图 16.2.1 所示，在 d、θ 很小的情况下，光程差和干涉明暗条纹的条件为：

光程差　$\delta=nr_2-nr_1\approx nd\sin\theta\approx\frac{nxd}{D}\left(当\ \theta<5°,\sin\theta=\tan\theta=\frac{x}{D}\right)$

明条纹坐标　$x=\pm 2k\left(\frac{D}{d}\right)\frac{\lambda}{2n},\quad k=0,1,2,\cdots$

暗条纹坐标　$x=\pm(2k-1)\left(\frac{D}{d}\right)\frac{\lambda}{2n},\quad k=1,2,\cdots$

条纹宽度　$\Delta x=\left(\frac{D}{d}\right)\left(\frac{\lambda}{n}\right)$

(5) 薄膜干涉(分振幅法)

如图 16.2.2 所示为薄膜干涉的示意图，设 $n_2>n_1,n_3<n_2$。

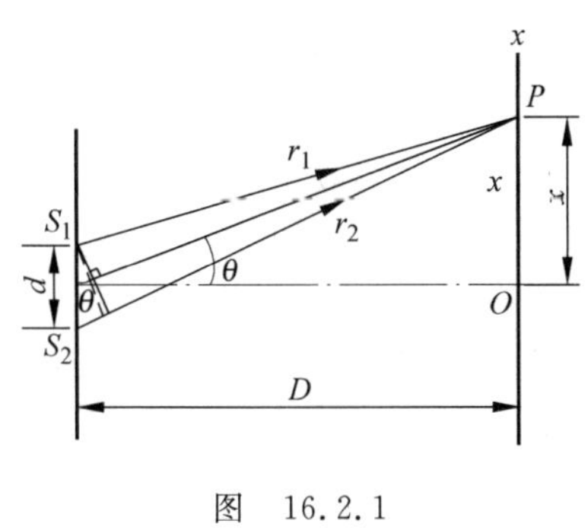

图　16.2.1

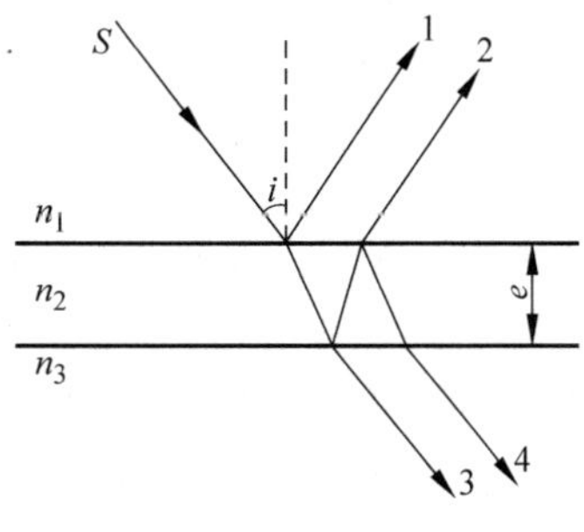

图　16.2.2

反射光 1、2 的光程差为

$$\delta_r = 2e(n_2^2-n_1^2\sin^2 i)^{1/2}+\lambda/2$$

透射光 3、4 的光程差为

$$\delta_t = 2e(n_2^2-n_1^2\sin^2 i)^{1/2}$$

反射光和透射光的干涉明暗条纹的条件都为

明条纹　$\delta=\pm 2k\frac{\lambda}{2},\quad k=1,2,\cdots$

暗条纹 $\delta=\pm(2k+1)\dfrac{\lambda}{2}$， $k=0,1,2,\cdots$

对同一倾角，反射光1、2与透射光3、4的光程差相差 $\lambda/2$，当反射光干涉加强时，透射光干涉减弱，反之亦然。读者自己可以验证，对 n_1、n_2、n_3 各种情况，上述结论都成立。

当媒质折射率和入射光波长给定后，δ 是膜厚(e)和倾角(i)的函数，$\delta=f(i,e)$，所以薄膜干涉可分为下列两种类型。

① 等倾干涉　若 $e=$常数，则 $\delta=f(i)$。单色光以不同倾角照射到厚度相等的薄膜上产生的干涉称为等倾干涉，所形成的干涉条纹称为等倾条纹。同一级等倾条纹对应同一倾角，不同级条纹对应不同倾角。

② 等厚干涉　若 $i=$常数，则 $\delta=f(e)$。单色光以相同倾角照射到厚度不等的薄膜上产生的干涉称为等厚干涉，所形成的干涉条纹称为等厚条纹，同一级等厚条纹对应膜的同一厚度，不同级条纹对应膜的不同厚度，所以等厚条纹的形状是薄膜的等厚点轨迹的形状。典型的等厚干涉是劈尖与牛顿环。

(6) 劈尖

当单色光垂直照射到空气劈尖上时，反射光的光程差 $\delta=2e+\lambda/2$，反射光干涉的明暗条纹的条件为

明条纹 $\delta=2k\dfrac{\lambda}{2}$， $k=1,2,\cdots$

暗条纹 $\delta=(2k+1)\dfrac{\lambda}{2}$， $k=0,1,2,\cdots$

等厚条纹为平行于棱边的明暗相间的直条纹，棱边($e=0$)处为暗条纹，相邻明(暗)条纹的间距为

$$L=\frac{\lambda}{2\sin\theta}\approx\frac{\lambda}{2\theta}$$

若空气劈中充满折射率为 n 的媒质，反射光的光程差为 $\delta=2ne+(\lambda/2)$，相邻明(暗)条纹的间距为

$$l=\frac{\lambda}{2n\sin\theta}\approx\frac{\lambda}{2n\theta}$$

若光程差中无附加光程差[$\lambda/2$]，则棱边($e=0$)处为明条纹。

(7) 牛顿环

由球面平凸透镜与一平玻璃接触形成一空气薄膜，当单色光垂直照射时，反射光的光程差 $\delta=2e+\lambda/2$；反射光干涉的明暗条纹的条件为

明条纹 $\delta=2k\dfrac{\lambda}{2}$， $k=1,2,\cdots$

暗条纹 $\delta=(2k+1)\dfrac{\lambda}{2}$， $k=0,1,2,\cdots$

等厚条纹为明暗相间的同心圆环，环中心处($r=0$)为暗点，明暗环的半径约为

明环 $r=\left[\left(k-\dfrac{1}{2}\right)R\lambda\right]^{\frac{1}{2}}$， $k=1,2,3,\cdots$

暗环 $r=(kR\lambda)^{\frac{1}{2}}$， $k=0,1,2,3,\cdots$

若薄膜中充满折射率为 n 的媒质，反射光的光程差为 $\delta=2ne+\lambda/2$，明暗环的半径约为

明环　$r=\left[\left(k-\frac{1}{2}\right)R\frac{\lambda}{n}\right]^{\frac{1}{2}}$，　$k=1,2,3,\cdots$

暗环　$r=\left(kR\frac{\lambda}{n}\right)^{\frac{1}{2}}$，　$k=0,1,2,3,\cdots$

若光程差中无附加光程差[$\lambda/2$]，上述的结论互换，环中心处为亮点。

2. 光的衍射

(1) 惠更斯-菲涅耳原理

光的衍射现象：当光在传播过程中遇到障碍物时，光线出现偏离直线传播的现象。

惠更斯-菲涅耳原理：从同一波阵面上各子波源所发出的子波，经传播在空间某点相遇时，也可相互叠加而产生干涉。

干涉与衍射的区别和联系：光的干涉是指有限束相干光叠加，即在相遇点上处理有限个光振动的叠加；而光的衍射是指无限束相干子波的叠加，即在相遇点上要处理无限个光振动的叠加，所以二者有区别，但不是本质的。

光的衍射可分为夫琅禾费衍射和菲涅耳衍射两种。本章只讨论夫琅禾费衍射，即入射光和衍射光都是平行光，相当于光源和显示衍射图像的屏幕离开障碍物的距离为无限远时的衍射。

(2) 单缝衍射

菲涅耳波带法：将单缝处波阵面分成若干个等面积的波带。具体分法如下：如图 16.2.3 所示，波阵面 AB 上各子波源所发出的衍射角为 φ 的子波线中，最大光程差为 BC，将 BC 分成 n 个半波长，即

$$n=\frac{BC}{\frac{\lambda}{2}}=\frac{a\sin\varphi}{\frac{\lambda}{2}}$$

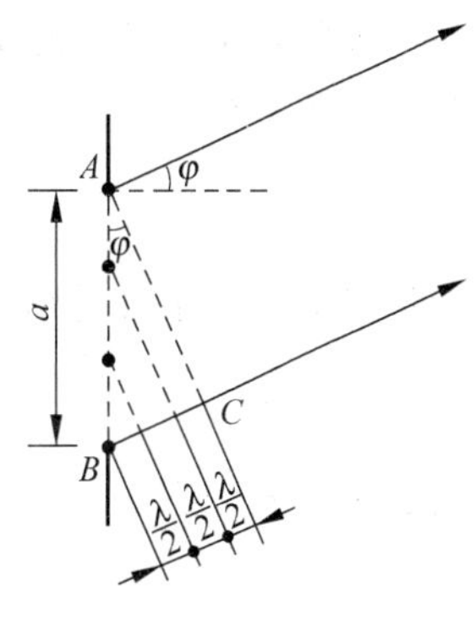

图　16.2.3

此时，单缝处波阵面相应也被分成 n 个半波带。显然波带数 n 的数值由衍射角 φ 决定。由于相邻两波带发出的子波在屏上相遇处相互抵消，所以屏上明暗条纹的条件与波带的数目有关。

单缝衍射公式：设屏上任意一点 P 对应的衍射角为 φ，若 φ 满足：

$a\sin\varphi=\pm 2k\left(\frac{\lambda}{2}\right)=\pm k\lambda$，　$k=1,2,3,\cdots$ 为暗条纹　(波带数 $n=2k$，n 是偶数)

$a\sin\varphi=\pm(2k+1)\frac{\lambda}{2}$，　$k=1,2,3,\cdots$ 为明条纹　(波带数 $n=2k+1$，n 是奇数)

$a\sin\varphi=0$，　为中央明条纹

$-\lambda<a\sin\varphi<\lambda$，　为中央明条纹区域。

光强分布：平行光经过单缝衍射后，光强分布如图 16.2.4 所示。由图可以看出，在中央明条纹的两侧对称分布着各级暗条纹，两条暗条纹中间为明条纹。中央明条纹最亮也最宽，约为其他各级明条纹的 2 倍。明条纹的光强随 k 的增大而逐渐减弱，这是因为衍射角越大，单缝处波阵面被分成的半波带数越多，波带的面积就越小，而亮纹时只取决于一个波带的贡献。

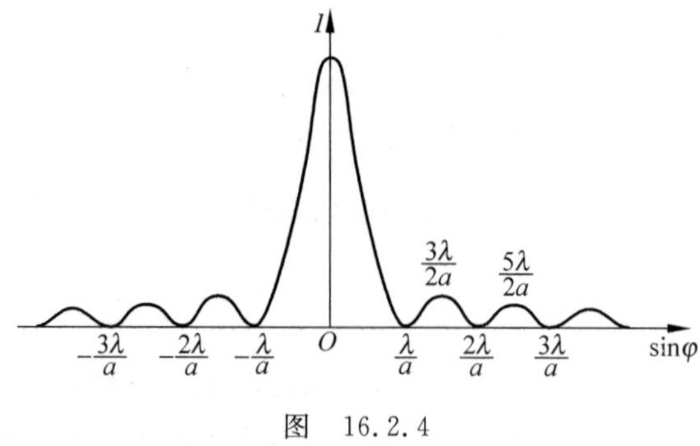

图 16.2.4

条纹的宽度：相邻暗条纹间的距离即为明条纹的宽度，中央明条纹的宽度定义为正负一级暗条纹间的距离，其值等于其他暗条纹宽度的2倍。

中央明条纹的宽度为

$$\Delta x_0 = 2f\frac{\lambda}{a}$$

其他各级明、暗条纹的宽度为

$$\Delta x = f\frac{\lambda}{a}$$

(3) 圆孔夫琅禾费衍射及光学仪器的分辨率

艾里斑角半径

$$\theta = 0.61\frac{\lambda}{a} = 1.22\frac{\lambda}{d}$$

光学仪器的最小分辨角

$$\theta_0 = 0.61\frac{\lambda}{a} = 1.22\frac{\lambda}{d}$$

光学仪器的分辨率

$$R = \frac{1}{\theta_0}$$

(4) 光栅衍射

由大量等宽、等间距的平行狭缝组成的光学器件称为光栅，缝的宽带 a 和遮光部分为 b，相邻两缝的间距为$(a+b)$称为光栅常数 d，即 $d=a+b$。光栅衍射是单缝衍射和多光束干涉的总效果。

设光栅的狭缝总数为 N，衍射角为 φ，由 N 束光干涉可得到光栅干涉形成的明暗条纹条件：

$d\sin\varphi=\pm k\lambda$， $k=0,1,2,\cdots$ 明条纹(通常称此公式为光栅方程)

$d\sin\varphi=\pm\frac{k'\lambda}{N}$， $k'=1,2,3,\cdots,N-1,N+1,\cdots,2N-1,2N+1,\cdots$ 暗条纹

考虑到单缝衍射的影响，N 束光干涉形成的各级明条纹的光强是不相等的，其光强分布的包络线与单缝衍射的光强分布曲线相同。当衍射角 φ 同时满足：

$$d\sin\varphi=\pm k\lambda，\quad 其中 k 为正整数$$

和

$$a\sin\varphi = k'\lambda,\quad k' = \pm 1, \pm 2, \pm 3, \cdots\quad \text{单缝衍射暗条纹}$$

时，第 k 级明条纹将不出现，成为缺级，所缺级次为

$$k = \frac{d}{a}k' = \frac{a+b}{a}k',\quad k' = \pm 1, \pm 2, \pm 3, \cdots$$

光栅条纹的特点：相邻主极大明条纹之间有 $N-1$ 个暗条纹，$N-2$ 个次极大明条纹（光强明显弱于主极大明条纹）；光栅常数 d 不变，主极大明条纹的位置不变，各级主极大明条纹的光强不相等，有时会出现缺级；光栅的狭缝总数 N 越大，明条纹就越细、越亮。

(5) 光栅光谱及分辨率

对复色光而言，除零级明条纹外，每级主极大明条纹形成一套光谱，光栅常数越小、条纹级数越高，光谱线分得越开，可能出现不同级光谱的重叠现象。

光栅光谱的分辨率 R 与光栅总缝数 N 及条纹级数 k 有关：$R=kN$。

(6) 布拉格公式

当波长为 λ 的 X 射线以掠射角 φ 射向晶体时，晶体中各平行原子层散射线加强条件为

$$2d\sin\varphi = k\lambda,\quad k = 1,2,3,\cdots$$

上式称为布拉格公式，式中 d 为晶体中相邻平行原子层间的距离，称为晶格常数。

3. 光的偏振

(1) 光的偏振状态：偏振光、自然光、部分偏振光

光是横波，光矢量 $\boldsymbol{E}$ 垂直于光前进的方向，光矢量只沿一个方向的光称为偏振光，又称线偏振光。偏振光传播时，$\boldsymbol{E}$ 矢量与传播方向组成一个固定平面，称为振动面，因此偏振光又称为面偏振光。偏振光的表示方法如图 16.2.5 所示。

普通光源的光是由大量原子或分子随机发出的众多波列的集合，沿垂直于光前进方向的各方向的光矢量的成分是一样多的，称这种偏振状态的光为非偏振光，自然光是非偏振光。自然光可以分解成两个振幅相等、相互垂直的独立的分振动，这两个分振动具有自然光总能量的一半。自然光的表示方法如图 16.2.6 所示。

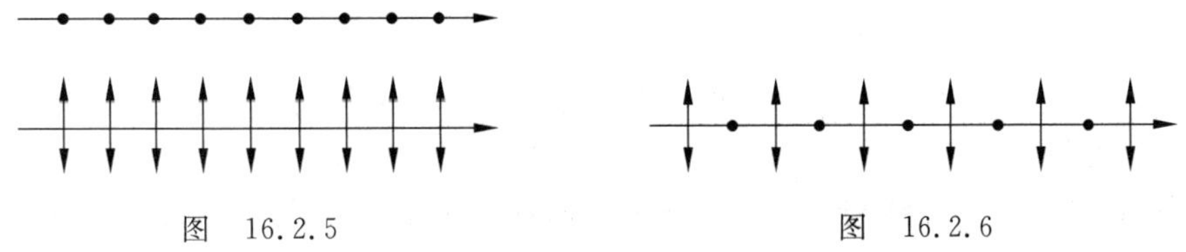

图　16.2.5　　　　图　16.2.6

某一方向上的光矢量强于另一方向的光矢量的光称为部分偏振光，部分偏振光的表示方法如图 16.2.7 所示。

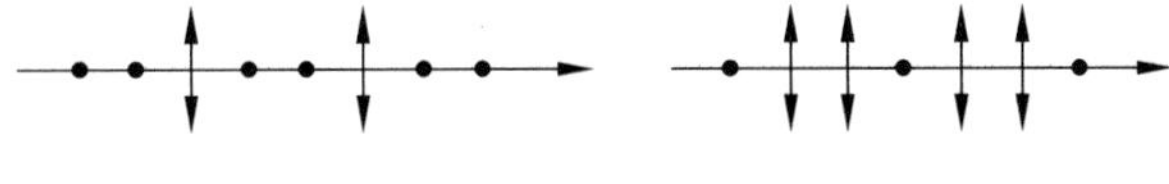

图　16.2.7

(2) 获得偏振光的方法

通常可以由如下三种方法产生线偏振光：

① 利用偏振片起偏；

② 利用玻璃片的反射起偏或玻璃堆片的折射起偏；

③ 利用晶体的双折射起偏。

(3) 马吕斯定律

强度为 I_0 的偏振光，通过偏振片后，透射光的光强为

$$I = I_0 \cos^2 \alpha$$

式中 α 为偏振光的光矢量 $\boldsymbol{E}$ 与偏振片的偏振化方向之间的夹角。

(4) 布儒斯特定律(反射光与折射光的偏振)

设自然光从折射率为 n_1 的媒质入射到折射率为 n_2 的媒质。一般情况下，反射光为垂直入射面振动大于平行入射面振动的部分偏振光，折射光为垂直入射面振动小于平行入射面振动的部分偏振光，当入射角等于某一特别角度 i_0(布儒斯特角)时，反射光为垂直入射面振动的线偏振光，折射光仍为部分偏振光。布儒斯特角由

$$\tan i_0 = n_2/n_1$$

决定，该式称为布儒斯特定律。当入射角满足布儒斯特定律时，其反射光线方向与折射光线方向相互垂直，如图 16.2.8 所示。即

$$i_0 + \gamma = \frac{\pi}{2}$$

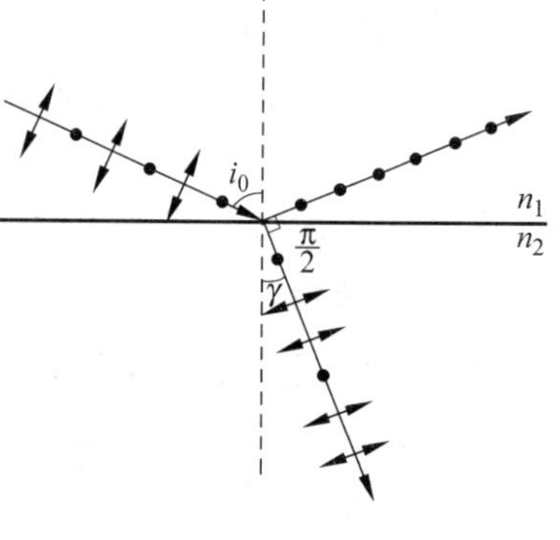

图 16.2.8

(5) 光的双折射现象

光线进入晶体后，分裂成两束，它们沿不同方向折射，称为双折射现象。两束折射光分别称为寻常光(o光)和非寻常光(e光)。

寻常光遵守折射定律，在晶体中的折射率(n_o)为一常数，在晶体内各个方向的传播速度相等；非寻常光不遵守折射定律，在晶体中的折射率(n_e)不是常数，在晶体内各个方向的传播速度不相等。

(6) o光和e光的光振动方向

晶体内 o 光和 e 光传播速度相等的一个确定方向称为晶体的光轴。光轴方向上不产生双折射现象，光轴方向上晶体对 o 光与 e 光的折射率相等，即 $n_o = n_e$。

由晶体内任一已知光线与光轴所组成的平面称为晶体的主平面。双折射形成的 o 光和 e 光都是偏振光，o 光的光振动方向垂直于 o 光主平面，e 光的光振动方向为平行于主 e 光平面。当 o 光和 e 光的主平面重合时，o 光和 e 光的光振动方向互相垂直。

解题指导

1. 光的干涉

光的干涉习题主要是对双光束干涉问题的讨论及对其结论的应用。双缝干涉和薄膜干涉是典型的双光束干涉现象。这两种干涉中，干涉的明暗条纹的条件完全相同。

光程差的计算是讨论光的干涉的基础，能否正确写出光程差是解决光的干涉问题的关键。在双光束干涉中，光程差一般由两部分组成，一部分是因两束相干光前进的几何路程不

同而引起的光程差，另一部分是由于两束相干光在反射时发生了半波损失而引起的附加光程差$\left(\frac{\lambda}{2}\right)$。光的干涉问题的一般分析方法可按下列步骤进行：

（1）确定两束相干光和相干区域；

（2）计算光程差；

（3）写出干涉明暗条纹的条件；

（4）讨论干涉条纹形态、分布等问题。

2. 光的衍射

光的衍射习题主要是单缝衍射公式和光栅方程式的应用，因此正确理解这些公式很重要。决定光栅明条纹的光栅方程式 $d\sin\varphi=\pm k\lambda$（其中 $d=a+b$）与双光束干涉明条纹条件相同，这是因为光栅方程式是双光干涉中明条纹条件的直接推广。值得指出的是，从表面上看单缝衍射暗条纹条件 $a\sin\varphi=\pm k\lambda$ 恰与双光束干涉明条纹条件相同，两者是否矛盾呢？事实上这正反映了干涉与衍射之间的区别，因为单缝衍射是讨论无数条衍射光的叠加而产生的干涉，当衍射角 φ 满足 $a\sin\varphi=\pm k\lambda$ 时，单缝处波阵面分成偶数个波带，所以衍射光相互抵消。

3. 光的偏振

光的偏振习题主要是对马吕斯定律和布儒斯特定律的应用，因此要正确理解、熟练掌握这两个公式。马吕斯定律是强度为 I_0 的偏振光通过偏振片后，透射光的光强为 $I=I_0\cos^2\alpha$，式中 α 为偏振光的光矢量 $\boldsymbol{E}$ 与偏振片的偏振化方向之间的夹角。布儒斯特定律为 $\tan i_0=n_2/n_1$，注意，此时光是从折射率为 n_1 的媒质入射到折射率为 n_2 的媒质，且反射光与折射光相互垂直：$i_0+\gamma=\frac{\pi}{2}$。

【例题 16.1】 在双缝干涉实验中，如果相干光源 S_1 和 S_2 相距 $d=0.2\text{mm}$，S_1 和 S_2 到屏的垂直距离 $D=1.0\text{m}$，若第二条明条纹距中心点的距离为 6.0mm，求：

（1）单色光的波长；

（2）相邻两明条纹间的距离。

【解】 根据明条纹位置公式

$$x=\pm k\frac{D}{d}\lambda,\quad k=0,1,2,\cdots$$

可解出：

（1）单色光的波长为

$$\lambda=\frac{xd}{kD}=\frac{6\times10^{-3}\times0.2\times10^{-3}}{2\times1.0}\text{m}=6\times10^{-7}\text{m}=6000\text{Å}$$

（2）相邻两明条纹间的距离为

$$\Delta x=\frac{D}{\lambda}d=\frac{1.0\times6\times10^{-7}}{0.2\times10^{-3}}\text{m}=3.0\times10^{-3}\text{m}=3.0\text{mm}$$

【例题 16.2】 用很薄的云母片（$n=1.58$）覆盖在双缝装置中的一条缝上，这时屏上中心为第7级明条纹所占据。若入射光的波长 $\lambda=5500\text{Å}$，求云母片的厚度。

【解】 设云母片厚度为 d，两束相干光相遇于屏上中心处，它们的光程差为

$$\delta = (n-1)d$$

根据题意,屏中心为第7级明条纹,故有

$$\delta = 7\lambda$$

所以

$$(n-1)d = 7\lambda$$

即

$$d = \frac{7\lambda}{n-1} = \frac{7\times 5500\times 10^{-10}}{1.58-1}\text{m} = 6.6\times 10^{-6}\text{m}$$

【例题 16.3】 增透膜。透镜表面通常覆盖一层像氟化镁($n=1.38$)一样的透明薄膜,目的是利用干涉来降低玻璃表面的反射。为使氦氖激光器发出的波长为6328Å的激光全部透过,覆盖层必须多厚?

【解】 如图16.3.1所示,设光是垂直入射到薄膜上,如果反射光相消,能使光全部透过。

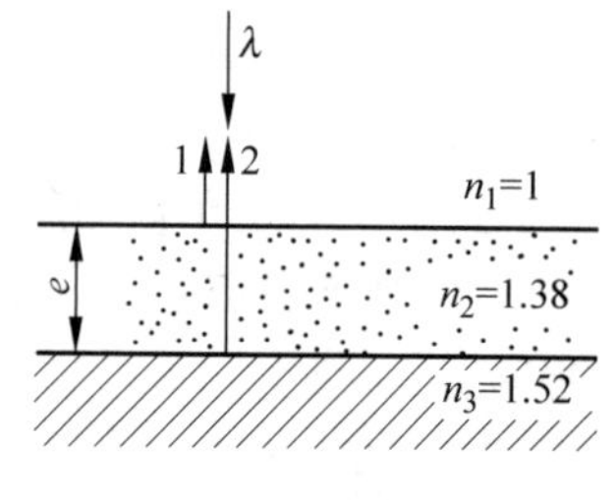

图 16.3.1

反射光满足暗条纹的条件为

$$2n_2 e = (2k+1)\frac{\lambda}{2},\quad k=0,1,2,\cdots$$

令 $k=0$,可解得最薄的覆盖层厚度为

$$e = \frac{\lambda}{4n_2} = \frac{6328\times 10^{-10}}{4\times 1.38}\text{m} = 1.15\times 10^{-7}\text{m}$$

【例题 16.4】 有一劈尖折射率 $n=1.4$,劈尖夹角 $\theta=10^{-4}\,\text{rad}$,在某一单色光垂直照射下,可测得两相邻明条纹之间的距离为0.25cm。

(1) 试求此单色光在空气中的波长;

(2) 如果劈尖的长为3.5cm,那么总共可出现多少条明条纹?

【解】 (1) 根据条纹间距公式

$$l = \frac{\lambda}{2n\sin\theta}$$

可得

$$\lambda = 2nl\sin\theta \approx 2nl\theta = 2\times 1.4\times 10^{-2}\times 0.25\times 10^{-4}\text{m} = 7\times 10^{-7}\text{m}$$

(2) 劈尖长 $L=3.5\text{cm}$,可看到明条纹总条数为

$$N = \frac{L}{l} = \frac{3.5\times 10^{-2}}{0.25\times 10^{-2}} = 14$$

【例题 16.5】 将一平玻璃片覆盖在平凹柱面透镜的凹面上,如图16.3.2(a)所示。现用单色光垂直照射,从反射光中观察干涉现象。

(1) 试画出干涉条纹的形状。

(2) 当入射光波长 $\lambda_1=5000$Å 和 $\lambda_2=6000$Å 时,平凹镜中央 A 点是暗的。若5000Å到6000Å之间的光线都不能使 A 点变暗,求 A 点处平面玻璃片和柱面之间的空气间隙最大高度。

【解】 (1) 干涉条纹为等厚条纹,故干涉条纹为平行柱面中央轴线的直线,中央两边对称分布,从中央到边缘条纹分布越来越密,在平玻璃片与凹柱面透镜的接触处为暗条纹,如图16.3.2(b)所示,图中下部分为干涉条纹的分布,实线表示暗条纹。

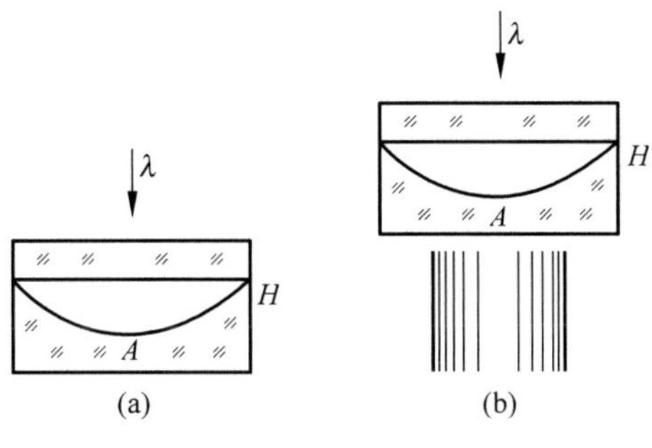

图　16.3.2

(2) 设 A 点高度为 H，波长从 λ_1 增大到 λ_2，中央轴线两次变为暗条纹，则有

$$2H+\frac{\lambda_1}{2}=(2k+1)\frac{\lambda_1}{2}$$

$$2H+\frac{\lambda_2}{2}=[2(k-1)+1]\frac{\lambda_2}{2}$$

解出

$$k=\frac{\lambda_2}{\lambda_2-\lambda_1}=\frac{6000\times10^{-10}}{(6000-5000)\times10^{-10}}=6$$

代入上式，可得

$$\begin{aligned}H&=k\frac{\lambda_1}{2}=\frac{1}{2}\times6\times5000\times10^{-10}\,\text{m}\\&=1.5\times10^{-6}\,\text{m}\\&=1.5\times10^{-3}\,\text{mm}\end{aligned}$$

【例题 16.6】 用波长 $\lambda=5893\text{Å}$ 的钠黄光垂直照射到宽度 $a=0.20\text{mm}$ 的单缝上，在缝后放置一个焦距 $f=40\text{cm}$ 的透镜，则在透镜的焦平面处的屏幕上出现衍射条纹，如图 16.3.3 所示。试求：

(1) 中央明条纹的宽度；

(2) 第一级和第二级暗条纹间的距离。

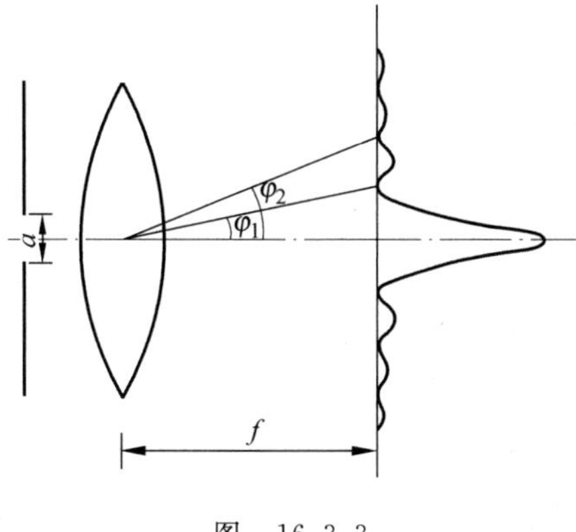

图　16.3.3

【解】 (1) 中央明条纹的宽度

$$\Delta x_0 = 2f\tan\varphi_1 \approx 2f\sin\varphi_1 = 2f\,\frac{\lambda}{a}$$
$$= 2\times 40\times 10^{-2}\times \frac{5892\times 10^{-10}}{0.2\times 10^{-3}}\,\mathrm{m}$$
$$= 2.4\times 10^{-3}\,\mathrm{m}$$

(2) 单缝衍射暗条纹条件

$$a\sin\varphi_1 = \lambda \quad 和 \quad a\sin\varphi_2 = 2\lambda$$

第一级和第二级暗条纹间的距离为

$$\Delta x = f(\tan\varphi_2 - \tan\varphi_1) \approx f(\sin\varphi_2 - \sin\varphi_1)$$
$$= f\left(\frac{2\lambda}{a} - \frac{\lambda}{a}\right) = f\,\frac{\lambda}{a}$$
$$= 40\times 10^{-2}\times \frac{5892\times 10^{-10}}{0.2\times 10^{-3}}\,\mathrm{m}$$
$$= 1.2\times 10^{-3}\,\mathrm{m}$$

注意:因 $\sin\varphi_2 = \frac{2\lambda}{a} = 2\times\frac{5892\times 10^{-10}}{0.2\times 10^{-3}} \approx 5.9\times 10^{-3}$,所以 $\Delta\tan\varphi \approx \sin\varphi$ 是合理的。

【例题 16.7】 一平面光栅,在1mm内刻有500条刻痕,现对钠光谱进行观察,已知钠黄光波长 $\lambda = 5900\text{Å}$。求:

(1) 当光线垂直入射光栅时,最多能看到第几级光谱线;

(2) 当光线以30°入射角入射时,最多能看到第几级光谱线。

【解】 (1) 已知1mm内刻500条刻痕,故光栅常数为

$$d = a + b = \frac{1\times 10^{-3}}{500}\,\mathrm{m} = 2\times 10^{-6}\,\mathrm{m}$$

按光栅方程式 $(a+b)\sin\varphi = k\lambda$,当 $\varphi = \frac{\pi}{2}$ 时,k 取最大值,其值为

$$k_{\max} = \frac{a+b}{\lambda} = \frac{2\times 10^{-6}}{0.59\times 10^{-6}} = 3(取整数部分)$$

因此,当光线垂直入射时,最多能看到第三级光谱线。

(2) 从图16.3.4可以看出,当光线的入射角为 θ 时,光栅方程式相应变为

$$(a+b)(\sin\theta + \sin\varphi) = k\lambda$$

已知 $\theta = 30°$,当 $\varphi = \frac{\pi}{2}$ 时,k 取最大值,其值为

$$k_{\max} = \frac{(a+b)(\sin 30° + \sin 90°)}{\lambda}$$
$$= \frac{2\times 10^{-6}}{0.59\times 10^{-6}}\times\left(\frac{1}{2}+1\right)$$
$$= 5(取整数部分)$$

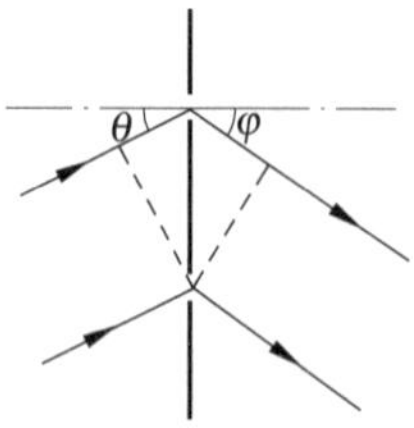

图 16.3.4

因此,当光线以30°入射角入射时,最多能看到第五级光谱线。

【例题 16.8】 用白光(波长从4000Å到7600Å)垂直照在每厘米有500条刻痕的光栅上,紧靠光栅后放一焦距为2m的凸透镜。问:

(1) 在透镜焦平面处的屏幕上，第一级与第二级光谱的宽度各为多少？

(2) 能观察到完整又不重叠的光谱有几级？

【解】 (1) 光栅常数为

$$a+b=\frac{1\times10^{-3}}{500}\mathrm{m}=2\times10^{-6}\mathrm{m}$$

$k=1$ 时，光栅方程为

$$(a+b)\sin\varphi_1=\lambda$$

故对波长 $\lambda=4000\text{Å}$ 的光波有

$$\sin\varphi_1=\frac{\lambda}{a+b}=\frac{4000\times10^{-10}}{2\times10^{-6}}=0.02$$

对波长 $\lambda'=7600\text{Å}$ 的光波有

$$\sin\varphi_1'=\frac{\lambda'}{a+b}=\frac{7600\times10^{-10}}{2\times10^{-6}}=0.038$$

因 φ_1 和 φ_1' 很小，则 $\tan\varphi_1\approx\sin\varphi_1$，$\tan\varphi_1'\approx\sin\varphi_1'$。所以，第一级光谱的宽度为

$$\begin{aligned}\Delta x_1&=f(\tan\varphi_1'-\tan\varphi_1)\approx f(\sin\varphi_1'-\sin\varphi_1)\\&=2\times(0.038-0.02)\mathrm{m}\\&=3.6\times10^{-2}\mathrm{m}\end{aligned}$$

同理，$k=2$ 时，由 $(a+b)\sin\varphi_2=2\lambda$ 可得

$$\sin\varphi_2=\frac{2\lambda}{a+b}=\frac{2\times4000\times10^{-10}}{2\times10^{-6}}=0.04$$

$$\sin\varphi_2'=\frac{2\lambda'}{a+b}=\frac{2\times7600\times10^{-10}}{2\times10^{-6}}=0.076$$

则第二级光谱的宽度为

$$\begin{aligned}\Delta x_2&=f(\tan\varphi_2'-\tan\varphi_2)\approx f(\sin\varphi_2'-\sin\varphi_2)\\&=2\times(0.076-0.04)\mathrm{m}\\&=7.2\times10^{-2}\mathrm{m}\end{aligned}$$

(2) 能看到的最大的光谱级数为

$$k_{\max}=\frac{a+b}{\lambda'}=\frac{2\times10^{-6}}{0.76\times10^{-6}}=2\quad（取整数部分）$$

现设 k 级光谱与 $k+1$ 级光谱不重叠，则应满足条件如下：

$$\begin{cases}(a+b)\sin\varphi_k'=k\lambda'\\(a+b)\sin\varphi_{k+1}=(k+1)\lambda\\\varphi_k'<\varphi_{k+1}\end{cases}$$

由此得

$$7600k<(k+1)4000$$

其解为

$$k=1$$

因此，完整又不重叠的光谱只有第一级光谱。

【例题 16.9】 迎面而来的汽车两车灯相距 1m，问在汽车离人多远时，它们刚能为人眼所分辨？设人眼瞳孔直径为 3mm，光在空气中有效波长为 $\lambda=5000\text{Å}$。

【解】 人眼的最小分辨角为

$$\delta\varphi = 1.22\frac{\lambda}{d} = 1.22\frac{5000\times10^{-10}}{3\times10^{-3}}\text{rad} = 2.033\times10^{-4}\text{rad}$$

设两车灯离人距离为 s,则两车灯的间距 f 与 s 的关系为

$$l = s\delta\varphi$$

故

$$s = \frac{l}{\delta\varphi} = \frac{1}{2.033\times10^{-4}}\text{m} = 5000\text{m}$$

即当汽车离人 5000m 时,两车灯刚好为人眼所分辨。

【例题 16.10】 由偏振光和自然光组成的光束,当通过一理想的可旋转的偏振片时,发现透过的光强依赖于偏振片偏振化方向的取向,可变化 5 倍,求光束中两个光强的百分比。

【解】 设混合后的部分偏振光光强为 I_0,其中偏振光光强为 xI_0,自然光光强为 $(1-x)I_0$。由题意可知

$$\frac{1-x}{2}I_0 + xI_0 = 5\left(\frac{1-x}{2}\right)I_0$$

可解得

$$x = \frac{2}{3}$$

所以,偏振光占总光强 $\frac{2}{3}$,自然光占 $\frac{1}{3}$。

【例题 16.11】 如图 16.3.5 所示,自然光由空气入射到折射率 $n_2=1.33$ 的水平面上,入射角为 i 时能使反射光变为完全偏振光。今有一块玻璃浸入水中,其折射率 $n_3=1.5$,若光由玻璃面反射也成为完全偏振光,求水面与玻璃之间的夹角 α。

【解】 根据反射光成为完全偏振光的条件

$$i+\gamma = 90°$$

所以

$$i = 90° - \gamma$$

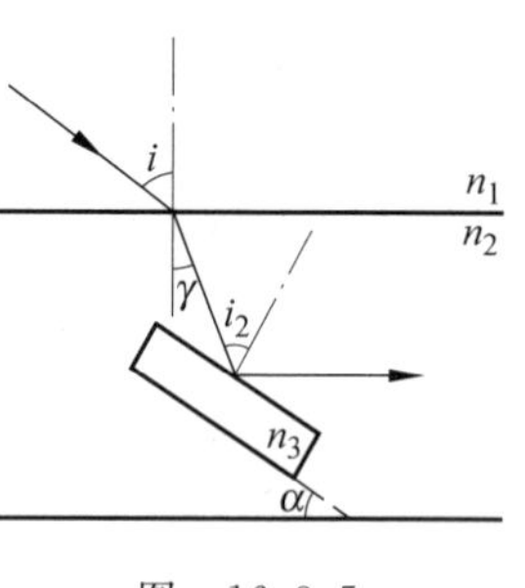

图 16.3.5

由图 16.3.5 可以看出,$i_2=\gamma+\alpha$,α 为所求的角。由折射定律可得

$$\sin\gamma = \frac{n_1}{n_2}\sin i = \frac{n_1}{n_2}\cos\gamma$$

即

$$\tan\gamma = \frac{n_1}{n_2} = \frac{1}{1.33}$$

所以

$$\gamma = 36°56'$$

又因 i_2 也是起偏振角,由布儒斯特定律可得

$$\tan i_2 = \frac{n_3}{n_2} = \frac{1.5}{1.33}$$

$$i_2 = 48°26'$$

因此

$$\alpha = i_2 - \gamma = 48°26' - 36°56' = 11°30'$$

复习思考题

1. 为什么要引入光程的概念？光程与几何路程有何区别和联系？光程差与相位差有什么关系？

2. 在双缝干涉实验中，当发生下列变化时，干涉条纹将如何变化？

(1) 屏幕移近；

(2) 两缝距离变小；

(3) 两缝的宽度不等。

3. 在双缝干涉实验中，如果平行光不是垂直入射，而是有一倾角，试写出屏上相遇的两光线的光程差与相位差。此时，屏上零级条纹的位置是否改变？为什么？

4. 如图 16.4.1 的洛埃镜实验中，缝 S 前放一厚度为 e 的透明介质片，折射率为 n，写出相遇于 P 点的两束相干光的光程差和干涉明暗条纹的位置。

5. 在薄膜干涉的两束反射光的光程差中，什么情况下应有附加光程差这一项？

6. 何为等厚干涉？等厚干涉条纹的形状由什么决定？

7. 试述增透膜的原理。

8. 单色光垂直照射的劈尖，当劈尖夹角逐渐变小时干涉条纹如何变动？

9. 如果观察牛顿环的装置由 3 块透明材料组成，它们的折射率不同，如图 16.4.2 所示，试问由此得出的干涉图样如何？

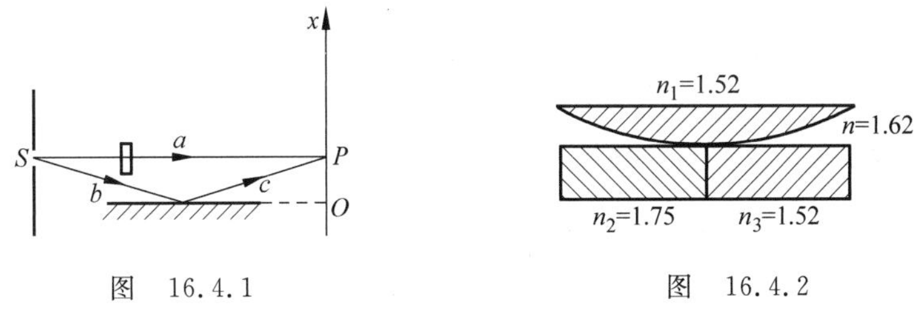

图　16.4.1　　　　图　16.4.2

10. 一半圆柱形透镜与一平面玻璃接触是否能产生干涉？其条纹如何？

11. 衍射与干涉有何区别和联系？

12. 用眼睛直接通过一狭缝观察远处与缝平行的线状灯光，看到的衍射图样是菲涅耳衍射，还是夫琅禾费衍射？

13. 如何用半波带法处理单缝衍射？怎样得出单缝衍射公式？

14. 单缝衍射中，屏上光强分布如图 16.4.3 所示，屏上 P、Q 两点所对应的衍射角应满足什么条件？相应单缝处可分成几个波带？

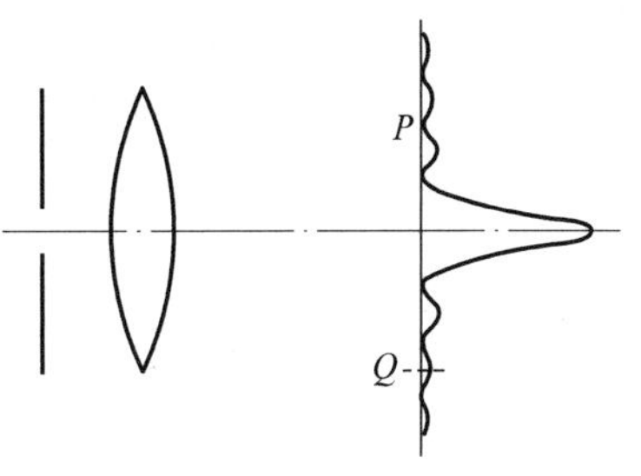

图　16.4.3

15. 在单缝衍射中，当发生下列变化时，衍射图样将如何变化？

(1) 增大入射光波长;

(2) 增大缝宽;

(3) 将缝相对于透镜上下移动。

16. 光栅衍射和单缝衍射有何区别?为什么光栅衍射的明条纹比单缝衍射的明条纹亮?

17. 光栅常数和光栅的总缝数对光栅条纹有何影响?

18. 试述产生光栅光谱线缺级的原因。

19. 什么是自然光、偏振光和部分偏振光?将自然光变成偏振光有哪几种方法?

20. 根据布儒斯特定律,如何测定不透明媒质(例如珐琅)的折射率?

自我检查题

1. 白光光源进行双缝实验时,若用一个纯红色的滤光片遮盖一条缝,用一个纯蓝色的滤光片遮盖另一条缝,则(   )。

(A) 干涉条纹的宽度将发生改变

(B) 产生红光和蓝光两套彩色干涉条纹

(C) 干涉条纹的亮度将发生改变

(D) 不产生干涉条纹

2. 双缝干涉实验中,为使屏上的干涉条纹间距变大,可以采取的办法是(   )。

(A) 使屏靠近双缝　　(B) 使两缝的间距变小

(C) 把两个缝的宽度稍微调窄　　(D) 改用波长较小的单色光源

3. 双缝干涉实验中,屏幕 E 上的 P 点处是明条纹,若将缝 S_2 盖住,并在 S_1S_2 连线的垂直平分面处放一反射镜 M,如图 16.5.1 所示,则此时(   )。

(A) P 点处仍为明条纹

(B) P 点处为暗条纹

(C) 不能确定 P 点处是明条纹还是暗条纹

(D) 无干涉条纹

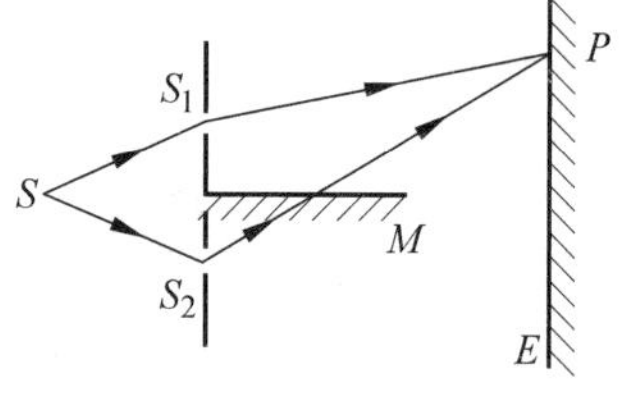

图 16.5.1

4. 在双缝干涉实验中,入射光的波长为 λ,用玻璃纸遮住双缝中的一个缝,若玻璃纸中光程比相同厚度的空气的光程大 2.5λ,则屏上原来的明条纹处(   )。

(A) 仍为明条纹　　(B) 变为暗条纹

(C) 既非明条纹也非暗条纹　　(D) 无法确定是明条纹还是暗条纹

5. 在真空中波长为 λ 的单色光,在折射率为 n 的透明介质中从点 A 沿某路径传播到点 B,若 A、B 两点相位差为 3π,则此路径 AB 的光程为(   )。

(A) 1.5λ　　(B) $1.5n\lambda$　　(C) 3λ　　(D) $\dfrac{1.5\lambda}{n}$

6. 单色平行光垂直照射在薄膜上,经上下两表面反射的两束光发生干涉,若薄膜的厚度为 e,且 $n_2>n_1$,$n_2>n_3$,λ_1 为入射光在折射率为 n_1 的媒质中的波长,则两束反射光的光程差为(   )。

(A) $2n_2e$　　(B) $2n_2e+\lambda_1/2n_1$

(C) $2n_2e+n_1\lambda_1/2$　　(D) $2n_2e+n_2\lambda_1/2$

7. 如图16.5.2所示，平行单色光垂直照射到薄膜上，经上下两表面反射的两束光发生干涉，若薄膜的厚度为 e，并且 $n_2>n_1$，$n_2>n_3$，λ_1 为入射光在折射率为 n_1 的媒质中的波长，则两束反射光在相遇点的相位差为(　　)。

(A) $2\pi\dfrac{n_2e}{n_1\lambda_1}$　　(B) $2\pi\dfrac{n_1e}{n_2\lambda_1}+\pi$　　(C) $4\pi\dfrac{n_2e}{n_1\lambda_1}+\pi$　　(D) $4\pi\dfrac{n_2e}{n_1\lambda_1}$

8. 在相同的时间内，一束波长为 λ 的单色光在空气中和在玻璃中(　　)。

(A) 传播的路程相等，走过的光程相等

(B) 传播的路程相等，走过的光程不相等

(C) 传播的路程不相等，走过的光程相等

(D) 传播的路程不相等，走过的光程不相等

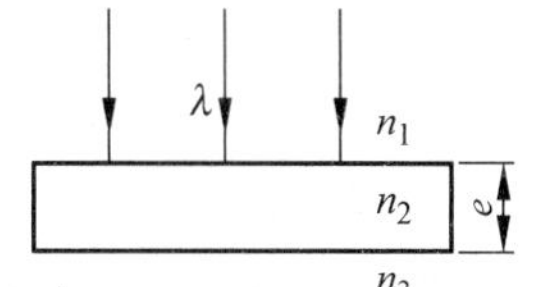

图　16.5.2

9. 一束波长为 λ 的单色光由空气垂直入射到折射率为 n 的透明薄膜上，透明薄膜放在空气中，要使反射光得到干涉加强，则薄膜的最小厚度为(　　)。

(A) $\lambda/4$　　(B) $\lambda/(4n)$　　(C) $\lambda/2$　　(D) $\lambda/(2n)$

10. 在折射率为 $n'=1.68$ 的平板玻璃表面涂一层折射率为 $n=1.38$ 的 MgF_2 透明薄膜，可以减少玻璃表面的反射光。若用波长 $\lambda=500$nm 的单色光垂直入射，为了尽量减少反射，则 MgF_2 薄膜的最小厚度应是(　　)。

(A) 181.2nm　　(B) 78.1nm　　(C) 90.6nm　　(D) 156.3nm

11. 用劈尖干涉法可检测工件表面缺陷。当波长为 λ 的单色平行光垂直入射时，若观察到的干涉条纹如图16.5.3所示，每一条纹弯曲部分的顶点恰好与其左边条纹的直线部分的连线相切，则工件表面与条纹弯曲处对应的部分(　　)。

(A) 凸起，且高度为 $\lambda/4$　　(B) 凸起，且高度为 $\lambda/2$

(C) 凹陷，且深度为 $\lambda/2$　　(D) 凹陷，且深度为 $\lambda/4$

12. 如图16.5.4所示，两个直径有微小差别的彼此平行的滚柱之间的距离为 L，夹在两块平晶的中间，形成空气劈尖，当单色光垂直入射时，产生等厚干涉条纹。如果滚柱之间的距离 L 变大，则在 L 范围内干涉条纹的(　　)。

(A) 数目增加，间距不变　　(B) 数目减少，间距变大

(C) 数目增加，间距变小　　(D) 数目不变，间距变大

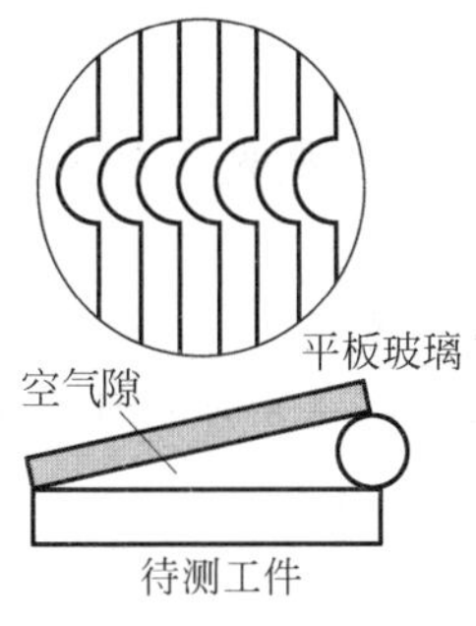

图　16.5.3

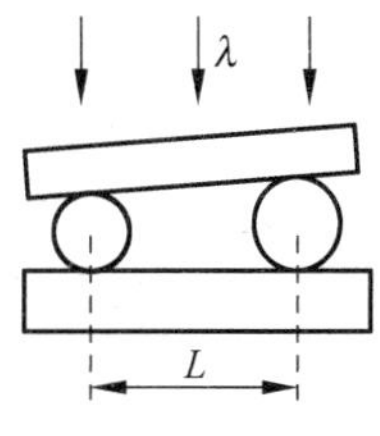

图　16.5.4

13. 若把牛顿环装置(都是用折射率为1.52的玻璃制成的)由空气搬入折射率为1.33的水中,则干涉条纹(　　)。

(A) 中心暗斑变成亮斑　　(B) 变疏

(C) 变密　　(D) 间距不变

14. 用单色光垂直照射在观察牛顿环的装置上。当平凸透镜垂直向上缓慢平移而远离平面玻璃时,可以观察到这些环状干涉条纹(　　)。

(A) 向右平移　　(B) 向中心收缩　　(C) 向外扩张

(D) 静止不动　　(E) 向左平移

15. 在迈克尔孙干涉仪的一条光路中,放入一折射率为n、厚度为h的透明介质片。放入后,两光束的相位差的改变量为(　　)。

(A) $4(n-1)h\pi/\lambda$　　(B) $2nh\lambda$

(C) $2nh/\lambda$　　(D) $(n-1)h/4\lambda$

(E) $nh/2\lambda$

16. 在迈克尔孙干涉仪的一支光路中,放入一片折射率为n的透明介质薄膜后,测出两束光的光程差的改变量为一个波长λ,则薄膜的厚度是(　　)。

(A) $\lambda/2$　　(B) $\dfrac{\lambda}{2n}$　　(C) λ/n　　(D) $\dfrac{\lambda}{2(n-1)}$

17. 根据惠更斯-菲涅耳原理,若已知光在某时刻的波阵面为S,则S的前方某点P的光强取决于波阵面S上所有面积元发出的子波各自传到P点的(　　)。

(A) 振动振幅之和　　(B) 光强之和

(C) 振动振幅之和的平方　　(D) 振动的相干叠加

18. 在单缝夫琅禾费衍射实验中,波长为λ的单色光垂直入射在宽度为$a=4\lambda$的单缝上,对应于衍射角为30°的方向,单缝处波阵面可分成的半波带数目为(　　)。

(A) 2个　　(B) 4个　　(C) 6个　　(D) 8个

19. 在单缝夫琅禾费衍射实验中,当把单缝S稍微上移时,衍射图样将(　　)。

(A) 向上平移　　(B) 向下平移　　(C) 不动　　(D) 消失

20. 在单缝夫琅禾费衍射实验中,若将单缝沿透镜光轴方向向透镜平移,则屏幕上的衍射条纹(　　)。

(A) 间距变大

(B) 间距变小

(C) 不发生变化

(D) 间距不变,但明暗条纹的位置交替变化

21. 一束白光垂直照射在一光栅上,在形成的同一级光栅光谱中,偏离中央明条纹最远的是(　　)。

(A) 紫光　　(B) 绿光　　(C) 黄光　　(D) 红光

22. 一束平行单色光垂直入射在光栅上,当光栅常数$a+b$为下列哪种情况时(a代表每条缝的宽度),$k=3,6,9$等级次的主极大均不出现?(　　)

(A) $a+b=2a$　　(B) $a+b=3a$

(C) $a+b=4a$　　(D) $a+b=6a$

23. 某元素的特征光谱中含有波长分别为 $\lambda_1=450\text{nm}$ 和 $\lambda_2=750\text{nm}$ 的光谱线，在光栅光谱中，这两种波长的谱线有重叠现象，重叠处 λ_2 的谱线级数将是(　　)。

(A) 2,3,4,5,…　　(B) 2,5,8,11,…

(C) 2,4,6,8,…　　(D) 3,6,9,12,…

24. 波长为 λ 的单色光垂直入射于光栅常数为 d、缝宽为 a、总缝数为 N 的光栅上。取 $k=0,\pm1,\pm2,\cdots$，则决定出现主极大的衍射角 θ 的公式可写成(　　)。

(A) $(a+d)\sin\theta=k\lambda$　　(B) $a\sin\theta=k\lambda$

(C) $N\sin\theta=k\lambda$　　(D) $d\sin\theta=k\lambda$

25. 一束光是自然光和线偏振光的混合光，让它垂直通过一偏振片。若以此入射光束为轴旋转偏振片，测得透射光强度最大值是最小值的5倍，那么入射光束中自然光与线偏振光的光强比值为(　　)。

(A) 1/2　　(B) 1/5　　(C) 1/3　　(D) 2/3

26. 一束光强为 I_0 的自然光，相继通过三个偏振片 P_1、P_3、P_2 后，出射光的光强为 $I=I_0/8$。已知 P_1 和 P_3 的偏振化方向相互垂直，若以入射光线为轴，旋转 P_2，要使出射光的光强为零，P_2 最少要转过的角度是(　　)。

(A) 30°　　(B) 45°　　(C) 60°　　(D) 90°

27. 一束光强为 I_0 的自然光垂直穿过两个偏振片，且此两偏振片的偏振化方向成45°角，若不考虑偏振片的反射和吸收，则穿过两个偏振片后的光强 I 为(　　)。

(A) $\dfrac{\sqrt{2}}{4}I_0$　　(B) $\dfrac{1}{4}I_0$　　(C) $\dfrac{1}{2}I_0$　　(D) $\dfrac{\sqrt{2}}{2}I_0$

28. 光强为 I_0 的自然光依次通过两个偏振片 P_1 和 P_2，若 P_1 和 P_2 的偏振化方向的夹角 $\alpha=30°$，则透射偏振光的强度 I 是(　　)。

(A) $\dfrac{1}{4}I_0$　　(B) $\dfrac{\sqrt{3}}{4}I_0$　　(C) $\dfrac{\sqrt{3}}{2}I_0$　　(D) $\dfrac{1}{8}I_0$

(E) $\dfrac{3}{8}I_0$

29. 一束自然光自空气射向一块平板玻璃(图16.5.5)，设入射角等于布儒斯特角 i_0，则在界面2的反射光(　　)。

(A) 光强为零

(B) 是完全偏振光且光矢量的振动方向垂直于入射面

(C) 是完全偏振光且光矢量的振动方向平行于入射面

(D) 是部分偏振光

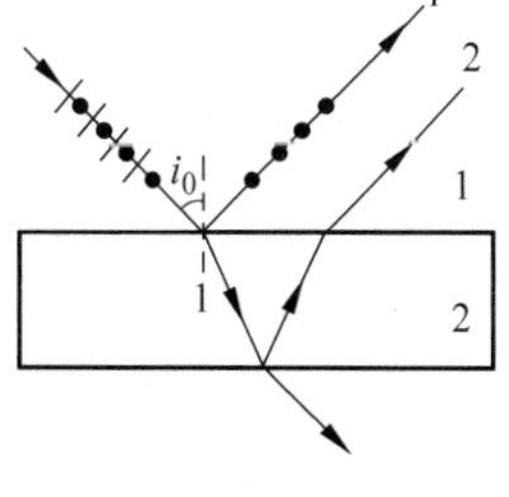

图　16.5.5

30. 自然光以60°的入射角照射到某两介质交界面时，反射光为完全偏振光，则知折射光为(　　)。

(A) 完全偏振光且折射角是30°

(B) 部分偏振光且只是在该光由真空入射到折射率为 $\sqrt{3}$ 的介质时，折射角是30°

(C) 部分偏振光，但须知两种介质的折射率才能确定折射角

(D) 部分偏振光且折射角是30°

31. 一束频率为 ν 的单色光在折射率为 n 的介质中传播了 d 米，其光程为________；其

传播速度 u 是真空中的________倍。

32. 如图16.5.6所示,点光源 S 置于空气中,S 到 P 点的距离为 r,若在 S 与 P 点之间置一个折射率为 $n(n>1)$、长度为 l 的介质,此时光由 S 传到 P 点的光程为________。

33. 在相同的时间内,一束波长为 λ 的单色光在空气中和在玻璃中传播的路程是否相等? ________;走过的光程是否相等? ________。

34. 波长为 λ 的单色光垂直照射在厚度为 e 的透明薄膜上,如图16.5.7所示,两束反射光的光程差 $\delta=$________。

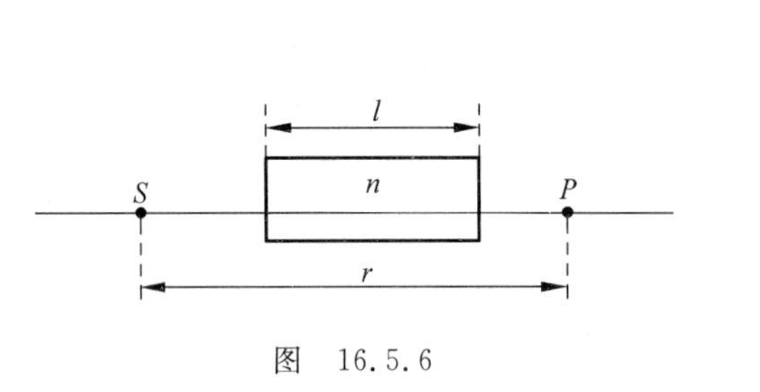

图 16.5.6

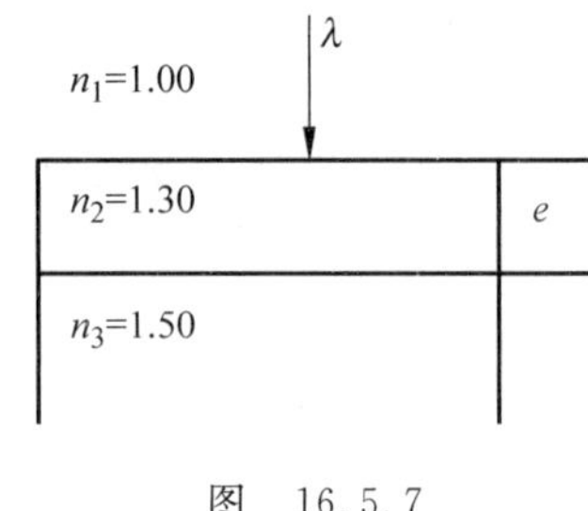

图 16.5.7

35. 相干光必须满足的条件是:(1)________;(2)________;(3)________。

36. 光干涉加强的条件是:________;减弱的条件是:________。

37. 杨氏双缝干涉是通过________法来获得相干光的,而薄膜干涉获得相干光的方法则属________法。

38. 用一定波长的单色光进行双缝干涉实验时,欲使屏上的干涉条纹间距变大,可采用的方法是:(1)________;(2)________。

39. 在双缝干涉实验中,若使两缝之间的距离增大,则屏幕上干涉条纹间距________;若使单色光波长减小,则干涉条纹间距________。

40. 在双缝干涉实验中,所用光波波长 $\lambda=5.461\times10^{-4}$ mm,双缝与屏间的距离 $D=300$mm,双缝间距为 $d=0.134$mm,则中央明条纹两侧的第三级明条纹之间距离为________。

41. 如图16.5.8所示,假设有两个同相的相干点光源 S_1 和 S_2,发出波长为 λ 的光。A 是它们连线的中垂线上的一点。若在 S_1 与 A 之间插入厚度为 e、折射率为 n 的薄玻璃片,则两光源发出的光在 A 点的相位差 $\Delta\varphi=$________。若已知 $\lambda=5000\text{Å}$,$n=1.5$,A 点恰为第四级明条纹中心,则 $e=$________Å。

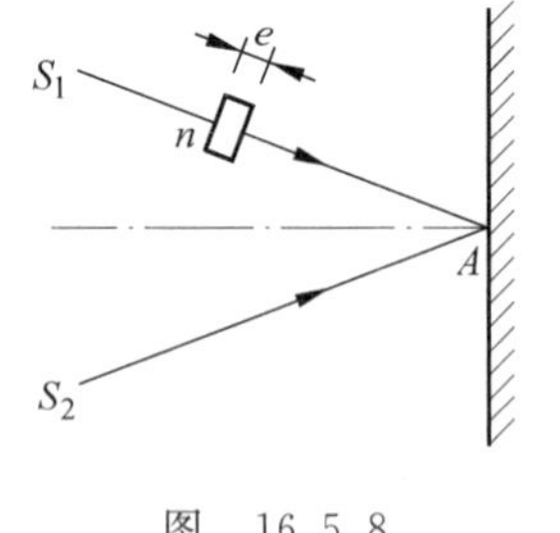

图 16.5.8

42. 在双缝干涉实验中,若把一厚度为 e、折射率为 n 的薄云母片覆盖在 S_1 缝上,中央明条纹将向________移动;覆盖云母片后,两束相干光至原中央明条纹 O 处的光程差为________。

43. 一双缝干涉装置,在空气中观察时干涉条纹间距为1.0mm。若整个装置放在水中,干涉条纹的间距将为________mm。(设水的折射率为4/3)

44. 如图16.5.9所示,在双缝干涉实验中 $SS_1=SS_2$,用波长为 λ 的光照射双缝 S_1 和 S_2,通过空气后在屏幕 E 上形成干涉条纹,已知 P 点处为第三级明条纹,则 S_1 和 S_2 到 P 点的光程差为________。若将整个装置放于某种透明液体中,P 点为第四级明条纹,则该液体

的折射率 $n=$________。

45. 两块平玻璃构成空气劈形膜，左边为棱边，用单色平行光垂直入射。若上面的平玻璃以棱边为轴，沿逆时针方向作微小转动，则干涉条纹的间隔________（填“变小”“变大”），并且条纹向________方向平移。

46. 如图 16.5.10 所示，用波长为 λ 的单色光垂直照射到空气劈尖上，从反射光中观察干涉条纹，距顶点为 L 处是暗条纹。使劈尖角 θ 连续变大，直到该点处再次出现暗条纹为止，劈尖角的改变量 $\Delta\theta$ 是________。

47. 如图 16.5.11 中(a)为一块光学平板玻璃与一个加工过的平面一端接触构成的空气劈尖，用波长为 λ 的单色光垂直照射，看到反射光干涉条纹(实线为暗条纹)如图 16.5.11(b)所示。则干涉条纹上 A 点处所对应的空气薄膜厚度为 $e=$________。

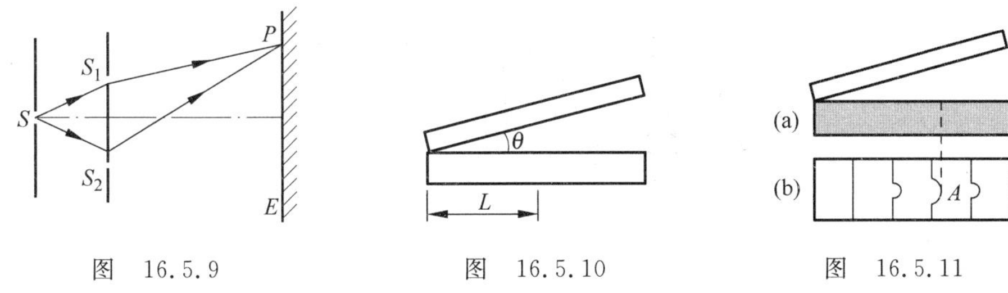

图　16.5.9　　图　16.5.10　　图　16.5.11

48. 用劈尖干涉检验工件的表面，当波长为 λ 的单色光垂直入射时，观察到干涉条纹如图 16.5.12 所示，由图可判断条纹畸变处工件表面________（填“凹陷”“凸起”）。

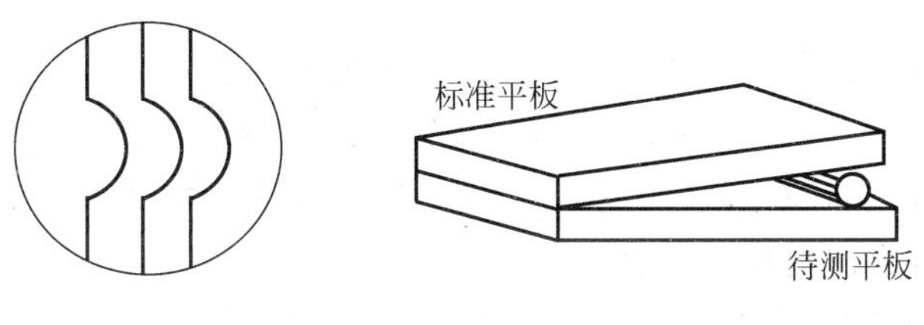

图　16.5.12

49. 用波长为 λ 的单色光垂直照射如图 16.5.13 所示的牛顿环装置，观察从空气膜上下表面反射的光形成的牛顿环。若使平凸透镜慢慢地垂直向上移动，从透镜顶点与平面玻璃接触到两者距离为 d 的移动过程中，移过视场中某固定观察点的条纹数目等于________。

50. 一个平凸透镜的顶点和一平板玻璃接触，用单色光垂直照射，观察反射光形成的牛顿环，测得第 k 级暗环半径为 r_1。现将透镜和玻璃板之间的空气换成某种液体(其折射率小于玻璃的折射率)，第 k 级暗环的半径变为 r_2，由此可知该液体的折射率为________。

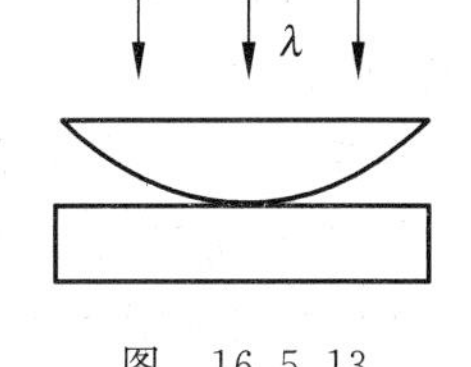

图　16.5.13

51. 若在迈克尔孙干涉仪的可动反射镜 M 移动 0.620mm 的过程中，观察到干涉条纹移动了 2300 条，则所用光波的波长为________。

52. 在迈克尔孙干涉仪的可动反射镜平移一微小距离的过程中，观察到干涉条纹恰好移动 1848 条。所用单色光的波长为 5461Å，由此可知反射镜平移的距离等于________ mm。(给出四位有效数字)

53. 光栅衍射是________和________的总效应。

54. 一束白光垂直照射在一光栅上，在形成的同一级光栅光谱中，偏离中央明条纹最远的是________。

55. 在光栅光谱中，假如所有偶数级次的主极大都恰好在单缝衍射的暗条纹方向上，因而实际上不出现，那么此光栅每个透光缝宽度 a 和相邻两缝间不透光部分宽度 b 的关系为________。

56. 在单缝夫琅禾费衍射实验中，波长为 λ 的单色光垂直入射在宽度为 $a=4\lambda$ 的单缝上，对应于衍射角为30°的方向，单缝处波阵面可分成________个半波带，屏上形成明条纹还是暗条纹? ________。

57. 在单缝夫琅禾费衍射示意图16.5.14中，所画出的各条正入射光线间距相等，那么光线1与3在幕上 P 点上相遇时的相位差为________，P 点应为________点。

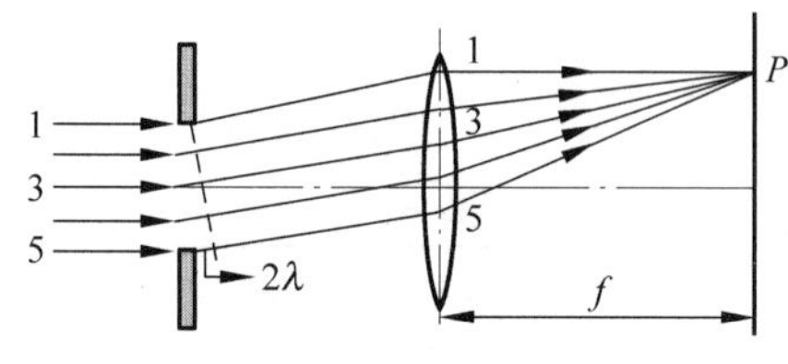

图 16.5.14

58. 一束单色光垂直入射在光栅上，衍射光谱中共出现5条明条纹，若已知此光栅缝宽度与不透明部分宽度相等，那么在中央明条纹一侧的两条明条纹分别是第________级和第________级谱线。

59. 一束光垂直入射在偏振片 P 上，以入射光线为轴转动 P，观察通过 P 的光强的变化过程。若入射光是________光，则将看到光强不变；若入射光是________，则将看到明暗交替变化，有时出现全暗；若入射光是________，则将看到明暗交替变化，但不出现全暗。

60. 一束光强为 I_0 的自然光垂直穿过两个偏振片，此两偏振片的偏振化方向成45°，若不考虑偏振片的反射和吸收，则穿过这两个偏振片后的光强的大小为________。

61. 一束自然光垂直穿过两个偏振片，两个偏振片的偏振化方向成45°。已知通过此两偏振片后的光强为 I，则入射至第二个偏振片的线偏振光强度为________。

62. 两个偏振片叠放在一起，强度为 I 的自然光垂直入射其上，若通过两个偏振片后的光强为 $I/8$，则此两偏振片的偏振化方向间的夹角(取锐角)是________；若在两片之间再插入一片偏振片，其偏振化方向与前后两片的偏振化方向的夹角(取锐角)相等。则通过三个偏振片后的透射光强度为________。

63. 自然光和线偏振光的混合光束，通过一偏振片时，随着偏振片以光的传播方向为轴转动，透射光的强度也跟着改变，如最强和最弱的光强之比为6∶1，那么入射光中自然光和线偏振光的强度之比为________。

64. 一束自然光以布儒斯特角入射到两种介质的分界面上时，就偏振状态来说，反射光为________，其振动方向________于入射面，透射光为________。

65. 一束自然光入射到折射率分别为 n_1 和 n_2 的两种介质的交界面上，发生反射和折射。已知反射光是完全偏振光，那么折射角 r 的值为________。

66. 某一块火石玻璃的折射率是1.65，现将这块玻璃浸没在水中($n=1.33$)。欲使从这块玻璃表面反射到水中的光是完全偏振的,则光由水射向玻璃的入射角应为________。

习题

1. 在双缝干涉实验中,用波长 $\lambda=546.1\text{nm}$ 的单色光照射,双缝与屏的距离为 $D=300\text{mm}$,测得中央明条纹两侧的两个第五级明条纹的间距为 12.2mm,求双缝间的距离。

2. 在双缝干涉实验中,双缝与屏间的距离为 $D=1.2\text{m}$,双缝间距为 $d=0.45\text{mm}$,测得屏上干涉条纹相邻明条纹间距为 1.5mm,求光源发出的单色光的波长 λ。

3. 把双缝干涉实验装置放在折射率为 n 的媒质中,双缝到观察屏的距离为 D,两缝之间的距离为 d $(d\ll D)$,设入射光在真空中的波长为 λ,试推导出屏上干涉条纹中相邻明条纹的间距的表达式。

4. 波长 $\lambda=550\text{nm}$ 的单色平行光垂直入射到缝间距 $d=2\times10^{-4}\text{m}$ 的双缝上,屏到双缝的距离 $D=2\text{m}$,若把双缝干涉实验装置放在折射率为 1.3 的媒质中,计算屏上干涉条纹中相邻明条纹的间距。

5. 用很薄的云母片($n=1.58$)覆盖在双缝实验中的一条缝上,这时屏幕上的零级明条纹移到原来的第七级明条纹的位置上,如果入射光波长为 550nm,试问此云母片的厚度为多少?

6. 在双缝干涉实验中,波长 $\lambda=550\text{nm}$ 的单色平行光垂直入射到缝间距 $d=2\times10^{-4}\text{m}$ 的双缝上,屏到双缝的距离 $D=2\text{m}$。求:

(1) 中央明条纹两侧的两条第 10 级明条纹中心的间距;

(2) 若用一厚度 $e=6.6\times10^{-6}\text{m}$、折射率 $n=1.58$ 的云母片覆盖一缝后,零级明条纹将移到原来的第几级明条纹处?

7. 一射电望远镜的天线设在湖岸上,距湖面高度为 h,对岸地平线上方有一恒星正在升起,恒星发出波长为 λ 的电磁波。试求当天线测得第一级干涉极大时恒星所在的角位置 θ。

8. 如图 16.6.1 所示的双缝干涉实验中,若用薄玻璃片(折射率 $n_1=1.4$)覆盖缝 S_1,用同样厚度的玻璃片(折射率 $n_2=1.7$)覆盖缝 S_2,将使屏上原来未放玻璃时的中央明条纹所在处 O 变为第五级明条纹。设单色光波长 $\lambda=4800\text{Å}$,求玻璃片的厚度 d(可认为光线垂直穿过玻璃片)。

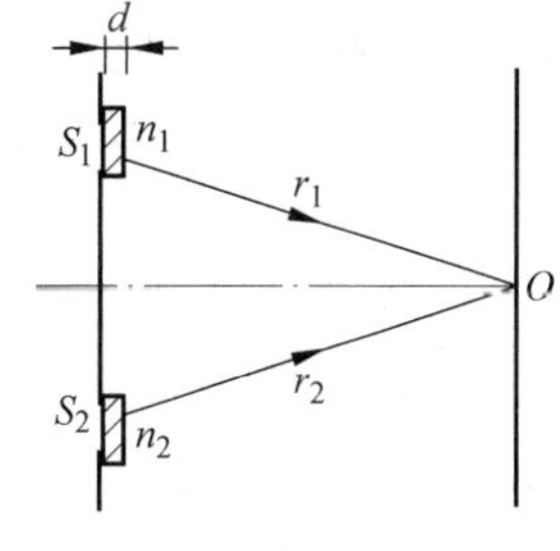

图　16.6.1

9. 在玻璃(折射率为 1.60)表面镀一层 MgF_2(折射率为 1.38)薄膜作为增透膜。为了使波长为 500nm 的光从空气(折射率为 1.00)正入射时尽可能少反射,MgF_2 薄膜的最小厚度应为多少?

10. 在棱镜($n_1=1.52$)表面镀一层增透膜($n_2=1.30$)。如使此增透膜适用于 550.0nm 波长的光,膜的厚度应取何值?

11. 白光垂直照射到空气中一厚度为 $e=3800\text{Å}$ 的肥皂膜上,肥皂膜的折射率 $n=1.33$,问在可见光的范围内(4000～7600Å),哪些波长的光在反射中增强?

12. 用白光垂直照射置于空气中的厚度为 $0.50\mu\text{m}$ 的玻璃片,玻璃片的折射率为 1.50。

在可见光范围内(4000～7600Å)哪些波长的反射光有最大限度的增强？哪些波长的透射光有最大限度的减弱？

13. 两块长度为10cm的平玻璃片一端互相接触，另一端用厚度为0.004mm的纸片隔开，形成空气劈尖。以波长为5000Å的平行光垂直照射，观察反射光的等厚干涉条纹，在全部10cm的长度内呈现多少条明条纹？多少条暗条纹？

14. 空气中有一劈形透明膜，其劈尖角$\theta=1.0\times10^{-4}$rad，在波长$\lambda=700$nm的单色光垂直照射下，测得两相邻干涉明条纹间距$l=0.25$cm，求：

(1) 此透明材料的折射率；

(2) 第二条明条纹与第五条明条纹所对应的薄膜厚度之差。

15. 如图16.6.2所示，在两块平板玻璃片之间夹一金属细丝，形成空气劈尖，金属丝到棱边的距离为L。波长为λ的平行光垂直照射到劈尖上，测得30条明条纹之间的距离为l，则金属丝直径应为多大？

16. 如图16.6.3所示，在Si的平面上镀了一层厚度均匀的SiO_2薄膜。为了测量这层薄膜的厚度，将它的一部分磨成劈形(示意图中的AB段)。现用波长为6000Å的平行光垂直照射，观察反射光形成的等厚干涉条纹。在图中AB段共有8条暗条纹，且B处恰好是一条暗条纹，求膜的厚度。(已知Si的折射率为3.42，SiO_2的折射率为1.50)

图 16.6.2　　　　图 16.6.3

17. 如图16.6.4所示，曲率半径为R的平凸透镜和平玻璃板之间形成劈形空气薄层，用波长为λ的单色平行光垂直入射，观察反射光形成的牛顿环。设凸透镜和平玻璃板在中心点O恰好接触，试导出确定第k个暗环的半径r的公式。(从中心向外数k的数目，中心暗斑不算)

18. 如图16.6.5所示，牛顿环装置的平凸透镜与平板玻璃间有一小缝隙e_0。现用波长为λ的单色光垂直照射，已知平凸透镜的曲率半径为R，试证明反射光形成的牛顿环的各暗环半径为$r=\sqrt{R(k\lambda-2e_0)}$($k$为整数，且$k>2e_0/\lambda$)。

19. 使用单色光来观察牛顿环，测得某一明环的直径为3.00mm，在它外面第五个明环的直径为4.60mm，所用平凸透镜的曲率半径为1.03m，求此单色光的波长。

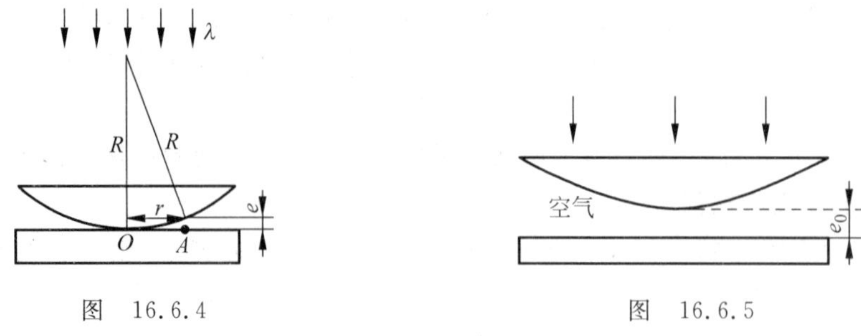

图 16.6.4　　　　图 16.6.5

20. 使用波长 $\lambda=550\text{nm}$ 的单色光来观察牛顿环，测得某一明环的直径为 3.00mm，在它外面第五个明环的直径为 4.60mm，求此牛顿环所用平凸透镜的曲率半径。

21. 迈克尔孙干涉仪可用来测量单色光的波长，当 M_2 移动距离 $d=0.3220\text{mm}$ 时，测得某单色光的干涉条纹移过 $N=1204$ 条，试求该单色光的波长。

22. 在迈克尔孙干涉仪的可动反射镜平移一微小距离的过程中，观察到干涉条纹恰好移动 1848 条。所用单色光的波长为 5461Å，由此可知反射镜平移的距离为多大？

23. 在迈克尔孙干涉仪的一支光路中放入一片折射率为 n 的透明介质薄膜后，测出两束光的光程差的改变量为一个波长 λ，则薄膜的厚度应为多少？

24. 在迈克耳孙干涉仪的一支光路中，放入一片折射率为 1.5 的透明介质薄膜后，测出两束光的光程差的改变量为一个波长 λ，则放入薄膜的厚度应为多少？

25. 有一单缝，宽 $a=0.10\text{mm}$，在缝后放一焦距为 50cm 的会聚透镜，用平行绿光($\lambda=546.0\text{nm}$)垂直照射单缝，试求位于透镜焦面处的屏幕上的中央明条纹及第二级明条纹宽度。

26. 在夫琅禾费单缝衍射试验中，设第一级暗条纹的衍射角很小，若钠黄光($\lambda_1=589\text{nm}$)中央明条纹宽度为 4.0mm，则 $\lambda_2=442\text{nm}$ 的蓝紫色光的中央明条纹宽度为多大？

27. 平行光垂直入射到一宽度 $a=0.5\text{mm}$ 的单缝上。单缝后面放置一焦距 $f=0.40\text{m}$ 的透镜，使衍射条纹呈现在位于透镜焦平面的屏幕上。若在距离中央明条纹中心为 $x=1.20\text{mm}$ 处观察，看到的是第三级明条纹。

(1) 求入射光波长 λ；

(2) 从该方向望去，单缝处的波前被分为几个半波带？

28. 在白色光形成的单缝衍射条纹中，波长为 λ 的光第三级明条纹，和波长为 $\lambda_1=630\text{nm}$ 的红光的第二级明条纹相重合，则该光的波长 λ 为多大？

29. 在迎面驶来的汽车上，两盏前灯相距 1.2m，试问汽车在离人多远的地方，眼睛才可能分辨这两盏前灯？假设夜间人眼瞳孔直径为 5.0mm，而入射光波长 $\lambda=550.0\text{nm}$。

30. 月球距地面大约 $3.86\times10^5\text{km}$，假设月光波长按 $\lambda=550\text{nm}$ 计算，那么在地球上用直径 $D=500\text{cm}$ 的天文望远镜恰好能分辨月球表面相距为多大的两点？

31. 用波长为 λ 的单色平行光垂直照射在光栅常数 $d=2.00\times10^3\text{nm}$ 的光栅上，用焦距 $f=0.500\text{m}$ 的透镜将光聚在屏上，测得光栅衍射图像的第一级谱线与透镜主焦点的距离 $l=0.1667\text{m}$。则该入射的光波长为多大？

32. 为了测定一光栅的光栅常数，用波长 $\lambda=632.8\text{nm}$ 的 HeNe 激光器光源垂直照射光栅。已知第二级亮条纹出现在 30°的方向上，问：

(1) 光栅常数是多大？

(2) 此光栅 1cm 内有多少条缝？

(3) 最多能观察到第几级明条纹？共有几条明条纹？

33. 一束具有两种波长 λ_1 和 λ_2 的平行光垂直照射到一衍射光栅上，测得波长 λ_1 的第三级主极大衍射角和 λ_2 的第四级主极大衍射角均为 30°。已知 $\lambda_1=5600$Å，试问：

(1) 光栅常数 $a+b=$？

(2) 波长 $\lambda_2=$？

34. 设光栅平面和透镜都与屏幕平行，在平面透射光栅上每厘米有 5000 条刻线，用它来观察钠黄光($\lambda=589\text{nm}$)的光谱线。

(1) 当光线垂直入射到光栅上时,能看到的光谱线的最高级数 k_m 是多少?

(2) 当光线以 30°的入射角(入射线与光栅平面的法线的夹角)斜入射到光栅上时,能看到的光谱线的最高级数 k_m' 是多少?

35. 用波长 $\lambda=550\text{nm}$ 的单色平行光垂直照射一光栅,已知光栅常数 $d=4\mu\text{m}$,每条透光缝宽为 $a=2\mu\text{m}$,问:

(1) 该光栅每毫米宽度上有多少条缝?

(2) 在衍射区域内共可以观测到多少光栅衍射主极大?

(3) 在单缝衍射中明条纹宽度内,有多少光栅衍射主极大?

36. 一双缝间距 $d=0.10\text{mm}$,缝宽 $a=0.02\text{mm}$,用波长 $\lambda=480\text{nm}$ 的平行单色光垂直入射该双缝,双缝后放一焦距为 50cm 的透镜,试求:

(1) 透镜焦平面处屏上条纹的间距;

(2) 单缝衍射中央亮纹的宽度;

(3) 单缝衍射的中央包线内有多少条干涉的主极大。

37. 波长 $\lambda=6000\text{Å}$ 的单色光垂直入射到一光栅上,测得第二级主极大的衍射角为 30°,且第三级是缺级。

(1) 光栅常数 $(a+b)$ 等于多少?

(2) 透光缝 a 可能的最小宽度等于多少?

(3) 在选定了上述 $(a+b)$ 和 a 之后,求在屏幕上可能呈现的全部主极大的级次。

38. 一个平面光栅,当用光垂直照射时,在 30°的衍射方向上得到 600nm 的第二级主极大,该光栅能分辨 $\Delta\lambda=0.05\text{nm}$ 的两条光谱线,但不能得到 400nm 的第三级主极大,计算此光栅透光部分的宽度 a、不透光部分的宽度 b,以及最小总缝数 N 的值。

39. 将两个偏振化方向相交 60°的偏振片叠放在一起。一束光强为 I_0 的线偏振光垂直入射到偏振片上,其光矢量振动方向与第一个偏振片的偏振化方向成 45°。求透过第二个偏振片后的光束强度。

40. 将两个偏振化方向相交 60°的偏振片叠放在一起。一束光强为 I_0 的线偏振光垂直入射到偏振片上,其光矢量振动方向与第一个偏振片的偏振化方向成 30°。

(1) 求透过第二个偏振片后的光束强度;

(2) 若将原入射光束换为强度相同的自然光,求透过第二个偏振片后的光束强度。

41. 有三个偏振片堆叠在一起,第一块与第三块的偏振化方向相互垂直,第二块和第一块的偏振化方向相互平行,然后第二块偏振片以恒定角速度 ω 绕光传播的方向旋转。设入射自然光的光强为 I_0,试计算此自然光通过这一系统后出射光的光强。

42. 三个偏振片叠放在一起,第二个与第三个的偏振化方向分别与第一个的偏振化方向成 45°和 90°。

(1) 强度为 I_0 的自然光垂直入射到这一堆偏振片上,试确定光经每一偏振片后的偏振状态和光强;

(2) 如果将第二个偏振片抽走,情况又如何?

43. 自然光和线偏振光的混合光束通过一偏振片时,随着偏振片以光的传播方向为轴转动,透射光的强度也跟着改变,如最强和最弱的光强之比为 6∶1,那么入射光中自然光和线偏振光的强度之比为多大？

44. 起偏振器和检偏器的偏振化方向之间的夹角为 30°，

(1) 假定偏振片是理想的，则非偏振光通过起偏振器和检偏器后，其出射光强与原来光强之比是多少？

(2) 如果起偏振器和检偏器分别吸收了 10%的可通过光线，则出射光强与原来光强之比是多少？

45. 一束光强为 I_0 的自然光，相继通过三个偏振片 P_1、P_2、P_3 后，出射光的光强为 $I=I_0/8$。已知 P_1 和 P_3 的偏振化方向相互垂直，若以入射光线为轴，旋转 P_2，要使出射光的光强为零，P_2 最少要转过多大的角度？

46. 如图 16.6.6 所示，有三个偏振片堆叠在一起，第一块与第三块的偏振化方向相互垂直，第二块和第一块的偏振化方向相互平行，然后第二块偏振片以恒定角速度 ω 绕光传播的方向旋转。设入射自然光的光强为 I_0。试证明：此自然光通过这一系统后，出射光的光强为 $I=I_0(1-\cos 4\omega t)/16$。

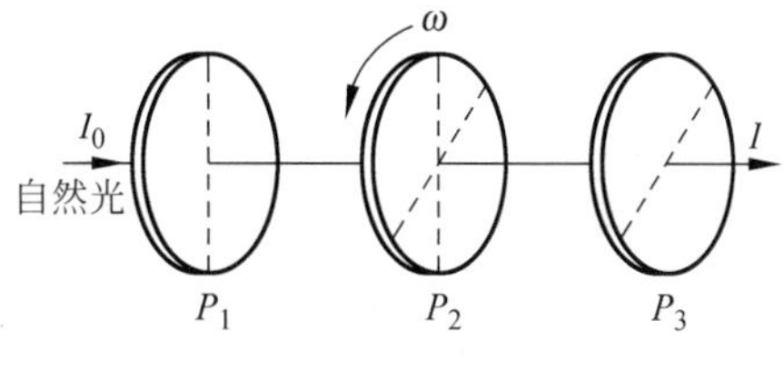

图　16.6.6

47. 应用布儒斯特定律可以测介质的折射率。用光从空气中入射此介质，测得起偏角 $i_0=56°$，这种介质的折射率为多大？

48. 一束自然光自空气入射到水(折射率为 1.33)表面上，若反射光是线偏振光，则：

(1) 此入射光的入射角为多大？

(2) 折射角为多大？

49. 从一池静水的表面反射出来的太阳光是线偏振光，此时太阳在地平线上多大仰角处？

50. 如图 16.6.7 安排的三种透光媒质Ⅰ、Ⅱ、Ⅲ，折射率分别为 $n_1=1.33$，$n_2=1.50$，$n_3=1$。两个交界面相互平行。一束自然光自媒质Ⅰ中入射到Ⅰ与Ⅱ的交界面上，若反射光为线偏振光，

(1) 求入射角 i；

(2) 媒质Ⅱ、Ⅲ界面上的反射光是不是线偏振光？为什么？

51. 一块折射率 $n=1.50$ 的平面玻璃浸在水中，已知一束光入射到水面上时反射光是完全偏振光。若要使玻璃表面的反射光也是完全偏振光，则玻璃表面与水平面的夹角 θ 应是多大？

52. 如图 16.6.8 所示，有一平面玻璃板放在水中，板面与水面夹角为 θ。设水和玻璃的折射率分别为 1.333 和 1.517，欲使图中水面和玻璃板面的反射光都是完全偏振光，θ 角应是多大？

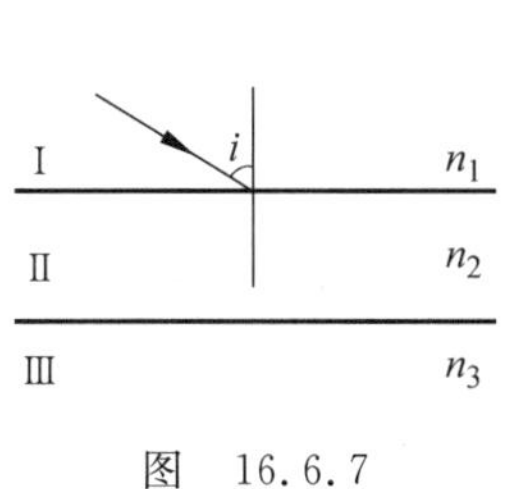

图　16.6.7

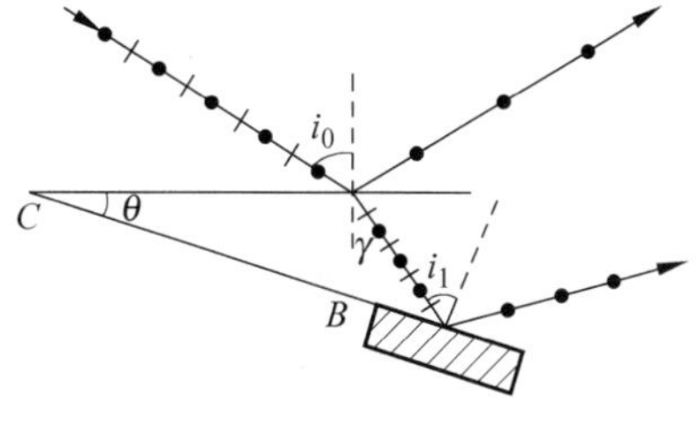

图　16.6.8

第17章 狭义相对论基础

基本要求

1. 理解力学相对性原理和伽利略变换。

2. 理解狭义相对论的两个基本假设及其与洛伦兹变换的关系，根据洛伦兹变换理解狭义相对论的时空观。能计算两个惯性系中两个事件的空间间隔和时间间隔；计算长度缩短、时间延缓问题，了解相对论速度变换公式。

3. 理解相对论动力学方程，掌握质量与速度、质量与能量以及动量与能量的关系，并能应用它们分析和解决问题。

基本概念和基本规律

1. 力学相对性原理与伽利略变换

(1) 力学相对性原理　力学规律在任何惯性系中都是相同的。

(2) 事件和坐标　物理事件是指在空间中某一点和时间中某一瞬间发生一件事情。在某一惯性系的直角坐标系中，可用三个空间坐标 x、y、z 和一个时间坐标 t 来标记事件，简称时空坐标。如图 17.2.1 所示，设有两个惯性系 S 和 S'，它们的 X 轴和 X'轴重合，Y 轴和 Y'轴，Z 轴和 Z'轴平行。S'系相对于 S 系沿 X 轴以恒定速度 v 运动。并假定，当它们的坐标原点 O 与 O'重合时，时间读数为 $t=t'=0$。则对于一给定事件 P，S'系中测得时-空坐标为(x', y', z', t')，S 系中测得时-空坐标为(x, y, z, t)。

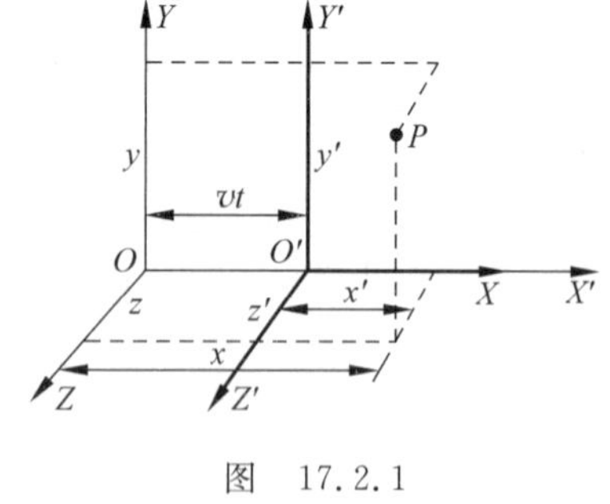

图　17.2.1

(3) 伽利略变换　由经典时空观及图 17.2.1 可以看出，对一个确定的事件 P，S 系和 S'系中的时-空坐标满足下列关系：

$$\begin{cases} x = x' + vt' \\ y = y' \\ z = z' \\ t = t' \end{cases}$$

这四个关系式称为伽利略变换。

(4) 伽利略速度变换和加速度变换　粒子的速度是坐标对时间的导数，若 S 系和 S'系测得同一粒子的三个速度分量分别是(u_x, u_y, u_z)和(u'_x, u'_y, u'_z)，则

$$u_x = u'_x + v,\quad u_y = u'_y,\quad u_z = u'_z$$

粒子的加速度是速度对时间的导数，若 S 系和 S' 系测得同一粒子 3 个加速度分量分别是 (a_x, a_y, a_z) 和 (a'_x, a'_y, a'_z)，则

$$a_x = a'_x,\quad a_y = a'_y,\quad a_z = a'_z$$

即

$$\boldsymbol{a} = \boldsymbol{a}'$$

这表明，一切惯性系中的观测者，测得同一粒子的加速度是相同的。

2. 狭义相对论的基本原理和洛伦兹变换

(1) 狭义相对论的两条基本原理

① 相对性原理　物理规律对于所有惯性系是相同的。也就是说，不论通过何种物理实验，都无法判别所处的惯性参考系是静止还是作匀速直线运动。

② 光速不变原理　真空中光的速度相对于任何惯性系沿任一方向恒为常数 $c=3\times10^8$ m/s，并与光源运动无关。

(2) 洛伦兹变换

根据光速不变原理，对图中的两惯性系中观测者来说，他们测得同一事件 P 的时-空坐标之间关系是

$$\begin{cases} x' = \dfrac{x - vt}{\sqrt{1 - v^2/c^2}} \\ y' = y \\ z' = z \\ t' = \dfrac{t - vx/c^2}{\sqrt{1 - v^2/c^2}} \end{cases}$$

这些关系式称为洛伦兹变换。它们的逆变换是

$$\begin{cases} x = \dfrac{x' + vt'}{\sqrt{1 - v^2/c^2}} \\ y = y' \\ z = z' \\ t = \dfrac{t' + vx'/c^2}{\sqrt{1 - v^2/c^2}} \end{cases}$$

(3) 相对论时空观

① 同时性的相对性　若 S' 系中测定两个事件 P_1 和 P_2 是同时发生的，则有 $t'_1=t'_2$。根据洛伦兹变换，S 系中测得 P_1 和 P_2 的时间间隔为

$$t_2 - t_1 = \frac{v/c^2}{\sqrt{1 - v^2/c^2}}(x'_2 - x'_1)$$

若这两个事件发生在同一空间位置上，就是 $x'_2=x'_1$，则 S 系中测得这两事件也是同时发生的；反之，若 $x'_2\neq x'_1$，则 S 系中测得这两事件将不是同时的。

② 固有长度和长度收缩　若一根刚性杆相对于一个惯性系是静止的，则它的长度可由测量刚性杆两端点的空间坐标差来确定。由于刚性杆静止，这种测量可以在任何时刻进行，这样测定的长度叫固有长度(静止长度)L_0。

然而,对于运动物体,必须在同一时刻测量两端点的空间坐标差,这样测定的坐标差定义为刚性杆的运动长度 L。

设物体静止在 S' 系中,则由洛伦兹逆变换可得

$$x_2'-x_1'=\frac{(x_2-x_1)-v(t_2-t_1)}{\sqrt{1-v^2/c^2}}$$

因为 $t_1=t_2$,则有

$$x_2-x_1=(x_2'-x_1')\sqrt{1-v^2/c^2}$$

这可写成

$$L=L_0\sqrt{1-v^2/c^2}$$

③ 固有时间和时间延长

在一个惯性系,如 S' 系中测定在某一地点发生的两个事件的时间间隔,$\Delta t'=t_2'-t_1'$,称为这两事件的固有时间间隔。由于 S' 系相对于 S 系以速度 v 运动,S 系中的观测者必然断定这两个事件发生在不同地点,而且测定它们的时间差是

$$\Delta t=t_2-t_1=\frac{1}{\sqrt{1-v^2/c^2}}\Delta t'$$

显然,S 系中测定的时间间隔要比固有时间长,这种效应称为时间延缓。

④ 相对论速度变换

为了简单起见,我们只考虑沿 x 轴运动的粒子。由洛伦兹变换可得到速度变换

$$u_x=\frac{u_x'+v}{1+\frac{vu_x'}{c^2}}$$

其中 u_x 和 u_x' 分别是 S 系和 S' 系中观测者测得的速度。

3. 相对论力学

(1) 相对论力学方程

牛顿第二定律的方程并不满足相对性原理,推广后的力学方程是

$$\boldsymbol{F}=\frac{\mathrm{d}(m\boldsymbol{u})}{\mathrm{d}t}$$

式中 $\boldsymbol{u}$ 是物体的速度,$m=\dfrac{m_0}{\sqrt{1-u^2/c^2}}$是物体的运动质量,而 m_0 是物体的静止质量。动量的表达式为

$$\boldsymbol{p}=m\boldsymbol{u}=\frac{m_0\boldsymbol{u}}{\sqrt{1-u^2/c^2}}$$

(2) 质量-能量关系

由动能定理可知,外力对静止物体做的功,等于物体的动能 E_k,设物体作一维直线运动下,则有

$$E_\mathrm{k}=\int F\mathrm{d}s=\int\frac{\mathrm{d}(mu)}{\mathrm{d}t}u\,\mathrm{d}t=\int_{m_0}^{m}c^2\,\mathrm{d}m=(m-m_0)c^2=\Delta mc^2,\quad \Delta m=m-m_0$$

物体运动时质量的增量与动能之间的关系叫质-能关系。这个关系启示我们,物体具有质量一定伴有相应的能量。由此可以推断,静止物体具有静止质量 m_0,它也具有能量,称

之为静止能量，表示为

$$E_0 = m_0 c^2$$

(3) 相对论动量和能量关系

狭义相对论中的总能量 E(由运动质量 m 决定)与动量 P 满足下述关系：

$$E^2 = P^2 c^2 + m_0^2 c^4$$

这个关系式对恒以光速运动的粒子尤为重要。例如，光子的静止质量为零，所以光子的动量为

$$P = \frac{E}{c}$$

解题指导

除了将空间测量和时间测量分别加以讨论的题目外，在许多问题中，空间和时间测量是互相纠缠在一起的，因而需要用洛仑兹变换来处理。

求解质量-能量时，一个容易犯的错误是使用错误的动能表述式。要注意

$$E_k \neq \frac{1}{2} m_0 v^2 \quad \text{或} \quad E_k \neq \frac{1}{2} m v^2$$

动能的正确表达式是

$$E_k = (m - m_0) c^2$$

对于相对论动量，我们应注意的是

$$\boldsymbol{p} = m\boldsymbol{v} = \frac{m_0 \boldsymbol{v}}{\sqrt{1 - v^2/c^2}} \text{而不是} \ \boldsymbol{p} = m_0 \boldsymbol{v}$$

【例题 17.1】 一艘高速飞行的飞船，要使它的长度收缩到静止时长度的 99%，它应飞多快？

【解】 根据长度收缩公式，有

$$L/L_0 = \sqrt{1 - v^2/c^2} = 99\%$$

解得 $v=0.14c$。

【例题 17.2】 一根固有长度 L_0 的直尺，静止在坐标系 S' 系中，与 x' 轴成 30°。如果该尺与坐标系 S 的 x 轴成 45°，则该尺相对于 S 系的速度是多少？

【解】 在 S' 系中，我们有

$$L'_y = L_0 \sin 30° = 0.5 L_0$$

$$L_x = L_0 \cos 30° = \frac{\sqrt{3}}{2} L_0$$

由于只有在 x 方向上长度有收缩，所以有

$$L_y = L'_y = 0.5 L_0$$

$$L_x = L'_x \sqrt{1 - v^2/c^2} = \frac{\sqrt{3}}{2} L_0 \sqrt{1 - v^2/c^2}$$

由于

$$L_y / L_x = \tan 45° = 1$$

解得 $v=0.816c$。

应当注意,长度收缩仅在运动方向上,所以,当棒的速度与棒长方向不一致时,棒在运动方向上的分量有收缩效应。

【例题 17.3】 π 介子平均寿命是 1.8×10^{-8}s,一束 π 介子以 $0.8c$ 的速度离开一个高能加速器,在衰变前,π 介子飞行的距离是多少?

【解】 在实验室中的观察者看来,π 介子在衰变前飞行的时间是

$$\Delta t=\frac{\Delta t_0}{\sqrt{1-v^2/c^2}}=\frac{1.8\times10^{-8}}{\sqrt{1-0.8^2}}\mathrm{s}=3\times10^{-8}\mathrm{s}$$

飞行的距离是

$$L=v\Delta t=(0.8\times3\times10^8)\times(3\times10^{-8})\mathrm{m}=7.2\mathrm{m}$$

【例题 17.4】 列车以 $v=0.8c$ 的速率在地面上直线行驶,列车车厢长度为 100m。现从车厢后端发射一小球,以 $u=20$m/s 速度飞向车厢前端,试求:

(1) 车厢中观测者测得小球到达车厢前端所需时间;

(2) 地面上观测者测得小球到达车厢前端所需时间和飞行距离。

【解】 (1) 设车厢为 S' 系,则小球到达车厢前端所需时间为

$$\Delta t'=\frac{l_0}{u}=\frac{100}{20}\mathrm{s}=5\mathrm{s}$$

注意: 由于小球从车厢后出发和到达车厢前这两个事件并不发生在同一地点(对车厢参考系 S'),所以 $\Delta t'=5$s 不是固有时间。

(2) 设小球从车厢后出发和到达车厢前两个事件分别用(x_1',t_1')和(x_2',t_2')表示,则对 S' 系

$$\Delta x'=x_2'-x_1'=l_0=100\mathrm{m},\quad \Delta t'=t_2'-t_1'=5\mathrm{s}$$

而地面上观测者测得两事件的空-时坐标为(x_1,t_1)和(x_2,t_2),由洛伦兹变换可知

$$\Delta x=\frac{\Delta x'+v\Delta t'}{\sqrt{1-v^2/c^2}}=\frac{100+0.8c\times5}{\sqrt{1-0.8^2}}\mathrm{m}\approx2\times10^9\mathrm{m}$$

$$\Delta t=\frac{\Delta t'+v\Delta x'/c^2}{\sqrt{1-v^2/c^2}}\approx8.3\mathrm{s}$$

【例题 17.5】 设电子的静质量为 m_0,它的速度为多大时,其质量是静止质量的 2 倍?这时其动量又为多少?

【解】 由质量-速度关系 $m=\dfrac{m_0}{\sqrt{1-v^2/c^2}}$,可得

$$\frac{m}{m_0}=2=\frac{1}{\sqrt{1-v^2/c^2}}$$

解得

$$v=\frac{\sqrt{3}}{2}c$$

动量为

$$p=mv=2m_0\frac{\sqrt{3}}{2}c=\sqrt{3}m_0c$$

【例题 17.6】 在实验室坐标系中,测得质子的运动速度为 $0.995c$,求质子的质量、总能

量、动量和动能。

【解】 质子质量

$$m=\frac{m_0}{\sqrt{1-v^2/c^2}}=1.67\times10^{-26}\,\mathrm{kg}$$

总能量

$$E=mc^2=1.67\times10^{-26}\times(3\times10^8)^2\,\mathrm{J}=1.504\times10^{-9}\,\mathrm{J}$$

动量

$$p=mv=1.67\times10^{-26}\times0.995\times3\times10^8\,\mathrm{kg\cdot m/s}=4.99\times10^{-8}\,\mathrm{kg\cdot m/s}$$

动能

$$\begin{aligned}E_{\mathrm{k}}&=(m-m_0)c^2\\&=(1.67\times10^{-26}-1.67\times10^{-27})\times(3\times10^8)^2\,\mathrm{J}=1.354\times10^{-9}\,\mathrm{J}\end{aligned}$$

【例题 17.7】 爆炸一颗含有 10kg 钚的原子弹，爆炸后生成物的静质量比原来小万分之一。问该核爆炸释放了多少能量？若爆炸仅在 1×10^{-6} s 内完成，则核爆炸的平均功率是多少？

【解】 由质量-能量关系可知，静止质量的损失即释放的能量，则

$$\Delta E_{放}=\Delta m_0c^2=10\times10^{-4}\times(3\times10^8)^2\,\mathrm{J}=9\times10^{13}\,\mathrm{J}$$

平均功率

$$\bar{P}=\frac{\Delta E_{放}}{\Delta t}=\frac{0.9\times10^{14}}{1\times10^{-6}}\,\mathrm{W}=9\times10^{19}\,\mathrm{W}$$

复习思考题

1. 试述狭义相对论的两条基本原理。

2. 证明洛伦兹变换在 $v\ll c$ 时，趋近于伽利略变换。

3. 什么是“固有长度”和“运动长度”？“长度”与空间间隔有什么区别？

4. 什么是“固有时间”和“运动时间”？它们之间满足什么关系？它们与时间间隔有何区别？

5. 两艘静止长度均为 l_0 的宇宙飞船以一定的速度相对飞行，A 飞船的宇航员测得 B 飞船经过 A 船前端的时间为 Δt_A，试问这时间是否为固有时间？B 飞船宇航员测得飞过 A 船前端的时间又为多少？它们的相对飞行速度为多少？

6. 写出相对论动能表达式，证明当 $v\ll c$ 时，该式近似为 $E_{\mathrm{k}}=\frac{1}{2}m_0v^2$。

自我检查题

1. 在对狭义相对论的讨论中，有下列说法：

(1) 一切运动物体相对于观察者的速度都不能大于真空中的光速；

(2) 质量、长度、时间的测量结果都是随物体与观察者的相对运动状态而改变的；

(3) 在一惯性系中发生于同一时刻、不同地点的两个事件在其他一切惯性系中也是同时发生的；

(4) 惯性系中的观察者，观察一个与他作匀速相对运动的时钟时，会看到这时钟比与他

相对静止的时钟走得慢些。

其中正确的是(　　)。

(A) (1)、(3)、(4)　　(B) (1)、(2)、(4)

(C) (1)、(2)、(3)　　(D) (2)、(3)、(4)

2. 设想从某一惯性系 K' 系的坐标原点 O' 沿 x' 方向发射一光波，在 K' 系中测得光速 $u'_x=c$，则光对另一个惯性系 K 系的速度 u_x 应为(　　)。

(A) $\frac{2}{3}c$　　(B) $\frac{4}{5}c$　　(C) $\frac{1}{3}c$　　(D) c

3. (1) 发生在某惯性系中同一时刻、同一地点的两个事件，对于相对该惯性系作匀速直线运动的其他惯性系中的观察者来说，它们是否同时发生？

(2) 在某惯性系中发生于同一时刻、不同地点的两个事件，在其他惯性系中是否同时发生？

关于上述两个问题的正确答案是(　　)。

(A) (1)同时，(2)不同时　　(B) (1)不同时，(2)同时

(C) (1)同时，(2)同时　　(D) (1)不同时，(2)不同时

4. 两个惯性系存在接近光速的相对运动，相对速率为 v(其中 v 为正值)，根据狭义相对论，在相对运动方向上的坐标满足洛伦兹变换，下列不可能的是(　　)。

(A) $x'=(x-vt)\Big/\sqrt{1-\frac{v^2}{c^2}}$　　(B) $x'=(x+vt)\Big/\sqrt{1-\frac{v^2}{c^2}}$

(C) $x=(x'+vt')\Big/\sqrt{1-\frac{v^2}{c^2}}$　　(D) $x'=x+vt$

5. 宇宙飞船相对于地面以速度 v 作匀速直线飞行，某一时刻飞船头部的宇航员向飞船尾部发出一个光信号，经过 Δt(飞船上的钟)时间后，被尾部的接收器收到，则由此可知飞船的固有长度为(　　)。

(A) $c\Delta t$　　(B) $v\Delta t$

(C) $c\Delta t\sqrt{1-(v/c)^2}$　　(D) $c\Delta t/\sqrt{1-(v/c)^2}$

6. 远方的一颗星以 $0.8c$ 的速度离开我们，地球惯性系的时钟测得它辐射出来的闪光按5昼夜的周期变化，固定在此星上的参考系测得的闪光周期为(　　)昼夜。

(A) 3　　(B) 4　　(C) 6.5　　(D) 8.3

7. 一宇宙飞船相对于地面以 $0.8c$ 的速度飞行，一光脉冲从船尾传到船头，飞船上的观察者测得飞船长为90m，地球上的观察者测得脉冲从船尾发出和到达船头两个事件的空间间隔为(　　)。

(A) 90m　　(B) 54m　　(C) 270m　　(D) 150m

8. 边长为 a 的正方形薄板静止于惯性系 K 的 xOy 平面内，且两边分别与 x、y 轴平行，今有惯性系 K' 以 $0.8c$(c 为真空中光速)的速度相对于 K 系沿 x 轴作匀速直线运动，则从 K' 系测得薄板的面积为(　　)。

(A) a^2　　(B) $0.6a^2$　　(C) $0.8a^2$　　(D) $a^2/0.6$

9. 一个宇航员要到离地球为5光年的星球去旅行，如果宇航员希望把这路程缩短为3光年，则他所乘的火箭相对于地球的速度应是(　　)。

(A) $v=c/2$　　(B) $v=3c/5$　　(C) $v=4c/5$　　(D) $v=9c/10$

10. K 系与 K' 系是坐标轴相互平行的两个惯性系，K' 系相对于 K 系沿 Ox 轴正方向匀速运动。一根刚性尺静止在 K' 系中，与 $O'x'$ 轴成 30°。今在 K 系中观测得该尺与 Ox 轴成 45°，则 K' 系相对于 K 系的速度是(　　)。

(A) $\frac{2}{3}c$　　(B) $\frac{1}{3}c$　　(C) $\sqrt{2/3}\,c$　　(D) $\frac{1}{2}c$

11. 根据相对论力学，动能为 0.25MeV 的电子，其运动速度约等于(c 表示真空中光速，电子的静止能 $m_0c^2=0.5\text{MeV}$)(　　)。

(A) $0.1c$　　(B) $0.5c$　　(C) $0.75c$　　(D) $0.85c$

12. 粒子的动能等于它本身的静止能量，这时该粒子的速度为(　　)。

(A) $\frac{\sqrt{3}}{2}c$　　(B) $\frac{3}{4}c$　　(C) $\frac{1}{2}c$　　(D) $\frac{4}{5}c$

13. 把一个静止质量为 m_0 的粒子由静止加速到 $0.6c$(c 为真空中的光速)需做的功等于(　　)。

(A) $0.18m_0c^2$　　(B) $0.25m_0c^2$　　(C) $0.36m_0c^2$　　(D) $1.25m_0c^2$

14. 已知一静止质量为 m_0 的粒子，其固有寿命为实验室测量的 $\frac{1}{n}$，则粒子的实验室能量相当于静止能量的(　　)。

(A) 1 倍　　(B) $\frac{1}{n}$倍　　(C) n 倍　　(D) $n-1$ 倍

15. 设某微观粒子的总能量是它静止能量的 K 倍，则其运动速度的大小为(以 c 表示真空中的光速)(　　)。

(A) $\frac{c}{K-1}$　　(B) $\frac{c}{K}\sqrt{1-K^2}$

(C) $\frac{c}{K}\sqrt{K^2-1}$　　(D) $\frac{c}{K+1}\sqrt{K(K+2)}$

16. 某核电站年发电量为 100 亿度，它等于 3.6×10^{16}J 的能量，如果这是由核材料的全部静止能转化产生的，则需要消耗的核材料的质量为(　　)kg。

(A) 0.4　　(B) 0.8　　(C) 12×10^7　　(D) $1/12\times10^7$

17. 在参考系 S 中，有两个静止质量都是 m_0 的粒子 A 和 B，分别以速度 v 沿同一直线相向运动，相碰撞后合在一起成为一个粒子，则其静止质量 M_0 的值为(　　)。

(A) $2m_0$　　(B) $2m_0\sqrt{1-\frac{v^2}{c^2}}$

(C) $m_0\sqrt{1-\frac{v^2}{c^2}}$　　(D) $\frac{2m_0}{\sqrt{1-\frac{v^2}{c^2}}}$

18. 一个电子运动速度 $v=0.99c$，它的动能是(电子的静止能量为 0.51MeV)(　　)。

(A) 3.5MeV　　(B) 4.0MeV　　(C) 3.1MeV　　(D) 2.5MeV

19. 狭义相对论的两条基本原理是：(1)________；(2)________。

20. 狭义相对论时空观认为：时空与________是不可分割的；对不同的惯性系而言，长度与时间的测量是________的。

21. 当________时,洛伦兹变换式可以通过近似退化为伽利略变换式。

22. 在实验室中,有一个以速度 $0.5c$ 飞行的原子核,此核沿着它的运动方向发射一个光子,同时还向反方向以相对于核为 $0.8c$ 的速度发射一个电子,实验室中的观察者测得电子的速度为________,光子的速度为________。

23. 在一惯性系 S 中同一地点同时发生的两个事件,在相对于它运动的任一惯性系 S' 中的观察者看来,必定________发生。

24. 如果两个事件在某惯性系中是在同一地点发生的,则对一切惯性系来说这两个事件的时间间隔,只有在此惯性系中最________;如果两个事件在某惯性系中是同时发生的,则对一切惯性系来说这两个事件的空间距离,只有在此惯性系中最________。

25. 在 S 坐标系沿 x 轴静止放置的一把尺子长为 l,在 S' 系测量此尺子的长度为 $\frac{\sqrt{3}}{2}l$,则 S' 系相对于 S 系运动的速率为________。

26. 一观察者测得一沿米尺长度方向匀速运动着的米尺的长度为 0.5m,则此米尺以速度=________ m/s 接近观察者。

27. 火车站的站台长 100m,从高速运动的火车上测量站台的长度是 80m,那么火车通过站台的速度为________。

28. 一列高速火车以速度 v 驶过车站时,停在站台上的观察者观察到固定在站台上相距 1m 的两只机械手在车厢上同时划出两个痕迹,则车厢上的观察者应测出这两个痕迹之间的距离为________。

29. π^+ 介子是不稳定的粒子,在它自己的参考系中测得平均寿命是 2.6×10^{-8}s,如果它相对实验室以 $0.8c$(c 为真空中的光速)的速度运动,则实验室坐标系中测得的 π^+ 介子的寿命是________。

30. 牛郎星距离地球约 16 光年,宇宙飞船若以________的匀速度飞行,将用 4 年的时间(宇宙飞船的钟指示的时间)抵达牛郎星。

31. 两个惯性系中的观察者 O 和 O' 以 $0.6c$ 的相对速度互相接近,如果 O 测得两者的初始距离是 20m,则 O' 测得两者经过时间 $\Delta t'=$________ s 后相遇。

32. 狭义相对论中,联系力和运动的力学基本方程可表示为:________。

33. 在某惯性系中以 $c/2$ 的速率运动的粒子,其动量是按非相对论性动量计算的________倍。

34. 以速度为 $\frac{\sqrt{3}}{2}c$ 运动的中子,它的总能量是其静能的________倍。

35. 在速度 $v=$________情况下粒子的动量等于非相对论动量的 2 倍;在速度 $v=$________情况下粒子的动能等于它的静止能量。

36. 设电子静止质量为 m_0,将一个电子从静止加速到速率为 $0.6c$,需做功________(电子的静止能量 0.51MeV)。

37. 观察者甲以 $4c/5$ 的速度相对于静止的观察者乙运动,若甲携带一根长度为 l、截面积为 S、质量为 m 的棒,这根棒安放在运动方向上,则甲测得此棒的密度为________;乙测得此棒的密度为________。

38. 在电子湮灭的过程中,一个电子和一个正电子相碰撞而消失,并产生电磁辐射。假定正负电子在湮灭前动量为非相对论动量的 2 倍(已知电子的静止能量为 0.512×10^6eV)，由此估算辐射的总能量为________。

39. 匀质细棒静止时质量为 m_0，长度 l_0，当它沿棒长方向作高速匀速直线运动时，测得长为 l，那么棒的运动速度 $v=$________；该棒具有的动能 $E_k=$________。

40. 一静止质量为 m_0、带电量为 q 的粒子，其初速为零，在均匀电场 E 中加速，在时刻 t 时它所获得的速度是________；如果不考虑相对论效应，它的速度是________。

习题

1. 在 K 惯性系中，相距 $\Delta x=5\times10^6$m 的两个地方发生两事件，时间间隔 $\Delta t=10^{-2}$s；而在相对于 K 系沿正 x 方向匀速运动的 K'系中观测到这两事件却是同时发生的。试计算在 K'系中发生这两事件的地点间距离 Δx 是多少。

2. 在 K 惯性系中观测到相距 $\Delta x=9\times10^8$m 的两地点，相隔 $\Delta t=5$s 发生两事件，而在相对于 K 系沿 x 方向匀速运动的 K'系中发现此两事件恰好发生在同一地点。试求在 K'系中此两事件的时间间隔。

3. 观测者甲和乙分别静止于两个惯性参考系 K 和 K'中，甲测得在同一地点发生的两个事件的时间间隔为 4s，而乙测得这两个事件的时间间隔为 5s，求：

(1) K'相对于 K 的运动速度；

(2) 乙测得这两个事件发生的地点的距离。

4. K 惯性系中观测者记录到两事件的空间和时间间隔分别是 $x_2-x_1=600$m 和 $t_2-t_1=8\times10^{-7}$s，为了使两事件对相对于 K 系沿正 x 方向匀速运动的 K'系来说是同时发生的，K'系必须相对于 K 系以多大的速度运动？

5. 在地面上测得某车站的站台长度为 100m，求坐在以 $0.6c$ 运行的光子火车里的观察者测量的站台长度；如果火车里的观察者测量站台上同一地点发生的两个事件的时间间隔为 10min，那么在站台上测量这两个事件的时间间隔是多少？

6. 在惯性系 K 中，测得某两个事件发生在同一个地点，时间间隔为 4s，在另一个惯性系 K'中，测得这两个事件发生的时间间隔为 6s，试问在 K'系中，它们的空间间隔是多少？

7. 在实验室中以 $0.6c$ 的速率运动的粒子，飞行 3m 后衰变，在实验室中观察粒子存在了多长时间？若由与粒子一起运动的观察者测量，粒子存在了多长时间？

8. μ 子是不稳定粒子，在其静止参考系中，它们寿命约为 2.3×10^{-6}s，如果一个 μ 子相对于实验室的速率为 $0.8c$，

(1) 在实验室中测得它的寿命是多少？

(2) 在其寿命时间内，在实验室中测得它的运动距离是多少？

9. 一米尺静止在 S 系中，与 Ox 轴成 30°，如果在 S'系中测得该米尺与 $O'x'$轴成 60°，则 S'系相对于 S 系的速率是多少？在 S'系中测得该米尺的长度是多少？

10. 一米尺静止在 S 系中，与 Ox 轴成 30°，如果在 S'系中测得该米尺与 $O'x'$轴成 45°，则 S'系相对于 S 系的速率是多少？在 S'系中测得该米尺的长度是多少？

11. 从地球上测得地球到最近的恒星半人马座 α 星的距离是 4.3×10^{16}m，假设有一飞船以速度 $0.999c$ 从地球飞向该星。问：

(1) 飞船上的观察者测得地球和该星间的距离是多少?

(2) 按地球上的钟来计算,飞船往返一次需要多少时间?

(3) 按飞船上的钟来计算,飞船往返一次需要多少时间?

12. 两个惯性系中的观察者 O 和 O' 以 $0.6c$ 的相对速度互相接近。若 O 测得两者的初始距离是 20m,则 O' 测得两者经过多少时间后相遇?

13. 设有宇宙飞船 A 和 B,固有长度均为 $l_0=100\text{m}$,沿同一方向匀速飞行,在飞船 B 上观测到飞船 A 的船头和船尾经过飞船 B 船头的时间间隔为 $\frac{5}{3}\times10^{-7}\text{s}$,求飞船 B 相对于飞船 A 的速度的大小。

14. 火箭相对于地面以 $v=0.6c$ 的匀速度向上飞离地球。在火箭发射 $\Delta t'=10\text{s}$ 后(火箭上的钟),该火箭向地面发射一导弹,其速度相对于地面为 $v=0.3c$,问火箭发射后多长时间(地球上的钟)导弹到达地球?(设地面不动)

15. 一原子核以 $0.5c$ 的速度离开一观察者而运动。原子核在它运动方向上向前发射一电子,该电子相对于核有 $0.8c$ 的速度;此原子核又向后发射了一光子指向观察者。对静止观察者来讲,

(1) 电子具有多大的速度?

(2) 光子具有多大的速度?

16. 地球上的观测者发现一只以速率 $v_1=0.60c$ 向东航行的宇宙飞船将在 5s 后同一个以 $v_2=0.80c$ 速率向西飞行的彗星相撞。

(1) 飞船中的人们看到彗星以多大速率向他们接近;

(2) 按照他们的钟,还有多少时间允许他们离开原来航线避免碰撞?

17. 电子静止质量 $m_0=9.11\times10^{-31}\text{kg}$。

(1) 试用焦耳和电子伏特为单位,表示电子静能;

(2) 静止电子经过 10^6V 电压加速后,其质量、速率各是多少?

18. 有一个静止质量为 m_0 的粒子,具有初速率 $v=0.4c$,问:粒子速率增加一倍时,它的末动能为初动能的几倍?它的末动量为初动量的几倍?

19. 电子加速器把电子加速到动能为 10^6eV,求这时电子的速度,此时其质量为其静质量的多少倍?

20. 若电子的总能量等于它静能的 3 倍,求电子的动量和速率。

21. 已知电子的静能为 0.511MeV,若电子动能为 0.25MeV,则它所增加的质量 Δm 与静止质量 m_0 的比值近似等于多少?

22. 电子以 $v=0.99c$(c 为真空中光速)的速率运动。试问:

(1) 电子的总能量是多少?

(2) 电子的经典力学的动能与相对论动能之比是多少?(电子静止质量 $m_e=9.1\times10^{-31}\text{kg}$)

23. 设快速运动的某介子的能量约为 $E=3000\text{MeV}$,而这种介子在静止时的能量为 $E_0=100\text{MeV}$,若这种介子的固有寿命是 $\tau_0=2\times10^{-6}\text{s}$,求它运动的距离。

24. 一体积为 V_0、质量为 m_0 的立方体沿其一棱的方向相对于观察者 A 以速度 v 运动。求观察者 A 测得该立方体的密度。

25. 一个电子从静止开始加速到 $0.1c$ 的速度,需要对它做多少功?其速度从 $0.9c$ 加速

到 0.99c 又需做多少功？

26. 把一个静止的质子加速到 0.1c，需要对它做多少功？如果从 0.8c 加速到 0.9c，需要做多少功？已知质子的静能为 938MeV。

27. 求一个质子和一个中子结合成一个氘核时放出的能量。（已知其静止质量分别为：质子 $m_p=1.67262\times10^{-27}$kg；中子 $m_n=1.67493\times10^{-27}$kg；氘核 $m_D=3.34359\times10^{-27}$kg）

28. 一个质子的静质量为 $m_p=1.67265\times10^{-27}$kg，一个中子的静质量为 $m_n=1.67495\times10^{-27}$kg，一个质子和一个中子结合成的氘核的静质量为 $m_D=3.34365\times10^{-27}$kg。求氘核的结合能，它是氘核静能量的百分之几？

第18章 波与粒子

基本要求

1. 了解单色发射本领、总发射本领、单色吸收系数、绝对黑体等概念，了解绝对黑体的单色发射本领随波长的分布曲线，了解斯特藩-玻耳兹曼定律和维恩位移定律。

2. 理解普朗克能量子假说的物理意义。

3. 理解光电效应的实验规律，掌握爱因斯坦光子理论和光电效应方程。

4. 理解康普顿效应及光子假说对康普顿效应的解释。

5. 理解光子的能量、动量和质量等概念，理解光的波粒二象性，掌握表征光的波动性的物理量与表征粒子性物理量间的关系式。

6. 理解物质的波粒二象性，了解电子波动性的实验验证，能应用德布罗意关系式计算物质波的波长和相关问题。

基本概念和基本规律

1. 黑体 热辐射

(1) 平衡热辐射

物体温度保持不变时的热辐射称为平衡热辐射。

① 单色发射本额 $e(\lambda,T)$的定义：物体单位表面积在单位时间内发射的、波长在 $\lambda\sim\lambda+d\lambda$ 范围内的辐射能 dE_λ 与波长间隔之比值，即

$$e(\lambda,T)=dE_\lambda/d\lambda$$

② 总发射本领 $E_0(T)$的定义：物体单位表面积在单位时间内辐射的能量

$$E_0(T)=\int_0^\infty e(\lambda,T)d\lambda$$

③ 绝对黑体：能够全部吸收各种波长的辐射能而完全不发生反射和透射的物体称为绝对黑体，简称黑体。

(2) 黑体辐射的基本定律

① 斯特藩-玻耳兹曼定律

黑体的总辐射本领 $E_0(T)$与温度 T 的四次方成正比：

$$E_0(T)=\sigma T^4$$

其中，$\sigma=5.67\times10^{-8}\,\mathrm{W/(m^2\cdot K^4)}$，称为斯特藩常数。

② 维恩位移定律

黑体的单色发射本领 $e(\lambda,T)$ 对于波长 λ 的分布有一最大值，对应于最大值的波长用 λ_m 表示，峰值波长与温度有简单关系

$$\lambda_m T = b, \quad b = 2.898 \times 10^{-3}\,\mathrm{m \cdot K}$$

这称为维恩位移定律。

(3) 普朗克能量子假说

1900 年，德国物理学家普朗克找到了一个和实验结果非常符合的公式，即在一定温度下，黑体单色辐射本领为

$$e(\lambda,T) = \frac{2\pi hc^2}{\lambda^5}\frac{1}{\mathrm{e}^{hc/(kT\lambda)} - 1}$$

其中：c 是光速；k 是玻耳兹曼常数；$h=6.626\times10^{-34}\,\mathrm{J\cdot s}$，称为普朗克常数。这个公式称为普朗克公式。为了导出上述公式，必须作出如下量子假说：黑体由大量带电线性谐振子构成，其能量不能连续变化，频率为 ν 的振子能量只能是最小能量 $h\nu$ 的整数倍，这个最小能量单位称为能量子。

2. 光电效应和光子理论

金属在光的照射下发射电子的现象称为光电效应。图 18.2.1(a)是光电效应实验原理的示意图；图 18.2.1(b)是光电效应实验测得的电压电流关系。

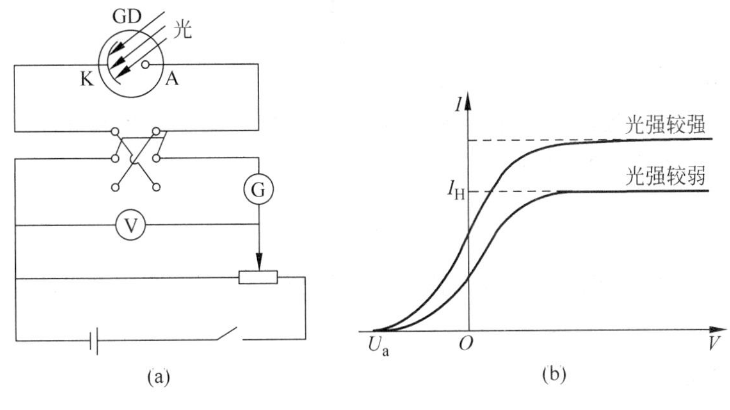

图 18.2.1

(1) 光电效应的四条实验规律

① 单位时间内从金属表面逸出的电子数(饱和电流)与入射光的强度成正比。

② 当入射光的频率大于红限频率时，光电子的初动能随入射光的频率线性地增加，而与入射光的强度无关。

③ 如果入射光的频率小于红限频率 ν_0，则无论光强多大，都不会产生光电效应。

④ 从光照开始到电子逸出金属表面几乎是瞬时的。

光电效应实验示意图，如图 18.2.1(a)所示。若我们使 $U_{AK}<0$，即在 A、K 两极上加反向电压，当反向电压增大到某一定值 U_a 时，电流为零，这个电压的绝对值称为遏止电压。显然，遏止电压 U_a 与光电子最大初动能有下列关系：

$$eU_a = \frac{1}{2}mv_{\max}^2$$

实验发现 U_a 与 ν 成线性关系：

$$eU_a = \frac{1}{2}mv_m^2 = eK\nu - eU_0$$

其中，K 是普适常数，U_0 是与金属材料有关的常数。由于光电子的最大初动能大于等于零，所以 $\nu \geqslant U_0/K$，而红限频率 $\nu_0 = U_0/K$。

(2) 爱因斯坦的光子理论

光的波动理论无法解释光电效应实验规律，1905 年爱因斯坦提出光子理论解释了光电效应的实验规律。

① 光子假说

光是以光速 c 运动的粒子流，这些粒子称为光子，频率为 ν 的光束的每个光子能量为 $h\nu$，它不能再分割，只能整个地被发射或吸收。

② 爱因斯坦光电效应方程

由光子理论和能量守恒定律可知，金属内的自由电子吸收一个入射光子后，就获得能量 $h\nu$，若 $h\nu$ 大于金属电子的逸出功 A，这时就有光电子发射，且有如下方程：

$$\frac{1}{2}mv_m^2 = h\nu - A$$

由这个方程可全面说明光电效应实验规律，而且红限频率由逸出功 A 决定如下：

$$\nu_0 = \frac{A}{h}$$

③ 光的波粒二象性

光子假说不仅成功地解释了光电效应等实验，而且证明了光具有波粒二象性。其波动性和粒子性由下列关系式相联系：

$$E = h\nu, \quad p = \frac{\varepsilon}{c} = \frac{h}{\lambda}$$

由这种关系式可见，描述光的粒子特征的能量和动量与描述光的波动特征的频率和波长由普朗克常数紧密联系起来。

3. 康普顿效应

(1) X 光散射的康普顿效应

单色 X 光被物质散射时，散射光中存在两种波长的射线。除了波长不变的散射线外，还存在一种波长比入射光线波长长，且波长的改变量与入射光波长无关，仅随散射角的增大而增加，这种波长变大的散射现象称为康普顿效应。实验发现

$$\Delta\lambda = \lambda' - \lambda = 2\lambda_C \sin^2\left(\frac{\varphi}{2}\right)$$

式中，$\lambda_C = \dfrac{h}{m_0 c} = 2.43 \times 10^{-12}\,\text{m}$ 是普适常数，经典电磁波理论无法解释这种现象。

(2) 光子理论对康普顿效应的解释

康普顿效应的微观机制是入射光子和自由电子的弹性碰撞，碰撞后光子由于能量损失而波长变长。

如图 18.2.2 所示，由能量和动量守恒定律可知：

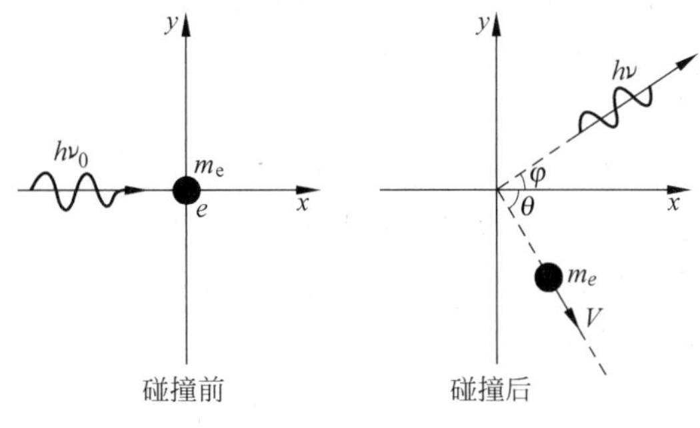

图　18.2.2

能量守恒

$$h\nu_0 + m_0 c^2 = h\nu + mc^2$$

动量守恒

$$\frac{h\nu_0}{c}\boldsymbol{n}_0 = \frac{h\nu}{c}\boldsymbol{n} + m\boldsymbol{v}$$

式中

$$m = m_0 / \sqrt{1 - v^2/c^2}$$

由此可解出

$$\Delta\lambda = \lambda' - \lambda = 2\frac{h}{m_0 c}\sin^2\left(\frac{\varphi}{2}\right)$$

这就是康普顿效应中波长改变公式，而$\dfrac{h}{m_0 c}=2.43\times10^{-12}$ m 称为电子的康普顿波长。

4. 物质的波粒二象性　德布罗意波

(1) 德布罗意波

1924 年德布罗意在光的波粒二象性启示下，提出实物粒子也具有波粒二象性的假设：质量为 m、速度为 v 的粒子，必定有一波动与之相联系，波的频率 ν 和波长与粒子的能量和动量间遵循关系式

$$E = mc^2 = h\nu, \quad p = mv = \frac{h}{\lambda}$$

这种波称为物质波或德布罗意波。

(2) 电子束的衍射实验

1927 年，戴维逊-革末用电子束在晶体上做衍射实验，证实了德布罗意的物质波的假说。

解题指导

本章习题是以光的量子性为核心，习题分五个部分：热辐射、光的量子性、光电效应、康普顿效应、德布罗意波。应正确理解各部分基本公式中各量的物理意义。

在求解与康普顿效应有关的问题时，理解康普顿效应的微观机制是光子与自由电子的弹性碰撞，以及熟练应用能量守恒和波长位移公式是求解问题的关键。

在与德布罗意波有关的问题中，主要是计算实物粒子的德布罗意波长，而且我们通常只讨论非相对论情况。这时自由粒子的动能是

$$E_k=\frac{1}{2}m_0v^2,\quad \lambda=\frac{h}{m_0v}=\frac{h}{\sqrt{2m_0E_k}}$$

【例题 18.1】 假定恒星表面行为和黑体相同，现测得太阳和北极星辐射波谱的峰值波长 λ_m 分别为 5000Å 和 3500Å，试估计它们的表面温度及单位面积发射功率。

【解】 由维恩位移定律可知

对太阳：$T_1=b/\lambda_m=2.898\times10^{-3}/5000\times10^{-10}\text{K}=5700\text{K}$

对北极星：$T_2=b/\lambda_m=2.898\times10^{-3}/3500\times10^{-10}\text{K}=8300\text{K}$

由斯特藩-玻耳兹曼定律，可得

太阳：$E_0=\sigma T_1^4=5.67\times10^{-8}\times5700^4\,\text{W/m}^2=6\times10^7\,\text{W/m}^2$

北极星：$E_0=\sigma T_2^4=5.67\times10^{-8}\times8300^4\,\text{W/m}^2=27\times10^7\,\text{W/m}^2$

注意，单位表面积上的发射功率即总辐射本领。

【例题 18.2】 用某种金属制成的发射极来做光电效应实验时，测得遏止电压与入射光频率的关系是 $U_a=K(\nu-\nu_0)$，试由实验测得的参数 K 和 ν_0 求出该金属的逸出功和普朗克常数。

【解】 由光电子最大初动能与 U_a 的关系可知

$$eU_a=\frac{1}{2}mv_{\max}^2=eK\nu-eK\nu_0$$

由爱因斯坦方程可知

$$\frac{1}{2}mv_{\max}^2=h\nu-A$$

比较两式，可得

$$h=eK,\quad A=eK\nu_0$$

必须注意，正确理解光电效应的实验规律及爱因斯坦方程是求解这类问题的关键。

【例题 18.3】 光电管发射极的红限波长为 6000Å，设入射到这光电管的光的遏止电压为 2.5V，求这种光的波长。

【解】 发射极材料的逸出功是

$$A=h\nu_0=hc/\lambda_0=1.24\times10^4\,\text{eV}/6000=2.07\text{eV}$$

则由光电效应方程可得

$$eU_a=h\nu-A=hc/\lambda-A$$

解方程可得

$$\lambda=hc/(eU_a+A)=1.24\times10^4/(2.5+2.07)\text{Å}=2713\text{Å}$$

式中

$$hc=1.24\times10^4\,\text{eV}\cdot\text{Å}$$

【例题 18.4】 波长为 $\lambda_0=0.20$Å 的 X 光与自由电子碰撞，若从与入射光线成直角的方向观察散射光，求：

(1) 散射光的波长；

(2) 反冲电子的动能；

(3) 反冲电子的德布罗意波长。

【解】 (1) 将散射角 $\varphi=\pi/2$ 代入波长位移公式，则有

$$\Delta\lambda=\lambda-\lambda_0=\frac{2h}{m_0c}\sin^2\frac{\varphi}{2}=2\times0.024\times\sin\pi/4\text{Å}=0.024\text{Å}$$

$$\lambda=\lambda_0+\Delta\lambda=0.224(\text{Å})$$

(2) 反冲电子的动能等于入射光子与反射光子的能量差：

$$E_k=h\nu_0-h\nu=hc\left(\frac{1}{\lambda_0}-\frac{1}{\lambda}\right)=hc\frac{\Delta\lambda}{\lambda_0\lambda}$$

$$=\frac{6.63\times10^{-34}\times3\times10^8\times0.024\times10^{-10}}{0.2\times10^{-10}\times0.224\times10^{-10}}\text{J}$$

$$=1.08\times10^{-15}\text{J}$$

(3) 由德布罗意关系式可得

$$\lambda=\frac{h}{mv}=\frac{h}{\sqrt{2m_eE_k}}=\frac{6.63\times10^{-34}}{\sqrt{2\times10^{-15}\times9.1\times10^{-31}}}\text{m}$$

$$=1.5\times10^{-11}\text{ m}=0.15\text{Å}$$

【例题 18.5】 试分别计算经过加速电压 $U_1=150\text{V}$ 和 $U_2=10^4\text{V}$ 加速后，电子的德布罗意波长。

【解】 由于加速后电子速度仍远小于光速，则可忽略相对论效应。经过电压 U 加速后，电子动能是

$$E_k=\frac{1}{2}m_0v^2=eU$$

式中 m_0 是电子的静质量。应用德布罗意关系式，并将 h、m_0、e 的值代入，可得

$$\lambda=\frac{h}{\sqrt{2m_0E_k}}=\frac{h}{\sqrt{2em_0}}\frac{1}{\sqrt{U}}=\frac{12.25}{\sqrt{U}}\text{Å}$$

则

$$\lambda_1=\frac{12.25}{\sqrt{150}}\text{Å}=1.00\text{Å}$$

$$\lambda_2=\frac{12.25}{\sqrt{10000}}\text{Å}=0.123\text{Å}$$

复习思考题

1. 光电效应的主要实验规律是什么？经典电磁波理论为什么不能全面说明光电效应的实验结果？

2. 试述爱因斯坦光子假说和爱因斯坦方程。方程的物理意义是什么？

3. 什么是康普顿效应？它的波长位移公式是怎样的？

4. 试论述光电效应和康普顿效应的微观机制，它们有什么异同点？

5. X 射线与物质散射实验中，散射光与入射光波长相同的成分是如何产生的，而康普顿散射光又是如何产生的？

6. 怎样理解光和物质的波粒二象性？

7. 已知光的波长为 λ，则光子的能量、质量和动量如何计算？

自我检查题

1. 普朗克量子假说是为解释(　　)。

(A) 光电效应实验规律而提出来的　　(B) 黑体辐射的实验规律而提出来的

(C) 原子光谱的规律性而提出来的　　(D) X射线散射的实验规律而提出来的

2. 随着绝对温度的升高,黑体的最大单色辐出度将(　　)。

(A) 取决于周围环境　　(B) 不受影响

(C) 向长波方面移动　　(D) 向短波方面移动

3. 光是由光子组成的,在光电效应中光电流的大小依赖于(　　)。

(A) 入射光的频率　　(B) 入射光的相位和频率

(C) 入射光的强度和频率　　(D) 入射光的强度

4. 光电效应的红限取决于(　　)。

(A) 入射光的强度　　(B) 入射光的颜色

(C) 入射光的频率　　(D) 金属的逸出功

5. 钾金属表面被蓝光照射时,有光电子逸出,若增强蓝光的强度,则(　　)。

(A) 单位时间内逸出的光电子数增加　　(B) 逸出的光电子初动能增大

(C) 光电效应的红限频率增大　　(D) 发射光电子所需的时间增长

6. 设用频率为 ν_1 和 ν_2 的两种单色光先后照射同一种金属,都能产生光电效应。已知该金属的红限频率为 ν_0,测得两次照射时的遏止电势差 $|U_{02}|=2|U_{01}|$,则这两种单色光的频率有如下关系:(　　)。

(A) $\nu_2=\nu_1+\nu_0$　　(B) $\nu_2=2\nu_1-\nu_0$

(C) $\nu_2=\nu_1-\nu_0$　　(D) $\nu_2=2\nu_1+\nu_0$

7. 在康普顿效应中偏离入射光的方向上观察,发现散射光中(　　)。

(A) 只包含有与入射光波长相同的成分

(B) 既有与入射光波长相同的成分,也有波长变长的成分,波长变化只与散射方向有关

(C) 既有与入射光波长相同的成分,也有波长变长的成分,波长变化只与散射物质有关

(D) 只包含有波长变长的成分

8. 康普顿效应的主要特点是(　　)。

(A) 散射光波长和入射光波长相同,且与散射角和散射物质无关

(B) 散射光波长比入射光波长短,且与散射角和散射物质无关

(C) 散射光中有些波长和入射光相同,有些波长比入射光波长长,且随散射角增大而增大。这都与散射物质无关

(D) 散射光中既有比入射光波长长的,也有比入射光波长短的,这与散射物质有关

9. 用强度为 I、波长为 λ 的X射线分别照射锂($Z=3$)和铁($Z=26$),若在同一散射角下测得散射光波长分别为 λ_{Li} 和 λ_{Fe}(λ_{Li} 和 λ_{Fe} 都大于 λ),则(　　)。

(A) $\lambda_{Li}>\lambda_{Fe}$　　(B) $\lambda_{Li}=\lambda_{Fe}$　　(C) $\lambda_{Li}<\lambda_{Fe}$　　(D) 无法确定

10. 电子显微镜中的电子从静止开始通过电势差为 U 的静电场加速后，其德布罗意波长为 0.04nm，则 U 约为(　　)。

(A) 150V　　(B) 330V　　(C) 630V　　(D) 940V

11. 普朗克量子假说是由 ________ 实验规律而提出来的。

12. 普朗克提出：对于振动频率为 ν 的谐振子，其辐射的能量是不连续的，只能取一些分立值，这些分立值是某一最小能量的整数倍，即 $\varepsilon_n=$ ________。

13. 爱因斯坦光子假说是由 ________ 实验规律而提出来的。

14. 波长为 λ 的光子，其能量 $E=$ ________，动量的大小 $P=$ ________，质量 $m=$ ________。

15. 钾金属表面被蓝光照射时，有光电子逸出，若增强蓝光的强度，则单位时间内逸出的光电子数 ________；逸出的光电子初动能 ________；光电效应的红限频率 ________；发射光电子所需的时间 ________。

16. 已知钾的光电效应红限波长为 6.2×10^{-7}m，钾电子的逸出功 $A=$ ________。

17. 已知钾的逸出功为 2.0eV，如果用波长为 3.6×10^{-7}m 的光照射在钾上，则光电效应的遏止电压的绝对值 $|U_a|=$ ________。从钾表面发射出电子的最大速度 $v_{max}=$ ________。

18. 在光电效应实验中，测得某金属的遏止电压 U_a 与入射光频率 ν 的关系曲线如图 18.5.1 所示，由此可知该金属的红限频率 $\nu_0=$ ________ Hz；逸出功 $A=$ ________ eV。

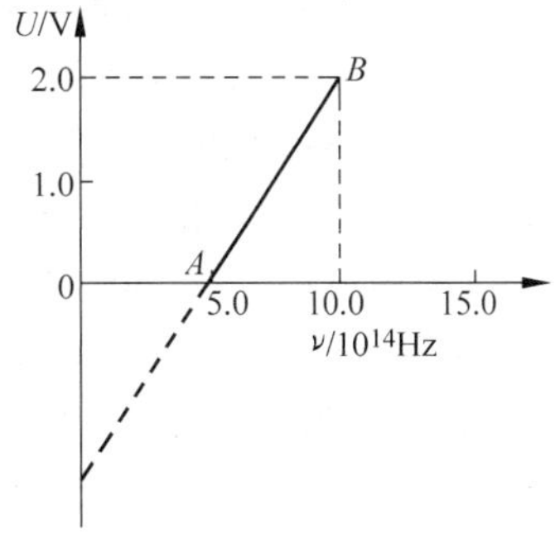

19. 当波长为 300nm 的光照射在某金属表面时，光电子的能量范围为 $0\sim4.0\times10^{-19}$J。在做上述光电效应实验时遏止电压为 $|U_a|=$ ________ V；此金属的红限频率 $\nu_0=$ ________ Hz。

图　18.5.1

20. 在康普顿效应中偏离入射光的方向上观察，发现散射光中既有与入射光波长 ________ 的成分，也有波长 ________ 的成分。

21. 在康普顿效应实验中，光子与自由电子在碰撞过程中满足 ________ 定律和 ________ 定律。

22. 波长为 0.02nm 的 X 射线经固体物质散射，在与入射方向成 60°的方向上，观察到的康普顿效应所产生的波长 $\lambda=$ ________ nm。(假定被碰撞的电子是静止的)

23. $\lambda=0.100$nm 的 X 射线在碳块上散射，在散射角为 $\varphi=90°$的方向上观察到散射光，则康普顿效应波长改变量 $\Delta\lambda=$ ________，反冲电子的动能 $E_k=$ ________。

24. 康普顿散射实验中，当能量为 0.5MeV 的 X 射线射中一个电子时，该电子获得了 0.1MeV 的动能。假设该电子原是静止的，则散射光的波长 $\lambda=$ ________，散射光与入射方向间的夹角 $\varphi=$ ________。

25. 电子具有波动性的一个重要实验事实是 ________________。

26. 电子从静止开始经电场加速，加速电势差为 150V(不考虑相对论效应)，其德布罗意波长为 ________。(普朗克常数 $h=6.63\times10^{-34}$J·s)

27. 运动速率等于在 300K 时方均根速率的氢原子的德布罗意波长是 ________。质量为 $M=1$g，以速度 $v=1$cm/s 运动的小球的德布罗意波长是 ________。

28. 电子静止质量为 m_0,其康普顿波长定义为 $\lambda_C = h/(m_0 c)$,当电子的动能等于它的静止能量时,它的德布罗意波长是 λ=________λ_C。

习题

1. 某无线电台的频率为 1.01×10^8 Hz,输出功率为 150kW,求离电台 1km 处,单位时间内通过垂直于电波传播方向单位面积的光子数。假设无线电波向所有方向均匀辐射。

2. 波长为 3000Å 的单色光垂直入射在面积为 4cm^2 的表面上,若光的强度为 $1.5\times10^{-2}\,\text{W/m}^2$,试求每秒钟与此表面碰撞的光子数。

3. 设一个光子的波长为 5000Å,求其质量和动量。

4. 设一个光子的波长为 10Å,求其质量和动量。

5. 当波长为 4500Å 的光照射一个金属表面时,测得发射电子的截止电压为 0.75V。若照射这表面的光的波长改为 3000Å,这时光电子的截止电压为多少伏?

6. 以波长 λ=410nm 的单色光照射某一金属,产生光电子的最大动能 E_k=1.0eV,求能使该金属产生光电效应的单色光最大波长是多少。

7. 在光电效应中,当频率为 3×10^{15} Hz 的单色光照射在逸出功为 4.0eV 的金属表面时,金属中逸出的光电子的最大速率为多少?

8. 从金属铝中逸出一个电子需要 4.2eV 的能量,今有波长为 200nm 的光投射到铝的表面上,试问:(1)遏止电势差为多大?(2)铝的截止波长有多大?

9. 今用波长为 400nm 的光照射在钡(逸出功为 2.5eV)金属表面,产生光电效应,试求:(1)发射电子的最大初动能;(2)遏止电压;(3)钡的红限波长。

10. 用单色光照射某一金属产生光电效应,如果入射光的波长从 400nm 减到 360nm,遏止电压改变多少?数值加大还是减小?

11. 已知铯的逸出功为 1.8eV,今用某波长的光入射使其产生光电效应,如果光电子的最大初动能为 2.1eV,求:(1)入射光的波长;(2)铯的红限频率。

12. 当波长为 4000Å 的光照射在红限波长为 6000Å 的光电管的阴极表面上,求这种阴极材料的逸出功和光电流的遏止电压。

13. 已知下列金属的逸出功:钡 2.5eV、钨 4.5eV、铝 4.2eV,如果用波长为 450nm 的光入射,将使哪种金属产生光电效应?

14. 图 18.6.1 为光电效应实验中得出的实验曲线。

(1) 求证对不同材料的金属,AB 线的斜率相同。

(2) 由图 18.6.1 中数据求出普朗克常数。($e=1.6\times10^{-19}$C)

15. 在康普顿散射实验中,设入射光子的波长为 0.03Å,电子的速度为 $0.6c$,求散射后光子的波长及散射角的大小。

16. 在康普顿散射中,传递给电子的最大能量为 4.5×10^8 eV,求入射光的波长。

17. 设波长为 0.3Å 的 X 射线被电子散射,求与入射光成 60°夹角的散射光线的波长和反冲电子获得的能量。

18. 用波长 λ_0=0.1nm 的光子做康普顿实验。试问:(1)散射角 $\varphi=90°$的康普顿散射波长是多少?(2)反冲电子获得的动能有多大?

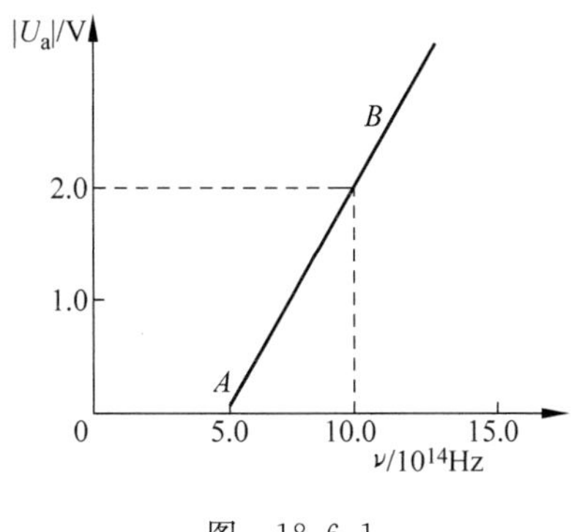

图　18.6.1

19. 在康普顿散射中，如果反冲电子的速度为光速的 60%，则反冲电子获得的能量是其静止能量的几倍？

20. 在图 18.6.2 的康普顿散射实验中，已知 X 射线光子的能量为 0.60MeV，如实验发现散射光子的波长变化了 20%，试求反冲电子的动能。

21. 质量为 m_e 的电子被电势差 $U=100$kV 的电场加速，试计算其德布罗意波长。

22. 试计算经过加速电压 $U_1=2502$V 加速后，电子的德布罗意波长。

23. 试求质量为 0.01kg、速度为 10^3 m/s 的一个小球的德布罗意波长。

24. 试计算温度 $T=6000$K 时热中子的德布罗意波长。

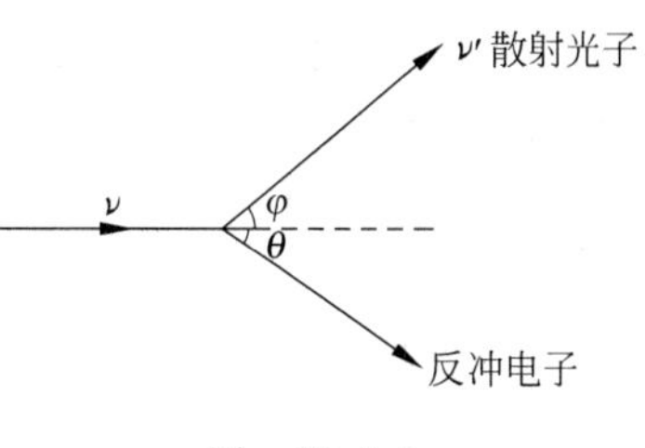

图　18.6.2

第19章 量子物理基础

基本要求

1. 了解氢原子光谱规律，掌握玻尔氢原子理论的基本假设，理解定态、能级、量子化条件等概念，了解玻尔氢原子理论对原子光谱规律的解释。

2. 了解物质波的统计解释，正确理解测不准关系。

3. 了解薛定谔方程的物理意义，理解波函数的意义和必须满足的条件(标准化条件和归一化条件)，通过求解一维无限深方势阱内的粒子波函数从而了解量子力学处理问题的方法、步骤及所得结果之特点。

4. 了解描述原子中电子运动状态的四个量子化条件和四个量子数。

基本概念和基本规律

1. 玻尔的氢原子理论

(1) 氢原子光谱的实验规律性

氢原子发射的是线光谱，在可见光范围内的光谱线的波数(波长 λ 的倒数)由下列公式表示：

$$\tilde{\nu}=\frac{1}{\lambda}=R\left(\frac{1}{2^2}-\frac{1}{n^2}\right),\quad n=3,4,5,\cdots$$

其中 $R=1.0967758\times10^7\,\mathrm{m}^{-1}$ 称为里德伯常数。满足这个公式的光谱线称为巴耳末系。在紫外光和红外光部分的谱线满足下列公式：

赖曼系 $\tilde{\nu}=\frac{1}{\lambda}=R\left(\frac{1}{1^2}-\frac{1}{n^2}\right),\quad n=2,3,4,\cdots$

帕邢系 $\tilde{\nu}=\frac{1}{\lambda}=R\left(\frac{1}{3^2}-\frac{1}{n^2}\right),\quad n=4,5,6,\cdots$

由此可见氢原子光谱总可由下列广义巴耳末公式表示：

$$\tilde{\nu}=\frac{1}{\lambda}=R\left(\frac{1}{k^2}-\frac{1}{n^2}\right)$$

对一个确定的 k 构成一个谱线系，例如 $k=2$，即巴耳末系。

(2) 玻尔的氢原子理论

由于经典电磁辐射理论在解释氢原子的稳定性和线光谱的规律时遇到了不可克服的困难，玻尔于1913年创立了氢原子结构的半经典量子理论。玻尔理论的基本假设是：

① 定态假设　氢原子只能处于一系列不连续的稳定状态，它们的能量分别为 $E_1, E_2, E_3, \cdots$；处于稳定状态的电子有加速度而不辐射电磁波。这些稳定状态简称定态。

② 频率条件　氢原子只有从一个定态跃迁到另一个定态时，才能发出或吸收一个特定频率的单色光。单色光子的能量满足

$$h\nu = E_k - E_n$$

式中，E_k、E_n 代表不同定态的能量。

③ 轨道角动量量子化假设　原子中电子绕核作圆周运动，电子的轨道角动量必须等于 $h/2\pi$ 的整数倍，即

$$L = m_e vr = n\frac{h}{2\pi}, \quad n = 1,2,3,\cdots$$

式中 h 为普朗克常数。上式称为角动量量子化条件，n 称为量子数。

由上述三个假设，可以推得氢原子定态能量公式

$$E_n = -\frac{1}{n^2}\frac{me^4}{8\varepsilon_0^2 h^2}, \quad n = 1,2,3,\cdots$$

与这些定态相应的电子轨道半径为

$$r_n = \frac{\varepsilon_0 h^2}{\pi m_e e^2} n^2, \quad n = 1,2,3,\cdots$$

由于轨道角动量不能连续变化，电子轨道半径和氢原子的能量也只能取一系列不连续值，这称为量子化。这种量子化的能量值称为能级。

(3) 氢原子光谱的解释

由氢原子能级公式可知，当电子处于第一轨道($n=1$)时，能量最小，$E_1 = -\frac{m_e e^4}{8\varepsilon_0^2 h^2} = -13.6(\text{eV})$，原子最为稳定，这种状态称为基态。量子数 n 大于 1 的各个定态 $E_n = -\frac{13.6}{n^2}\text{eV}$，其能量大于基态，称为激发态，这些状态常用能级图形描述，如图 19.2.1 所示。

图 19.2.1 中，当 $n \to \infty$ 时，$r_n \to \infty$，这时电子和原子核间无相互作用力，这种状态称为电离状态，对应的能量 $E_\infty = 0$。图中阴影部分的能量 $E > 0$，代表电离后自由电子的动能，它可取连续变化的量值。

处于某一定态的氢原子受外界因素激发，它就会吸收一定的能量，跃迁到能量较高的激发态上；而处于受激状态的原子会自发地跃迁到能量较低的激发态或基态。由频率条件可知，当原子从量子数为 n 的初状态跃迁到量子数为 k 的末态时($n > k$)，发射单色光的频率

$$\nu = \frac{E_n - E_k}{h} = \frac{m_e e^4}{8\varepsilon_0^2 h^3}\left(\frac{1}{k^2} - \frac{1}{n^2}\right)$$

用波数表示为

$$\frac{1}{\lambda} = \frac{m_e e^4}{8\varepsilon_0^2 h^3 c}\left(\frac{1}{k^2} - \frac{1}{n^2}\right)$$

与广义巴耳末公式比较可知 $R = \frac{m_e e^4}{8\varepsilon_0^2 h^3 c} = 1.097373 \times 10^7 (\text{m}^{-1})$。由此可见，当原子从不同初态($n$)跃迁到同一末态($k$)时，发射的单色光属于同一谱线系，能级图 19.2.1 中画出了这些谱线系所对应的能级跃迁。

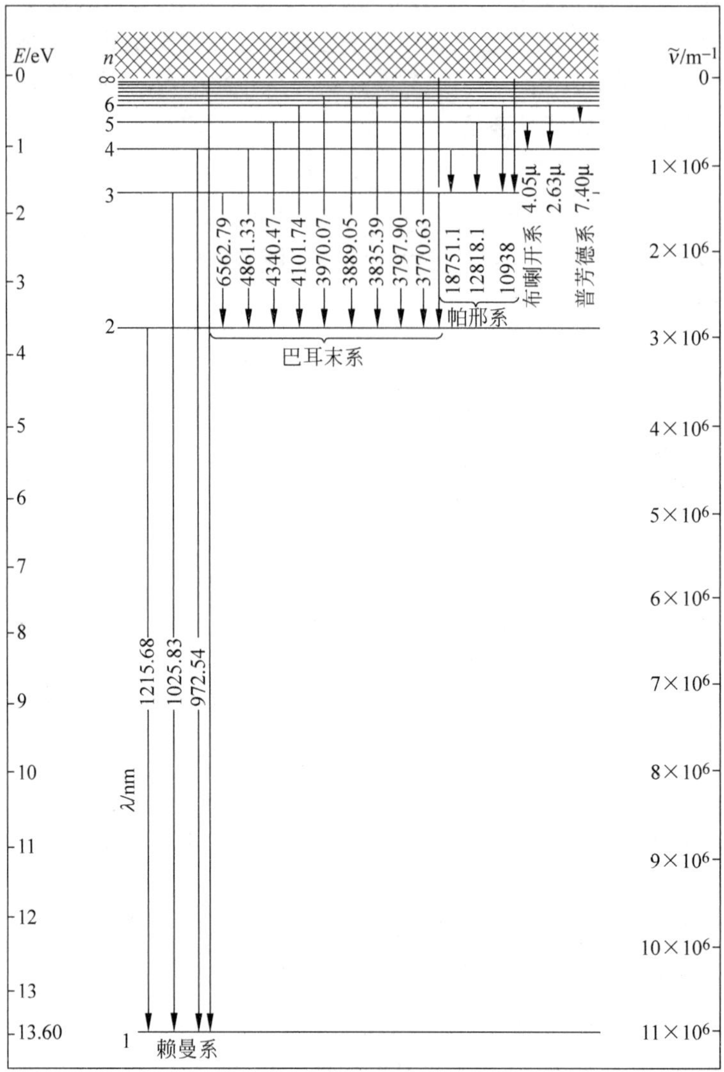

图 19.2.1

2. 物质波的波函数及其统计解释

由于微观粒子具有波动性,因此必须用一个函数来描述这种波动特性,称之为波函数,常用 $\psi(\boldsymbol{r},t)$表示。

能量为 E、动量为 p、沿 x 轴正方向运动的自由粒子其频率和波长为

$$\nu=\frac{E}{h},\quad \lambda=\frac{h}{p}$$

与之相应的是单色平面波,可写成下列复数形式:

$$\psi(x,t)=\psi_0\exp\left[-i\frac{2\pi}{h}(Et-px)\right]$$

在外力场中运动粒子的波函数则较为复杂。

关于物质波的波函数的统计解释:在 t 时刻,粒子在空间 r 处附近的体积元 $\mathrm{d}V$ 中出现

的概率 $\mathrm{d}w$ 与该处波函数绝对值的平方成正比，即

$$\mathrm{d}w = |\psi(\boldsymbol{r},t)|^2\mathrm{d}V = \psi^*(\boldsymbol{r},t)\psi(\boldsymbol{r},t)\mathrm{d}V$$

其中 $\psi^*(\boldsymbol{r},t)$ 是 $\psi(\boldsymbol{r},t)$ 的共轭复数，而 $|\psi(\boldsymbol{r},t)|^2$ 代表 t 时刻粒子在空间 $\boldsymbol{r}$ 处附近单位体积中出现的概率，称为概率密度。

根据波函数的概率解释，$\psi(\boldsymbol{r},t)$ 必须是单值、有限、连续函数。又因为粒子必定要在空间某点出现，所以粒子在空间各点出现的概率总和等于 1，即

$$\int_{-\infty}^{\infty} |\psi(\boldsymbol{r},t)|^2\mathrm{d}V = 1$$

上式称为波函数归一化条件。

3. 测不准关系

由于微观粒子具有明显的波动性，以至于它的某些成对的物理量不可能同时具有确定的量值。其中一个量的确定程度越高，另一个量的不确定程度就越大，这就是测不准关系。

位置坐标和相应动量之间的测不准关系式为

$$\Delta x \cdot \Delta p_x \geqslant \frac{h}{4\pi}$$

$$\Delta y \cdot \Delta p_y \geqslant \frac{h}{4\pi}$$

$$\Delta z \cdot \Delta p_z \geqslant \frac{h}{4\pi}$$

必须注意的是，同时测定非成对量是可以的。例如 $\Delta x=0$ 同时 $\Delta p_y=0$，这并不违反测不准关系。

时间和能量之间的测不准关系式为

$$\Delta t \cdot \Delta E \geqslant \frac{h}{4\pi}$$

式中 Δt 表示微观体系处于某一状态的时间，若该状态的能量为 E，其不确定量为 ΔE。时间和能量之间的测不准关系，经常应用于求原子系统各激发态能级宽度 ΔE 和该激发态的平均寿命 Δt。测不准关系是微观体系波粒二象性的反映，是重要的基本物理规律。由于测不准关系常用于定性讨论和作数量级估计，故也常写作

$$\Delta x \cdot \Delta p_x \geqslant h,\quad \Delta y \cdot \Delta p_y \geqslant h,\quad \Delta z \cdot \Delta p_z \geqslant h,\quad \Delta t \cdot \Delta E \geqslant h$$

4. 一维定态薛定谔方程及其应用

质量为 m 的微观粒子在稳定的力场中运动，力场势能 V 与时间 t 无关，则粒子的能量 E 是个守恒量，粒子的波函数可写作

$$\psi(\boldsymbol{r},t) = \psi(\boldsymbol{r})\exp\left(-\frac{\mathrm{i}}{\hbar}Et\right)$$

由这种波函数描述的状态，粒子在空间各点出现的概率密度 $|\psi(\boldsymbol{r},t)|^2=|\psi(\boldsymbol{r})|^2$ 与时间无关，在空间形成稳定分布，$\psi(\boldsymbol{r})$ 称为定态波函数。定态波函数满足下列方程：

$$\left(\frac{\partial^2}{\partial x^2}+\frac{\partial^2}{\partial y^2}+\frac{\partial^2}{\partial z^2}\right)\psi(\boldsymbol{r}) + \frac{8m\pi^2}{h^2}(E-V)\psi(\boldsymbol{r}) = 0$$

如果粒子作一维空间运动，一维定态薛定谔方程为

$$\frac{\mathrm{d}^2}{\mathrm{d}x^2}\psi(x) + \frac{8m\pi^2}{h^2}(E-V)\psi(x) = 0$$

应用举例：一维无限方势阱中的粒子。假定电子在 x 轴上运动，势能函数

$$V(x)=\begin{cases}0, & 0\leqslant x\leqslant a\\ \infty, & x<0 \text{ 或 } x>a\end{cases}$$

由于在 $x\leqslant 0$ 或 $x\geqslant a$ 的区域内，具有有限能量的电子不能出现，所以 $\psi(x)=0$。在 $0<x<a$ 区域内，定态薛定谔方程为

$$\frac{\mathrm{d}^2}{\mathrm{d}x^2}\psi(x)+\frac{8m\pi^2 E}{h^2}\psi(x)=0$$

令

$$k^2=\frac{8m\pi^2 E}{h^2}$$

则原方程可改写为

$$\frac{\mathrm{d}^2\psi}{\mathrm{d}x^2}+k^2\psi=0$$

方程的通解为

$$\psi(x)=A\sin kx+B\cos kx$$

式中常数 k、A、B 可由波函数的标准化条件决定。在势阱边界上，应有

$$\psi(0)=\psi(a)=0$$

则有

$$\psi(x)=A\sin kx$$

$$k=\frac{n\pi}{a},\quad n=1,2,3,\cdots$$

由归一化条件 $\int_0^a A^2\sin^2\left(\frac{n\pi\cdot x}{a}\right)\mathrm{d}x=1$，可得 $A=\sqrt{\frac{2}{a}}$。

量子数为 n 的定态波函数为

$$\psi_n(x)=\sqrt{\frac{2}{a}}\sin\left(\frac{n\pi x}{a}\right),\quad n=1,2,3,\cdots$$

相应的定态能量为

$$E_n=\frac{h^2k^2}{8m\pi^2}=\frac{h^2}{8ma^2}n^2,\quad n=1,2,3,\cdots$$

由此可见，一维无限方势阱中电子能量是量子化的。

5. 氢原子的量子力学计算结果

从量子力学观点来看，原子中的电子是无确定的轨道的，但仍然具有一系列由量子数所表征的稳定状态。根据对氢原子定态薛定谔方程的求解，以及电子自旋状态的引入，可以很自然地确定原子中电子稳定运动状态的四个量子化条件。现综述如下：

(1) 原子中电子的能量 E 取决于主量子数 n 和角量子数 l：

$$E=E(n,l),\quad \begin{cases}n=1,2,3,\cdots\\ l=1,2,3,\cdots,n-1\end{cases}$$

对于氢原子，E 只与 n 有关：

$$E_n=\frac{h^2}{8ma^2}n^2,\quad n=1,2,3,\cdots$$

(2) 电子的角动量由角量子 l 决定：

$$L=\sqrt{l(l+1)}\,\hbar,\quad l=0,1,2,3,\cdots,n-1$$

对于一给定的能级 E_n，l 可取上述给出的各个数值。

(3) 电子角动量在外磁场方向(常取 z 轴正向)上的分量

$$L_z=m_l\frac{h}{2\pi}=m_l\hbar,\quad m_l=0,\pm1,\pm2,\pm3,\cdots,\pm l$$

m_l 称为磁量子数。当 l 给定时，$m_l=0,\pm1,\pm2,\pm3,\cdots,\pm l$，共有 $2l+1$ 个不同值。

(4) 电子的自旋角动量为

$$S=\sqrt{s(s+1)}\cdot\hbar,\quad s=\frac{1}{2}$$

式中，s 为自旋量子数。电子自旋角动量在外磁场方向上的分量

$$S_z=m_s\hbar,\quad m_s=\pm\frac{1}{2}$$

m_s 称为自旋磁量子数。

上述四个量子化条件中，n、l 和 m_l 三个量子数是互相有联系的，再加上自旋磁量子数 m_s，则 n、l、m_l 和 m_s 这四个量子数就全面决定了原子中电子的稳定运动状态。

6. 原子的电子壳层结构

多电子原子中，核外电子是按一定的壳层分布的。主量子数 n 相同的电子，组成一个壳层，n 越大的壳层，电子离原子核平均距离越远。$n=1,2,3,\cdots$ 的各壳层，分别用字母 K，L，M，…表示。电子在各壳层中的分布由下述两条原理决定。

(1) 泡利不相容原理　原子中不可能有两个或两个以上的电子处于同一量子状态中。也就是说，原子中不能有两个或两个以上的电子具有完全相同的四个量子数(n,l,m_l,m_s)。由泡利不相容原理可以算出第 n 个壳层中可容纳的最多电子数

$$N=\sum_{l=0}^{n-1}2(2l+1)=2n^2$$

(2) 能量最小原理　原子处于正常状态时，每个电子都趋于占据可能的最低的能级。

解题指导

本章习题主要在理解玻尔氢原子理论、测不准关系和波函数的物理意义的基础上，计算氢原子光谱线系的波长或频率、轨道半径和能量，利用测不准关系计算微观粒子运动时的位置坐标或动量的不确定量，根据波函数的物理意义求粒子的概率分布等。

【例题 19.1】 计算氢光谱中的赖曼线系的最短波长和最长波长，以 Å 为单位。

【解】 赖曼线系是广义巴耳末公式中 $k=1$ 决定的谱线系，即

$$\frac{1}{\lambda}=R\left(\frac{1}{1^2}-\frac{1}{n^2}\right),\quad n=2,3,4,\cdots$$

$n=2$ 时，对应最长波长

$$\frac{1}{\lambda_{\max}}=R\left(\frac{1}{1^2}-\frac{1}{2^2}\right),\quad \lambda_{\max}=1215\text{Å}$$

$n=\infty$ 时，对应最短波长

$$\frac{1}{\lambda_{\min}} = R\left(\frac{1}{1^2} - \frac{1}{2^2}\right), \quad \lambda_{\min} = 912\text{Å}$$

【例题 19.2】 已知巴耳末系的最短波长是3650Å,试求氢的基态电离能。

【解】 因巴耳末系对应于$k=2$,其最短波长是从能量为E_∞跃迁到E_2能级所发射的光子波长,根据能级公式$E_n=-\frac{|E_1|}{n^2}$,则有

$$\frac{hc}{\lambda_{\min}} = E_\infty - E_2 = \frac{|E_1|}{4}$$

基态电离能

$$|E_1| = \frac{4hc}{\lambda_{\min}} = \frac{4\times 12.4\times 10^3}{3650}\text{eV} = 13.6\text{eV}$$

【例题 19.3】 处于第一激发态的氢原子,如果其寿命是10^{-8}s,试求:电子的轨道半径,轨道线速度和激发态衰变之前电子旋转的圈数。

【解】 由玻尔理论可知,第一激发态的主量子数是$n=2$,则

$$r_2 = 2^2\,\frac{\varepsilon_0 h^2}{\pi m_e e^2} = 4r_1 = 4\times 0.529\text{Å} = 2.12\text{Å}$$

由角动量量子化条件可知

$$m_e v_2 r_2 = 2\hbar$$

$$r_2 = \frac{2\hbar}{m_e v_2} = 1.1\times 10^6\ \text{m/s}$$

旋转圈数是

$$N = \frac{v_2 \Delta t}{2\pi r_2} = 2\hbar = 8.3\times 10^8$$

【例题 19.4】 设电子的位置不确定量等于它的德布罗意波长,试证明它的动量不确定量最小值为$p/4\pi$。

【解】 设电子沿x方向运动,动量为p_x,则由测不准关系可知

$$\Delta x\cdot\Delta p_x \geqslant \frac{h}{4\pi}$$

$$\Delta p_x \geqslant \frac{h}{4\pi\Delta x} = \frac{h}{4\pi\lambda} = \frac{p}{4\pi}$$

则

$$\Delta p_{\min} = \frac{p}{4\pi}$$

【例题 19.5】 质量为m的电子被约束在宽度为a的一维无限方势阱中,试估计电子的基态能量。

【解】 粒子被约束在势阱内,它的位置不确定量最多是$\Delta x=a$。测不准关系用于数量级估计时写作

$$\Delta x\cdot\Delta p \geqslant h, \quad \Delta p \geqslant h/a$$

由于粒子的最小动量不能小于Δp,否则违反测不准关系,所以

$$p_{\min} \approx \Delta p = \frac{h}{a}$$

则基态能量为

$$E_{\min}=\frac{p_{\min}^2}{2m}=\frac{h^2}{8ma^2}$$

【例题 19.6】 电子处于原子某能级的时间为 10^{-8}s,这个原子能级最小不确定量(能级宽度)是多少?

【解】 测量这个能级可利用时间 $\Delta t=10^{-8}$s,则

$$\Delta E\cdot\Delta t\approx h,\quad \Delta E\approx h/\Delta t=4.93\times10^{-7}\ \text{eV}$$

一个能级的最小不确定量叫做该能级的自然宽度。

【例题 19.7】 一个光子的波长为 3000Å,如果测定这个波长的相对精确度为 10^{-6},求光子的位置不确定量。

【解】 光子的动量与波长关系为

$$p=\frac{h}{\lambda}$$

由函数微分公式可知,动量不确定量(仅指量值)

$$\Delta p=\left|-\frac{h}{\lambda^2}\right|\Delta\lambda=\frac{h}{\lambda}\cdot\frac{\Delta\lambda}{\lambda}$$

则位置不确定量是

$$\Delta x\geqslant\frac{h}{4\pi\Delta p}=\frac{\lambda^2}{4\pi\Delta\lambda}=\frac{3\times10^{-7}}{4\pi\times10^{-6}}\text{m}=2.39\times10^{-2}\text{m}$$

复习思考题

1. 氢原子光谱有些什么规律?并求赖曼系和巴耳末系中的最短被长和最长波长。
2. 玻尔理论的基本假设是哪些?试由这些假设推导氢原子轨道半径和能级公式。
3. 根据玻尔理论,如何求氢原子第一激发态的下列各量;轨道半径,角动量,线动量,角速度,线速度,作用在电子上的力,势能、动能和总能量?
4. 试将氢原子光谱线规律在能级图上表示出来。
5. 波函数的物理意义是什么?什么叫归一化条件?
6. 怎样由测不准关系理解微观粒子的波粒二象性?
7. 试述泡利不相容原理。

自我检查题

1. 若用里德伯常量 R 表示氢原子光谱的最短波长,则可写成(　　)。

(A) $\lambda_{\min}=1/R$　　(B) $\lambda_{\min}=2/R$

(C) $\lambda_{\min}=3/R$　　(D) $\lambda_{\min}=4/R$

2. 不确定关系式 $\Delta x\cdot\Delta p_x\geqslant\hbar$ 表示在 x 方向上(　　)。

(A) 粒子位置不能准确确定

(B) 粒子动量不能准确确定

(C) 粒子位置和动量都不能准确确定

(D) 粒子位置和动量不能同时准确确定

3. 一电子被限定在原子直径范围内运动(原子直径约为 $d=10^{-8}$ m),则它的速度不确定量为(　　)。

(A) 1.6×10^{5} m/s　　(B) 1.16×10^{4} m/s

(C) 1.6×10^{6} m/s　　(D) 1.16×10^{6} m/s

4. 德布罗意物质波波函数 $\psi(x)$的意义是(　　)。

(A) 表示离开平衡位置的最大距离

(B) 表示一个角度

(C) $\psi(x)$本身并无意义,其二次方表示粒子在 t 时刻出现于某处的概率密度

(D) 以上表示都不正确

5. 已知粒子在一维无限深势阱中运动,$\psi(x)=\dfrac{1}{\sqrt{a}}\cos\left(\dfrac{3\pi x}{2a}\right)$,$-a\leqslant x\leqslant a$,那么粒子在 $x=\dfrac{a}{6}$处出现的概率密度为(　　)。

(A) $\dfrac{1}{2a}$　　(B) $\dfrac{1}{a}$　　(C) $\dfrac{1}{\sqrt{2a}}$　　(D) $\dfrac{1}{\sqrt{a}}$

6. 在氢原子的基态中,电子可能具有的量子数是(　　)。

(A) $1,0,0,\pm\dfrac{1}{2}$　　(B) $2,1,-1,+\dfrac{1}{2}$

(C) $2,0,1,-\dfrac{1}{2}$　　(D) $1,1,-1,\pm\dfrac{1}{2}$

7. 在氢原子的 L 壳层中,电子可能具有的量子数是(　　)。

(A) $1,0,0,\pm\dfrac{1}{2}$　　(B) $2,1,-1,+\dfrac{1}{2}$

(C) $2,0,1,-\dfrac{1}{2}$　　(D) $1,1,-1,\pm\dfrac{1}{2}$

8. 一个原子中下列量子数相同的状态数最多是(　　)。

(A) n,l,m_l　　(B) n,l,m_s　　(C) n,l　　(D) n

9. 按照原子的量子理论,原子可以通过自发辐射和受激辐射的方式发光,它们所产生的光的特点是(　　)。

(A) 两个原子自发辐射的同频率的光是相干的,原子受激辐射的光与入射光是不相干的

(B) 两个原子自发辐射的同频率的光是不相干的,原子受激辐射的光与入射光是相干的

(C) 两个原子自发辐射的同频率的光是不相干的,原子受激辐射的光与入射光是不相干的

(D) 两个原子自发辐射的同频率的光是相干的,原子受激辐射的光与入射光是相干的

10. 玻尔的氢原子理论的三个基本假设是:

(1) ____;

(2) ____；

(3) ____。

11. 玻尔氢原子理论的定态跃迁的频率条件，其数学表述式为：________。

12. 氢原子基态的电离能是________ eV。电离能为 +0.544eV 的激发态氢原子，其电子处在 $n=$________的轨道上运动。

13. 在氢原子光谱中，赖曼系（由各激发态跃迁到基态所发射的各谱线组成的谱线系）的最短波长的谱线所对应的光子能量为________ eV；巴耳末系的最短波长的谱线所对应的光子的能量为________ eV。

14. 设大量氢原子处于 $n=4$ 的激发态，它们跃迁时发射出一簇光谱线。这簇光谱线最多可能有________条，其中最短的波长是________ Å。

15. 大量处在第五受激态的氢原子向低能态跃迁时可能发出________条谱线，其中巴耳末系的谱线有________条。

16. 如果测定一个运动粒子位置时，其不确定量等于这粒子的德布罗意波长，则同时测定粒子的速度时，其不确定量将等于这粒子速度的________倍。

17. 在 x 方向上运动的电子，测定其速度的不确定量为 2.0×10^{-2} m/s，那么要同时确定它的位置的不确定量为________。$\left(\Delta x\Delta p\geqslant\dfrac{h}{4\pi}\right)$

18. 设描述微观粒子运动的波函数为 $\psi(\boldsymbol{r},t)$，则 $\psi\psi^*$ 表示________，$\psi(\boldsymbol{r},t)$ 须满足的条件是________；其归一化条件是________。

19. 在一维无限深方势阱中，求得粒子的波函数 $\psi_n(x)=\sqrt{\dfrac{2}{a}}\sin\left(\dfrac{n\pi x}{a}\right)$，$0<x<a$，则当粒子处于 $\psi_1(n=1)$ 状态时，发现粒子概率最大的位置为________；处于 $\psi_2(n=2)$ 状态时，发现粒子概率最大的位置为________。

20. 根据量子论，氢原子核外电子状态，可由四个量子数来确定，其中主量子数 n 可取的值为________，它可决定________。

21. 多电子原子中，电子排列遵循________原理和________原理。

22. 原子中电子的量子态由 n、l、m_l 及 m_s 四个量子数表征。当 n、l、m_l 一定时，不同的量子态数目为________；当 l 一定时，不同的量子态数目为________；当 n 一定时，不同的量子态数目为________。

23. 当主量子数 $n=3$ 时，角量子数 l 可能的值是________；当角量子数 $l=2$ 时，磁量子数可能具有的值是________。

24. 钠原子中共有 11 个电子，这 11 个电子在各个壳层上的分布是________；钾原子有 19 个电子，它的分布是________。（用 $1s^2,\cdots,2p^6,\cdots$ 符号表示）

习题

1. 试估计处于基态的氢原子被能量为 12.09eV 的光子激发时，其电子的轨道半径增加多少倍。

2. 按玻尔模型，氢原子处于基态时，它的电子围绕原子核作圆周运动。已知电子的速

率为 2.2×10^6 m/s,离核的距离为 0.53×10^{-10} m,求电子绕核运动的频率和向心加速度。

3. 欲使氢原子发射赖曼系中波长为 1216Å 的谱线,应传给基态氢原子最小能量是多少?

4. 计算氢原子从基态激发到第一激发态所需能量,并计算氢原子基态的电离能。

5. 已知氢原子的巴耳末系中波长最长的一条谱线的波长为 6562.8Å,试由此计算帕邢系(由各高能激发态跃迁到 $n=3$ 的定态所发射的谱线构成的线系)中波长最长的一条谱线的波长。

6. 已知氢原子赖曼线系最长波长是 1215Å,求巴耳末系中的最长和最短波长。

7. 用能量为 12.6eV 的电子轰击基态氢原子。

(1) 试问氢原子将被激发到哪个能级?

(2) 受激发的氢原子向低能级跃迁时,可能发出哪些谱线?

(3) 绘出能级跃迁的示意图。

8. 氢原子光谱的巴耳末系中,有一条光谱线的波长为 4340Å,试问:

(1) 与这一谱线相应的光子能量为多少电子伏特?

(2) 该谱线是氢原子由能级 E_n 跃迁到能级 E_k 产生的,n 和 k 各为多少?

(3) 能级为 E_4 的大量氢原子,最多可以发射几条谱线,共几个线系?请在氢原子能级图中表示出来。

9. 已知第一玻尔轨道半径 a,试计算当氢原子中电子沿第 n 玻尔轨道运动时,其相应的德布罗意波长是多少。

10. 若处于基态的氢原子吸收了一个能量为 15eV 的光子后其电子电离,求该电子的速度和德布罗意波长。

11. 质量为 2×10^{-4} kg 的粒子,其速度不确定量为 $\pm10^{-6}$ m/s,则测定该粒子位置的最大精确度为多少?

12. 在电子单缝衍射实验中,若缝宽为 $a=0.1$ nm,电子束垂直射在单缝上,则衍射电子横向动量的最小不确定量 ΔP_y 是多少?

13. 同时确定能量为 1keV 的电子的位置与动量时,若位置的不确定值在 100×10^{-12} m 内,则动量的不确定量的百分比 $\Delta p/p$ 至少为多少?

14. 光子的波长为 $\lambda=3000$Å,如果确定此波长的精确度 $\Delta\lambda/\lambda=10^{-6}$,试求此光子位置的不确定量。

15. 有三种光子波长分别为(1)3000Å,(2)5Å,(3)2×10^{-4} Å,如果它们的不确定量为百万分之一,求各种光子的位置不确定量。

16. 在直径为 10^{-14} m 的原子核中,估算一个中子的最小动能。

17. 氢原子第一激发态的平均寿命为 10^{-8} s,求该激发态的能级宽度。

18. 若测得波长为 5000Å 光谱线的自然宽度为 $\frac{\Delta\nu}{\nu}=1.6\times10^{-8}$,试计算相应态的平均寿命。

19. 已知粒子在一维矩形无限方势阱中运动,其波函数为

$$\psi(x)=A\sin\left(\frac{3\pi x}{a}\right)\quad(0<x<a)$$

求：(1) 波函数 $\psi(x)$的归一化常数 A；

(2) 粒子的能量取值。

20. 已知粒子在一维无限深势阱中运动，其波函数为$\sqrt{\frac{2}{a}}\sin(\pi x/a)$，$0\leqslant x\leqslant a$，求发现粒子几率最大的位置。

21. 已知粒子在一维矩形无限深方势阱中运动，其波函数为

$$\psi_n(x)=\sqrt{\frac{2}{a}}\sin(n\pi x/a),\quad 0<x<a$$

若粒子处于 $n=1$ 的状态，问在 $0\sim\frac{a}{4}$区间发现该粒子的几率为多少？

22. 一维无限深方势阱中运动的粒子波函数为

$$\psi_n(x)=\sqrt{\frac{2}{a}}\sin(n\pi x/a),\quad 0<x<a$$

(1)求粒子空间概率的分布函数；(2)基态时粒子在何处出现的概率最大，其值是多少？(3)第一激发态时，在 $0\sim\frac{a}{2}$区间发现该粒子的几率为多大？

23. 一维运动的粒子处于如下波函数所描述的状态：

$$\psi(x)=\begin{cases}Ax\,\mathrm{e}^{-\lambda x}, & x\geqslant 0\\ 0, & x<0\end{cases}$$

式中，$\lambda>0$。

(1) 求波函数 $\psi(x)$的归一化常数 A；

(2) 求粒子的概率分布函数；

(3) 在何处发现粒子的概率最大？

24. 一个粒子沿 x 方向运动，可以用下列波函数描述：

$$\psi(x)=C\frac{1}{1+\mathrm{i}x}$$

(1) 由归一化条件定出常数 C；

(2) 试求概率密度函数；

(3) 什么地方出现粒子的概率最大？

第三阶段模拟试卷(A)

应试人________　　　应试人学号________　　　应试人所在院系________

题号	选择	填空	计算 1	计算 2	计算 3	计算 4	计算 5	计算 6	总分
得分									

一、选择题(共 24 分)

1. (本题 3 分)

速率分布函数 $f(v)$的物理意义为(　　)。

(A) 具有速率 v 的分子占总分子数的百分比

(B) 速率分布在 v 附近的单位速率间隔中的分子数占总分子数的百分比

(C) 具有速率 v 的分子数

(D) 速率分布在 v 附近的单位速率间隔中的分子数

2. (本题 3 分)

一定量理想气体经历的循环过程用 V-T 曲线表示,如图所示。在此循环过程中,气体从外界吸热的过程是(　　)。

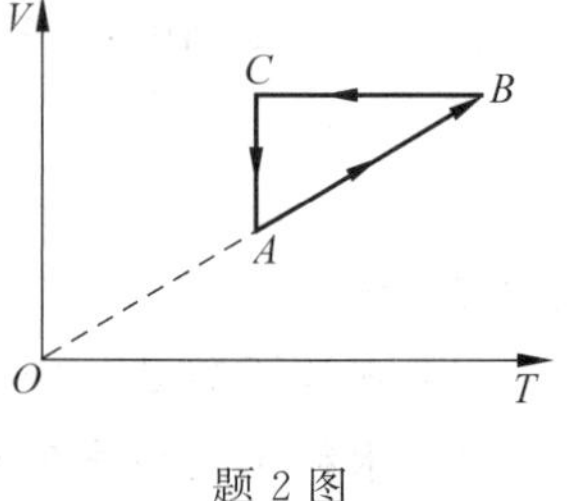

题 2 图

(A) $A \to B$　　　(B) $B \to C$

(C) $C \to A$　　　(D) $B \to C$ 和 $B \to C$

3. (本题 3 分)

"理想气体和单一热源接触作等温膨胀时,吸收的热量全部用来对外做功。"对此说法,有如下几种评论,哪种是正确的?(　　)

(A) 不违反热力学第一定律,但违反热力学第二定律

(B) 不违反热力学第二定律,但违反热力学第一定律

(C) 不违反热力学第一定律,也不违反热力学第二定律

(D) 违反热力学第一定律,也违反热力学第二定律

4. (本题 3 分)

给定理想气体,从标准状态(p_0,V_0,T_0)开始作绝热膨胀,体积增大到 3 倍。膨胀后温度 T、压强 p 与标准状态时 T_0、p_0 的关系为(γ 为比热容比)(　　)。

(A) $T=\left(\frac{1}{3}\right)^{\gamma}T_0$; $p=\left(\frac{1}{3}\right)^{\gamma-1}p_0$　　　(B) $T=\left(\frac{1}{3}\right)^{\gamma-1}T_0$; $p=\left(\frac{1}{3}\right)^{\gamma}p_0$

(C) $T=\left(\frac{1}{3}\right)^{-\gamma}T_0$; $p=\left(\frac{1}{3}\right)^{\gamma-1}p_0$　　　(D) $T=\left(\frac{1}{3}\right)^{\gamma-1}T_0$; $p=\left(\frac{1}{3}\right)^{-\gamma}p_0$

5. (本题 3 分)

波长 $\lambda=500\text{nm}(1\text{nm}=10^{-9}\text{m})$的单色光垂直照射到宽度 $a=0.25\text{mm}$ 的单缝上,单缝后面放置一凸透镜,在凸透镜的焦平面上放置一屏幕,用以观测衍射条纹。今测得屏幕上中央明条纹一侧第三个暗条纹和另一侧第三个暗条纹之间的距离为 $d=12\text{mm}$,则凸透镜的焦

距 f 为(　　)。

(A) 2m　　(B) 1m　　(C) 0.5m　　(D) 0.2m

(E) 0.1m

6.(本题3分)

两偏振片堆叠在一起,一束自然光垂直入射其上时没有任何光线通过。当其中一偏振片慢慢转动180°时透射光强度发生的变化为:(　　)。

(A)光强单调增加

(B) 光强先增加,后又减小至零

(C) 光强先增加,后减小,再增加

(D) 光强先增加,然后减小,再增加,再减小至零

7.(本题3分)

将波函数在空间各点的振幅同时增大 D 倍,则粒子在空间的分布概率将(　　)。

(A) 增大 D^2 倍　　(B) 增大 $2D$ 倍　　(C) 增大 D 倍　　(D) 不变

8.(本题3分)

关于不确定关系 $\Delta p_x \Delta x \geqslant \hbar (\hbar = h/(2\pi))$,有以下几种理解:

(1) 粒子的动量不可能确定;

(2) 粒子的坐标不可能确定;

(3) 粒子的动量和坐标不可能同时准确地确定;

(4) 不确定关系不仅适用于电子和光子,也适用于其他粒子。

其中正确的是(　　)。

(A) (1),(2)　　(B) (2),(4)　　(C) (3),(4)　　(D) (4),(1)

二、填空题(共36分)

9.(本题1+1+1+1=4分)

要使一热力学系统的内能变化,可以通过________或________两种方式,或者两种方式兼用来完成。理想气体的状态发生变化时,其内能的改变量只取决于________,而与________无关。

10.(本题1+1+1=3分)

在 p-V 图上:(1) 系统的某一平衡态用________来表示;

(2) 系统的某一平衡过程用________来表示;

(3) 系统的某一平衡循环过程用________来表示。

11.(本题1+2=3分)

右图为一理想气体几种状态变化过程的 p-V 图,其中 MT 为等温线,MQ 为绝热线,在 AM、BM、CM 三种准静态过程中:

(1) 温度降低的是________过程;

(2) 气体放热的是________过程。

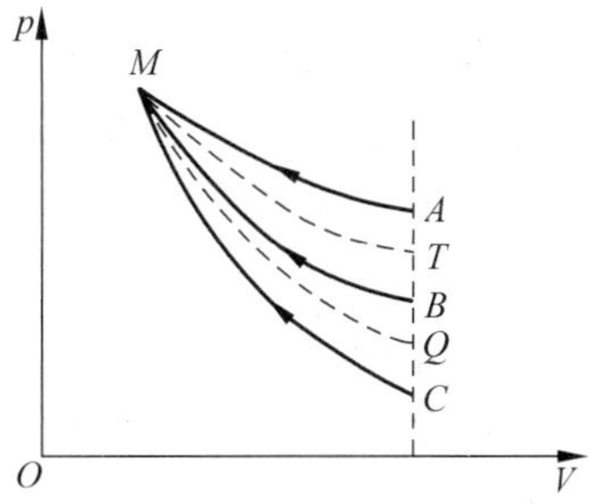

题11图

12.(本题1+2=3分)

常温常压下,一定量的某种理想气体(其分子可视为刚性分子,自由度为 i),在等压过程中吸热为 Q,对外做功

为 W,内能增加为 ΔE,则 $W/Q=$________;$\Delta E/Q=$________。

13.(本题 3 分)

如图所示,在单缝的夫琅禾费衍射中波长为 λ 的单色光垂直入射在单缝上。若对应于会聚在 P 点的衍射光线在缝宽 a 处的波阵面恰好分成 3 个半波带,图中 $\overline{AC}=\overline{CD}=\overline{DB}$,则光线 1 和 2 在 P 点的相位差为________。

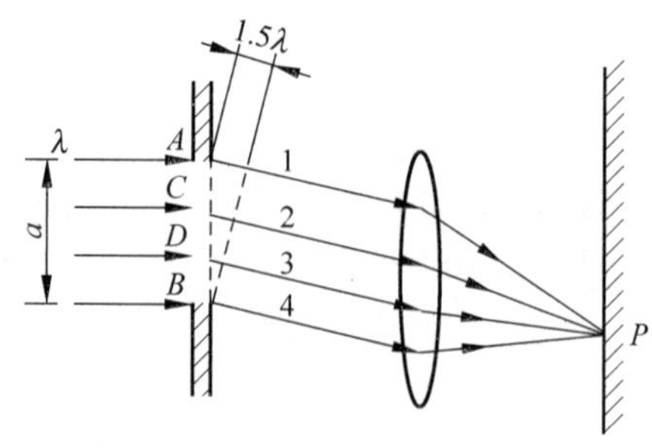

题 13 图

14.(本题 3 分)

已知惯性系 S' 相对于惯性系 S 以 $0.5c$ 的匀速度沿 x 轴的负方向运动,若从 S' 系的坐标原点 O' 沿 x 轴正方向发出一光波,则 S 系中测得此光波在真空中的波速为________。

15.(本题 3 分)

两个惯性系中的观察者 O 和 O' 以 $0.6\,c$(c 表示真空中光速)的相对速度互相接近。如果 O 测得两者的初始距离是 20m,则 O' 测得两者经过时间 $\Delta t'=$________ s 后相遇。

16.(本题 2+2=4 分)

在光电效应实验中,测得某金属的遏止电压 $|U_a|$ 与入射光频率 ν 的关系曲线如图所示,由此可知该金属的红限频率 $\nu_0=$________ Hz;逸出功 $A=$________ eV。

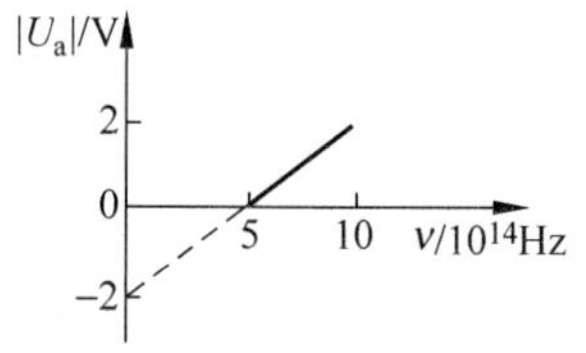

题 16 图

17.(本题 1+1+1=3 分)

光子的波长为 λ,则其能量 $E=$________,动量的大小 $p=$________,质量 $m=$________。

18.(本题 2+2=4 分)

氢原子的运动速率等于它在 300K 时的方均根速率时,它的德布罗意波长是________。质量为 $M=1\text{g}$,以速度 $v=1\text{cm/s}$ 运动的小球的德布罗意波长是________。

(普朗克常量为 $h=6.63\times10^{-34}$ J·s,玻耳兹曼常量 $k=1.38\times10^{-23}$ J/K,氢原子质量 $m_{\text{H}}=1.67\times10^{-27}$kg)

19.(本题 1+1+1=3 分)

激光器的基本结构包括三部分,即________、________和________。

三、计算题(共 40 分)

20.(本题 5 分)

容积 $V=1\text{m}^3$ 的容器内混有 $N_1=1.0\times10^{25}$ 个氧气分子和 $N_2=4.0\times10^{25}$ 个氮气分子,混合气体的压强是 2.76×10^5 Pa,求:

(1)(3 分)分子的平均平动动能;

(2)(2 分)混合气体的温度。(玻耳兹曼常量 $k=1.38\times10^{-23}$J·K)

21.(本题 10 分)

在双缝干涉实验中,单色光源 S_0 到两缝 S_1 和 S_2 的距离分别为 l_1 和 l_2,并且 $l_1-l_2=3\lambda$,λ 为入射光的波长,双缝之间的距离为 d,双缝到屏幕的距离为 $D(D\gg d)$,如图所示。求:

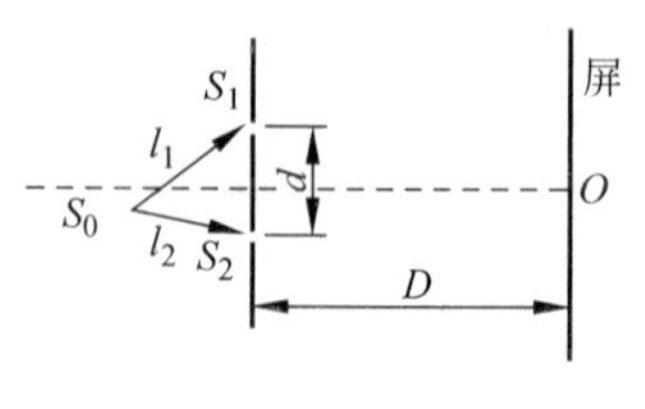

题 21 图

(1) (6 分)零级明条纹到屏幕中央 O 点的距离;

(2) (4 分)相邻明条纹间的距离。

22. (本题 5 分)

钠黄光中包含两个相近的波长 $\lambda_1=589.0\text{nm}$ 和 $\lambda_2=589.6\text{nm}$。用平行的钠黄光垂直入射在每毫米有 600 条缝的光栅上,会聚透镜的焦距 $f=1.00\text{m}$。求在屏幕上形成的第二级光谱中上述两波长 λ_1 和 λ_2 的光谱之间的间隔 Δl。($1\text{nm}=10^{-9}\text{m}$)

23. (本题 5 分)

如图所示,媒质Ⅰ为空气($n_1=1.00$),Ⅱ为玻璃($n_2=1.60$),两个交界面相互平行。一束自然光由媒质Ⅰ中以 i 角入射,若使Ⅰ、Ⅱ交界面上的反射光为线偏振光,求:

(1) (2 分)入射角 i 是多大?

(2) (1 分)图中玻璃上表面处折射角是多大?

(3) (2 分)在图中玻璃板下表面处的反射光是否也是线偏振光?

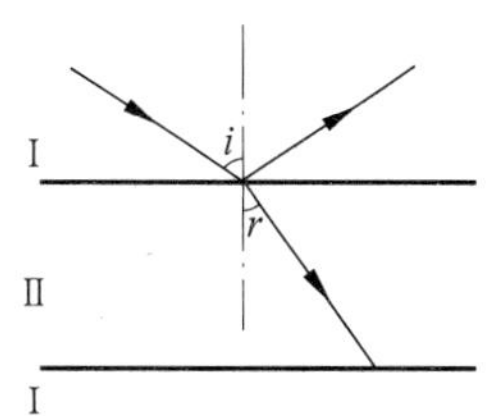

题 23 图

24. (本题 10 分)

设康普顿效应中入射 X 射线(伦琴射线)的波长 $\lambda=0.700\text{Å}$,散射的 X 射线与入射的 X 射线垂直,求:

(1) (6 分)反冲电子的动能 E_k;

(2) (4 分)反冲电子运动的方向与入射的 X 射线之间的夹角 θ。

(普朗克常量 $h=6.63\times10^{-34}\text{J}\cdot\text{s}$,电子静止质量 $m_e=9.11\times10^{-31}\text{kg}$)

25. (本题 5 分)

如用能量为 12.1eV 的电子轰击基态氢原子时可能产生哪些谱线(1 分)?说明在哪些能级间跃迁,并求解出对应波长(3 分)。并指出有几条属于可见光谱(1 分)。

第三阶段模拟试卷(B)

应试人________　　　应试人学号________　　　应试人所在院系________

题号	选择	填空	计算 1	计算 2	计算 3	计算 4	计算 5	计算 6	总分
得分									

一、选择题(共 24 分)

1. (本题 3 分)

关于可逆过程和不可逆过程有以下几种说法:

(1) 可逆过程一定是平衡过程;

(2) 平衡过程一定是可逆过程;

(3) 非平衡过程一定是不可逆过程;

(4) 不可逆过程发生后一定找不到另一过程使系统和外界同时复原。

以上说法中,正确的是(　　)。

(A) (1),(2),(3)　　　(B) (2),(3),(4)

(C) (1),(2),(3),(4)　　　(D) (1),(3),(4)

2. (本题 3 分)

甲说:“由热力学第一定律可证明任何热机的效率不可能等于 1。”乙说:“热力学第二定律可表述为效率等于 100%的热机不可能制造成功。”丙说:“由热力学第一定律可证明任何卡诺循环的效率都等于 $1-(T_2/T_1)$。”丁说:“由热力学第一定律可证明理想气体卡诺热机(可逆的)循环的效率等于 $1-(T_2/T_1)$。”对以上说法,有如下几种评论,哪种是正确的?(　　)

(A) 甲、乙、丙、丁全对　　　(B) 甲、乙、丙、丁全错

(C) 乙、丁对,甲、丙错　　　(D) 甲、乙、丁对,丙错

3. (本题 3 分)

如图所示,一定量的理想气体,由平衡状态 A 变到平衡状态 $B(p_A=p_B)$,则无论经过的是什么过程,系统必然(　　)。

(A) 对外做正功　　　(B) 内能增加

(C) 从外界吸热　　　(D) 向外界放热

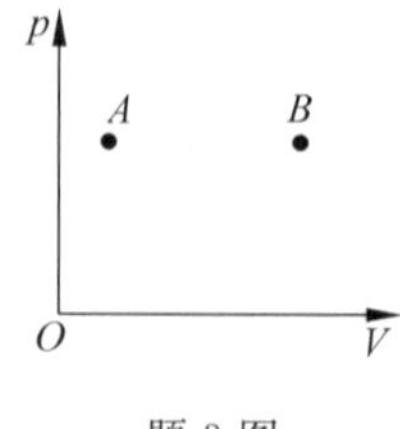

题 3 图

4.(本题 3 分)

单色平行光垂直照射在薄膜上,经上下两表面反射的两束光发生干涉,如图所示。若薄膜的厚度为 e,且 $n_2 > n_1$,$n_2 > n_3$,λ_1 为入射光在 n_1 中的波长,则两束反射光的光程差为(　　)。

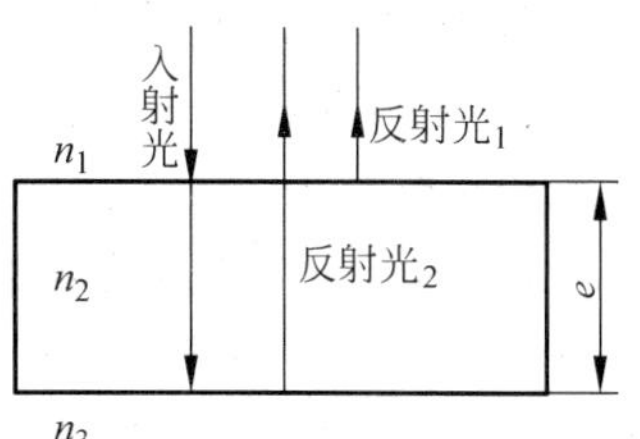

题 4 图

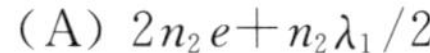

(A) $2n_2e + n_2\lambda_1/2$　　(B) $2n_2e + \lambda_1/(2n_1)$

(C) $2n_2e + n_1\lambda_1/2$　　(D) $2n_2e$

5.(本题 3 分)

在如图所示的单缝夫琅禾费衍射装置中,设中央明条纹的衍射角范围很小。若使单缝宽度 a 变为原来的 $\frac{3}{2}$,同时使入射的单色光的波长 λ 变为原来的 3/4,则屏幕 C 上单缝衍射条纹中央明条纹的宽度 Δx 将变为原来的(　　)。

(A) 3/4 倍　　(B) 2/3 倍

(C) 9/8 倍　　(D) 1/2 倍

(E) 2 倍

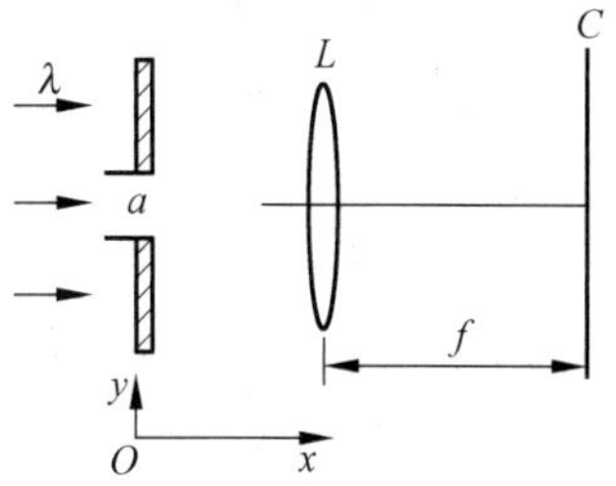

题 5 图

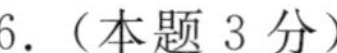

6.(本题 3 分)

一束光强为 I_0 的自然光,相继通过三个偏振片 P_1、P_2、P_3 后,出射光的光强为 $I = I_0/8$。已知 P_1 和 P_3 的偏振化方向相互垂直,若以入射光线为轴,旋转 P_2,要使出射光的光强为零,P_2 最少要转过的角度是(　　)。

(A) 30°　　(B) 60°　　(C) 45°　　(D) 90°

7.(本题 3 分)

边长为 a 的正方形薄板静止于惯性系 K 的 xOy 平面内,且两边分别与 x、y 轴平行。今有惯性系 K' 以 $0.8c$(c 为真空中光速)的速度相对于 K 系沿 x 轴作匀速直线运动,则从 K' 系测得薄板的面积为(　　)。

(A) $0.8a^2$　　(B) $0.6a^2$　　(C) a^2　　(D) $a^2/0.6$

8.(本题 3 分)

氢原子光谱的巴耳末线系中谱线最小波长与最大波长之比为(　　)。

(A) 5/9　　(B) 7/9　　(C) 4/9　　(D) 2/9

二、填空题(共 32 分)

9.(本题 2+2=4 分)

图示的两条 $f(v)$-v 曲线分别表示氢气和氧气在同一温度下的麦克斯韦速率分布曲线。由此可得

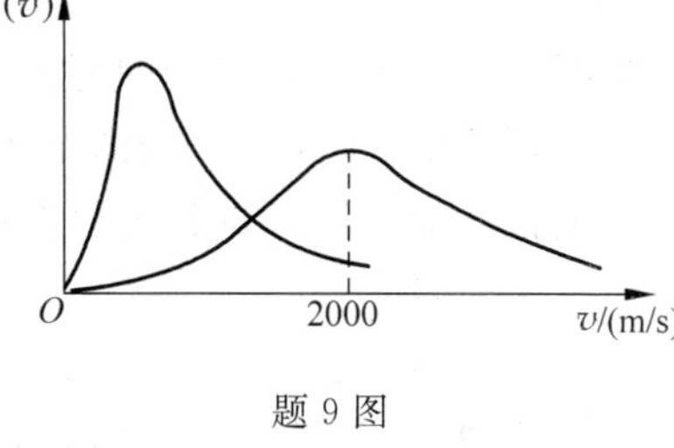

题 9 图

氢气分子的最概然速率为________________;

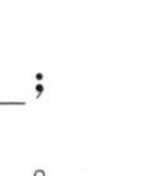

氧气分子的最概然速率为________________。

10.(本题 2+2+2=6 分)

用总分子数 N、气体分子速率 v 和速率分布函数 $f(v)$ 表示下列各量:

(1) 速率大于 v_0 的分子数=__________;

(2) 速率大于 v_0 的那些分子的平均速率=__________；

(3) 多次观察某一分子的速率,发现其速率大于 v_0 的几率=__________。

11. (本题 2+1=3 分)

由绝热材料包围的容器被隔板隔为两半,左边是理想气体,右边为真空。如果把隔板撤去,气体将进行自由膨胀过程,达到平衡后气体的温度________(升高、降低或不变),气体的熵________(填"增加""减小""不变")。

12. (本题 3 分)

用平行的白光垂直入射在平面透射光栅上时,波长为 $\lambda_1=440\text{nm}$ 的第三级光谱线将与波长为 $\lambda_2=$________ nm 的第二级光谱线重叠。($1\text{nm}=10^{-9}\text{m}$)

13. (本题 3 分)

假设某一介质对于空气的临界角是 45°,则光从空气射向此介质时的布儒斯特角是________。

14. (本题 3+3=6 分)

一电子以 $0.99c$ 的速率运动(电子静止质量为 $9.11\times10^{-31}\text{kg}$),则电子的总能量是________ J,电子的经典力学的动能与相对论动能之比是________。

15. (本题 4 分)

某金属产生光电效应的红限为 ν_0,当用频率为 $\nu(\nu>\nu_0)$ 的单色光照射该金属时,从金属中逸出的光电子(质量为 m)的德布罗意波长为________。

16. (本题 3 分)

如果电子被限制在边界 x 与 $x+\Delta x$ 之间,$\Delta x=0.5\text{Å}$,则电子动量 x 分量的不确定量近似地为________ kg·m/s。

(不确定关系式 $\Delta x\cdot\Delta p\geqslant h$,普朗克常量 $h=6.63\times10^{-34}\text{J}\cdot\text{s}$)

三、计算题(共 44 分)

17. (本题 6 分)

某理想气体的定压摩尔热容为 29.1J/(mol·K),求:

(1) (3 分)该种气体的自由度数;

(2) (3 分)它在温度为 273K 时的分子平均转动动能。

(玻耳兹曼常量 $k=1.38\times10^{-23}\text{J/K}$,普适气体常数(摩尔气体常数)$R=8.31\text{J/(mol}\cdot\text{K)}$)

18. (本题 6 分)

如图所示,AB、DC 是绝热过程,CEA 是等温过程,BED 是任意过程,组成一个循环。若图中 $EDCE$ 所包围的面积为 70J,$EABE$ 所包围的面积为 30J,过程中系统放热 100J,求 BED 过程中系统吸热为多少。

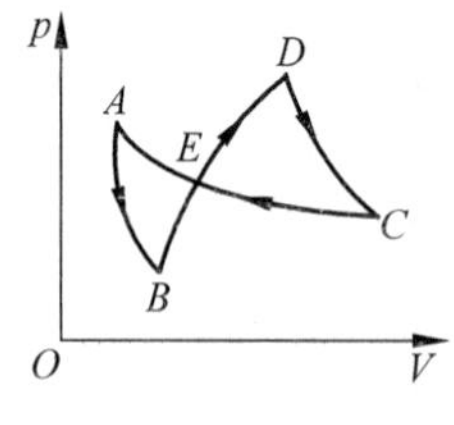

题 18 图

19. (本题 12 分)

双缝干涉实验装置如图所示,双缝与屏之间的距离 $D=120\text{cm}$,两缝之间的距离 $d=0.50\text{mm}$,用波长 $\lambda=500\text{nm}$ ($1\text{nm}=10^{-9}\text{m}$)的单色光垂直照射双缝。

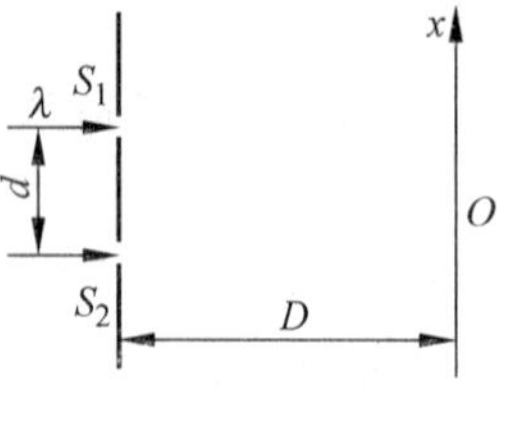

题 19 图

(1) (6 分)求原点 O (零级明条纹所在处)上方的第五级明条

纹的坐标 x。

(2) (6分)如果用厚度 $l=1.0\times10^{-2}$ mm，折射率 $n=1.58$ 的透明薄膜覆盖在图中的 S_1 缝后面，求上述第五级明条纹的坐标 x'。

20.(本题6分)

两个偏振片叠在一起，在它们的偏振化方向成 $\alpha_1=30°$ 时，观测一束单色自然光。又在 $\alpha_2=45°$ 时，观测另一束单色自然光。若两次所测得的透射光强度相等，求两次入射自然光的强度之比。

21.(本题7分)

处于基态的氢原子被外来单色光激发后发出的光仅有三条谱线，问：

(1) (2分)此时氢原子将被激发到第几激发态？

(2) (5分)此外来光的频率为多少？(里德伯常量 $R=1.097\times10^7\,\text{m}^{-1}$)

22.(本题7分)

一粒子在一维无限方势阱中运动而处于基态，其波函数的表达式为 $\varphi=\sqrt{\frac{2}{a}}\sin\left(\frac{\pi}{a}x\right)$，其中 a 为势阱宽度，问：

(1) (3分)在势阱中任意位置找到粒子的概率密度为多少？

(2) (4分)在 $x=0$ 到 $x=\frac{a}{4}$ 的距离内该粒子出现的概率为多大？

$\left(\text{提示：}\int\sin^2 x\,\mathrm{d}x=\frac{x}{2}-\frac{1}{4}\sin 2x+c\right)$

参考答案

第1章　质点运动学

自我检查题

1. C　2. E　3. A　4. D　5. C　6. C　7. B　8. A

9. $y=\frac{u}{v}x, x=-\frac{1}{2}a\frac{y^2}{u^2}$

10. 11,9

11. (1) $l_0\cos\theta-\frac{1}{2}g\sin\theta\cos\theta t^2, l_0\sin\theta-\frac{1}{2}g\sin^2\theta t^2$；(2) e

12. $y_1=-v_0t-\frac{1}{2}at^2, y_2=h-v_0t-\frac{1}{2}gt^2$

13. (1) $-R\boldsymbol{i}+R\boldsymbol{j}, |\Delta\boldsymbol{r}|=\sqrt{2}R, 0, -R\omega\boldsymbol{i}-R\omega\boldsymbol{j}, \sqrt{2}R\omega, 0$；

    (2) $-R\omega\sin\omega t\boldsymbol{i}+R\omega\cos\omega t\boldsymbol{j}, R\omega, 0$

    $-R\omega^2\cos\omega t\boldsymbol{i}-R\omega^2\sin\omega t\boldsymbol{j}, R\omega^2, 0$

14. $\frac{h}{h-l}v_0$

15. 匀加速直线运动；匀减速直线运动；匀加速直线运动；匀减速直线运动；位移为0,路程为60m

16. (1) b,e；(2) a；(3) c

17. (1) 质点在 $0\sim t_1$ 这段时间内沿水平方向运动的位移；

(2) 质点在 $0\sim t_1$ 这段时间内在空间运动过的路程

18. (1) 质点在 $0\sim t$ 内在 x 轴上落地点与抛出点的位移

    质点在 $0\sim t$ 内在 y 轴上落地点与抛出点的位移

    质点在 $0\sim t$ 内抛体运动的路程(曲线长度)；

    (2) 质点从 A 到 B 的位移矢量

    质点从 A 到 B 所经过的路程

    B 与 A 分别到原点的距离差值

19. $\frac{\sqrt{v_1^2-v_0^2}}{g}$

20. 20m/s

21. (1) 匀速率曲线运动；(2) 变速率直线运动

22. (1) $y=\frac{1}{2}g\frac{x^2}{(v_0+v)^2}$；(2) $y=\frac{1}{2}g\frac{x^2}{v^2}$

习题

1. (1) $10t-6t^2, 10-12t$；(2) $\frac{5}{3}$s(舍去 $t=0$)；(3) 4m,5.26m；(4) -4m/s,-14m/s^2

2. (1) $y=19-\frac{x^2}{2}$；(2) $2\sqrt{10}$ m/s；arctan(−3)；(3) $2\boldsymbol{i}-4\boldsymbol{j}$ m/s, $2\boldsymbol{i}-8\boldsymbol{j}$ m/s；

(4) $-4\boldsymbol{j}$ m/s^2；(5) $t=3$ s

3. 0；4m

4. (1) 5m/s；(2) 17m/s

5. $l\omega\sec^2\theta$

6. 69.8m/s

7. $v=v_0 e^{-\frac{1}{2}kt^2}$

8. $v_0 t+A\cos\omega t$

9. $v^2=4x+4x^3$

10. 证略

11. $\frac{2}{3}t^3\boldsymbol{i}+2t\boldsymbol{j}$

12. $(3+2t)\boldsymbol{i}+(4-2t^3)\boldsymbol{j}$；$(3t+t^2)\boldsymbol{i}+\left(4t-\frac{1}{2}t^4\right)\boldsymbol{j}$

13. $v^2=v_0^2-ky^2+ky_0^2$

14. 71r

15. 3m/s, $3\sqrt{2}$ m/s^2

16. (1) v_0+bt, $\sqrt{b^2+\left[\frac{(v_0+bt)^2}{R}\right]^2}$；(2) $\frac{\sqrt{bR}-v_0}{b}$

17. $\frac{1}{3}ct^3$, $2ct$, $\frac{c^2t^4}{R}$

18. (1) $v_0 t$, $\frac{1}{2}gt^2$, $y=\frac{1}{2}x^2 g/v_0^2$；(2) $g^2t/\sqrt{v_0^2+g^2t^2}$, $v_0 g/\sqrt{v_0^2+g^2t^2}$

19. (1) 30m/s；(2) $v=30$ m/s, 5m/s^2, 8.66m/s^2

20. $\frac{2\sqrt{3}v^2}{3g}$

21. (1) $2a+4b$ rad, $a+2bt$, $2b$ rad/s^2；(2) $0.1(a+4b)$, $0.2b$

22. (1) $2t\boldsymbol{i}+2\boldsymbol{j}$, $2\boldsymbol{i}$；(2) $\frac{2t^2}{t^2+1}\boldsymbol{i}+\frac{2t}{t^2+1}\boldsymbol{j}$, $\frac{2}{t^2+1}\boldsymbol{i}-\frac{2t}{t^2+1}\boldsymbol{j}$

23. 126.9°, $t=50$ s

24. $\sqrt{8}$ m/s

第 2 章　牛顿运动定律

自我检查题

1. A、D　2. C　3. E　4. C　5. D　6. A

7. 略

8. $N=mg+F\sin\alpha$, $N=mg+m\frac{v^2}{R}$

9. 2.5m/s^2, 112.5N, 87.5N, 62.5N

10. (5ln2)s

11. $\dfrac{2t^3}{3}\boldsymbol{i}+2t\boldsymbol{j}$

12. $-mA\omega\sin\omega t,-m\omega^2 x$

13. $\dfrac{2a_0+g}{3}$

14. 0.02

15. $0,2g$

16. $\dfrac{2m_2 g}{4m_1+m_2}$

习题

1. 2m/s

2. $\dfrac{F}{m\omega^2}(1-\cos\omega t)$

3. $-\dfrac{g}{k}+\left(\dfrac{g}{k}+v_0\right)\mathrm{e}^{-kt},y=-\dfrac{1}{k}(v-v_0)+\dfrac{g}{k^2}\ln\dfrac{g+kv}{g+kv_0},\dfrac{v_0}{k}-\dfrac{g}{k^2}\ln\left(1+\dfrac{kv_0}{g}\right)$

4. (1) $v_{\mathrm{T}}=\sqrt{\dfrac{mg}{k}}$；(2) $v=\dfrac{1-\mathrm{e}^{\frac{-2gt}{v_{\mathrm{T}}}}}{1+\mathrm{e}^{\frac{-2gt}{v_{\mathrm{T}}}}}\sqrt{\dfrac{mg}{k}}$

5. $\sqrt{6k/mA}$

6. (1) $v_0\mathrm{e}^{-\frac{k}{m}t}$；(2) $\dfrac{mv_0}{k}$

7. $\dfrac{(m_1-m_2)(g+a)}{m_1+m_2}$

8. 48N,48N,0

9. $\dfrac{(m_1-m_2)g+m_2a_2}{m_1+m_2},\dfrac{(m_1-m_2)g-m_1a_2}{m_1+m_2},\dfrac{(2g-a_2)m_1m_2}{m_1+m_2}$

10. $m\left(g\cos\theta+\dfrac{v^2}{R}\right),g\sin\theta$

11. (1) 略；(2) $\dfrac{m_1a_{m_1}}{M+m_2}$

12. (1) $\sqrt{gl}$；(2) -1595N,1605N,1600N

13. $\dfrac{Rv_0}{R+\mu v_0 t},\dfrac{R}{\mu}\ln\left(1+\dfrac{\mu v_0}{R}t\right)$

14. $-\mu\dfrac{m_1+m_2}{m_1}g,0$

15. $0,0.0049t^2-0.196t+1.96$m/s

16. 证略

第3章 功 和 能

自我检查题

1. A

2. -8.4J

3. 160J

4. 不做功,不做功,不做功

5. 4 倍

6. D

7. 1.92J

8. A

9. A

10. a：机械能守恒；b：不守恒；c：不守恒

11. 保守力做功与路径无关,只与起点和终点的位置有关,$A_{保守力}=-\Delta E_p$

12. -44J

13. $\frac{k_B}{k_A}$

14. (1) $\frac{GmM}{6R}$；(2) $-\frac{GmM}{3R}$

15. 100m/s

16. 2066J

17. $\frac{mg+\sqrt{m^2g^2-2kmgh}}{k}$

18. C

19. C

20. $mgx_2\sin\alpha+\frac{1}{2}k(x_2-x_1)^2-\frac{1}{2}kx_1^2$

习题

1. 3J

2. 4J

3. $2F_0R^2$

4. $-\frac{2GMm}{3R}$

5. $-2kc$

6. $\frac{1}{2}k_1(x_1^2-x_2^2)+\frac{1}{4}k_2(x_1^4-x_2^4)$

7. 168J,13m/s

8. 729J

9. $\sqrt{2}v_0$

10. (1) $\frac{1}{2}mb^2\omega^2$,$\frac{1}{2}ma^2\omega^2$；(2) $\frac{1}{2}ma^2\omega^2$,$-\frac{1}{2}mb^2\omega^2$

11. 证略

12. 推导略

13. 1000J

14. $\frac{1}{2}kx^2-\frac{1}{2}kx_0^2$,$-\frac{1}{2}kx_0^2$

15. $\sqrt{\dfrac{ks^2}{m}+2\mu gs}$

16. (1) $\arccos\dfrac{2Rg+v_0^2}{3Rg}$；(2) $\sqrt{Rg}$；(3) $\arccos\dfrac{2}{3}$

17. 3cm

18. $\sqrt{\dfrac{2k}{mr_0}}$

19. $-\dfrac{k}{2r}$

20. (1) $-\dfrac{3}{8}mv_0^2$；(2) $\dfrac{3v_0^2}{16\pi Rg}$；(3) $\dfrac{4}{3}rev$

21. $\dfrac{a^2t^3}{2m}+\dfrac{b^2t^5}{3m}$

22. $\sqrt{\dfrac{2G(M+m)}{d}}$

23. (1) $\left(-G\dfrac{m_e m}{R_e}\right)$；(2) $\left(G\dfrac{m_e m}{R_e}\right)$

24. 2.45m/s,2m

第4章 动 量

自我检查题

1. B 2. A 3. C 4. B 5. C 6. B

7. 0,$mg\dfrac{2\pi}{\omega}$, $mg\dfrac{2\pi}{\omega}$

8. B

9. A

10. A

11. C

12. D

13. 358N·s,160kg·m/s(重力、弹力总冲量为160J)

14. 4m/s,16J

15. 16N·s,176J

16. 0

17. $\dfrac{mv_0\cos\theta}{m+M}$, $mg+Mg+\dfrac{mv_0\sin\theta}{\Delta t}$

18. $(M+2m)v=Mv'+m(-u+v')+m(u+v')$

19. $v+\dfrac{mu}{M+m}$,v,$v-\dfrac{mu}{M+m}$

20. (1) $-\dfrac{2m\boldsymbol{v}}{M+m}$；(2) $\dfrac{2m\boldsymbol{v}}{M}$

21. $\dfrac{mv_0}{m+M}$,动量守恒,$\dfrac{1}{2}mM\dfrac{v_0^2}{m+M}$,$\dfrac{2mv_0}{m+M}$,$\dfrac{m-M}{m+M}v_0$

22. $\frac{v_0}{3},\frac{v_0}{5},\frac{v_0}{5}$

23. 1∶3.229∶2.683

24. C

25. mvd

习题

1. 0.892m/s

2. $\sqrt{2}mv$,45°

3. (1) m_0v_0；(2) $m_0v_0^2$；(3) 略

4. 53°

5. $\frac{1}{k}\ln\frac{x_1}{x_0}$

6. 4m/s,2.5m/s

7. 180kg

8. 0.267m,朝岸边方向移动

9. $\frac{Mv_0^2}{2(m+M)g}$

10. 5.45km/h

11. $-\frac{Mm(M+2m)}{2(M+m)^2}v^2,\frac{Mm^2}{2(M+m)^2}v^2$

12. (1) 3.82m/s；(2) 0.19s

13. 4.33m/s,30°

14. $\frac{M}{m\cos\alpha}\sqrt{2gl\sin\alpha}$

15. $\frac{Mg}{k}+\frac{2m}{M+m}\sqrt{\frac{2Mgh}{k}}$

16. 4000J

17. (1) $\frac{M+2m}{2M+m}v_0,-\frac{3M}{2M+m}v_0$；(2) 乙先到；(3) $\frac{M-m}{2M+m}\cdot\frac{l}{2}$

18. (1) $\sqrt{\frac{(M+m)2gR\sin\theta}{(M+m)-m\sin^2\theta}},\frac{m\sin\theta}{M+m}\sqrt{\frac{(M+m)2gR\sin\theta}{(M+m)-m\sin^2\theta}}$；(2) $\frac{m}{m+M}R$

19. (1) $m\sqrt{\frac{2gR}{M(M+m)}},\sqrt{\frac{2(M+m)gR}{M}}$；(2) $\frac{3M+2m}{M}mg$

20. 26.2m/s^2

21. h^2/l^2

22. $\frac{L^2}{2mr^2},-\frac{L^2}{mr^2},-\frac{L^2}{2mr^2}$

第5章 刚体的定轴转动

自我检查题

1. C 2. B 3. C 4. B 5. B 6. B 7. B 8. E 9. A 10. C 11. D 12. C

13. A 14. A 15. C 16. C 17. B

18. $\frac{5}{16}ml^2$

19. $\dfrac{m_B g}{m_A+m_B+\frac{m_C}{2}}$

20. $\alpha=-\frac{k}{9J}\omega_0^2, t=\frac{2J}{k\omega_0}$

21. (1) $\frac{g\sin\theta}{l}, \frac{3g\sin\theta}{2l}, \sqrt{\frac{2g(1-\cos\theta)}{l}}, \sqrt{\frac{3g(1-\cos\theta)}{l}}$;

(2) $\sqrt{5gl}, \sqrt{\frac{6g}{l}}$

22. $4\omega, \frac{3}{2}mR_0^2\omega^2$

23. 5.26×10^{12} m

24. $0, -\frac{\omega_0}{2}, -\frac{1}{4}J_0\omega_0^2$

25. $mg\frac{l}{2}\sin\theta, \frac{3g\sin\theta}{2l}, mg\frac{l}{2}(1-\cos\theta), \sqrt{\frac{3g(1-\cos\theta)}{l}}, \sqrt{3gl(1-\cos\theta)}$

26. 78.85°

27. $\frac{4}{25}\omega_0$

习题

1. $mg\frac{l}{2}$; $\frac{2g}{3l}$

2. (1) 7.35rad/s^2; (2) 14.7rad/s^2

3. (1) 2m/s; (2) 48N,58N

4. $\frac{g}{l}$; $\frac{g}{2l}$

5. (1) 10.3rad·s^{-2}; (2) 9.08rad·s^{-1}

6. $\frac{2}{7}$g

7. $\frac{3R\omega_0^2}{16\pi\mu g}$

8. $\frac{2\omega_0 L}{3\mu g}$

9. (1) 81.7rad/s^2,垂直纸面向外; (2) 6.12×10^{-2}m; (3) 10.0rad/s,垂直纸面向外

10. (1) 495rad/s; (2) 1.225×10^2J

11. (1) 15.4rad/s; (2) 15.4rad

12. $\frac{6v}{7L}$

13. (1) $\omega_0+\frac{2v}{21R}$; (2) $-\frac{21R\omega_0}{2}$,与盘的初始转动方向一致

14. 5s

15. 0.628rad/s,0.628rad/s

16. (1) 200r/min; (2) A 轮: $-419\text{N}\cdot\text{m}\cdot\text{s}$,B 轮: $419\text{N}\cdot\text{m}\cdot\text{s}$

17. 略

18. 156N,118N

19. (1) $\frac{2}{R}\sqrt{\frac{l}{6m}\left(F-mg+\frac{3}{4}\rho g l^3\right)}$; $\frac{2}{3}F-\frac{1}{3}\left(\frac{\rho l^3 g}{2}-mg\right)$; (2) $2\sqrt{\frac{l}{3m}\left(F-mg+\frac{\rho g l^3}{2}\right)}$

20. (1) $630\text{kg}\cdot\text{m}^2/\text{s}$; (2) 8.67rad/s; (3) $2.73\times10^3\text{J}$,守恒,对两人系统,拉手过程中,无外力和对质心轴的外力矩作功。

21. (1) $\sqrt{\frac{2mgx-kx^2}{m+\frac{J}{r^2}}}$; (2) $\frac{2mg}{k}$; (3) $\frac{mgr-kxr}{J+mr^2}$

22. $L+3\mu s-\sqrt{6\mu sL}$

23. $s=\frac{m_2^2 v_0^2}{2\mu g\left(m_1+m_2+\frac{M}{2}\right)^2}$

第6章 机械振动

自我检查题

1. D 2. B 3. B 4. D 5. E 6. D

7. 1∶2,1∶4

8. 0,0

9. 0.33s

10. $\pm\frac{A}{\sqrt{2}}$

11. $\sqrt{A_1^2+A_2^2}$

12. $2\pi\sqrt{\frac{x_0}{g}}$

13. $\frac{24}{7}\text{s}$,$\frac{4}{3}\pi$

14. $1.5\times10^{-2}\cos(6\pi t+0.5\pi)\text{m}$

15. $0.04\cos\left(\pi t+\frac{\pi}{2}\right)$

16. $\frac{T}{8}$,$\frac{3T}{8}$

17. $\frac{1}{2}\pi$

18. $x_a=6\times10^{-3}\cos(\pi t+\pi)\text{m}$,$x_b=6\times10^{-3}\cos\left(\frac{\pi}{2}t+\frac{\pi}{2}\right)\text{m}$

19. $0.05\sqrt{2}\cos\left(\omega t+\frac{\pi}{2}\right)\text{m}$

20. 10^{-2}m,$\frac{\pi}{6}$

21. $0.04\cos\left(\pi t-\frac{\pi}{2}\right)$

22. 0

习题

1. 2.27s, ±10.8cm

2. (1) $x=0.02\cos\left(\frac{5\pi}{2}t-\frac{\pi}{4}\right)$m; (2) $v=-0.157\cos\left(\frac{5\pi}{2}t-\frac{\pi}{4}\right)$m/s, 图略

3. $\frac{\pi}{2}$或$\frac{3}{2}\pi$

4. (1) $x=10.6\times10^{-2}\cos\left(10t-\frac{\pi}{4}\right)$m; (2) $x=10.6\times10^{-2}\cos\left(10t+\frac{\pi}{4}\right)$m

5. (1) $x=A\cos(\omega t+\pi)$; (2) $x=A\cos\left(\omega t-\frac{\pi}{2}\right)$;

(3) $x=A\cos\left(\omega t+\frac{\pi}{3}\right)$; (4) $x=A\cos\left(\omega t-\frac{\pi}{4}\right)$

6. 0.667s

7. (1) 正方向最大位移处: 6.64N, 负方向最大位移处: 12.96N; (2) 0.062m

8. $2\pi\sqrt{\frac{m(k_1+k_2)}{k_1k_2}}$

9. $x=0.10\cos\left(\frac{5}{12}\pi t+\frac{2}{3}\pi\right)$m

10. (1) $x=0.1\cos(7.07t)$m; (2) 29.2N; (3) 0.074s

11. (1) 0.16J; (2) $x=0.4\cos\left(2\pi t+\frac{\pi}{3}\right)$m

12. (1) ±0.14m; (2) $t=\frac{\pi}{8},\frac{3\pi}{8},\frac{5\pi}{8},\frac{7\pi}{8}$

13. (1) $\pm\frac{A}{\sqrt{2}}$; (2) $\frac{3}{4}$s

14. (1) 0.253m; (2) ±0.178m; (3) 0.2J

15. $2\times10^{-2}\cos\left(4t+\frac{\pi}{3}\right)$m

16. $0.04\cos\left(\pi t-\frac{\pi}{2}\right)$m

17. $0.2\cos\left(10t+\frac{\pi}{2}\right)$m

第7章 机 械 波

自我检查题

1. A 2. C 3. A 4. B 5. A 6. A 7. A 8. A 9. D 10. B 11. C 12. D
13. D 14. D 15. C 16. C 17. C 18. B

19. 4m, 0.8m, 25Hz

20. 见右图

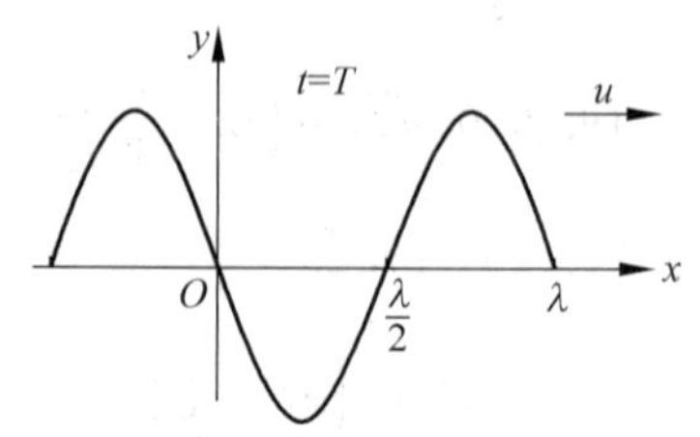

21. $\frac{3\pi}{2}$

22. $A\cos\left(\omega t-2\pi\frac{x}{\lambda}+4\pi\frac{L}{\lambda}+\pi\right)$

23. $0.1\cos(4\pi t-\pi)$m；-12.56m/s(或-0.4πm/s)

24. $A\cos\left[\omega t+\varphi+\omega\frac{(x+1)}{u}\right]$

25. $0.2\cos\left(\frac{\pi}{2}t-\frac{\pi}{2}\right)$m

26. $\frac{3}{4}T$

27. 100m/s

28. $\frac{A_1}{A_2}=4$

29. $\frac{\pi}{2}$

30. 5J

31. $IS\cos\theta$

32. 0

33. $\varphi_2-\varphi_1=\frac{3\pi}{2}+2k\pi, k=0,\pm1,\pm2,\cdots$

34. 2A

35. $\pi, \frac{2\pi}{\lambda}(x_b-x_a)$

36. $2A\cos(\omega t+\pi)$，$-2A\omega\sin(\omega t+\pi)$

37. $2A\cos\left(\frac{2\pi}{\lambda}x-\frac{\pi}{2}\right)\cos\left(2\pi\nu t+\frac{\pi}{2}\right)$或 $2A\cos\left(\frac{2\pi}{\lambda}x+\frac{\pi}{2}\right)\cos\left(2\pi\nu t-\frac{\pi}{2}\right)$

38. $12\times10^{-2}\cos\frac{\pi x}{2}\cos(20\pi t)$,波节：$x=1$m,3m,5m,7m,9m,波腹：$x=0$m,2m,4m,6m,8m,10m

39. $A\cos\left[2\pi\left(\nu t+\frac{x}{\lambda}\right)+\pi\right], 2A\cos\left(\frac{2\pi}{\lambda}x+\frac{\pi}{2}\right)\cos\left(2\pi\nu t+\frac{\pi}{2}\right)$

40. $2A\cos(\omega t+\pi)$，$-2A\omega\sin(\omega t+\pi)$

41. (1) $y=A\cos\left[2\pi\left(\frac{t}{T}-\frac{x}{\lambda}\right)\right]$

(2) $y=2A\cos2\pi\frac{x}{\lambda}\cos2\pi\frac{t}{T}$

(3) $0,\frac{\lambda}{2},\lambda,\cdots$； $\frac{\lambda}{4},\frac{3}{4}\lambda,\frac{5}{4}\lambda,\cdots$

习题

1. (1) $0.2\cos\left(20\pi t-4\pi x+\frac{13\pi}{10}\right)$；

(2) $0.2\cos\left(4\pi x-\frac{13\pi}{10}\right)$m；$-4\pi\sin\left(100\pi-4\pi x+\frac{13\pi}{10}\right)$m/s；

(3) $0.2\cos\left(20\pi t+0.8\pi+\frac{13\pi}{10}\right)$m；

(4) $\frac{8}{5}\pi$

2. 0.1m, $\frac{\pi}{3}$m, $\frac{3}{2\pi}s^{-1}$, 0.5m/s, 沿 Ox 轴正方向

3. −0.01m, 0, $6.17\times10^{3}\,m/s^{2}$

4. (1) $0.25\cos(125t-3.7)$m, $0.25\cos(125t-9.25)$m; (2) −5.55rad; (3) 0.249m

5. $A\cos\left[\omega t+\varphi+\frac{\omega}{u}(x+1)\right]$

6. $0.1\cos(4\pi t-\pi)$, -0.4πm/s

7. (1) $A\cos\left[2\pi\left(250t+\frac{x}{200}\right)+\frac{\pi}{4}\right]$; (2) $-500\pi A\sin\left(500\pi t+\frac{5}{4}\pi\right)$

8. (1) $3\cos4\pi\left(t+\frac{x}{20}\right)$cm; (2) $3\cos\left[4\pi\left(t+\frac{x}{20}\right)-\pi\right]$cm

9. (1) $A\cos\left[2\pi\nu(t-t')+\frac{\pi}{2}\right]$; (2) $A\cos\left[2\pi\nu\left(t-t'-\frac{x}{u}\right)+\frac{\pi}{2}\right]$

10. $0.2\cos\left(\frac{\pi}{2}t-\frac{\pi}{2}\right)$m

11. (1) $A\cos\left(\frac{\pi}{2}+\pi\right)$; (2) $A\cos\left[2\pi\left(\frac{t}{4}+\frac{x-d}{\lambda}\right)+\pi\right]$; (3) $A\cos\left(\frac{\pi}{2}t\right)$

12. (1)~(3) 图略

13. (1) $0.04\cos\left(0.4\pi t-5\pi x+\frac{\pi}{2}\right)$m; (2) 图略

14. $0.02\cos\left(10\pi t-\pi x-\frac{\pi}{3}\right)$m

15. (1) 2.70×10^{-3}J/s; (2) $9.00\times10^{-2}\,J\cdot s^{-1}\cdot m^{-2}$; (3) $2.65\times10^{-4}\,J\cdot m^{-2}$

16. (1) $3.0\times10^{-5}\,J/m^{3}$, $6.0\times10^{-5}\,J/m^{3}$; (2) 4.62×10^{-7}J

17. $6.37\times10^{-6}\,J/m^{3}$, $2.165\times10^{-3}\,W/m^{2}$

18. (1) $1.58\times10^{5}\,W/m^{2}$; (2) 3.79×10^{3}J

19. 6m, $\pm\pi$

20. 10cm

21. 0.634m

22. (1) $0.01\cos(100\pi t+\varphi)$m, $0.01\cos(100\pi t+\varphi+\pi)$m;

(2) $0.01\cos\left(100\pi t+\varphi+\frac{5\pi}{4}+\frac{\pi}{8}x\right)$m;

(3) 7m, 15m, 23m

23. $0.01\cos\left(4t+\pi x-\frac{4}{3}\pi-10\pi\right)$m

24. (1) $A\cos2\pi\left(\frac{t}{T}-\frac{x}{\lambda}\right)$; (2) $2A\cos2\pi\frac{x}{\lambda}\cos2\pi\frac{t}{T}$; (3) $\frac{k\lambda}{2}$, $(2k+1)\frac{\lambda}{4}$

25. $\frac{k\lambda}{2}$, $\frac{(2k+1)\lambda}{4}$

26. (1) $0.01\cos\left(4t+\pi x+\frac{\pi}{2}\right)$m; (2) $0.02\cos\left(\pi x+\frac{\pi}{2}\right)\cos4t$m; (3) $k-\frac{1}{2}$, k

27. (1) $0.05\cos\left[500\pi t+\frac{\pi}{4}-\frac{10\pi x}{7}\right]$m; (2) $0.05\cos\left[500\pi t+\frac{\pi}{4}+\frac{10\pi x}{7}\right]$m;

(3) 0.35,1.05,1.75; (4) 0.07m

28. (1) 74Hz; (2) 563.5Hz

29. 60

第8章 真空中的静电场

自我检查题

1. C 2. D 3. D 4. C 5. D

6. 0,$\boldsymbol{M}=\boldsymbol{P}\times\boldsymbol{E}$,$M=pE\sin\alpha$

7. $A=-2qEl\cos\theta=-2\boldsymbol{p}\cdot\boldsymbol{E}$

8. D

9. $E\pi R^2$

10. $\dfrac{q}{6\varepsilon_0}$

11. C

12. $\dfrac{3\sigma}{2\varepsilon_0}$,方向向左; $-\dfrac{\sigma}{2\varepsilon_0}$,方向向右; $\dfrac{3\sigma}{2\varepsilon_0}$,方向向右

13. C

14. D

15. A

16. C

17. E

18. C

19. C

20. C

21. D

22. C

23. D

24. C

25. B

26. B

27. $\dfrac{3q_0q}{4\pi\varepsilon_0R}$,$\dfrac{q^2}{4\pi\varepsilon_0R^2}\left(1-\dfrac{\sqrt{3}}{3}\right)$

28. $2q_0ER$,V_a-V_b

29. A

30. $\dfrac{Q}{4\pi\varepsilon_0R^2}$,0; $\dfrac{Q}{4\pi\varepsilon_0R}$,$\dfrac{Q}{4\pi\varepsilon_0r_2}$

31. $-2ax$,$-a$,0

32. $E=\dfrac{A}{(a+b)^2}$

习题

1. $\boldsymbol{E}=-\dfrac{qa}{2\pi\varepsilon_0 y^3}\boldsymbol{i}$

2. $\boldsymbol{E}=\dfrac{qa}{\pi\varepsilon_0 x^3}\boldsymbol{i}$

3. $\dfrac{\lambda L}{4\pi\varepsilon_0 d(L+d)}$

4. (1) $\dfrac{\lambda L}{4\pi\varepsilon_0 d(L+d)}$；(2) $F=q_0E=9\text{N}$

5. $E=\dfrac{Q}{2\pi\varepsilon_0 \alpha R^2}\sin\dfrac{\alpha}{2}$

6. $\boldsymbol{E}=\dfrac{\lambda}{2\pi\varepsilon_0 R}\boldsymbol{i}$

7. $E_x=E_y=\dfrac{\lambda}{4\pi\varepsilon_0 d}$

8. 略

9. $E=\dfrac{q\Delta S}{16\pi^2\varepsilon_0 R^4}$,方向：从面积元$\Delta S$指向中心$O$

10. $\dfrac{qd}{8\pi^2\varepsilon_0 R^3}$,从点$O$指向缺口中心

11. $\boldsymbol{E}_O=\dfrac{\lambda}{4\pi\varepsilon_0 R}(i+j)$或$E=\sqrt{E_{Ox}^2+E_{Oy}^2}=\dfrac{\sqrt{2}\lambda}{4\pi\varepsilon_0 R}$,方向 45°

12. $-\dfrac{Q}{\pi^2\varepsilon_0 R^2}\boldsymbol{j}$

13. $-\dfrac{\lambda_0}{4\varepsilon_0 R}\boldsymbol{i}$

14. $\dfrac{qx}{4\pi\varepsilon_0\ (x^2+R^2)^{3/2}}$

15. $\dfrac{\sigma}{2\varepsilon_0}\left(1-\dfrac{x}{\sqrt{x^2+R^2}}\right)$

16. $\dfrac{\lambda_1\lambda_2}{2\pi\varepsilon_0}\ln\dfrac{a+l}{a}$

17. $\dfrac{\sigma}{4\varepsilon_0}$

18. $\dfrac{q}{2\varepsilon_0}\left(1-\dfrac{h}{\sqrt{h^2+R^2}}\right)$

19. (1) $\Phi=1\text{N}\cdot\text{m}^2/\text{C}$；(2) $Q=8.85\cdot10^{-12}\text{C}$

20. $0,\pm200b^2\text{N}\cdot\text{m}^2/\text{C},\pm300b^2\text{N}\cdot\text{m}^2/\text{C}$

21. $\dfrac{\lambda}{\varepsilon_0}$

22. $r\leqslant R,\dfrac{Ar^2}{4\varepsilon_0}$；$r\geqslant R,\ \dfrac{AR^4}{4\varepsilon_0 r^2}$

23. $\frac{\sigma_1-\sigma_2}{2\varepsilon_0}, \frac{\sigma_1+\sigma_2}{2\varepsilon_0}$

24. $\frac{\rho r}{2\varepsilon_0}(r<R), \frac{\rho R^2}{2\varepsilon_0 r}(r>R)$

25. $0(r<R), \frac{\lambda}{2\pi\varepsilon_0 r}(r>R)$

26. $0(r<R_1), \frac{\lambda}{2\pi\varepsilon_0 r}(R_1<r<R), 0(r>R_2)$

27. $0(r<R_1), \frac{Q_1}{4\pi\varepsilon_0 r^2}(R_1<r<R_2), \frac{Q_1+Q_2}{4\pi\varepsilon_0 r^2}(r>R_2)$

28. $\frac{\rho x}{\varepsilon_0}, \frac{\rho d}{2\varepsilon_0}$

29. (1) $\frac{kb^2}{4\varepsilon_0}$；(2) $\frac{k}{2\varepsilon_0}\left(x^2-\frac{b^2}{2}\right)$；(3) $\frac{b}{\sqrt{2}}$

30. $\frac{\varepsilon_0}{4}$

31. 略

32. $\frac{q}{4\pi\varepsilon_0 R}(r<R), \frac{q}{4\pi\varepsilon_0 r}(r>R)$

33. $\frac{3Q}{8\pi\varepsilon_0 R}-\frac{Qr^2}{8\pi\varepsilon_0 R^3}$

34. $\frac{q}{4\pi\varepsilon_0 r}, \frac{3Q}{8\pi\varepsilon_0 R}-\frac{Qr^2}{8\pi\varepsilon_0 R^3}$

35. $-\frac{\lambda}{2\pi\varepsilon_0 a}, \frac{\lambda}{4\varepsilon_0}+\frac{\lambda}{2\pi\varepsilon_0}\ln 2$

36. $\frac{\sigma R}{2\varepsilon_0}$

37. $\frac{q}{8\pi\varepsilon_0 L}\ln\frac{a+2L}{a}$

38. $\frac{Q}{4\pi\varepsilon_0\sqrt{x^2+R^2}}$

39. $\frac{\sigma}{2\varepsilon_0}(\sqrt{x^2+R^2}-|x|)$

40. $\sqrt{v_0^2+\frac{q\sigma}{m\varepsilon_0}(R+b-\sqrt{R^2+b^2})}$

41. $\frac{\rho}{2\varepsilon_0}(R_2^2-R_1^2)$

42. (1) $\frac{Q}{4\pi\varepsilon_0 R}(r\leqslant R), \frac{Q}{4\pi\varepsilon_0 r}(r\geqslant R)$；(2) $0(r\leqslant R), \frac{Q}{4\pi\varepsilon_0}\left(\frac{1}{r}-\frac{1}{R}\right)(r\geqslant R)$

43. $2.14\cdot 10^{-9}$C

44. (1) $\frac{Q}{4\pi\varepsilon_0 R}$；(2) $-\frac{qQ}{4\pi\varepsilon_0 R}$

45. $\frac{3\sqrt{3}qQ}{2\pi\varepsilon_0 a}$

46. －2000V,2000J

47. $E_x=-\frac{\partial V}{\partial x}=-8-24xy, E_y=-\frac{\partial V}{\partial y}=-12x^2+40y$

48. $-\frac{\partial V}{\partial x}$

a-b：－6V/m

b-c：0V/m

c-e：3V/m

e-f：12V/m

f-g：0V/m

g-h：－2.4V/m

第9章　导体和电介质中的静电场

自我检查题

1. B　2. D　3. D

4. $\frac{\sigma(x,y,z)}{\varepsilon_0}$

5. B

6. $\frac{q}{4\pi\varepsilon_0 L}$

7. B

8. C

9. $\frac{Qd}{2\varepsilon_0 S}$；$\frac{Qd}{\varepsilon_0 S}$

10. B

11. D

12. 球壳带电$-q$,球壳外有电场,球壳内无电场

13. B

14. C

15. 不变；减少

16. $4.55\cdot 10^5$C

17. 增大；增大

18. C

19. D

20. B

21. C

22. B

23. $\sigma,\frac{\sigma}{\varepsilon_0\varepsilon_r}$

24. $\frac{q}{4\pi\varepsilon_0 R}$

25. B

26. C

27. B

28. B

29. ε_r，1，ε_r

30. C

习题

1. $V_a - V_b = \dfrac{\sigma}{2\varepsilon_0}(b-a)$

2. $E = \dfrac{RU_0}{r^2}$

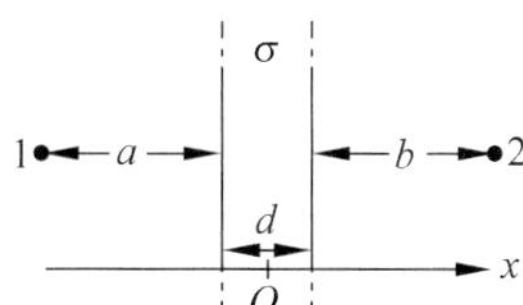

3. $\sigma_A = \sigma_D = \dfrac{Q_1 + Q_2}{2S}, \sigma_B = -\sigma_C = \dfrac{Q_1 - Q_2}{2S}$

4. 向右为正方向：$E_{左} = E_0 - \dfrac{\sigma}{2\varepsilon_0}, E_{右} = E_0 + \dfrac{\sigma}{2\varepsilon_0}$

5. $-\dfrac{\sigma}{2}, \dfrac{\sigma}{2}$

6. (1) $\dfrac{Qd}{2\varepsilon_0 S}$；(2) $\dfrac{Qd}{\varepsilon_0 S}$

7. (1) $V' = 0, E' = \dfrac{q}{4\pi\varepsilon_0 d^2}$；

(2) $E = 0, V = \dfrac{q}{4\pi\varepsilon_0 d}$；

(3) $q' = -\dfrac{R}{d}q$

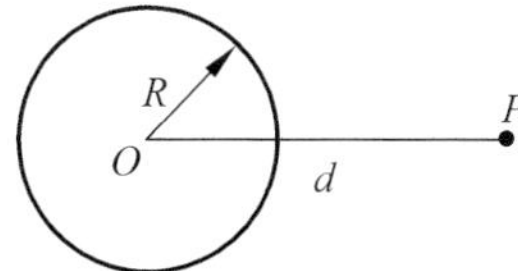

8. $U' = \dfrac{Q}{4\pi\varepsilon_0 R} + \dfrac{q}{4\pi\varepsilon_0 L} - \dfrac{q}{4\pi\varepsilon_0\left(L - \dfrac{R}{2}\right)}$

9. $E = 0\,(r < R_1)$；$E = \dfrac{q}{4\pi\varepsilon_0 r^2}(R_1 \leqslant r \leqslant R_2)$；$E = 0\,(R_2 < r < R_3)$；$E = \dfrac{Q+q}{4\pi\varepsilon_0 r^2}(R_3 \leqslant r)$

$\dfrac{Q+q}{4\pi\varepsilon_0 r}(R_3 \leqslant r)$；$\dfrac{Q+q}{4\pi\varepsilon_0 R_3}(R_2 < r < R_3)$

$\dfrac{q}{4\pi\varepsilon_0}\left(\dfrac{1}{r} - \dfrac{1}{R_2}\right) + \dfrac{Q+q}{4\pi\varepsilon_0 R_3}(R_1 \leqslant r \leqslant R_2)$

$\dfrac{q}{4\pi\varepsilon_0}\left(\dfrac{1}{R_1} - \dfrac{1}{R_2}\right) + \dfrac{Q+q}{4\pi\varepsilon_0 R_3}(r < R_1)$

10. (1) $-q$, $Q+q$; (2) $-\frac{q}{4\pi\varepsilon_0 a}$; (3) $\frac{q}{4\pi\varepsilon_0 r}-\frac{q}{4\pi\varepsilon_0 a}+\frac{Q+q}{4\pi\varepsilon_0 b}$

11. (1) $-q$; $+q$; $\frac{q}{4\pi\varepsilon_0 R_2}$;

(2) $-q$, 0;

(3) $\frac{R_1}{R_2}q$, $-\frac{q(R_2-R_1)}{4\pi\varepsilon_0 R_2^2}$

12. $\frac{Q}{4\pi\varepsilon_0 R_2}(R_1<r<R_2)$

13. (1) 6.67×10^{-9} C; 13.3×10^{-9} C; (2) 6×10^3 V

14. 略

15. 略

16. $V(r)=V_2+(V_1-V_2)\frac{\ln(R_2/r)}{\ln(R_2/R_1)}$

17. (1) $8.85\cdot10^{-9}$ C; (2) $6.67\cdot10^{-9}$ C

18. $\frac{\varepsilon_0 S}{d-t}$; 无影响

19. $\frac{r}{R}$

20. (1) $\frac{aQ}{a+b}$, $\frac{bQ}{a+b}$; (2) $4\pi\varepsilon_0(a+b)$

21. $\frac{\pi\varepsilon_0}{\ln\frac{d-R}{R}}$

22. $\frac{\ln\frac{R_C}{R_B}}{\ln\frac{R_B}{R_A}}$

23. $V_C=\frac{1}{2}\left(V+\frac{q}{2\varepsilon_0 S}d\right)$

24. $\frac{q_1 q_2}{4\pi\varepsilon_0\varepsilon_r r^2}$

25. $\frac{q}{4\pi\varepsilon_0\varepsilon_r r^2}$, $\frac{q}{4\pi\varepsilon_0\varepsilon_r r}(r>R)$

26. (1) $0(r<R)$; $\frac{Q}{4\pi\varepsilon_0\varepsilon_r r^2}(R<r<R')$, $\frac{Q}{4\pi\varepsilon_0 r^2}(r>R')$;

(2) $\frac{Q}{4\pi\varepsilon_0\varepsilon_r}\left(\frac{1}{r}+\frac{\varepsilon_r-1}{R'}\right)(R<r<R')$, $\frac{Q}{4\pi\varepsilon_0 r}(r>R')$;

(3) $\frac{Q}{4\pi\varepsilon_0\varepsilon_r}\left(\frac{1}{R}+\frac{\varepsilon_r-1}{R'}\right)(r\leqslant R)$

27. (1) 0, $0(r<R_0)$; $\frac{Q}{4\pi r^2}$, $\frac{Q}{4\pi\varepsilon_0 r^2}(R_0\leqslant r\leqslant R_1)$

$\frac{Q}{4\pi r^2}$, $\frac{Q}{4\pi\varepsilon_0\varepsilon_r r^2}(R_1\leqslant r\leqslant R_2)$; $\frac{Q}{4\pi r^2}$, $\frac{Q}{4\pi\varepsilon_0 r^2}(r\geqslant R_2)$;

(2) $\frac{Q}{4\pi\varepsilon_0 r}(r\geqslant R_2)$；$\frac{Q}{4\pi\varepsilon_0\varepsilon_r}\left(\frac{1}{r}-\frac{1}{R_2}\right)+\frac{Q}{4\pi\varepsilon_0 R_2}(R_1\leqslant r\leqslant R_2)$

$\frac{Q}{4\pi\varepsilon_0}\left(\frac{1}{r}-\frac{1}{R_1}\right)+\frac{Q}{4\pi\varepsilon_0\varepsilon_r}\left(\frac{1}{R_1}-\frac{1}{R_2}\right)+\frac{Q}{4\pi\varepsilon_0 R_2}(R_0\leqslant r\leqslant R_1)$

28. $\frac{\sigma_2}{\sigma_1}=\frac{D_2}{D_1}=\varepsilon_r$

29. $\frac{\varepsilon_0 S}{d-t+\frac{t}{\varepsilon_r}}$；无影响

30. $\frac{\varepsilon_0 S}{2d}(\varepsilon_{r1}+\varepsilon_{r2})$

31. $\frac{\varepsilon_{r2}}{\varepsilon_{r1}}$，$\frac{\varepsilon_0 S}{\frac{d_1}{\varepsilon_{r1}}+\frac{d_2}{\varepsilon_{r2}}}$

32. $\frac{\lambda}{2\pi\varepsilon_0\varepsilon_r r}(R_1\leqslant r\leqslant R_2)$；998V/m，沿径向向外；12.5V

33. 略

34. 不能，因为 C_2 要被击穿

35. $\frac{2\pi\varepsilon_0\varepsilon_{r1}\varepsilon_{r2}l}{\varepsilon_{r2}\ln\frac{R}{R_1}+\varepsilon_{r1}\ln\frac{R_2}{R}}$

36. $\frac{2\pi\varepsilon_0\varepsilon_r L}{\ln\frac{R_2}{R_1}}$，$\frac{\lambda^2 L}{4\pi\varepsilon_0\varepsilon_r}\ln\frac{R_2}{R_1}$

37. $\frac{4\pi\varepsilon_0\varepsilon_r R_1 R_2}{R_2-R_1}$，$\frac{2\pi\varepsilon_0\varepsilon_r R_1 R_2 U_{12}^2}{R_2-R_1}$

38. (1) $\frac{q}{4\pi\varepsilon_0 R}\mathrm{d}q$；(2) $\frac{Q^2}{8\pi\varepsilon_0 R}$

39. (1) $\frac{Q^2 d}{2\varepsilon_0 S}$；(2) $\frac{Q^2}{2\varepsilon_0 S}$

40. $\frac{\varepsilon_0 StU^2}{2(d-t)^2}$

41. $\frac{\varepsilon_0 St(\varepsilon_r-1)U^2}{2\varepsilon_r\left(d-t+\frac{t}{\varepsilon_r}\right)^2}$

43. $\frac{W_0}{\varepsilon_r}$

44. (1) $\frac{1}{2}CU^2\left(1-\frac{1}{n}\right)$，外力作正功；

(2) $\frac{1}{2}CU^2(n-1)$，外力作正功。

45. (1) 2；(2) $\frac{1}{2}$；(3) $\frac{2}{9}$

第10章 真空中的磁场

自我检查题

1. E 2. C 3. A 4. D 5. B 6. B 7. B 8. D 9. A 10. B 11. C 12. C

13. 0

14. $\dfrac{\sqrt{2}\mu_0 I\mathrm{d}l}{16\pi}$；垂直纸面向外

15. $\dfrac{\mu_0 I}{2R}+\dfrac{\mu_0 I}{2\pi R}$；垂直纸面向外；$\dfrac{\mu_0 I}{4R}+\dfrac{\mu_0 I}{4\pi R}$；垂直纸面向内

16. $\dfrac{2\sqrt{2}\mu_0 I}{\pi a}$

17. $B_0=\dfrac{\mu_0 I}{4R_1}+\dfrac{\mu_0 I}{4R_2}-\dfrac{\mu_0 I}{4\pi R_2}$

18. 4×10^{-6}T；5A

19. 1∶1

20. $\dfrac{\mu_0 I^2}{2\pi L}$

21. 环路 L 所包围的所有稳恒电流的代数和；环路 L 上的磁感应强度；环路 L 内外全部电流所产生磁场的叠加

22. 0；$-\mu_0 I$

23. $\mu_0 I$；0；$2\mu_0 I$

24. 负；$IB/(nS)$

25. n；p

26. 1∶2；1∶2

27. 最大磁力矩；磁矩

28. $Be^2R^2/(2m_e)$

29. $\dfrac{1}{2}\pi R^2 IB$；在图面中向上；$\dfrac{1}{2}\pi+n\pi$ ($n=1,2,\cdots$)

30. 6.67×10^{-7}T；7.20×10^{-7}A·m^2

习题

1. 5.00×10^{-5}T，方向垂直纸面向里

2. $\sqrt{2}\mu_0 I/(4\pi a)$，方向垂直纸面向里

3. 3.37×10^{-3}T，方向垂直纸面向外

4. $\dfrac{9\mu_0 I}{4\pi a}$，方向垂直纸面向外

5. (1) 闭合回路形状如下图所示；

(2) $\dfrac{\mu_0 I(R_1+R_2)}{4R_1R_2}$

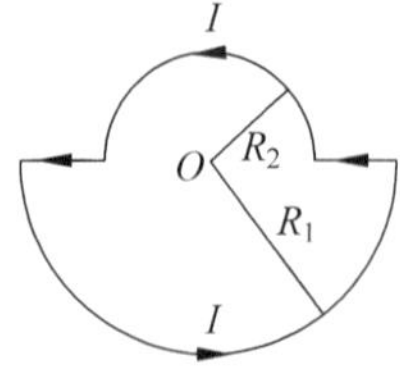

6. 2.1×10^{-5} T，方向垂直纸面向里

7. 1.60×10^{-8} T

8. $\frac{\mu_0 I}{8R}$，方向垂直纸面向里

9. $\frac{2}{3}$

10. 7.02×10^{-4} T；和 CC' 平面的夹角 $\theta=63.4°$

11. $\frac{\mu_0 IN}{2(R_2-R_1)}\ln\frac{R_2}{R_1}$，方向垂直纸面向外

12. $-\frac{\mu_0 I}{4\pi R}(\pi+1)\boldsymbol{i}-\frac{\mu_0 I}{4\pi R}\boldsymbol{k}$

13. $\frac{\mu_0(R+d)(1+\pi)I_2+RI_1}{2\pi R(R+d)}$，方向垂直纸面向里

14. $\frac{\mu_0 R^3\lambda\omega}{2(R^2+y^2)^{3/2}}$，方向与 y 轴正向一致

15. $\frac{4\pi\varepsilon_0^2\mu_0 m_e^2 v^5}{e^3}$

16. $\frac{\mu_0\delta}{2\pi}\ln\frac{a+b}{b}$，方向垂直纸面向里

17. $\frac{\mu_0\delta}{2}$

18. $\begin{cases}B_1=0(r<R_1)\\ B_2=\frac{\mu_0 NI}{2\pi r}(R_2>r>R_1)\\ B_3=0(r>R_2)\end{cases}$

19. $\pi R^2\cos\alpha$

20. $\frac{\mu_0 I}{4\pi}+\frac{\mu_0 I}{2\pi}\ln 2$

21. (1) $\frac{\mu NI}{2\pi r}$　$\frac{\mu NIb}{2\pi}\ln\frac{R_2}{R_1}$；(2) $B=0(r<R_1$ 和 $r>R_2)$

22. (1) $I_2\mathrm{d}\boldsymbol{l}_2\times\frac{\mu_0 I_1\mathrm{d}\boldsymbol{l}_1\times\boldsymbol{r}_{12}}{4\pi r_{12}^3}$；(2) 略

23. (1) 略；(2) $\frac{\mu_0 II_0}{2}$；(3) $\mu_0 II_0$

24. $\frac{\mu_0 I_1 I_2}{2}$，方向垂直 I_1 向右

25. $2RIB$，方向沿 y 轴正向

26. (1) 1.13×10^{-4} N，方向垂直纸面向里；1.39×10^{-4} N，方向垂直纸面向外；
(2) 0.32N，方向垂直纸面向里；0.32N，方向垂直纸面向外；
(3) 0.32N，方向垂直纸面向外；0.32N，方向垂直纸面向里

27. $\frac{e^2 B_0}{4}\sqrt{\frac{r}{\pi\varepsilon_0 m_e}}k$

28. $\dfrac{\mu_0 I^2}{2\pi\sin\theta}$

29. $F=0.80\times10^{-13}\text{kN}$

30. $(\sqrt{2}+1)\dfrac{leB}{m}$

31. 略

32. (1) $\dfrac{\lambda\mu_0\omega}{4\pi}\ln\dfrac{a+b}{a}$,$\lambda>0$ 时,$\boldsymbol{B}$ 的方向：垂直纸面向内,$\lambda<0$ 时,$\boldsymbol{B}$ 的方向：垂直纸面向外。

(2) $\dfrac{\lambda\omega}{6}[(a+b)^3-a^3]$,$\lambda>0$ 时,$\boldsymbol{p}_m$ 的方向：垂直纸面向内,$\lambda<0$ 时,$\boldsymbol{p}_m$ 的方向：垂直纸面向外。

(3) $\dfrac{\mu_0\omega q}{4\pi a}$,式中 $q=\lambda b$,方向同上,$p_m=\dfrac{1}{2}q\omega a^2$,方向同上

33. $\dfrac{1}{2}\pi I(R_2^2-R_1^2)$,$\dfrac{1}{2}\pi IB(R_2^2-R_1^2)$

34. $\left(\dfrac{\sqrt{2}R}{a}\right)^3 B_0$

35. $\left(\dfrac{2}{\pi}\right)^{\frac{3}{2}}$

第11章 磁介质中的磁场

自我检查题

1. C 2. C 3. D 4. B

5. nI,$\mu_0 nI$; nI; $\mu_0\mu_r nI$

6. $\dfrac{Ir}{2\pi R^2}$,$\dfrac{\mu_0\mu_r Ir}{2\pi R^2}$; $\dfrac{I}{2\pi r}$, $\dfrac{\mu_0 I}{2\pi r}$

7. 32A/m; 0.02T

习题

1. $B=\mu_0\mu_r nI$,$H=nI$

2. $H=\dfrac{I}{2\pi r}$,$B=\dfrac{\mu I}{2\pi r}$

3. (1) $B_0=2.51\times10^{-4}\text{T}$

$H_0=200\text{A/m}$;

(2) $B=1.06\text{T}$

$H=200\text{A/m}$;

(3) $B_0=2.51\times10^{-4}\text{T}$

$B'=1.06\text{T}$

4. $H=300\text{A/m}$,$B=0.226\text{T}$

5. $37\times10^7\text{A/m}$

6. $1.57\times10^{-2}\text{A}\cdot\text{m}^2$

7. $\begin{cases} \dfrac{\mu_0 Ir}{2\pi R_1^2}(0<r<R_1) \\ \dfrac{\mu_0\mu_r I}{2\pi r}(R_2>r>R_1) \\ \dfrac{\mu_0 I}{2\pi r}\left(1-\dfrac{R_3^2-r^2}{R_3^2-R_2^2}\right)(R_3>r>R_2) \\ 0(r>R_3) \end{cases}$

第12章 电磁感应

自我检查题

1. B 2. A 3. D 4. E 5. D 6. B 7. C 8. D 9. C 10. C 11. C

12. 图略

13. 0；穿过线圈的磁通量 Φ_m 不变

14. 5×10^{-4} Wb

15. Oa 段电动势方向由 a 指向 O；$-\frac{1}{2}B\omega L^2$；0；$-\frac{1}{2}\omega Bd(2L-d)$

16. $vBL\sin\theta$；a

17. $\frac{\mu_0 I\pi r^2}{2a}\cos\omega t$；$\frac{\mu_0 I\omega\pi r^2}{2Ra}\sin\omega t$

18. $\boldsymbol{v}\times\boldsymbol{B}$

19. 0.40V；$-0.5\text{m}^2/\text{s}$

20. 1.25V/m,向下；1.6V/m,向下；0

21. 不能；略

22. 0.400H

23. $l\gg a$；细导线均匀密绕

24. 0

习题

1. $\frac{1}{2}B\omega L^2\ \sin^2\theta$

2. $-\frac{3}{10}B\omega L^2$

3. (1) $\frac{1}{2}\omega a^2 B$；(2) $3\omega a^2 B/2$；(3) O 点电势最高

4. 1.11×10^{-5} V；A 端电势较高

5. (1) $\frac{\mu_0 Il}{2\pi}\ln\frac{b+vt}{a+vt}$；(2) $\frac{\mu_0 Ilv(b-a)}{2\pi ab}$，$\varepsilon_i$沿顺时针方向

6. $\frac{1}{2}\omega B(R_2^2-R_1^2)$，方向：$C\rightarrow A$

7. (1) $-\frac{\mu_0 vI_0}{2\pi}\ln\frac{l_0+l_1}{l_0}$；$U_a>U_b$

(2) $\frac{\mu_0 I_0}{2\pi}v\left(\ln\frac{l_0+l_1}{l_0}\right)(\omega t\sin\omega t-\cos\omega t)$

8. $-\frac{\mu_0 I_0 a\omega}{2\pi}\ln\left[\frac{(r_1+b)(r_2+b)}{r_1 r_2}\right]\cos\omega t$，当 $\cos\omega t>0$ 时，感应电动势方向为逆时针方向；当 $\cos\omega t<0$ 时，感应电动势方向为顺时针方向

9. $-\frac{\pi\mu_0\lambda r_1^2}{2R}\cdot\frac{\mathrm{d}\omega(t)}{\mathrm{d}t}$

方向：$\mathrm{d}\omega(t)/\mathrm{d}t>0$ 时，i 为负值，即 i 为顺时针方向

$\mathrm{d}\omega(t)/\mathrm{d}t<0$ 时，i 为正值，即 i 为逆时针方向

10. $\frac{\mu_0\omega I}{2\pi}\left(L-a\ln\frac{a+L}{a}\right)$；$\varepsilon$ 方向为 B 指向 A

11. $\frac{\mu_0 Ib}{2\pi a}\left(\ln\frac{a+d}{d}-\frac{a}{a+d}\right)\boldsymbol{v}$；方向：$ACBA$(即顺时针)

12. -5.18×10^{-8} V；其方向为逆时针绕行方向

13. 3.68mV；方向：沿 $adcb$ 绕向

14. $-\frac{\mu_0 I_0 b\omega}{2\pi}\ln\frac{c+a}{a}\cos\omega t$

15. $\frac{2\pi}{3}B_0 a^3\omega\cos\omega t$；当 $\varepsilon_i>0$ 时，电动势沿顺时针方向

16. $\left[\frac{\mu_0 I\boldsymbol{v}}{2\pi a(a+b)}-\frac{\partial B}{\partial t}\right]bl$

17. $4.4\times10^7\,\mathrm{m/s^2}$；0

18. $\frac{\mu_0 N^2 h}{2\pi}\ln\frac{R_2}{R_1}$

19. 略

20. (1) $\frac{\mu_0 Ilv}{2\pi}\left(\frac{1}{a+vt}-\frac{1}{a+b+vt}\right)$，方向沿 $ABCD$ 即顺时针；

(2) $-\frac{\mu_0 lI_0\omega}{2\pi}\ln\frac{a+b}{a}\cos\omega t$，方向以顺时针为正方向；

(3) $\varepsilon=\varepsilon_1+\varepsilon_2$

其中，式中 $I=I_0\sin\omega t$，式中 $a+b$ 和 a 分别换为 $a+b+vt$ 和 $a+vt$

21. (1) $\frac{3\mu_0 lI_0}{2\pi}\ln\frac{b}{a}\mathrm{e}^{-3t}$，感应电流方向为顺时针方向；(2) $\frac{\mu_0 l}{2\pi}\ln\frac{b}{a}$

22. (1) $\frac{\mu_0 a}{2\pi}\ln3$；(2) $-\frac{\mu_0 aI_0\omega\ln3}{2\pi}\cos\omega t$，方向以顺时针为正方向

23. 略

24. 略

25. (1) $\frac{\mu_0 N_1^2 a^2}{2R}$；$\frac{\mu_0 N_2^2 a^2}{2R}$；(2) $\frac{\mu_0 N_1 N_2 a^2}{2R}$；(3) $M=\sqrt{L_1 L_2}$

26. 0.125J

27. 1∶16

第13章　电磁场与电磁波

自我检查题

1. A　2. C　3. D

4. $\iint\limits_S \frac{\partial}{\partial t}D \cdot \mathrm{d}S$ 或 $\mathrm{d}\Phi_D/\mathrm{d}t$；$-\iint\limits_S \frac{\partial}{\partial t}B \cdot \mathrm{d}S$ 或 $-\mathrm{d}\Phi_m/\mathrm{d}t$

5. ②；③；①

6. $\frac{\pi r^2 \varepsilon_0 E_0}{RC}\mathrm{e}^{-t/RC}$；方向相反

7. $4.69\times10^2\,\mathrm{m}$

8. $10^8\,\mathrm{Hz}$

9. $452\cos\left(2\pi\nu t+\frac{1}{3}\pi\right)$(SI)

习题

1. $\varepsilon_0\pi R^2\ \frac{\mathrm{d}E}{\mathrm{d}t}$

2. 3A

3. (1) $q_0\omega\cos\omega t,\frac{q_0\omega\cos\omega t}{\pi R^2}$；(2) $\frac{1}{2\pi r}\omega q_0\cos\omega t$；(3) $\frac{\sqrt{\mu_0}}{4\pi^2 r^2}\omega^2 q_0^2\cos^2\omega t$

4. (1) $\frac{0.2}{C}(1-\mathrm{e}^{-t})$；(2) $0.2\mathrm{e}^{-t}$

5. $-\sqrt{\frac{\varepsilon_0}{\mu_0}}E_{20}\cos\omega\left(t+\frac{x}{u}\right)$

6. (1) $\frac{U_0}{R}\sin\omega t$；(2) $\frac{\varepsilon_0 S}{d}U_0\omega\cos\omega t$；

(3) $\frac{U_0}{R}\sin\omega t+\frac{\varepsilon_0 S}{d}U_0\omega\cos\omega t$；

(4) $\frac{U_0}{2\pi}\left(\frac{1}{rR}\sin\omega t+\frac{\varepsilon_0\pi r\omega}{d}\cos\omega t\right)$

7. (1) $10^{10}\,\mathrm{m}$；(2) $10^{-7}\,\mathrm{T}$；(3) $1.19\,\mathrm{W/m^2}$

第 14 章　气体分子运动论

自我检查题

1. B　2. B　3. B　4. C　5. B　6. C　7. D　8. D　9. B　10. C　11. C　12. B
13. D　14. B　15. D　16. D　17. D　18. A　19. B　20. A　21. C　22. C
23. C　24. C　25. A　26. B　27. B　28. D　29. C　30. B　31. C

32. 微观,统计平均值

33. 等压,等容,等温

34. $3.2\times10^{17}/\mathrm{m}^3$

35. 不相等,相等

36. 2.4×10^{25},$6.2\times10^{-21}\,\mathrm{J}$

37. $6.2\times10^{-21}\,\mathrm{J}$,$9.94\times10^{-3}\,\mathrm{Pa}$

38. 温度,自由度

39. 1∶1,16∶1

40. 理想气体分子处于平衡态,$\frac{5PV}{2N_0}$

41. 等于,大于

42. $\sqrt{\dfrac{3P}{\rho}}$,$\dfrac{3P}{2}$

43. $\dfrac{4E}{3V}$,$\sqrt{\dfrac{M_2}{M_1}}$

44. (2),(1)

45. 氩,氦

习题

1. $2.45\times10^{25}\,1/m^3$;1.30g/L

2. 3.36×10^{6}

3. 1.7g

4. (1) $0.083m^3$;(2) 0.033kg

5. 2.33×10^{-2} Pa

6. $m_O=1.6$kg

7. (1) $2.45\times10^{25}\,m^{-3}$;(2) 1.30g/l;(3) 5.3×10^{-23}g;
   (4) 3.45×10^{-9}m;(5) 6.21×10^{-21}J

8. 1.61×10^{12}个;1.0×10^{-8}J

9. (1) 6.21×10^{-21}J,483m/s;(2) 300K

10. 1.9×10^{3}m/s;4.83×10^{2}m/s;1.93×10^{2}m/s

11. (1) 1.35×10^{5}Pa;(2) 362K

12. (1) 8.28×10^{-21}J;(2) 5.52×10^{-21}J;(3) 4155J

13. 462K;1.2×10^{5}Pa

14. (1) $4.83\times10^{2}\,m\cdot s^{-1}$;(2) 32×10^{-3}kg/mol,氧气

15. 284.4K;$1.0275p_0$

16. $\dfrac{3}{4}RT$

17. 121m/s

18. (1) 6.42K;(2) 6.67×10^{4}Pa;(3) 2000J;(4) 1.33×10^{-22}J

19. (1) $\dfrac{2N}{3v_0}$;(2) $N/3$

20. (1) $f(v)=\begin{cases}\dfrac{K}{N}(V>v>0,K\text{ 为常量})\\0(v>V)\end{cases}$;(2) $\dfrac{N}{V}$;(3) $\dfrac{V}{2}$;$\dfrac{\sqrt{3}}{3}$V

21. 略

22. $\dfrac{n_N}{n_O}=\dfrac{n_{N0}}{n_{O0}}e^{(M_O-M_N)gh/RT}$

23. $3.33\times10^{17}\,m^{-3}$;7.5m

24. (1) 0.712;(2) 3.45×10^{-7}m

25. (1) $5.44\times10^{8}\,s^{-1}$;(2) $0.714s^{-1}$

26. $5.42\times10^{7}\,s^{-1}$;6×10^{-5}cm

第 15 章　热力学基础

自我检查题

1. D　2. D　3. D　4. C　5. C　6. A　7. A　8. B　9. B　10. D　11. D
12. D　13. B　14. B　15. A　16. D　17. D　18. A　19. D　20. D　21. B
22. A　23. B　24. D　25. C　26. D　27. C　28. D　29. D　30. A　31. A
32. A　33. A　34. B
35. 做功；传热
36. 热力学状态；过程
37. 124.65；−84.35
38. 1 摩尔理想气体的内能；理想气体的定体摩尔热容；理想气体的定压摩尔热容
39. $29.1\text{J}\cdot\text{mol}^{-1}\cdot\text{K}^{-1}$；$20.8\text{J}\cdot\text{mol}^{-1}\cdot\text{K}^{-1}$
40. 500；700
41. 8640
42. 一个点；一条曲线；一条封闭曲线
43. 等压；等体；等温
44. >0；>0
45. $-|W_1|, -|W_2|$
46. S_1+S_2；$-S_1$
47. 320；20%
48. 卡洛；25%
49. 无序度；热力学概率增大；不可逆

习题

1. (1) $a^2\left(\frac{1}{V_1}-\frac{1}{V_2}\right)$；(2) $T_1/T_2=V_2/V_1$
2. $-C\left(\frac{1}{V_2}-\frac{1}{V_1}\right)$；理想气体温度降低
3. 0.92atm
4. 系统所吸收的热量全部用于对外界做功；$9.07\times10^4\,p_a$；0.05m^3
5. (1) 623J,623J,0；(2) 1039J,623J,416J
6. (1) 683J；(2) 956J；等压过程需要的热量大。因为等压过程除了使系统内能提高处还需要对外做功
7. (1) 0；(2) 405.2J；(3) 405.2J
8. (1) $\frac{5}{2}(P_2V_2-P_1V_1)$；(2) $(P_1+P_2)(V_2-V_1)/2$；(3) $3(P_2V_2-P_1V_1)$
9. (1) $\frac{5}{2}R, \frac{3}{2}R$；(2) $1.35\times10^4\text{J}$
10. 1.39
11. (1) $2.72\times10^3\text{J}$；(2) $2.20\times10^3\text{J}$
12. (1) 7479J；(2) −7479J；(3) $1.96\times10^{26}\text{m}^{-3}$
13. $20.8\text{J}\cdot\text{mol}^{-1}\cdot\text{K}^{-1}$

14. 略

15. (1) $225K,75K$;

(2) $C\to A$：1500J,0,1500J

$A\to B$：500J,1000J,−500J

$B\to C$：−1400J,−400J；−1000J

16. (1) 300K, 100K;

(2) A→B：400J；B→C：−200J；C→A：0；

(3) 200J

17. (1) 2.02×10^3J,1.09×10^4J；(2) 1.29×10^4J

18. (1) $12RT_0$,$45RT_0$,$-\frac{143}{3}RT_0$；(2) 16.4%

19. (1) $a\to b$：2.9×10^5J,2.1×10^5J,8.3×10^4J

$b\to c$：-2.1×10^5J,-2.1×10^5J,0

$c\to a$：-4.56×10^4J,0,-4.56×10^4J；

(2) 12.6%

20. (1) -5.065×10^3J；(2) 3.04×10^4J；(3) 5.44×10^3J；(4) 13.3%

21. (1) 29.4%；(2) 425K

22 (1) 473K；(2) 42.3%

23. 略

24. 略

25. $R\ln2$

26. $2C_p\ln3$

第16章 波动光学

自我检查题

1. D 2. B 3. B 4. B 5. A 6. C 7. C 8. C 9. B 10. C 11. C 12. D
13. C 14. B 15. A 16. D 17. D 18. B 19. C 20. C 21. D 22. B 23. D
24. D 25. A 26. B 27. B 28. E 29. B 30. D

31. nd；$1/n$

32. $nl+r-l$

33. 不同；相同

34. $2n_2e$

35. 同频率；同振动方向；相位差恒定

36. 相位相同；相位相反

37. 分波阵面法；分振幅法

38. 减小双缝间距 d；增大缝屏间距 D

39. 减小；减小

40. 7.34mm

41. $\frac{2\pi}{\lambda}(n-1)e$；$4\times10^4$

42. 上(设云母片覆盖在上方缝上)；$(n-1)e$
43. 0.75
44. 3λ；1.33
45. 变小；左边
46. $\frac{\lambda}{2L}$
47. $\frac{3}{2}\lambda$
48. 凸起
49. $\frac{2d}{\lambda}$
50. $\frac{r_1^2}{r_2^2}$
51. 539.1
52. 0.5046
53. 单缝衍射；多缝干涉
54. 红光
55. $a=b$
56. 4；暗条纹
57. 2π；暗
58. 1；3
59. 自然；线偏振光；部分偏振光
60. $\frac{1}{4}I_0$
61. $2I$
62. $60°\left(或\frac{\pi}{3}\right)$；$\frac{9}{32}I_0$
63. 2∶5
64. 线偏振光；垂直；部分偏振光
65. $\frac{\pi}{2}-\arctan\frac{n_2}{n_1}$
66. 51.1°

习题

1. 0.134mm
2. 562.5nm
3. $\frac{D\lambda}{nd}$
4. 4.23×10^{-3}m
5. 6.64×10^{-3}mm
6. (1) 1.1×10^{-1}m；(2) 零级明条纹将移到原来的第七级明条纹处

7. $\frac{\lambda}{4h}$

8. 8.0×10^{-6}m

9. 90.6nm

10. 105.8nm

11. 在可见光范围内有：6739Å 和 4043Å

12. 在可见光范围内有：6000Å 和 4286Å

13. 明条纹数为16,暗条纹数为17

14. (1) 1.4; (2) 0.75×10^{-6}m

15. $\frac{29\lambda}{2l}L$

16. 1.5×10^{-3}mm

17. $\sqrt{kR\lambda}(k=1,2,\cdots)$

18. $\sqrt{R(k\lambda-2e_0)}$

19. 590nm

20. 1.03m

21. 534.9nm

22. 0.5046mm

23. $\frac{\lambda}{2(n-1)}$

24. λ

25. 5.46×10^{-3}m; 2.73×10^{-3}m

26. 3.0mm

27. (1) 4.29×10^{-7}m; (2) 对应7个半波带

28. 450nm

29. 8.94×10^{3}m

30. 51.8m

31. 6.668×10^{-7}m

32. (1) 2.531×10^{-6}m; (2) 3951; (3) 3,7(不考虑缺级)

33. (1) 3.36×10^{-4}cm; (2) 4200Å

34. (1) 3; (2) 5

35. (1) 250; (2) 9; (3) 3

36. (1) 2.4×10^{-3}m; (2) 2.4×10^{-2}m; (3) 9

37. (1) 2.4×10^{-6}m; (2) 0.8×10^{-6}m; (3) $k=0,\pm1,\pm2$

38. 800nm; 1600nm; 6000条

39. $\frac{I_0}{8}$

40. (1) $\frac{3I_0}{16}$; (2) $\frac{I_0}{8}$

41. $\frac{I_0}{16}(1-\cos 4\omega t)$

42. (1) $I_1=\frac{I_0}{2}$, $I_2=\frac{I_0}{4}$, $I_3=\frac{I_0}{8}$,通过每一偏振片后的光皆为线偏振光,其光振动方向与刚通过的偏振片的偏振化方向平行;(2) $\frac{I_0}{2}$,0

43. $\frac{2}{5}$

44. (1) 37.5%;(2) 30.4%

45. 45°

46. $I=\frac{I_0}{16}(1-\cos 4\omega t)$

47. 1.48

48. (1) 53.06°;(2) 36.94°

49. 36°56′

50. (1) 48.44°;(2) 反射光是不是线偏振光

51. 11.5°

52. 11.81°

第 17 章　狭义相对论基础

自我检查题

1. B　2. D　3. A　4. D　5. A　6. A　7. C　8. B　9. C　10. C　11. C　12. A
13. B　14. C　15. C　16. A　17. D　18. C

19. 光速不变原理;相对性原理

20. 运动;相对

21. $v \ll c$

22. $-0.5c$;c

23. 同时

24. 短;长

25. $0.5c$

26. $\frac{\sqrt{3}}{2}c$

27. $0.6c$

28. $1\Big/\sqrt{1-\left(\frac{v}{c}\right)^2}$

29. $4.2\times10^{-8}\,\mathrm{s}$

30. $2.91\times10^{8}\,\mathrm{m/s}$

31. 8.89×10^{-8}

32. $\frac{\mathrm{d}}{\mathrm{d}t}\left(\frac{m_0\boldsymbol{v}}{\sqrt{1-v^2/c^2}}\right)$

33. 1.155

34. 2

35. $\frac{\sqrt{3}}{2}c$；$\frac{\sqrt{3}}{2}c$

36. 0.13MeV

37. $\frac{m}{LS}$；$\frac{25m}{9LS}$

38. 2.05MeV

39. $c\sqrt{1-(l/l_0)^2}$；$\left(\frac{l_0}{l}-1\right)m_0c^2$

40. $\frac{qEct}{\sqrt{(qEt)^2+m_0^2c^2}}$；$\frac{qEt}{m_0}$

习题

1. 4×10^6 m
2. 4s
3. (1) 0.6c；(2) -9×10^8 m
4. 0.4c
5. 80m；8分钟
6. -1.34×10^9 m
7. 1.67×10^{-8} s；1.33×10^{-8} s
8. (1) 3.83×10^{-6} s；(2) 920m
9. 0.943c；0.577m
10. 0.816c；0.707m
11. (1) 1.92×10^{15} m；(2) 9.1年；(3) 0.41年
12. 8.89×10^{-8} s
13. 2.68×10^8 m/s
14. 37.5s
15. (1) 0.929c；(2) $-c$
16. (1) 0.95c；(2) 4s
17. (1) 8.199×10^{14} J；(2) 2.96m_0，2.82×10^8 m/s
18. 7.32,3.06
19. 2.96
20. 7.72×10^{-22} kg·m/s；2.83×10^8 m/s
21. 0.49
22. (1) 5.8×10^{-13} J；(2) 8.04×10^{-2}
23. 1.8×10^4 m
24. $\frac{m_0}{V_0[1-(v/c)^2]}$
25. (1) 2.57keV；(2) 2.45×10^3 keV
26. (1) 4.73MeV；(2) 5.89×10^3 MeV
27. 2.225MeV

28. 0.12%

第18章 波与粒子

自我检查题

1. B 2. D 3. C 4. D 5. A 6. B 7. B 8. C 9. B 10. D

11. 黑体辐射

12. $nh\nu$

13. 光电效应

14. hc/λ；h/λ；$h/\lambda c$

15. 增加；不变 ；不变；不变

16. 2.0eV

17. 1.45V；7.14×10^{5} m/s

18. 5×10^{14} Hz；2.0

19. 2.5；4×10^{14}

20. 相同；增大

21. 能量守恒；动量守恒

22. 0.0212

23. 0.00243nm；295eV

24. 3.1×10^{-3} nm；41°

25. 电子衍射现象

26. 0.1nm

27. 0.15nm；6.63×10^{-20} nm

28. $\sqrt{3}/3$

习题

1. $1.78\times10^{23}/\text{m}^2$

2. 9.05×10^{12}

3. 4.42×10^{-36} kg；1.33×10^{-27} kg·m/s

4. 2.21×10^{-33} kg；6.63×10^{-25} kg·m/s

5. 2.13V

6. 612nm

7. 1.72×10^{6} m/s

8. (1) 2.0V；(2) 296nm

9. (1) 0.6eV；(2) 0.6V；(3) 497nm

10. 0.345V；数值增大

11. (1) 318.2nm；(2) 4.34×10^{14} Hz

12. 2.07eV；1.04V

13. 钡

14. (1) $\frac{h}{e}$(恒量)；(2) 6.4×10^{-34} J·s

15. 0.043Å；又 63°36′

16. 2.76×10^{-6}nm
17. 0.312Å；2.55×10^{-16}J
18. (1) 0.1024nm；(2) 4.66×10^{-16}J
19. 0.25倍
20. 0.10MeV
21. 3.71×10^{-12}m
22. 2.4×10^{-11}m
23. 6.63×10^{-35}m
24. 3.26×10^{-2}nm

第19章 量子物理基础

自我检查题

1. A 2. D 3. B 4. C 5. A 6. A 7. B 8. D 9. B
10. 定态假设；频率条件；轨道角动量量子化假设
11. $h\nu=E_n-E_k(n>k)$
12. 13.6；5
13. 13.6；3.4
14. 6；972
15. 15；4
16. $\frac{1}{4\pi}$
17. 2.9×10^{-3}m
18. t时刻粒子在空间$\boldsymbol{r}$处出现的概率密度；单值、有限、连续；$\int_{-\infty}^{\infty}|\Psi(\boldsymbol{r},t)|^2\mathrm{d}V=1$
19. $\frac{a}{2}$；$\frac{a}{4}$,$\frac{3a}{4}$
20. 1,2,3,…；能量
21. 泡利不相容；能量最小
22. 2；$4l+2$；$2n^2$
23. 0,1,2；0,±1,±2
24. $1s^22s^22p^63s^1$；$1s^22s^22p^63s^23p^64s^1$

习题

1. 8倍
2. 6.6×10^{15}Hz；9.13×10^2m/s^2
3. 10.2eV
4. 10.2eV；13.6eV
5. 18750.9Å
6. 6561Å；3645Å
7. (1) $n=3$；(2) 6563Å,1026Å,1215Å；(3) 图略
8. (1) 2.86eV；(2) 5,2；(3) 3个线系，6条谱线，图略
9. $2\pi na$

10. 7.0×10^{5} m/s；1.04×10^{-9} m

11. $\Delta x\geqslant 2.6\times10^{-25}$ m

12. $\Delta p_y\geqslant 0.53\times10^{-24}$ N·s

13. 3.1%

14. $\Delta x\geqslant 0.024$m

15. (1) 2.4×10^{-2} m；(2) 4.0×10^{-5} m；(3) 1.6×10^{-9} m

16. 52.5eV

17. 4.93×10^{-7} eV

18. 1.04×10^{-7} s

19. (1) $\sqrt{\frac{2}{a}}$；(2) $\frac{9h^2}{8ma^2}$

20. $\frac{a}{2}$

21. 0.091

22. (1) $\frac{2}{a}\sin^2\left(\frac{n\pi x}{a}\right)(0<x<a)$；(2) $\frac{a}{2},\frac{2}{a}$；(3) $\frac{1}{2}$

23. (1) $2\lambda^{3/2}$；(2) $\psi^2(x)=\begin{cases}4\lambda^3x^2\mathrm{e}^{-2\lambda x} & (x\geqslant 0)\\ 0 & (x<0)\end{cases}$；(3) $\frac{1}{\lambda}$

24. (1) $\frac{1}{\sqrt{\pi}}$；(2) $\frac{1}{\pi(1+x^2)}$；(3) $x_m=0$